Leitfaden

für die

Försterprüfungen.

Ein Handbuch

für den Unterricht und Selbstunterricht unter Berücksichtigung
der preußischen Verhältnisse
sowie für
den praktischen Forstwirt

von

G. Westermeier,
Königl. Forstmeister zu Schkeuditz,
früher Dozent der Forstwissenschaften an der Königl. Landwirtschaftl. Hochschule zu Berlin.

Mit 145 Holzschnitten und einer Spurentafel.

Zehnte zum Teil umgearbeitete Auflage
des Leitfadens für das preußische Jäger- und Försterexamen.

Springer-Verlag Berlin Heidelberg GmbH
1904.

Additional material to this book can be downloaded from http:/extras.springer.com
ISBN 978-3-662-40627-4 ISBN 978-3-662-41107-0 (eBook)
DOI 10.1007/978-3-662-41107-0
Softcover reprint of the hardcover 10th edition 1904

Vorwort zur zehnten Auflage.

Motto: Ein Lehrbuch soll uns die Nutzanwendung und Übertragung der Lehren in die Praxis, mithin nur absolut zuverlässige und bewiesene Tatsachen und Gesetze bringen; alles Zweifelhafte und Spekulative muß entweder ganz fernbleiben oder doch als solches kenntlich gemacht werden.

Die zehnte Auflage des Leitfadens erscheint unter einem etwas veränderten Titel und ist dementsprechend auch nach ihrem Inhalt anders gestaltet. Selbstverständlich habe ich mich zu dieser Änderung erst nach eingehenden und ernsten Erwägungen entschlossen, denn es dürfte zunächst schwer verständlich sein, an einem Werk, das neun starke Auflagen in verhältnismäßig kurzer Zeit erlebte, und bisher in vielen Tausenden von Exemplaren in einem kleinen Fach-Leserkreise verbreitet werden konnte, noch solche Änderungen vorzunehmen.

Schon im Vorwort zur **neunten** Auflage konnte ich darauf hinweisen, daß das Werk weit über sein ursprüngliches Gebiet — als Unterrichtsbuch für Forstlehrlinge zu dienen — hinausgewachsen ist, daß es vielfach auch gern von Aspiranten der höheren Karriere im Staats-, Kommunal- und Privatforstdienst als willkommenes Kompendium, namentlich aber auch als Nachschlagebuch von Privatforstbesitzern benutzt wird.

Es sind deshalb vielfach Wünsche an mich herangetreten, den Leitfaden zu ändern, auch habe ich inzwischen die Ansichten einer Anzahl unserer angesehensten Forstmänner eingeholt, für deren Mitteilungen ich an dieser Stelle nochmals meinen verbindlichsten Dank ausspreche. Aber so viele Wünsche und Äußerungen, so viel verschiedene Ansichten hörte ich. Manche wünschten z. B. das Buch auf ein Drittel seines Umfanges beschränkt, manche um das Dreifache vergrößert, ebenso gingen die Ansichten bezüglich der Gestaltung des Inhaltes auseinander.

In solchem Widerstreite der Meinungen blieb ich denn schließlich wieder auf mich und meine über 25jährigen Erfahrungen angewiesen.

Die Hauptaufgabe des Buches bleibt nach wie vor seine ursprüngliche Bestimmung, als Leitfaden beim Unterricht von Forstlehrlingen und beim Selbstunterricht zu dienen; es ist deshalb der Unterrichtszweck allen anderen vorangestellt und sind auch nach wie vor die preußischen Staatsforstverhältnisse besonders berücksichtigt; es kann das Buch also auch weiterhin unbedenklich als Grundlage bei den Vorbereitungen der preußischen unteren Staatsforstbeamten beibehalten werden.

Bei den Fachwissenschaften ist alles, was für den praktischen Wirtschafter wichtig und maßgebend sein kann, etwas eingehender wie früher behandelt, und ich hoffe, daß derselbe, falls nicht verwickelte Verhältnisse vorliegen, im Buche immer das Rechte finden wird.

Es war ja oft nicht leicht, den richtigen Mittelweg zu finden, um beiden Anforderungen gerecht zu werden, namentlich war zu vermeiden, in die abstrakte Wissenschaft abzuschweifen und auf Streitfragen einzugehen, die noch der Klärung bedürfen; jedenfalls bin ich redlich bemüht gewesen, auch in dieser Bearbeitung meinem vorgedruckten Motto treu zu bleiben.

Im Speziellen ist noch zu bemerken:

Es ist die neueste Rechtschreibung eingeführt sowie die neueste Gesetzgebung (Bürgerl. Gesetzbuch usw.) berücksichtigt, auch in den Anlagen ist auf die abändernden Bestimmungen neuerer Gesetze vielfach hingewiesen; eine neue Serie von Examenaufgaben ist beigefügt; Inhaltsverzeichnis und Register sind vervollständigt; fünf neue Abbildungen sind hinzugekommen; im Text sind die Fremdworte möglichst verdeutscht worden; derselbe ist auch genau durchgesehen und überall nach dem neuesten Standpunkt von Wissenschaft und Wirtschaft berichtigt und vervollständigt.

Wesentliche Veränderungen finden sich in der Fachwissenschaft; aus den Grundwissenschaften dürfte höchstens zu erwähnen sein, daß in der Mathematik das Rechnen mit den einfachen Brüchen weggelassen und dafür die Lehre von den Proportionen eingefügt ist.

In der Standortslehre sind die Kapitel über Verwitterung und die Bildung von Humus, Moor, Torf, sowie über die Luftfeuchtigkeit teils umgearbeitet, teils sind neue Kapitel eingefügt.

Im Waldbau sind neu eingefügt die Kapitel über künstliche Düngung und die Ausländer. Vieles ist umgearbeitet; im Forstschutz ist neu die Besprechung der Feuermäntel an Bahnen und von allerlei anderen Kiefernschädlingen, die früher nicht berücksichtigt waren, sowie die Bestimmungen über das Töten und Vergiften von Hunden und Raubzeug.

Die Arbeiterversicherungsgesetze sind nach dem Standpunkte des Arbeitgebers bezw. seiner Organe und in ihrer neuesten Fassung neu eingefügt; in der Forstbenutzung ist eingehender wie früher der Verkauf des Holzes besprochen. Vielfach umgearbeitet ist der Abschnitt über die Jagd: neu eingefügt sind die Kapitel über die Jagdgewehre, die Fangapparate, Fangmethoden und das Streifen des Raubzeuges usw. Er ist auch mit einem Fragebogen neu versehen.

Leider war es nicht zu vermeiden, daß die Paragraphen teilweis geändert werden mußten und daß das Buch um 46 Seiten gewachsen ist, sodaß die Benutzung älterer Auflagen neben der jetzigen auf Schwierigkeiten stoßen muß; trotzdem wurde der alte Preis beibehalten.

So übergebe ich denn diese zehnte Auflage den alten Freunden in dem Vertrauen, daß es auch in der jetzigen Gestaltung ihre Gunst sich erhalte, und hoffe, daß es sich viele neue Freunde dazu erwerben möge.

Schkeuditz, Weihnachten 1903.

Westermeier.

Inhalts-Verzeichnis.

Vorbereitender Teil.

Einleitung.

I. Grundwissenschaften.

A. Naturgeschichte.

Allgemeines.

a) Forstzoologie.

Säugetiere.

Vögel.

Insekten.

b) Forstbotanik.

Allgemeiner Teil.

Spezieller Teil.

A. Laubhölzer.

B. Forstunkräuter.

C. Mathematik.

a) Zahlenlehre und Arithmetik.

b) Größenlehre und Geometrie.

Praktischer Teil.

II. Fachwissenschaften.

A. Standortslehre.

I. Die Lehre vom Boden.

C. Forstschutz.

Insektenfraß in Laubhölzern.

II. Schaden durch Menschen.

A. Übergriffe der Berechtigten.

B. Übergriffe der Unberechtigten.

D. Forstbenutzung.

Die technischen Eigenschaften des Holzes.

I. Hauptnutzung.

A. Gewinnung des Holzes.

a) Organisation der Holzhauer.

b) Werkzeuge der Holzhauer.

c) Die Holzfällung

B. Abgabe des Holzes.

b) Transport des Holzes.

C. Verwendung des Holzes.

a) Bauholz.

b) Nutzholz.

II. Nebennutzung.

A. Vom Holze selbst.

Anhang.

Jagdlehre.

Druckfehler-Verzeichnis.

Seite	146	oben	§ 98	statt	§ 97.
„	430	„	§ 284	„	§ 288.
„	433	„	§ 288	„	§ 228.

Vorbereitender Teil.

Einleitung.

§ 1.

Begriff von Wald und Forst.

Unter „Wald" ist jede größere mit wild wachsenden Holzpflanzen bestandene Fläche zu verstehen. Dagegen nennen wir gewöhnlich „Forst" einen fest abgegrenzten Wald, der nach bestimmten wirtschaftlichen Regeln begründet, eingerichtet, erhalten und genutzt wird. Gegensatz: Gehölz, Busch, Gebüsch, Park, Anlagen, Plantage &c.

§ 2.

Bedeutung der Wälder.

Sie liegt in zwei Punkten begründet. Die Wälder liefern uns das zum täglichen Leben mit seinen unendlich vielen Bedürfnissen notwendige Holz und wertvolle Nebenprodukte. Hierdurch werden sie unmittelbar nützlich.

Mittelbar werden die Wälder bedeutungsvoll dadurch, daß sie die Boden- und Luftfeuchtigkeit und damit die Quellen- und Regenmenge (Nährfeuchtigkeit) eines Landes erhalten; die Wälder beschützen den Boden vor den aushagernden Strahlen der Sonne und verhindern wieder das Entweichen der Bodenwärme durch ihre Beschirmung, sie schützen mithin den Boden vor Hitze und Kälte und gleichen den schädlichen plötzlichen Wechsel der Temperatur aus. Die Wälder setzen den Stürmen kräftigen Widerstand entgegen und beschützen eine Gegend vor dem verderblichen Einfluß zu warmer und zu rauher Winde; in den Gebirgen nützen sie auf den steilen Hängen dadurch, daß sie Abschwemmungen, Erdrutsche, Lawinenbildungen &c. verhindern; in der Ebene binden sie die lockere Erde und verhindern die verderbliche Verbreitung von Flugsand. Die Bedeutung des Waldes liegt also hauptsächlich in der Holzerzeugung und in seinem wohltätigen Einflusse auf Boden und Klima; er ist auch nützlich für die Gesundheit der Menschen, weil die Luft staubfrei ist und erfrischend wirkt.

§ 3.

Begriff von Forstwissenschaft und Forstwirtschaft.

Unter Forstwissenschaft ist der Inbegriff aller planmäßig geordneten Lehren zu verstehen, welche eine zweckentsprechende Bewirtschaftung und Verwertung der Wälder zeigen.

Unter Forstwirtschaft ist die praktische Anwendung der Regeln der Forstwissenschaft auf den Wald und sämtliche Forstgeschäfte zu verstehen.

§ 4.

Einteilung der Forstwissenschaft.

Eine erschöpfende Einteilung des großen Gebietes der gesamten Forstwissenschaft hier zu geben, würde zu weit führen und dem Zwecke des Buches, das hauptsächlich für die praktisch tätigen Förster berechnet ist, nicht entsprechen. Es folgt deshalb eine solche Einteilung, wie sie für die Behandlung dieses Buches maßgebend sein soll und wie sie dem wissenschaftlichen und praktischen Standpunkte von Förstern anzupassen sein dürfte.

Die Forstwissenschaften bestehen teils in Erfahrungssätzen über die zweckmäßigste Bewirtschaftung der Forsten, teils in Wissenschaften, welche gewissermaßen die Grundlage jener Erfahrungssätze bilden. Letztere setzen sich aus den Naturwissenschaften und der Mathematik zusammen und werden „Grundwissenschaften" im Gegensatz zu ersteren, den Fachwissenschaften", genannt, welche in einer geordneten Zusammenstellung aller der Lehren bestehen, welche die Bewirtschaftung der Forsten unmittelbar angehen. Dazu kommen noch die sogenannten „Nebenwissenschaften", welche die Staats- und Rechtswissenschaften in bezug auf die Forsten, die forstliche Baukunde — namentlich den Waldwegebau —, das Verwaltungs-, Kassen- und Rechnungswesen, die Jagd und Fischerei begreifen.

Unserem Zwecke gemäß greifen wir aus den gesamten Forstwissenschaften nur folgende für den Förster wichtigen Gebiete heraus und teilen danach dieselben ein in:

I. Grundwissenschaften.

A. Naturgeschichte.
a. Forstzoologie. b. Forstbotanik

B. Mathematik.
a. Zahlenlehre. b. Größenlehre.

II. Fachwissenschaften.

A. Standortslehre. C. Forstschutz.
B. Waldbau. D. Forstbenutzung.

III. Anhang.

Jagdlehre.

Die für uns wichtigen Teile der Naturlehre (Chemie und Physik) werden in den betreffenden Kapiteln der Fachwissenschaften, soweit dies nötig erscheint, kurz behandelt werden. Die allgemeine Zoologie und Botanik finden ihre Berücksichtigung in der Forstzoologie und Forstbotanik, die Mineralogie ist in die Standortslehre eingeflochten. Die Forst- und Jagdpolizeilehre, soweit sie für den Schutz des Waldes und seiner Produkte wie der Jagd zu wissen notwendig, findet sich in der Lehre vom Forstschutz und von der Jagd, sowie hinten in den Beilagen, welche die wichtigsten gesetzlichen Bestimmungen im Auszuge mit einigen das Verständnis erleichternden Erläuterungen enthalten. Die Holz- und Landmeßkunst, den Wegebau, sowie das wichtigste aus der Abschätzung behandelt die Mathematik resp. die Forstbenutzung, welche mit dem Forstschutz zusammen auch die wichtigsten Gebiete aus dem Geschäftskreise der Förster berühren. Um die Auswahl in der einschlägigen Literatur zu erleichtern, ist ein Verzeichnis von guten Lehrbüchern vorgeheftet.

Dies möge zur Erleichterung des Studiums und der Orientierung in vorliegendem Buche, sowie zur Rechtfertigung der obigen Einteilung dienen. Die Waldertragslehre, die Waldwertberechnung, Verwaltungskunde 2c. sind nur hier und da berührt und konnten als den speziellen Aufgaben der Verwaltung resp. dem Gesichtskreise und der forstwissenschaftlichen Bildung der Förster ferner liegend eingehendere Besprechung nicht finden. Eine erschöpfende Beantwortung aller Fragen kann das Buch bei der schnellen Ausbildung von Wirtschaft und Wissenschaft heute nicht mehr geben; dazu müssen die Spezialwerke nachgeschlagen werden.

Da an einer anderen Stelle des Buches sich nicht mehr Gelegenheit finden wird, über den Hauptteil der Grundwissenschaften, die Naturwissenschaften etwas Allgemeines zu sagen, was zu dem Verständnis der alltäglichen Vorgänge im Walde und in unserer sonstigen Naturumgebung zu wissen notwendig, so mögen hier einige einleitende Gedanken in gedrängtester Kürze folgen:

§ 5.

Allgemeine Einteilung der Naturkörper.

Alles das, was wir mit unseren Sinnen wahrnehmen können, ist Natur; die einzelnen Teile der uns umgebenden Natur nennen wir, sobald sie eine gewisse Selbständigkeit besitzen, Naturkörper. Endweder sind diese Naturkörper unverändert und ursprünglich (eigentliche Natur), oder sie sind durch menschliche Kunst und Kultur so verändert und umgeformt, daß wir sie nicht mehr Naturkörper im eigentlichen Sinne nennen. Ein Haus z. B. nennen wir nicht mehr einen Naturkörper, sondern etwa ein Kunstwerk; es ist eine solche Umformung der einzelnen Bestandteile, die wir sonst Naturkörper nennen, wie Holz, Steine, Erden rc. vorgenommen, daß der Begriff der Natur, d. h. des Ursprünglichen ganz verloren gegangen ist. In gleicher Weise können wir Alles, was uns im täglichen Leben umgibt, die feinsten Kunstwerke wie die allergewöhnlichsten Bedürfnisstücke auf Körper, wie sie draußen in der Natur vorkommen, zurückführen, und so rechtfertigt sich der obige Satz, daß Alles, was wir mit unseren Sinnen wahrnehmen können, „Natur“ ist. Im engeren Sinne verstehen wir jedoch unter „Natur“ den Inbegriff aller der Naturkörper, welche sich nach bestimmten Gesetzen, die wir Naturgesetze nennen, entwickeln und wie sie sich überall im Weltraum resp. auf unserer Erde ursprünglich, von Menschenhand noch unberührt oder unverändert vorfinden. Die Naturgeschichte beschäftigt sich mit der Beschreibung der Naturkörper; sie umfaßt die Tierlehre (Zoologie), die Pflanzenlehre (Botanik) und die Lehre von den Gesteinen und Metallen (Mineralogie); die Naturlehre beschäftigt sich mit den Naturgesetzen, sie umfaßt die Chemie und Physik; beide — Naturgeschichte und Naturlehre — zusammen bilden die „Naturwissenschaften“, welche die Erkenntnis der ganzen Natur anstreben. Das Gebiet der Naturwissenschaften ist so ungeheuer groß, daß eine einzelne Menschenkraft kaum ausreicht, auch nur einen Hauptteil derselben zu beherrschen, geschweige denn mehrere Hauptteile oder die gesamten Naturwissenschaften. Deshalb ist es Sache der einzelnen Fachwissenschaften, sich das Notwendige herauszusuchen und von den gesamten Naturwissenschaften nur soviel, als zum Zusammenhange und allgemeinen Verständnis gehört, zu behandeln. Es finden also hier nur die den Forstmann interessierenden Teile der Naturwissenschaften Berücksichtigung, soweit sie der künftige Förster verstehen kann und muß.

1. Grundwissenschaften.

A. Naturgeschichte.

Allgemeines.

§ 6.

Bedeutung der Naturgeschichte.

Wir kommen nun zur eigentlichen Naturgeschichte, welche uns mit den Merkmalen der Naturkörper soweit bekannt macht, daß wir sie von einander unterscheiden und in die verschiedenen Reiche, in die sie geteilt sind, einreihen können; wir wollen an ihrer Hand lernen, wonach man z. B. den Hirsch und die Eiche im Walde, den Stein in der Kiesgrube ꝛc. erkennt.

§ 7.

Organische und unorganische Körper; Charakteristik der Naturreiche.

Eine erste Verschiedenheit besteht darin, daß der Stein, z. B. der Kiesel aus einer ganz gleichmäßigen Masse gebildet wird; zerschlägt man ihn, so bleiben die Stücke ihrem Wesen nach genau das, was sie waren, nämlich Kieselsteine, nur sind sie kleiner geworden. Die Eiche im Walde besteht dagegen aus einer ganz ungleichartigen Masse, aus Blättern, Blüten, Rinde, Holz, Wurzeln, Säften ꝛc. Nehmen wir einen Teil davon, z. B. ein Blatt, ein Stück Rinde, so haben wir nicht wieder eine Eiche, sondern ganz anders beschaffene Teile derselben. Selbständige einzelne Teile, welche zusammen das Ganze, hier also die Eiche ausmachen, nennt man Werkzeuge oder Organe, weil sie gewisse Verrichtungen haben, ohne welche das Ganze (Individuum genannt) nicht gut fortbestehen kann. Alle mit Organen ausgestatteten Naturkörper heißen organische oder lebendige z. B. Tiere, Pflanzen, im Gegensatz zu den unorganischen oder leblosen, z. B. Steine, Erden.

Die Eiche zeigt durch Wachsen, sowie Erzeugung von Blüten und Früchten, Leben und Bewegung. Anders ist es bei Tieren z. B. dem Hunde, auch einem mit Organen ausgestatteten lebenden Wesen. Der Hund kann laut werden durch Bellen und Winseln, er kann laufen, springen und fressen; er kann sich also willkürlich bewegen, ernähren, sich fortpflanzen, kurz er hat viel mehr und viel ausgebildetere Werkzeuge zu seinem Leben als der festgewurzelte und empfindungslose Baum. Auf derartige Verschiedenheiten hin teilt man das ganze

Naturreich ein, indem man alle lebenden Wesen mit willkürlicher Bewegung und Empfindung Tiere und ihre Gesamtzahl auf der Erde das Tierreich, alle lebenden Wesen ohne Empfindung und ohne freiwillige Bewegung Pflanzen, ihre Gesamtheit das Pflanzenreich, und alle Naturkörper ohne Werkzeuge und Leben Mineralien oder Gesteine, ihre Gesamtheit das Mineralreich (Steinreich) nennt.

Die wissenschaftliche Naturgeschichte des Tierreichs nennt man Zoologie, des Pflanzenreichs Botanik, des Mineralreichs Mineralogie.

Während der Unterschied und die Grenze zwischen dem Mineralreich oder den unorganischen Naturkörpern und den organischen ganz klar und scharf gezeichnet ist, ist derselbe zwischen Pflanzenreich und Tierreich nicht so scharf, indem die kleinsten und einfachsten Pflanzen und die allerniedrigsten Tiere, wie sie namentlich im Wasser und auf dem Meeresboden vorkommen, sich so nahe berühren, daß die Naturforscher nicht genau wußten, welche sie zu dem Pflanzenreich und welche sie zu dem Tierreich zählen sollten; es giebt Tiere z. B. die Polypen, welche fest gewachsen sind, und Pflanzen, z. B. die bekannte Sinnpflanze (**Mimŏsa**), welche Empfindung zeigen.

§ 8.

Systeme der Naturwissenschaften.

Unter „System" verstehen wir die wissenschaftliche Ordnung und Einteilung, wonach wir die Naturkörper unterscheiden und richtig benennen können. Die obige Einteilung der Naturkörper in die drei Reiche — Tierreich, Pflanzenreich, Mineralreich — genügt nicht, um sie genau von einander unterscheiden und wissenschaftlich scharf bezeichnen zu können, wie wir uns an einem Beispiel klar machen werden.

Unsere Hauskatze zeichnet sich durch gewisse Merkmale vor anderen Tieren aus; sie hat gewisse Farben, gewisse Größe, Kopf- und Zehenbildung, gewisse Gewohnheiten 2c. und bildet deshalb die bestimmte Art „Hauskatze, **fēlis doméstica**"; es gibt aber noch viele andere Katzenarten, z. B. Tiger, Löwe, Panther, welche dieselben wesentlichen Merkmale in Bau und Lebensweise und nur äußere Unterschiede, wie Größe, Farbe 2c. haben und deshalb anders benannt werden. Jedes Tier führt in der Wissenschaft, wenn es richtig bezeichnet werden soll, zwei Namen, den seiner Gattung (hier **Felis**!) und den seiner Art (hier **doméstĭca**!). Nun gibt es aber noch viele andere Tiere, die wie das Katzengeschlecht von Fleisch leben und darum ein ähnliches Gebiß und ähnliche Verdauungswerkzeuge haben müssen, z. B. die Hunde, Hyänen, Bären 2c. Jede bildet eine Familie, sie alle bilden wieder eine Ordnung unter dem Namen „Raubtiere“.

Andere Tiere leben nicht vom Raube und von Fleisch, sind deshalb anders gebaut, haben jedoch mit den Raubtieren ein Haarkleid, vier zum Gehen, Klettern oder Schwimmen eingerichtete ähnliche Beine und das Gebären von lebendigen Jungen, die von der Mutter mit Milch gesäugt werden, gemeinschaftlich. Man faßt alle diese Tiere deshalb in eine Klasse — die Klasse der Säugetiere — zusammen.

Die Vögel, Amphibien, Fische bilden für sich wieder Klassen des Tierreichs und haben mit den Säugetieren zusammen ein inneres gegliedertes Knochengerüst, dessen Hauptteil Rückgrat oder Wirbelsäule genannt wird, gemeinschaftlich, weshalb man alle in eine größere Tiergruppe — Kreis — zusammenfaßt und „Wirbeltiere“ nennt. In ähnlicher Weise teilt man nun auch die übrigen Tiere, das Pflanzenreich und das Mineralreich ein und nennt solche Einteilung eines Reiches ein System. Derartige Systeme sind nun von unseren großen Naturforschern verschiedentliche aufgestellt, die man natürliche nennt, wenn nahe verwandte Naturkörper möglichst nahe im System zusammenstehen, künstliche, wenn willkürliche Merkmale, z. B. bei den Tieren die Gliedmaßen, bei den Pflanzen die Blüten 2c. zum Unterscheidungsmerkmale gewählt und damit natürlich verwandte Naturköper auseinander gerissen werden. Wir haben in absteigender Reihenfolge die organischen Naturkörper einzuteilen in Reiche, Kreise, Klassen, Ordnungen, Familien, Gattungen, Arten, Unterarten (Spielarten).

a. Forstzoologie.

§ 9.

Zur Ermöglichung einer Übersicht, in welche Klasse die den Forstmann und Jäger interessierenden Tiere gehören, folge hier eine systematische Zusammenstellung der Kreise, Klassen und Familien des gesamten Tierreiches in absteigender Reihenfolge:

I. Kreis: Wirbeltiere.

Rotblütige Tiere mit rückenständigem Nervensystem, welches von einem knorpeligen und knöchernen Gerüst gestützt und geschützt wird.

1. Klasse: Säugetiere.

Behaarte warmblütige Wirbeltiere, deren lebendige Junge mit Milch gesäugt werden.

1. Ordnung: Zweihänder z. B. der Mensch.
2. „ Vierhänder z. B. Affe.
3. „ Handflatterer z. B. Fledermäuse.
4. „ Raubtiere z. B. Fuchs.
5. „ Insektenfresser z. B. Igel, Maulwurf.
6. „ Nagetiere z. B. Maus, Hase.
7. „ Zahnarme z. B. Ameisenbär.
8. „ Einhufer z. B. Pferd, Esel.
9. „ Zweihufer z. B. Hirsch, Ziege, Gemse.
10. „ Vielhufer z. B. Schwein, Elephant.
11. „ Flossenfüßer z. B. Robben, Walroß.
12. „ Waltiere z. B. Walfisch, Delphin.
13. „ Beuteltiere z. B. Känguruh.
14. „ Schnabeltiere z. B. Schnabeltier.

2. Klasse: Vögel.

Mit Federn bedeckten warmblütige aus hartschaligen Eiern entstehende Wirbeltiere.

1. Ordnung: Raubvögel z. B. Falke, Bussard.
2. „ Singvögel z. B. Finke, Drossel.
3. „ Schreivögel z. B. Widehopf, Nachtschwalbe.
4. „ Klettervögel z. B. Spechte.
5. „ Tauben z. B. Wilde Tauben.
6. „ Hühnervögel z. B. Auerhahn, Rebhuhn.
7. „ Laufvögel z. B. Trappe, Strauß.
8. „ Watvögel z. B. Schnepfe, Reiher.
9. „ Schwimmvögel z. B. Gans, Ente, Möve.

3. Klasse: Reptilien.

Beschuppte oder bepanzerte kaltblütige aus weichschaligen Eiern entstehende lungenatmende Wirbeltiere, aus denen den Alten ähnliche Junge schlüpfen.

1. Ordnung: Schildkröten.
2. „ Krokodile.
3. „ Eidechsen.
4. „ Schlangen z. B. Kreuzotter.

4. Klasse: Amphibien.

Kaltblütige, meist nackte Wirbeltiere mit Lungen- und in der Jugend mit Kiemenatmung; aus ihren Eiern schlüpfen den Alten unähnliche Junge.

Die verschiedenen Froscharten.

5. Klasse: Fische.

Kiemenatmende kaltblütige im Wasser lebende Wirbeltiere mit Flossengliedern.

1. Ordnung: Knochenfische z. B. Karpfen 2c., unsere gewöhnlichen Fische.
2. " Schmelzschupper z. B. Stör.
3. " Selachier z. B. Hai, Roche.
4. " Rundmäuler z. B. Neunaugen.
5. " Röhrenherzen z. B. Lanzettfischchen.

II. Kreis: Gliederfüßler.

Tiere mit geringeltem Körper und beweglich eingelenkten vielfach gegliederten Gliedmaßen.

1. Klasse: Insekten.

Gliederfüßler mit einem Fühlerpaar und sechs Beinen an der Brust.

1. Ordnung: Käfer z. B. Rüsselkäfer.
2. " Halbflügler z. B. Blattläuse.
3. " Geradflügler z. B. Heuschrecken.
4. " Schmetterlinge z. B. Kiefernspinner.
5. " Nacktflügler z. B. Wespen.
6. " Netzflügler z. B. Libellen.
7. " Zweiflügler z. B. Fliegen.
8. " Flügellose z. B. Läuse.

2. Klasse: Tausendfüßler.

Gliederfüßler mit zahlreichen fast gleichgebildeten beintragenden Körperringeln, scharf abgesetztem Kopfe und einem Paar Fühler, z. B. Sandtausendfuß, Randassel.

3. Klasse: Spinnentiere.

Gliederfüßler, Kopf und Brust zusammengewachsen, mit einfachen Augen und acht Beinen, der Hinterleib ohne Glieder.

Spinnen, Milben.

4. Klasse: Krebstiere.

Gliederfüßler mit vier Fühlern und vielen Beinen an Brust und Hinterleib (mindestens 10).

Zehnfüßler z. B. Krebse.

III. Kreis: Würmer.

Wurmförmige Tiere, deren langgestreckter Leib glatt oder querrunzelig und aus gleichen Teilen zusammengesetzt ist.

1. Klasse: Rädertiere — äußerst kleine Wassertierchen.
2. „ Ringelwürmer z. B. Blutigel, Regenwurm.
3. „ Rundwürmer z. B. Spulwürmer, Trichine.
4. „ Plattwürmer z. B. Bandwürmer, Saugwürmer.

IV. Kreis: Weichtiere.

Weiche schleimige Tiere mit einem durch teilweise Verdoppelung der weichen Körperteile gebildeten Mantel.

1. Klasse: Kopfweichtiere, Kopffüßler z. B. Schnecken.
2. „ Kopflose Weichtiere z. B. Muscheln, Sackträger.

V. Kreis: Strahltiere.

Tiere mit strahlig um einen gemeinsamen Mittelpunkt gestellten Körperteilen.

Seeigel, Seesterne, Seelilien rc., Quallen und Polypen, meist im Meere lebende, oft angewachsene und Pflanzen ähnliche Tiere.

VI. Kreis: Formlose Tiere.

Sehr kleine einfach gebaute Tiere von unbestimmter Gestalt.

Schwämme, Aufgußtierchen der Infusorien, Wurzelfüßler.

Aus dem gesamten Tierreich wählen wir nur die für den Forstmann wichtigen Gattungen heraus, deren Kenntnis für denselben notwendig wird.

1. Klasse: Forstlich wichtige Säugetiere

§ 10.

Allgemeines.

Die Säugetiere sind mehr oder minder mit Haaren bedeckt, von denen man Grannen oder Oberhaar und Wolle oder Unterhaar unterscheidet. Die Haare werden jährlich, meist plötzlich im Frühjahr und Herbst gewechselt; verdickte Grannen können allmählich in Borsten und Stacheln übergehen. Manche haben nur einerlei Haare (Huftiere), viele beide Haararten.

Die Haut besteht aus der unteren dickeren gefäß- und nervenreichen Lederhaut und der dünnen empfindlichen Oberhaut, welche sich an einzelnen Stellen zu den sog. Oberhautgebilden (Schwielen, Nägeln, Krallen, Hufen, Hörnern 2c.) verdickt.

Das Skelett (Figur 1) zeigt deutlich Knochen des Kopfes, des Rumpfes, der Gliedmaßen und des Schwanzes. Am Kopf unterscheidet man Schädel-, Gesichts- und Kieferknochen. Der Hals hat meist sieben (selten sechs oder acht)

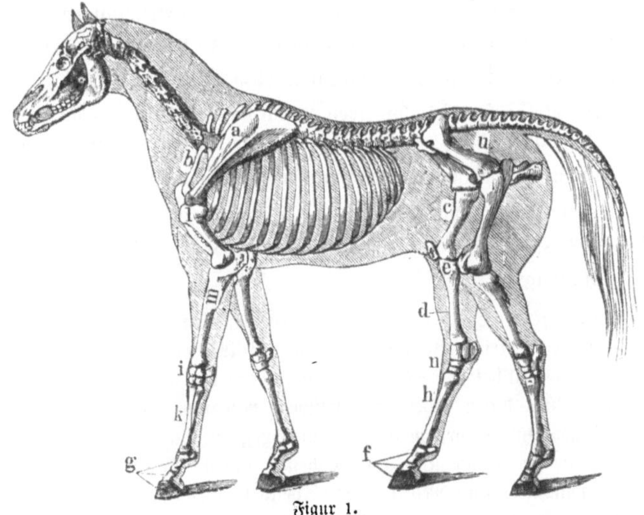

Figur 1.
Skelett des Pferdes in den Körper eingezeichnet (aus Altum Zoologie.)

Wirbel. An der Wirbelsäule des Rumpfes unterscheidet man die Brustwirbel mit den säulenförmigen bogigen flachen Rippen, die Lendenwirbel mit langen und breiten seitwärts und nach vorn gerichteten Forsätzen und die Kreuzbeinwirbel, die verwachsen und mit den Hüftbeinen fest verbunden sind. Die Schwanzwirbel richten sich nach der Länge des Schwanzes (höchstens 46!)

Ein breiter flacher dreieckiger mit hoher Leiste versehener Knochen, das Schulterblatt (a), liegt im Fleisch über den vorderen Rippen, an dieses schließt sich bei vielen Säugetieren (den grabenden, fliegenden und greifenden) zur Verbindung des Oberarmes mit dem Brustbein jederseits das *Schlüsselbein* (b) an. Fast alle Säugetiere haben *zwei Paar Beine*; die *Vorderbeine* bestehen aus Oberarm (l) meist im Körper versteckt, Unterarm (m) (mit Elle und Speiche!) und Hand (h) (mit Handwurzel (i), Mittelhand (k) und Vorderzehen! (g)). Die *Hinterbeine* sind durch den kugligen Knopf des Oberschenkels in die tiefe Pfanne des unten geschlossenen Beckens (n) eingelenkt und bestehen aus Oberschenkel (c), Unterschenkel (d) (Schien- und Wadenbein!), der Kniescheibe (e) und dem Fuß (Fußwurzel (n), Mittelfuß (h), Hinterzehen!) (f)).

Die Zähne liegen einreihig in die Kieferknochen eingekeilt, sind sehr mannigfaltig und systematisch von größter Wichtigkeit. Der Zahn besteht aus einer knochigen Wurzel und der aus Zahnbein und Schmelz gebildeten Krone. Man unterscheidet *Schneidezähne*, deren obere stets im Zwischenkiefer stehen, *Eckzähne*, die nur in der Einzahl neben den ersteren stehen, und *Backenzähne*.

Die Haupteigentümlichkeiten der für die Unterscheidung der Säugetiere äußerst wichtigen Zahnbildung werden durch in Bruchform gesetzte Zahlen veranschaulicht, deren Zähler die oberen, deren Nenner die unteren, deren fettgedruckte die größeren, die anderen die kleineren Zähne darstellen. Die mittleren Bruchzahlen bezeichnen die Schneidezähne, die rechts und links sich anschließenden die Eckzähne und die äußeren die Backenzähne, z. B. $\frac{4}{3} \cdot \frac{\mathbf{1}}{\mathbf{1}} \cdot \frac{6}{6} \cdot \frac{\mathbf{1}}{\mathbf{1}} \cdot \frac{4}{3}$ bedeutet: oben wie unten 6 kleinere Schneidezähne, jederseits ein großer Eckzahn, oben 4 und unten 3 kleinere Backenzähne jederseits. Sind die Backenzähne, wie oft vorkommt, von verschiedener Größe, so wird ihre Anzahl getrennt und in besonderer Bruchform geschrieben, z.B. $\frac{1.1.2}{1.2} \cdot \frac{1}{1} \cdot \frac{6}{6} \cdot \frac{1}{1} \cdot \frac{2.1.1}{2.1}$. Da nun links wie rechts die gleichen Zähne auftreten, so vereinfacht sich die Formel durch Weglassen der Backen- und Eckzähne links, mithin heißt die obige Formel in ihrer Abkürzung: $\frac{6}{6} \cdot \frac{\mathbf{1}}{\mathbf{1}} \cdot \frac{2.1.1}{2.1}$.

Die Sinnesnerven entspringen aus dem Gehirn, die Gefühls- und Bewegungsnerven teils vom Gehirn, teils von dem in der Wirbelsäule befindlichen Rückenmark. Am meisten ist bei den Säugetieren der *Geruchsinn* entwickelt, am wenigsten der Tastsinn. Zwei durch Lider verschließbare Augen vermitteln den Gesichtssinn, den Gehörsinn gewöhnlich vorstehende, oft sehr bewegliche Ohrmuscheln, die Geschmacksnerven liegen in der Zunge und am weichen Gaumen. Das *Verdauungssystem* besteht im allgemeinen aus Mundhöhle, Speicheldrüsen, Schlund, Magen, Dünn- und Dickdarm, das *Herz* aus zwei Vorkammern und zwei Herzkammern, Brust- und Bauchhöhle sind durch das Zwerchfell getrennt, dessen Hebung und Senkung vorzugsweise das Ausstoßen und Einziehen der Luft aus den als Atmungsorgane dienenden *Lungen* bewirken. Am Eingange der Luftröhre liegt als Stimmorgan der *Kehlkopf*. Manche Säugetiere können klettern, graben, schwimmen, fliegen; sie nähren sich teils von Pflanzen, teils von Tieren, teils von beiderlei zugleich, was für ihre Zahnbildung wichtig ist; manche fallen in den sog. *Winterschlaf*, indem die Bluttemperatur bis auf 1° C. sinkt, Herzschlag und Atmung beinahe aufhören und das aufgespeicherte Fett als Ersatz der Nahrung dient.

§ 11.

Die beiden ersten Ordnungen enthalten keine forstlich wichtigen Tiere.

3. Ordnung: Handflatterer.

Säugetiere mit vollständigem Gebiß und Flughäuten zwischen den verlängerten Vorderzehen und Beinen. Die einzigen fliegenden Säugetiere.

1. Familie: Insektenfressende Fledermäuse. Es sind Dämmerungs- und Nachttiere, welche eifrig auf Insekten Jagd machen und dadurch für Wald, Garten und Feld sehr nützlich werden. Ihre 1—2 Jungen tragen sie im Fluge mit sich herum. In der Ruhe und im Winter während der Erstarrung hängen sie oft klumpenweis an den Hinterbeinen in Gebäuden oder in hohlen Bäumen.

Vespertīlio murīnus, Riesen-Fledermaus; die größte, spannt 34,5 cm, spitze Ohren viel länger als Kopf, langsam flatternd auf Straßen, Plätzen und in Gärten. **V. serotīnus**, ziemlich groß, spannt 32 cm, Ohren wenig länger als Kopf, nußbraun, gewandt und spät fliegend an Waldrändern. **V. nóctŭla**, spannt 34 cm, breite muschelförmige Ohren, rostbraun mit schwärzl. Häuten, jagt sehr schnell um die Gipfel der höchsten Waldbäume, hat sehr spitze Flügel. **V. pipistréllus**, Zwergfledermaus; kleinste und gemeinste Art; überall an Wohnungen, auch im Walde; spannt 20 cm.

§ 12.

4. Ordnung: Raubtiere.

Säugetiere mit scharfhöckrigem Gebiß (Fig. 2), oben wie unten 6 kleinen Vorderzähnen (Schneidezähne) (s), langem spitzem Eck- (Fang-) Zahn (e) und einem hervorragenden scharfen Backenzahn (r) (Reißzahn); sehr muskelkräftig, teils Zehen-, teils Sohlengänger; nähren sich meist von warmblütigen Tieren, doch auch von Leichen; wenn die Höckerzähne nicht scharf sind, nähren sie sich auch mit von Pflanzenkost.

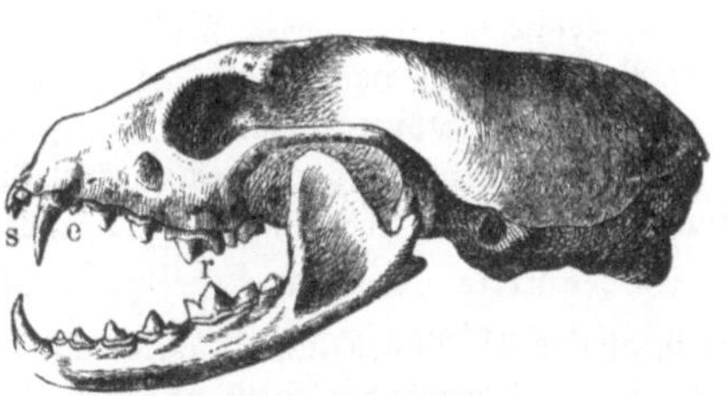

Figur 2. Schädel des Marders. (Aus Altum Zoologie.)

1. Familie: Bären.

2. Familie: Marder $\frac{3\ (2)}{4\ (3)} \cdot \frac{1.1}{1.1}$. Der zweite Scheidezahn (untere Vorderzahn) des Unterkiefers aus der Zahnreihe zurückgestellt (Figur 2). Körper langgestreckt, walzenförmig. Beine kurz, fünfzehig; Sohlengänger.

Meles táxus, gem. Dachs. $\frac{6}{6}\frac{1}{1} \cdot \frac{3\ 1\ 1}{4\ 1\ 1}$. Nährt sich meist von Waldrüchten, Wurzeln und Larven, nimmt aber auch Eier und Junge von Jagdtieren: ist also forstlich nützlich, jagdlich schädlich. Schwarz und weiß gestreift, Unterseite und Beine schwarz; am Tage und im Winter ohne zu erstaren in Höhlen mit Kesseln, 60 cm lang*).

Mustēla mártes, Baummarder. $\frac{6\ 1\ 3\ 1\ 1}{6\ 1\ 4\ 1\ 1}$. Mit dottergelbem Kehlfleck, gelblich brauner Balg, in Wäldern meist auf Bäumen, sehr blutdürstig und kleinem Geflügel und Wild schädlich. 54 cm. Losung nach Moschus duftend, Sohle behaart.

M. foĭna, Steinmarder. Dunkelbraun, aber mit weißem Kehlfleck, in Gebäuden, dem Hausgeflügel sehr schädlich, klettert ebenfalls sehr gewandt, 50 cm Sohle nackt. Beide Marder mit gestrecktem Körper.

M. putórĭus, Iltis. $\frac{6\ 1 \cdot 2\ 1\ 1}{6\ 1\ \ 3\ 1\ 1}$ Etwas kleiner als die vorigen (40 cm lang!) und weißbräunlich; Unterseite und Beine tief braun. Gefährliches Raubtier auf Geflügel, Eier und kleine Säugetiere; eine weiß-gelbliche Abart das Frettchen, M. fūro.

M. erminĕa, Hermelin, 30 cm lang. Sehr gestreckt, kurzbeinig. Im Sommer braun mit weißer Unterseite, im Winter weiß, Schwanzspitze immer schwarz, und **M. vulgāris, Wiesel,** 40 cm lang, Winter und Sommer bräunlich, unten immer weiß; beide sehr nützlich durch Mäusevertilgung, aber der niederen Jagd schädlich.

Lūtra vulgāris, Fischotter. $\frac{6\ 1 \cdot 3\ 1\ 1}{6\ 1 \cdot 3\ 1\ 1}$. Dunkelbraun, unten heller, Körper 60 cm, der breitgedrückte Schwanz 60 cm. Zehen mit Schwimmhäuten; lebt in Uferhöhlen, geht Nachts auf Beute, wird der Fischerei außerordentlich schädlich. Sommer- und Winterpelz gleich wertvoll.

3. **Familie: Hunde.** $\frac{6\ 1 \cdot 3\ 1\ 2}{6\ 1 \cdot 4\ 1\ 2}$. Zehengänger mit gleich langen Beinen; die Vorderbeine fünf-, Hinterbeine vierzehig; stumpfe nicht zurückziehbare Krallen.

a. Wölfe. Cānis lúpus, Wolf und Cānis familiāris, Haushund mit über 100 Rassen, die in Haus- und Jagdhunde zerfallen.

b. Füchse. Körper schlank, Schnauze spitzer, Schwanz lang und buschig.

Cānis vúlpes, gem. Fuchs. Gewöhnlich fuchsrot mit weißlicher (Silberfuchs) oder schwärzlicher Unterseite (Brandfuchs).

4 **Familie: Katzen.** $\frac{6\ 1\ (1)\ 1\ 1\ 1}{6\ 1\ \ \ 2\ 1}$. Rauhe Zunge, schärfster und größter Reißzahn, dicke Pfoten und Tatzen mit scharfen, zurückziehbaren Krallen: schleichende Zehengänger, meist nächtliche Raubtiere.

Löwe, Tiger, Panther 2c.

Fēlis lynx, Luchs. 1,5 m lang; Ohren mit Haarpinseln; sehr kurzer Schwanz. Sehr schädlich.

Fēlis cátus, Wildkatze. 60 cm lang, der Schwanz halb so lang als der Körper. Grau mit dunklen Querbinden; Schwanz buschig mit schwarzer Spitze und drei schwarzen Ringeln unten, an den Sohlen ein unbehaarter Strich (Sohlenfleck), auffallend stärker als die Hauskatze.

Von der nächsten (5.) Ordnung — Insektenfresser — ist der bekannte gem. Igel, Erinācĕus europaĕus, zu nennen, der durch Vertilgung von schädlichen Insekten

---

*) Die Maßangaben beziehen sich stets auf die Körperlänge von Schnauzenspitze bis zur Schwanzwurzel, also immer ohne den Schwanz. Die ⌣ über den Silben bedeuten, daß dieselben kurz, die —, daß sie lang auszusprechen sind, ein ´, daß sie zubetonen sind.

und Mäusen nützlich wird, und der durch Vertilgen von Insekten nützliche bekannte Maulwurf, Tálpa europǟa.

§ 13.

6. Ordnung: Nagetiere.

Säugetiere mit zwei meißelförmigen Schneidezähnen vorn in jedem Kiefer, und von gestrecktem Körper. Zwischen Schneide- und Backzähnen große Zahnlücken; leben von Pflanzenteilen und sind deshalb schädlich; sie sind sehr fruchtbar, viele sammeln Wintervorräte.

1. Familie: Hasen: $\frac{\overset{2}{2}}{2} \cdot \frac{0}{0} \cdot \frac{5\,1}{5} \cdot$ Löffelförmige Ohren, Hinterbeine lang, rauh behaarte Sohlen; trinken nie.

Lepus timĭdus, Hase. Ohr länger als Kopf, mit schwarzer Spitze, Schwanz schwarz-weiß, Bauch weiß.

L. cunicŭlus, Kaninchen. Ohr kürzer als Kopf, kleiner und gedrungener, kurze Läufe, Bauch bläulich.

2. Familie: Mäuse. $\frac{2}{2} \cdot \frac{0}{0} \cdot \frac{3}{3} \cdot$ Kopf schlank, Schnauze spitz mit Schnurrhaaren. Schwanz lang, nackt, selten kurz und fein behaart; Ohren lang.

Mus decumānus, gem. Ratte. 26 cm lang. Die Ohren erreichen angedrückt das Auge nicht, Schwanz kürzer als der Körper.

Mus silvátĭcus, Waldmaus. 10 cm. Ohren ½ Kopflänge; Pelz oben bräunlich gelb, Füße und Unterleib weiß. In Wäldern sehr schädlich, springendes Laufen, weil Hinterbeine viel länger.

Mus agrārius, Brandmaus. Ohren ⅓ der Kopflänge. Oben rötlichbraun mit schwarzen Rückenstreifen, also dreifarbig. Meist auf dem Felde.

3. Familie: Wühlmäuse. Kopf dick, stumpfschnauzig; Ohren kurz, versteckt, Schwanz höchstens ⅔ der Körperlänge.

Arvicŏla amphibĭus, Wühlmaus, auch als Wasserratte, Mollmaus bekannt und berüchtigt. Im Walde, auch in Feld und Garten außerordentlich schädlich durch unterirdisches Benagen von Wurzeln; hat unterirdische Gänge. Wo sie häufig, ist ihr gefährlichster Feind, das Wiesel, sorgfältig zu schonen. Sie ist 15 cm lang, Ohren im Pelz versteckt, einfarbig braungrau, doch oft wechselnde Farben, unten heller; unsere größte Maus.

Arvicŏla arvalis, Feldmaus. 9 cm. Ohren ⅓ der Kopflänge, Schwanz ⅓ der Körperlänge, oben gelbgrau, unten und Aftergegend weißlich; in Feldern und daran stoßenden Beständen oft sehr schädlich und Landplage.

Arvicŏla glaréŏlus, Rötelmaus. 10 cm. Ohren ½ Kopflänge, Schwanz ½ Körperlänge, oben rotbraun, unten weiß; klettert vorzüglich und wird in den Zweigen wie unten an Stämmchen durch Benagen der Rinde an Lärche und Laubhölzern schädlich.

4. Familie: Schwimmnager, Cástor fiber, Biber. $\frac{4.2.4}{4.2.4}$. 90 cm, der Schwanz 30 cm lang, braun, Hinterfüße mit Schwimmhaut, nackter breiter Schuppenschwanz, sehr große Nagezähne; lebt in Flüßen und Seen, wo er mit Sand überwölbte Holzbauten macht. Wird durch Fällen und Benagen selbst von starken

Hölzern sehr schädlich, bei uns nur noch selten an der Elbe und Mulde. Sein Pelz wie namentlich das am Bauche in sackartigen Drüsen abgesonderte Bibergeil sehr kostbar.

Familie: Hörnchen. Das bekannte Eichhörnchen, Sciūrus vulgāris, wird durch Benagen der Rinde, Verbeißen der Triebe, Verzehren der Samen und Vernichten der Singvögelbruten sehr schädlich, namentlich in Nadelhölzern; wo sie überhandnehmen, muß man sie mit allen Mitteln verfolgen.

Myóxus avellanārius, Haselmaus. $\frac{2}{2} \cdot \frac{0}{0} \frac{121}{121}$. Ein ockergelbes bis rotbraunes mäuseähnliches Tierchen mit kurz behaarten am Ende büscheligem Schwanz, 8 cm lang, wird ähnlich wie das Eichhörnchen schädlich; selten. M. glis, gem. Siebenschläfer: ähnlich, 10 cm lang, jedoch grau mit schwarzbraunem Augenkreis.

In der 7. Ordnung kommen keine forstlichen Tiere von Bedeutung vor, ebenso kann die 8. Ordnung der Einhufer mit den Gattungen Pferd und Esel als bekannt vorausgesetzt werden; desto wichtiger ist die nächste, welche die hauptsächlichsten Jagdtiere enthält.

§ 14.

9. Ordnung: Zweihufer.

Säugetiere mit fehlenden oder selten nur zwei seitlichen Schneidezähnen im Oberkiefer, verwachsenen Mittelfußknochen, zwei behuften Zehen und eigentümlichem Wiederkäuermagen. Derselbe besteht aus 4, seltener aus 3 Abteilungen.

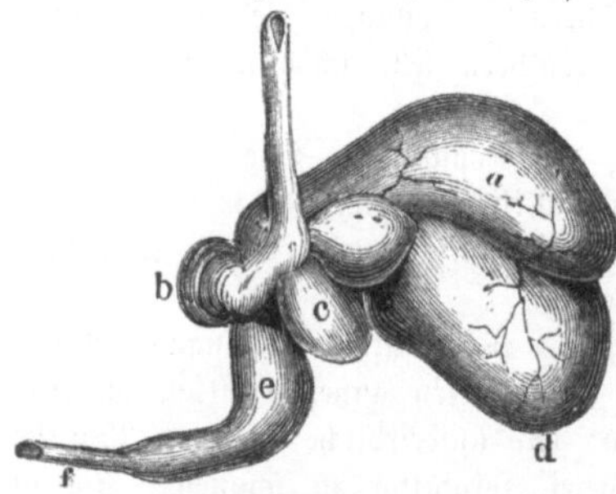

Fig. 3. Wiederkäuermagen.

Die erste derselben, die größte sackartige Ausstülpung, in welche der Schlund (Figur 3 a) mündet, heißt Pansen (d); hinter dieser liegt eine zweite kleine mit netzförmigen Falten besetzte Abteilung, der Netzmagen (c), die dritte mit blättrigen Falten im Innern heißt Blättermagen (b), die vierte längsgefaltene Magenhöhlung, der sog. Labmagen (e), endet im Darmkanal (f). Die grob mit der Zunge abgerupfte Speise gelangt unzerkleinert in den Pansen, von da in den Netzmagen, wo sie zu kleinen Bissen geformt wird und wieder in den Mund steigt, um dort „wiedergekäut“ zu werden. Der so entstandene Speisebrei kommt dann direkt in den Blättermagen, von diesem durch den Labmagen in den sehr langen Darmkanal. Bei einigen fehlt der Blättermagen (Kameel).

1. Familie: Hohlhörner. Mit überhäuteten Stirnzapfen und hohlen bleibenden Hörnern. Hierzu gehören die Gattungen der Ochsen, Schafe, Ziegen und Antilopen, von denen nur der Steinbock, Capra ibex, und die Gemse, Antilōpe rupicāpra, erwähnt werden.

2. Familie: Hirsche. $\frac{3.3}{3.3} \cdot \frac{0(1)}{0} \cdot \frac{0}{8}$ Die Männchen tragen auf den kurzen Stirnzapfen Geweihe, welche fest und meist verästelt sind und jährlich abgeworfen werden. Die Augen mit Tränenhöhlen, die Nebenklauen entwickelt.

Das Reh, Cervus capreŏlus, der Edelhirsch, C. elăphus, der Dammhirsch, C. dāma, der Elch, C. álces, Geweih mit kurzer runder Stange und sehr breiter zweiteiliger vielzackiger Schaufel. Kopf dick und plump; außerordentlich durch Schälen schädlich. Die anderen Familien, wozu die Giraffen, Kameele &c. gehören, interessieren uns nicht. Das Nähere über die Hirsche in den betr. Kapiteln des Anhangs über die Jagd.

§ 15.

10. Ordnung: Vielhufer.

Plumpe Säugetiere mit nackter borstiger Haut, getrennten Mittelfußknochen und mehreren mit Hufen bekleideten Zehen.

1. Familie: Elephanten. 2. Familie: Tapire.

3. Familie: Schweine. $\frac{4}{6} \cdot \frac{1}{1} \frac{43}{133}$. Der seitlich zusammengedrückte Kopf mit knorpliger Wühlscheibe und hervorstehenden Eckzähnen; an den schlanken Beinen vier Zehen, von denen zwei seitlich höher gerückt sind und nicht auftreten. (Dies ist für die Fährtenbestimmung im Schnee und lockeren Boden charakteristisch!)

Sus scrŏfa, Wildschwein. Schwarz, gelblich meliert; die Jungen (Frischlinge) gelb mit braunen Streifen. — Dazu gehören auch die Familien der Nashörner und Flußpferde.

Die letzten Ordnungen der Flossenfüßer, Waltiere, Beuteltiere und Schnabeltiere werden als forstlich durchaus unwichtig übergangen.

2. Klasse: Vögel.

§ 16.

Allgemeines.

Mit Federn bedeckte warmblütige aus hartschaligen Eiern entstehende eierlegende Wirbeltiere.

Die zu Flügeln umgestalteten vorderen Gliedmaßen dienen nebst dem steuernden Schwanz zur Bewegung in der Luft, die hinteren zur Bewegung auf dem Boden, zum Klettern oder zum Schwimmen; die zahnlosen Ober- und Unterkiefer sind mit einer Hornscheide überzogen und bilden den Schnabel, der Leib ist mit Federn bedeckt, an welchem man Dunen (Flaumfedern) und sog. Kontur- (Licht- oder Umriß-) Federn unterscheidet. Letztere zerfallen wieder in kleines Gefieder, welches zur Bedeckung dient und das große Gefieder, welches in Flügel- (Ruder-) und Schwanz- (Steuer-) Federn zerfällt und zur Bewegung in der Luft dient. Die einzelne Feder besteht aus dem Kiel und der Fahne. — Zwischen dem kleinen Gefieder befinden sich nackte Stellen, namentlich an der Bauchseite, zur besseren Erwärmung der Eier beim Brüten (Raine).

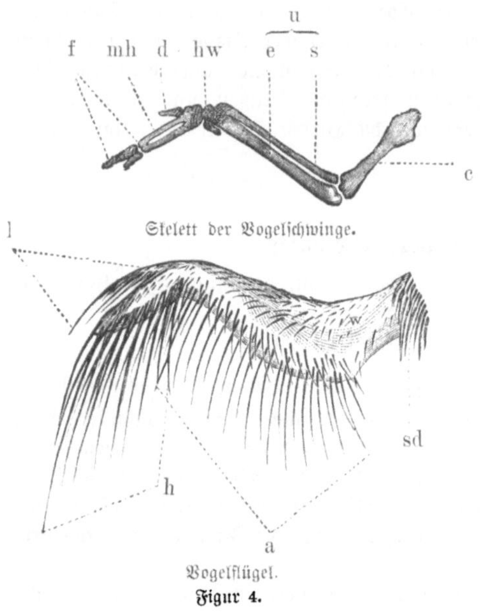

Skelett der Vogelschwinge.

Vogelflügel.

Figur 4.

Der Flügel besteht aus Oberarm (Figur 4 c) mit kleinen Deckfedern, Unterarm (u) mit Elle (e) und Speiche (s), ein Paar Handwurzelknochen (hw) und der Hand mit doppeltem Mittelhandknochen (mh), 2 Fingern (f) und dem Daumen (d) mit den Schwungfedern 1. Ordnung (untere Figur h), die sehr stark sind und schwach schraubenförmig gedreht erscheinen; der Daumen der Hand trägt den zu Seitenbewegungen nötigen Lenkfittich (l). Am Unterarm befinden sich die breiteren schlafferen, meist als Fallschirm dienenden Schwungfedern 2. Ordnung (a). Durch Gebrauch und Witterung nutzen die Federn so ab, daß sie jährlich 1—2 mal (Herbst- und Frühjahrs-Mauser) in der sog. „Mauser" erneuert werden müssen. Nach Jahreszeit, Alter und Geschlecht ist die Farbe der Federn bei denselben Vögeln oft verschieden (Jugendkleid, Mauserkleid usw.). Zur Erhaltung der Federn salben die Vögel dieselben oft mit Fett aus der über der Schwanzwurzel befindlichen sog. Bürzeldrüse.

Der Leichtigkeit beim Fliegen wegen sind die Knochen nicht mit Mark, sondern mit Luft gefüllt, auch haben sie in der Brust- und Bauchhöhle Luftsäcke.

Von den Sinnesorganen ist Geruch und Geschmack vernachlässigt, dafür Gesicht und Gehör um so mehr entwickelt. Die meisten Vögel haben zwei Kehlköpfe, wovon der untere zur Stimmbildung (Singmuskelapparat) bestimmt ist. Die Lunge steht durch Schläuche mit den Luftknochen in Verbindung. Das Vogelei besteht aus Schale, Luftraum, Eiweiß und Dotter. Die Anzahl der Eier schwankt zwischen 1—30, ihre Gestalt ist sehr verschieden, die Farbe wechselt nur zwischen Arten von Weiß, Braun und Grün, kein Ei ist dreifarbig. Die Eier werden entweder einfach auf den Boden gelegt oder es werden mehr oder weniger kunstvolle Nester gebaut, welche die ausgebrüteten Vögel entweder sofort verlassen (Nestflüchter) oder längere Zeit noch bewohnen (Nesthocker). Das Brüten dauert 12—45 Tage, je nach der Gattung. Am Schnabel unterscheidet man 1. die beiden Kiefern, 2. die Firste (Schnabelrücken), 3. die Kuppe (Vorderende des Oberschnabels), 4. die Zügel, Gegend zwischen Auge und der Schnabelwurzel, 5. die Nasenlöcher, 6. die Wachshaut an der Wurzel (gelb oder blau), 7. den Zahn (eckiger Vorsprung am Oberschnabel bei den Raubvögeln).

Das Bein besteht 1. aus dem kurzem im Fleisch versteckten Oberschenkel, 2. dem meist ebenfalls versteckten Unterschenkel (fälschlich oft Schenkel genannt!), 3. dem Fuße, nur aus einem Knochen — dem Laufe — mit den Zehen (Krallen) bestehend, deren Anzahl zwischen 2 bis 4 schwankt und auf welche allein aufgetreten wird (Zehengänger). Die Füße sind sehr verschieden gestaltet und bilden vielfach die Grundlage der Einteilung. Fuß und Zehen verbindet das Fersengelenk. Die langen vorstehenden Federn am Unterschenkel mancher Vögel nennt man Hosen.

Der Gesang erschallt nur während der Fortpflanzungszeit. Nach der Gewohnheit, den Aufenthaltsort zu wechseln oder teilweis oder ganz beizubehalten, unterscheidet man Zug-, Strich- und Standvögel. Die Zugvögel, es sind die meisten unserer Vögel, machen im Herbst und Frühjahr große Wanderungen, die Strichvögel machen nur kleinere Wanderungen in ihrem Gebiet, die Standvögel halten immer dieselbe Gegend.

§ 17.

1. Ordnung: Raubvögel.

Starke Luftvögel mit hakig übergreifendem, am Grunde mit einer Wachshaut überzogenem Oberschnabel und starken hakig gekrümmten Raubkrallen (3 Zehen vorn, 1 Zehe hinten), von denen die äußere Zehe häufig nach hinten gewendet werden kann (Wendezehe!). Sie nähren sich meist von lebendigen warmblütigen Tieren. Die unverdaulichen Teile derselben — Haare, Federn, Knochen — werden in der Regel im Kopfe vom Fleisch geschieden und dann in Ballen — Gewölle genannt — durch den Schnabel wieder ausgeworfen. Sie trinken nie. Die kunstlosen Nester meist an hohen Standorten.

1. Familie: Eulen. Die Augen nach vorn gerichtet und mit einem Federschleier umgeben, ebenso hinter den Ohren oft halbkreisförmige starre dichte Federn. Die Beine meist bis auf die Krallen dicht befiedert. Wendezehe. Meist Höhlenbrüter, weiße rundliche Eier; durch Vertilgen von Mäusen und Insekten sehr nützlich. Meist Nachtraubvögel.

a. Käuze, *glattköpfig*. Strix alūco, Waldkauz. 36 cm*), grau bis braun mit welligen dunklen Flecken. Kopf und Augen sehr groß. Am Tage in hohlen Bäumen an Waldrändern. Außerordentlich nützlich. Stimme: hu, hu, hu, huit huit. Strix nóctŭa, Steinkauz, Drosselgröße, grauweiß gefleckt, sehr nützlich. Strix flámmĕa, Schleierkauz. 31 cm, grau mit weißen schwarz umrandeteten Perlflecken, lange Läufe mit Borstenfedern. Meist auf Türmen und Gebäuden, sehr gemein.

b. Ohreulen, mit aufstehenden Ohrbüscheln und gelben Augen. Strix ōtus, Waldohreule. 36 cm, lange Ohrbüschel, feurig gelbe Augen, rostbraun mit dunkler Federmitte; in jungen schlechten Nadelholzbeständen, freies Nest. *Sehr nützlich* durch Mausen.

Strix būbo, Uhu, Adlergröße, in Zeichnung der vorigen ähnlich. Der Jagd *sehr schädlich*, deswegen zu verfolgen, wo er noch häufig sein sollte.

2. *Familie: Falken.* Schnabel kurz, am Grunde am höchsten, die Augen von einem Knorpel (Superciliarknorpel) überragt. Der Unterschenkel mit verlängerten Federn (Hosen), Zehen stets nackt und mit derselben Wachshaut wie der Schnabel. Tagesraubvögel. Eier mit rotbraunen Flecken ganz bedeckt. Vergl. den Schlüssel.

Falken	Schnabel *gerade* beginnend, starkhakig, zahnlos; Kopf- u. Halsfedern *spitz lanzettlich*. *Adler.*	ohne Wendezehe	Läufe bis zur Zehenwurzel befiedert:		Aquĭla	1. Adler
			Läufe bis zur Hälfte befiedert		Haliaëtos	2. Fischadler
		mit Wendezehe; Läufe bis zur Zehenwurzel nackt:			Pándĭon	3. Flußadler.
	Schnabel schon von der Wurzel an *hakig*, mit oder ohne Zahn; Kopf- und Halsfedern *breit rundlich*. *Falken.*	Oberschnabel mit *tiefem Ausschnitte* vor d. Spitze: (Zahn!)			Falco	4. Falke.
		Oberschnabel ohne tiefen Ausschnitt	Schwanz gegabelt:		Milvus	5. Milan.
			Schwanz abgerundet.	Läufe *kaum* so *lang* als Mittelzehe:	Astur	6. Habicht.
				Läufe *länger* als die Mittelzehe:	Bútĕo	7. Bussard.

*Kennzeichen der Adler***).

Schnabel länger als die Hälfte des Kopfes.	Lauf bis an die Zehenwurzel befiedert	über 75 cm lang	Schwanz lang, weiß, abgerundet, Lauf hell:	a. fúlva	Steinadler.
			Schwanz kurz, gerade, von Flügeln bedeckt:	a. imperiālis	Kaiseradler.
		bis 70 cm lang	Nasenlöcher eirund, nicht eingebuchtet, Lauf 8 cm lang.	a. naévia	Schreiadler.
			Nasenlöcher rundlich mit Wulst. Lauf 11 cm lang:	a. clánga	Schelladler.

*) Die Maßangaben beziehen sich auf die Länge des Körpers vom Schnabel bis Schwanzspitze, wenn der Vogel gestreckt auf dem Rücken liegt.

**) Nach v. Riesenthal, Kennzeichen unserer Raubvögel. Charlottenburg-Berlin. Selbstverlag des Verfassers. Preis 1 Mark. Ein klassisches Buch, das auf das beste hiermit empfohlen wird.

Schnabel länger als die Hälfte des Kopfes.

- Lauf zum größten Teil nackt
  - 90 cm lang, Schwanz keilförmig, Füße gelb: haliaëtos albicilla Seeadler.
  - bis 75 cm lang, Schwanz nicht keilförmig, Füße graublau
    - die kleinen Augen ohne Schleier, ohne Hosen: pândion haliaëtos Fischadler.
    - die großen Augen mit Schleier, mit Hosen: circáëtos gállicus Schlangenadler.

Die Adler sind sämtlich große starke Vögel; der starke Schnabel ist an der Wurzel gerade, dann sehr gekrümmt, mit langem Haken und schrägen Nasenlöchern; auf Nacken und Halsseiten stets starre lanzettliche Federn (Adlerfedern!); die langen breiten Flügel haben 27 Schwingen, von denen die vierte immer die längste ist; im Fluge stark gespreizt. Die Zehen sind sehr kräftig, stark gekrümmt und sehr scharf. Mittelzehe immer kürzer als der Lauf. Die Adler sind alle der Jagd- resp. der Fischerei schädlich, sind jedoch in Deutschland überall so selten, daß sie geschont werden können.

Kennzeichen der Falken.

Im Oberkiefer ein scharf ausgeschnittener Zahn, der in den Einschnitt des Unterkiefers paßt. Nasenlöcher kreisrund; um die Augen nackter Kreis. Zweite Schwinge stets die längste, deshalb sehr spitze Flügel.

- **Edelfalken**
  - Flügel erreichen beinahe das Schwanzende, Mittelzehe (ohne Kralle) kürzer als Lauf
    - der starke Schnabel von der Wurzel aus fast halbkreisförmig gekrümmt: f. cándicans Isländischer Falke.
    - der weniger starke Schnabel von der Wurzel an mehr gestreckt: f. săcer (lanărius) Sakerfalke.
  - Flügel erreichen das Schwanzende ganz, Mittelzehe länger als Lauf: f. peregrĭnus Wanderfalke.
  - Flügel überragen den Schwanz, Mittelzehe doppelt so lang als Außenzehe: f. subbúteo Lerchenfalke.
  - Flügel erreichen das Schwanzende nicht. Mittelzehe fast doppelt so lang als Außenzehe: f. aésalon Zwergfalke.
- **Rotfalken**
  - Mittelzehe nur $^1/_3$ länger als Außenzehe
    - Augenkreis, Wachshaut und Füße gelb
      - Krallen schwarz: f. tinnúnculus Turmfalke.
      - Krallen gelblichweiß: f. cénchris Rötelfalke.
    - Augenkreis, Wachshaut und Füße rot, Krallen gelblichweiß: f. rúfipes Rotfußfalke.

Von oben aufgeführten Falken interessieren uns besonders 1. der *Wanderfalke*. Der ganze Oberkörper ist in der Jugend graubraun, im Alter graublau, die weiße Brust ist dunkel gebändert, die Füße in der Jugend bläulichgrün, im Alter gelb. Länge 47 cm. ♂ viel kleiner als ♀. Sicheres Kennzeichen der *schwarze Zügel*. Kommt überall vor und ist mit der *gefährlichste und gewandteste Raubvogel* auf alles Geflügel, das er jedoch *nie im Sitzen schlägt*. 2. Der *Lerchenfalke*. Die kleinere Ausgabe des vorigen. 32 cm lang, ebenfalls mit *schwarzem Zügel*, sonst bunter wie 1. Oberseite fast schwarz, öfter mit rötlichem Nackenfleck. Kopf, Halsseiten und Brust weiß, Unterbrust gefleckt. Hosen und Hinterleib rot mit schwarzen Tupfen. Jugendkleid etwas abweichend. Sehr verbreitet, namentlich in Feldhölzern; schlägt alle Vögel, die er irgend zwingen kann, aber ebenfalls nur im Fluge und ist *sehr schädlich*. 3. Der *Turmfalke* 32 cm lang. Kopf und Schwanz aschblau, Rücken und Schultern rotbraun mit schwarzen Punkten, Vorderseite gelblichweiß mit schwarzen Schaftflecken, Wachshaut und Füße gelb, Krallen *stets schwarz*. Rüttelt viel im Fluge. *Nützlich* durch Vertilgung von Mäusen und Insekten, selten schädlich durch Schlagen kleiner Vögel! (nur im Sitzen). Alle diese Falken sind Zugvögel und kennzeichnen sich durch die spitzen Flügel schon von ferne.

Kennzeichen der Milane.

Schwanz gegabelt	Schwanz 7 cm *tief gegabelt*, Flügel reichen bis an den Anfang der Gabel, *rötlich gefärbt*:	m. regālis	Roter Milan.
	Schwanz nur 3 cm tief gegabelt, Flügel reichen bis an die Spitze der äußeren Schwanzfedern, *dunkel gefärbt*:	m. migrans (ater)	Brauner Milan.

1. Der *rote Milan* (Gabelweihe) ist sehr verbreitet und als großer rotbrauner Raubvogel mit dem auffallend gegabelten Schwanz nicht zu verkennen; obwohl er gelegentlich kleines Wild und Geflügel schlägt, wird er durch Kröpfen von Aas, Mäusen und Ratten, Amphibien und Insekten auch wieder *nützlich*. Er ist nur dann zu verfolgen, wenn er entschieden schädlich wird. 2. Der *braune Milan* ist dunkel gefärbt, Füße und Wachshaut hochgelb. Vom Bussard, mit dem er vielleicht zu verwechseln ist, unterscheidet ihn der lange und schwach gegabelte Schwanz und der schnellere sehr elegante Flug, die *rundlichen* schräg gestellten Nasenlöcher sowie das *Fehlen von Borsten im Augenkreis* sicher. Ist seltener und viel schädlicher als 1, namentlich der Fischerei und als Nesträuber. Beide sind Zugvögel.

Kennzeichen der Habichte.

Flügel schneiden mit der Hälfte des Schwanzes ab, 4. Schwinge die längste	50—60 cm lang, *starke Läufe*, im Nacken *kein* weißer Fleck:	a. palumbárius	Hühnerhabicht.
	33—40 cm lang, *dünne, lange Läufe*, im Nacken ein *weißer Fleck*:	a. nisus	Sperber.

1. Der *Hühnerhabicht* (großer Stößer, Taubenstößer) ist graubraun mit dunkler Bänderung auf der Brust, oben ohne dieselbe. Jugendkleid Bussard-ähnlich

mit langen braunen Schaftflecken. Der lange Schwanz mit 5 (4—6) Bändern. Füße gelb. Augen rötlich. Im Fluge kennzeichnen ihn die *kurzen stumpfen Flügel* mit ihrem kurzen schwirrenden Flügelschlag, der *lange Schwanz* und fast versteckte Kopf. Durch seine Frechheit, Gewandtheit und weil er alles zu bewältigende Wild und Geflügel im Fluge wie im Sitzen schlägt, *noch gefährlicher als der Wanderfalke* für die niedere Jagd und allgemein.

2. Der *Sperber* ist fast ebenso gezeichnet wie 1, nur hat ♂ braunrote Querzeichnungen auf weißem Grunde; die geringere Größe, die dünnen langen Läufe und der weiße Nackenfleck unterscheiden ihn sicher von demselben, ebenso wie die *kurzen Flügel* von allen ähnlichen Vögeln. Noch gemeiner wie 1 und ebenso schädlich, deshalb *unablässig zu verfolgen*. Beide Habichte sind Strichvögel.

Kennzeichen der Bussarde.

4. Schwinge am längsten, jedoch nur wenig länger als die 3. und 5. Mittelzehe kürzer als Lauf	Borsten im Augenkreis	Lauf hinten ganz, vorn halb nackt, Schwanz mit 12 (10 bis 14) Binden: b. vulgaris	Gemeiner Bussard.
		Lauf bis an die Zehen befiedert, *nackter schmaler Längsstreifen an der Hinterseite*: b. lágōpus	Rauhfußbussard.
	Ohne Borsten im Augenkreis! Schwanz immer mit 3 breiten dunklen Querbinden (die dunkle Schwanzspitze ungerechnet), Zügel u. Läufe beschuppt: Pérnis apivorus		Wespenbussard.

1. Der *gemeine Bussard* ist 50—55 cm lang und nach seinem Kleide kaum zu beschreiben, da dasselbe von weiß bis schwarz mit allen möglichen Abweichungen wechselt. Die halbmondförmigen Nasenlöcher, *oben mit fast geradem Rand* und die Borsten im Augenwinkel kennzeichnen ihn noch am besten. Das *Auge ist nie gelb*. Im Fluge charakterisieren ihn der *kurze Schwanz*, *langsamer Flügelschlag*, vieles Kreisen mit „hiää-Geschrei". Sehr verbreitet. Da, wo er der Jagd nachweisbar schädlich wird, ist er zu verfolgen, sonst als eifriger Vertilger von Mäusen ꝛc. zu schonen. Strichvogel. 2. Der *Rauhfußbussard* ist nur vom Oktober bis April hier und — weil schneller und gewandter — wohl etwas gefährlicher. Außer den oben angegebenen Kennzeichen charakterisieren ihn noch das stets *rotbraune Auge*, die stets *dunkle Färbung* am Bauche und ein großer dunkler Fleck auf dem Unterflügel. 3. Der *Wespenbussard* ist nur Sommergast und der harmloseste von obigen drei Bussarden. Er stellt den Wespen und Hummeln nach, auch wohl kleinen Vögeln. Gegen die Wespen schützen ihn die charakteristischen *harten Kopffedern*. Ziemlich selten.

Kennzeichen der Weihen. Circus.

Ebenso leicht wie die Weihen an dem das Gesicht umrahmenden Federschleier (eulenartig) als Gattung zu erkennen sind, so schwer sind die einzelnen Arten zu unterscheiden, weil die Kleider stark wechseln; bilden den Übergang von den Tag- zu den Nachtraubvögeln; weiches Gefieder, leichter schwebender niedriger Flug. Zugvögel.

- Eulenartiger Schleier um den Kopf; 3. Schwungfeder stets die längste.
  - Schnabel stark und mehr gestreckt: der innere Einschnitt der 1. Schwinge ragt kaum 1 cm über die Spitze der vordersten Flügeldeckfeder hinaus. 2.-5. Schwungfeder außen bogig verengt; 1., 3., 5. Schwungfeder stumpf eingeschnitten: c. aerigunōsus Rohrweihe.
  - Schnabel schwach und später gekrümmt
    - Schleier setzt ab: innerer Einschnitt ragt bis 3 cm hinaus. Die Schwungfedern außen bis zur 4. verengt, innen bis zur 3. eingeschnitten: c. cineracēus Wiesenweihe.
    - Schleier geht unt. d. Schnabel zusammen: der innere Einschnitt liegt an der Spitze der vordersten Deckfedern
      - Schwingen wie bei 1: c. cyanĕus (pygărgus Kornweihe.
      - Schwingen wie bei 2: c. pallĭdus Blaßweihe.

Alle Weihen horsten auf dem Boden und sind an ihrem leisen schwebenden niedrigen bogenförmigen Fluge zu erkennen. 1. Die Rohrweihe ist 56 cm lang, braunrot gefärbt, Augen und Füße gelb, Krallen schwarz, die einzige, deren Bürzel nicht weiß ist; wird den Bruten allen Wassergeflügels, sowie Fischen und deren Laich verderblich und ist zu verfolgen. 2. Die Wiesenweihe ist 43 cm lang und an den langen schmalen Flügeln kenntlich; ♀ braun mit gelblicher Zeichnung, im Alter grau-blau, ♂ aschblau mit weißlicher und rötlicher Zeichnung; fast ebenso schädlich. 3. Die Kornweihe; etwas größer und gedrungener wie 2, aber noch auffallender blau und weiß gezeichnet. Vernichtet viele Bruten von auf dem Boden nistenden Vögeln (Rebhuhn, Lerche rc.) und ist der Jagd entschieden schädlich. 4. Die Blaßweihe ist selten und ähnelt 3, doch ist sie blasser. Die drei letzten Weihearten vertilgen auch Mäuse.

Zum Schluß sei bei den Raubvögeln noch besonders darauf aufmerksam gemacht, daß sie sämtlich Mäuse und Insekten vertilgen; manche von ihnen verzehren jedoch hiervon nur so wenig, daß sie durch das Rauben von nützlichen Tieren und Vögeln, auch von Hausgeflügel, vielmehr schädlich sind.

Als nützlich zu schonen sind nur meistens die Bussarde, Turmfalken, die bei Abend fliegenden Weihen und die Eulen mit Ausnahme des Uhu. Alle übrigen Raubvögel sind schädlich oder doch überwiegend schädlich; die noch hierher gehörigen Familien der Geier sind als für uns forstlich und jagdlich unwichtig übergangen.

§ 18.

2. Ordnung: Singvögel.

Nesthocker mit Singmuskelapparat (zweiter Kehlkopf), 3 Zehen nach vorn, 1 nach hinten (Sitzfüße), klein bis mittelgroß, Gesang und Nestbau auf höchster Stufe; mit Ausnahme der Körnerfresser (Finken, Ammern, Lerchen), welche jedoch wenn sie Junge haben, ebenfalls der Insektennahrung bedürfen, durchweg nützlich*).

1. Familie: Schwalben. Bei uns 4 Arten. Zugvögel.

2. Familie: Fliegenschnäpper. Zugvögel.

*) Wenn in dieser Ordnung nichts dabei bemerkt ist, so sind die betr. Familien und Arten nützlich oder gleichgültig; bei den schädlichen wird die Schädlichkeit besonders hervorgehoben.

3. Familie: Würger, Lānius excūbĭtor. Gr. Würger.

Kaum Drosselgröße; schwarzweiß, oben aschblau, Stirn hell; an Waldrändern, spechtartiger Flug, rüttelt über seiner Beute, greift auch Wirbeltiere (Mäuse, kleine Vögel) an. Nachäffer von allerlei Tönen. Stand- und Strichvogel. Schädlich. Verwegener Räuber.

4. Familie: Raben. Zerfallen in die Gattungen der Heher, Elstern Dohlen und Raben.

Gárrŭlus glandārius, Eichelheher; sehr bunt und scheu, frißt Baumfrüchte und plündert Vogelnester; pflanzt Eicheln; mehr schädlich. Der Nußheher, G. nucifrăga, ist selten.

Pīca caudāta, gem. Elster, überwiegend schädlich durch Vertilgen der Vogelbrut; bei Kiefernraupenfraß jedoch zu schonen, da sie auch behaarte Raupen frißt.

Córvus córax, Kolkrabe, Sehr groß, Haushahngröße, schwarz mit Schiller. Stand- und Strichvögel; nistet bereits im Februar auf sehr hohen Waldbäumen; Adlerflug: paarweis in bestimmt abgegrenztem Revier. Überwiegend schädlich. Seltener.

Die beiden Krähenarten, die violett schwarze Córvus frugilĕgus, Saatkrähe, stets in großen Zügen, wie die teilweis aschgraue mehr einzeln lebende Córvus córnix, Nebelkrähe, mit ihrer grünlich schwarzen Spielart C. corōne. C. frugilĕgus hat spitze Flügel, welche den Schwanz ganz bedecken und nistet in großen Kolonien auf wenig Bäumen. Sind wohl überwiegend nützlich, obwohl sie auch Vogelnester, Saaten und Obstgärten plündern und kleines Wild schlagen. Die bekannte Dohle, Córvus monēdŭla ist als überwiegend nützlich zu bezeichen.

Zur folgenden Familie der Pirole gehört der nützliche Kirschenpirol, Oriolus gălbŭla: Männchen leuchtend gelb und schwarz, Weibchen und Junge grünlich. Drosselgroß, schnell und unregelmäßig fliegend; sehr auffallend! (Pfingstvogel!), durch Plündern der Kirschbäume öfter schädlich; bleibt nur von Pfingsten bis August hier.

Zu den wohl nützlichen Vögeln gehört der Staar, Stúrnus vulgāris, den wir durch Brutkästen an unsere Gärten und Kulturen (namentlich gegen Engerlinge!) zu fesseln suchen; wird aber auch in Obst- und Gemüsegärten oft recht schädlich.

7. Familie: Drosseln, Túrdus. Erste Schwinge sehr kurz, die dritte am längsten, der Schnabel an der Spitze mit einer Kerbe, meist 26 cm, 5 blaugraue rotgefleckte Eier.

Gefieder schwarz; Amseln		Oberbrust mit weißlichem Schild:	T. torquātus	1. Schildamsel.
		Oberbrust wie ganzer Körper tiefschwarz (♂) oder schwarzbraun—dunkelbraun gefleckt (♀):	T. mérŭla	2. Schwarzdrossel.
Gefieder buntfarbig; Drosseln	untere Flügeldeckfedern schwarzgrau oder weißlich,	Flügel mit hellen Querbinden schwarzbraun:	T. viscivŏrus	3. Misteldrossel oder Schaker.
		Flügel ohne Querbinden; Schwanz schwärzlich; Kopf und Bürzel bläulich aschgrau:	T. pilāris	4. Wachholderdrossel,
	untere Flügelfedern rostfarbig	Weichen rostfarbig — Augenstreif deutlich rostgelb:	T. iliăcus	5. Weinvogel.
		Weichen weißlich — Augenstreif undeutlich:	T. músĭcus	6. Singdrossel.

Die Drosseln sind alle durch Insektenvertilgung besonders nützlich; leider wird ihnen wegen ihres delikaten Fleisches in den sog. „Dohnenstiegen“ sehr nachgestellt; sie kommen unter dem Namen „Krammetsvögel“ als Leckerbissen in den Handel.

8. Familie: Sänger. Überaus artenreich, meist kleine lebhafte Vögel mit langen dünnen Beinen und kurzem Fluge; nur Sommergäste; kunstvolle Nester mit 5 Eiern. 1—2 Bruten. Zu ihnen gehören unsere beliebten und bekannten Singvögel. Man teilt sie in folgende Arten ein: die Schmätzer (Stein- und Wiesenschmätzer), die Erdsänger (Nachtigall, Blau- und Rotkehlchen, Rotschwänze), die Buschsänger (Schwarzplättchen und Grasmückenarten), die Laubsänger (Laub-, Spottvogel) und Rohrsänger (Drossel-, Schilf-, Sumpfrohrsänger).

9. Familie: Meisen. Körper gedrungen, Nasenlöcher mit Federn oder Borsten, Flügel kurz, Schwanz etwas gablig. Zehen mit krummen Klammerkrallen, die ihnen das Klettern ermöglichen. Standvögel.

Zu dieser Familie gehören die Goldhähnchen.

Régulus ignicapillus und R. flavicapillus, feuerköpfiges und goldköpfiges Goldhähnchen, unsere kleinsten Vögel, laubgrün; zahlreich in Nadelhölzern, besonders nützlich.

Die eigentlichen Meisen sind bekannt; für unsere Wälder, namentlich aber für die Obstgärten überaus nützlich. Es werden nur genannt: die Kohlmeise, Pārus mājor. Rücken grün, Unterseite gelb mit schwarzem Längsstrich, Scheitel schwarz, Wangen weiß. Der vorigen sehr ähnlich die nur im Nadelholz vorkommende Tannenmeise: Pārus āter, ferner die Sumpfmeise (Höhlenbrüter), die Blaumeise, Haubenmeise 2c.

Sitta europāēa (caésĭa), gemeine Spechtmeise, ist der bekannte, im Walde sehr häufig vorkommende und vorzüglich kletternde, oben blaugraue, unten rostfarbene kleine Vogel, fälschlich wohl Baumläufer genannt. Die Baumläufer gehören vielmehr zur folgenden Familie der Klettermeisen, welche an den langen steifen Schwanzfedern kenntlich sind und stets von unten nach oben die Bäume kletternd nach Insekten absuchen; in Wäldern und Obstgärten nützlich. Die folgenden Familien der Bachstelzen und Lerchen sind für uns unwichtig.

13. Familie: Finken. Da sie meist von ölhaltigem Samen leben, so werden sie überwiegend schädlich; nur zur Zeit, wenn sie Junge haben, vertilgen sie viel Insekten. Von den überaus zahlreichen Arten werden nur erwähnt der bekannte Buchfink, fringilla coelebs, ferner der Bergfink, der Grünfink, der Kanarienvogel, der Hänfling, der Zeisig, der Distelfink, Kirschkernbeißer, der Sperling 2c.; hierher gehört auch der bekannte Dompfaff oder Rotgimpel, Pyrrhula vulgāris, der Fichtenkreuzschnabel mit gekreuzter Schnabelspitze, Lóxĭa curviróstra, ferner das Geschlecht der Ammern, von denen die Goldammer, Emberīza citrinélla, am bekanntesten ist.

Alle diese Vögel leben meist von Körnern, allerlei Sämereien, Blütenknospen 2c. und werden, obgleich sie zeitweise auch Insekten vertilgen, entschieden schädlich. Manche sind als gute Sänger oder gelehrige und unterhaltende Vögel in den Stuben beliebt.

§ 19.

3. Ordnung: Schreivögel.

Nesthocker mit 10 Handschwingen, getäfelten und gefiederten Läufen.

1. Familie: Eisvögel. Großer Kopf und Schnabel bei kleinem gedrungenem Bau, meist brillant blau, grün oder kupferfarben schillerndes Gefieder; einsam an Bächen, Gräben und Flüssen, schädlich für Fischerei.

2. Familie: Wiedehopfe. Úpŭpa épops, gem. Wiedehopf, bräunlich lehmfarben, Flügel und Schwanz schwarz, weiß gebändert: auf dem Kopf eine eben solche Haube; nützliche Höhlenbrüter.

3. Familie: Nachtschwalben. Caprimulgus europǣus, gemeine Nachtschwalbe, auch Ziegenmelker genannt. 29 cm. Schwärzlich graues fein gezeichnetes Gefieder. Nacht- und Dämmerungsvogel, am Tage liegt er auf dem Boden oder auf horizontalen Ästen. Auf lichten Waldstellen oder an Waldrändern. Sehr nützlich.

Zu den Schreivögeln gehören auch noch viele ausländische Familien, z. B. die prächtigen Colibris, Nashornvögel, ferner die Racken (Blauracke!), die Segler 2c.

§ 20.

4. Ordnung: Klettervögel.

Nesthocker mit Kletterfüßen. (Zwei Zehen vorn und zwei Zehen hinten), gürtelartig geschildete Läufe. Die mit geradem oder schwach gebogenem Schnabel leben von Insekten, die mit starkem und gekrümmtem Schnabel von Früchten und Körnern. Mit Ausnahme des Kukucks brüten sie in natürlichen oder selbst gemeißelten Baumhöhlen.

Cúcŭlus canōrus, gemeiner Kuckuk. Die kurzen Beine und die Krallen gelb, Hals und Oberkörper aschblau, Unterseite weiß mit schwarzen Querstreifen. Nur im Sommer bei uns. Hauptvertilger von haarigen Baumraupen, deshalb sehr nützlich. Legt seine 6—8 Eier, je eins in die Nester von kleinen Singvögeln, die sie ausbrüten müssen.

Spechte. Schnabel mittellang, gerade, Zunge weit vorstreckbar, vorn hornig wiederhakig und sehr klebrig, um die Insekten aus den gemeißelten Löchern hervorzuholen; der Schwanz mit sehr starken Federn, der letzte wagerechte platte Schwanzwirbel dient beim Klettern und Meißeln als Stütze (Kletterschwanz!), die inneren Hinterzehen kleiner als die äußeren, oft verkümmert. Sehr bunte Farben, klettern ruckweis nur baumaufwärts. Durch Insektenverfolgung oft nützlich, fressen jedoch auch Ameisen und Sämereien. Stand- resp. Strichvögel.

Schwarzspechte	Gefieder schwarz, nur der Scheitel (♂) oder nur das Genick rot (♀); Krähengröße:			picus mártĭus	1. Schwarzspecht.
Gefieder oberseits weiß und schwarz; Schwingen weiß gebändert. Buntspechte	mit 4 Zehen	Hinterleib unten rot; Unterrücken und Bürzel schwarz	ein schwarzer Halsstreif vom Mundwinkel herab; Hinterkopf rot (♂) oder — nebst dem Scheitel schwarz (♀); 24 cm (schwarzes Gesicht):	p. mājor	2. Großer Buntspecht.
			ein schwarzer Halsstreif erst unterhalb der Ohren beginnend; Hinterkopf rot (♂); 22 cm; seltener; weißes Gesicht:	p. médĭus	3. Mittlerer Buntspecht.
		Unterseite ohne Rot, weißlich; Unterrücken weiß und schwarz gebändert; Scheitel rot (♂); oder weißlich (♀); 16 cm im Laubholz; Lärchengröße:		p. minor	4. Kl. Buntspecht.
	mit 3 Zehen; Scheitel gelb (♂) oder weiß (♀); 34 cm			p. tridáctylus	5. Dreizehiger Specht.
Gefieder grün; Hinterkopf rot; ein roter (♂) oder schwärzlicher (♀) Backenstreif; 34 cm:				p. virĭdis	6. Grünspecht.

§ 21.

5. Ordnung: Tauben.

Nesthocker mit knorpelschuppig bedeckten Nasenlöchern und Spaltfüßen.

Colúmba palúmbus, Ringeltaube. 50 cm. Taubenblau, unten weinrot im Alter. An den Halsseiten ein großer weißer Fleck (Ring), die den Jungen aber fehlen, ebenso an den Vorderrändern der Flügel, schädlich.

C. oĕnas, Hohltaube. 44 cm. Ganz mohnblau, auf den Flügeln einzelne schwarze Flecke. Ruft: „Huhu", „Huhuhu".

C. túrtur, Turteltaube. Viel kleiner und zierlicher, 29 cm. Rostrot, wenigstens die vier äußersten Federn des langen Schwanzes mit weißer Spitze; Schulterfedern bräunlich mit dunklen Federn. Ruft: „Turturr, turturr". Sehr schädlich für Nadelholzsaaten.

Alle drei Taubenarten sind Zugvögel und forstlich schädlich.

§ 22.

6. Ordnung: Hühnervögel.

Schwerfällige Erdvögel mit kurzem kuppig gerundetem Schnabel, kräftigen Gangbeinen und Sitzfüßen (3 Zehen vorn, 1 Zehe hinten), bei den Männchen oft 1 bis 2 Sporen; suchen scharrend ihre aus Grünfutter, Körnern und Insekten bestehende Nahrung am Boden. Meist Standvögel.

1. Familie: Echte Hühner. Das Männchen stets, das Weibchen meist mit nacktem Fleck an den Wangen, fliegen schlecht, laufen vorzüglich, Nasenhöhlen befiedert.

Phasiānus Gallus, das Haushuhn.

Phasiānus colchĭcus, gemeiner Fasan. Rotbraun, Hals und Kopf grün (♂); oft farbige Varietäten; ♀ oben grau, braun gefleckt; düstereres Gefieder als ♂. **Ph. pictus**, Goldfasan; **Ph. nycthémĕrus**, Silberfasan, und viele Spielarten; ferner gehören hierher die Pfauen, Puter, Perlhühner.

2. Familie: Waldhühner. Schnabel kurz, stark gewölbt, über den Augen eine mondförmige rote rauhe nackte Stelle, Hinterzehen höher als Vorderzehen. Fliegen mit Geräusch.

Tetráo urogāllus, Auerhahn. Putergröße, dunkel, schieferschwarz, verlängerte Kehlfedern, Lauf ganz befiedert, Schwanz abgerundet. Henne nur Haushahngroß, rostfarben mit vielen schwarzen Flecken und Bändern, also bunt. 5—12 Eier.

T. tétrix, Birkhuhn. Haushahngröße, schwarz und stahlblau, Flügel mit weißer Doppelbinde, Schwanz stark leierförmig gegabelt (Spiel!). Henne Haushuhngröße, fast ebenso gefärbt wie die Auerhenne. 6—12 Eier.

T. bonāsĭa, Haselhuhn. Rebhuhngröße, rostbraun, weiß und schwarz gescheckt; Lauf halb befiedert, im Gebirge, fliegt gut.

3. Familie: Feldhühner. Nackte Stellen am Auge fehlen oder klein, Nasenhöhlen unbefiedert.

Pérdix cinērĕa, Feldhuhn (Rebhuhn!), in Völkern bis zum Frühjahr, wo sie sich in Paare trennen.

Der Hahn durch einen kastanienbraunen hufeisenförmigen Fleck am Bauche und rote oder gelbe Wärzchen um die Augen ausgezeichnet. Junge Hühner haben gelbliche, alte Hühner haben grau-bläuliche Füße.

Cotúrnix commúnis, gemeine Wachtel, viel kleinerer Zugvogel; braun mit gelbweißen Schaftstrichen; über Auge und Scheitel ein gelbweißer Streif; Kehle des ♂ schwarz.

Alle Hühnervögel sind Nestflüchter und Standvögel mit Ausnahme der Wachtel.

§ 23.

7. Ordnung: Laufvögel.

Erdvögel mit verkümmerten oder stumpfen gewölbten Flügeln, kräftigen Beinen und Lauffüßen (3 Zehen vorn).

Meist ausländische Familien, von denen am bekanntesten die Strauße (einziger Vogel mit nur zwei Zehen!) und die Kasuare. In Deutschland nur die gem. Trappe, Otis tarda, von Putergröße, rostbraun mit schwarzen Querstreifen, Kopf und Hals aschgrau, Federbart beim Männchen, mittelhohe Stelzbeine. Truppweis auf Feldern in fruchtbaren Ebenen.

§ 24.

8. Ordnung: Watvögel.

Sumpfvögel mit langem Halse und Watbeinen (sehr langer Lauf!), lange, seltener mittellange meist gerade Schnäbel, Nasenlöcher mit feinen Ritzen, Schwanz kurz, Beine im Fluge lang nach hinten gestreckt.

1. Familie: Wasserhühner. Vorderzehen lang, zum Teil mit Schwimmlappen, gehen und schwimmen nickend, schlechte Flieger, gute Läufer und Schwimmer.

Fŭlĭca átra, gem. Bleßhuhn. Der mittellange seitlich gedrückte Schnabel setzt sich als schwielige, grell weiß gefärbte Platte bis hoch auf die Stirn fort. Schnabel und Stirnplatte weiß, sonst schieferfarben. Entengröße; 47 cm. Hat etwas tranigen Geschmack.

Gallinŭla (fulica) chlóropus, gem. Teichhuhn (Wasserhenne, schwarze Ralle), 31 cm, Zugvogel; grüne Beine, Gefieder oben olivenbraun, sonst schiefergrau, Stirn schön rot. Auf Teichen und Binnenseen.

Crex praténsis, gem. Wiesensumpfhuhn oder Wachtelkönig, 28 cm. Im Gefieder der Wachtel ähnlich, etwas größer, schlank. Knarrt im Frühjahr Abends auf Wiesen, wohlschmeckend.

Grus cinérĕa, gem. Kranich. 120 cm, aschgrau, kahler Oberkopf mit Borsten, hintere Schwingen kraus, Hals und Beine storchähnlich, langer Schnabel.

Rállus aquătĭcus, Wasserralle. 28 cm. Schnabel etwas länger als Kopf, schwarz, Weichen weiß gebändert.

2. Familie: Schnepfenartige Vögel. Schnabel dünn, lang, teils weich. Erste Schwinge ein ganz kleines Federchen. Die Hinterzehe klein, etwas höher, gute Flieger. 4 birnenförmige, gelbliche oder weißgrünliche braunfleckige Eier im ärmlichen Neste. Wohlschmeckende Vögel, teils sehr teure Leckerbissen.

Schnabel mit gerundeter Spitze; Scheitel und Stirn aschgrau, Hinterkopf mit rotgelben Querbinden; Rebhuhngröße. Scolŏpax rusticola, 1. Waldschnepfe*).

Schnabel mit flachgedrückter Spitze; Scheitel schwarzbraun mit hellem Längsstreif
- Flügeldeckfedern mit weißem am Schaft nicht unterbrochenem Spitzenfleck, 25 cm, Turteltaubengröße: Sc. mājor 2. Doppelschnepfe.
- Flügeldeckfedern mit rostgelblichem, am Schaft unterbrochenem Spitzenfleck 23 cm, Drosselgröße: Sc. gallinago 3. Bekassine.
- Scheitel schwarz, zu beiden Seiten gelb gestreift, Lerchengröße: Sc. gallinŭla 4. Kl. Bekassine.

Trĭnga púgnax, Kampfschnepfe. Drosselgroß, sofort kenntlich an dem aufrichtbaren langen Federkragen um den Hals und den langen nackten Beinen; das Gefieder ist sehr verschieden, im allgemeinen jedoch das gewöhnliche Schnepfengefieder. Kämpfen stark zur Paarungszeit. Eier wohlschmeckend.

Tótănus fúscus, großer, rotschenkliger Wasserläufer, schwarzbraun, turteltaubengroß, Schnabel unten rot, viele ähnliche Arten auf süßen Wassern, eßbar.

Limŏsa aegocēphăla, Pfuhlschnepfe (Gaiskopf!), taubengroß, sehr lange Beine, breitspitziger gerader Schnabel, Mittelkralle innen am Rande gesägt, Vorderkörper rostrot, im Winter dunkel, Schwanz schwarz, an der Wurzel weiß. Auf dem Zuge bei uns in Sümpfen.

Numénĭus arcuāta, großer Brachvogel (Doppelschnepfe), Oberrücken und Schultern braun mit rostgelben Flecken. Unterleib weiß mit braunen Querstrichen, Flügel schwärzlich mit weißen Flecken; Füße bläulich; Stockentengröße, 60 cm. Sehr langer bogiger Schnabel, Beine lang, alle Vorderzehen durch Spannhaut verbunden.

N. phaeŏpus, kl. Brachvogel. Halb so groß, scharenweis auf dem Zuge auf den Feldern, wo er sein Pfeifen hören läßt. Kopf dunkel mit gelbem Mittelstrich. Schnepfengröße. Beide Brachvögel nebst ihren Eiern wohlschmeckend; ihr Gefieder ist schnepfenartig.

3. Familie: Regenpfeifer. Mittellanger kuppenförmiger Schnabel, die kräftigen Beine ohne Hinterzehe, fliegen und rennen schußweis schnell; auf offenen Flächen.

Charádrĭus aurātus, Goldregenpfeifer. Turteltaubengroß, oben dunkelgrau mit grünen oder gelben Fleckchen. „Tute" bei den Jägern genannt. Wohlscheckend.

Vanéllus cristātus, gem. Kiebitz. Bekannt. Eier teure Leckerbissen.

4. Familie: Reiher.

Ardĕa cinérĕa, gem. Fischreiher. 1 Meter; oben aschgrau, unten weiß. Vorderhals mit 2 schwarzen Streifen. Hinterzehe groß, in einer Ebene mit den 3 Vorderzehen, sehr hochbeinig. Nistet gesellig auf hohen Bäumen. Fliegt mit eingezogenem Kopfe. Sehr schädlich für die Fischerei.

Ferner gehören hierher die Störche. Bekannt. Fliegen mit gestrecktem Hals.

Die Schnepfen und Regenpfeifer liefern mit sehr wenig Ausnahmen ein vorzügliches Fleisch und werden deshalb vielfach gejagt; im allgemeinen sind sie durch Insektenvertilgung nützlich.

---

*) Die von der Jägerei unterschiedenen Arten: der größere lebhafte gefärbte „Eulenkopf" und die kleinere düstere „Stein- oder Dornschnepfe" sind spezifisch nicht verschieden. Letzteres sind wohl jüngere Männchen oder weniger entwickelte Individuen aus rauheren Gegenden. (Vergl. „Die Waldschnepfe von Dr. Hoffmann. Stuttgart bei Thienemann.)

§ 25.

9. Ordnung: Schwimmvögel.

Wasservögel mit Schwimmhäuten zwischen den Zehen.

Colýmbus cristatus, großer Haubentaucher. Entengröße, unten glänzend weiß, rostfarbene Krause am Halse, mit Schwimmlappen. Sehr gesuchtes Pelzwerk.

Ente. Schnabel flach, breit, vorn mit einem Nagel, an den Rändern mit Querblättchen oder Zähnchen (Lamellen), vier Zehen, die drei vorderen mit ganzen Schwimmhäuten; fliegen schnell. Erpel lebhafter gefärbt als Ente.

Schwimmenten: Ánas bóschas, Stockente, auch Märzente genannt. 60 cm. Flügelspiegel*) violettblau mit weißer Einfassung. Füße gelblich-rot; außer dem Prachtkleide Erpel wie Ente einfach graubraun. Stammart der Hausente. Hals bei ♂ grünlich, bei ♀ grau.

A. clypeāta, Löffelente 50 cm. Schnabel vorn auffallend breit und gewölbt mit langen kammartigen Lamellen. Füße gelblich-rot.

A crécca, Krickente. Nur taubengroß; kleinste Ente, Beine aschgrau, Schnabel schwärzlich, grüner Spiegel, Schwanz 16 Federn; mit ihr sehr ähnlich, aber durch grauen Spiegel unterschieden A. querquédŭla, Knäckente, Schwanz 14 Federn. Die Spießente, A. acūta, groß, kenntlich am langen dünnen Hals und den wie ein Spieß hervorragenden Mittelschwanzfedern. A. strepĕra, Schnatterente, groß, weißlicher Spiegel, Schnabel und Füße schwarz gelblich. A. penélŏpe, Pfeifente, mittelgroß, Schnabel verschmälert, bleifarben mit schwarzem Nagel, Mundspalte gleich Lauf.

Zu den Tauchenten, die sich durch gedrungenen Körper und mit Hautsaum versehener Hinterzehe auszeichnen, gehören die mittelgroße A. ferīna, Tafelente, mit hellaschfarbenem Spiegel, und A clángula, Schellente, mit weißem Spiegel. Außerdem noch zahlreiche minder wichtige Arten.

Die Enten sind Tag- und Nachtvögel, brüten einzeln im Wasserkraut, auch auf Bäumen und in Höhlen, fliegen hinter einander im schrägen Längsstrich oder in Keilform.

Anser cinerĕus, Grau- oder wilde Gans. 95 cm. Rötlicher Schnabel von Kopflänge ohne Schwarz, Beine fleischfarben. Sehr schädlich und scheu. Stammart unserer zahmen Gans. Außer der Graugans wird den Feldern noch die Abart A. segĕtum, Saatgans, sehr schädlich, die kleiner ist (85 cm) und orangefarbenen Schnabel mit schwarzer Wurzel und Kuppe, auch mehr orangefarbige Beine hat; nur die Jungen schmackhaft.

Cýgnus ólor, Höckerschwan. 160 cm. Nackte Stelle zwischen Auge und Schnabel schwarz, im Alter der rote Schnabel mit schwarzem Stirnhöcker; weiß, an den Ostseeküsten, vielfach gezähmt.

C. músĭcus, Singschwan. Nackte Stelle zwischen Auge und Schnabel gelbfleischfarben, ebenfalls weiß, ohne Höcker, singt nicht, sondern schreit ähnlich den Gänsen; auf dem Zuge gesellig.

Die folgenden Familien der Ruderfüße (Pelikane, Kormoran), der Möwen (Seeschwalbe und eigentl. Möwen), und der Sturmvögel übergehen wir, da sie hauptsächlich Meervögel sind.

*) Spiegel nennt man den auffallend anders gefärbten Fleck auf dem Flügel.

§ 26.

Die dritte, vierte und fünfte Klasse der Wirbeltiere, welche die Reptilien, Amphibien und Fische umfaßt, haben für den Forstmann entweder gar keine oder doch eine so untergeordnete Bedeutung, daß wir sie hier ganz übergehen können.

§ 27.

Von dem zweiten Kreise, welcher die Gliederfüßler begreift, haben für den Forstmann nur die Klasse der Insekten und von diesen hauptsächlich die ersten drei Ordnungen, nämlich die Ordnungen der Nacktflügler, der Käfer, der Schmetterlinge und in geringerem Grade die Ordnung der Gradflügler und Halbflügler Interesse; die forstlich wichtigen sind ausführlich besprochen und beschrieben in den Kapiteln des Forstschutzes, welche über die Beschädigungen der Wälder durch Insekten handeln. Es folgt hier nur eine ganz kurze Charakteristik zur Erleichterung der Erkennung der verschiedenen Ordnungen, Familien und Gattungen nebst Aufzählung der für uns interessanten Insekten.

II. Kreis. 1. Klasse: Insekten.

Gliedertiere mit 1 Fühlerpaar und 6 Beinen an der Brust.

§. 28.

Allgemeines.

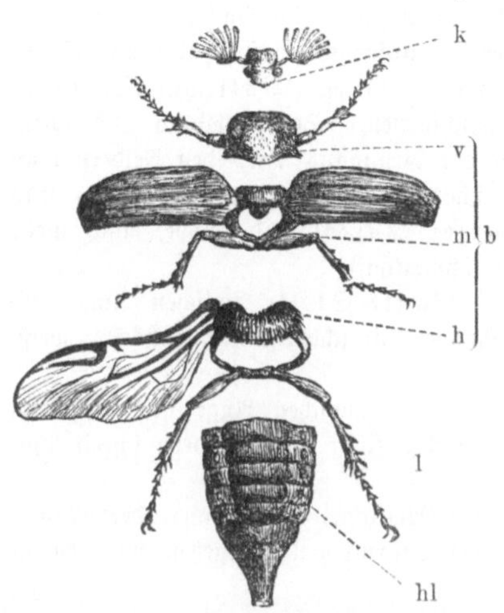

Figur 5. Insektenkörper nach seinen Teilen.

Der Körper der Insekten sondert sich scharf in Kopf (Figur 5, k), Brust (b) und Hinterleib (hl). Der Kopf trägt Fühler, Augen und Mundteile. Die vielgliedrigen Fühler sind sehr mannigfaltig gebildet in bezug auf Länge und Form; letztere ist faden-, borsten-, schnur-, sägen- 2c. förmig, bald geknopft, gebrochen 2c.; dieselben dienen nicht nur zum Tasten, sondern vermitteln auch Geruchs- und Gehörsempfindungen. Die Augen sind entweder einfache oder zusammengesetzte (Netz-!) Augen mit oft vielen Tausenden sechsseitigen gewölbten Feldern. Die Mundwerkzeuge dienen entweder zum Beißen oder zum Saugen; sie bestehen aus Oberlippe, zwei Oberkiefern, zwei Unterkiefern mit einem Tasterpaar und einer mit zwei Tastern versehenen Unterlippe. Die Brust besteht aus drei Ringeln: Vorder- (v), Mittel- (m) und Hinterbrust (h); die Vorderbrust trägt das erste, die Mittelbrust das zweite Fußpaar und bei geflügelten Insekten das erste Flügelpaar, die Hinterbrust das dritte Fuß- und zweite Flügelpaar. Die Beine liegen in einer pfannenförmigen Vertiefung und bestehen aus Hüfte, Schenkelring, Schenkel, Schiene und dem mehrgliedrigen Fuß und den Klauen; je nachdem die Füße zum Gehen, Laufen, Springen, Schwimmen, Graben oder Rauben dienen, sind sie verschieden gebaut und benannt. Die Flügel sind höchstens in der Vierzahl vorhanden, von Adern durchzogen und bald dünn durchsichtig, bald lederartig; das vordere Paar ist bald halb, bald ganz zur festen Decke erstarrt. Der Hinterleib besteht aus 4—11 Ringeln, die letzten beiden Ringel sind häufig zu Legestacheln, Legebohrern, Griffeln, Zangen und Giftstacheln umgebildet. Die Haut der Insekten ist oft ein fester Panzer und dient als äußeres Skelett zum Ansatze der Muskeln; die letzteren sind sehr zahlreich und außerordentlich kräftig. Seitlich am Hinterleib befindliche Öffnungen führen in ein stark entwickeltes Röhrensystem, in welchem die Atmung vor sich geht. Viele Larven können vermittels eigener Spinndrüsen feste Gespinnste verfertigen. Vollkommene Insekten können ihre Eier häufig durch eine Kittsubstanz anheften, mit Gespinnst überziehen 2c. Die Nerven liegen hauptsächlich am Bauch (als Knötchenfäden), von wo sie sich in den übrigen Körper verzweigen. Je nachdem die Insekten in vier verschiedenen Lebensformen als Ei, Larve, Puppe und vollkommenes Insekt oder nur in drei Formen als Ei, Larve und Insekt sich entwickeln, unterscheidet man Insekten mit vollkommener Verwandlung (Metamorphōse) oder Insekten mit unvollkommener Verwandlung, daneben kommen auch Insekten ohne Verwandlung vor, die nur den Zustand als Ei und Insekt durchmachen. Die Verwandlung geht stets in der Reihenfolge vor sich, daß aus dem Ei die Larve, aus dieser die Puppe, aus der Puppe sich das Insekt entwickelt.

Das Insekt wächst nicht mehr, sondern nur die Larve! (Ausgenommen bei ganz unvollkommener Verwandlung). Die mannigfaltigen Lautäußerungen der Insekten werden teils durch das Schwirren der Flügel, teils durch Reiben äußerer Körperteile, teils durch Ausströmen der Atmungsluft hervorgerufen.

Die Insekten werden durch Zerstören von Pflanzenteilen (Holz, Blätter, Blüten, Früchte 2c.), durch Befallen von Menschen und Tieren als Schmarotzer 2c. schädlich; andere produzieren Honig, Wachs, Seide, Farbstoffe, Arzneien, räumen faulende und kranke Stoffe fort resp. verwandeln sie in nützliche Dungstoffe, übertragen den Blütenstaub 2c. und werden dadurch nützlich. Manche leben in staatlicher Gemeinschaft, andere führen kunstvolle Bauten auf. Es kommen mehrere hunderttausend Arten vor.

Mit 4 Flügeln	Vorderflügel härter als Hinterflügel und von ungleichem Stoffe.	Vorderflügel hornig	ganz hornig:	Coleóptĕra	Käfer.
			am Grunde hornig, an der Spitze häutig:	Hemiptĕra	Halbflügler, z. B. Blattläuse.
		Vorderflügel pergamentartig, Hinterflügel häutig, breiter und längsgefaltet:		Orthóptĕra	Gradflügler, z. B. Heuschrecke.

Mit 4 Flügeln
- alle Flügel von gleichem Stoffe
  - ganz oder teils mit Schuppen bedeckt: Lepidóptĕra Schmetterlinge.
  - nackt und glasartig, durchsichtig
    - Flügel geadert, höchstens mit 12—14 Zellen: Hymenóptĕra Nacktflügler, z. B. Wespen.
    - Flügel netzförmig, immer über 20 Zellen: Neuróptĕra Netzflügler, z. B. Libellen.

Mit 2 nackten durchsichtigen Flügeln, statt der 2 fehlenden Hinterflügel meist 2 gestielte Knöpfchen: Diptĕra Zweiflügler z. B. Fliegen.

Ohne Flügel: Áptĕra Flügellose, z. B. Läuse.

Käfer, Halbflügler, Netzflügler, Gradflügler, Schmetterlinge haben eine vollkommene, die übrigen Insekten eine unvollkommene Verwandlung; Käfer, Ader-, Netz- und Gradflügler haben beißende, die übrigen saugende Mundteile.

§ 29.

1. Ordnung: Nacktflügler (Aderflügler), Hymenóptĕra.

Insekten mit kauenden und leckenden Mundteilen, vier häutigen schmalen durchsichtigen wenig geaderten Flügeln, die zur Artenbestimmung wichtig sind, und vollkommener Verwandlung. Die ♀ mit Legebohrer oder Giftstachel. Die Larven meist Maden. Die Insekten schwirren in summendem Fluge lebhaft umher; sie **wirken nützlich,** indem sie teils schädliche andere Insekten vertilgen, teils durch **Übertragen des Blütenstaubes** beim Honigsammeln die Befruchtung der getrennt **geschlechtlichen Pflanzen** befördern; seltener schädigen sie Pflanzen.

1. Familie: Pflanzenwespen, Sirex gigas, Riesenholzwespe. 3 cm lang, **schwarz und gelb,** sitzender Hinterleib mit langem Legebohrer; die farblosen Larven **haben nur Brustbeine, fressen schädlich** in Nadelhölzern im Stamme große Larvengänge.

S. juvĕncus, **Holzwespe.** 13—26 mm. Stahlblau. Im Kiefernholze ähnlich schädlich.

2. Familie: Gallwespen. **Mückengroße Wespen mit Brustbuckel und seitlich zusammengedrücktem Hinterleib,** welche zum Ablegen der Eier zarte Pflanzenteile **(Blätter** 2c.) **anstechen** und so zu eigentümlichen Wucherungen, unter dem Namen **„Gallen" bekannt,** Veranlassung geben. Am bekanntesten sind die Gallen an der **Unterseite der Eichenblätter,** vom Stich der Cýnips quércus fólii **herrührend; nützlich** ist Cýnips tinctórĭa, deren Gallen zur Tintenfabrikation verwandt werden.

3. Familie: Schlupfwespen oder Ichneumonen. Gestielter **Hinterleib, in der Mitte** am breitesten, von oben nach unten zusammengedrückt, an der Spitze **desselben der empfindlich stechende** Legebohrer; Fühler **lang,** borstenförmig, **zitternd tastend.** Schmale Flügel, ganzer Körper langgestreckt, dünn, **Beine lang. Außerordentlich nützlich,** indem die Weibchen andere schädliche Insekten, und zwar in **allen Verwandlungsstadien,** Raupen, Eier, Puppen anstechen, sie mit Eiern belegen **und so indirekt durch die nachher ausschlüpfenden jungen Ichneumonen töten.** Die **meisten Ichneumonen sind auf bestimmte Insektenarten und Verwandlungsstadien angewiesen;** je nach der Größe bewohnen sie einzeln oder oft zu Hunderten das an-

gestochene Wohnungstier als Maden; sobald sie sich zu Insekten entwickelt haben, schlüpfen sie aus. Sie bilden das Hauptgegengewicht gegen Raupenfraß, indem sie sich gleichzeitig mit den Raupen, nur in noch viel stärkerem Maße, zu vermehren pflegen.

Ichneúmon circumflĕxus, gebog. Ichneumon. Groß, rötlich-gelb, mit sichelförmigem Hinterleib, einzeln in der gr. Kiefernraupe; Ichneumon globătus, klein, zu Hunderten in derselben. 4- bis 5000 Arten Ichneumonen bekannt.

4. Familie: Ameisen. Bekannt; werden durch Töten vielen Ungeziefers, Wegräumen fauler Stoffe 2c. sehr nützlich.

5. Familie: Grabwespen. Sphex. Graben sich Höhlen in Holz oder Erde, schleppen allerlei Insekten hinein, die sie durch einen Stich gelähmt haben, belegen sie mit Eiern und mauern dann die Höhlen zu. Meist schwarze Farbe mit brauner oder braunroter Zeichnung, langen Beinen und Flügeln, kurzen geraden Fühlern.

Von den folgenden Familien der Wespen und Bienen interessieren uns nur die Blattwespen und die große bekannte Horniß, Véspa crăbro, die durch Schälen junger Eichentriebe schädlich wird.

§ 30.

2. Ordnung: Käfer (Coleóptera).

Insekten mit kauenden Mundteilen, festen Flügeldecken und vollkommener Verwandlung. Der Mund ist zum Beißen eingerichtet, die Fühler bestehen meist aus elf Gliedern, doch wechselt ihre Zahl zuweilen zwischen vier und zwischen dreißig; diese sind, was zur Unterscheidung dienen kann, faden-, borsten-, keulen-, fächer-, säge-, kammförmig, bald gerade, bald geknickt. Von den drei Brustringeln ist der erste das freibewegliche Halsschild (vergl. Figur 5 v.) und trägt das erste Beinpaar, in dem zweiten ist das zweite Beinpaar und erste Flügelpaar eingelenkt, der dritte große Ringel trägt das zweite Flügel- und letzte Beinpaar. Das erste Flügelpaar ist hart und dient zum Schutze, das zweite häutig und dient zum Fliegen. Die Beine sind Laufbeine (meist!), bald Grab-, Spring-, Schwimmbeine; am Fuße (dem untersten Hauptgelenk, Tarsus) befinden sich 1—5 Glieder, deren verschiedene Zahl ebenfalls als Einteilungsgrundlage dient, die allerdings etwas mangelhaft ist, da manche Ausnahmen vorhanden sind. Sie ist hier zugrunde gelegt.

§ 31.

Mit vier Fußgliedern, eines jedoch verkümmert. Die Marienkäferchen; kleine unten flachscheibige, oben gewölbte fast kreisrunde bunte Käfer. Ihre laufenden Larven vertilgen mit den Käfern massenhaft Blatt- und Schildläuse, deshalb nützlich. Hierher gehört das bekannte Marienwürmchen und ähnliche Arten.

§ 32.

Mit fünf Fußgliedern, das letzte Glied jedoch verkümmert und verborgen, deshalb scheinbar viergliedrig. Hierher gehören die schädlichen Blattkäfer, Chrysoméla pópŭli, álni, cáprĕae etc. und die in Saatkämpen schädlichen Erdflöhe (mit Springbeinen), ferner folgende große Familien:

Die Bockkäfer (Cerămbyx) mit kräftigem gestrecktem Körper und langen bis sehr langen Fühlern. Die gelb-weißlichen Larven sind vorn breiter als hinten, gestreckt, mit stark abgeschnürten Ringeln, weich mit hornigem Kopfe und starken Kiefern, Füße meist verkümmert, leben meist im Holze, wo sie oft sehr schädlich fressen. (Großer Wurm in Eichen ꝛc.)

C. carchărĭas, Pappelnbockkäfer, in Pappeln sehr schädlich. C. heros, unser größter Bockkäfer (großer Wurm), in Eichenstämmen sehr schädlich, nicht viel kleiner ist C. faber (in Eichen), beide sehr große braune Käfer mit langen Fühlern.

Die Borkenkäfer (Figur 6): mit walzigem Körper, kleine bis sehr kleine schwarze und braune Käfer. Larven weiß, ohne Beine und Augen, gekrümmt; am schädlichsten Bostrĭchus typŏgraphus (Fichte), oft schädlich B. stenŏgraphus (Kiefer), beide mit Lotgängen*), B. lărĭcis (Lärche, Kiefer), geschwungener Lotgang, B. cúrvĭdens (Weißtanne), unregelmäßige doppelarmige Wagegänge, B. chalcŏgrăphus (Fichte), Sterngänge, B. dispar, monŏgrăphus (kleiner Wurm in Eichen), dryŏgraphus, bogige Gänge in Laubhölzern. Die Unterart der Bastkäfer ist kenntlich an der rüsselartigen Verlängerung des Kopfes. Hylesĭnus pinipĕrda (Kiefer), großer Lotgang mit Krücke oben, H. minor (Fichtenrinde), Familiengänge. Die Unterart der Splintkäfer ist am ansteigenden und dann fast rechtwinklig abgestürzten Hinterleib zu erkennen. Eccoptogáster scólythus (Ulme), kurze breite Lotgänge, E. destrŭctor (Birke), sehr langer Lotgang.**)

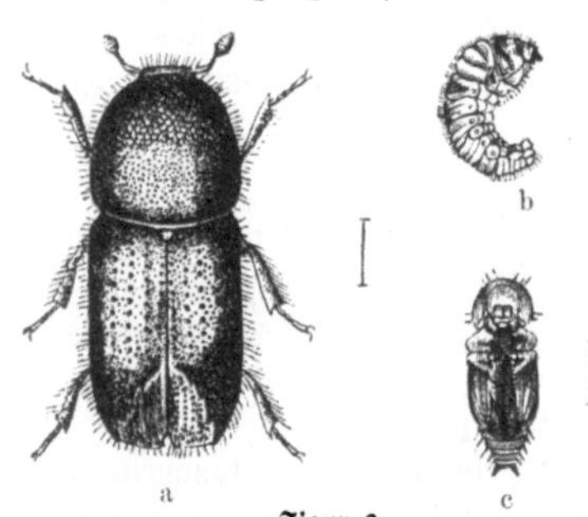

Figur 6.
Fichten-Borkenkäfer. a Käfer. b Larve. c Puppe.
(Aus Heß, Forstschutz I.)

Die obigen drei forstlich wichtigen Gattungen lassen sich leicht nach folgendem Schlüssel unterscheiden:

Erstes Fußglied viel kürzer als die drei folgenden zusammen:

Halsschild = $^1/_2$ des Körpers. Hinterleib schief nach unten abgestutzt: Splintkäfer, Eccoptogáster.

Halsschild = $^1/_4$ des Körpers. Hinterleib nicht schief abgestutzt, Kopf vorgestreckt und vorn allmählich dünner werdend. Bastkäfer, Hylesĭnus.

Halsschild $^1/_3$ des Körpers. Kopf nicht vorgestreckt, von oben nicht oder kaum sichtbar, walzenförmig: Borkenkäfer, Bóstrichus.

Die Rüsselkäfer (Figur 7). Kopf rüsselförmig verlängert, meist sehr harte Flügeldecken; farblose gekrümmte fußlose weiche Larven mit behaarten Wülsten. Sehr schädlich an allen Pflanzenteilen. Curcŭlĭo pini und notătus, bekannt als Nadelholzverderber. C. ater, schwarz mit roten Beinen, frißt an den Wurzeln von Nadelhölzern.

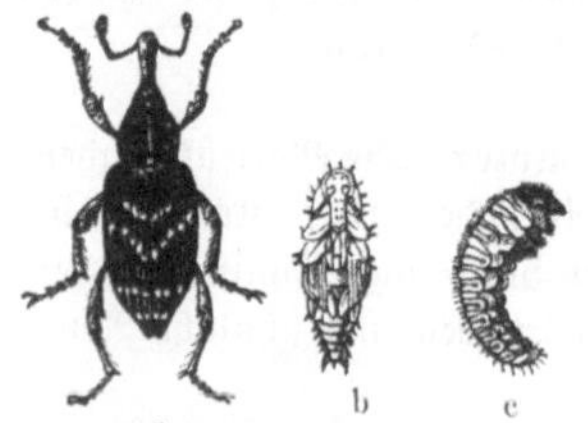

Figur 7.
Großer Rüsselkäfer. a Käfer. b Larve. c Puppe. (Aus Heß, Forstschutz I.)

*) Lotgänge nennt man solche Fraßgänge, welche senkrecht am Stamme hinauflaufen; Wagegänge, welche wagrecht von rechts nach links laufen; Sterngänge, welche radien- oder sternförmig von einem Mittelpunkt verlaufen.

**) Das Nähere über die merklich schädlichen Insekten findet sich in den Kapiteln über Forstschutz, die zu vergleichen sind (§§ 208 u. ff.)

§ 33.

Die vorderen Beinpaare mit fünf, das letzte mit vier Fußgliedern.

Z. B. Lytta vesicatōria, spanische Fliege, 17—20 mm, smaragdgrün, weiße Flügel, kurze Flügel und Beine, oft auf Eschen sehr schädlich.

§ 34.

Sämtliche Beine mit fünf vollständig entwickelten Fußgliedern.

Z. B. Clērus formicārius, Ameisenkäfer. Schwarz mit schmaler zackiger roter und einer breiteren weißen Binde, 7 mm. Sehr nützlich durch Vertilgung der Borkenkäferbrut.

Buprēstis virĭdis, Buchenprachtkäfer. 7 mm, blau, auch grünlicher Metallglanz mit kurzen Beinchen und Fühlern, verwüstet zuweilen Buchenheister, die mit der Larve ausgerissen und verbrannt werden müssen. Kenntlich ist der Fraß an den geschlängelten Gängen, welche sich schon von außen durch schwache Wölbung der Rinde verraten, auch blättert die Rinde ab.

Lucānus cérvus, Hirschkäfer. Bekannter sehr großer Käfer mit Geweih; lebt in Eichen, seine Larve in anbrüchigem Holze.

Die Familie der Mistkäfer, die hier folgt, ist nützlich durch Aufräumen fauliger Stoffe.

Melolóntha, Maikäfer. Das Männchen hat 7 große, das Weibchen 6 kleine Fühlerblätter.

Melolóntha vulgaris, gemeiner Maikäfer 26 mm, etwa 30 Eier in der Erde bis 40 cm tief, die Engerlinge anfangs gesellig, später einzeln; in Norddeutschland 4 Jahre, in Süddeutschland 3 Jahre Entwickelungszeit, die Verpuppung in einer Erdhöhle: aus der Puppe entwickelt sich der Käfer bereits im November vor dem Flugjahre und bohrt sich im Mai aus.

M. hippocastăni, kleiner, nur 21 mm, Hinterleibspitze plötzlich verjüngt, die Flügeldecken mit schwarzem Rand; schwer vom eigentlichen Maikäfer zu unterscheiden; liebt mehr Sandboden, in gleicher Weise, vielfach noch mehr schädlich, Generation 4—5 jährig.

§ 35.

Die folgenden Familien der Aaskäfer oder Moderkäfer, z. B. die bekannten Totengräber, leben in Leichen von Tieren, im Aase, im Miste ꝛc, und werden durch Aufräumen derselben, manche räuberische Arten von Staphylīnus auch durch vertilgen von Insekten nützlich. Wichtiger für uns ist die letzte Familie der Käfer, die Laufkäfer; dieselben sind teils selbst, teils sind ihre Larven sehr nützlich durch Insektenvertilgung. Sie haben borstige elfgliedrige Fühler, meist zangenartige Oberkiefer, womit sie empfindlich kneifen können, und schlanke zum schnellen Laufen eingerichtete Beine. Hiervon sind wichtig:

Cicindéla, Sandkäfer. Großer Kopf mit Zangen, vorgequollene Augen, Beine lang und dünn, die Flügel dunkel metallglänzend mit gelblicher Querbinde, 8—17 mm groß. An sandigen Stellen lebhaft laufend oder ruckweis fliegend. C. hybrĭda, grau, kupfergrünlich, und silvática, dunkel bronzebraun mit gelber Zeichnung, C. campéstris, grün. Sind nützlich durch Vertilgen kleiner Insekten.

Cárăbus, Laufkäfer. Haben nur Flügeldecken, keine Unterflügel, sind deshalb auf den Boden angewiesen, woselbst sie namentlich am Abend und in der Nacht nebst ihren gefräßigen Larven allerlei Insekten rauben. Am wichtigsten sind:

C. sycophăntus, Puppenräuber. Ziemlich groß, Decken schwarzblau bis goldgrün, prächtig. Er und seine Larve sind Hauptfeinde des Kiefernspinners, der Nonne und Prozessionsraupe.

C. inquisĭtor. 17 mm. Bronzebraun; viel auf jungen Bäumen mit Raupen- und Puppenvertilgung beschäftigt.

C. cancellātus. 17—28 mm. Bronzegrün bis bronzerötlich, Decken mit drei Längsrippen, dazwischen Reihen mit Kettenpunkten. Häufigste Art.

C. nemorālis. 20—24 mm. Schwarz, Decke violett bronzefarben, bläulich gerandet, fein gerieft mit 3 Reihen Grübchen. Häufig.

§ 36.

3. Ordnung: Schmetterlinge (Lepidóptĕra).

Insekten mit saugenden Mundteilen, vier beschuppten Flügeln und vollkommener Verwandlung. Einige Schmetterlinge nehmen gar keine Nahrung, die übrigen nur wenige stets flüssige, aus Blütensaft bestehende Nahrung vermittels eines zusammenrollbaren Saugrüssels zu sich. Sie vermehren sich durch Legen von hartschaligen Eiern verschiedener Form und Farbe, die bald unbedeckt bleiben, bald mit Wolle oder Klebstoff überzogen werden; ihre Zahl ist stets bedeutend.

Figur 8.
16-beinige Spinnerraupe.
(Aus Heß, Forstschutz I.)

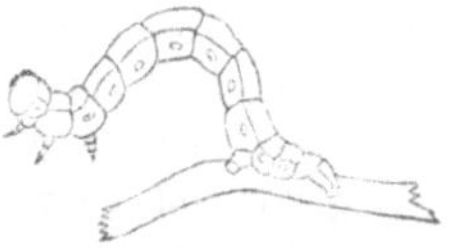

Figur 9.
10-beinige Spannerraupe.
(Aus Heß, Forstschutz I.)

Die Larven der Schmetterlinge sind unter den Namen „Raupen" bekannt. Sie haben Kauwerkzeuge und an der Unterlippe Spinndrüsen, womit sich viele eine Hülle (Kokon) spinnen; der Leib besteht aus 13 Ringeln (Figur 8); die ersten drei auf den Kopfringel folgenden Ringel tragen die 3 eigentlichen (Brust-) Beinpaare, welche schwach gegliedert sind; außerdem besitzt jede Raupe 2—5 Paar verkümmerte sogenannte unechte Beine, so daß im ganzen 5—8 Paar vorhanden sind. Der 4., 5., 6., 7. Ring ist stets beinlos. Während der 3—5maligen Häutung verändern die Raupen oft ihre Farbe; viele Raupen sind nackt (Figur 9), andere mit verzweigten Dornen oder Haaren, die zuweilen giftig sind (Prozessionsspinner), versehen. Die Raupen sind sehr gefräßig; zur Verpuppung verkriechen sie sich in der Erde, in Spalten und Ritzen von Bäumen und häuten sich dort verborgen zur Puppe, die immer ruht. Die Zeit der Verwandlung (Generation) ist verschieden lang; zuweilen mehrere Mal im Jahre oder einmal im Jahre, manche gebrauchen mehrere Jahre. Man teilt die Schmetterlinge in Klein- und Großschmetterlinge ein.

Wir berühren, wie bei den vorhergehenden beiden Ordnungen, nur die forstlich wichtigen zur Erleichterung der Orientierung und soweit sie nicht ausführlich beim Forstschutze besprochen werden.

§ 37.

A. Die Kleinschmetterlinge.

1. Familie: Motten (Figur 10). Kleine bis sehr kleine Schmetterlinge, Flügel sehr schmal, oft zugespitzt und dann sehr lang befranzt; in der Ruhe spitz dachförmig gefaltet, dicht um den dünnen Leib liegend. Die Raupen haben teils verkümmerte, teils 7—9 Paar Beine, Raupen wie Motten laufen behende.

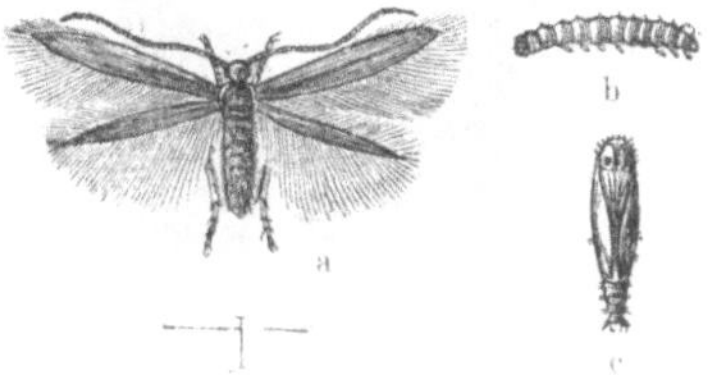

Figur 10.
Lärchenminiermotte. a Schmetterling. b Raupe. c Puppe. (Aus Heß, Forstschutz I.)

Tinēa tapetzēlla, Pelzmotte. Weiß, ein Fleck an der Flügelspitze violettgrau. T. sarcitēlla, Kleidermotte. Nacken weiß, wolkig graubraun; ihre Räupchen sind sehr gefürchtet in Pelzen und Kleidern.

T. laricella, Lärchenminiermotte (Figur 10). Sehr klein, bleifarbig, mit schmalen, breit gefranzten Flügeln. Auf Lärchen schädlich. Raupe im Herbst in ausgehöhlter Lärchennadel, nach Überwinterung in einem aus 2 Nadeln gebildeten Sack, wodurch die Nadeln durch den Fraß weiß gefärbt erscheinen.

§ 38.

2. Familie: Wickler (Fig. 11). Die borsten- oder fadenförmigen Fühler kürzer als der Leib; Vorderflügel länglich dreieckig; der Vorderrand derselben am Grunde schulterförmig gebogen, nicht gefranzt. Die Flügel in der Ruhe nicht spitz, sondern stumpfdachförmig. Die nackten oder nur dünn behaarten Raupen verspinnen häufig beim Fraße die Blätter, 16 Beine.

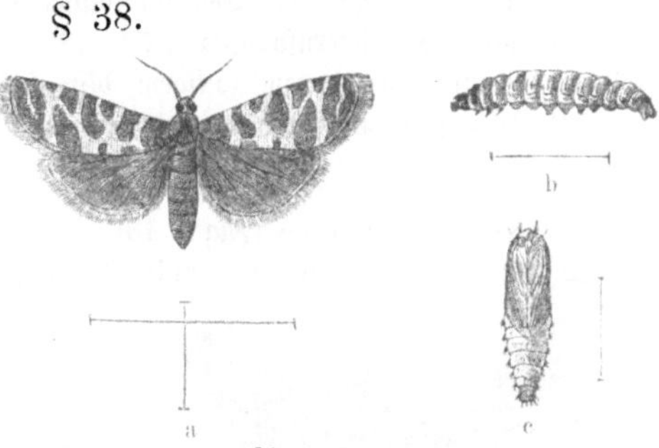

Figur 11.
a Kieferntriebwickler. b Raupe. c Puppe.
(Aus Heß, Forstschutz I.)

Tórtrix viridāna, Eichenwickler 18 mm. (Die Größenangabe betrifft bei den Schmetterlingen stets die Spannweite der Flügel.) Leicht kenntlich an der grünen Farbe. T. buoliāna, Kieferntriebwickler (Figur 11). 15—19 mm. Vorderflügel orangerot, gelb und silberfarben gefleckt. Eier an der Mittelknospe junger Kiefern. die junge Raupe höhlt den wachsenden Trieb aus, wodurch sich derselbe einbiegt und nachher in dieser Krümmung (posthornähnlich) oft weiter wächst. T. turionāna, Kiefernknospenwickler, zerstört die Spitzknospen junger Kiefern. T. hercyniāna, wird in den Fichtennadeln, T. zebēāna an der Rinde junger Lärchen schädlich; bemerklich an Auftreibungen der Rinde. Meist unscheinbare grünlich-bräunliche Raupen an Laub oder im Innern des Holzes.

B. Die Großschmetterlinge.

§ 39.

3. Familie: Spanner (Figur 12). Fühler borstenförmig, beim ♂ zuweilen gekämmt; dünner schmächtiger Körper, große breite Flügel, die in der

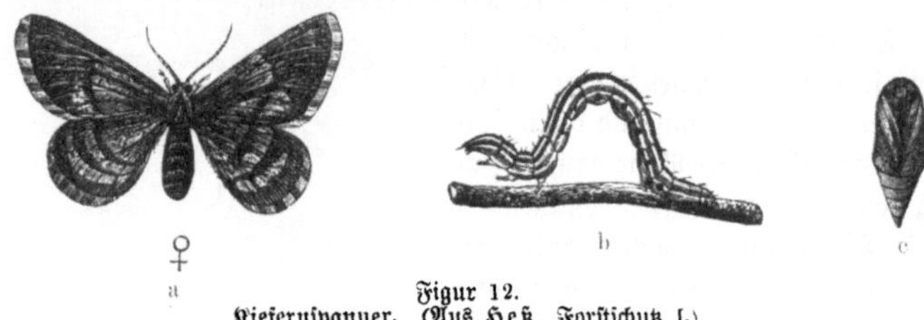

Figur 12.
Kiefernspanner. (Aus Heß, Forstschutz I.)

Ruhe meist ausgebreitet bleiben. Die Raupen leicht kenntlich, da sie stets nackt sind und stets nur 5 Paar Beine (Figur 12b) haben; sie bewegen sich spannend, indem sie den Hinterleib in Bogenform nachziehen; in der Ruhe halten sie sich oft mit dem letzten Beinpaar fest und richten den übrigen Körper senkrecht auf oder züngeln mit ihm (Figur 9).

Geomētra brumāta, Frostspanner. 2 cm. Vorderflügel blaß bräunlich mit feinen welligen Querlinien; das ♀ dunkelgrau mit verkümmerten Flügeln; ♂ fliegt im Vorwinter; ♀ legt seine Eier im Gipfel an Laubknospen ab.

G. piniāria, Kiefernspanner (Fig. 12). 3 cm. ♂ dunkelbraun mit hellgelbem, ♀ mit rostfarbenem zackigem Mittelfeld. Fühler der ♂ stark gekämmt.

G. defoliāria, Blattspanner. G. grossulāria, Stachelbeerspanner*).

§ 40.

4. Familie: Eulen (Figur 13). Körper, namentlich Brust kräftig, Kopf mit Schleier, Hinterleib sich zuspitzend; dichte Behaarung, meist borstenförmige

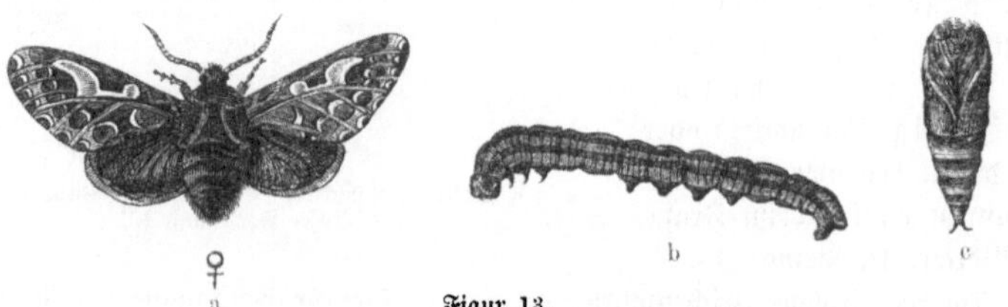

Figur 13.
Kieferneule. (Aus Heß, Forstschutz I.)

Fühler, bei ♂ und ♀ ganz gleich; trüb gefärbte aber fein gezeichnete ziemlich schmale mittelgroße Flügel, in der Ruhe dachförmig gefaltet oder wagerecht. Die 16- (selten 12—14) füßigen Raupen meist nackt, seltener behaart. Fliegen im Dunkeln.

Nóctŭa sĕgĕtum, Saateule. 5 cm. Vorderflügel heller oder dunkler grau mit feinen dunkleren Zeichnungen, Hinterflügel weiß. Die graublaue nackte Raupe öfter in Saatkämpen schädlich.

*) Vergleiche über die Schmetterlinge die betr. Paragraphen im Forstschutz.

N. piniperda, Kieferneule (Figur 13). 3 cm. Vorderflügel fleckig leberrot bis grau-grünlich; weiße Flecken. Nackte sehr langgestreckte Raupe, grün mit hellen Längsstreifen. Puppe mit 2-spitzigem After. Auf Kiefern schädlich.

§ 41.

5. Familie: Spinner (Fig. 14). Körper dick, plump, behaart und stumpf auslaufend, die mittellangen Fühler sind beim ♂ stark gekämmt, beim ♀ meist borstenförmig. Die breiten Flügel in der Ruhe steil dachförmig gefaltet. Raupen nackt oder borstig oder lang behaart, spinnen stark. Die gedrungenen Puppen in Gespinnsten.

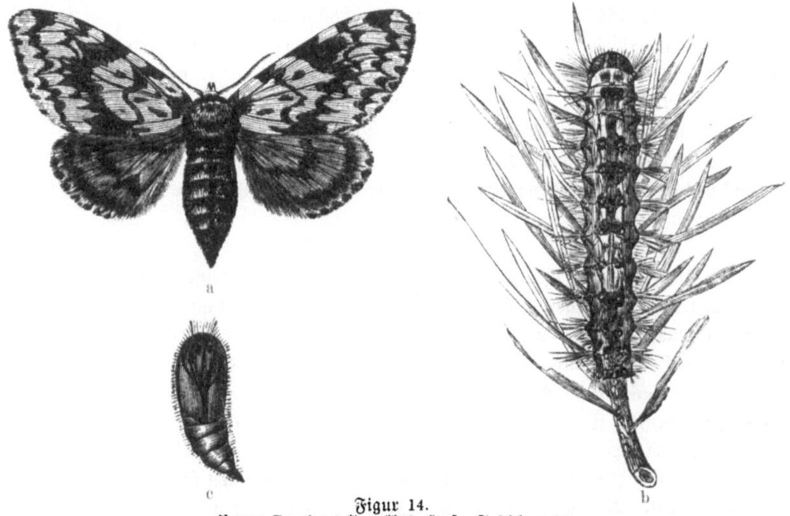

Figur 14.
Nonne Bombyx).*) (Aus Heß, Forstschutz I.)

Gastrópăcha pini, Kiefernspinner. 5—8**) cm. Graubrauner Vorderflügel mit gelblich braunen Querbinden und einem halbmondförmigen weißen Fleckchen. Die behaarte Raupe grau mit dunklen Längszeichnungen und blausamtnem Einschnitt auf dem 2. und 3. Ringel. Sehr schädlich in Kiefern.

G. neústrĭa, Ringelspinner. 2—3 cm. Hell oder dunkelgelb mit einer breiten dunklen Querbinde. Die schwach behaarte Raupe leicht kenntlich am blauen Kopf und blauen und roten Längsstreifen. Schädlich in Laubholz und Obstgärten.

G. processiōnĕa, Eichenprozessionsspinner. 1,5—3 cm. Flügel farblos grau mit dunkler Querbinde; die vorderen Flügel mit schwachen Mondfleckchen. Die braunen schwarzfleckigen Raupen ziemlich dicht mit giftigen Haaren besetzt. Schädlich in Eichen.

---

*) Die folgenden drei Arten werden jetzt meist in die Gattung Gastropacha (Glucke) vereinigt, so daß sie nicht Bómbyx pini, B. neústria, B. processiónĕa, sondern Gastrópacha pini 2c. bezeichnet werden. Die Schmetterlinge haben den dicken schwerfälligen Leib und braune, schwach gezeichnete Färbung gemein. Die behaarten großen Raupen überwintern meist halbwüchsig und spinnen große Kokons.

**) Wo zwei Maße angegeben sind, wie hier z. B. 5—8 cm, bezieht sich die kleinere Maßzahl auf das Männchen, die größere auf das Weibchen, da fast bei allen Schmetterlingen die Männchen kleiner sind.

Lipäris mónăcha, Nonne (Figur 14). 4—6 cm. Weiß mit schwarzen Fleckenbinden, halber Hinterleib rosenrot. Eier haufenweis an Nadelholzstämmen mit Schleim überzogen. Die behaarte schwarzfleckige Raupe mit einem blauen Nackenfleck, außerordentlich schädlich.

L. dispar, Schwammspinner. 4—7 cm. Männchen graubraun, Weibchen weißlich mit dunklen Zackenlinien (wie die Nonne, nur größer und ohne roten Hinterleib). Die Eier haufenweis mit brauner Wolle (Schwamm) überzogen an Stämmen. Meist in Laubholz, seltener in Nadelwäldern schädlich.

L. sálĭcis, Weidenspinner. 5 cm. Glänzend weiß, Beine schwarz und weiß geringelt. Raupe mit gelb-rötlichen Knöpfen und großen breiten weißgelben Flecken auf dem Rücken. Auf Pappeln sehr schädlich.

L. chrysorrhŏea, Goldafter. 4 cm. Kleiner, ebenfalls weiß, doch mit braunem wolligem Hinterleibsende. Die behaarte braune Raupe mit zinnoberrotem Streifen neben der Mittellinie. In großen Raupennestern überwinternd. Stellenweise im Laubholz, namentlich in Eichen recht schädlich*).

Die gemeinschaftlichen Hauptfeinde sämtlicher Spinnerraupen sind der Kukuk und der Puppenräuber (cărăbus sycophantus); als behaarte Raupen haben sie sonst wenig Feinde.

§ 42.

6. Familie: Holzbohrer. Diese Schmetterlinge zeigen sehr verschiedene Bildungen. Die weißgelblichen flachen stark eingekerbten Raupen haben einen stark hornigen flachgedrückten Kopf mit kräftigen Kiefern und durchwühlen Holz und Rinde von Bäumen und Sträuchern. Puppen mit Dornen.

Cóssus ligniperda, Weidenbohrer. 6—9 cm groß; grau mit vielen feinen schwärzlich-weißen Zeichnungen. Die Flügel sehr gestreckt, wie bei allen Cossus-Arten. Die Raupe wird fingerlang, ist nackt und auf dem Rücken blutrot; entwickelt sich in 3 Jahren; zerstört in großen Gängen Weiden und Schwarzpappeln.

C. aésculi, Blausieb. 4—7 cm. Sehr gestreckter Leib; Vorderflügel milchweiß mit stahlblauen Punkten. Raupe zitronengelb mit schwarzen Punkten. Im schwachen Laubholz schädlich.

Sésĭa ápifōrmis, Bienenschwärmer. 4 cm. Einer Hornisse ähnlich; in Pappel- und Weidenstämmen schädlich.

S. céphifōrmis in Weißtannen, S. ásilĭfōrmis in Pappeln. Die Sesien haben die glasartigen Flügel gemein, wodurch sie den Wespen sehr ähnlich werden. Sie gebrauchen zwei Jahre zur Entwicklung und werden in den meisten Holzarten unmerklich schädlich. Weiße weiche Raupen mit 16 Beinen, die unten dunkle Borstenkränze haben.

7. Familie: Schwärmer. Die starken Raupen mit Schwanzhaaren.

Sphinx pināstri, Kiefernschwärmer. 7 cm. Ein grauer Schmetterling mit gestrecktem Leib und zugespitzten Flügeln; die 16beinige Raupe ist rotbunt und hat ein Horn auf dem vorletzten Ringe; in Kiefern etwas schädlich.

Die letzte Familie der Tagfalter mit ihren oft prächtig gefärbten Schmetterlingen können wir, da sie forstlich von fast gar keiner Bedeutung ist, ganz übergehen.

*) Diese vier Arten, früher Bombyx, faßt man jetzt gewöhnlich unter dem Namen Liparis zusammen und bezeichnet sie: Liparis monacha etc. Die Schmetterlinge haben die weiße Grundfarbe, die Weibchen den dicken plumpen Hinterleib gemein; die schwach behaarten Raupen haben Knöpfe mit kürzeren Haaren; lockeres Gespinnst.

§ 43.

Die nächstfolgende 4. Ordnung der Fliegen (Diptĕra) hat kein forstliches Interesse; von der 5. Ordnung der Netzflügler (Neuróptĕra) werden die Larven und Insekten mancher Familien durch Vertilgen von Blattläusen und anderen schädlichen Insekten nützlich.

Wichtig z. B. sind die bekannten Libellen oder Wasserjungfern, welche im Fluge allerlei schädliche Insekten ergreifen und verzehren; ferner die Gattung der Florfliegen (Hemerŏbĭus), welche kleinen Libellen sehr ähneln, aber sofort an den langen den Körper überragenden Fühlern kenntlich sind; die Fühler sind äußerst zart, der Körper grün oder braun. Ihre Larven vertilgen viele Blattläuse. Zu den Florfliegen gehört auch der bekannte Ameisenlöwe, dessen Larve in einem künstlichen Sandtrichter die nützlichen Ameisen abfängt. Schließlich ist durch eifrige Vertilgung von Nonneneiern als hervorragend nützlich die Larve der Kameelhalsfliege (Raphĭdĭa megacéphăla) zu nennen; die Fliege ähnelt den Libellen, nur hat sie einen sehr langen Hals und langen Legebohrer.

§ 44.

Von der 6. Ordnung der Gradflügler (Ortóptĕra) sind als schädlich zu bezeichnen der bekannte Ohrwurm, der in Gärten Blumen ꝛc. abfrißt, ferner die in Häusern oft lästigen ekelerregenden Schwaben und die so überaus auf Wiesen und Feldern schädlichen Heuschrecken, namentlich die berüchtigte grünlich bis grünlichgelbe Wanderheuschrecke (Acrĭdĭum migratŏrĭum), kenntlich an den schwarzen Flügeldecken und dem auf der Innenseite blauen Hinterschenkel. Für uns am wichtigsten ist jedoch die Maulwurfsgrille (Gryllus gryllotálpa), 4 cm lang, Vorderbrust eiförmig, die Fühler lang, braun. In Saatkämpen außerordentlich schädlich. Nur halb so groß ist die Feldgrille (Gr. campĕstris), mit viereckiger Vorderbrust, schwarz, welche mehr in Sandäckern schädlich wird. Auch das Heimchen gehört hierher.

§ 45.

Aus der 7. Ordnung der Halbflügler (Hemiptĕra) ist nur wichtig die Familie der Blattläuse, welche dadurch, daß sie Blättern, Stengeln, Zweigen und Wurzeln den Saft aussaugen, oft unter weißer Wolle versteckt, recht schädlich werden. Am bekanntesten sind Áphis*) abiĕtis in den zapfenähnlichen Auswüchsen der Fichtentriebe, A. pini an den Kiefernwurzeln, A. ulmi in den Auftreibungen der Ulmenblätter, A. strobi an Weimutskiefern ꝛc. Mit den Meisen, Finken ꝛc. vertilgen sie eifrig die Marienkäferchen, die Florfliegen, manche Schlupfwespen, die Larven der Schwirrfliegen (Syrphus) ꝛc. Ferner gehören noch hierher die Familien der Zikaden oder Zirpen und der Wanzen.

Die 8. Ordnung der ungeflügelten Insekten (Áptera) umfaßt die Familie der Läuse (Pedĭcŭlus căpĭtis, Kopflaus, P. vestimĕnti, Leiblaus), die Familien der Pelzfresser ꝛc.; sie sind für uns unwichtig.

*) Die Blattläuse werden jetzt in echte (Aphis, Lachnus, Schinozeuren ꝛc.) und unechte (Chermes etc.) geteilt und danach benannt.

§ 46.

Die übrigen Klassen der Tiere greifen in den Forsthaushalt in keiner bemerkenswerten Weise ein und werden deshalb übergangen.

Das zweite große Naturreich, das Pflanzenreich, hat für uns ein noch viel höheres Interesse als das Tierreich und wird deshalb von den Grundwissenschaften am eingehendsten behandelt werden. — Wir werden jedoch nicht das ganze Pflanzenreich behandeln, sondern es ebenso machen wie beim Tierreich und nur das auswählen, was für den Wald und für den Forstmann von Bedeutung ist; wir werden uns also nur mit einem Teil der Naturgeschichte des Pflanzenreichs beschäftigen, nämlich mit der sog. Forstbotanik, und zwar zuerst das Allgemeine (Wachstum, Blüte, Fruchtentwicklung, inneren Bau, Systematik 2c. Betreffende) besprechen und demnächst die Holzgewächse und sonstige forstlich wichtige Pflanzen genauer beschreiben.

b. Forstbotanik.

I. Allgemeiner Teil.

§ 47.

Begriff und Einteilung.

Die Botanik oder Pflanzenkunde behandelt die Erforschung der in der Pflanzenwelt herrschenden Naturgesetze und ist der Inbegriff aller das Pflanzenreich betreffenden Kenntnisse. Die Pflanze ist an den Standort (vergl. § 82) gefesselt und hat deshalb nicht wie das Tier Bewegungsorgane (Organ = Werkzeug), sondern zu ihrer Erhaltung nur Ernährungs- und Fortpflanzungsorgane. Hierauf beruht die ungemeine Wichtigkeit des Standortes für die Pflanze, daß sie Zeit ihres Lebens auf denselben angewiesen ist und absterben muß, sobald er nicht mehr genug Nahrungsstoffe ihr bieten kann, während das Tier mit den ihm außerdem noch verliehenen „Empfindungs-“ und „Bewegungsorganen“ sich überall Nahrung suchen kann (vergl. § 7).

§ 48.

Die Ernährungsorgane.

Die Ernährung der Pflanze*) spricht sich aus in ihrer Entwickelung, ihrem Wachstum und schließlich, sobald die Ernährung stockt,

*) Es wird hervorgehoben, daß der Inhalt der folgenden Paragraphen hauptsächlich sich auf Holzpflanzen bezieht.

in ihrem Absterben. Die Nahrung wird der Pflanze aus dem Boden und der Luft durch besondere Werkzeuge zugeführt und zwar:

1. Durch die Wurzeln als Bodennährwerkzeuge.
2. Durch die Blätter als Luftnährwerkzeuge.

§ 49.

Die Wurzel.

Die Wurzel ist der Teil der Pflanze, mit welchem sie sich im Boden befestigt und die in demselben befindliche nährende Feuchtigkeit aufsaugt. An ihrer Spitze liegen die Wurzelhaube und die Oberhaut, letztere oft mit Wurzelhaaren, die die Aufnahme des Wassers und der Nährstoffe aus dem Boden vermitteln; diese Aufnahme findet jedoch hauptsächlich an der Spitze der zarten jungen Wurzeln statt; so rückt, da die Wurzeln weiterwachsen und auch Seitenwurzeln bilden, die zur Aufnahme der Nährstoffe befähigte Strecke im Boden immer weiter vor und schließt in demselben stets neue Regionen auf. Die Lösung fester Bodenteilchen erfolgt durch den sauren Saft der Wurzelzellen. Man unterscheidet folgende Wurzelformen:

Die Pfahlwurzel, eine gerade unter dem Stamm befindliche Hauptwurzel, die wenig verzweigt ist und in beträchtlicher Stärke senkrecht in den Boden hinabsteigt. Meistens Eiche, Kiefer, Nußbaum und die Tanne in der Jugend; Abweichungen nur in flachgründigem Boden.

Die Herzwurzeln, gerade unter dem Stamm befindliche Hauptwurzeln, die sich bald in tiefgehende Seitenwurzeln teilen. Meistens Rotbuche, Ahorn, Rüster, Linde, Lärche.

Die Seitenwurzeln, welche in der Regel mehr wagerecht als in die Tiefe streichen. Die übrigen Waldbäume.

Die Tauwurzel, jede ganz nahe und weithin unter der Oberfläche hinstreichende Seitenwurzel.

Faser- und Zaserwurzeln, die kleinsten bis feinsten Würzelchen, die sich an den Enden und Seiten der stärkeren Wurzeln befinden und vermöge der an den Spitzen befindlichen häufig behaarten zarten Oberhaut-Gewebe (Wurzelschwämmchen) die Nährfeuchtichkeit aufsaugen und dem Stamme resp. der Pflanze zuführen. Sie sind also die eigentlichen Träger der Ernährung, während die starken Wurzeln mehr zur Befestigung des Baumes im Boden dienen. Die feinen Wurzelenden, welche die Nährlösungen auffsaugen, liegen stets unter der Traufe der Baumkrone; deshalb darf auch stets nur unter dem äußeren Kronenkranz gedüngt werden.

§ 50.

Die Blätter.

Die Blätter dienen dazu, gewisse gasförmige Nährstoffe aus der Luft zu entnehmen, dieselben mit dem aus den Wurzeln aufsteigenden Nahrungsstoffe zu verbinden (zu assimilieren) und das überflüssige Wasser zu verdunsten. Durch diese Zusammenwirkung von Wurzeln und Blättern entsteht der Bildungssaft, der Holz und Rinde ausbildet. Man unterscheidet am normalen Blatt: Blattstiel (jedoch nicht immer vorhanden) und Blattfläche (Fig. 17); den unteren verdickten Teil des Blattstieles nennt man Scheidenteil. Die Blattfläche hat namentlich unten zahlreiche Spaltöffnungen, durch welche die Ernährung und

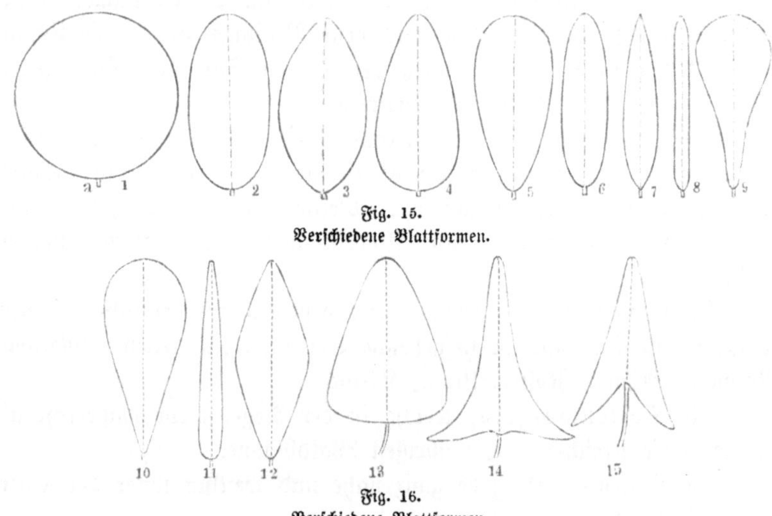

Fig. 15.
Verschiedene Blattformen.

Fig. 16.
Verschiedene Blattformen.

Verdunstung stattfindet; außerdem unterscheidet man im Blatt noch die aus Gefäßbündeln bestehenden Blattrippen und Blattnerven und zwischen der oberen und unteren Blattfläche das aus lockerem und mit wässerigen Säften erfülltem Zellgewebe bestehende Blattfleisch. Nach ihrer Gesamtform unterscheidet man hauptsächlich rundliche (Fig. 15, 1), eiförmige (Fig. 15, 4), elliptische (Fig. 15, 3), dreieckige (Figur 16, 13), herzförmige (Fig. 17, 2), lanzettliche (Fig. 15, 7) und nadelförmige

(Fig. 15, 8) usw. Blätter; nach der Beschaffenheit des Randes ganzrandige (Figuren 15 u. 16), gesägte (Figur 18, 1), gekerbte (Figur 18, 2), gezähnte (Figur 18, 4), gebuchtete (Figur 18, 5), eingeschnittene (Fig. 18, 3) Blätter; nach ihrer Behaarung gewimperte, flaum-, seiden-, woll-, stachelhaarige oder kahle, ferner warzige, klebrige, drüsige, schuppige Blätter,

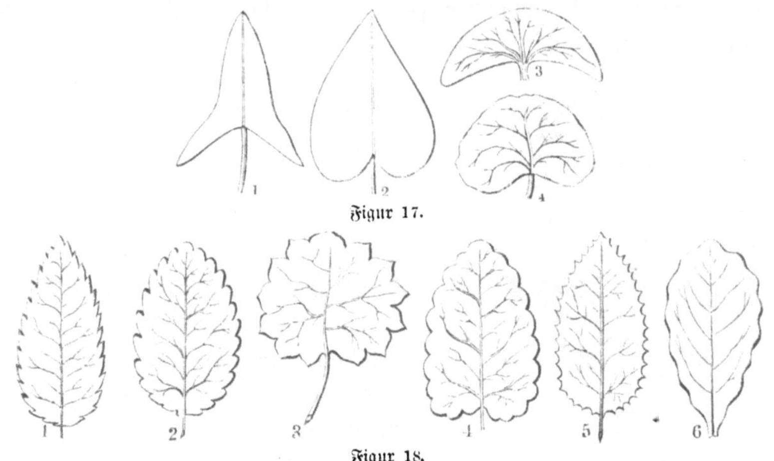

Figur 17.

Figur 18.
Verschiedene Blattformen.

mit Beziehung auf ihre Zusammensetzung einfache und zusammengesetzte Blätter, nach der Art und Ordnung der Befestigung an den Zweigen einzelne, wechselständige, gegenständige und büschelweis sitzende Blätter, nach der Dauer sommer- und wintergrüne Blätter.

§ 51.

Der Stamm.

Der Stamm ist derjenige Teil der Holzpflanze, der sich als holziger dauernder Schaft meist senkrecht hoch aus der Wurzel erhebt und mit einer gewissen Regelmäßigkeit in Äste und Zweige teilt, welche die Blätter tragen. Stamm, Äste und Zweige zusammen nennt man Baum im Gegensatz zum Strauch, der keinen Stamm hat, sondern sich gleich aus der Wurzel in viele Äste und Triebe zerteilt und eine geringere Höhe erreicht. Äste nennt man alle oberen Zerteilungen aus dem Stamm, die jüngeren Äste nennt man Zweige, die jüngsten und letzten Triebe. Die Äste sind gerade so angesetzt wie die Blätter, d. h. wechselständig, gegenständig, quirlständig 2c. Manche Holzarten sind an der Rinde mit Waffen — Stacheln oder Dornen — ausgestattet. Stacheln lassen sich mit der Rinde abziehen, Dornen nicht.

Der Stamm besteht aus dem Mark (Figur 19, m), dem eigentlichen Holzkörper (ps) mit den Markstrahlen (rm) und der Rinde (k) mit dem Baste (en).

Das Mark, in der Mitte des Holzkörpers, besteht in der Jugend aus saftigem Zellgewebe; später vertrocknen die Zellen und verschwinden oder verholzen. Bei manchen Holzarten bleibt das Mark als Markröhre immer sichtbar.

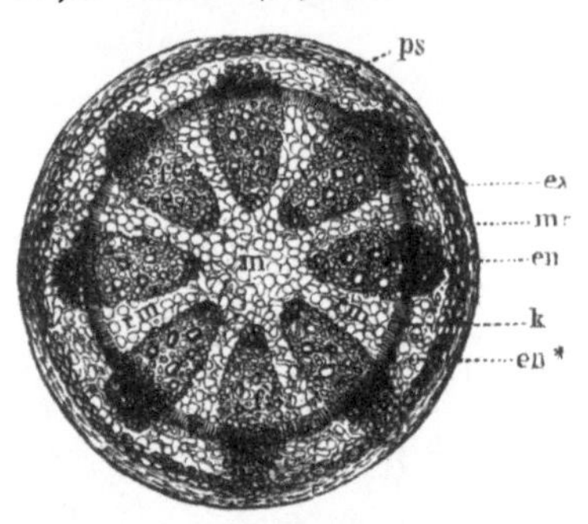

Figur 19.
Stammquerschnitt.

Der eigentliche Holzkörper besteht bei den Laubhölzern aus Holzzellen und Holzgefäßen, die Luft führen und auf dem Querschnitt oft als kleine Löcher (Poren) erscheinen. Bei den Nadelhölzern werden die Gefäße durch Harzkanäle, die Harz und Luft führen, ersetzt. Die Holzzelle besteht aus der Zellhaut, dem Kern und Zellsaft, einer zähen, eiweißartigen Masse, Protoplasma genannt.

Der Holzkörper bildet von oben genannten Zellen zwei deutlich unterschiedene Gruppen.

1. Die Jahresringe (Figur 20), von denen in jedem Jahre mantelartig rings um den schon vorhandenen Holzkörper ein neuer gebildet wird, weshalb man aus der Anzahl der auf dem Querschnitt oft deutlich erkennbaren ringförmigen Jahresringe das Alter des Baumes genau abzählen kann. Der innere Teil jedes Jahresringes (das Frühlingsholz, Figur 20, gr) ist weicher und lockerer als der äußere Teil desselben (das Herbstholz k), wodurch sich die Grenze der einzelnen Jahresringe meist deutlich markiert. Die Stärke der Jahresringe richtet sich nach dem Standort und nach den übrigen Faktoren des guten Zuwachses; je günstiger diese sind, desto breiter wird der Jahresring.

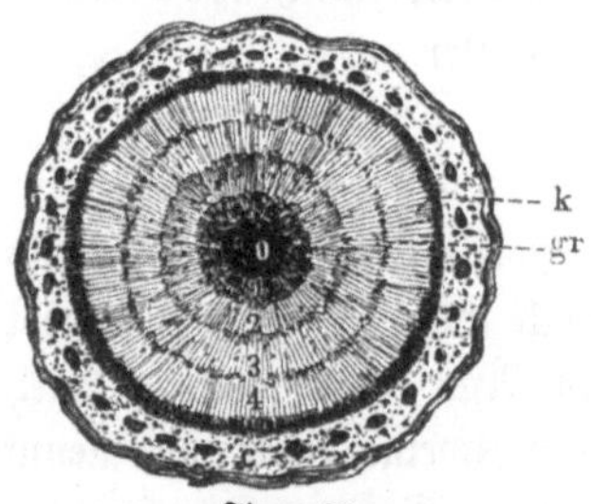

Figur 20.
Die Jahrringbildung.

2. Die Markstrahlen oder Spiegelfasern, welche von dem Mark strahlenförmig durch das Holz nach der Rinde zu gehen und die Verbindung der äußeren und inneren Teile des Stammes in

horizontaler Richtung unterhalten. Vergl. Figur 19 rm und die feinen radialen Linien in Figur 20.

Das innere ältere saftlose immer härtere meist auch dunklere Holz, in welchem die Markstrahlen vollständig verholzt sind, heißt Reifholz, das äußere weiche und meist blassere Holz, in welchem die Markstrahlen noch Säfte führen, heißt Splintholz. Unter „Kernholz" ist solches Reifholz zu verstehen, das sich vom Splintholz oder anderem umgebenden Reifholz meist durch dunklere Farbe kennzeichnet. Es ist wasserärmer, dauerhafter, nutzfähiger und härter; die genaue Beschaffenheit desselben ist noch nicht festgestellt. Bei manchen Bäumen ist der Kern nicht erkennbar, z. B. bei Buche und Ahorn, bei manchen, z. B. der Birke, fehlt er.

An der Rinde hat man die äußeren und inneren Rindenlagen zu unterscheiden. Den äußersten Überzug an jungen Stämmchen und Zweigen nennt man Oberhaut (Epidermis), welche mit zunehmendem Alter zerreißt und abstirbt, wofür dann öfter eine Art Korkbildung eintritt.

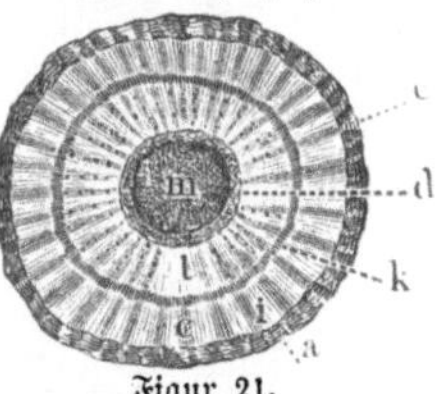

Figur 21.

Wenn schließlich mit dem Wachsen des Holzkörpers die Ausdehnung der Rinde nicht mehr gleichen Schritt halten kann, so zerreißt sie häufig und es bildet sich jene grobe rauhe rissige Rindenmasse, welche wir Borke nennen.

Bast (Figur 21 a) ist die innerste Rindenschicht, welche sich mit der Rinde vom Stamm ablösen läßt, aus zähen und biegsamen Faserzellen besteht und ebenso wie der Holzkörper jedes Jahr einen neuen Zuwachsring erhält.

Dicht unter dem Baste, zwischen diesem und dem Splint, befindet sich ein sehr schmaler Ring, das sog. **Cambium** oder der **Fortbildungsring** (Fig. 21 ci), welcher aus sehr dünnwandigen äußerst saftreichen Zellen besteht. Der Saft des Cambiums wird zur Bildung neuer Zellen und Gefäße verwendet, welche sich allmählich einerseits als Bastzellen an die innerste Rindenschicht, anderseits als Holzzellen an den äußersten Holzkörper konzentrisch anlegen und so den Jahresring bilden. Die Säfte des Cambiums bilden also den Zuwachs des Holzes. Vergl. § 56.

§ 52.

Die Fortpflanzungsorgane.

Die Hauptfortpflanzungsorgane (neben der Fortpflanzung durch Ausschläge usw.) der Pflanzen sind die Blüten, welche in ihrer weiteren Entwickelung Samen und Früchte erzeugen.

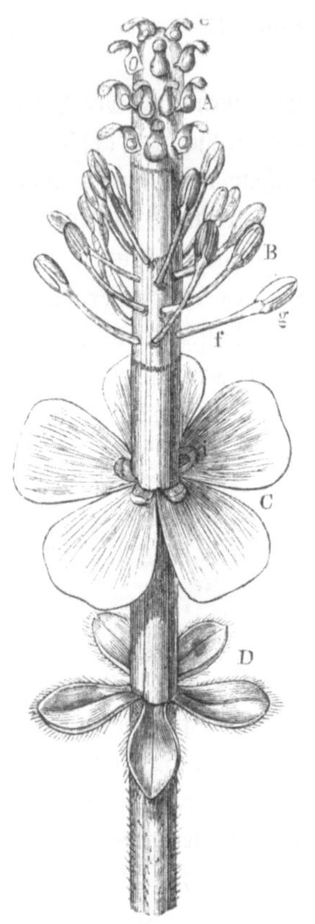

Figur 22.
Vollständige Blüte, die einzelnen Teile untereinander gerückt.

Figur 23.
Staubgefäß.

Die Blüten (umgebildete Blattorgane) werden erst in späterem Alter (meist nach erreichter Mannbarkeit) hervorgetrieben. Zur Erzeugung von Samen müssen zweierlei Blütenteile zusammenwirken, welche man männliche und weibliche Geschlechtsorgane nennt; sie sind nach den Holzarten sehr verschieden geformt und mit mancherlei Hüllen versehen; die äußere dieser Hüllen, meist grün, nennt man Blumenkelch (Figur 22 D), die innere meist bunte, Blumenkrone (Figur 22 C). Jede vollkommene Blüte muß männliche (Figur 22 B) und weibliche Geschlechtsorgane (Figur 22 A) enthalten.

Das männliche Befruchtungsorgan (Figur 23) besteht aus dem Staubfaden (f) mit dem Staubbeutel (a), welcher den Blütenstaub (Pollen) mit der männlichen Samenfeuchtigkeit enthält. Diesen ganzen männlichen Geschlechtsapparat nennt man zusammen „Staubgefäß“.

Das weibliche Befruchtungsorgan (Figur 24) besteht hauptsächlich aus dem Fruchtknoten (f) mit den Samenknöspchen (v) (Eiern) im Innern (Figur 24 v), seiner Verlängerung, Griffel (g) genannt, und dessen oberstem Teile, der Narbe (n). Den weiblichen Geschlechtsapparat zusammen nennt man „Stempel“.

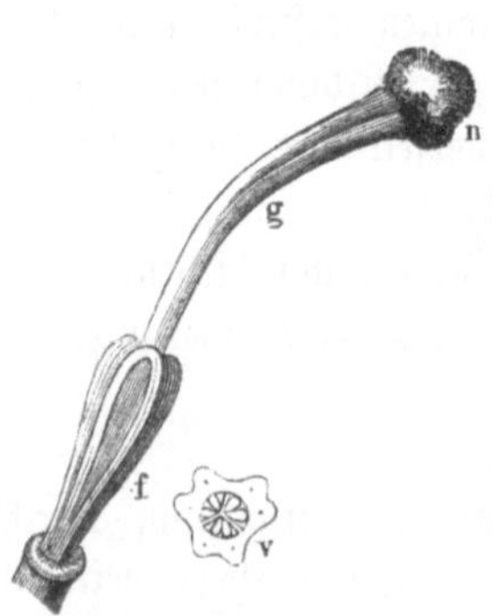

Figur 24. Stempel.

Außenkelch, Kelch und Blumenkrone bilden nur Decken zum Schutz der Befruchtungsorgane.

Beiderlei Geschlechtsorgane befinden sich entweder in einer Blume vereinigt und heißen dann Zwitterblüten (Figur 25), z. B. die Blüte der Linde, oder auf ein und derselben

Pflanze, aber von einander getrennt (Figur 26 b ♂ Blüte und a ♀ Blüte der Hainbuche), dann heißen die Pflanzen einhäusige (monoecisch), z. B. die Nadelhölzer, Eiche, Rotbuche, Hainbuche, Birke, Erle, Haselnuß, oder männliche und weibliche Blüten auf zwei verschiedenen Pflanzen, dann heißen sie zweihäusig (dioecisch), z. B. Wacholder, Eibe, die Weiden und Pappeln; bei den zweihäusigen Pflanzen ist zur

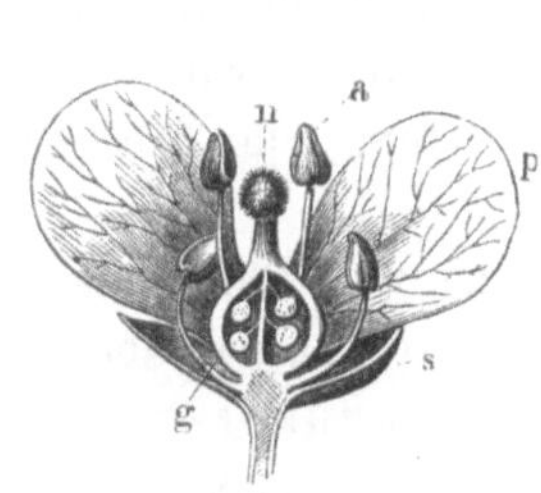

Figur 25.
Zwitterblüten mit den Staubgefäßen a und aufgeschnittenen Fruchtknoten, so daß die Eier (g) sichtbar sind. n der Griffel.

Figur 26.
Einhäusige Blüte der Hainbuche.

Befruchtung nötig, daß in der Nähe ein anderer Baum mit den andersgeschlechtlichen Blüten steht. Kommen Zwitterblüten und Blüten getrennten Geschlechts auf derselben Pflanze vor, so heißt sie „polygamisch" oder vielgeschlechtlich. Sind keine deutlichen Geschlechtsorgane zu unterscheiden, so heißt die Pflanze „kryptogamisch" oder verborgengeschlechtlich.

§ 53.

Die Befruchtung (Figur 27) geschieht in der Weise, daß zur Befruchtungszeit (bald nach Entwicklung der Blüte meist im Frühjahr) die Narbe (n) Feuchtigkeit ausschwitzt, auf welcher vom aufgeplatzten Staubgefäß abfallende Pollenkörner kleben bleiben und unter dem Einfluß von Wärme äußerst feine wurzelartige Schläuche (u v) durch den Griffel (g) in den Fruchtknoten (o o) treiben und die hier liegenden Samenknöspchen (Eierchen) (b) umfassen und befruchten. Nach stattgehabter Befruchtung welken die männlichen und weiblichen

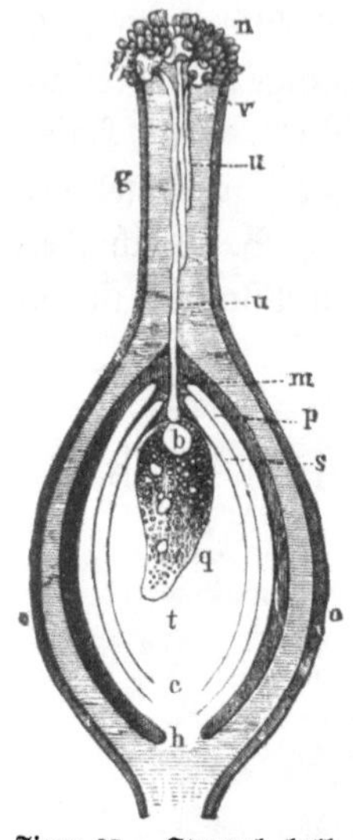

Figur 27. Stempel halb durchschnitten, um den Befruchtungsprozeß zu zeigen.

Blütenteile bis auf den Fruchtknoten ab, der anschwillt und sich allmählich zur Frucht oder zum Samen ausbildet. Bei den ein= und besonders zweihäusigen Pflanzen wird das Überführen des Blütenstaubes durch Insekten beim Honigsammeln, noch mehr aber durch leichte Winde bewirkt. Ist es nun in der Blütezeit sehr regnerisch oder sehr kalt, so daß die Überführung des Blütenstaubes resp. sein Anschwellen auf der Narbe schwer stattfinden kann, so haben wir schlechte Samenjahre.

Je nach der Stellung und Anordnung der einzelnen Blüten eines Zweiges unterscheidet man hauptsächlich folgende Blütenstände:

A. Einfache Blütenstände, wo die Blüten einzeln oder büschelig stehen.

B. Zusammengesetzte Blütenstände:

1. Die Ähre (Figur 28), an einer gemeinsamen Spindel sitzen ungestielte Blüten. Die bekannten Getreidearten.

Figur 28. Ähre.

Figur 29. Kätzchenblüten der Hainbuche.

2. Kätzchen (Figur 29 a, b) an gemeinsamer schlaffer Spindel ungestielte Blüten hinter sich meist dachziegelartig deckenden Schuppen. (Die meisten Waldbäume!)

3. Traube, an gemeinsamer Spindel mehrere an verschiedenen Punkten derselben entspringende gleich lange kurz gestielte Blüten. Akazie.
4. Doldentraube (Figur 30), von verschiedenen Punkten einer gemeinsamen Spindel gehen verschieden lange — teils verästelte, teils unverästelte Blütenstiele aus, so daß die Blüten oben einen Schirm bilden. Kienporst.

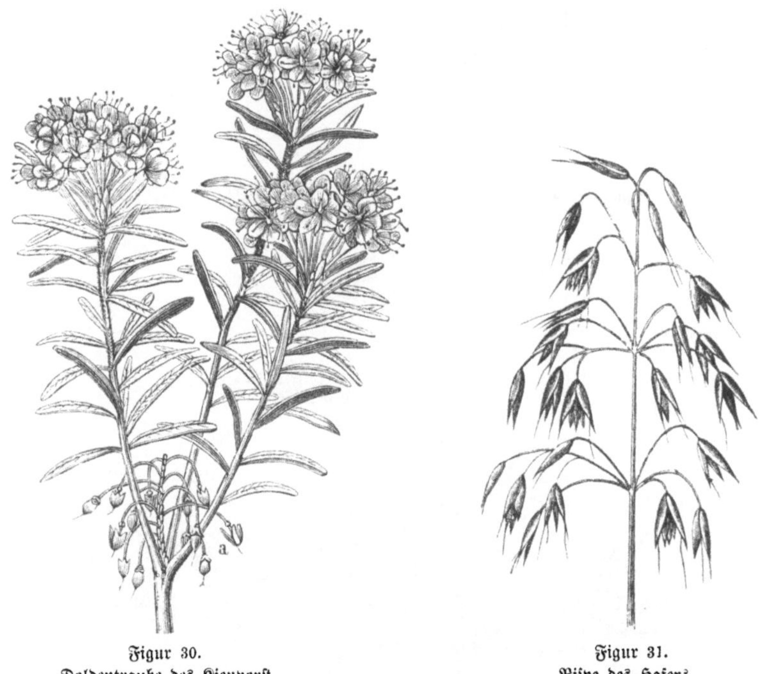

Figur 30.
Doldentraube des Kienporst.

Figur 31.
Rispe des Hafers.

5. Rispe (Figur 31), an einer gemeinsamen Spindel von verschiedenen Punkten aus ungleich lange verästelte Blütenstiele, so daß die Blüten etwa einen Kegel bilden. Roßkastanie, Hafer.
6. Köpfchen (Figur 32), an einer gemeinsamen kurzen Spindel dicht gedrängt ungestielte oder kurzgestielte Blüten. Klee, Buche. ♂.
7. Dolde, von einem Punkte des gemeinsamen Stieles strahlig verschieden lange Blütenstiele, so daß die ungestielten Blüten einen Schirm bilden. Kornelkirsche, Epheu.

8. Trugdolde (Figur 33), eine zusammengesetzte Dolde mit nochmals geteilten Strahlen, so daß die Hauptstrahlen aus einem — die Nebenstrahlen aus verschiedenen Punkten entspringen. Spitzahorn, Vogelbeere.

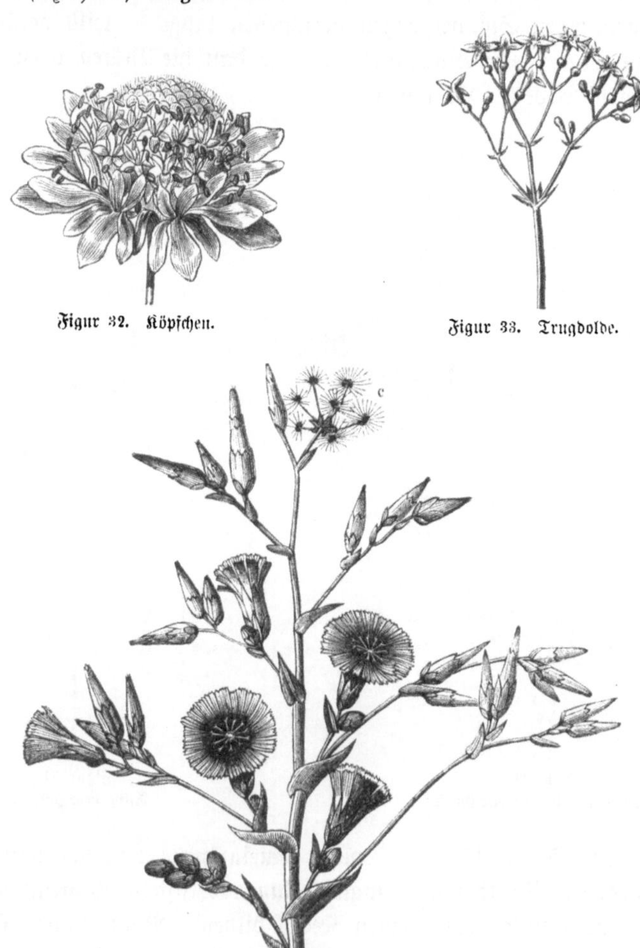

Figur 32. Köpfchen.

Figur 33. Trugdolde.

Figur 34. Strauß.

9. Strauß (Figur 34). Traube oder Rispe mit verästelten Seitenzweigen, welche mit ihren Blüten einen eiförmigen Stand bildet. Ligufter.

Knospen (Augen) sind unentwickelte Blätter oder Blüten, die sich unter einer schuppigen Bedeckung verbergen. Man unterscheidet deshalb Blatt- und Blütenknospen (letztere stets größer), nach der Stellung auch Gipfel- (Figur 35 1 gt, 2 gst) und Achselknospen (Fig. 35 1 gs);

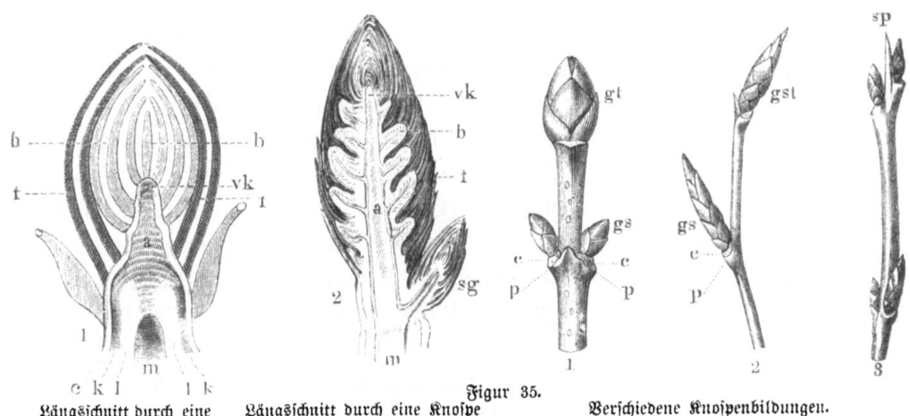

Figur 35.

Längsschnitt durch eine Knospe. Längsschnitt durch eine Knospe mit Nebenknospe. Verschiedene Knospenbildungen.

außerdem befinden sich zuweilen noch Knospen am Stamm und an den Wurzeln usw. (Adventivknospen), die oft Wasserreiser, Wurzel- oder Stockausschlag usw. bilden. Die Knospen sind gerade gegenständig (Fig. 35 1 cc) oder schief gegenständig (Figur 35 3) oder wechselständig (Fig. 35 2) und ruhen auf Blattkissen (Figur 35 1 pp.)

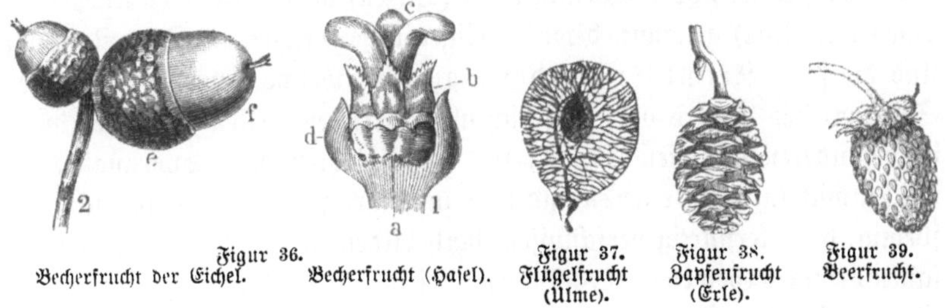

Figur 36. Becherfrucht der Eichel. Becherfrucht (Hasel).

Figur 37. Flügelfrucht (Ulme).

Figur 38. Zapfenfrucht (Erle).

Figur 39. Beerfrucht.

Die Entwicklung der Samen und Früchte erfolgt bald sehr schnell (bei Ulme), bald sehr langsam (bei Kiefer) und zeigt die verschiedensten Formen. Man unterscheidet: Kernfrüchte (Apfel), Steinfrüchte (Pflaume), Beerfrüchte (Erdbeere Fig. 39), Zapfenfrüchte (Nadelhölzer, Erle Fig. 38), Flügelfrüchte (Ulme Fig. 37, Esche, Ahorn, Birke), Hülsenfrüchte (Akazie), Kapselfrüchte (Weißdorn), Becherfrüchte (Eichel, Hasel Fig. 36 2 e). Der Samen ist bei allen Pflanzen (ausgenommen die Kryptogamen) der Träger der Fortpflanzung und enthält in seinem Innern als wesentlichsten Teil „den Keimling", welcher von den bald glatten, bald netzartigen, bald geflügelten, bald wollig oder seidenartig behaarten Samenhäuten umschlossen ist. Der „Keimling" (émbryo Fig. 40,4.) besteht aus den Grundorganen der Pflanze: 1) dem Stengelchen, dessen unteres Ende „Würzelchen" (r Fig. 3) heißt; 2) den „Keimblättern oder Samenlappen" (Cotyledones) (kk Fig. 4), welche man wieder in einsamenlappige (Mónocotyledōnes), zweisamenlappige (Dícotyledōnes) und vielsamenlappige (k) Pólycotyledōnes) trennt. Auf dieser Einteilung der Samenlappen beruht das sog. „natürliche Pflanzensystem"; 3) dem Knöspchen oder Blattfederchen" (plúmŭla). Die meist fleischigen und verdickten oder blattartigen Samenlappen sind gewöhnlich einfach, aber auch rundlich oder elliptisch oder herzförmig.

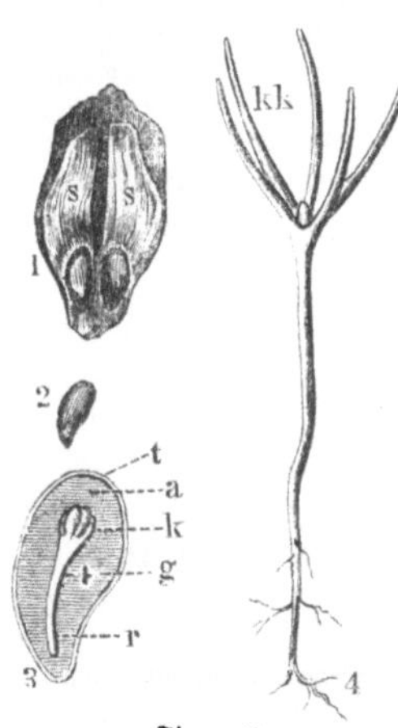

Figur 40.
1. Kiefernschuppe ss mit beiden Samen. 2. Kiefernsamenkorn. 3. Keimling k in Samenkorn. 4. Entwickelter Kiefernkeimling.

Bei den Kryptogamen oder Lagerpflanzen wird die Fortpflanzung von einem eigentümlichen, allseitig wachsenden strauchartigen oder blattartigen (Tangen, Algen, Flechten) oder krustenartigen (Rinden- und Steinflechten) oder fadenförmigen (Pilzen) oder einzelligen Körper — Lager (Thallus) genannt, bewirkt. Eigentliche Träger der Fortpflanzung sind die sog. „Keimkörner oder Sporen", welche entweder frei in der Substanz des Lagers oder aus sich abgliedernden Zellen desselben oder in besonderen Organen — den sog. Keimfrüchten oder Sporangien — sich entwickeln. Die letzteren sind bald kapselartig, bald kopf- und schüsselförmig, bald kernartig verschlossen, bald bilden sie wie bei den Pilzen ein fadenförmiges Gewebe (Mycēlium). Bei der Fortpflanzung entleeren die Sporangien ihre Sporen, die sich dann weiter entwickeln. Manche Sporen vermögen vermittels beweglicher Wimpern frei umher zu schwirren (Schwärmsporen) und sich weithin zu verbreiten (z. B. bei den Pilzen).

§ 54.

Außer der Fortpflanzung durch Samen vermehren sich einige Holzarten noch durch Wurzelbrut, — es entstehen dann aus den Knospen (sog. Adventivknospen) der horizontal streichenden Wurzeln oberirdische Triebe, welche auch nach Abtrennung vom Mutterstamm fortwachsen; am besten treiben die Aspe, Rüster und Weißerle Wurzelbrut. Einige Holzarten haben ferner die Eigentümlichkeit, daß versenkte oder abgeschnittene Zweige (Senker), in die Erde gebracht, sich bewurzeln und fortwachsen; es zeichnen sich besonders die Weiden und Pappeln dadurch aus; schließlich treiben viele Holzarten noch sog. „Stockausschläge", indem der dicht über dem Boden abgetrennte Stamm aus dem verbleibenden Wurzelstocke zahlreiche Triebe hervorbringt (Eiche, Erle, Hainbuche usw.), am kräftigsten meist da, wo die Erde den Stock berührt.

§ 55.

Pflanzensystem von Linné.

Um das selbständige Bestimmen nicht nur der wichtigen Holzarten, sondern auch der zahlreichen im Walde vorkommenden für den Forstmann wichtigen Forstunkräuter zu ermöglichen, folgt hier das Linné'sche Pflanzensystem.

Es berücksichtigt ausschließlich nur die Befruchtungsteile der Blüte und teilt die Pflanzen danach (künstlich) zunächst in zwei Hauptabteilungen:

I. Pflanzen mit deutlichen Geschlechtsorganen, die sog. Phanerogamen oder Blüten- und Geschlechtspflanzen.

II. Pflanzen mit undeutlichen oder ganz fehlenden Geschlechtsorganen, die sog. Kryptogamen oder Pflanzen ohne sichtbare Blüten — mit verborgenen Geschlechtsorganen.

Die letzteren bilden die niederen Pflanzen. Alle übrigen Pflanzen gehören zu den Blütenpflanzen oder Phanerogamen und werden leicht nach folgender Tabelle bestimmt.

Pflanzensystem nach Linné.

1. Klasse Monándria. 1 freies Staubgefäß in einer Zwitterblüte. (Die Canna.)
2. „ Diándria. 2 freie Staubgefäße in einer Zwitterblüte. (Esche, Flieder).
3. „ Triándria. 3 freie Staubgefäße in einer Zwitterblüte. (Viele Gräser.)

4. „ Tetrándria. 4 freie gleichlange Staubgefäße in einer Zwitterblüte. (Hartriegel, Stechpalme, Waldmeister.)

5. „ Pentándria. 5 freie Staubgefäße in einer Zwitterblüte. (Rüster, Schneeball, Spindelbaum, Hollunder.)

6. „ Hexándria. 6 freie gleichlange oder abwechselnd längere Staubgefäße in einer Zwitterblüte. (Binse, Berberitze.)

7. Klasse Heptándria. 7 freie Staubgefäße in einer Zwitterblüte. (Roßkastanie.)

8. „ Octándria. 8 freie Staubgefäße in einer Zwitterbtüte. (Ahorn, Heidekraut, Heidel-, Preißel-, Moosbeere, Rauschbeere.)

9. „ Enneándria. 9 freie Staubgefäße in einer Zwitterblüte. (Lorbeer.)

10. „ Decándria. 10 freie Staubgefäße in einer Zwitterblüte. (Sumpfporst, Nelken.)

11. „ Dodecándria. 12—15 Staubgefäße in einer Zwitterblüte. (Wolfsmilch, Reseda.)

12. „ Icosándria. 20 und mehr freie Staubgefäße auf dem Kelchrand einer Zwitterblüte. (Die Obstarten, Eberesche, Elsbeere; Weißdorn, Brom-, Him- und Erdbeere.)

13. „ Polyándria. 20 und mehr freie Staubgefäße auf dem Blütenboden einer Zwitterblüte. (Linde.)

14. „ Didynāmia. 2 lange und 2 kurze freie Staubgefäße in einer Zwitterblüte. (Fingerhut.)

15. „ Tetradynāmia. 4 lange und 2 kurze freie Staubgefäße in einer Zwitterblüte. (Hederich, Raps.)

16. „ Monadélphia. Staubfäden in einem Bündel verwachsen; Zwitterblüte. (Storchschnabel.)

17. „ Diadélphia. Staubfäden in 2 Bündel verwachsen; Zwitterblüte. (Akazie, Ginster, Lupine, Besenfriem.)

18. „ Polyadélphia. Staubfäden in mehrere Bündel verwachsen; Zwitterblüte. (Johanniskraut, Hypéricum.)

19. „ Syngenēsia. Staubbeutel untereinander verwachsen; Blüten in Köpfchen. (Sonnenblume, Topinambur.)

20. „ Gynándria. 1 oder mehrere Staubgefäße dem Stempel angewachsen. (Die Orchisarten.)

21. „ Monoécia. Eingeschlechtige Blüten; männliche und weibliche getrennt auf derselben Pflanze. (Die wichtigsten Waldbäume.)

22. „ Dioécĭa. Eingeschlechtige Blüten; männliche und weibliche getrennt auf verschiedenen Pflanzen. (Pappel, Weide, Wacholder.)

23. „ Polygāmia. Eingeschlechtige und Zwitterblüten auf derselben Pflanze. (Feige.)

24. „ Cryptogámia. Blütenlose Pflanzen, mit undeutlichen Geschlechtsorganen. (Moose, Farne, Pilze.)

Die Ordnungen des Linné'schen Systems.

1. Ordnung:	Monogýnia,	1	Stempel.	In den Klassen 1—13 werden die Ordnungen nach der Zahl der Stempel (oder auch nur der Griffel und Narben) gebildet.
2. „	Digýnia,	2	„	
3. „	Trigýnia,	3	„	
4. „	Tetragýnia,	4	„	
5. „	Pentagýnia,	5	„	
6. „	Hexagýnia,	6	„	
7. „	Heptagýnia,	7	„	
8. „	Octagýnia,	8	„	
9. „	Enněagýnia,	9	„	
10. „	Decagýnia,	10	„	
11. „	Dodecagýnia,	11—12	„	
12. „	Polygýnia,	mehr als 12	„	

1. Ordnung:	Gymnospérmia nacktsamig.	Klasse XIV. Didynāmia,
2. „	Angiospérmia bedecktsamig.	
1. Ordnung:	Silicŭlōsa mit Schötchen.	Klasse XV. Tetradynāmia,
2. „	Siliquōsa mit Schoten.	

1. Ordnung:	Pentándria	5 unt. verwachs. Stbgf.	Die Klassen 16, 17 u. 18 bilden die Ordnungen nach der Zahl und Stellung der Staubgefäße.
2. „	Hexándria	6 „ „ „	
3. „	Heptándria	7 „ „ „	
4. „	Octándria	8 „ „ „	
5. „	Decándria	10 „ „ „	
6. „	Dodecándria	12—19 „ „ „	
7. „	Icosándria	20 und mehr Staubgef. auf dem Kelchrande.	
8. „	Polyándria	20 und mehr Staubgef. auf dem Blütenboden.	

Klasse 19. Syngenēsia. Ordnungen nach dem Geschlecht d. Blümchen im Blütenkopf.

1. Ordnung: Polygāmia aequālis. Alle Blumen sind Zwitter und von gleicher Gestalt.
2. „ Polygāmia supérflūa, Köpfchen gestrahlt; Scheibenblümchen Zwitter, Strahlenblümchen weiblich und fruchtbar.
3. „ Polygāmia frustānēa. Wie vorige, aber unfruchtbare Strahlenblüten.
4. Ordnung: Polygámia necessāria Strahlenblumen sichtbar, Scheibenblumen aber unfruchtbar.
5. „ Polygámia segregāta. Strahlenblumen zwittrig, jedes Blümchen mit besonderem Kelch.

Die Ordnungen werden nach Zahl (und Stellung) der Staubgefäße genau wie bei den Klassen 1—13 oder nach ihrer Verwachsung wie die Klassen 16—19 gebildet und erhalten dieselben Namen wie jene. — Die Klassen 20, 21, 22 und 23.

Klasse 24. Cryptogāmia.

1. Ordnung: Fílices (Farne)
2. „ Músci (Moose)
3. „ Álgae (Algen)
4. „ Fúngi (Pilze)

§ 56.

Entstehung und Wachstum der Pflanzen.

Wenn guter und reifer Samen in die Erde gelegt ist, so beginnt bei einer Durchschnittstemperatur von 10—12° C. unter Einwirkung von Erd-Feuchtigkeit und der atmosphärischen Luft die Keimung in der Art, daß der Same durch Wassereinsaugung anschwillt und seine Häute sprengt, vergl. Figur 40 3. Zunächst tritt das Würzelchen hervor und dringt senkrecht in den Boden. Das Stengelchen mit dem auf seiner Spitze sitzenden Knöspchen (Figur 40 4) wächst in entgegengesetzter Richtung aufwärts, während die Keimblätter (Kotyledonen) als grüne laubartige Blattgebilde sich entweder in der Luft entfalten (bei den meisten Holzarten) oder noch von den Samenhäuten umschlossen im Boden bleiben (Eiche). Durch fortwährende Nahrungsaufnahme mit Wurzeln und Blättern und dadurch bedingte Zellenvermehrung entwickelt sich das

Pflänzchen weiter bis zur natürlichen Größe; die Holzpflanzen verholzen schließlich und werden Bäume und Sträucher. Diejenige Stelle, an der im Verlaufe des Wachstums fortwährend die neue Zellbildung stattfindet, heißt der Vegetationspunkt; er liegt bei den Blättern unten am Stengel, bei den Zweigen, Trieben und Wurzeln unmittelbar unter der Spitze. Durch Einsaugen der Nährfeuchtigkeit durch die Wurzeln (im Frühjahr unter Wärmeeinwirkung beginnend) entsteht der von Zelle zu Zelle im Cambium weiter wandernde aufsteigende Strom, der durch Anbohren im Frühjahr deutlich nachzuweisen ist (Abzapfen von Birkensaft). In den Blättern wird der aufsteigende Strom durch die Nahrungsaufnahme (von Kohlensäure) der Blätter einerseits verdickt, unter Einwirkung des Lichtes in Bildungssaft verwandelt und steigt nun als absteigender Strom im Fortbildungsring (Cambium) wieder zu den Wurzeln hinab, indem er nach innen einen neuen Holzjahrring, nach außen einen neuen Basthautring anlegt und so das Dickenwachstum vermittelt (vergl. § 51). Der nicht verbrauchte Bildungssaft lagert sich in den Markstrahlen als Reservestoff ab, überwintert dort und leitet im Frühjahr die Vegetationsperiode ein, indem er Blätter und Knospen zum Ausbruch bringt. Die Jahresringe der verschiedenen Äste sind ungleich, der ältere Trieb zeigt selbstverständlich einen Jahresring mehr.

Das Wachstum der Holzpflanzen beginnt im Frühjahr und dauert bis zum Winter. In die Länge wachsen manche den ganzen Sommer hindurch, viele machen nur einen Frühjahrstrieb (Nadelhölzer), andere außerdem noch einen Johannistrieb. In die Dicke wachsen alle während des ganzen Sommers.

II. Spezieller Teil.

§ 57.

In den umstehenden Tabellen*) werden die für den Forstmann wichtigsten Holz- und Straucharten nach ihren charakteristischen Merkmalen näher beschrieben:

*) Wer sich noch eingehender mit den Holzgewächsen bekannt zu machen wünscht, vergleiche des Verfassers Bestimmungstabellen der Waldbäume und Waldsträucher. Berlin, Julius Springer. 2 Mk.

Botanische Übersichtstafel der Waldbäume

A. Laub-

Nr.	Namen	Klasse, Ordnung nach Linné	Keimling	Wurzelform	Holz	Knospe resp. Triebe
1	Stieleiche. Quércus pedunculāta.	XXI. 5—10. Monoécĭa polyándrĭa.	Die dickfleischigen Samenlapp. im Boden bleibend, Federblätter fast ganzrandig.	Pfahlwurzel	**Kern gelb-rötl.** bis **dunkelbraun** mit **kleinem** helleren Splint, großen u. klein. Markstrahlen, kl. 3-eckigen Poren, nur im Frühjahrsholz gr. Porenring. Wertvolles, schweres, hartes, dauerhaftes — spaltiges Holz, Brennkraft mittelmäßig; vorzügliches Bau- und Nutzholz. Rinde vorzügliches Gerbmaterial. Qu. róbur ist wertvoller.	Fast nackt, **stumpf ei-förmig, dunkelbraun;** an den Spitzen der Triebe gehäuft, auf stark verdickten Blattkissen. Deckschuppen breit, oben rundlich, Mar[k] 5-strahlig.
2	Traubeneiche. Quercus róbur.	dito.	dito.	dito.		**Längl. eiförmig — zugespitzt hellbraun** — a[n] der Spitze behaart. Deckschuppen schmal und spitz, sonst wie oben.
3	Rotbuche. Fagus sylvātĭca.	dito.	Samenlapp. nierenförm., dickfleischig gefaltet; Federblätter wie die gewöhnlichen Blätter, nur oft gesägt.	Herzwurzel mit vielen Seitenwurzeln.	**Ohne Kern** mit zahlr. breiten Markstrahlen, Poren einzeln oder zu 2—5 gruppiert; Jahrringgrenze wellig. Ziemlich hart — spaltig, **nur ganz unter Wasser** dauerhaft, bestes Brennholz.	Spindelförmig — spitz — zimmetbraun — weißlich behaarte Schuppen, meist lang bewimpert, fast zweizeilig — die Zweige **knickig** gewachsen, Triebe weiß bis braunfilzig. Blütenknospen viel dicker und eiförmig. Mark 3-eckig.
4	Bergahorn. Acer pseudoplātănus. („weißer Ahorn").	VIII. 1. Octándria monogynia. (auch 5—10 Stbgef.)	Samenlapp. große, **längl., lanzettförmige,** streifen-nervige Blätter; Federblätter längl. eiförm. zugespitzt, gesägt.	dito.	**Ohne Kern,** weißes, hartes, sehr dichtes und zähes Holz mit vielen sehr feinen Markstrahlen und gleichmäßig zerstreuten feinen Poren und **deutlichen** Jahrringen; vorzügliches Brenn- und Nutzholz, aber schwerspaltig.	**Grüne,** schwarz berän-derte, kreuzweis gegenständige eiförmige abstehende **zugespitzte** Knosp. Mark rund und groß.
5	Spitzahorn. A. platanöides.	dito.	Samenlapp. breiter wie 4, **zungenf.,** Federblatt **herzförmig,** lanzettlich mit buchtigem Zipfel.	dito.	dito.	**Rotbraune,** anliegende Milchsaft führende Knospen, meist **stumpfer** wie bei Nr. 4.
6	Feldahorn (Maßholder). A. campēstre.	dito.	Samenlapp. wie vorsteh., nur kleiner, Federblatt eiförmig zugespitzt, ganzrandig, **unten und Blattstiel weißlich behaart.**	**Flachstreichende** zahlreiche Wurzeln.	dito.	**Kleine** braune bis rote stumpfeiförmige Knospen, **weißlich behaart;** die 2—5-jährigen Triebe meist mit **Korkvorsprüngen.** Alle Ahorne haben kreuzweis gegenständige Knospen und Blätter.

im sommerlichen und winterlichen Zustande.

hölzer.

Blatt	Blüte	Frucht	Bemerkungen
Wechselständig, meist **kurz gestielt**, am **Grunde beiderseits mit Öhrchen**, verlängert eiförmig — tief gebuchtet — rund lappig — Unterseite kahl; Blattrippen verlaufen in die Lappen und Buchten (bei róbur nur in die Lappen).	Einhäusig. Die rot und grünen ♀ Knöspchen zu 1—5 an verläng. Achse mit 3 Narben u. 3-fächerig. Fruchtknoten; ♂ 2 lockere büschelförm. stehende Kätzchen mit 6—10 Stbgef., — im Mai, ♀ stets an der Spitze der Maitriebe, ♂ an vorjähr. Trieben.	**Längliche** Nuß in schuppenartigem Becher an **langen Stielen**; unterscheidet sich von 2 wohl durch die **scharfen schwarz. Längsstreifen**. Trägt meist nur in Freilage reiche Mast; keimt schwerer. — Im Oktober.	**Lichtpflanze**, mit groß. Ausschlagsfähigk., nur auf besserem frischem humosem tiefgründigem Boden. Bäume 1. Größe*): kommt in allen Betriebsarten — teils in reinen — noch mehr in gemischten Beständen vor. Von weitem schon durch ihr regelmäßiges Laubdach von 2 zu unterscheiden, deren Laub kraus und mehr verworren erscheint. Qu. róbur hält sich geschlossener, eignet sich besser zur nat. Verjüngung u. bringt höh. Erträge. Erträgt mehr Schatten.
Blattstiele meist **über 1 cm lang**, Bl. regelmäßiger, flacher gebuchtet — Unterseite behaart — am Grunde **keilig nach dem Blattstiel verjüngt**. —	Wie oben, aber 14 Tage später!	Mehr **kugelig — ohne Stiele**; traubenförmig dicht beieinander; kurze Keimkraft.	
Wechselständig eiförmig — undeutlich gezähnt — am Rande mit Seidenhaaren, erscheint im Mai.	Einhäusig; langgestielt. ♂ herabhängende kugl. Kätzch. in 5—10-teil. trichterförm Blütenhülle m. 8—12 langen Stbgef.; die ♀ fast kuglige Kätzchen am jungen Triebe in 4-zipflig. borstiger schuppiger Kapsel mit 3 langen Narben, im Mai.	2 (auch mehr) 3-kantige braune Nüsse in einem stacheligen 4-klappigen Becher; kurze Keimkraft. Im Oktober. Nach der Reife mit 4 Klappen kreuzweis aufspringend.	**Schattenpflanze**, mit geringer Ausschlagskraft, auf kräft. humosem frischem tiefgründigem Boden; die reinen Bestände nur in natürlicher Verjüngung, eingesprengt in **allen** Betriebsarten. Baum 1. Größe.
Kreuzweis gegenständ., handförmig 5-lappig, ungleich gekerbt gesägt, oben runzlig, unten **matt** und **bläulich**, lang und meist rot gestielt; Buchten spitz, Lappen rund. Anfang Mai. Gutes Viehfutter.	Zwitterblüten in langen herabhängenden grünlichgelben **Trauben**. 8—(seltener 5—10) Stbgef. in 5—9-blättrigem Kelch u. Blumenkrone, Fruchtknoten 2-lappig und 2-fächrig mit 1 Griffel und 2 Stempel. Mit Blattausbruch.	2-flüglig, bei der Reife in 2 dicke, nußartige — einsamige geflügelte Früchtchen sich trennend, deren Flügel fast parallel laufen; keimt nach 6 Wochen; im Oktober reifend.	**Lichtpflanze**, mit vorzüglicher Ausschlagskraft; verlangt guten Boden. **Kommt** nur eingesprengt in anderen Holzarten vor. Baum 1. Größe.
Kreuzweis gegenständig, die 5 Lappen des Blattes mit buchtigen und zu **langen Spitzen** ausgezogenen Zähnen versehen, beiderseits **glatt** und **grün**, an rötlichem milchsaftführendem Stiel. Lappen spitz, Buchten rund.	**Vor Blattausbruch**, aufrecht stehende **gelbe Trugdolden** — sonst **wie** oben.	Rundliche **plattgedrückte** nußartige Flügelfrucht, die Flügel in stumpfem Winkel; stets reichliche Früchte, bereits im **September**.	dito.
Gegenständig, **kleine ganzrandige** Blätter mit 5 stumpfen Lappen, jung flaumhaarig, alt beiderseits kahl und dunkelgrün.	Kurz nach Blattausbruch, **aufrechte**, später überhängende Sträuße mit kleinen grünen Blüten.	Die Nüßchen etwas **graufilzig** behaart, die Flügel horizontal, im Oktober.	**Schattenpflanze**, mit groß. Ausschlagskraft auf gutem Boden, meist Strauch, selten Baum 2. Größe, am meisten im Niederwald.

*) Bäume 1. Größe 20—30 m, Bäume 2. Größe 10—20 m und Bäume 3. Größe 5—10 m hoch.

Nr.	Namen	Klasse, Ordnung nach Linné	Keimling	Wurzelform	Holz	Knospe resp. Triebe
7	Rot-Feldrüster. Úlmus cămpéstris var. sŭbĕrōsa Erh.*)	V. 2. Pentăndrĭa digy̆nĭa.	Samenlapp. **klein, verkehrt eiförmig,** an der Spitze gebuchtet; Federblätter längl., stark sägezähnig, kurz behaart.	Neben stark. Pfahlwurzel viele tief und auch flach streichende Seitenwurzeln.	Kern **braun** — Splint **gelblich,** grob und verschlungenfasrig, Frühlingsporenring m. groß. Poren, die übrigen Poren fein und in W e l l e n l i n i e n. Hart, zäh, elastisch, sehr schwerspaltig, brennkräftig, **wertvoll.**	Klein, **schwarzbraun — kegelfm.** auf dicken Kissen, abstehend. Triebe braun — öfter dünn behaart; **sind die 3—5-jähr. Triebe korkig,** so unterscheidet man noch **U. suberosa.** Blütenknosp. kuglig, wie die Blätter 4—6-schuppig. Mark weit und eckig.
8	Flatterrüster. Úlmus effūsa.	dito.	dito.	dito.	**Ohne Kern,** sonst wie vorstehend, jedoch viel schlechter — weiß — weich, ziemlich brennkräftig, ziemlich wertlos. Ält. Stämme über d. Wurzelhals **dreieckig.**	Spitz, **hellbraun,** Deckschuppen mit **dunkl. Rändern,** kahl. Dünne, hellbraune glatte Zweige; Triebe glänzend braun.
9	Esche. Fráxinus excélsior.	II. 1. Diándria monogy̆nia. (Vielfach auch polygamisch.)	Samenlapp. lineal, fiedernervig. Federblätter einfach, gesägt, dann zwei 2- bis 3-teilig gefiederte Blätter.	Zuerst tiefe Pfahlwurzel — bald aber sehr viele Seitenwurzeln entwickelnd.	Kern **hellbraun, breiter weißer Splint,** weißes deutl. Mark, aber undeutl. feine Markstrahlen, **sehr deutl. Jahrringe,** feine Poren, nur Frühlingsring grobporig. Hartes — schweres — zähes, brennkräftiges **wertvolles** Holz.	Charakteristisch **schwarz,** verschieden groß, fast halbkuglig, kreuzständig mit lederigen Schuppen.
10	Hainbuche. Cárpĭnus betūlus.	XXI. 13. Monoécia polyándria.	Samenlapp. **linsengroß,** rundlich; an d. Basis mit Läppchen, Federblätter einzeln, den alt. Blättern ähnlich.	Viele schwache flach streichende Seitenwurzeln.	**Ohne Kern** und ohne deutliche Poren, gleichmäßig und fein, w e l l e n f ö r m i g e r Jahresring, schwer, hart, sehr zäh — nur am glatten Schaft gut spaltbar, **bestes Brennholz** — nicht dauerhaft, schwindend, **spannrückig** Schaft; wertvoll.	Hellbraun, klein, leicht gekrümmt, angedrückt spindelförmig, an Rand und Spitze weißlich behaart.
11	Gem. Birke. Bétūla vĕrrucosa. Ehrh. var. pend la mit hängenden Zweigen.	XXI. 5. Monoécia pentándria.	Samenlapp. **klein** — längl., glatt, Federblätter doppeltzähnig, stark behaart.	Flach streich. schwache Seitenwurz.; Stock mit vielen eigentüml. Wurzelknospen (Masern).	**Ohne Kern** — weiß bis rötlich mit vielen feinen Markstrahlen, meist zahlreiche Markflecken; die kl. Poren zu 1—8 gruppiert — gleichmäßig zerstreut u. in sehr feinen Zickzacklinien, wertvoll. Weiße Rinde schichtenweis ablösbar.	Kurz, oval, **braun** mit wenigen spiral. Schuppen — **nackt** — klebrig. Zweige braun bis grünl., weißwarzig u. rutenförmig.
12	Haarbirke. Bétula pubéscens.	dito.	dito.	dito.	dito.	dito, doch Deckschuppen u. **Triebe bewimpert.**
13	Schwarzerle. Álnus glutinōsa.	XXI. 4. Monoécia tetrándria.	Nach 5 Wochen sehr kl. eiförmige, ganzrandige Samenlapp., Federblätter fast spitz.	Zahlreiche **tiefgehende** Seitenwurzeln.	**Ohne Kern,** rot, feines Holz, viele breite und auch feine Markstrahlen, Poren kaum erkennbar. Weich — leicht — brüchig, leicht spaltig, nur unter Wasser dauerhaft, zieml. brennkräftig, wertvoll.	**Gestielt,** braun, bläul. bereift, **eiförmig,** auf großem Kissen.

*) Manche Dendrologen unterscheiden noch U. montana mit hellbraunem Kern, stets korklosen glattrindigen Zweigen, Nüßchen mitten in der Flügelfrucht.

Blatt	Blüte	Frucht	Bemerkungen
Blattgrund **schief**; Bl. meist rauh — stumpfzähnig — unten in den Nervenwinkeln haarflauschig, oval oder elliptisch, **2-zeilig abwechselnd**, Ende April.	**Fast sitzende** Zwitterbl. in **Büscheln**: Stbgef. weit aus dem glockenförmigen roten Blütenkelch hervorragend, im März, vor Blattausbruch.	Verkehrt eiförm., **glatte**, hartflügl. Frucht, der Flügel oben wenig gespalten; **gelbliche** Flügel; reift Ende Mai.	**Gut schattenertragend, große** Ausschlagskraft, reichl. Wurzelbrut, auf gutem **tiefgründigem** frischem Boden. Meist eingesprengt in Laubholz — bes. in Auwäldern, Baum 1. Größe. Gutes Schneidel- und Kopfholz.
Von vorigem schwer zu unterscheiden — sehr wandelbar — Zweigbildung mehr **fächerartig**, Blatt dünn, oben kahl, unten scharfhaarig, sehr schief.	An **langen Stielen hängend**, Stbgef. etwas kürzer, lockere flattrige Büschel bildend; sonst wie Nr. 7.	Wie oben, aber **kleiner, länglich**, gewimpert, oben tief gespalten; **grünliche** Flügel.	dito, etwas anspruchsloser mit dem Boden, nur vereinzelt in Wäldern, an Wegen und Hecken. Meist Baum 2. Größe. Selten.
Gegenständig, unpaarig gefiedert, mit meist 7 länglichen lanzettförmig. gesägten sitzenden **Blättchen**; vorzügl. Viehfutter. Im Mai.	Polygamisch, auch häufig 2—4 Stbfäd., in büschelweis stehenden rötl. braunen Rispen mit 1 nackten Fruchtknoten; **ohne Kelch**. Kurz vor Blattausbruch.	**Schmale 3 cm lange** braune lederartige einsamige Flügelfrucht; im Oktober, liegt 1 Jahr über.	**Halbe Lichtpfl.**, auf Aueboden stärkst. Schatten ertrag., **ziemliche** Ausschlagskraft, sehr schnellwüchsig, verlangt guten frischen Boden; große Reproduktionskraft. Baum 1. Größe. Selten in reinen Beständen; in Niederungen; meist auf feuchteren Bodenstellen horstweis, aber auch einzeln eingesprengt.
Wechselständig, eiförmig zugespitzt, doppelt gesägt, fast 2-zeilig mit gleichlaufd. Rippen 2. Ord. — gefaltet, nackt. Blattstiele u. junge Triebe behaart; gutes Viehfutter. Im Mai.	Eingeschlechtig! ♂ und ♀ einfache lange **Kätzchen** — ♂ walzenförmige hängende Kätzchen mit vielen Stbgef. an vorjähr., die ♀ mit langen roten Narben von 3-lapp. Deckschuppe eingehüllt an diesjähr. Trieben. Mit Laubausbruch.	In lockeren **Trauben**, holzige zusammengedrückte, längsgerippte, an der Spitze gezähnte einsamige braune kleine **Nüsse** in 3-klappigem Deckblatt; im Oktober, liegt 1 Jahr über. Blüht stets sehr reichlich.	**Schattenpflanze, vorzügliche** Ausschlagskraft, nur auf besserem u. frischem Boden; vorzügl. Heckenpflanze. Baum und Strauch. Nur im äußersten Osten reine Bestände mit natürlicher Verjüngung, sonst einzeln und horstweis in Laub- und Nadelholz.
Wechselständ., **rautenförm., dreieckig** gezähnt, **nackt mit Haarwarzen** — bitterschmeck. Im März.	Eingeschlechtig! ♂ je 2 schon im Sommer vorher ausgebild. **hängende** lange walzige Kätzchen, ♀ **aufrechte** kleine spindelförmige Ährchen, erst mit Blattausausbruch.	Kleine hängende walzenförmige holzige Zapfen — hinter deren Schuppen je 1—2 sehr kleine Samen mit **breiten**, durchsichtigen Flügelchen. (Juli — August.) **Flügel 2—3 mal so breit als Nuß.**	**Lichtpflanze, mäßige** Ausschlagskraft, auf allen Böden gedeihend. Rinde weiß. Seltener in reinen Niederwaldbeständen — meist auf Sandboden sowie in Nadelhölzern eingesprengt.
dito, **doch** eiförmig — oder stumpfrautenförmig, unten in den Aderwinkeln **bärtig**, Blätter und Triebe **samtig behaart** — letztere **ohne Harzwarzen.**	**dito.**	Wie oben, doch **Samenflügel nur $1^1/_2$ mal so lang** als Samen; im Juli bis August, kurze Keimkraft.	dito, doch mehr auf moorigem und schwerem Boden. Rinde später schwärzlich borkig.
Wechselständig, umgekehrt eiförmig, meist doppelt gesägt, oben **eingebuchtet**, oft klebrig. April—Mai.	Einhäusig — getrennt geschlechtig; ♂ Kätzchen zylindrisch mit gestielten 3-blüt. Deckschuppen —; ♀ eirunde traubig stehende rötl. Ährchen, Fruchtknoten mit 2 roten Narben, im März.	In kleinen eiförmig. holzigen Zapfen 5-eckige rote fast ungeflügelte Nüßchen; im **Oktober**, verdirbt leicht.	**Lichtpfl., gute** Ausschlagsfähigkeit, Baum 1—2. Gr.! verlangt feuchten humosen Boden, Hauptholzart der Brücher in Niederwaldform, auf gutem frischem Boden auch Baum 1. Größe.

Nr.	Namen	Klasse, Ordnung nach Linné	Keimling	Wurzelform	Holz	Knospe resp. Triebe
14	Weißerle. **Álnus incāna.**	XXI. 4. Monoecia tetrándria.	Wie vor.	Viele **flache** Seitenwurzeln, sehr reichliche **Wurzelbrut**, schlecht ausschlagend.	Wie vor, doch heller — zäher und etwas brennkäftiger.	wie vor., nur **dicker** u. **graufilzig.**
15	Sommerlinde. Tília grandifólia.	XIII. 1. Polyándrīa monogy̆nia.	Samenlapp. breiter als lang, 5- und mehrspaltig — Federblätt. eiförmig zugespitzt — ungleich gesägt.	**Starke** Herz- und Seitenwurz.	**Ohne Kern — sehr weich**, weiß mit dunklen Ringen, Poren 1—5 gleichmäßig zerstreut, fein. Markstrahl., wenig brennkräftig, leicht spaltig. **Schnitzholz,** sehr wertvoll.	Stumpf eiförm. — grünl.-gelb — an der Sonnenseite **rot, weichhaarig.**
16	Winterlinde Tília párvifōlia.	dito.	dito.	Herz- und **starke** Seitenwurzeln.	dito, etwas fester, brennkräftiger, wertvoller.	**Unbehaart, klebrig.**
17	Zitterpappel, Aspe. Pópūlus tremūla.	XXII. 8. Dioecīa octāndrīa.	Klein mit runden Samenlappen.	Zahlreiche schwache und sehr flache Seitenwurz., sehr reichl. **Wurzelbrut.**	**Ohne Kern** — fein, weiß **ohne Kennzeichen** — sehr **weich** — elast. — leicht — gut spaltbar, unter Dach sehr dauerhaft; **wertvoll,** wenig brennkräftig.	Kegelförmig, zugespitzt, **glänzend braun,** sechsschuppig, nicht **oder nur** wenig harzig.
18	Schwarzpappel. **Pópūlus nīgra.**	XXII. 12. Diōecīa polyāndrīa.	dito.	Tief und wagerecht weit ausstreichend.	Kern hellbraun — Splint breit, weiß, doch leichter als das der Aspe, ausgezeichnete Maserbildung, sehr wertvoll.	Lang — spitz, klebrig — rotbraun — an den Seiten höckrig -- mit goldgelbem wohlriechend. Gummiharz überzogen. Junge Triebe gelb glänzend.
19	Kanadische Pappel. **Pópūlus canadensis.**	dito.	dito.	dito.	dito, doch Holz mit gelbl.-weiß. Splint und hellbraunem Kern und einzelnen Markflecken (nigra ohne solche). Rinde bildet früh tiefrissige Borke (nigra nicht).	dito.
20	Pyramidenpappel (italienische). Pópūlus pyramidālis (itālīca, dilātata).	dito.	dito.	dito.	dito, doch **sehr weich** und sehr leicht, wenig wertvoll.	dito, doch **nicht klebrig,** Triebe sehr spitzwinklig z. Stamm.
21	Sahlweide. **Sálix cáprēa,** (sehr **ähnlich** ist **Salix aurīta** mit **umgekehrt eiförm. unrglm. gezähnt.,** oben **fein** behaarten, unten **dicht** behaart. Blättern).	XXII. 2. Dioecīa diāndrīa.	2 kleine eiförmige rundl. Samenlappen, nach dem kurz. Stiele zugespitzt.	Viele flache Seitenwurz., zuerst Pfahlwurzel.	**Kern rötl. bis braun,** gelbl. bis rötl. weiß. Splint, leicht — weich — gut spaltbar — wenig dauerhaft u. brennkräftig — grobes u. dauerhaft. Flechtwerk (das Holz aller Weiden technisch wenig brauchbar, nur die Triebe als Flechtwerk verwendb., resp. sehr gesucht).	Laubknosp. **stumpf herzförm.** — ebenso breit als lang, angedrückt mit abstehender Spitze, Blütenknospen dick und schwarzbraun, **kahl,** Triebe feinfilzig.

Blatt	Blüte	Frucht	Bemerkungen
Eiförmig — oben **zugespitzt**, unten weißfilzig — nie klebrig, **sehr weich**.	Wie vor., nur ♂ Kätzchen graufilzig.	Wie vor., doch plattgedrückt u. deutlich geflügelt; September.	Wie vor., Rinde glatt — hell silbergrau rasch wachsend, auch auf flachgründig. undurchlassend. Boden, wie auf saurem Torfboden. Baum 2. Größe.
Wechselständig, schief herzförmig, **unten kurz behaart**, gezähnt — in den Rippenachseln **grünl. Wolle**, Blattstiel **kürzer** als Blatt; im April.	Gelbl. Zwitterblüten in mehrstrahl Trugdolde, mit 5-teil. hinfälligem Kelch — 5-blättriger Krone, vielen Staubgef. u. einf. Stempel auf langen mit zungenförm. Deckblatt gezierten Stielen, im Juni.	**Filzig behaarte** erbsengroße Nuß mit **5 starken Kanten**, im Oktob.; 1 Jahr überliegend.	**Schattenpflanze**, vorzügl. Ausschlagskraft, auf besserem tiefgründigem frischen Boden, Rinde liefert Bast. Baum 1. Größe. Nur eingesprengt in Laubhölzern — oder als Alleebaum, viel in Dörfern.
Blattstiel $1^1/_2$ mal länger als Blatt — Blatt kleiner — **unten bläulich grün** — oben glänzend, in d. Rippenachsen **bräunliche** Wolle.	dito, doch 5—7-blüt. Trugdolden, **14 Tage später**.	dito, **nackt** u. mit ganz schwachen Rippen.	dito.
Wechselständig lang gestielt, fast kreisrund, nackt, buchtig gekerbt; **mit Drüsen an den Kerbzähnen**; Stockausschlag und Wurzelbrut mit sehr abweichenden Blättern, doch stets **Sägezähne krumm**, im Mai. Stiel seitlich breit gedrückt.	♂ hängende grüne Kätzchen mit dicht zottig bewimperten Schuppen und je 8 Staubgef., Kätzchen haben in den Blütenkelchen viele längl. eiförm. Fruchtknoten, im März vor Blattausbruch.	Sehr kleine Körnchen mit seidenartiger Haube, fliegen sofort ab — behält die Keimkraft nur kurze Zeit, reift im **Mai**.	**Lichtpflanze**, mit vorzügl. Ausschlagskraft, auf fast allen Bodenarten. Baum 1. Größe. Bei uns nur eingesprengt in fast allen Holzarten, oft lästig mit ihrer Wurzelbrut. Verdient jedoch wegen ihres wertvollen Holzes Beachtung.
Rauten- bis deltaförmig, spitzig, ungleich schwach gekerbt, — am Grunde fast ganzrandig, nackt, auf langen **aufrechten** Stielen. Blattbasis meist stumpfwinklig.	dito, jedoch nierenförm., purpur. bewimp. Kätzchenschuppen, ♂ m. gelb., ♀ m. braunen Schuppen. ♂ mit 12—30 Stbgef. ♂ Kätzch. nur 6—8 cm lang und 6—8 Staubgef.	dito, doch länglich und 2-nätig. Reift im Juni.	dito, viel am Wasser, sonst auch in Alleen und auf feuchtem und überschwemmtem Boden, nicht in Nässe. Vorzügl. Stockausausschlag und auch Wurzelbrut.
dito, Blatt an der Basis meist geradlinig.	dito, doch ♂ Kätzch. 12—16 cm u. mit 20—30 Stbgef.; Fruchtknoten 3—4-nätig (bei nigra 2-nätig), Narben grünl., am Rande purpurn (bei nigra gelblich u. zurückgeschlagen). März—April. 3 Wochen vor Laubausbruch.	dito.	Mit p. nigra sehr leicht zu verwechseln. Im Verhalten ebenso wie nigra; die wertvollste aller Pappeln.
Meist dreieckig, kahl.	dito, nur ♂ vorkommend.	dito.	dito, Pyramidenvarietät der vorigen, sehr verbreiteter Alleebaum — auch Kopf- und Schneideholz.
Wechselständig, eiförmig oder elliptisch, am Rande wellenförmig, oben kahl oder runzlich, unten weißfilzig, bläulich mit nierenförmigen Nebenblättern, im Mai.	Aufrechte Kätzch. mit ganzrand. gewimp. Deckschuppen. ♂ mit 2 Staubblätt. an lang. Staubfäd. u. mit einer grünl. Honigdrüse, mit eiförmigem Fruchtknot. u. 2-teil. Narbe, grün, im März. Die noch nicht aufgeblüht. ♂ Kätzchen m. glänzd. silberw. Haaren (Schäfchen, Palmkätzel).	Eiförmige, unten lanzettförmig verlängerte Kapseln mit kleinen Samen, die einen langen weißen Seidenschopf haben (Weidenwolle). Viel tauber Samen.	**Lichtpflanze**, fast in allen Holz- und Bodenarten eingesprengt. Baum und Strauch, große Ausschlagskraft; die Hauptbedeutung der Weiden liegt in ihrer Verwendung als **Flechtwerk**; sie werden als Niederwald mit sehr kurzem Umtrieb (sog. Weidenheeger) bewirtschaftet.

Nr.	Namen	Klasse, Ordnung nach Linné	Keimling	Wurzelform	Holz	Knospe resp. Triebe
22	**Knackweide.** Sālix frágīlis.	**XXII. 2.** Dioecīa diāndrīa.	Wie vor.	Wie vor.	Wie vor, ohne Markfleckchen, kein besonders gutes Flechtwerk, (reichlicher Holzertrag!)	**Spitz kegelförmig gekrümmt,** glatt glänzend — schwarzbraun. 1-jähr. Triebe glatt — graugelb — glänzend; sehr leicht **brechend** (knackend).
23	Silberweide. Sálix álba.	dito.	dito.	dito.	dito, mit Markfleckchen, zieml. gute Flecht-, Binde- und Futterweide.	Längl., **fast gleich breit** — angedrückt, bräunl. mit **weißen Haaren,** junge **Triebe behaart.**
	Abarten: S. argéntĕa mit beiderseits **glänzend seidenhaarigen** Blättern und die sehr häufige geschätzte					
24	**Korbweide.** Sálix viminális	dito.	dito.	dito.	**Beste Flechtweide,** Holz wie vorstehend.	Zweige und Knospen flaumig; Knospendecke gelblich, Knospen oben sehr gedrängt.
25	**Purpurweide.** Sálix purūrĕa var. Sálix hĕlix mit gelb. Trieben.	dito.	dito.	dito.	Vorzügl. feine Flechtweide.	Knospenschuppen **blutrot.** Triebe glatt mit **rötl.,** innen **zitronengelb.** Rinde, lang, dünn.
26	**Mandelweide.** Sálix amy̆gdalīna (tiándra).	dito.	dito.	dito.	Kern rot, allmählich in den weißen Splint übergehend; die 1-jähr. Triebe gutes Flechtwerk.	Knospen länglich, ähnlich wie bei S. fragilis.
27	**Aschgraue große Werftweide.** Sálix cinērĕa (acumināta).	dito.	dito.	dito.	Geringwertiges Flechtmaterial — wird nicht kultiviert.	Kugelig, **weichbehaart,** die jungen Triebe und Zweige **graufilz.,** auf grünlicher Rinde.
28	**Kaspische Weide** Sálix prūīnōsa Wendt. (acutifōlia Wild.)	dito.	dito.	dito.	Ziemlich gutes Flechtwerk.	Glatt, junge Triebe **violett-rot** und reichlich **bereift.**
29	**Holzbirne.** Py̆rus commūnis.	XII. 5. Icosāndrīa pentagynia.	2 längliche Keimblätter.	Starke Seitenwurzeln.	**Ohne** Kern — gleichmäßig braunrot ohne erkennbare Poren mit sehr fein. Markstrahlen, hart, — schlecht spaltig, **sehr gesuchtes** Drechslerholz.	**Dunkelbraune** eiförm. spitze **abstehende** Seitenknospen. Triebe **gelblich,** untere Zweige und Kurztriebe mit Dornen.
30	**Holzapfel.** Py̆rus mălus.	dito.	dito.	dito.	dito, doch Kern **braunrot** und Splint rötlich.	Ähnlich den vorigen, jedoch **rötlich und angedrückt,** Triebe **rötlich** braun.
31	Eberesche. Sórbus aucupăria.	XII. 3. Icosandria tri-péntagynia.	Eiförmige Samenlapp.	Weitstreichende und tiefgehende Seitenwurz. — **Wurzelbrut.**	Kern **rotbraun,** Splint rötlich — fein — glänzend — ziemlich leicht und hart, **zäh,** von Stellmacher und Drechsler sehr gesucht.	Bläulich schwarz, mittelgroß, anliegend, lang und weiß behaart; Triebe mit vielen Rostflecken.
32	**Akazie.** Robīnia Psēŭdoacăcia.	XVII. 5. Diadélphia decándria.	2 kleine runde Samenläppchen.	Tiefgehende starke Seitenwurzeln.	Kern **gelbbraun,** Splint **hellgelb,** Poren auffallend, feine Markstrahlen. Hart — schwer spaltig, **gesucht.**	Knospen eingesenkt — meist unter jeder 2 braune Stacheln.

Blatt	Blüte	Frucht	Bemerkungen
Wechselständig lanzettl., **ganz kahl** (nur in der Jugend bewimpert), an den Zähnen mit **braunen Drüsen**, ebenso am Blattstiel, **glänzend**, im Mai.	Wie vor.	**Wie vor.**	Wie vor., auf frischem, feuchtem **Boden**, zu Kopfholz tauglich, **hoher** Strauch; auch **Baum**.
dito, mehr zugespitzt, beiderseits **seidenhaarig**, im Mai.	**dito.**	dito, reift im Juni.	dito, an feucht. Standort, häufigstes Kopfholz, Baum 1. Größe.
S. vittelina, Dotterweide mit **leuchtend gelber Rinde** an den jungen Zweigen (sehr gute Flechtweide).			
Sehr lang, zugespitzt, **unten silberhaarig**, sehr schmal, **Blattrand gewellt**, Nebenblätter pfriemlich.	Aufrechte Kätzch. mit ganzrand. gewimp. Deckschuppen; die Kätzchen **kurz u. silberhaarig**, Schüppchen oben dunkel, **vor** Blattausbruch.	Eiförm. verlängerte filzige Kapsel mit kleinen behaarten Samen. Mai—Juni.	Meist nur Strauch, **nur am Wasser**, auf lockerem Boden.
Fast gegenständig, lang, schmal, vor der Spitze am breitesten, nur dort gesägt — unten bläulich.	dito, sitzend, Kätzch. lang walzig, ♂ rot — einmännig, ♀ mit rot-weiß behaarten Schupp., **vor** Blattausbruch.	dito.	dito, kommt auch auf trocknerem Boden fort.
Dem Blatt der Knackweide ähnlich, doch unten blau und mit größeren Nebenblättern, in der Mitte **gelb. Nerv.**	dito, aber dreimännig.	dito.	Rinde rot und in Platten abspringend, häufig an Bachrändern. Baum 3 Größe. Wertlos; nicht kultiviert.
Umgekehrt eiförmig mit zurückgekrümmt. Spitze, **beiderseits** — unten jedoch stärker **behaart.**	dito, ♂ am Grunde behaart (2 Staubgef.)	dito.	Sehr verbreiteter **Strauch** an feuchten Orten, Ufern usw.
Nebenblätter schmal, lang zugespitzt, gesägt und kahl.	Sitzende Kätzchen, blüht **vor** Blattausbruch.	dito.	**Bäume oder hohe Sträucher**, neuerdings vielfach an Straßen und Dämmen angepflanzt. Gedeiht auch auf ärmerem Sandboden.
Wechselständig — **langgestielt** eiförmig, mit **vielen** Rippen, lederig glatt glänzend.	**Zwitterbl.** Viele Staubgefäße in 5-zipfl. Kelch mit **weißer** Blumenkrone zu 6—12 in Doldentrauben; **rote** Staubgef., im Mai.	Apfelfrucht **nicht** genabelt, im September.	**Schattenpflanze**, ziemlich hoher Baum mit **spitzer Krone**, auf kräftigem Boden; mit geringer Ausschlagskraft Baum 2. Größe. Eingesprengt in Laubhölzern.
Ähnlich den vorigen, jedoch **kurz gestielt** mit **wenigen** (4 Paar) Rippen, weicher.	dito, jedoch m. **rötlich.** Blumenkrone, **gelbe** Staubgef.	**Genabelte** Apfelfrucht.	dito, doch mit sperriger Krone.
Wechselständig **unpaar. gefiedert**, unten schwach behaart; Fiederblatt kurz gestielt und **gesägt. Gutes** Schaffutter.	Endstdg. gewölbte **Doldentrauben** mit weißen 3-griffl. Blüten, Ende Mai bis Juni.	Kugelrunde kleine rote Beeren in Trugdolden. September.	**Lichtpflanze**, auf allen nur etwas **frischen** Bodenarten. Baum 2. Größe. Vielfach eingesprengt, sowie beliebter Allee- und Chausseebaum.
Wechselständig **unpaar. gefiedert**, Fiederblatt **eiförm.**, glatt, am Grunde mit 2 Stacheln.	Lockere hängende Trauben mit weißen Schmetterlingsblüten im Juni.	Glatte kleine Schoten mit schwarzen nierenförmigen Samen. Oktober.	**Lichtpflanze**, von unverwüstlicher Reproduktionskraft — großer Ausschlagsfähigkeit an Stock und Wurzeln — **gedeiht** auf allen Bodenarten. **Baum 2. Größe.**

B. Nadel

Nr.	Namen	Klasse, Ordnung nach Linné	Keimling	Wurzelform	Holz	Knospe resp. Triebe
33	**Kiefer**, Föhre. Pīnus silvéstris (sylvéstris).	XXI. 2. Monoécĭa diándrĭa.	5—7 flache, nadelförm., **ganzrand.** Samenlapp., Federbl. **gesägt,** im 2. Jahre 2 Nad. aus 1 Scheide; im 3. Jahre Quirle.	Starke Pfahlwurzel mit starken Seitenwurz.	**Kern hell- bis dunkelbraun,** breites Herbsth. — viele Harzgänge, ziemlich brennkräft.; weich — leicht, spaltig, gutes Bau- und Nutzholz.	Eikegelförm. zugespitzt — fleischrot, harzig.
34	**Weymouthskiefer.** Pīnus strōbus (Strobe).	dito.	7—8 lange, schmale quirlständige Samenlapp.	Pfahl- und starke Seitenwurzeln.	**Kern bräunl.,** Splint gelblichweiß, harzarm, dem obigen ähnlich, sehr leicht und weich, leichtspaltig, dauerhaft, ziemlich brennkräftig, wertvoll.	Eiförmig mit fein ausgezogener Spitze, braun harzig. **Junge Trie kahl.**
35	**Zirbelkiefer** (Arve). Pīnus cémbra.	dito.	9—12 lang zugespitzte Samenlapp.	Zuerst Pfahlwurzel — später nur kräftige Seitenwurzeln.	**Kern rötlich** — Splint weiß — sehr gleichmäßig, **wohlriechend** — weich, dauerhaft — wenig brennkräftig, sehr gesucht. Nutzh.	Weißl. fast kugel. — fei zugespitzt; spärl. m. Franse besetzte junge Triebe m **braunem Pelz.** Sichere Unterschied von 34.
36	**Schwarzkiefer.** Pīnus austriăca (sehr viele Abarten).	dito.	5—7 **große** bläuliche Samenlapp.	Flach streichende Wurzeln.	Von dem der gemeinen Kiefer kaum zu unterscheiden — sehr harzreich — sehr viel Splint, gutes Bau- und Nutzholz.	Groß, eiförm., in spitze Schnabel ausgeschweift, si berschuppig, Triebe schwärz lich.
37	**Weißtanne.** Abies pĕctĭnāta Dec.	dito.	Meist 5—8 sternförmig stehende Samenlapp. mit 2 weißen Streif. **oben,** im 3. Jahre **ein langer Seitentrieb** — im **4. Jahre erst. Quirl.**	Auf tiefgründig. Boden **Pfahlwurzel,** sonst starke Seitenwurz.	**Ohne Kern,** weiß — ohne Markstrahlharzgänge, harzarm, leicht — weich — zieml. brennkräftig, **gutes Bau- und Nutzholz.**	Eikegelförmig quirlstän dig, gelbbraun glänzend am Grunde mit weißer Harzüberzug.
38	**Fichte** (Rottanne). Picea excelsa Lk.	dito.	Meist 7—9 flache **gesägte** Samenlappen, hellgrün, Blätt. d. erst. Jahrestriebes ebenfalls **sägezähnig, im 4. Jahre Quirl.**	Flach streichende Wurzeln.	**Ohne Kern, weißes** bis **rötlichweißes,** etwas **glänzend.,** porenarmes Holz — leicht — weich — spalt. — sehr elastisch — dauerhaft, wenig brennkräftig; gutes Bau- und Nutzholz.	Eikegelförm., Endknospe fast quirlständig. Zweig in regelm. Quirlen.
39	**Lärche.** Lārix europaea Dc.	dito.	**An rotem** Stengelchen meist 6 schmale, **ganzrandige,** bläul. Samenlapp., im 1. u. 2. J. wintergr. —	Anfangs Pfahl- später Herzwurzeln, von welchen schwache Seitenwurzeln verlaufen.	Kern **rötlich, scharf abgesetzt.** dunkl. **Herbstholz;** ziemlich schwer — dauerhaft — weich — spaltig — sehr wertvolles Bau- und Nutzholz.	Wechselständig, **gelb** knopfförmig.

hölzer.

Blatt	Blüte	Frucht	Bemerkungen
Aus einer Scheide 2, selten 3 schwach gestreifte, **kantige** — spitze — fein gezähnelte graugrüne Nadeln, nach 3—5 Jahr. abfallend.	♂ gelbe oder rötl. **aufrechte Kätzchen** gedrängt am **Grunde** des **jungen Triebes,** ♀ eirunde **rote** bis grünl. **aufrechte** gestielte **Zäpfchen,** — 1—5 an der **Spitze der Maitriebe, im Mai.**	Kegelf., **3—6 cm lange,** holzige, hängende Zapfen; hinter jeder Schuppe **2 schwärzlich-bräunl., eirunde** Samen an durchsichtigem Flügel — in einem **brillenartigem Loch;** reift erst nach 18 Monaten und fliegt erst im Frühjahr ab.	**Lichtpflanze,** auf fast allen Bodenart., schnellwüchs., hohe Erträge gebend, **ohne** Reproduktionskraft mit tief rissiger **abblätternder Schuppenborke.** Baum **1.** Größe. Hauptsächl. in rein. u. gemischten Beständen des Hochwaldes od. Oberholz im Mittelwald. Verbreitetster Waldbaum der **Ebene.**
5 Nadeln aus einer Scheide, **fein,** 12 cm lang, schlank, **biegsam!** Alle 2 Jahre wechselnd.	♂ Gelbe Kätzch. zu 10—20 um den **Grund des jungen Triebes,** ♀ ovale gelbliche Kätzchen zu 2—3 auf der **Spitze desselben,** Mai.	Harzreiche **14 cm lange** gekrümmte dünne walzige Zapfen, der **lang** geflügelte große Samen braun und schwarz marmoriert. Oktober des 2. Jahres.	**Schattenpflanze,** sehr schnellwüchsig, große Reproduktionskraft, auf allen Böden, nur nicht reinem Sand und strengem Ton, hoher Baum mit **glatter** grauer Rinde.
5 etwa 8 cm lange **straffe** Nadeln aus einer langen Scheide. Alle 2 Jahre wechselnd.	♂ eiförm. gedrängte Kätzchen, rot — später gelb. ♀ 1—6 **gestielte** aufrechte **haselnußgroße** violette Zapfen, im Juni.	In **kleinen** hellbraunen Zapfen eine **hartschalige, dicke rote fast unbeflügelte Nuß, wohlschmeck.** Reift nach 18 Monaten.	**Lichtpflanze,** Gebirgsbaum, auf frisch. u. feucht. Boden, große Reproduktionskraft, hoh. Baum mit **glatter** Rinde; mit der vorigen leicht zu verwechseln.
Je 2 **lange** dunkle straffe Nadeln aus einer Scheide — alle 3 Jahre wechselnd — **düstere Benadelung.**	♂ Kätzch. gelb, **bis 25 mm lang,** gestreckt, ♀ Kätzchen meist paarweis, schön rot, an der Spitze der Maitriebe, Mai—Juni.	**Zapfen 8 cm, stiellos,** gelbbraun — **glänzend,** die **großen** lang geflügelt. **Samen** beiderseits **nebl. grau,** öfter **gefleckt.** Okt. 2. Jahres.	**Lichtpflanze,** mit d. Boden anspruchsl., langsamwachs. hoher Baum mit sperrigen Ästen und grober **dunkl.** Borke. Meist Baum 2. und 3. Größe.
Kammförm. stehende **flache** einzelne an der Spitze eingekerbte Nadeln — **unten mit 2 weißen Streifen** — alle 8 Jahre wechselnd. **Stumpfe Baumkrone.** (Im Alter sicherer Unterschied von 38.)	♂ Kätzchen oval — grünl. gelb auf der **Unterseite** des **vorigen** Triebes, ♀ zierl. hellgrüne Zäpfchen auf der **Oberseite** der **vorjähr. Mitteltriebe,** stets nur an den obersten Quirlästen am Wipfel; im Mai.	Große **aufrechtstehende** walzige Zapfen mit **großen** braunen fast 3-kantigen terpentinhaltigen Samen, der **eng** mit dem großen braunen Flügel **verwachsen.** September. Die Schuppen fallen **einzeln** ab, die Spindel bleibt noch längere Zeit stehen.	**Schattenpflanze,** auf zieml. tiefgründigem frischem kräftigem Gebirgsboden, **große Reproduktionskraft,** in der Jugend sehr langsamwüchsig, später schnellwachsend. Baum 1. Größe mit **weißer** Rinde. Im Hochwald und Plenterbetrieb meist mit anderen Holzarten gemischt; natürliche Verjüngung.
Einzelstehende 4-kantige straffe Nadeln — rings um die Zweige stehend — alle 7 Jahre wechselnd. **Spitze Baumkrone.**	♂ Kätzchen groß — gestielt — **rot** — später gelbl. an den **vorjährigen** Trieben. ♀ Kätzchen zierlich — **hochrot** — aufrecht an der Spitze der neuen Triebe, nach der Befruchtung **grün** und hängend, im Mai.	Langer hängender Zapfen mit **dünnen Schuppen.** Der **rotbraune,** an der Spitze **gedrehte** Same in einer **löffelartigen** Vertiefung des Flügels. (Sicheres Kennzeichen von 33.) Im Oktober, fliegt im Winter ab.	**Schattenpflanze,** auf frisch. Gebirgsboden und in luftfeuchtem Klima, zieml. Reproduktionskraft; zuerst langsam-, später schnellwüchsig, Baum 1. Größe mit **roter** Rinde. In reinen und gemischten Hochwaldbeständen mit künstl. u. natürl. Verjüngung. Verbreitetster Waldbaum des **Gebirges.**
Jährlich abfallende weiche grüne kleine Nadeln — an 1-jähr. Trieben einzeln — an älteren in **Büscheln.**	Die breiten grüngelb. — oft nach unten gekrümmten ♂ **Kätzch. am 2- u. mehrj. Holze,** die ♀ **aufrecht,** ziemlich große **hochrote Köpfchen** an **Kurztrieben;** mit Blattausbruch.	**Kleine aufrechte** Zapfen mit **lederart.** Schuppen, kleinen 3-eckigen **hell glänzenden** gelblichen mit den Flügeln verwachsenen Samen, der sehr schlecht, oft erst nach Jahren ausfliegt.	**Lichtpflanze,** liebt kräftigen, zieml. tiefgründigen Gebirgsboden, bedeut. Reproduktionskraft, Bäume 1. Größe mit meist **säbelförm.** Wuchs und graubrauner **Borke,** deren Schuppen gekrümmt sind.

Systematische forstliche Bestimmungstabelle aller lichen und winterlichen Zustande.

Nr.	Namen	Blatt resp. Knospe	Blumenstand
	II. Klasse: Diandria: Zweigeschlecht. Blüten mit 2 freien Staubgefäßen		
1	Ligusterstrauch. Ligústrum vulgáre.	Gegenstd., längl. lanzettl.-ganzrand. **wintergrün**, grüne angedrückte Seitenknospen.	Endständig weiße Straußrispe.
2	Flieder. Syringa vulgāris.	Gegenständig, herzförmig, ganzrandig; Knospen grün mit gestielten Schuppen, an der Spitze stets paarweis.	dito.
	IV. Klasse: Tetrandria: Zweigeschlecht. Blumen mit		
3	Corneliuskirsche. Córnus máscŭla.	**Gegenstd.**, eiförm. zugespitzt mit oben zusammenlauf. Nerv., Seitenknosp. feinfilzig — abstehd., Blütenknosp. gelbl., kugl., gestielt.	Kleine gelbe Dolde mit 4 blättr. Hülle am Grunde.
4	Roter Hartriegel. Córnus sanguĭnĕa.	Wie vor.; breiter und kurzhaarig, am Rande wellig, Seitenknospen lang — angedrückt, die letzten Schuppen blattartig.	Flache weiße Trugdolde — **ohne** Hülle.
5	Weißer Hartriegel. Córnus alba.	Wie vorige, nur unten **weiß behaart.**	dito.
6	Stechpalme. Ilex aquifolium.	Wechselständ., **glänzend**, lederig, stachlig gezähnt, wintergrün.	Kurzgestielte weiße Dolde — auch Büschel.
	V. Klasse: Pentandria: Zweigeschlecht. Blüten mit freien Staubgefäßen		
7	Pfaffenhütchen oder Spindelbaum. Evōnȳmus europaeus.	Gegenstdg., lanzettl. fein gesägt — Knosp. abstehend, 4-kantige Endknospen. Die auffallenden grünen Zweige sind 4-kantig und mit grauen Leisten besetzt.	Gablige gelb-grünliche Trugdolden.
8	Warz. Spindelbaum. E. verrucōsus.	Wie vor., nur längl. — eirund, Triebe mit Warzen.	dito.
9	Kreuzdorn. Rhámnus cathārtĭca.	Wechselständ., eirund — fein gesägt, zugespitzt, — Nerven konvergierend, Knospen schwarzbraun — spitzig, fein bewimpert. Die Dornen stehen kreuz-gegenständig.	Gelbgrüne Büschel in den Blattwinkeln.
10	Faulbaum (Pulverholz). Rhámnus frāngŭla.	Wechselständig, oval, ganzrand. zugespitzt, Nerven parallel, Knospen nackt — gefaltete filzige Blätter bildend.	Wie vorige.
11	Schwarze Johannisbeere. Ribes nigrum.	5-lappig, gesägt, **unten drüsig behaart,** Knospen mit filzigen Schuppen und gelben Öldrüsen.	Hängende weichhaarige Traube mit langen Deckblättchen.
12	Gemeiner Epheu. Hĕdĕra hĕlix.	5-lappig, lederig — glänzend; 3—5-eckig — an den blühenden Zweigen oval, ganzrandig, **wintergrün.**	Grünl. weiße Dolde.
13	Heckenkirsche. Lōnicĕra xylósteum.	Stumpf — eirund, weichhaarig; Seitenknospen weit abstehend — innere Schuppen lang behaart.	Je 2 gelbl. od. rötl. Schmetterlingsblüten auf einem Stiele.

wichtigen strauchartigen Holzgewächse im sommer-
Nach dem Linné'schen System.

Blüte und Frucht	Blütezeit	Ordnung	Bemerkungen
und doppelten 4-zähnigen oder 4-spaltigen Blütendecken, selten nackt.			
Blumenkrone trichterig, 4-spaltig — Kelch 4-zähn.—**weiß**, schwarze 2-fächr. Steinfrucht.	Juni—Juli.	1. 1 Stempel.	Guter **Heckenstrauch,** auch i Gebüschen, das gelbliche Holz von Drechslern gesucht.
Wie vorige, aber größer, violett bis weiß, stark riechend, Frucht 2-fächr. Kapsel mit 4 hängenden Samen.	April—Mai.	dito.	Baumstrauch, namentl. in Gärten — wild an Zäunen u. Gebüsch. Guter Stock- und Wurzelausschlag. Hartes wertv. Holz.
4 freien Staubgefäßen und 4-teiliger Krone.			
4-zähn. Kelch m. 4-blättr. **gelber** Blumenkrone, 1 Griffel; eirunde **rote** Steinbeere mit 2 Samen.	**Vor** Blattausbruch.	1. 1 Stempel.	Strauch bis kleiner Baum mit **vorzügl.** Drechslerholz, liebt **Kalk,** durch Stecklinge leicht zu vermehren.
Wie vorige, aber **weiße** Blumenkrone, Frucht **schwarze** Steinbeere.	Mai—Juli.	dito.	Strauch mit aufrecht. im Herbst **blutroten** Zweigen, im übrigen wie vorige.
dito, aber weiße Beeren	dito.	dito.	dito, viele Zweige immer rot.
Radförmige **weiße** 4—5-teil. Blumenkr. in 4—5-zähn. Kelch — Narben ohne Griffel, rote 3-samige Beeren; Samen liegt über.	Juni—Juli.	4. 4 Stempel.	**Immergrüner** Strauch od. kl. Baum, schattenliebend — m. vorzügl. feinem Holz, häufig in nordd. Wäldern auf frisch. Bod.
und doppelter Blütendecke (5-spaltiger Kelch und 1 oder 5-blättriger Krone).			
Gelb-grünl. 4—5-blättr. Blumenkrone zwisch. 4—5-teil. auf einer Scheibe stehend. Kelch; sehr auffallend. **orangegelb.** Mant. um rosenrot. Kapseln mit weißem Samen.	Mai—Juni.	1. 1 Stempel.	Überall verbreiteter kleiner Baum oder Strauch mit **auffallenden grünen 4-kant. Zweigen,** das blaßgelbliche Holz **feine Drechslerwaare.**
Grünl. **rot punktierte** Blüte, schwarz. Samen mit **blutrotem** Mantel.	dito.	dito.	dito, doch Zweige **rund** u. m. **braun. Warzen.**
Gelbgrüne 4-blättr. Blumenkrone in vierspaltigem Kelch, **schwarze** erbsengroße Steinbeere.	dito.	dito.	Hoher Strauch mit gegenstnd. Ästen und Dornen an der Spitze; das weiße rotgeflammte Holz fest und schwer — von Schreiner und Drechsler sehr gesucht. Rinde zum Gelb- und Braunfärben geeignet.
Weiße, 5-blättr. Blumenkr. in 5-spaltig Kelch mit rötl. Staubgef.; erst **rote,** dann **schwarze** Steinbeere.	dito.	dito.	Mittl. Strauch in feuchtgründig. Buschholze, oft wuchernd. **Wurzelbrut.** Das weiche leichte Holz zu Pulverkohle gesucht, Rinde zum Gelbgerben.
In weichhaarig **glockenförm.** Kelch die rötl. 5-blättr. Blumenkrone — schwarze wanzenartig riechende vielsamige Beere.	dito.	dito.	Kleiner Strauch an feuchten waldigen Orten und an Bächen; riecht stark.
Grünl. weiße 5—10-blättr. Blumenkrone auf einer Scheibe, 5—10 Staubgefäße am Rande derselben, schwarze 5—10-fächrige Beerenfrucht.	Aug.—Sept.	dito.	**Immergrüner** Kletterstrauch in schattigen Wäldern, an Felsen und Stämmen rankend, die **giftigen** Beeren reifen im folgenden Mai.
Gelbl. weiße — nicht quirlständ. 2-lippige röhrige Blüte mit einem Höcker am Grunde, weichhaarig; rote 4-sam. Zwillingsbeere.	Mai—Juni.	dito.	Aufrecht. Strauch in Hecken u. an Waldsäumen mit **sehr hartem** zu Pfeifenrohr, Peitschenstöcken usw. sehr gesuchtem Holze.

Nr.	Namen	Blatt resp. Knospe	Blumenstand
			V. Klasse:
14	Jelängerjelieber. Lŏnicēra caprifōlĭum.	Die oberen Blätter zu rundlichen Scheiben verwachsen, sonst länglich zugespitzt — gegenständig; die scheinbare Endknospe gepaart, nicht blühend. Triebe rückw. zottig behaart.	**Sitzende** gelbe oder rötliche **Köpfchen** und **Quirle** in den Blattwinkeln.
15	Gaisblatt. Lŏnicēra periclȳmenum.	Eiförm. stumpf, die obersten Blätter nicht verwachsen, Triebe kahl.	Wie vor., aber das **endständ.** weiße **Köpfchen** gestielt.
16	Schneeball. Vibūrnum ŏpŭlus.	Gegenständig, 3—5=lappig, gezähnt, Blattstiele **kahl und mit Drüsen,** Knosp. glänz., angedrückt, braun=grünlich.	Endständige weiße **Trugdolden.**
17	Wolliger Schneeball. Vib. lantāna.	Gegenständig, breit eiförmig, gesägt — runzlich — unten und Stiele filzig, **ohne Drüsen,** Seitenknospen frei — mehlig, aufrecht.	dito.
18	Gem. Hollunder. Sambūcus nigra.	Gegenstd., unpaarig gefiedert, die 5 Fliederblätter gesägt, Knosp. kegelf., abstehd., violett kreuzständig, 2—4 übereinander.	Endständige weiße **Trugdolde** mit 5 Ästen.
19	Traubenhollunder. Sambūcus racēmosa.	Wie vor., Knospe groß=kuglig, Endknospe paarweis.	Ästige gelbe **Rispen** oder **Trauben.**
		VIII. Klasse: Vollständige regelmäßige zwei=	
20	Heidekraut. Calluna vulgāris.	Kl. Nadeln mit Schuppen, 4=reihig um den Stengel dachziegelartig gestellt, immergrün.	Einseitig rötliche **Träubchen.**
21	Heidelbeere. Vaccīnium myrtillus.	Klein — eirund — gesägt, Knospe klein — grünlich.	**Einzelne** nickende Blüten.
22	Rauschbeere. Vaccīnium uliginōsum.	Klein — eirund, ganzrandig, unten grau, immergrün.	dito, **gipfelständig** zu **mehreren**.
23	Preißelbeere. Vaccīnium vitis idāea.	Klein, lederig, ganzrandig, **spitz,** gerollt, unten **punktiert,** immergrün.	Gipfelständg. überhängende weiße **Träubchen.**
24	Moosbeere. Vaccīnium oxycóccos.	Klein — ohrförm., am Rande umgeschlagen — **unten grau,** immergrün.	2—3 langgestielte rote Blüten an der Spitze der Zweige mit roten Stielen.
		X. Klasse: Decandria:	**Vollständige 5=blättrige**
25	Sumpfporst. Lēdum pallustre.	Lineal — am Rande umgerollt — unten rostfarbig, filzig, immergrün.	Gipfelständige weiße Dolde.
	XII. Klasse: Icosandria:	**Vollständige Blumen mit**	**5=blättriger Krone und**
26	Traubenkirsche. Prūnus pādus.	Ellipt. gesägt — runzlig — 5=zeilig; die Blattstiele 2=drüsig, Knosp. spindelförmig mit braunen runzl. an d. Spitze weißl. Schuppen.	Lange überhäng. weiße Traube.
27	Schwarzdorn. Prūnus spinōsa.	Längl. eirund, gesägt, unten behaart, kleine halbkuglige Blütenknospen gehäuft über der Blattnarbe, Seitenzweige senkrecht abstehend und in Dornen auslaufend.	Einzelne oder zu 2—3 an den Seiten.
28	Weißdorn. Crataegus oxyăcāntha.	Verkehrt — eirund — 3—5=lappig — eingeschnitten — gesägt — kahl, Knospe rundlich kahl — glänzend braun.	Weiße **Dolde** — auch Doldentraube.

Blüte und Frucht	Blütezeit	Ordnung	Bemerkungen
Pentandria.			
Langröhrige gelbliche oder rötliche Blumenkrone mit 2-lippig. zurückgebog. Saum in kleinen 5-zähn. Kelch; **orangefarbige eirunde Beere.**	Mai—Juni.	1. 1 Stempel.	Wild nur in **Süddeutschland,** wohlriechende **Schlingpflanze.**
Wie vorige, jedoch **rote birnförmige Beeren.**	Juni—Aug.	dito.	An Zäunen und im Laubholze häufige **Schlingpflanze** in feucht. Waldniederung.
Weiß, die inneren glocken- und röhrenförmig. Zwitterblätter fruchtbar, die äußeren Randblätter mit breitem Saum **unfruchtb.,** länglich **rote Beeren.**	Mai—Juni.	3. (3 Griffel oder 3 Narben)	Strauch — selten Baum, in feuchten Hecken und Wäldern.
Weiße **gleich große fruchtbare** Blüten, klein — glockig, flach, eirunde — bei der Reife **schwarze** eßbare Beeren.	Mai.	dito.	Hoher Strauch in Hecken und Vorhölzern auf Lette- und Kalkboden; die dicken Schößling. zu Pfeifenrohren, Stöcken gesucht. **Rinde korkig.**
Radförm., fünfsp., **weiße** Blumenkrone stark riechend, **schwarze Beeren.**	Juni—Juli.	dito.	Kleiner Baum oder Strauch mit großem **weiß. Mark** und sehr hart. gelbl. vorzügl. Drechslerholz, an feucht. Orten sehr häufig.
dito, aber **gelbl.-weiße Blüten, rote Beeren.**	April—Mai.	dito.	Ein im Gebirge auf Steinschutt u. Schlagflächen häufiger Strauch mit **gelb.** Mark.
geschlechtige Blüten mit 8 Staubgefäßen.			
Glockige 4-spalt. **rötliche Blumenkrone** in länger. 4-teilig. Kelch! Früchte: **4-fäch. Kapseln** in der dürren Blumenkrone.	Juli—Sept.	1. 1 Griffel.	Gerbstoff und Wachsharz haltender kleiner Strauch, auf **sonnigem Sandboden oft wuchernd;** kennzeichnend für arm. Boden.
Auf einem Scheibchen stehend. **kugeliges** ganzrandig. **grünes rötlich angelaufenes Glöckchen;** schwarze Beeren, oben ein Nabel, im Juli.	Mai.	dito.	Sehr kleiner Strauch mit **scharfkantig.** Ästen, auf sandigem und auf Gebirgsboden stets in etwas beschatteten Lagen (Bestandslücken oder zu lichten Beständen).
dito, **weißrötlich eiförmige** Krone in 5-zähn. Kelch; blaue, etwas schleimige Beeren.	Mai—Juni.	dito.	dito, aber größer mit grauen **runden** Ästen auf Moorboden.
Weiße glockige Blumenkrone in 4-zähn. Kelch; rote Beeren.	Mai—Juli.	dito.	Klein, Strauch mit runden Ästen, im Gebirge auf feuchtem lockeren Boden und in der Ebene auf quelligem Sandboden an sonnigen Stellen. Oft doppelte Ernte.
Purpurrote Blumenkr. mit 4 zurückgerollt. Zipf. — **sternförm.!** 8—10 Staubgef. wie bei all. Vaccinien; **rote Beeren.**	Juni—Aug.	dito.	Kleiner Strauch mit fadenförmigen **kriechenden** Stämmen und Ästen, im Moos auf Torfboden.
oder 5-spaltige Blumen mit 10 Staubgefäßen.			
Weiß, radförm. 5-blättrige Blumenkrone in kleinem 5-zähn. Kelch; Frucht: 5-fächr. Kapsel.	Mai—Juli.	dito.	Kleiner niederliegender Strauch mit rostfilzigen Zweigen und betäubendem Duft, an sumpfigen Moorstellen. **Giftig.**
vielen am Schlunde oder Rande der Kelchröhre befestigten Staubgefäßen.			
Weiße 5-blättr. Blumenkrone; Früchte: kleine schwarze herbschmeckende Kirschen.	Mai **vor** Blattausbruch.	dito.	Kleiner Baum oder sehr hoher Strauch. m. schwärzl. stink. Rinde, überall in feucht. Niederungen; sehr wertvolles Tischlerholz.
Weiße rundliche Kronenblätter; Früchte: schwarze blau bereifte kuglige aufrechte herbe Steinbeeren.	April—Mai **vor** Blattausbruch.	dito.	Dorniger Strauch mit schwärzlicher Rinde und sehr festem Holz. Strauchholz in Gradierwerken. Auf sonnigem, steinig Boden. Sehr gesuchtes Drechslerholz.
Weiße rosenförm. 5-blättr. Blumenkrone — ebenso wie die Staubgef. am Schlundringe des Kelches befestigt, Kelchröhre kahl, haselnußgroße rote Steinfrüchte.	Mai—Juni.	1. 2 Griffel.	Kl. Baum od. Strauch 1. Ordn. mit weiß. Rinde u. viel. Dorn. auf besserem Bod., sehr festes feinfaser. vorzügl. Drechslerh., Gradierwerkstr., auch zu lebenden Hecken geeignet.

Nr.	Namen	Blatt resp. Knospe	Blumenstand
29	Himbeere. Rubus idaeus.	3—5=zählig gefiedert — unten weißfilzig, Knospe spitz, kegelförmig abstehend auf starkem Kissen.	**Lockere weiße Doldentraube.**
30	Brombeere. Rubus fructicōsus.	3—5=fingerig — seltener einfach, unten öfter behaart, wintergrün.	Rötlich=weiße Rispe oder Doldentraube.
		XVIII. Klasse: Diadelphia: Schmetterlingsblumen, 6—10 Staub=	
31	Goldregen. Cy̆tĭsus labúrnum.	3=fingerig, Fingerbl elliptisch, Knospe weißfilzig, silberglänzend, Seitenknospen abstehend	Große gelbe, **hängende** Traube seitenständig.
32	Schwarzer Goldregen. Cy̆tĭsus nīgrĭcans.	Wie vor., Fingerbl. lanzettl., Knospe wie vor., doch schwärzlich, weichhaarige Zweige.	**Stehende,** rotblütige Traube, **gipfelständig.**
33	Färberginster. Genĭsta tinctōria.	Lanzettlich einfach, am Rande flaumig, immergrün.	Gipfelständige gelbe ährenförmige Trauben.
34	Besenpfriem. Spartĭum (Sarothámnus) scopārium.	3=fingerig, auch einfach, die Blättchen eiförmig, weichhaarig, immergrün.	Gelbe Schmetterlingsbl., einzeln an den Seiten der Zweige.
35	Stechginster (Heckensame). Ulex europăeus.	Obere Blätter einfach, lineal — **dornspitzig,** die unteren 3=zähl., immergrün.	Einzeln in den Blattwinkeln, gelb.
		XXI. Klasse: Monoecia: Unvollständige 1=geschlechtige	
36	Gem. Hasel. Córylus avellāna.	2=zeilig, rundlich, herzf. mit kurzer Spitze — doppelt gesägt, Blattstiele mit Nebenbl., Knosp. stumpf — abgerund. — Triebe **flaumhaarig und mit roten Borsthaaren.**	♂ Kätzch. walz. hängend; ♀ sehr klein, knospenförmig.
		XXII. Klasse: Dioecia: Unvollständige 1=geschlechtige	
37	Sanddorn. Hippōphaë rhamnóïdes.	Lineal — lanzettlich, **unten silberweiß,** wechselständig, fast sitzend, Knospen bucklig — rostbraun glänzend.	♂ in kl. Kätzchen mit Büscheln, ♀ in röhrenf. silberhaar. Blütenhülle.
38	Gem. Wacholder. Junĭpĕrus commūnis.	Pfriemenf. abstehende Nadeln, alle 5 Jahre wechselnd, stechend, zu 3, immergrün.	♂ in kugl gelben Kätzchen; ♀ einzeln in ringförmiger offener Becherhülle.
39	Eibenbaum. Taxus baccāta.	Lineal — flach — oben glänzend dunkelgr. — unten hellgrün, immergrün.	dito.

Blüte und Frucht	Blütezeit	Ordnung	Bemerkungen
5-blättr. weiße Blumenkrone mit schmalen [i]lförmigen Kronenblättern; roter Beeren[h]aufen.	Mai—Juni.	3. mehr als 5 Griffl.	1 m hoher Strauch auf **feuchtem** Boden in lichten Laubhölzern. — Wurzelbrut — oft wuchernd auf Schlagflächen.
Wie vorige, doch kleine rötlich weiße Blüte [m]it **eirunden** Kronenblättern; **schwarzer** [gl]änzender Beerenhaufen.	Juli—Aug.	dito.	Oft lästiges Unkraut auf frischem feucht. besserem Boden, mit bogigen glatten, grün. bis rot. Schößling. mit gekrümmt. Stacheln.

[...]efäße, meist in zwei (seltener in 1 Büschel) verwachsen.

Schmetterlingförmige Blumenkrone mit [5] Blättern, von denen die 2 unteren zu [ei]nem Kiel (Schiffchen) zusammengewachsen [—] **gelb** in 5-zähn. Kelch; Frucht: lineale [se]idenhaarige vielsamige Hülse. Giftig.	Mai—Juni.	10. 10 Staubgef., meist in **einem** Bündel oder zu 9 in **einem** Bünd., 1 frei.	Kleiner Baum oder hoher Strauch mit grüner Rinde im Gebirge des südöstlichen Deutschlands, viel in Anlagen usw., auch verwildert. In allen Teilen der Pflanze das **höchst giftige** Cytisin.
Wie vorige, nur **kleinere** rote Blüten, [b]ehaarte Hülsen.	Juni—Juli.	dito.	Bis 2 m hoher Strauch mit weichhaar. Zweigen, auf Haiden (Kiefernwald) und an **trocknen** Waldrändern und Gebüschen.
Wie vorige, jedoch **kahle** Hülsen.	dito.	dito.	Kl. Strauch mit rund. **gerieften** Stengeln — niederlieg. und dann aufstrebend. Häufig auf Schläg., sandig. Haiden, trocknen Triften. Das Kraut zum Färben verwandt.
Wie vorige, jedoch groß, sattgelb; sehr [la]ng. schneckenförm gewund. Griffel; Früchte: [sc]hwarze Hülsen — an den Nähten zottig [g]ewimpert.	Mai—Juni.	dito.	Aufrechter, 1—2 m hoher Strauch mit grünen, oft blätterlosen, scharfkantigen, steifen Zweigen, auf **trocknem** sand. und sandigen Lehmboden, **Lichtpflanze**, oft lästig. Wucherholz, als Wildfutter, Brenn- und Besenmaterial verwertbar.
Wie vorige, gelb — rauhhaarig; Frucht: [s]**ehr kurze aufgedunsene** Hülse mit wenig [S]amen.	dito.	dito.	Kleiner Strauch mit **gefurchten** spitzen stechenden grünen Zweigen; auf sandigen Heiden (guter Heckstrauch!).

[...]getrennte Blüten auf demselben Stamm.

Auf den Schuppen der gelblichen Kätzchen nackte Staubgef., ♀ **ein** Fruchtknoten mit **2 roten fadenförmigen Narben;** Stein[n]üsse von blattart. Becherhülle umschlossen.	März.	5. mehr als 5 Staubgef. in ♂	Sehr hoher Strauch mit fein behaarten braunen Ästen auf besser. frisch. Boden im Nieder- und Mittelwald; sehr gesucht zu Bandstöcken, Klärholz in Brauereien usw.

[...]getrennte Blüten auf verschiedenen Stämmen.

♂ 4 kurzgestielte 2-fächrige Staubbeutel [r]ostfarbig; ♀ ein freier eiförm. Fruchtknoten [m]it zungenförmiger Narbe **(silberweiß).**	April—Mai.	4. 4 Staubgef. in ♂	Hoher Strauch **mit rostfarbigen bis silberweißen Trieben** und starken Dornen an feuchtsandigen Küsten und Flußufern; Hecken- und Gradierholz.
♂ Kätzchen mit schildförmigen Deckblättern, [a]uf deren Unterseite 4—7 Staubbeutel; ♀ [e]in Zäpfchen — nachher zu einem Beeren[z]apfen auswachsend, die blauen Beerenfrüchte [r]eifen 2 Jahre.	April.	12. 5 u. mehr Stbgf. und in 1 Bündel verwachsen.	Stehender gern pyramidal wachsender Strauch, öfter zum Stamm sehr langsam aufwachsend, auf frisch. humos. Bod.; Drechslerholz, Zweige zum Räuchern, Beeren als Arznei und Gewürz gesucht.
Wie vorige, Frucht fleischig, **hochrot,** Ende August desselben Jahres. Giftig.	dito.	dito.	Kl. Baum u. Strauch, namentl. im Kalkgeb., von langsam. Wuchs, selt. in d. Ebene. Laub, Zweige, Samen **giftig;** härtestes schwerstes zähestes Holz Europas.

C. Forstunkräuter.

§ 58.

Bodenanzeigende Unkräuter.

Der Boden ist der Hauptfaktor des Standortes und die Kenntniß seiner Güte ist von hervorragendster Bedeutung für den Forstmann bei der Auswahl der anzubauenden Holzarten. — Außer den weiter unten in der Standortslehre angegebenen Methoden der Bodenuntersuchung liefern auch der Bodenüberzug und die an Ort und Stelle sich von selbst einfindenden Unkräuter einen gewissen Anhalt zu seiner Beurteilung. Ein vollkommen sicheres Resultat ist dabei jedoch keineswegs zu erzielen, weil die einzelnen Faktoren der Bodenfruchtbarkeit noch nicht genau bekannt, und weil die Ansprüche der Pflanzen an den Boden noch nicht festgestellt sind; schließlich kommt noch die äußerst mannigfache Zusammensetzung des Bodens aus den verschiedenen Bodenarten und der stete oft plötzliche Wechsel derselben hinzu, so daß man nur in selteneren Fällen mit einer einzigen Bodenart zu tun hat; kommt zu den verschiedenen Bodenmengungen nun noch ein verschiedener Feuchtigkeitsgrad hinzu, wirken die beiden anderen Faktoren des Standortes — Lage und Klima — noch in verschiedener Weise ein, so haben wir es oft mit ganz anderen Unkräutern auf derselben Bodenart zu tun. So viel nur zur Begründung, wie unsicher ein Ansprechen (Beurteilen!) des Bodens nach seiner Flora (Gesamtheit der wildwachsenden Pflanzen) ist.

Von den mineralischen Bestandteilen des Bodens werden fast nur Sand und Kalk durch bestimmte Pflanzen charakterisiert:

Kalk zeigen an: Klee und Wickenarten, die Anemonen, die Gentiane, die Brombeeren, Schneebälle, die Cornus- und Rhamnus-Arten, Wundklee, Mehl- und Feldbeere, die Orchideen etc. Für Gipsboden ist charakteristisch: Typsóphila repens.

Sand zeigen an: Heidekraut, Besenpfriem, Ginster, Stiefmütterchen, Thymian, gelbe Immortellen, von Grasarten die Dürrtrespe, der Bocksbart und Grauschmiele, die Strandgräser Ammophila avenaria und Elymmus arenarius, der Silbergras Aira canescens, Schafschwingel Festuca ovina; auf ärmerem Sandboden wachsen obige Pflanzen nur in geringerer Zahl und Güte; auf ganz armem Boden wachsen nur noch Hungerflechten und Hungermoose, z. B. Agrostis pica venti, ferner Preißelbeere, Widderton, Haarmoos rc. Wird dagegen der Boden besser, enthält er Lehmbeimengungen, so erscheinen Wolfsmilch, Piloselle, Glockenblumen, Ehrenpreis, Himbeere und Adlerfarren, auf noch besserem Boden Kletten und Disteln und edle Farren (Aspīdium); die letzteren sind gleichzeitig ein Beweis von Humushaltigkeit. Für die anderen Bodenarten sind nur wenige Pflanzen mit Sicherheit zu nennen; für Tonboden eigentlich nur Reinfarren und Huflattig auf frischem Boden, auf trockenem Ton Heide, Moose und Flechten.

Humusboden zeigen an: Sauerklee, Waldmeister, Brennessel, Weidenröschen, Kreuzkraut (Senécio vulgāris und Jacobaēa), Fingerhut, Päde, Bärlapp, Lycopodium complanatum etc.

Nassen und sauren Boden zeigen an: Binsen, Riedgräser und Schilfe, die Sumpfmoose und Schafthalme.

Auf Morboden: Sumpfschachtelhalm Equisetum palustre, die blaue Schmiele, Bitterklee, Kriechweide (s. repens) und charakteristische Gräser z. B. Wiesenfuchsschwanz Alopecurus pratense, die Raygräser, das Knäuelgras Dactylis glomerata, Gehörnter Klee Lotus corniculatus, von Kleearten Trifolium pratense perenne, repens und hybridum, während Hochmoore noch besonders charakterisiert werden durch die Ohr- und Kriechweide, Krüppelkiefern, Birken usw.

H. Cotta stellt folgende Bodengüteklassen auf, die jedoch nur für normale Verhältnisse einigen Anhalt gewähren:

1. Bodenklasse: charakterisiert durch das Vorkommen der Waldrebe, Tollkirsche, des Sauerklees, kräftig wachsender Ahorne, Eschen und Rüstern.

2. Klasse: obige Gewächse in minder üppigem Zustand neben fetten und guten Gräsern.

3. Klasse: gewöhnliche Waldgräser, häufig mit Schmielen und Simsen.

4. Klasse: Heidelbeere, Heide, Preißelbeeren und manche Moose.

5. Klasse: wie die 4. Klasse, aber in dürftigstem Zustand und unter Bedeckung des Bodens mit Flechten.

Einen viel sichereren Anhalt für die Bodengüte, überhaupt für die Standortsgüte bietet ein unter normalen Verhältnissen erwachsener älterer Bestand mit seinen Holzmassen und den charakteristischen Merkmalen des Schlusses, der Höhe, Glätte und Reinheit der Stämme, ihre Vollholzigkeit, Dichtigkeit der Belaubung; z. B. bei Kiefer unter mittleren Verhältnissen stehen im 100. Jahre an Derbholz bei Bonität I etwa 550 fm, II etwa 450 fm, III etwa 350 fm, IV etwa 250 fm, V etwa 180 fm.

§ 59.

Das dritte große Naturreich; das Minemalreich, wird in dem ersten Teil der Fachwissenschaften, nämlich in der Standortslehre, und zwar in derem ersten Teile, der Bodenlehre, so ausführlich und eingehend besprochen werden, daß es in den Grundwissenschaften, um Wiederholungen zu vermeiden, nicht mehr besonders behandelt werden kann. Es wird deshalb auf die betreffenden Paragraphen der Standortslehre verwiesen.

C. Mathematik.

Benutzte Werke.

v. Hallerstein: Lehrbuch der Mathematik.
Baur: Niedere Geodosie, 4. Auflage. Berlin. Parey.
Baur: Holzmeßkunde, 4. Auflage. Berlin. Parey.
Dr. Pietsch: Katechismus der Feldmeßkunst, 6. Auflage. Leipzig. Weber.
Kunze: Anleitung zur Aufnahme der Waldbestände, 2. Auflage. Berlin. Parey.
Grothe: Forstliche Rechenaufgaben, 4. Auflage. Berlin. Julius Springer.

a. Zahlenlehre.

§ 60.

Rechnen mit zehnteiligen Dezimalbrüchen.

Alle Brüche, deren Zähler eine ganze Zahl, deren Nenner 10 oder eine Potenz*) von 10 ist, nennt man einen zehnteiligen oder Dezimalbruch. Der Bequemlichkeit wegen läßt man beim Schreiben den Nenner allemal fort und deutet denselben dadurch an, daß man im Zähler von rechts nach links soviel Stellen durch ein Komma (Dezimalstrich) abschneidet, als der Nenner Nullen haben würde. Diejenigen Ziffern, welche links vom Komma stehen, sind die Ganzen, welche rechts vom Komma stehen sind die Dezimalstellen, d. h. sie drücken einen Bruch

---

*) Wenn man eine Zahl (Grundzahl) 2, 3, 4 ꝛc. mal mit sich selbst multipliziert, so nennt man dies die Zahl potenzieren, z. B. 10 viermal mit sich selbst multipliziert, ist die 4. Potenz von 10 = 100000.

aus, dessen Zähler die betreffenden Ziffern, dessen Nenner eine 1 und außerdem so viele Nullen als der Zähler Ziffern hat, bilden.

Sollten im Zähler nicht genug Ziffern oder keine Ganzen vorhanden sein, so ergänzt man sie durch Nullen. Die erste Stelle rechts vom Komma steht immer in der Stelle der Zehntel, die zweite in der Stelle der Hunderte u. s. w.

z. B. $213\frac{24}{100}$ schreibt man als Dezimalbruch 213,24;
$2132\frac{4}{10} = 2132{,}4$ u. s. w. $\frac{23}{1000} = 0{,}023$;
$\frac{234}{100} = 2{,}34$; $\frac{234}{10} = 23{,}4$.

Addieren von Dezimalbrüchen. Dezimalbrüche werden addiert, indem man die Brüche so untereinander schreibt, daß sämtliche Kommata genau unter einander stehen, worauf man die Brüche wie ganze Zahlen addiert und nur das Komma stehen läßt.

z. B.
$$\begin{array}{r} 3564{,}121 \\ 1{,}2 \\ 5430{,}003 \\ 62{,}102 \\ 2000{,}9 \\ \hline 11058{,}326 \end{array} = 11058\tfrac{326}{1000}.$$

Subtrahieren von Dezimalbrüchen. Man verfährt ähnlich wie beim Addieren, d. h. man schreibt die abzuziehenden Zahlen genau mit den Kommas unter einander und füllt, wenn die Stellen rechts vom Komma in beiden Brüchen nicht gleich sein sollten, dieselben durch Nullen aus, die das Nichtvorhandensein von Stellen andeuten.

z. B. $17{,}04 - 2{,}005783 = \begin{array}{r} 17{,}040000 \\ -\ 2{,}005783 \\ \hline 15{,}034217 \end{array}$

oder z. B. $301{,}00572 - 101{,}01 = \begin{array}{r} 301{,}00572 \\ -\ 101{,}01000 \\ \hline 199{,}99572. \end{array}$

Multiplizieren von Dezimalbrüchen. Zwei Dezimalbrüche werden multipliziert, indem man sie wie ganze Zahlen multipliziert und dem erhaltenen Produkt soviel Dezimalstellen (rechts vom Komma!) gibt, als beide Faktoren zusammen haben. Reichen die Ziffern nicht, aus, so werden sie durch Nullen ergänzt.

z. B. $\begin{array}{r} 2{,}10 \cdot 3{,}1 \\ \hline 210 \\ 630 \\ \hline 6{,}510 \end{array}$ oder $\begin{array}{r} 2{,}3 \cdot 0{,}04 \\ \hline 0{,}092 \end{array}$

Der erste Dezimalbruch in obigem Beispiel (2,10) hat zwei Dezimalen, der zweite (3,1) eine Dezimale, folglich muß das Produkt $2 + 1 = 3$ Dezimalen haben.

Ein Dezimalbruch wird mit 10, 100 u. s. w. multipliziert, indem man einfach das Komma um soviel Stellen von links nach rechts rückt, als der Multiplikator Nullen hat.

z. B. $40{,}72 \cdot 100 = 4072$; da 100 zwei Nullen hat, so rückt das Komma zwei Stellen von links nach rechts, also hinter 2; oder $2{,}1357801 \cdot 100000 = 213578{,}01$.

Dividieren von Dezimalbrüchen. Dezimalbrüche werden dividiert, indem man Divisor und Dividend gleichstellig macht und dann verfährt wie mit ganzen Zahlen; beim Überschreiten des Kommas im Dividenden muß dasselbe auch sofort im Resultat gesetzt werden.

z. B. $\begin{array}{c} 0{,}5 : 0{,}35? \\ \hline 0{,}50 : 0{,}35 \\ \hline 50 : 35 = 0{,}7. \end{array}$ $\qquad$ $\begin{array}{c} 5 : 0{,}35? \\ \hline 5{,}00 : 0{,}35 \\ \hline 500 : 35 = 0{,}07. \end{array}$

Ein Dezimalbruch wird durch 10, 100, 1000 u. s. w. dividiert, indem man das Komma um soviel Stellen von rechts nach links rückt, als obige Zahlen Nullen haben. Sollten die vorhandenen Nullen nicht ausreichen, so setzt man soviel Nullen vor, als erforderlich sind.

z. B. $1000 : 0{,}567 = 0{,}000567$.

Umwandlung von Brüchen in Dezimalbrüche. Wie oben bereits angedeutet wurde, ist jeder Bruch als eine Division des Nenners in den Zähler anzusehen; führt man diese Division aus, so kann man jeden Bruch in einen Dezimalbruch verwandeln; man hängt bei echten Brüchen dem Zähler soviel Nullen an, daß die Division möglich ist und schreibt soviel Nullen, als man angehängt hat, als erste Stellen des Quotienten hin. Zwischen die ersten Nullen kommt das Komma.

z. B. $\frac{5}{125}$ in einen Dezimalbruch zu verwandeln?

$$125 : 500 = 0{,}04;$$

geht die Division nicht auf, so kann man sich durch Anhängen von

Nullen an den Zähler und fortgesetzte Division dem wahren Werte bis zu jeder gewünschten Genauigkeit nähern.

Abkürzen von Dezimalstellen. Die letzte Stelle, bei welcher man abkürzen muß oder will, wird um 1 erhöht, sobald die folgende Stelle 5 oder größer als 5 ist; ist die folgende Stelle kleiner als 5, läßt man nur die letzte Stelle unverändert.

z. B. 3,4157 würde bei 5 abgekürzt lauten 3,416 (7 ist größer als 5), dagegen 3,4154 unverändert 3,415 (4 ist kleiner als 5). 3,4155 abgekürzt 3,416, weil 5 ebenfalls erhöht.

§ 61.

Einfacher Regeldetri-Dreisatz.

Alle Aufgaben der Regeldetri bestehen aus drei gegebenen Gliedern, zu welchen das vierte Unbekannte gesucht werden soll. Bestandteile einer solchen Aufgabe sind:

1) das Frageglied (gewöhnlich mit einem ? oder x bezeichnet); 2) das Haupt- oder Parallelglied, welches mit dem Frageglied gleiche Benennung hat; 3) zwei bedingende Glieder.

Die gegebenen Größen stehen nun in den Regeldetri-Aufgaben in einem bestimmten Verhältnisse; nehmen dieselben gleichmäßig zu oder ab, so stehen sie im geraden (direkten) Verhältnisse und die Verhältnisse selbst sind im ersten Falle steigend, im letzteren fallend; steigt aber das eine Verhältnis, während das andere fällt, so sind dieselben ungerade zusammengesetzte (indirekte) Verhältnisse, z. B. je mehr Zeit zu einer Arbeit, desto weniger Arbeiter sind erforderlich. Wir lösen alle diese Aufgaben durch Schluß. Bezüglich der Schlüsse können unterschieden werden:

a. Der Schluß von der Einheit auf die Mehrheit;

b. umgekehrt von der Mehrheit auf die Einheit.

Alle diese Aufgaben lassen sich als bloße Multiplikations- und Divisions-Aufgaben betrachten.

c. Der Schluß von einer Mehrheit auf ein Vielfaches derselben;

d. der Schluß von einer Mehrheit auf einen verwandten (aliquoten) Teil derselben.

Auch diese beiden Arten sind durch einfache Multiplikation und Division zu lösen.

e. Der Schluß von einer Mehrheit auf die andere Mehrheit vermittelst des gemeinschaftlichen Maßes. Hierbei läßt sich heben und kürzen;

f. der Schluß von einer Mehrheit auf eine andere Mehrheit vermittelst der Einheit.

Dieses Verfahren findet die häufigste Anwendung.

Beispiele

zu a. Wenn 1 kg Kiefernsamen $2\frac{3}{4}$ M. kostet — wie teuer sind $4\frac{3}{4}$ kg?

$$2\tfrac{3}{4} \cdot 4\tfrac{3}{4} = \frac{11}{4} \cdot \frac{19}{4} = \frac{209}{16} = 13\tfrac{1}{16} \text{ M.}$$

zu b. 19 m Zeug kosten 60 M. 80 Pf.; was kostet 1 m?

60 M. 80 Pf. : 19 = 3 M. 20 Pf.
57
380.

zu c. Eine Festung hat Proviant für 1600 Mann auf $5\frac{1}{2}$ Monat; wie lange würden mit demselben Vorrat 4800 Mann reichen?

1600 Mann reichen $5\frac{1}{2}$ Monat
4800 „ „ ? „

$$? = \frac{11 \cdot 1600}{2 \cdot 4800} = \frac{11}{6} = 1\tfrac{5}{6} \text{ Monat.}$$

zu d. 6 Zimmergesellen fertigen einen Dachstuhl in 8 Wochen 3 Tagen an; wieviel Gesellen muß der Meister anstellen, wenn die Arbeit in 2 Wochen 5 Tagen fertig sein soll?

2 Wochen 5 Tag. = 17 Arbeitst. sind der 3. Teil von 8 W. 3 Tag. (51 Tag.). Soll also der Dachstuhl in dem 3. Teil der Zeit fertig werden, so braucht man die dreifache Arbeitskraft.

Ansatz: Um in 51 Tag. fert. z. werd., br. m. 6 Ges.
„ „ 17 „ „ „ „ „ „ ? „

$$? = \frac{6 \cdot 51}{17} = 18 \text{ Ges.}$$

zu e. 12 Pfd. Fleisch kosten 14 M. 40 Pfg., wie teuer sind 9 Pfd.

Wir schließen zunächst auf das gemeinschaftliche Maß der Zahlen 12 und 9; das ist 3. Wir fragen nach dem Preis von 3 Pfd.;

3 Pfd. ist der vierte Teil von 12 Pfd.; folglich kosten sie den 4. Teil von 14 M. 40 Pf.

Ansatz: 12 Pfd. kosten 14,40 M.
9 „ „ ? „

$$? = \frac{14,40 \cdot 9}{12} = \frac{14,40 \cdot 3}{4} = \frac{43,20}{4} = 10 \text{ M. } 80 \text{ Pfg.}$$

zu f. 7 Buch Zeichenpapier kosten 5 M.; was kosten 9 Buch? Wir schließen zunächst von der Mehrheit auf die Einheit und dann auf die andere Mehrheit. Wenn 7 Buch 5 M. kosten, so kostet 1 Buch den 7. Teil von 5 M. $= \frac{5}{7}$ M., mithin 9 Buch 9 mal so viel.

Ansatz: 7 Buch kosten 5 M.
9 „ „ ? „

$$? = \frac{5 \cdot 9}{7} = \frac{45}{7} = 6\tfrac{3}{7} \text{ M.}$$

Weitere Übungsaufgaben.

1. Wenn man täglich 60 Pfg. ausgibt, so reicht man 7 Wochen 4 Tage; wie lange reicht man, wenn man täglich nur 40 Pfg. ausgibt? (11 Wochen $2^1/_2$ Tag!)

2. 27 Arbeiter brauchen zu einer Arbeit $7^1/_2$ Tag, wie lange brauchen zu derselben Arbeit 12 Arbeiter? ($16^7/_8$ Tag!)

3. Ein Saal soll mit Decken belegt werden. Liegt der Stoff 0,6 m breit, so sind 50,75 m nötig; wieviel m braucht man, wenn der Stoff a. 0,9; b. 0,65; c. 1,05; d. 1,18 m breit liegt? (a. 33,833; b. 46,846; c. 29; d. 25,805 m.)

4. $51^1/_3$ m $1^3/_4$ m breites Zeug wird gegen $1^2/_3$ m breites umgetauscht; wieviel erhält man? (53,9 m.)

5. Aus einer Kiefer können 25 Bretter von $4^1/_2$ cm Stärke geschnitten werden; wieviel erhält man, wenn dieselben $3^3/_4$ cm dick werden sollen? (30 Stück.)

6. Ein Fuhrmann ladet auf ein Pferd 10 Scheffel Weizen; wieviel auf 2 Ochsen, wenn 3 Pferde soviel ziehen als 4 Ochsen? (15 Scheffel.)

§ 62.

Zusammengesetzte Regeldetri.

Zusammengesetzte Regeldetri-Aufgaben entstehen, wenn sie aus mehr als 3 — also z. B. aus 5, 7, 9 u. s. w. gegebenen Gliedern bestehen, zu welcher das 6., 8., 10. u. s. w. gesucht werden soll.

Da in diesen Aufgaben immer eine Zahl vorkommt, die mit der gesuchten gleichartig ist, außerdem aber je zwei gleichartige, so enthalten die Aufgaben immer eine ungerade Zahl von Gliedern.

Wir lösen diese Aufgaben ebenfalls durch Schluß und bedienen uns dabei des **Bruchsatzes**, weil er am natürlichsten und verständlichsten ist.

Beispiele:

1) 9 **Mädchen** stricken in 18 Tagen 54 Paar Strümpfe, wieviel Paar stricken 12 Mädchen in 4 Tagen?

9 M. str. in 18 Tag. 54 Paar;
1 „ „ „ 18 „ $54 : 9 = 6$ Paar;
1 „ „ „ 1 „ $6 : 18 = \frac{1}{3}$ „
12 „ „ „ 1 „ $12 \cdot \frac{1}{3} = 4$ „
12 „ „ „ 4 „ $4 \cdot 4 = 16$ „

oder mit Hilfe des gemeinschaftlichen Maßes.

9 M. str. in 18 Tag. 54 Paar;
3 „ „ den 3. Teil = 18 Paar;
12 „ „ das 4fache = 72 Paar.

72 P. stricken 12 M. in 18 Tag., da str. sie in 2 Tag. den 9. T. von 72 P. = 8 P. und in 4 Tag. das Doppelte = 16 Paar.

Ansatz: 9 M. str. in 18 Tag. 54 Paar;
12 „ „ „ 4 „ ? „

$$? = \frac{54 \cdot 12 \cdot 4}{9 \cdot 18} = \frac{12 \cdot 4}{3} = 16 \text{ Paar.}$$

2) 4 **Pflüge** bearbeiten in $3\frac{1}{2}$ Tag. $8\frac{3}{4}$ ha Kulturfläche; in wieviel Tag. können mit 5 Pfl. $12\frac{1}{2}$ ha bearbeitet werden.

4 Pfl. br. $3\frac{1}{2}$ Tag;
1 „ „ $4 \cdot 3\frac{1}{2}$ T. = 14 Tage;
5 „ „ den 5. Teil = $2\frac{4}{5}$ Tage.

$2\frac{4}{5}$ **Tage brauchen** sie, um $8\frac{3}{4}$ ha umzupflügen, um $\frac{1}{4}$ ha zu bearbeiten, brauchen sie den 35. Teil von $\frac{14}{5}$ Tag $= \frac{2}{25}$ Tag.

Um $\frac{1}{2}$ ha zu bearb. br. sie $2 \cdot \frac{2}{25} = \frac{4}{25}$ Tag.
„ $\frac{25}{2}$ „ „ „ „ „ $\frac{25 \cdot 4}{25} = 4$ Tage.

Ansatz: 4 Pflüge brauchen um $8\frac{3}{4}$ ha zu bearbeiten $3\frac{1}{2}$ Tag
5 „ „ „ $12\frac{1}{2}$ „ „ „ ? „

$$? = \frac{7 \cdot 4 \cdot 4 \cdot 25}{2 \cdot 5 \cdot 35 \cdot 2} = 4 \text{ Tage.}$$

Weitere Übungsaufgaben.

1. Wieviel verdienen 8 Arbeiter in 10 Wochen bei täglich zweistündiger Arbeit, wenn 20 Arbeiter in 12 Wochen bei täglich fünfstündiger Tätigkeit 1000 M. verdienen? ($133\frac{1}{3}$ M.)

2. An einem Wege haben drei Abteilungen gearbeitet, und zwar 16 Mann 10 Tage, 20 Mann 12 Tage und außerdem noch 25 Mann. Sie erhalten zusammen 1350 M., wovon die 3. Abteilung 550 M. bekommt; wie lange hat sie gearbeitet? (11 Tage.)

§ 63.

Zinsrechnung.

Verborgt man einem anderen Geld, so nennt man diese Summe Kapital, der Verleiher heißt Gläubiger, der Beliehene Schuldner. Der Schuldner soll stets einen Schuldschein in der gesetzlich vorgeschriebenen Form (Namen des Verleihers und Beliehenen, Kapital, Zinsfuß, Zeit, Ort und Datum der versprochenen Rückerstattung, Unterschrift) ausstellen.

Bei großen Summen und bei Unsicherheit des Schuldners fordert der Gläubiger eine obrigkeitliche Sicherstellung (Hypothek), durch welche im Falle der Rückzahlungsunfähigkeit als Unterpfand Häuser und Grundstücke zugesichert werden; man unterscheidet nach der Reihenfolge der Beleihungen erste, zweite u. s. w. Hypothek, bei gerichtlichen Verkäufen (Subhastationen) haben die ersten Hypotheken das Vorrecht der Rückzahlung vor den späteren. Für die Hingabe des Kapitals hat Schuldner dem Gläubiger eine Vergütung zu zahlen, welche man Zinsen (Interessen) nennt. Die Bestimmung, wieviel Mark Zinsen von je 100 M. Kapital in einem Jahre zu zahlen, nennt man Zinsfuß oder Prozente (lat. pro centum — fürs Hundert), gewöhnlich p. c. oder % bezeichnet.

Ein Kapital verzinst sich zu $4\frac{3}{4}$% heißt, je 100 M. bringen in 1 Jahr $4\frac{3}{4}$ M. Zinsen. Die Zinsrechnung hat es mit 4 Größen zu tun und zwar: Kapital, Zinsen, Zeit und Zinsfuß. Drei Größen müssen stets gegeben sein, die vierte wird gesucht; ist die Zeit nicht bestimmt, so wird immer ein Jahr genommen und zwar zu 360 —, der Monat zu 30 Tagen.

Einfache Zinsrechnung.

Das Frageglied ist von zwei bedingenden Gliedern abhängig; wir lösen diese Aufgaben nach Art der einfachen Regeldetri.

a. Die Zinsen werden gesucht.

(Gegeben sind Kapital, Zinsfuß und Zeit.)

1. Wieviel betragen die Zinsen von 532 M zu 4%?

Wenn 100 Mark 4 M. geben, so geben 500 M. 5 · 4 = 20 M. 25 = $\frac{1}{4}$ Hundert geben 1 M. und 7 M. geben 7 · 4 Pf. = 28 Pf. zusammen 21 M. 28 Pf. (20 + 1 M. + 28 Pf). Noch einfacher ist, wenn man das Kapital mit 0,04 multipliziert z. B. 532 · 0,04 = 21,28 M. oder Regel: Man multipliziere das Kapital mit seinem in den hundertteiligen Dezimalbruch verwandelten Zinsfuß.

2. Ein Haus — für 7600 M. gekauft — verzinst sich zu $5\frac{1}{2}$%; wieviel Ertrag bringt es jährlich?

Wenn 100 M. $5\frac{1}{2}$ M. einbringen, so bringen 1000 M. 55 M.

7000 M. br. 7 · 55 = 385
600 „ „ 6 · $5\frac{1}{2}$ = 33
Sa. = 418 M.

Ansatz: 100 M. Kap. br. $5\frac{1}{2}$ M. Z.
7600 „ „ „ ? „ „

$$? = \frac{11 \cdot 7600}{2 \cdot 100} = 418 \text{ M.}$$

b. Das Kapital wird gesucht.

(Gegeben: Zinsen, Zeit und Zinsfuß.)

1. Wieviel Geld müßte man zu $4\frac{1}{2}$% ausleihen, wenn man jährlich $31\frac{1}{2}$ M. Zinsen beziehen will?

Um $4\frac{1}{2}$ M. Zinsen zu bekommen, muß man 100 M. verleihen, um $31\frac{1}{2}$ M. Zinsen zu erhalten, muß man soviel mal 100 M. verleihen, als $4\frac{1}{2}$ in $31\frac{1}{2} = \frac{9}{2}$ in $\frac{63}{2} = 7$ mal enthalten ist, also 700 M.

Ansatz: Um $4\frac{1}{2}$ M. Z. zu erh. muß m. 100 M. verl.
„ $31\frac{1}{2}$ „ „ „ „ „ „ ? „ „

$$? = \frac{100 \cdot 2 \cdot 63}{9 \cdot 2} = 100 \cdot 7 = 700 \text{ M.}$$

Weitere Übungsaufgaben.

4 M. 25 Pf. Zinsen zu 5%)85 M.). 12 M. 80 Pf. Zinsen 4%? (320 M.)
23 „ — „ „ „ $4\frac{1}{2}$ „ ? (512 „). 37 „ $45\frac{1}{2}$ „ „ $5\frac{1}{2}$ „ ? (681 M.)

c. Die Zeit wird gesucht.

(Gegeben: Kapital, Zinsen und Zinsfuß.)

Wann tragen 1000 M. zu 5% 50 M. Zinsen?

1000 M. brauchen in 1 Jahr zu 5% 50 M. Zinsen. Um 50 M. Zinsen zu erheben, muß das Kapital 1 Jahr verliehen werden, um aber 125 M. Zinsen zu erhalten, muß das Kapital so viel Jahre verliehen werden, als 50 in 125 enthalten; $= 2\frac{1}{2}$ Jahre.

Ansatz: Um 50 M. zu erhalten, muß das Kapital 1 Jahr stehen,
„ 125 M. „ „ „ „ „ ? „ „

$$? = \frac{1 \cdot 125}{50} = 2{,}5 \text{ Jahre.}$$

Weitere Übungsaufgaben.

Berechne die Zeit, in welcher die Zinsen die Höhe des Kapitals erreichen, wenn letzteres a. zu 5, b. zu 4, c. zu 6, d. zu $4\frac{1}{2}$, e. zu 3,2, f. zu 3,3, g. zu 4,9% verliehen ist? (a. 20, b. 25, c. $16\frac{2}{3}$, d. $22\frac{2}{9}$, e. $31\frac{1}{4}$, f. $30\frac{10}{33}$, g. $20\frac{20}{49}$ Jahre.)

d. Der Zinsfuß wird gesucht.

(Gegeben: Kapital, Zinsen und Zeit.)

Zu wieviel % muß man 800 M. ausleihen, um jährlich 36 M. Zinsen zu bekommen?

Wir fragen nach den Zinsen, welche 100 M. bringen! Wenn 800 M. Kapital 36 M. Zinsen bringen, so bringen 100 M. den 8. Teil von 36 M. $= 4\frac{1}{2}$ M.; das Kapital ist also zu $4\frac{1}{2}$ % verliehen.

Ansatz: 800 M. Kapital geben 36 M. Zinsen,
100 „ „ „ ? „ „

$$? = \frac{36 \cdot 100}{800} = 4\tfrac{1}{2} \text{ M.}$$

Weitere Übungsaufgaben.

Bei wieviel % sind die Zinsen a. $\frac{1}{4}$, b. $\frac{1}{5}$, c. $\frac{1}{6}$, d. $\frac{1}{10}$, e. $\frac{1}{20}$, f. $\frac{1}{25}$, g. $\frac{1}{30}$, h. $\frac{1}{50}$ des Kapitals? (a. bei 25, b. 20, c. $12\frac{1}{2}$, d. 10, e. 5, f. 4, g. $3\frac{1}{3}$, h. 2%).

§ 64.

Die Proportionen.

Unter Proportion versteht man die Gleichsetzung zweier Verhältnisse z. B. $a : b = c : d$; oder in Zahlen z. B. $3 : 4 = 6 : 8$ und liest sie: a verhält sich zu b wie c zu d, während man unter Verhältnis den Quotienten zweier gleichartiger Größen versteht, das man entweder wie in obigem Beispiel a : b oder in Bruchform $\frac{a}{b}$ schreiben kann. Wie oben ersichtlich setzt sich jede Proportion aus 4 Gliedern, den sog. Vordergliedern a und c und den sog. Hintergliedern b und d oder den äußeren a und d und den inneren b und c zusammen; man bezeichnet sie auch wohl in ihrer Reihenfolge erstes (a), zweites (b) usw. Glied.

Regeln: a. In jeder Proportion ist das Produkt der äußeren Glieder gleich dem Produkt der inneren Glieder, also in der Proportion $3 : 4 = 6 : 8$ ist $3 \cdot 8 = 4 \cdot 6$ und ebenso das Produkt der inneren Glieder gleich dem der äußeren z. B. $8 \cdot 3 = 6 \cdot 4$.

b. Die Größe jeden Gliedes findet man, indem man mit dem ihm zugehörigen Gliede in das Produkt der anderen Glieder dividiert; zugehörige Glieder sind die äußeren und inneren sowie die vorderen und hinteren, z. B. $3 = \frac{4 \cdot 6}{8}$. Ist ein Glied der Proportion unbekannt, welches wir wie üblich x nennen, und sind die anderen 3 Glieder bekannt, so kann man dasselbe nach unserer Regel leicht berechnen, z. B. $x : 4 = 6 : 8$, dann ist $x = \frac{4 \cdot 6}{8} = 3$ oder $3 : x = 6 : 8$, dann ist $x = \frac{3 \cdot 8}{6} = 4$ oder $3 : 4 = x : 8$, dann ist $x = \frac{3 \cdot 8}{4} = 6$, schließlich $3 : 4 = 6 : x$, dann ist $x = \frac{4 \cdot 6}{3} = 8$.

c. Eine Proportion bleibt ungeändert, wenn man die Glieder derselben mit derselben Zahl multipliziert oder dividiert z. B. $3 : 4 = 6 : 8$ ist ebensoviel wie $9 : 12 = 18 : 24$ (alle Glieder mit 3 multipliziert oder wie $3 : 4 = 6 : 8$, nachdem ich die zweite Proportion $9 : 12 = 18 : 24$ wieder durch 3 dividiert habe.

b. Größenlehre.

§. 65.

Raumlehre und Geometrie.

Mit der Raumlehre gelangen wir zur sogenannten angewandten Mathematik, die für den Forstmann eine hohe praktische Bedeutung hat, indem sie ihn Flächen und Körper vermessen lehrt. Man hat in Deutschland folgende gesetzlich vorgeschriebene Maße:

Längenmaße.

Die Einheit ist das Meter.

1 Meter (m) = 10 Dezimeter (dm),
1 Dezimeter = 10 Zentimeter (cm),
1 Zentimeter = 10 Millimeter (mm),
1 Meter = 100 Zentimeter,
1 Kilometer (km) = 1000 Meter (7,5 Kilometer = 1 deutsche Meile).

Flächenmaße.

Die Einheit bildet das Quadratmeter, d. h. ein Quadrat, was 1 Meter lang und 1 Meter breit ist.

1 Ar (a) = 100 Quadratmeter (qm); ein Quadrat, was 10 Meter lang und breit.
1 Hektar (ha) = 10000 „ = 100 Ar; ein Quadrat, was 100 Meter lang und breit.

Körper und Hohlmaße.

Die Einheit ist das Kubikmeter oder ein Würfel, der 1 Meter lang, 1 Meter breit und 1 Meter hoch ist.

1 Kubikmeter (cbm) = 10 · 10 · 10 Kubikdezimeter (cdm) und gleich 100 · 100 · 100 = 1 Million Kubikzentimeter (ccm).

Die Einheit der Hohlmaße in zylindrischer Form ist ein Kubikdezimeter, Liter genannt, gleich 1 Tausendstel eines Kubikmeters.

100 Liter (l) = 1 Hektoliter (hl). Der alte preußische Scheffel = 54,96 Liter. Ein Neuscheffel = 50 Liter = 10 Metzen à 5 Liter.

Gewichte.

Die Einheit des metrischen Gewichtes ist das Kilogramm = 2 Zollpfund oder das Gewicht des in einem Würfel von $\frac{1}{10}$ m Seitenlänge enthaltenen destillierten Wassers bei + 4° C.

50 Kilogr. (kg) oder 100 Pfund = 1 Zentner.
1000 „ = 1 Tonne (t) = 20 „

Der tausendste Teil eines Kilo = 1 Gramm (g).
$\frac{1}{10}$ Gramm = 1 Dezigramm (dg).
$\frac{1}{100}$ „ = 1 Zentigramm (cg).
$\frac{1}{1000}$ „ = 1 Milligramm (mg).

Holzmaße.

Die Einheit für die Holzmaße bildet der Würfel des Meters und heißt derselbe in fester Holzmasse Festmeter (fm), dagegen mit losen Holzstücken ausgefüllt, wie z. B. in den Schichtmaßen, Raummeter (rm).

Um Raummeter in Festmeter zu verwandeln, wie dies zur Buchung und gleichmäßigen Schätzung in der Praxis oft nötig wird, muß man die Anzahl der Raummeter je nach den Sortimenten reduzieren, z. B. Derbholz-Raummeter mit $\frac{7}{10}$ multiplizieren, weil gespaltenes Holz mehr Raum einnimmt; will man dagegen Festmeter in Derbholz-Raummeter verwandeln, muß man ihre Anzahl mit $\frac{10}{7}$ multiplizieren, weil ja ungespaltenes Holz entsprechend weniger Raum einnimmt.

z. B. 87 Raummeter Derbholz sind $= 87 \cdot \frac{7}{10} = \frac{609}{10} = 60{,}9$ Festmeter.

87 Festmeter $= 87 \cdot \frac{10}{7} = \frac{870}{7} = 124\frac{2}{7} = 124{,}29$ Raummeter Derbholz. Reiser I. Kl. und Stockholz reduziert man mit 0,4, Reiser II. Kl. mit 0,2.

§ 66.

Vermessung von Flächen oder Planimetrie.

Bevor wir zur wirklichen Vermessung übergehen können, müssen wir uns mit einigen Größenverhältnissen von Flächen und den sie begrenzenden Linien und Winkeln bekannt machen.

Unter einem Winkel versteht man die Neigung von zwei sich schneidenden Linien; die den Winkel bildenden Linien heißen seine Schenkel, der Schneidepunkt Scheitel. Zwei auf einer geraden Linie durch eine dritte schneidende Linie gebildete Winkel heißen Nebenwinkel; sind dieselben gleich, so heißen sie rechte Winkel, die schneidende Linie steht in diesem Falle senkrecht auf der durchschnittenen.

Zwei rechte Winkel (Winkel = ∡) mit gemeinschaftlichem Schenkel (siehe Figur 41) bilden einen gestreckten oder flachen Winkel, dessen beide Schenkel eine Gerade bilden. Die Größe der Winkel richtet sich nach der Größe der Neigung ihrer Schenkel und wird nach „Graden" gemessen; der rechte Winkel hat 90 Grad (90°); der Grad wird in 60 Minuten, die Minute in 60 Sekunden geteilt. — Einen Winkel von 33 Grad 27 Minuten 6 Sekunden schreibt man in der Meßkunst 33° 27′ 6″ und werden nach dieser Einteilung sämtliche zu messende Winkel bezeichnet.

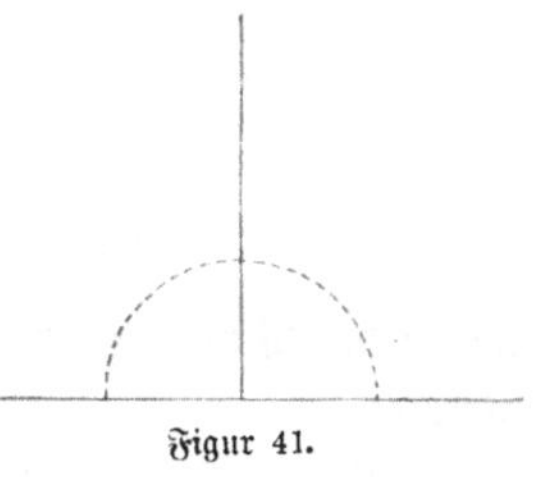

Figur 41.

Alle nicht rechten Winkel nennt man schiefe Winkel, welche wieder, wenn sie größer sind als ein rechter, stumpfe Winkel (siehe Figur 42 Winkel a c b), wenn sie kleiner als ein rechter sind (Figur 42 Winkel b c d), spitze Winkel genannt werden. Alle Winkel werden stets so bezeichnet, daß der Scheitelpunkt (in der Figur 43 der Punkt c) in der Mitte genannt wird. Die Summe zweier Nebenwinkel ist immer gleich zwei Rechten oder gleich 180°; ist die Größe eines Nebenwinkels bekannt, so findet man die Größe des anderen Winkels durch Subtraktion des bekannten Winkels von 180°;

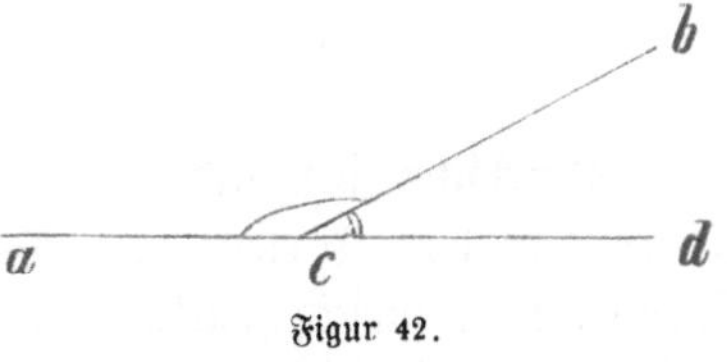

Figur 42.

z. B. ∡ b c d = 43° 24′·7″, so ist
∡ b c a = 136° 35′ 53″.

Der Winkel a c d (Figur 42) ist ein Beispiel des flachen Winkels = 180°. Denkt man sich die Linie b c (Figur 43) über den Punkt c hinaus bis zu e verlängert, so entstehen jenseits von a d zwei neue Winkel a c e und d c e, welche zusammen ebenfalls 180° oder zwei Rechte betragen; folglich sind die vier Winkel um c herum gleich 360°.

Hätte man nun durch Drehung eines Winkelmeßinstruments in c den in Figur 43 mit einem Haken versehenen überstumpfen Winkel d c e = 220° 13′ 11″ gefunden, so würde sich die Größe des übrigbleibenden Winkels d c e durch Subtraktion des überstumpfen Winkels d c e von 360° berechnen lassen; also 360° — 220° 13′ 11″ = 139° 46′ 49″.

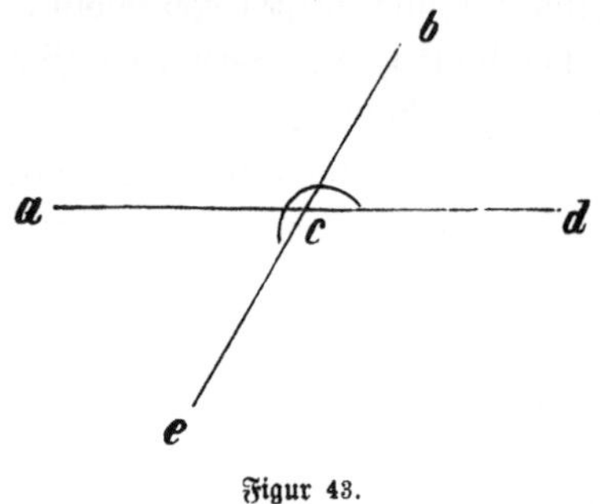

Figur 43.

Das Verhältnis der Winkel b c a und b c d in Figur 42 drückt man dadurch aus, daß man sagt: sie ergänzen sich zu zwei Rechten, das Verhältnis der vier Winkel um den Punkt c herum (Figur 43): sie ergänzen sich zu vier Rechten.

Die beiden Winkel b c d und a c e in Figur 43 heißen **Scheitelwinkel**, ebenso b c a und d c e.

Je zwei Scheitelwinkel sind sich immer gleich, b c d = a c e oder b c a = d c e.

§ 67.

Die Dreiecke.

Durchschneiden sich drei gerade Linien (Gerade!) in drei Punkten, so entsteht das Dreieck (Fig. 44). Nach der Größe der Seiten unterscheidet man gleichschenklige Dreiecke, wenn zwei Seiten einander gleich sind, oder gleichseitige Dreiecke, wenn alle drei Seiten gleich sind; ihnen gegenüber stehen die ungleichseitigen Dreiecke.

Nach der Größe der Winkel unterscheidet man rechtwinklige Dreiecke, in welchen ein Winkel ein rechter, stumpfwinklige Dreiecke, in welchen ein Winkel ein stumpfer, spitzwinklige Dreiecke, in welchen alle Winkel spitz sind.

In dem rechtwinkligen Dreiecke heißt die dem rechten Winkel gegenüber liegende Seite Hypotenuse, die denselben einschließenden Seiten heißen Katheten.

Für die Messungen sind folgende wichtige Sätze über die Dreiecke zu beachten:

Im Dreiecke sind sämtliche Winkel zusammen gleich zwei Rechten; sind deshalb zwei Winkel bekannt, so ergibt sich der dritte durch Subtraktion ihrer Summe von 180°.

Im gleichschenkligen Dreiecke sind die Winkel an der Grundlinie (die dritte ungleiche Seite) einander gleich. Im gleichschenkligen rechtwinkligen Dreieck ist jeder spitze Winkel = 45°. Im gleichseitigen Dreiecke sind alle Winkel gleich; jeder ist gleich $\frac{2}{3}$ Rechte = 60°.

Im rechtwinkligen Dreieck ist die Hypotenuse größer als jede Kathete, da in jedem Dreieck immer dem größeren Winkel eine größere Seite gegenüber liegt. Ein über der Hypotenuse errichtetes Quadrat ist gleich der Summe der beiden über den Katheten errichteten Quadrate. (Pythagoräischer Lehrsatz!)

Unter Höhe eines Dreiecks ist das von der Spitze auf die Grundlinie gefällte Lot zu verstehen; dasselbe fällt, wie die nebenstehenden Figuren zeigen, da man jede Seite als Grundlinie annehmen kann, beim spitzwinkligen Dreieck (Figur 44) in jedem Falle in das Dreieck, beim rechtwinkligen Dreiecke (Figur 45) fällt nur das auf die Hypotenuse (c b) gefällte in das Dreieck; beim stumpfwinkligen Dreieck

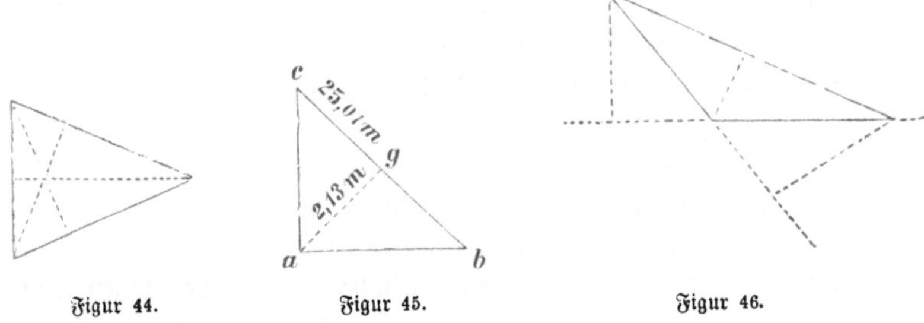

Figur 44. Figur 45. Figur 46.

(Figur 46) bei den den stumpfen Winkel einschließenden Seiten außerhalb des Dreiecks, nur das Lot vom stumpfen Winkel aus fällt innerhalb.

Der Inhalt eines jeden Dreiecks ist gleich dem Produkt aus Grundlinie und Höhe dividiert durch 2, oder gleich der halben Grundlinie mal der Höhe oder gleich der halben Höhe mal der Grundlinie, z. B. in Figur 45. J = Inhalt.

$$J = \frac{ag \cdot bc}{2} = \frac{2,13 \cdot 25,01}{2} = \frac{53,27}{2} \text{ qm} = 26,60 = \text{rot. } 27 \text{ qm}.$$

§ 68.

Die Vielecke.

Mehr als drei Grade schneiden sich in mehr als drei Punkten; je nach der Anzahl der sich schneidenden Linien erhält man Vierecke, Fünfecke, Achtecke usw., wobei zu bemerken ist, daß die Zahl der Durchschnittspunkte oder Ecken genau der Zahl der Linien entspricht.

Am wichtigsten sind die Vierecke, welche nach der Beschaffenheit der Seiten und Winkel in folgende Arten zerfallen:

1. **Parallelogramme** — bei welchen je zwei gegenüberstehende Seiten parallel (||) sind:

Hiervon gibt es nachstehende vier Arten:

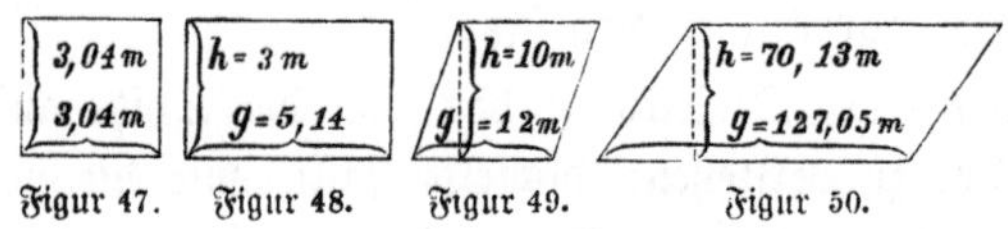

Figur 47. Figur 48. Figur 49. Figur 50.

a. Das Quadrat, bei welchem alle Seiten gleich und alle Winkel rechte sind. (Figur 47.)
Inhalt = Grundlinie mal Höhe oder Seite mal Seite.
$= 3{,}04 \cdot 3{,}04 = 9{,}2416$ qm = rot. 9,242 qm

b. Das Rechteck, bei welchem nur je zwei gegenüberstehende Seiten gleich und alle Winkel rechte sind. (Figur 48.)
Inhalt = Grundlinie mal Höhe = dem Produkt zweier anstoßender Seiten.
$g \cdot h = 5{,}14 \cdot 3 = 15{,}42$ qm.

c. Der Rhombus (Raute), bei welchem alle Seiten gleich und die Winkel schiefe sind. (Figur 49.)
Inhalt = Grundlinie mal Höhe (Höhe = jeder beliebigen Senkrechten zwischen der Grundlinie und der ihr gegenüberliegenden Seite).
$g \cdot h = 12 \cdot 10 = 120$ qm.

d. Das Rhomboid, bei welchem nur je zwei gegenüberliegende Seiten gleich und die Winkel schiefe sind. (Figur 50.) Inhalt = Grundlinie mal Höhe.
$g \cdot h = 127{,}05 \cdot 70{,}13 = 8910{,}0165$ qm $= 8910{,}01$ qm.
$= 0{,}8610$ ha.

Merke: Bei allen Parallelogrammen ist der Inhalt gleich dem Produkt aus Grundlinie mal Höhe.

2) **Trapez**, bei welchem nur zwei Seiten parallel sind. (Fig. 51.)
Inhalt = dem Produkt aus der halben Summe der beiden parallelen Seiten und der Höhe resp. aus der Mittellinie und Höhe.

$$= \frac{a + b}{2} \cdot h = \frac{7{,}04 + 9{,}27}{2} \cdot 4 = 32{,}62 \text{ qm}.$$

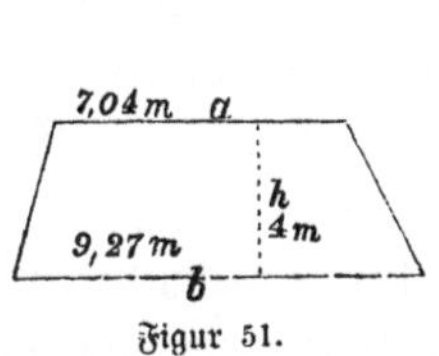

Figur 51.

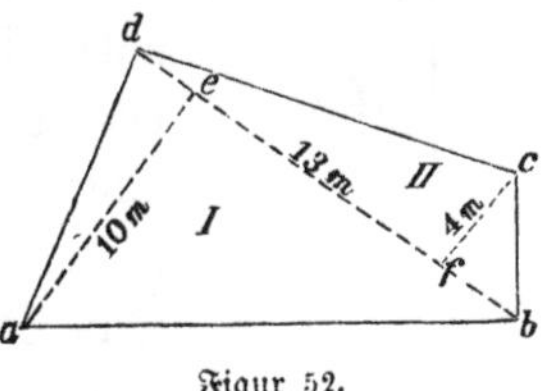

Figur 52.

3) **Trapezoid**, bei welchem kein Paar Seiten parallel sind. (Figur 52.)

Um diesen Inhalt zu berechnen, verbindet man zwei (beliebige!) gegenüberliegende Ecken, z. B. b und d durch die „Diagonale" b d und berechnet die so entstandenen beiden Dreiecke nach der bekannten Formel für sich und addiert die gefundenen Inhalte.

z. B. $abd = \triangle I \cdot J = \frac{ae}{2} \cdot db = 5 \cdot 13 = 65$ qm

$bcd = \triangle II \cdot J = \frac{cf}{2} \cdot db = 2 \cdot 13 = 25$ „

Sa. = 91 qm.

Die Verbindungslinien von je zwei gegenüberliegenden Ecken in den Vier- und Vielecken heißen Diagonalen.

In jedem Vieleck beträgt die Summe sämtlicher Winkel, wenn man dieselbe mit n bezeichnet, 2n—4 Rechte; die Anzahl sämtlicher Diagonalen $\frac{n(n-3)}{2}$, im Siebeneck also $\frac{7(7-3)}{2} = 14$.

Den Inhalt eines Vielecks findet man, indem man dasselbe in Dreiecke, Parallelogramme oder Trapeze zerlegt, nach obigen Formeln die Inhalte der einzelnen Stücke berechnet und dieselben schließlich zusammen addiert (vergl. oben sub 3 und § 73).

Denkt man sich eine auf beiden Seiten begrenzte Linie in derselben Ebene um einen ihrer Endpunkte gedreht, so entsteht eine krumme Linie (Kreislinie), welche vom Drehpunkt (Mittelpunkt oder Zentrum) überall gleich weit entfernt ist. Die Fläche heißt Kreis, jede Verbindungslinie zwischen Zentrum und Kreislinie, auch Peripherie genannt, Halbmesser oder Radius; bilden zwei Halbmesser eine gerade Linie, so heißt diese Durchmesser. Jede Linie, die zwei Punkte der Peripherie verbindet, ohne durch das Zentrum zu gehen, heißt Sehne.

In Figur 53 ist a b ein Durchmesser, f c ein Radius, d e eine Sehne. Alle Radien desselben Kreises, ebenso alle Durchmesser sind unter sich gleich; der Radius ist die Hälfte des Durchmessers; alle Kreise mit gleichem Radius sind einander gleich. Der Durchmesser teilt den Kreis in zwei Halbkreise. Das Verhältnis des Durchmessers zum Umfang ist bei allen Kreisen ein ganz bestimmtes, nämlich $= 1:3,14159$ oder abgekürzt $= 3,14$ oder etwas ungenauer als unechter Bruch $= \frac{22}{7}$. Diese Verhältniszahl wird Pi genannt und π geschrieben. Hat man also den Durchmesser eines Baumes $= 57$ cm gefunden, so ist der Umfang $= 57 \cdot 3,14 = 178,98$ cm. In gleicher Weise findet man den Durchmesser aus dem gemessenen Umfang durch Division mit 3,14. Nennt man den Radius $= r$, so ist der Umfang des Kreises $= 2\,r\,\pi$ und sein Inhalt $= r^2\,\pi$ $(r^2 = r \cdot r)$, z. B. $r = 5$ cm, so ist $J = 25 \cdot 3,14 = 78,50$ □ cm.

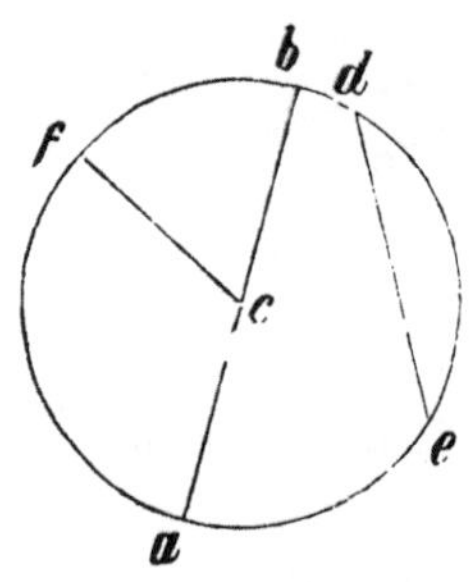

Figur 53.

§ 69.

Vermessungen mit Instrumenten.

Flächen können nur wieder durch Flächen gemessen werden, deshalb nimmt man als Flächenmaße die Quadrate der Längenmaße; hat man eine Fläche z. B. mit einem Metermaß vermessen, so wird die Fläche als Inhalt Quadratmeter haben, hätte man sie mit Ellen oder Fußen gemessen, so würde das Resultat Quadratellen oder Quadratfuße bilden usw.

Um irgend welche Vermessungen von Flächen ausführen zu können, muß man Meßinstrumente haben. Diese bestehen in Meßbändern resp. Meßlatten, den Signalstangen und den Winkelinstrumenten.

a. Instrumente zur Linienmessung.

Das Meß- oder Stahlband besteht aus einem dünnen 20 m langen Stahlstreifen, welcher in Meter, Dezimeter und Doppel-

Dezimeter geteilt ist und um ein hölzernes Kreuz gewickelt werden kann. Die Dezimeter sind durch Öffnungen, die 2 Dezimeter durch kleine, die Meter durch große Messingblättchen bezeichnet. Es gibt jedoch noch andere Formen.

Zum Gebrauch dieses Bandes sind zunächst die etwa 1,5 m langen unten mit Eisenschuhen und einem Riegel versehenen Bandstäbe, dann 10 etwa 1 Bandglied lange unten spitze, oben mit einem Öhr versehene eiserne Stäbchen (Zähler, Zählpflöckchen, Sticken) nebst 2 größeren Ringen zum Transport derselben nötig; ferner ein genau 5 halbe Meter langer mit Dezimalteilung versehener Stab — das Anschlagmaß — zum Messen kleiner Linien und endlich eine Anzahl 3—6 m langer rot und weiß angestrichener resp. mit rot und weißen Fähnchen versehener Stäbe — die Signalstangen —, Meßfähnchen.

Die Meßlatten sind runde 5 m lange und entweder durch verschiedene Farben oder durch eingeschlagene Messingnägel (bei je 0,10 m 1 Nagel, 0,50 m 2 Nägel, 1 m 2 Nägel) eingeteilte Latten. Sie finden in bergigem Terrain und bei kleinen Flächen Verwendung.

b. Instrumente zur Winkelmessung.

Der Winkelspiegel wird zum Abstecken rechter Winkel gebraucht; seine Form ist aus nebenstehender Figur 54 ersichtlich. Das dreieckige, vorn offene Gehäuse hat in den Seitenwandungen oben bei a und b Visieröffnungen; unter denselben sind auf jeder Innenseite (durch aa und bb angedeutet) zwei kleine Spiegel angeschraubt, die genau unter einem halben rechten Winkel gegen einander geneigt sind.

Figur 54.

In ähnlicher Weise ist das Winkelprisma konstruiert und wird ebenso gehandhabt wie der Winkelspiegel; es hat jedoch den Vorteil voraus, daß es unveränderlich und unzerbrechlich ist; die Spiegel des Winkelspiegels lösen sich leicht mit ihren Schrauben und müssen häufiger auf ihre Richtigkeit geprüft werden. Das Winkelprisma ist ein Glasprisma mit Handgriff, dessen Grundflächen gleichschenklig rechtwinklige Dreiecke in einer Metallfassung bilden.

Um einen rechten Winkel auf einer Linie zu suchen, z. B. zum Punkt d außerhalb der Linie ac (Figur 55), stelle man sich auf dieselbe mit dem Gesicht nach c zu und halte den Winkelspiegel senkrecht so an die Nase, daß das eine Auge durch die vordere Öffnung und die Visieröffnung b die in c stehende Meßfahne sieht. Geht man nun auf der Linie vorwärts nach dem Punkt b zu, so wird die Meßfahne bei d bald in dem unter der Visieröffnung b liegenden Spiegel erscheinen; je nachdem man nun vorwärts oder rückwärts geht, wird die sich spiegelnde Fahne bei d bald der anvisierten Fahne bei c sich nähern, bald wieder sich entfernen; in dem Augenblick jedoch, wo sie genau übereinander stehen, so daß die Fahne bei c die Verlängerung der Fahne bei d zu sein scheint, hat man den rechten Winkelpunkt gefunden und läßt genau zwischen die beiden Füße und lotrecht unter dem Spiegel eine Signalstange einstecken; die Linie bd steht dann in b senkrecht auf ac.

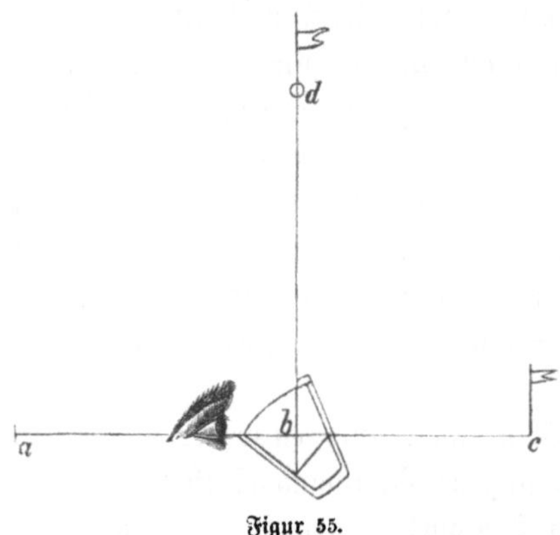

Figur 55.

Wie wir später sehen werden, ist das Abstecken von rechten Winkeln von der größten Wichtigkeit für die praktische Messung; der vorbeschriebene Winkelspiegel ist neben dem Winkelprisma das handlichste und beste derartige Instrument, allerdings gibt es auf sehr weite Entfernungen nicht ganz so scharfe Resultate wie das im übrigen nicht so handliche Winkelkreuz, was in seiner einfachsten Form — die sich jeder leicht selbst herstellen kann — aus zwei etwa 30 cm langen, genau rechtwinklig zusammengenagelten Linealen (Figur 56) besteht, auf welchem wieder in genau gleichem Abstande von der Mitte des Kreuzes e und in genau rechten Winkeln zu einander die Stifte a, b, c und d eingebohrt sind; zur bequemeren Handhabung wird das Kreuz auf einen mit eiserner Spitze versehenen Stock auf-

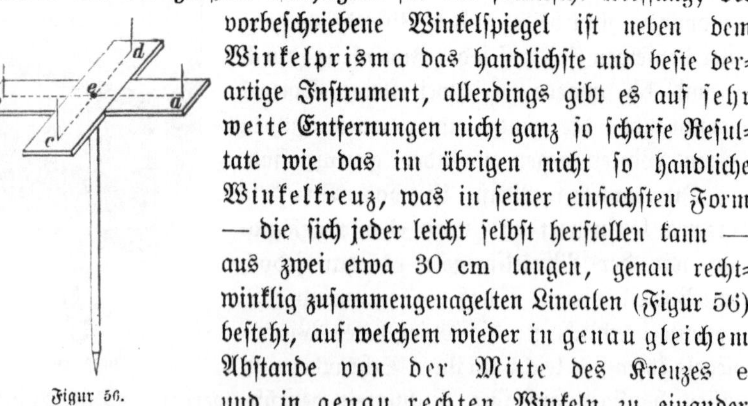

Figur 56.

gesteckt oder aufgeschraubt. Durch kreuzweises Einvisieren von a nach b resp. von c nach d richtet man rechte Winkel, dagegen durch Visieren, z. B. von e nach c und b auch halbe rechte Winkel ein. Ähnlich ist auch die Winkeltrommel eingerichtet; ein messingener Hohlzylinder oder ein Achteck hat 45° von einander entfernt je einen schmalen senkrechten Einschnitt, durch welchen ein Roßhaar gespannt ist (Objektiv); ihnen gegenüber stehen einige kleine Öffnungen senkrecht übereinander (Okular), durch welche man über das Roßhaar des gegenüberliegenden Objektivs die Ziele anvisiert. Die beiden Visierlinien müssen sich senkrecht über dem Fußpunkt der Trommel schneiden.

Schließlich kann man auch auf die einfachste Weise durch Linienmessung sich rechte Winkel abstecken. Man haue drei ganz gerade dünne Stangen oder Latten von 3 m, 4 m und 5 m Länge, lege die 4 m lange Latte auf a b (Figur 57), auf welcher der rechte Winkel nach o zu bestimmt werden soll, etwa nach c e; in c lege man nach dem Augenmaß im rechten Winkel die 3 m lange Latte nach dem Punkt o zu an, schließlich legt man die 5 m lange Latte so zwischen die Endpunkte d und e, daß die drei Latten ein festgeschlossenes Dreieck c d e bilden, dann ist nach dem pythagoräischen Lehrsatz (§ 67) c d senkrecht auf c e (resp. a b), da ja $3^2 + 4^2 = 5^2$, und man hat c d nur bis o zu verlängern; ebenso kann man auch das mehrfache von 3, 4 oder 5 m nehmen, z. B. 9, 12, 15 m lange Stangen oder hanfene Schnuren, das Meßband ꝛc. Noch einfacher bei ganz kleinen Linien ist folgendes Verfahren:

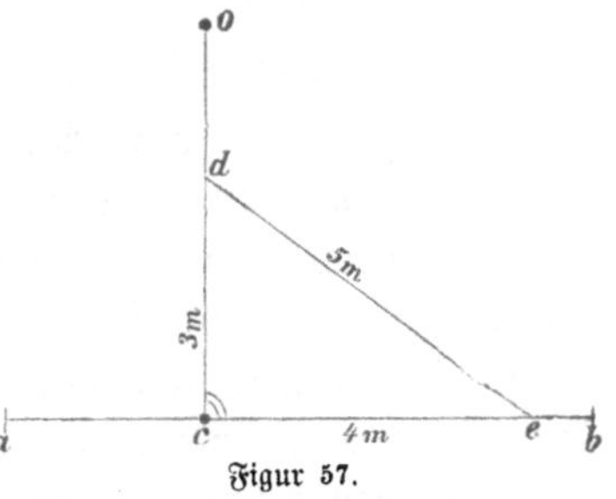

Figur 57.

Auf der Linie a b soll in einem beliebigen Punkte, z. B. in o (Figur 58), eine Senkrechte errichtet werden; man messe von o nach a und b zu zwei gleiche Linien, z. B. je 5 m ab und bezeichne die gefundenen Punkte c und f mit Stäbchen; dann nehme man eine mehr als 5 m lange Schnur, befestige sie bei c und beschreibe einen Halbkreis, ebenso verfahre man bei f; der Schnittpunkt beider Halbkreise, z. B. bei d, steht im rechten Winkel zu o.

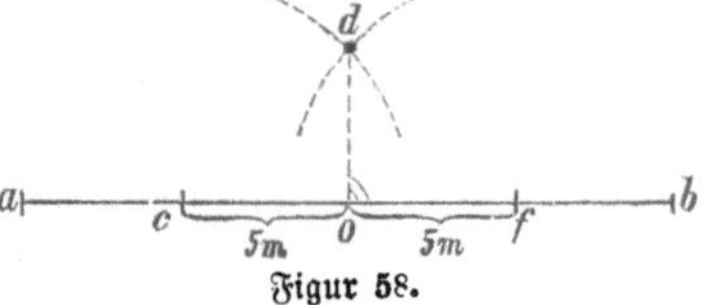

Figur 58.

Um andere als rechte oder halbe rechte Winkel zu messen, gibt es noch verschiedene, nach Graden eingeteilte komplizierter konstruierte Winkelinstrumente, z. B. die Boussole, den Theodoliten usw., deren Beschreibung übergangen werden muß, da hier nur die einfachsten Vermessungen behandelt werden können.

§ 70.

Abstecken von Linien im Felde.

Gesetzt, die im Freien abgesteckte Linie a b (Figur 59) soll über b hinaus verlängert werden, so nehme man eine dritte Fahne in die Hand, gehe nach der Verlängerung etwa in c und visiere, die Fahne senkrecht vor sich haltend, nach b und a hin; man verändert nun seinen Standpunkt so lange, bis alle drei Fahnen sich decken; ebenso hat man es mit d zu machen.

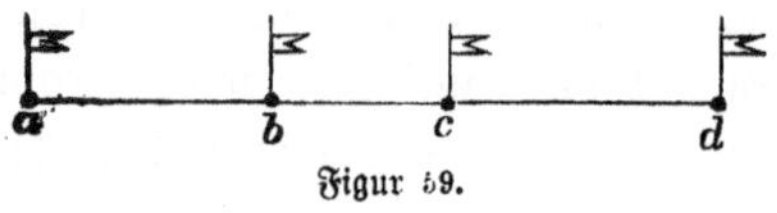

Figur 59.

Sollte nun zwischen den festen Punkten a und c ein Punkt b einvisiert werden, so schickt man, nachdem man sich in a oder c aufgestellt hat, einen Gehilfen in die Richtung des anderen Punktes und visiert dessen Fahne nach dem anderen Endpunkte, immer in der Hand nach rechts oder links winkend ein; decken sich die Fahnen, so macht man eine Handbewegung nach unten, und die Fahne wird dort genau senkrecht eingesteckt; man vermeide hierbei möglichst alles Rufen, da Winken bei Entfernungen stets verständlicher ist.

Merke: Alle Signalstangen sind stets genau senkrecht einzustecken.

Eine gerade Linie über einen Berg abzustecken.

Gegeben sind die Punkte a und b (Figur 60); wegen eines Berges kann man weder von a nach b noch umgekehrt sehen; einige

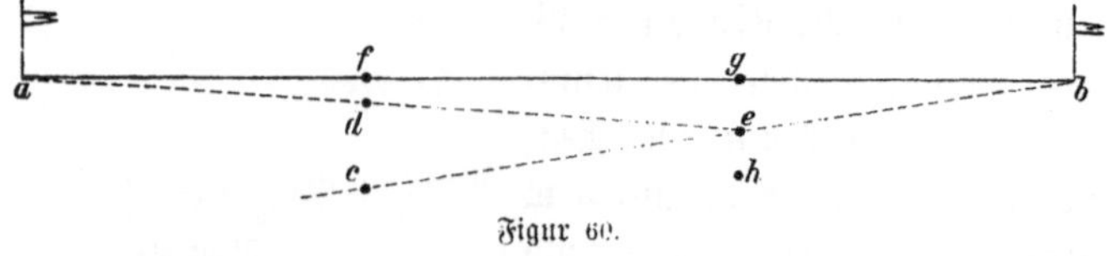

Figur 60.

Zwischenpunkte (f und g) sind mit a und b in eine gerade Linie zu bringen.

Man geht in Begleitung eines Gehilfen und mit einem Signal in der Hand in die vermeintliche Richtung der auszusteckenden Linie, der eine etwa nach c und der andere nach h, bis man von c aus nach b und der Gehilfe von h aus nach a sehen kann; nun richtet man den Gehilfen von c aus nach b ein, so daß er etwa nach e zu stehen kommt; dann richtet der Gehilfe nach a ein, so daß man nach d zu stehen kommt und so wird weiter fortgefahren, bis man schließlich von beiden Endpunkten Deckung hat und nach f und g gekommen ist, d. h. gfa und fgb in gerader Linie liegen. Hier werden die Signale eingesteckt.

§ 71.

Messung von geraden Linien.

Mißt man mit dem Meßband, so ist dasselbe zunächst zu revidieren, ob die Glieder nicht verschlungen sind oder das Band nicht verdreht ist; hierauf steckt jeder Bandzieher seinen Endring an den Bandstab und der vordere nimmt den Ring mit den 10 Zählern und geht in die Richtung der mit Signalstangen vorher bezeichneten Linie; der hintere Bandzieher setzt nun den Stab fest im Anfangspunkt ein und visiert mit Handbewegungen den vorderen so lange, bis dessen Stab genau mit dem nächsten Signal eingerichtet steht; der Punkt wird in der Erde markiert, das Band mit beiden Händen am Bandstabe gerade gewuchtet und dann so straff als möglich am Stabe an dem betr. Punkt eingesteckt; dann holt man einen Zähler, nimmt den Stab heraus und steckt denselben genau in das Loch, tritt einen Schritt seitwärts und geht weiter; hat der hintere Bandzieher den Zähler erreicht, so ruft er laut: „Halt", setzt seinen Stab an Stelle des Zählers und hängt letzteren an seinen Ring; soviel Zähler er am Ringe hat, soviel ganze Bandlängen sind gemessen; der Rest wird an den Gliedern abgezählt. Beim Wechseln der Zähler, wenn alle 10 abgegeben sind, ist genau aufzupassen, auch zu beachten, ob nicht ein Zähler verloren ist; in letzterem Fall muß die Linie von neuem gemessen werden.

Befinden sich kleine Hindernisse in der abzumessenden Linie, durch welche man nicht hindurchmessen kann, z. B. Gebäude, kleine Teiche, starke Bäume usw., so verfährt man wie folgt: In nebenstehender Figur 61 liege in ad ein Teich T; dann nehme man am Ufer etwa bei b sowie etwa 20 m vorher etwa bei x mit dem Instrument nach derselben Seite rechte Winkel mit den genau gleich langen Schenkeln xz und bu, die so lang sein müssen, daß man bequem an dem Ufer vorbei visieren und vorbei messen kann; hierauf errichtet man hinter dem Teiche etwa in c und y entweder wie vorher die mit xz und bu gleich langen Lote cv und yw oder noch einfacher, man verlängert die Verbindungslinie zu durch Einvisieren über u hinaus soweit wie der Teich lang ist, z. B. bis v, und nehme dann einen rechten Winkel nach ad hinüber = vc als Kontrollinie; dieselbe muß genau ebenso lang sein als bu, wenn man richtig eingerichtet hat. Nun mißt man uv resp. zw, welche Linien als Parallelen zwischen Parallelen selbstverständlich genau so lang sein müssen als bc resp. xy.

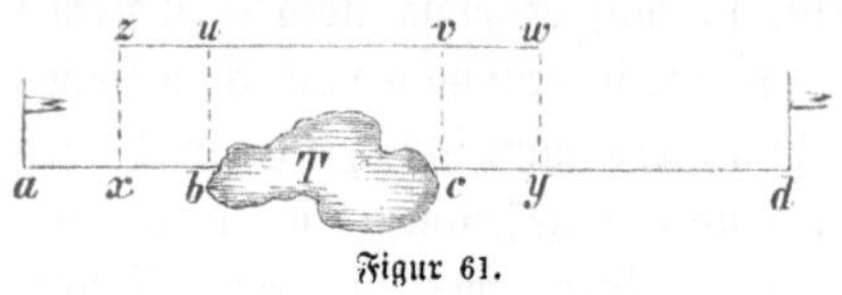

Figur 61.

Aus obigem ist gleich ersichtlich, daß man durch Messung der parallelen Linie fast jedes Hindernis in der Messungslinie umgehen kann, sowie, in welcher Weise man die Parallellinien konstruiert; man legt einfach an den geeigneten Punkten rechte Winkel mit genau gleich langen Schenkeln an und verbindet deren Endpunkte durch eine Parallellinie.

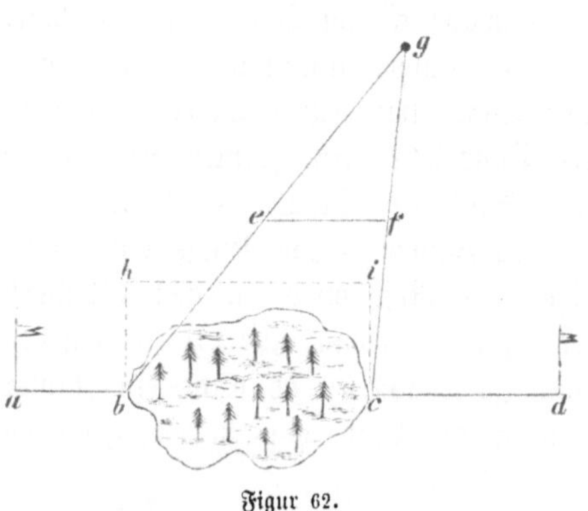

Figur 62.

Bei sehr großen Hindernissen wird das Verfahren jedoch ungenau, weil das Abstecken der rechten Winkel mit sehr langen Schenkeln zu ungenau wird.

Für den Fall, daß auch die Parallellinie nicht gut zu überblicken ist (uv in Fig. 61), verfährt man wie folgt:

In der Linie ad liegt ein unzugänglicher mit hohen Bäumen dicht bestandener Sumpf, dessen Länge bc (Figur 62) in Messungslinie ad direkt nicht zu messen ist. Aus irgend einem Grunde, z. B. weil kein Winkelinstrument vorhanden, kann die bequemere Parallellinie h i nicht gewählt werden; dann suche einen bequemen Punkt seitwärts, von dem aus du nach b und nach c hin sehen kannst, etwa g, miß g b und g c, teile die gefundenen Maßzahlen durch einen gemeinschaftlichen Zähler, z. B. 5, und miß die gefundenen Zahlen von g aus auf g b und g c ab, etwa g e und g f, und miß dann die Linie e f; sie wird ebenfalls gleich sein $^1/_5$ von b c, mithin die gesuchte Linie b c = 5 mal e f sein; z. B. g b = 100 m, g c = 80 m; dividiert durch 5 gibt $\frac{100}{5} = 20$ und $\frac{80}{5} = 16$, mithin g e = 20 m und g f = 16 m; e f gemessen = 15 m, mithin b c = 5 · 15 oder 75 m.

Für den Fall, daß von der direkt nicht meßbaren Linie a b (Figur 63) nur der Punkt b zugänglich ist, weil zwischen a und b ein Hindernis, z. B. ein unüberschreitbarer Fluß liegt, so lege zu der Visirlinie a b den rechten Winkel in b und trage auf einem beliebigen Punkt des Lotes b y, z. B. von c aus, die genau gleich langen Linien b c und c d ab und lasse in c eine Meßfahne aufstellen; dann nimm zu b d in d wiederum einen rechten Winkel und suche auf d x einen Punkt, etwa e, von dem du über c hinweg a sehen kannst, dann ist d e genau so lang als a b;

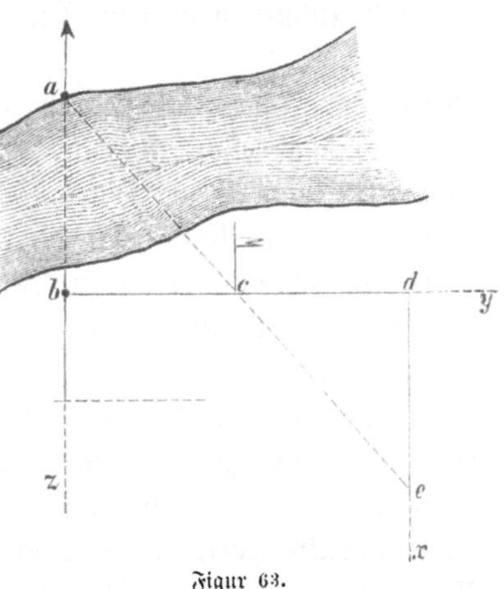

Figur 63.

sollte von b aus wegen Terrainhindernissen ein Lot auf a b nicht möglich sein, so kann natürlich auch jeder beliebige Punkt in der Verlängerung von a b nach z zu, soweit bis das Lot genommen werden kann, gewählt werden. Die Richtigkeit des Verfahrens ist leicht aus der Kongruenz der beiden Dreiecke a c b und e c d zu beweisen.

§ 72.

Messung von krummen Linien.

Jede krumme Linie verwandelt man dadurch, daß man an den Hauptkrümmungspunkten Pfähle einschlägt, z. B. a, b, c, d, e (Figur 64), in eine gebrochene Linie, indem man annimmt, daß die zwischen den Eckpunkten a, b, c usw. liegenden Linien a b, b c usw. gerade sind; man hat dann nur von Punkt zu Punkt zu messen, um die Größe der Linie zu finden: eine derartig gemessene Linie, z. B. eine Grenzlinie, kann man jedoch nicht in Karten eintragen, dazu verfährt man wie folgt:

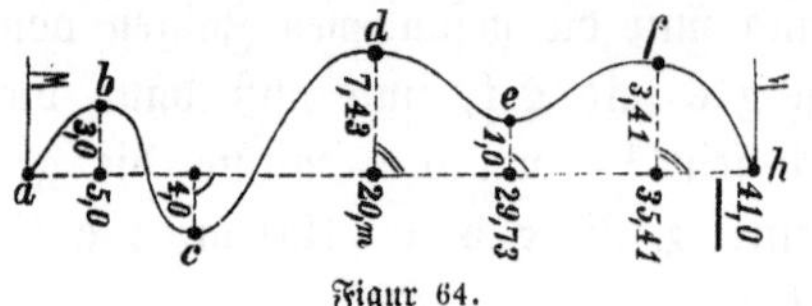

Figur 64.

Man visiert zunächst zwischen den Endpunkten a und h die gerade Linie aus und vermißt dieselbe; sobald man zu den seitwärts liegenden und vorher bezeichneten Brechungspunkten b, c, d usw. in rechte Winkel kommt, was mit dem Winkelspiegel resp. Winkelkreuz, bei unwichtigeren Messungen allenfalls auch nach dem Augenmaß festzustellen ist, so bezeichnet man den Fußpunkt des Lotes mit seiner Maßzahl in a h, z. B. bei dem Lot b mit 5 m und mißt mit dem kleinen Abschlagsmaß das Lot nach b und trägt dessen Maß ein; wie aus der Zeichnung ersichtlich, entweder unter das Lot oder auch an dessen Endpunkt; kommen in kleinen Zeichnungen zu viel Zahlen dicht neben einander, so daß Platz fehlt, so macht man einen längeren Haken seitwärts und schreibt an dessen Endpunkt die betreffende Zahl. Ebenso verfährt man bei allen anderen Punkten; der Punkt, von wo aus man in a h abgelotet hat, ist stets mit einem Signal genau zu markieren, damit man ihn schnell und sicher wiederfindet, wenn man weiter messen will. Um nun zu bezeichnen, welche Winkel mit dem Instrument, welche nach dem Augenmaß genommen wurden, macht man bei ersteren am Fußpunkte zwei, bei letzteren nur ein Häkchen (vergl. die Figur). Ist die Linie fertig gemessen, so unterstreicht man die letzte Maßzahl.

Zur Kartierung hat man dann nur die gerade Linie auf Papier zu bringen, die Maße auf dieser, der sog. „Konstruktionslinie", mit Zirkel und Maßstab abzugreifen und mittelst rechtwinkliger Dreiecke resp. des Transporteurs von den Fußpunkten aus die Lote einzutragen und deren Maße auf denselben wie vor abzugreifen. Die Verbindungslinie der Lotendpunkte ist die krumme Linie.

§ 73.

Vermessung eines Grundstückes.

Soll irgend eine Vermessung vorgenommen werden, so muß man sich zunächst die vorhandenen Karten verschaffen und die auf diesen festgelegten Grenzen in der Natur abstecken, indem man das Grundstück umgeht, die krummen Grenzen in ihren Krümmungen möglichst zu Geraden ausgleicht und an ihren angenommenen Endpunkten nach der Reihenfolge nummerierte Pfähle einschlägt. Hierauf entwirft man sich eine möglichst getreue Handzeichnung. Nun sucht man sich durch das Grundstück eine möglichst bequeme Konstruktionslinie, z. B. von Pfahl II bis Pfahl VI (in Fig. 65) auszufluchten, die so gewählt wird, daß man von ihr nach allen Grenzpfählen am bequemsten messen und sehen kann. Ist dies geschehen, so fängt man z. B. von II an zu messen und bezeichnet mit Hilfe des Winkelspiegels oder Winkelkreuzes den Punkt auf Linie II bis VI, der zu Pfahl III im rechten Winkel liegt; nachdem man die Maßzahl des Punktes notiert, mißt man nach Pfahl III hinüber, während dessen auf der Hauptlinie an dem Punkte, von dem man abmißt, ein Signal sehr genau eingesteckt wird. In gleicher Weise macht man es mit den übrigen Pfählen IV, I und V. Alle diese Konstruktionslinien werden nur gestrichelt; auf die eben angegebene Weise hat man sich das Grundstück in 4 Dreiecke und 2 Trapeze zerlegt, deren Inhalte man nach den bekannten Formeln unter Zugrundelegung der gefundenen Maßzahlen für Grundlinie und Höhe, wie aus unten stehender Berechnung ersichtlich, berechnet und zusammen addiert, um den ganzen Inhalt zu finden. Ist das Grundstück von krummen Linien begrenzt (siehe Figur 65), so steckt man an den stärkeren Krümmungspunkten ebenfalls Pfähle ein, mißt das größte in dasselbe beschriebene Vieleck und legt in derselben Weise, wie dies bereits mit den Eckpunkten von der Hauptkonstruktionslinie aus geschah, die Hauptkrümmungspunkte von den Verbindungslinien aus unter rechten Winkeln fest (schneidet oder bindet sie ein!).

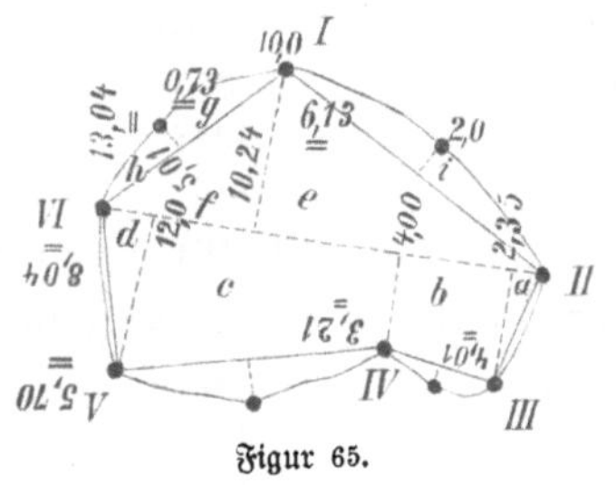

Figur 65.

Die auf diese Weise erhaltenen neuen Figuren berechnet man als Dreiecke für sich, indem man die nur wenig gekrümmten Linien als Gerade annimmt; ganz schwache Krümmungen, z. B. von II nach III oder V nach VI, betrachtet man als Gerade und läßt sie, falls nicht größere Genauigkeit erforderlich, außer Acht, da sie bei ihrer Ausmessung doch nur äußerst kleine Dreiecke geben würden! — schließlich addiert man alle Inhalte zum Inhalt des Vielecks.

Beispiel zu Figur 65.

Berechnung des Flächeninhalts.			Figur	Produkt qm
a = 2,35 · 4,01	b = 4,01	c = 3,12	a	9
235	3,12	5,70		
940	7,13 · 1,65 (4,0—2,35)	8,82 · 8 (12—4)	b	12
9,4235 = rot. 9	3565	70,56 = rot. 71		
	4278		c	71
	713			
	11,7645 = rot. 12		d	6
d = 5,70 · 1,04	e = 10,24 · 6,13	f = 10,24 · 2,80 (13,04—10,24)	e	63
2280	3072	8192		
570	1024	2048	f	29
5,9280 = rot. 6	6144	28,6720 = rot. 29		
	62,7612 = rot. 63		g	4
g = 5,01 · 0,73	h = 0,73 · 3,03 (8,04—5,01)	i = 10,0 · 2,0	h	2
1503	219	20		
3507	219		i	20
3,6573 = rot. 4	2,2119 = rot. 2.			
		Summa	·	216

NB. Der ganze Bogen i ist nur als ein Dreieck berechnet und die übrigen Bogen zwischen III/IV, IV/V und V/VI bleiben wegen ihrer Geringfügigkeit außer Berechnung.

dividiert durch 2 = 108
J = 108 qm = 0,108 ha.

Um eine Karte von dem so gemessenen Grundstück anfertigen zu können, trägt man die Konstruktionslinien II—VI auf ein Kartenblatt und greift nach dem gewünschten oder vorgeschriebenen verjüngten Maßstabe, z. B. 1 : 5000 oder 1 : 2500, den man sich bei jedem Mechaniker kaufen und von dem man sich zugleich über seine Anwendung belehren lassen kann, die Linien auf Grund der Handzeichnung nach den Maßen genau so ab, wie man sie draußen gemessen hat. Die Verbindungslinien der Grenzpunkte geben schließlich das Bild des Grundstücks auf der Karte.

Den Flächeninhalt des Teiches T zu bestimmen, der in seinem Inneren direkt nicht meßbar ist (Figur 66).

Man visiert die das Ufer berührende Linie a b aus und errichtet in a b mit Hilfe des Winkelspiegels Senkrechte, welche die Ufer ebenfalls berühren, in d errichtet man wiederum nach b c zu eine das Ufer berührende Senkrechte d c; den Inhalt des so um den Teich konstruierten kleinsten Rechtecks berechne aus dem Produkt von a b . a d; dann errichte von sämtlichen Umfangslinien auf alle Krümmungspunkte Senkrechte, wodurch die Dreiecke und Trapeze 1 bis 12 entstehen. Nachdem auf bekannte Weise ihre einzelnen Inhalte berechnet und addiert sind, zieht man den Gesamtinhalt von dem vorher berechneten Inhalt des Umfassungsrechtecks ab und erhält in der Differenz den gesuchten Flächeninhalt des Teiches T.

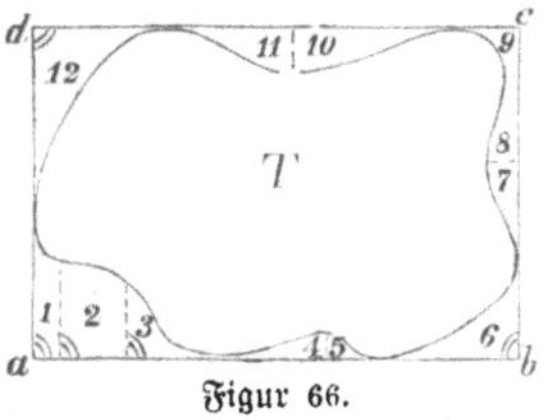

Figur 66.

Hat man größere Flächen zu vermessen, bei denen die Senkrechten von der durch dieselbe zu legenden Konstruktionslinie aus vielfach zu lang werden würden oder wenn die Grenzlinien sehr viele Krümmungspunkte haben, so legt man noch Hilfskonstruktionslinien an, z. B.: die große Brandfläche A a b B c d C e f D (Figur 67) ist genau mit Meßband und Winkelspiegel zu messen. Konstruiere das der Grenzlinie möglichst nahe liegende Viereck A B C D durch Signale und miß die Konstruktionslinie B D mit den Senkrechten nach C und A (um das Viereck auftragen zu können); dann miß A B, B C und C D mit sämtlichen Senkrechten nach den vorher bezeichneten Krümmungspunkten und berechne die entstandenen Figuren.

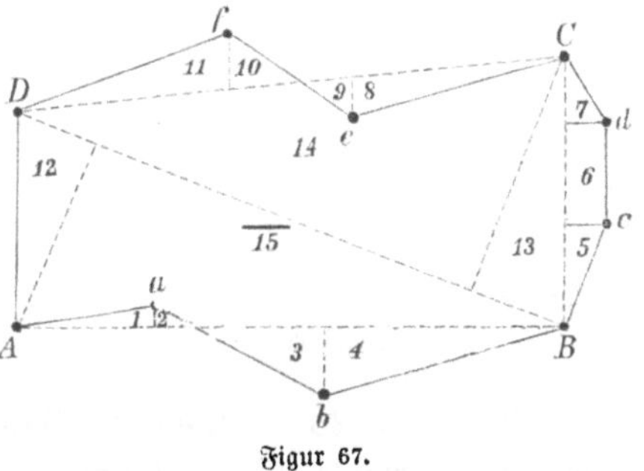

Figur 67.

Zunächst berechne das Viereck A B C D aus Figuren 12 + 13 + 14 + 15; hierzu sind zu addieren die Figuren 3 + 4 + 5 + 6 + 7 + 10 + 11 und zu subthrahieren die Figuren 1 + 2 + 8 + 9, um den gesuchten Flächeninhalt zu finden.

Aus obigen beiden Beispielen ist zu ersehen, wie man in schwierigeren Fällen sich leicht durch Konstruktion praktischer Hilfslinien helfen kann.

Zum Schluß sei noch hervorgehoben, daß man auf geneigtem Boden nicht die geneigte Linie, sondern die bezügliche Horizontale zu messen hat, indem man das Meßband usw. stets wagrecht hält und vom Endpunkte durch ein Lot den Punkt auf der Erde bestimmt, von dem man aus wieder die Wagrechte anlegen kann usw., wie dies aus nebenstehender Figur 68 ersichtlich ist. Man nennt diese Art Messung „Staffelmessung". Zur Staffelmessung nimmt man aber besser Meßstäbe (§ 69a).

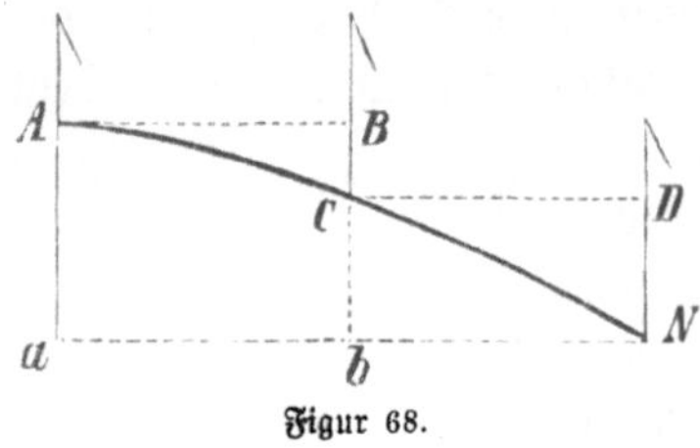

Figur 68.

§ 74.

Das Teilen der Grundstücke (Felderteilungslehre).

Bei Abgrenzung von Kulturflächen, von Schlägen, Austausch von Grundstücken, bei Verpachtungen kommt der Forstmann öfter in die Lage, von größeren Flächen kleinere Flächen von einem bestimmten Inhalt abgrenzen zu müssen. Wie hierbei zu verfahren, wird am besten aus den folgenden Beispielen klar werden.

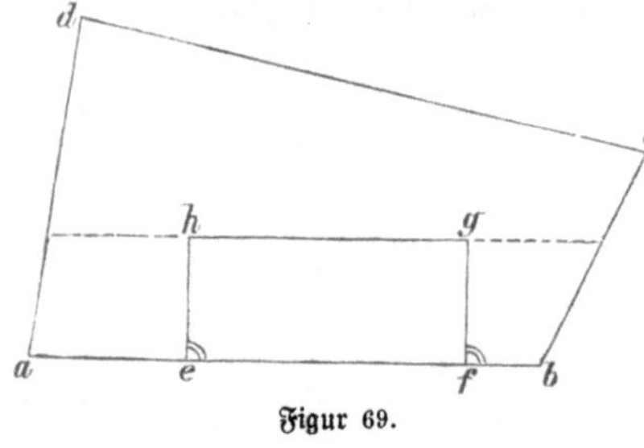

Figur 69.

In Figur 69 soll von a b c d an Seite a b und zwar an den Punkten e und f ein Rechteck von 105,8 qm Größe abgeteilt werden.

Miß e f = 23 m, dividiere 105,8 durch 23, um die Höhe 4,6 m zu erhalten, errichte die Senkrechten e h und f g von je 4,6 m Länge und ziehe h g, so ist e f g h = 105,8 qm, denn Höhe = 4,6 m mal Grundlinie = 23 m = 105,8 qm.

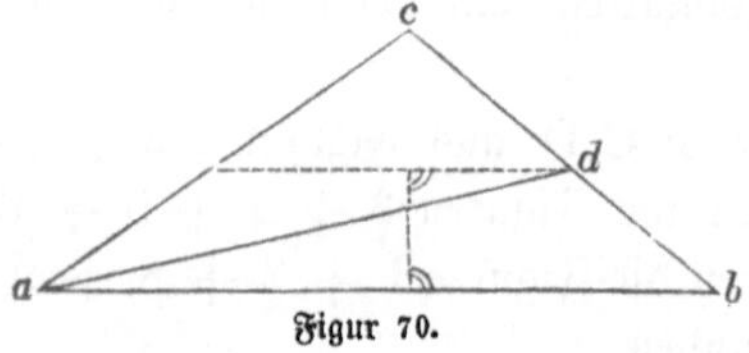

Figur 70.

In Figur 70 soll von a b c ein Dreieck von 58,8 qm abgetrennt werden.

Miß zunächst a b = 29,4 m, multipliziere die gesuchte Fläche 58,8 qm mit 2 und dividiere das Produkt 117,6 mit 29,4 = 4 m, welches die Höhe des gesuchten Dreiecks sein muß, da, wenn man obige Zahlen einsetzt, die gesuchte Fläche herauskommt, nämlich

$$J = g \cdot \frac{h}{2} = 58{,}8 \text{ oder } 29{,}4 \cdot \frac{h}{2} = \frac{2 \cdot 58{,}8}{29{,}4} = 4.$$

In einem beliebigen Punkte von a b errichte nun eine 4 m lange Senkrechte und nimm von ihrem Endpunkte wieder eine Senkrechte nach einer Dreiecksseite — etwa nach d, verbinde a d, so ist a d b das gesuchte Dreieck von 58,8 qm Größe, da

$$\frac{\text{Grundlinie mal Höhe}}{2} = 58{,}8 \text{ qm}.$$

In Figur 71 soll von a b c d an a b eine Kulturfläche in Form eines Trapezes von 17616 qm abgegrenzt werden.

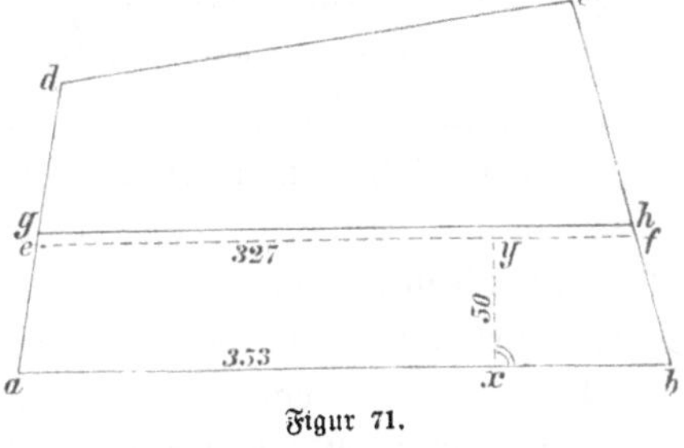

Figur 71.

Diese Aufgabe läßt sich genau nur mit Hilfe der höheren Mathematik lösen, in der Praxis verfahre man nach folgender Näherungsmethode:

Miß a b = 353 m und dividire mit 350 in 17616 = 50 m; bei zusammenlaufenden Trapezseiten wie hier nimmt man die Meßzahl etwas knapper — hier also etwa nur 350 als Divisor — bei auseinanderlaufenden etwas reichlich (etwa 356). Diese 50 m trägt man als Senkrechte auf a b = x y ab und nimmt auf x y von y aus die Senkrechten auf a d und b c zu, welche Linie = e f = 327 m Länge man mißt; nun ist $a\,b\,e\,f = \frac{353 + 327}{2} \cdot 50 = 17000$ qm, also um 616 qm zu klein; nun beträgt 327 in 616 = etwa 2 m, um welche x y zu verlängern ist, um das ziemlich genau 17616 qm große Trapez a b h g zu erhalten. Hat man beim ersten Versuch eine zu große Fläche erhalten, so ist das Lot und die Fläche in gleicher Weise zu verringern.

§ 75.

Nivellieren oder Abwägen des Bodengefälls.

Bei der Ziehung von Gräben, beim Bau von dauernden Wegen in den Revieren usw. kommt der Forstmann öfter in die Lage, das Gefäll des Bodens ermitteln zu müssen. Zunächst muß man die ab=

zuwägende Linie durch fortlaufend nummerierte Pfähle in gleichlange Stationen (50 m) einteilen. Neben die Stationspfähle schlägt man über dem Boden kleine Pfähle ein, die alle gleich hoch über dem Boden hervorragen und untersucht dann durch Horizontalvisieren, um wieviel von je 2 Pfählen der eine höher im Terrain steht als der andere; aus der Schlußberechnung aller Stationshöhenunterschiede findet man den Höhenunterschied des Anfangs- und Endpunktes der zu nivellierenden Linie. Bei kürzeren Linien sind natürlich keine Stationen nötig.

Da die genaue Beschreibung des Verfahrens zu viel Raum erfordern würde, so sei nur soviel erwähnt, daß zwischen je zwei Stationspunkten ein Nivellierinstrument zum Horizontalvisieren (Kanalwage, Setzwage, Libellenfernrohr usw.) in genau wagerechter Richtung, auf den Pflöcken der Stationen eine mit Meter- und Zentimetereinteilung versehene sogenannte Nivellierlatte genau senkrecht aufgestellt wird, und man nun die Latten anvisiert und den anvisierten Punkt auf der Latte durch einen beweglichen Schieber, dessen Auf- und Abwärtsschieben man dem Gehilfen durch Handzeichen angibt, festlegt. Bei Fernrohrinstrumenten kann man mittels des Fadenkreuzes in denselben sofort den Punkt auf der Latte selbst ablesen.

Hat man z. B. die Höhe des Visierpunktes der Latte in A = 2,75 m gefunden (siehe Figur 72), so läßt man in derselben Weise die Latte in b aufstellen, visiert und findet die Höhe des Punktes in b = 0,24 m; der Höhenunterschied der Punkte A und b würde = 2,75 — 0,24 = 2,51 m oder das Gefäll von b nach A = 2,51 m betragen. Da man immer in der Mitte der ersten Station anfängt und stets rückwärts und vorwärts visieren muß, so nennt man die Lattenhöhen, die nach dem Anfangspunkt der Messung liegen, die hinteren, die entgegengesetzten die vorderen Lattenhöhen, das Schlußresultat, d. h. den Höhenunterschied von Anfangs- und Endpunkt erhält man, indem man alle vorderen, ebenso alle hinteren Lattenhöhen zusammenaddiert und die Summe der vorderen von der Summe der hinteren Lattenhöhen abzieht. Das Steigen bezeichnet man mit + (Plus), das Fallen mit — (Minus) vor der Zahl. Die nähere

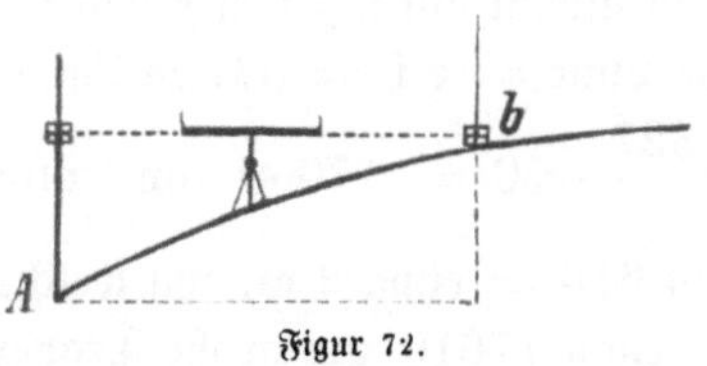

Figur 72.

Ausführung eines Nivellements wird aus folgendem Beispiel ersichtlich:

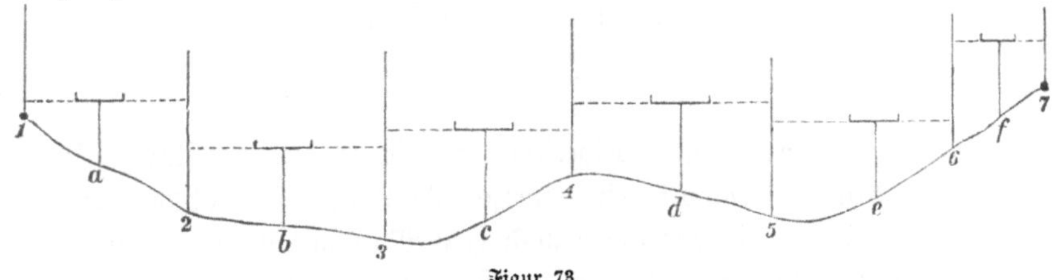

Figur 73.

Es ist in Figur 73 der Höhenunterschied zwischen Punkt 1 und 7 festzustellen; die Linie 1—7 wird zunächst in der Entfernung von je 30 m in die Stationen 2, 3, 4 usw. geteilt, die mit numerierten Pfählchen und dicht daneben mit bis an den Boden eingeschlagenen Pflöckchen zum Aufstellen der Nivellierlatte besetzt werden. Dann stelle das Instrument in a, die Nivellierlatte genau senkrecht in 1 auf und visiere nach 1; hierauf geht der Gehilfe mit der Latte nach 2 und man visiere vorwärts nach 2; hierauf gehe mit dem Instrument nach b und visiere erst rückwärts nach 2 und — nachdem der Gehilfe vorwärts nach 3 gegangen ist — auch nach 3 und so fort — bis das Instrument auf allen übrigen Zwischenpunkten c d e und f nach rückwärts und vorwärts visiert hat; zuletzt visiert man nur vorwärts. Die Maße trage in folgende Tabelle ein:

Stationspunkt	Rückwärts visiert cm	Vorwärts visiert cm	Bemerkungen	
a	4,12	30,20		Vorwärts = 132,94 cm
b	10,50	14,10		Rückwärts = 90,71 „
c	25,13*	18,14	*Teichufer	also Steigung: 42,43 „
d	22,10	26,10		NB. Sollte das Rückwärtsvisieren eine größere Summe ergeben als das Vorwärtsvisieren, so findet natürlich Senkung statt.
e	28,86	24,30*	*Grabensohle	
f	—	20,10		
Summa	90,71	132,94		

Die Länge der Stationen richtet sich nach dem Instrument; je weiter man visieren kann, desto länger nimmt man die Stationen.

Um das Gefäll in Prozenten angeben zu können, hat man einfach folgende Proportionen anzusetzen: gesetzt, daß die Stationslängen 75 m betragen z. B. die Stationslänge = 75 m, Gefäll = 1,27 m:

auf 75 m Länge = 1,27 m Gefäll
„ 100 „ „ = x

$$75 : 100 = 1,27 : x$$

$$x = \frac{1,27 \cdot 100}{75} = 1,69\ \%.$$

Das Kartieren eines Nivellements geschieht in der Weise, daß man auf dem Kartenblatte eine horizontale Linie (Normalhorizontale) anlegt, auf dieser die Stationen nach dem Maßstabe aufträgt und das Steigen und Fallen auf den auf den Stationspunkten errichteten Senkrechten abgreift und die abgegriffenen Punkte schließlich verbindet. Die Horizontale ist zu orientieren.

Da die Höhendifferenzen der einzelnen Höhenpunkte im Verhältnis zu den Stationslängen meist nur gering sind, so erhält man unter Beibehaltung desselben Maßstabes kein anschauliches Profil auf der Karte; deshalb wählt man für die Höhen stets einen größeren Maßstab, z. B. Längenmaß 1 : 5000, Höhenmaßstab 1 : 200.

Ebenso vermeidet man nach unten gehende (—) Senkrechte, weshalb man zur Senkrechten des Anfangspunktes mindestens soviel Meter in runden Zahlen (5, 10 . . 100 m) addiert, als die größte nach unten anvisierte (—) Senkrechte lang ist.

Vermessungen werden meist nur von den akademisch gebildeten Forstbeamten ausgeführt; die unteren Beamten haben nur kleine Vermessungen und Nivellements z. B. auf Schlag- und Kulturflächen, Pachtgrundstücken, bei Wege- und Grabenarbeiten usw. vorzunehmen, weshalb die Besprechung beschränkt werden konnte resp. mußte. Wer sich weiter unterrichten will, muß dieses an der Hand besonderer Lehrbücher tun, die vorne genannt sind.

§ 76.

Höhenmessen.

Das Messen von Höhen kommt in der Praxis zur Ermittelung des Massengehaltes stehender Bäume und ganzer Bestände häufig vor. Das gebräuchlichste Instrument dazu ist der Faustmannsche Spiegelhypsometer*), welcher aus einem Brettchen mit einer Visiervorrichtung

*) Zu beziehen für 6 Mark von Frau Oberförster Faustmann, Babenhausen im Großherzogtum Hessen. Praktischer, aber teurer (12 Mark) ist der Weisesche Hypsometer (Mechaniker Buddendorf, Berlin, Schützenstr. 57), übrigens auch in

und einem kleinen Pendel besteht; hat man die Spitze des Baumes anvisiert, so kann man mit Hilfe eines kleinen Spiegels die Höhe des Baumes direkt ablesen; sie wird durch den Faden des Pendels an der Skala des Brettchens, deren Teilstriche mit entsprechenden Zahlen versehen sind, markiert.

Einfacher kann man die Höhe eines Baumes mit Hilfe eines Stabes messen, wie aus Figur 74 ersichtlich:

Man mißt den Stab a e = 1,5 m, den Stab a g = 2 m, steckt g b soweit vom Baum c d in die Erde, als man ihn ungefähr hoch schätzt und so, daß man d sehen kann! dann schickt man einen Gehilfen mit a e soweit zurück, bis er über g hinaus d anvisieren kann, hier wird a e in den Boden gesteckt; dann visiert man noch senkrecht auf g b und c d und läßt die Punkte f und h mit Kreide bezeichnen.

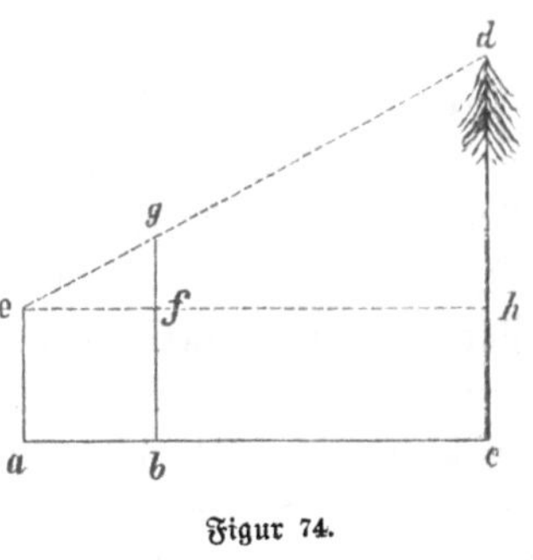

Figur 74.

Schließlich sind zu messen z. B. a b = 1 m, a c = 26 m, g f = 0,5 m, c h = 1,5 m; dann verhalten sich zunächst im Dreieck e h d = e f : f g = e h : h d, oder da e f = a b und e h = a c ist, wie

a b : f g = a c : h d oder die gemessenen Zahlen eingesetzt:

1 m : 0,5 m = 26 m : h d

$$\frac{0{,}5 \cdot 26}{1} = \text{h d}$$

13 = „ hierzu ist noch h c = 1,5 m zu addieren, mithin d c = 14,5 m.*)

Hat man die Durchschnittshöhe eines Bestandes zu ermitteln, so mißt man die Höhen der Normalbäume der Durchmesser- resp. Alters-

sonstigen Geschäften für Forstartikel z. B. bei Spörhaase-Gießen, Wilh. Goehlers Freiberg (Sachsen), Reiß Liebenwerda zu haben.

*) Ein weit einfacheres Verfahren ist folgendes: „Man nimmt einen Stock von eigener Körperlänge, legt sich soweit vom Stamm ab auf die Erde, als man den Stamm hoch schätzt, und steckt den Stock zwischen seine Füße; nun rutscht man, auf dem Rücken, die Baumspitze immer über die Stockspitze anvisierend, so lange hin und her, bis Auge, Stockspitze und Baumspitze genau in einer geraden Linie liegen. Dann ist die Entfernung vom Baum bis zum Auge gleich der Höhe des Baumes."

klassengruppe und nimmt daraus das Mittel; bei ungleichaltrigen Beständen bildet man Höhenklassen und schätzt oder mißt die einzelnen Stämme in diese ein. Hat man an Berghängen Baumhöhen zu messen, so muß man sich in horizontaler Entfernung aufstellen, nicht ober- oder unterhalb des zu messenden Baumes.

§ 77.

Körperlehre oder Stereometrie.

Unter Körper versteht man jeden nach allen Seiten hin von ebenen oder krummen Flächen oder von beiden zusammen begrenzten Raum.

Ein Körper, der von zwei parallelen Grundflächen und so viel Parallelogrammen, als die Grundflächen Seiten haben, eingeschlossen ist, heißt Prisma oder Säule (Figur 75). Je nachdem die Grundflächen Drei-, Vier-, Fünf- usw. Ecke sind, ist das Prisma ein drei-, vier- fünf- usw. seitiges. Die Höhe des Prismas ist die Senkrechte zwischen beiden Grundflächen. Der Inhalt ist gleich dem Produkt aus Grundfläche und Höhe. Je nachdem die Seitenflächen senkrecht oder schief auf den Grundflächen stehen, unterscheidet man gerade und schiefe Prismen; ist die Grundfläche ein Parallelogramm, so heißt das Prisma Parallelopipedon; sind die Grund- und Seitenflächen Quadrate, so heißt das Prisma Würfel.

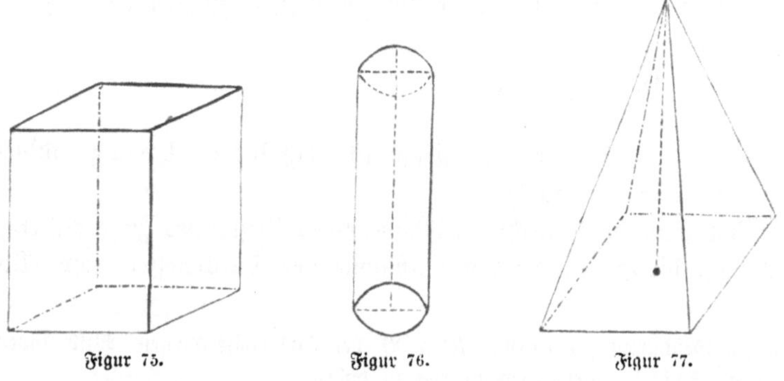

Figur 75. Figur 76. Figur 77.

Ein gerades Prisma, dessen Grundflächen Kreise sind, nennt man Zylinder oder Walze. Die Verbindungslinie der Mittelpunkte der Grundflächenkreise heißt Achse und ist gleich der Höhe und Länge des Zylinders. Der Inhalt ist ebenfalls gleich Grundfläche mal Höhe (Figur 76).

Ein Körper, dessen Grundfläche ein Drei-, Vier- Fünf- usw. Eck ist und der von ebenso vielen Dreiecken eingeschlossen wird, als die Grundfläche Seiten hat, heißt Pyramide (Figur 77). Eine Senkrechte aus der Spitze auf die Grundfläche bildet die Höhe. Man unterscheidet nach der Seitenzahl der Grundfläche 3-, 4-, 5- usw. seitige Pyramiden.

Besteht die Grundfläche der Pyramide aus einem Kreis, so heißt der Körper ein Kegel (Figur 78). Der Inhalt von Pyramide und Kegel ist gleich dem Produkt aus Grundfläche und Höhe dividiert durch 3.

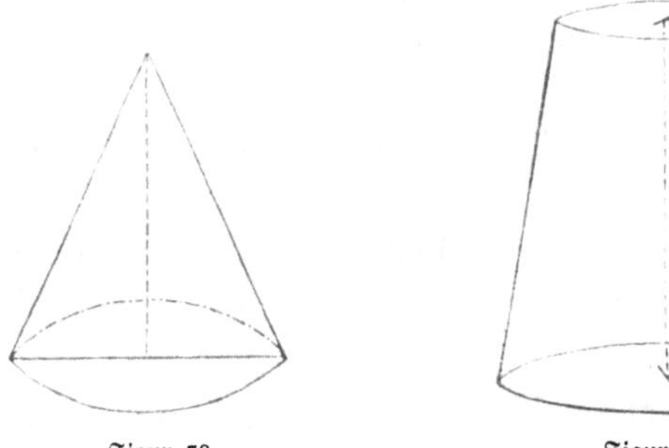

Figur 78. Figur 79.

Legt man in einem Kegel durch einen Punkt der Höhe einen Schnitt parallel zur Grundfläche, so entsteht der abgestumpfte Kegel (Figur 79), dessen Inhalt (J), wenn man den Radius des oberen Kreises mit r, den des unteren mit R und die Höhe mit h bezeichnet, gleich ist:

$$J = (R^2 + Rr + r^2) \frac{\pi \cdot h}{3};$$

sind z. B. durch Messung mit der Kluppe für den Durchmesser eines so gestalteten Baumabschnittes gefunden: unterer Durchmesser = 80 cm, oberer Durchmesser = 40 cm, Länge des Abschnitts = 100 cm (h), so würde sich aus obiger Formel ergeben (R und r = $\frac{1}{2}$ der Durchmesser):

$$(40^2 + 40 \cdot 20 + 20^2) \cdot \frac{3{,}14 \cdot 100}{3} = 2800 \cdot 104{,}7$$

$$= 2800 \cdot 105 \text{ (abgekürzt)}$$

$$= 294000 \text{ Kubikzentimeter} = 0{,}294 \text{ cbm}.$$

Diese Methode ist auch anzuwenden, wenn man ohne Tafeln den Inhalt eines Baumstammes ermitteln will. Einfacher ist jedoch, wenn man nur den halben mittleren Durchmesser mit sich selbst multipliziert, die gefundene Quadratzahl mit 3,14 und dieses Produkt mit der Länge des Stammes multipliziert.

§ 78.

Berechnung von prismatischen Körpern.

Die Einheit des Körpers, mit welchem alle Körper gemessen*) werden, ist der Würfel oder Kubus, d. h. ein vierseitiges gerades Prisma, dessen sämtliche Flächen Quadrate sind. In Deutschland ist als Einheitsmaß der Kubikmeter vorgeschrieben, also ein Würfel, dessen Länge, Breite und Höhe = 1 Meter ist; Körper, die kleiner als 1 Kubikmeter sind, werden in Dezimalbruchteilen desselben ausgedrückt.

Ein Holzschichtmaß ist z. B. solch ein vierseitiges Prisma, dessen Inhalt durch Multiplikation der Maßzahlen von Länge, Breite und Höhe gefunden wird.

Ist ein Schichtmaß z. B. 4,00 m lang, 1,75 m breit und 2,63 m hoch, so beträgt der Inhalt

$$4{,}00 \cdot 1{,}75 \cdot 2{,}63 = 18{,}410 \text{ Kubikmeter.}$$

Um die Höhe eines Schichtmaßes oder irgend eine andere Dimension zu finden, wenn der Inhalt und zwei andere Dimensionen gegeben sind, hat man einfach mit dem Produkt der bekannten Dimensionen in den Inhalt hineinzudividieren. Wäre z. B. gefragt, wie hoch wird ein Schichtmaß von 18,41 Kubikmeter Inhalt, 4 Meter Länge und 1,75 Meter Breite aufgesetzt, so würde man dies finden, wenn man mit 4,00 · 1,75 rot. 7,00 in 18,41 hineindividierte; man erhält wie oben 2,63 Meter, mithin müßte das Schichtmaß 2,63 Meter hoch gesetzt werden. Für die Praxis merke folgende aus obigem leicht ersichtliche Regel: „Man erhält die gesuchte dritte Dimension für 1 rm am schnellsten, wenn man mit dem Produkt der

*) Linien wurden mit Linien, Flächen mit Flächen gemessen, Körper können ebenfalls nur mit Körpern gemessen werden. Zum Ausmessen der Flächen nehmen wir das Quadrat (Quadratmeter), zum Ausmessen der Körper wählen wir den Würfel (vergl. § 77) des Kubikmeter.

beiden bekannten Dimensionen in 10000 dividiert.“ Z. B. die Kiefernknüppel sollen im Jagen 88 c 83 cm lang und in Schichtmaßen von 1—4 m ausgehalten und 1,3 m hoch gesetzt werden; wie breit sind sie zu setzen?

1,3 · 0,83 | 10,000 | = 92,7 = rot. 93 cm, mithin ist das Schichtmaß von 1 rm = 93 cm breit, von 2 rm = 186 cm breit usw. aufzusetzen. Probe: 1,3 · 0,83 · 0,93 = 1,0035 rm rot. 1,00 rm.

Werden Schichtmaße an Berglehnen aufgesetzt, so muß die Entfernung der Stützen stets horizontal gemessen werden, worauf streng zu halten ist.

In ähnlicher Weise werden die Inhalte von Gräben als prismatische Körper berechnet, ebenso Sand- und Steinhaufen usw.

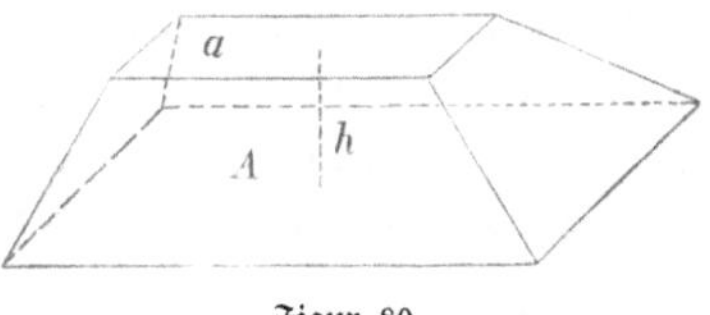

Figur 80.

Die sog. Pontons, deren Form aus Figur 80 ersichtlich und die häufig z. B. als Torfmieten, Stein- oder Kieshaufen an Chausseen usw. zur Berechnung kommen können, berechnet man aus dem Produkt der halben Summe der beiden Grundflächen mit der Höhe, also $J = \frac{A + a}{2} \cdot h$; sind a und A z. B. Rechtecke, so berechnet man deren Flächeninhalt aus dem Produkt zweier anstoßender Seiten usw. Diese Höhe mißt man am bequemsten außerhalb, indem man z. B. einen Stock auf den Kieshaufen parallel zur Erde legt und dessen senkrechte Entfernung vom Boden ermittelt. Schneller führt zum Ziel die Multiplikation der Höhe und der „mittleren“ Querfläche.

Den Inhalt kleinerer unregelmäßiger Körper findet man am leichtesten, indem man dieselben in ein würfelförmiges und mit Wasser oder feinem trockenem Sand gefülltes Gefäß tut; den Stand der Füllmasse mit dem Körper darin merkt man mit einem Strich an; dann nimmt man den Körper vorsichtig heraus und gießt mit einem Gefäß von bekanntem Inhalt wieder soviel Füllmasse zu, bis der Strich erreicht ist. Dieses Verfahren wird bei sehr genauen Derbholzgehaltsermittelungen von Schichtmaßen angewandt. Man hat hierzu auch eigene mit Gradeinteilung versehene Gefäße, die sog. Holzmesser oder Xylometer konstruiert.

§ 79.

Berechnung von kegelförmigen Körpern (Bäumen) und von Beständen.

Ganze Baumstämme haben bei abgeschnittener Spitze, in welchem Zustand dieselben in unseren Schlägen ausgehalten zu werden pflegen, die Form eines abgestutzten Kegels, nur daß sie in ihrer wirklichen Form etwas von der normalen Kegelform durch Aus- und Einbuchtungen abzuweichen pflegen. Derartig geformte abgestutzte Kegel werden in der Praxis aus dem Produkt der Mittelfläche und ihrer Höhe berechnet (vergl. § 77), indem man annimmt, daß das Zuviel unter der Mittelfläche und das Zuwenig über der Mittelfläche sich zum Zylinder ausgleichen, mithin, daß man es mit einem Zylinder zu tun hat, dessen Grundfläche gleich der Mittelfläche ist. Dies Verfahren ist das gewöhnliche und genügt vollständig für die Praxis.

Ist es jedoch nötig, z. B. bei Taxationen, einen Probestamm genau zu berechnen, so teilt man denselben in gleich lange (1 bis 2 Meter) Stücke, berechnet jeden Abschnitt aus Mittelfläche und Länge und addiert die Inhalte der einzelnen Teile. Zweige, Wurzeln und Äste werden, wie gleich hiermit bemerkt sein mag, entweder in Prozenten geschätzt oder sie werden aufgearbeitet, gemessen, berechnet und schließlich nach ihrem Festgehalte zum Inhalt des Stammes addiert. Bei größter Genauigkeit wendet man den Xylometer an.

Zur schnellen Berechnung des Inhalts von stehenden Bäumen im Kopfe diene folgendes erprobte sehr einfache und doch ziemlich genaue Verfahren:

Man mißt resp. schätzt den Durchmesser des zu taxierenden Baumes in Brusthöhe, z. B. 47 cm, streicht die letzte Zahl, hier also 7 ab und erhebt die bleibende Zahl 4 in das Quadrat = 16; von der Quadratzahl streicht man von rechts nach links wiederum eine Dezimale ab und erhält somit 1,6. Dies ist der Festgehalt des Baumes = 1,6 fm. Bei allen Zehnern, z. B. 50, 60, 70 usw. cm Durchmesser erhält man den Festgehalt genau in den Quadratzahlen 2,5, 3,6, 4,9 fm. Je weiter sich das Maß des Durchmessers in den Einern von den Zehnern entfernt, um so ungenauer wird das Resultat, d. h. um so größer wird die Quadratzahl und muß man sich dann durch Interpolation (Einschaltung) helfen; im obigen Beispiel liegt der Durchmesser 47 cm näher bei 50 als bei 40, mithin näher beim Quadrat von 5,0 = 25 als beim Quadrat von 4,0 = 16! man wird also dementsprechend den Festgehalt nicht auf 1,6 fm annehmen, sondern auf etwa 2,3 fm; in gleicher Weise würde man beim Durchmesser von 43 cm den Festgehalt auf etwa 1,8 fm, von 45 cm auf 2,1 fm, von 49 cm auf 2,4 fm usw. annehmen. Bei den in der Mehrzahl im Walde vorkommenden Stärkeklassen haubaren Holzes von 30—70 cm Durchmesser stimmt die Berechnung ziemlich genau, bei schwächeren Durchmessern haben die Stämme verhältnismäßig einen geringeren, bei stärkeren Durchmessern verhältnismäßig höheren Festgehalt; außerdem bedingen die Faktoren der Höhe und der Formzahl eine Änderung des Festgehalts; die obige Berechnung gilt nur für mittlere Verhältnisse.

Will man den Inhalt stehender Stämme genau ermitteln, so mißt man deren Grundfläche in Brusthöhe, kluppt sie (hat man viele Stämme zu messen, so mißt man sich von unten 1,3 Meter am Körper ab und läßt sich an dieser Stelle, die meist in mittlere Brusthöhe fallen wird, einen Kreidestrich machen, um so einen Anhalt zu haben, daß man sämtliche Bäume in derselben Höhe gemessen hat) und ermittelt ihre Höhe auf bekannte Weise. Würde man nun einfach die Grundfläche mit der Höhe multiplizieren, so würde man einen großen Fehler machen, da man dann den Inhalt eines Zylinders über der Grundfläche in Brusthöhe anstatt in Mittelhöhe finden würde; der Baum fällt aber ab und hat mehr oder minder die Gestalt eines abgestumpften Kegels. Um nun das Verhältnis des wirklichen kegelförmigen Bauminhalts zum Inhalt des Zylinders über derselben Grundfläche zu ermitteln, muß man denselben als Probestamm fällen, ihn genau messen und berechnen und mit dem Inhalt des berechneten Zylinders vergleichen.

Hätte man z. B. den Kubikinhalt des wirklichen Stammes = 0,98, den der Walze über derselben Grundfläche = 1,36 gefunden, so würde sich der Stamm zur Walze verhalten wie 0,98 : 1,36. Um nun die Zahl zu finden, mit welcher man den Baumzylinder (1,36) multiplizieren müßte, um den wirklichen Stamminhalt zu finden, hat man 0,98 durch 1,36 zu dividieren und mit diesem Quotienten = 0,72 hätte man 1,36 zu multiplizieren, um den wirklichen Stamminhalt = 0,979, abgekürzt = 0,98 zu finden, wie es ja unsere Rechnung bestätigt. Diese Zahl, die also weiter nichts ist, als der Quotient aus Stamm dividiert durch **seine** Stammwalze oder welche in Zahlen das Verhältnis der wirklichen Stammform zu einer Baumwalze von gleicher Grundfläche und Höhe ausdrückt, heißt **Formzahl.**

Es verhält sich der Inhalt des Zylinders zum Inhalt des Kegels wie 3 : 1, vergl. ihre Inhaltsformeln im § 77, also würde ein Kegel $\frac{1}{3}$ = 0,33 eines Zylinders von gleicher Höhe und Grundfläche sein, d. h. die Formzahl des Kegels ist = 0,33. Da nun Bäume selten so stark abfallen, daß sie richtige Kegel darstellen, ebenso wenig aber so vollholzig sind, daß sie einen Zylinder bilden, so wird sich die Formzahl sämtlicher Bäume zwischen 0,33 (Kegel) und 1,00 (Zylinder) bewegen; die Formzahl wird um so größer, d. h. der Stamm um so vollholziger sein, je mehr sie sich 1,00 nähert. Ein Stamm mit der Formzahl 0,78 ist demnach bedeutend vollholziger oder hat eine bessere (höhere) Formzahl als ein Stamm mit der Formzahl 0,41. Unsere Waldbäume schwanken gewöhnlich in ihrer Formzahl zwischen 0,40—0,60, deshalb gibt die Formzahl einen Ausdruck für eine mehr oder minder große Vollholzigkeit des Stammes.

Bei Stämmen, welche mit dem oben gefällten Probestamm gleich geformt sind, wird ein gleiches Verhältnis zum Zylinder (von gleicher Höhe und Grundfläche) bestehen, und kann man ihren wirklichen Inhalt finden, wenn man ihren berechneten Walzeninhalt (Grundfläche mal Höhe) mit der ermittelten gemeinschaftlichen Formzahl multipliziert.

Hat man nun die Holzmasse eines ganzen Bestandes aufzunehmen, so teilt man denselben in Höhen- und Stärkeklassen und ermittelt durch Fällen einer oder mehrerer Probestämme die Formzahl jeder Klasse; nachdem man nun den Inhalt jedes einzelnen Stammes nach Grundfläche und Höhe berechnet und die Inhalte sämtlicher Stämme addiert hat, hat man den Gesamtinhalt jeder Klasse noch mit der gemeinschaftlichen Formzahl zu multiplizieren (resp. zu reduzieren.)

Zur Erleichterung dieser Berechnungen hat man Tabellen angefertigt, in denen die Inhalte nach Höhe, Durchmesser (oder Grundfläche) und Formzahl sich gleich ausgerechnet finden. Solche Tabellen heißen Massentafeln.*)

---

*) Die bekanntesten Massentafeln sind die von Behm. Berlin, Verlag von Julius Springer; in zwei Ausgaben: für liegendes Holz (nach Höhe und Durchmesser) und für stehendes Holz (nach Höhe, Durchmesser in Brusthöhe und Formzahl). Es hat jedoch seine Gefahren, Massentafeln für große Gebiete anzufertigen, da hier zu verschiedenartige Verhältnisse obwalten können; richtiger ist jedenfalls, Lokalmassentafeln für engbegrenzte Wuchsgebiete der einzelnen Holzarten

Ebenso hat man den Inhalt liegender Stämme nach Mittelfläche (oder Durchmesser) und Länge für alle möglichen Dimensionen ausgerechnet und in Tafeln zusammengestellt, so daß ihr Inhalt gleich abgelesen werden kann. Der Gebrauch solcher Tafeln ist nach den vorgedruckten Anweisungen leicht zu erlernen.

Da es nun meist zu umständlich sein wird, alle Stämme eines Bestandes zu messen, sucht man sich gewöhnlich Probeflächen aus (Probeflächenverfahren), die ein möglichst genaues Bild des ganzen Bestandes geben, mißt ihre Flächen aus, ermittelt genau den Massengehalt und findet dann die Masse des ganzen Bestandes die mit x bezeichnet werden mag, einfach aus folgender Proportion:

$$\text{Probefläche} : \text{Gesamtfläche} = \text{Probeflächenmasse} : x$$

$$x = \frac{\text{Gesamtfläche} \cdot \text{Probeflächenmasse}}{\text{Probefläche}}$$

Beispiel: Probefläche = 5 Ar, Gesamtfläche 15 Hektar

Probeflächenmasse = 30 Festmeter

$$5 : 1500 = 30 : x$$

$$x = \frac{1500 \cdot 30}{5} = 9000 \text{ Festmeter.}$$

Bei ungleichwüchsigen Beständen muß man mehrere Probeflächen nehmen, aus welchen man dann das Mittel zieht, um eine möglichst richtige Probeflächenmasse zu ermitteln. Kann man nicht messen, so genügt es auch, sämtliche Stämme des Bestandes zu zählen, z. B. 5174 und hiermit die Masse des Probestammes z. B. 1,38 fm zu multiplizieren (Probestammverfahren); dann ist die Bestandsmasse = 5174 · 1,38 = 7140 fm. Dies Verfahren ist aber ungenau, da man sich beim Auszählen großer Bestände leicht irren kann und alles von der Richtigkeit des Probestammes abhängt; deshalb erhöht man die Genauigkeit, wenn man aus den am meisten vertretenen Höhen- und Stärkeklassen je einen oder mehrere Probestämme ermittelt und aus ihnen einen mittleren Probestamm berechnet. Der Probestamm muß jedesmal nach Höhe, Durchmesser und Formzahl den Durchschnitt aller Stammklassen darstellen.

---

aufzustellen; solche Massentafeln sind z. B. aufgestellt von Horn-Grundner für Buche, von Schwappach und von Weise für Kiefer, von Bauer und von Lorey für Fichte, von Schuberg und von Eichhorn für Tanne, von Wimmenauer für die Eiche.

Zur Messung des Durchmessers bedient man sich eines Schiebemaßes, der bekannten Kluppe; zur guten Kluppe gehört, daß beide Schenkel senkrecht zum Maßstab stehen und daß der bewegliche Schenkel sich ohne Schlottern und Klemmen bequem verschieben läßt. Es verdienen solche Kluppen den Vorzug, welche gegen die Nachteile des Schwindens und Quellens des Holzes durch Spiralfedern geschützt sind. Beim Gebrauch des weniger praktischen Meßbandes ist sehr darauf zu achten, daß es genau senkrecht zur Achse des Baumes umgelegt wird und die Teilung sich auf der Innenseite des Bandes befindet (für genaue Untersuchungen.) Für die Notierung legt man sich ein Manual an, in welches die Stämme nach Holzarten, Stärke- und Höheklassen schematisch geordnet so eingetragen werden, daß man sie zu 5 gruppiert. Am übersichtlichsten ist es, 4 Striche nebeneinander und einen Strich quer durch dieselben zu machen z. B. ~~||||~~ = 5 oder $\overset{0\ \ 0}{\underset{0\ \ 0}{\times}}$ = 10.

Beim Messen des Durchmessers mit der Kluppe ist zu beachten, daß man das Gabelmaß nicht zu *locker* und nicht zu *fest andrückt*, daß man den liegenden Stamm *genau* in der Mitte mißt und daß man, da nur selten ein Stamm genau rund ist, denselben am *schwächsten* und *stärksten* Durchmesser, also zweimal mißt; befinden sich in der Mitte Unebenheiten am Stamm, so mißt man in *gleichen* Abständen den Stamm ober- und unterhalb der Mitte; aus mehreren Messungen ist dann stets das Mittel zu nehmen; überschießende Bruchteile von Zentimetern werden gewöhnlich außer acht gelassen, wodurch man nach neueren Untersuchungen allerdings einen zu kleinen Massengehalt erhält (cfr. Danckelmanns Zeitschrift für Forst- und Jagdwesen 1888 S. 247 und 1888 S. 64).

In neuerer Zeit sind vielfach neue Baummeßinstrumente erfunden, so z. B. der Höhenmesser von Christen und Harlick, eine Kluppe von Hirschfeld, Kluppe und Höhenmesser vereint von Seitz und Rueprecht, von denen das Instrument von Hirschfeld (50 M. bei Rosenberg in Schweidnitz) und der Baummesser von Seitz (Kluppe, Höhen- und Längsmesser) besonders gerühmt werden.

Fragebogen
zu den
Grundwissenschaften.

Einleitung.

Zu § 1. Was ist Wald? Was ist Forst?

Zu § 2. Worin liegt die Bedeutung des Waldes?

Zu § 3. Was versteht man unter Forstwissenschaft? Was unter Forstwirtschaft.?

Zu § 4. Nenne die Hauptteile der Forstwissenschaften.

Zu § 5. Aus welchen Hauptteilen bestehen die Naturwissenschaften? Was begreift und bezweckt die Naturgeschichte? Was begreift und bezweckt die Naturlehre?

I. Grundwissenschaften.

A. Naturgeschichte.

Zu § 7. Wodurch unterscheiden sich die organischen Naturkörper von den unorganischen? In welche Hauptteile zerfällt das Naturreich? Welche Naturkörper nennt man Tiere, welche Pflanzen, welche Mineralien?

Zu § 8. Was versteht man in der Naturgeschichte unter einem System? Weshalb müssen Systeme aufgestellt werden?

a) Forstzoologie.

Zu § 9. Wie heißen die fünf Klassen des ersten Tierkreises? Wie heißen die Ordnungen der Klassen der Säugetiere und Vögel? Wodurch unterscheiden sich die Säugetiere von den Vögeln? a) nach ihrer Körperform, b) nach ihren inneren Organen? Wiederhole die übrigen Kreise mit ihren Klassen. Wie unterscheiden sich die Wirbeltiere und Gliedertiere a) nach ihren Atmungsorganen? Wie die Kreise nach ihrer Fortpflanzung? nach ihren Gliedmaßen? nach ihrem Aufenthalt?

Zu § 10. Beschreibe die Haar-, Haut-, Knochen- und Zahnbildungen der Säugetiere. Was bedeuten die Zahnformeln? Beschreibe die Sinnes- und Verdauungsorgane der Säugetiere.

Zu § 11. Welche Tiere gehören zu den Handflatterern? Woran erkennt man die Handflatterer?

Zu § 12. Woran erkennt man das Gebiß der Raubtiere? Woran die Familie der Marder? Wodurch unterscheidet sich der Steinmarder vom Baummarder? Woran erkennt man den Iltis, das Hermelin und den Fischotter? Wodurch unterscheidet sich die Familie der Hunde von der der Katzen? Woran erkennt man den Luchs? Woran die Wildkatze?

Zu § 13. Woran erkennt man die Nagetiere? Wodurch unterscheiden sich die Mäuse von den Wühlmäusen? Welche Mäuse werden im Walde schädlich? Beschreibe sie.

Zu § 14. Wo haben die Hirscharten keine Schneidezähne? Wieviel Zehen haben dieselben? Welche Familien gehören zu den Wiederkäuern? Nenne die in Deutschland vorkommenden Hirscharten.

Zu § 15. Beschreibe die Zehenbildung des Wildschweins.

Zu §§ 9—15. Wie unterscheiden sich die Ordnungen der Säugetiere a) nach ihren Füßen, b) nach ihrem Gebiß? c) Welche leben nur von Fleisch? d) Welche kommen in unseren Wäldern vor? Welche leben unterirdisch?

Zu § 16. Wozu dient der Schwanz bei den Vögeln? Welche Federarten unterscheidet man beim Vogelgefieder? Aus welchen Teilen besteht der Flügel? Was bedeutet die Mauser der Vögel? Welchen Zweck hat die Bürzeldrüse? Was versteht man unter dem Singmuskelapparat? Was versteht man unter Nestflüchtern und was unter Nesthockern? Was befähigt Alles den Vogel zum fliegen?

Zu § 17. Wie sehen die Raubkrallen aus? Was versteht man unter Gewölle? Woran erkennt man im allgemeinen die Raubvögel? Welche Eulenart ist allein schädlich? Woran erkennt man die echten Falken, die Adler, die Rotfalken? In welche Arten zerfallen sie? Nenne die nützlichen Raubvögel. Wodurch werden sie nützlich? Nenne und beschreibe die wichtigsten Falkenarten, Milane, Habichte, Bussarde und Weihen.

Zu § 18. Woran sind die Singvögel zu erkennen? Welche sind entschieden schädlich und wodurch? Welche sind teils schädlich, welche nützlich und wodurch? Welche sind besonders nützlich? Unterscheide die einzelnen Drosselarten.

Zu § 19. Nenne und beschreibe die beiden nützlichen Arten aus der Ordnung der Schreivögel.

Zu § 20. Woran erkennt man die Klettervögel? Wodurch wird der Kuckuck besonders nützlich? Nenne und beschreibe die wichtigsten Spechtarten.

Zu § 21. Wodurch unterscheiden sich Ringel-, Hohl- und Turteltaube? Wie werden die Wildtauben schädlich?

Zu § 22. Woran sind die Hühnervögel zu erkennen? Nenne und beschreibe die deutschen wilden Hühnerarten.

Zu § 24. Woran erkennt man die Wasserhühner? Beschreibe den Kranich. Unterscheide die große und kleine Bekassine, die Waldschnepfe und Doppelschnepfe. Woran erkennt man die Brachvögel und Regenpfeifer? Beschreibe die Fischreiher.

Zu § 25. Wie sieht der große Haubentaucher aus? Ist er wertvoll? Wodurch unterscheiden sich die Schwimmenten von Tauchenten? Woran erkennt man die Enten? Woran den Erpel von der Ente? Wodurch unterscheiden sich Stock- (März-) Ente und Krickente? In welcher Ordnung fliegen die Enten? Wie heißen die beiden Arten der Wildgänse? Wodurch werden sie schädlich?

Zu § 28. Beschreibe Kopf, Brust und Hinterleib der Insekten mit ihren wichtigsten Organen, namentlich Fühler, Mundteile, Flügel, Füße, die Umbildungen einzelner Hinterleibsringel. Wie atmen die Insekten? Welche Verwandlungen kommen vor? Wie wächst das Insekt? Wodurch wird es nützlich oder schädlich? Wie teilt man die Insekten ein?

Zu § 29. Nenne die schädlichen Pflanzenwespen. Woran erkennt man die Schlupfwespen und Ichneumonen? Inwiefern werden sie nützlich? Sind die Ameisen schädlich? Wodurch wird die Hornisse schädlich?

Zu § 30. Wodurch unterscheiden sich die Käfer in ihrem Bau von den Nacktflüglern? Wonach sind die Käfer eingeteilt?

Zu § 31. Wodurch sind die Marienwürmchen nützlich?

Zu § 32. Woran sind die Larven der Bockkäfer zu erkennen? Woran die Bockkäfer? Nenne die schädlichsten Bockkäfer und die Holzarten, in welchen sie fressen. Wodurch unterscheiden sich die eigentlichen Borkenkäfer von den anderen Borkenkäferarten, die unter den Namen der Bast- und Splintkäfer bekannt sind? Welche wichtigen Borken-, Bast- und Splintkäfer sind dir bekannt? Welche wichtigen haben Lot- und welche Wagegänge?

Zu § 34. Wodurch ist der Ameisenkäfer nützlich? Wie wird der Buchenprachtkäfer schädlich?

Zu § 35. Nenne die wichtigsten Laufkäfer; welche sind am nützlichsten und wodurch?

Zu § 36. Beschreibe die Entwicklung der Schmetterlinge und die verschiedenen Formen von Raupen.

Zu § 37. Wie sieht die Lärchenminiermotte aus?

Zu § 38. In welcher Weise werden die Eichen- und Kieferntriebwickler schädlich? Wodurch unterscheiden sich die Motten von den Wicklern?

Zu § 39. Woran sind die Spannerraupen zu erkennen? Woran die Spannerschmetterlinge? Nenne wichtige Spannerarten.

Zu § 40. Woran sind die Eulenschmetterlinge und Eulenraupen kenntlich?

Zu § 41. Woran sind die Spinnerraupen und Spinnerschmetterlinge kenntlich? Nenne und beschreibe sämtliche genannte Spinnerarten und bezeichne die Holzarten, in welchen sie fressen.

Zu § 43. Nenne und beschreibe die nützlichen Insekten aus der Ordnung der Netzflügler.

Zu § 44. Nenne die schädlichen Gradflügler. Wodurch werden sie schädlich?

Zu § 45. Nenne die schädlichen Halbflügler und ihre Feinde.

b) Forstbotanik.

Zu § 47. Worin liegt die Bedeutung des Standortes für die Pflanzen? Welche Werkzeuge haben die Pflanzen zu ihrem Leben?

Zu § 49. Wozu dienen die Wurzeln? Welche Arten von Wurzeln gibt es? Beschreibe sie.

Zu § 50. Wozu dienen die Blätter? Nenne verschiedene Blattarten.

Zu § 51 Nenne den Unterschied zwischen Baum und Strauch, zwischen Stacheln und Dornen. Wie heißen die verschiedenen Teile des Holzstammes? Was ist Mark? Wie bilden sich die Jahresringe? Was sind Markstrahlen? Was ist Kern- und Splintholz? Was ist Bast und Borke? Wo liegt der Fortbildungsring und welche Aufgabe hat er?

Zu § 52. Wozu dienen die Blüten? Was ist Blumenkelch und Blumenkrone? Wie heißen und woraus bestehen die männlichen und weiblichen Befruchtungsorgane? Was versteht man unter Zwitterblüten? Was unter getrennt geschlechtigen Blüten?

Zu § 53. Wie geht die Befruchtung der Pflanzen vor sich? Wovon hängt die Befruchtung der getrennt geschlechtigen Pflanzen ab? Beschreibe die einzelnen Blütenstände und Fruchtformen, sowie den Keimling.

Zu § 54. Was ist Wurzelbrut und Stockausschlag?

Zu § 55. Nach welchen Merkmalen teilt Linné die Pflanzen ein? Beschreibe die Klassen und Ordnungen dieses Systems.

Zu § 56. Wie wächst die Pflanze?

Zu § 57. Beschreibe die in der Tabelle beschriebenen wichtigeren Bäume und Sträucher im sommerlichen und winterlichen Zustande nach ihren charakteristischen Merkmalen.

Zu § 58. Nenne die Pflanzen, welche Kalk-, Sand- und Tonboden, sauren und nassen, sowie Humusboden anzeigen.

B. Mathematik.

a) Zahlenlehre.

Wie teilt man die Mathematik ein?

Zu § 60. Was ist ein Dezimalbruch? Wie addiert, subtrahiert, multipliziert und dividiert man Dezimalbrüche? Wie rundet man sie ab?

Zu § 61. Welche Glieder stehen im Dreisatz gegenüber? Was versteht man unter geradem, was unter ungeradem Verhältnis? Welche Arten von Schlüssen gibt es beim Dreisatz?

Zu § 62. Wie löst man zusammengesetzte Regeldetri-Aufgaben?

Zu § 63. Wie löst man Aufgaben der Zinsrechnung?

Zu § 64. Was versteht man unter Proportion und Verhältnis? Welche Regeln gibt die Proportionslehre? Wie finde ich aus 3 gegebenen Gliedern einer Proportion ein unbekanntes viertes Glied?

b) Raumlehre.

Zu § 65. Wie teilt man den Meter ein? Welches ist die Einheit für Flächenmessungen? Nenne die Körper- und Hohlmaße, die Gewichte und die Holzmaße. Wie verwandelt man Raummeter in Festmeter und umgekehrt?

Zu § 66. Wann steht eine Linie senkrecht auf einer anderen? Was ist ein flacher Winkel? In welche Maße teilt man Winkel? Wie groß ist ein rechter, wie groß ein flacher Winkel?

Zu § 67. Wie teilt man die Dreiecke nach Seiten und Winkeln ein? Was ist die Höhe eines Dreiecks? Wie groß ist der Inhalt jedes Dreiecks?

Zu § 68. Was versteht man unter einem Parallelogramm, Rechteck, Quadrat, Rhombus und Trapez? Wie wird der Inhalt derselben berechnet? Wie findet man den Inhalt eines Vielecks? Wie berechnet man den Inhalt eines Kreises?

Zu § 69. Welche Maße wendet man bei Messung von Linien und Flächen an? Welche Instrumente gebraucht man zum Messen von Linien und Winkeln, namentlich zum Abstecken rechter Winkel?

Zu § 70. Wie steckt man eine gerade Linie über einen Berg ab?

Zu § 71. Wie verfährt man bei Messung von Linien, wenn diese wegen kleiner Hindernisse direkt nicht zu messen sind?

Zu § 72. Wie mißt man krumme Linien, um dieselben kartieren zu können?

Zu § 73. Wie vermißt man ein Grundstück mit Meßband und Winkelspiegel, wie berechnet und kartiert man dasselbe? Wie vermißt man im Innern unzugängliche Flächen mit Band und Winkelspiegel?

Zu § 74. Wie teilt man von Flächen beliebige Teile von gegebener Form und Größe ab?

Zu § 75. Wie nivelliert man eine Linie aus der Mitte? Wie führt man das Manual? Wie berechnet man das Gefäll?

Zu § 76. Welche Arten der Baumhöhenmessung kennt man?

Zu § 77. Was versteht man unter einem Prisma, Würfel, Zylinder, Pyramide, Kegel und wie berechnet man ihren Inhalt?

Zu § 78. Wie berechnet man die Höhe eines Raummeters, wenn der Inhalt, Länge und Breite bekannt sind?

Zu § 79. Wie berechnet man den Inhalt von liegenden und stehenden Bäumen sowie den ganzer Bestände? Was versteht man unter Formzahl? Wozu dient die Kluppe, wie mißt man mit ihr? Wie bucht man die Kluppresultate?

Praktischer Teil.

II. Fachwissenschaften.

A. Standortslehre.

Benutzte Literatur:

Grebe: Gebirgskunde, Bodenkunde und Klimalehre, 4. Auflage.
G. Heyer: Bodenkunde und Klimalehre.

§ 80.

Einleitung und Definition.

Die Holzpflanzen sind an ihren Standort gebunden und in ihrer ganzen Entwicklung und Fortpflanzung von den durch die drei Faktoren desselben — **Boden, Lage und Klima** — vermittelten Lebensbedingungen abhängig. Ihre Ernährung und Befestigung hängt vom Boden und den denselben bedeckenden Luftschichten, ihr weiteres Gedeihen außerdem noch vom Klima ab. Das Klima ist wiederum durch die Lage beeinflußt. Demnach verstehen wir unter „Standortslehre" die Lehre von den Bedigungen des Wachstums der forstlichen Holzarten, soweit sie von Boden, Lage und Klima bestimmt werden. Da die Bedeutung der Lage des Standorts in seinem Klima liegt, so behandeln wir die Standortslehre nur in zwei Hauptgebieten, nämlich:

1. Der Lehre vom Boden.
2. Der Lehre vom Klima.

I. Die Lehre vom Boden.

Entstehung und Zusammensetzung des Bodens.

§ 81.

Wie man mit ziemlicher Sicherheit annehmen kann, ist der erste Zustand unserer Erde ein heiß flüssiger gewesen. Es sprechen dafür ihre kugelige an den Polen abgeplattete Form, die kristallinische Form vieler Gesteinsarten, die sie nur bei langsamem Erstarren aus einem flüssigen Zustande annehmen konnten, ferner die übereinstimmend beobachtete Wärmezunahme nach dem Erdinnern (um 1 ° C. bei 30 m), die heißen Quellen und die Vulkane, welche noch heute heiße flüssige Massen auswerfen.

Da der Weltraum, in welchem sich die Erde um die Sonne bewegt, eine niedrigere Temperatur hat als die größte auf der Erde beobachtete Kälte (56 ° C.), so muß der Erdkörper sich durch Wärmeausstrahlung an seiner Oberfläche abkühlen und erstarren. Die erstarrende Kruste zog sich bei der Abkühlung zusammen, übte dadurch einen enormen Druck auf die noch nicht erstarrten Massen aus, barst zuweilen und drängte durch so entstandene Risse beträchtliche Massen des noch flüssigen Erdinnern hervor: erste Durchbrüche (Eruptionen). Endlich mußte sich der die Erde umgebende Wasserdampf im Verhältnis der fortschreitenden Abkühlung auf der Erdoberfläche tropfbar flüssig niederschlagen, welche Niederschläge zur Bildung von stehenden und fließenden Gewässern Veranlassung gaben.

§ 82.

Nach den Lagerungs- und Strukturverhältnissen sind es wahrscheinlich:

1) Die kristallinischen Schiefergesteine (das Urgebirge):
   a) älterer Tonschiefer (Feldspat, Quarz, Glimmer, Chlorit),
   b) Glimmerschiefer (Glimmer und Quarz),
   c) Gneiß (Quarz, Kalifeldspat und Glimmer),

welche als erstes Erstarrungsprodukt angesehen werden müssen, weil sie immer zu unterst liegen, von allen später abgelagerten (neptunischen) Massen überdeckt und von allen Eruptiv (d. h. aus dem Erdinnern hervorgebrochenen) Gesteinen durchbrochen sind.

Charakteristik: mehr oder minder schieferige Absonderung und unregelmäßige Schichtung.

§ 83.

Die Niederschläge aus der Atmosphäre sammelten sich in den Mulden und Vertiefungen der Erdhülle zu Seen und Meeren, welche auf die unter ihnen gelagerten Gesteinsarten zerstörend und auflösend wirkten; es fanden immer neue Durchbrüche statt und bewirkten Flutungen und Strömungen, welche die mechanisch und chemisch aufgelösten Erdteilchen durcheinander mengten, vielleicht wegschwemmten, sie jedenfalls nach eingetretener Ruhe zu verschiedenen Perioden in gewisser Gesetzmäßigkeit übereinander ablagerten. So wurden:

2) die sog. Flötz- und aufgeschwemmten (neptunischen) Gebirge gebildet. Hierher gehören:

Grauwacke und jüngerer Tonschiefer, Steinkohle, Rotliegendes, Zechstein, bunter Sandstein, Lias und Jura, Quadersandstein und Kreide, Braunkohle, Diluvium und Alluvium.

Charakteristik: Deutlich geschichtet, Konglomerate, Sandsteine, Tone, Mergel und Kalksteine mit versteinerten vorweltlichen Pflanzen und Tieren.

Besonders wichtig, weil in Norddeutschland am meisten verbreitet, sind die beiden letzten Formationen (Formation=Schichtung derselben Bildungsperiode) Diluvium und Alluvium; sie sind die letzten und neuesten Ablagerungen. Das Diluvium besteht aus Sand, Tonarten, Mergel, Lehm, Gerölle, Geschiebe, Steinblöcken (erratische Blöcke) usw. und ist **vor unserer Zeit** aus Ablagerungen der Gletscher zur Eiszeit und aus damaligen alten Flüssen entstanden.

Das Alluvium ist aus heutigen Erdablagerungen aller Art, z. B. als Dünen, Flugsand, Niederungen in Überschwemmungsgebieten, Aueböden, Anschwemmungen an Meeren, Seen, Strömen und Flüssen usw. gebildet oder wird noch in unserer Zeitrechnung gebildet.

§ 84.

Neben den Niederschlägen aus dem Wasser fanden, wie schon erwähnt, noch fortwährende Durchbrüche statt. Die aus dem Erdinnern drückenden Massen hoben die Gesteine, welche sie durchbrachen, verrückten ihre ursprünglich horizontalen Lagen in mehr oder weniger geneigte und verstürzte Stellungen und gaben so die wesentlichste Veranlassung zum Aufbau unserer heutigen Gebirge und Berge. Sie sind körnig, massig und ohne jegliche Schichtung und bildeten:

3) die sog. Eruptiv- oder Durchbruchsgesteine, welche sich folgendermaßen ordnen:

a. Granitische Eruptionen, deren Hauptgestein der Granit, ein kristallinisch körniges Gemenge von Feldspat, Quarz und Glimmer*),

*) Der Feldspat ist perlmutter- und porzellanglänzend, fleischfarbig, grünlich oder weißlich. Der Quarz ist glasähnlich, meist ungefärbt, gibt mit dem Stahle Funken. Der Glimmer ist blättrig, weich, metallisch silber- und goldglänzend.

und der viel weniger vorkommende Syenit (Hornblende und Orthoklas bildet.

b. Die Grünstein-Eruptionen, mit den Hauptgebirgsarten Diabas und Diorit, von vorherrschend unrein grüner oder graugrüner Farbe; beide kommen körnig, dicht und schiefrig vor.

c. Die Porphyr-Eruptionen, sehr verbreitet, eine gelblich weiße oder graue tonige Grundmasse mit eingesprengten Körnern von Quarz und Orthoklas (Feldspat mit vorherrschendem Kaligehalt).

d. Die basaltischen Eruptionen, eine bläulich schwarze dichte Masse, sehr fest, mit auffallenden gelbgrünlichen Kristallen (Olivin). Unterabteilungen sind: Phonolith und Trachyt.

e. Die vulkanischen Eruptionen der noch tätigen oder noch nicht lange erloschenen Vulkane; dazu gehören Lava, basaltische und trachytische Massen, Bimssteine, Tuffe usw.

Nachdem endlich die Erde ihre heutige Oberfläche erhalten und das Wasser sich in gewisse Grenzen (Meere, Seen, Flüsse) zurückgezogen, die Wirkungen des unterirdischen Feuers sich auf wenige Punkte (Vulkane) beschränkt hatten, finden doch auch noch heute Veränderungen statt, z. B. durch Verwitterung der Gesteine, durch Überschwemmungen, durch die Hand des Menschen (Erdbauten), im Alluvium usw.

§ 85.

Der Verwitterungsprozeß.

Auf dieser festen, von oben genannten Gebirgsarten gebildeten Erdhülle liegt nun das, was wir im eigentlichen Sinne „Boden“ nennen, nämlich die obere lockere Erdschicht, welche dem Waldwuchse vorzugsweise zur Anwurzelung und Ernährung dient. Sie besteht in der Regel aus Erden und Steinen, die sämtlich Verwitterungsprodukte der oben aufgeführten Gesteinsarten untermischt mit verwesten organischen Substanzen sind.

Unter „Verwitterung“ versteht man die allmähliche Auflösung von Felsboden in fruchtbaren Boden unter der Einwirkung von Wasser, Kohlensäure, dem Sauerstoff der Luft, von Frost, Hitze und den atmosphärischen Niederschlägen, in ihren mechanischen und chemischen Einflüssen. Mechanisch wird das Gestein durch Wechsel von Frost und Hitze, namentlich die beim Gefrieren des in die Ritzen eingedrungenen Wassers mit großer Kraft stattfindende Ausdehnung bei

Volumvergrößerung des Eises, welche die Ritzen und Spalten auseinandersprengt, aufgelockert. Durch die Gewalt der fließenden Gewässer wird das Gestein noch weiter zerkleinert und den Tälern vielfach als Geröll und Geschiebe zugeführt.

Unter dem Einfluß des Luftsauerstoffes und kohlensäurehaltigen Wassers werden die Gesteine nach und nach auf chemischem Wege mit Erdkrume bedeckt, chemisch verändert (durch höhere Oxydation!) und weiter zersetzt; nur Quarz widersteht der Verwitterung und bleibt als Sand zurück, nachdem die übrigen Verwitterungsprodukte ausgewaschen sind.

Bei der eben erklärten Verwitterung werden vielfach auf chemischem Wege die für die Pflanzen nötigen Nährsalze gebildet, die von den Wurzeln als wässerige Lösung aufgesogen und dann in den Pflanzenkörper übergeführt werden. Die hauptsächlichsten Erdarten sind:

§ 86.

Der Sand.

Der Sand besteht aus kleinen Quarzkörnern, die ein Verwitterungsprodukt der besonders quarzführenden Gebirgsarten (Granit, Gneis, Glimmerschiefer, gewisser Porphyre usw.) sind. Gesellt sich zum Quarz ein Bindemittel, so entsteht der Sandstein und je nach Art desselben unterscheidet man: Kalk-, Ton-, Kieselsandstein usw., welche felsbildend auftreten. Untergeordnet eingewachsen kommt der Quarz vor als „Horn- und Feuerstein, Kieselschiefer usw.“; er kommt dicht und in sechsseitigen Kristallen vor. Chemisch besteht der Quarz aus Kieselsäure, welche zahlreiche Verbindungen (sog. Silikate) mit anderen Stoffen bildet. Reiner Quarzsand ist ganz unfruchtbar, wenn nicht etwa Feldspat- oder Glimmerteile darin sind und nennt man solche graue Quarzböden „Bleisand“.

Der Sandboden besteht in den seltensten Fällen aus reinen Quarzkörnern, wo er als lockere Masse zuweilen den sog. „Flugsand“ bildet, meist kommt er mit Beimengungen von Erdarten (Lehm, Ton, Kalk, Humus usw.) vor und heißt dann lehmiger, toniger usw. Sand; jemehr er davon enthält, um so fruchtbarer wird er. Sandboden nimmt und verliert sehr schnell seine Feuchtigkeit, er erwärmt sich schnell, verliert aber die Wärme bald wieder. Er ist Hauptträger der Lockerheit im Boden und wird hierdurch in den Bodenmengungen sehr bedeutungsvoll. Man erkennt die Sandbeimengung im Boden teils schon durch das Auge, teils fühlt man die scharfen Quarzkörner beim Zerreiben zwischen den Fingern deutlich heraus; Sand fühlt sich immer rauh an. Scharfen grobkörnigen Sand nennt man Kies.

§ 87.

Der Ton, Mergel und Lehm.

Der Ton ist eine dichte feinerdige Masse und besteht aus etwa 43% Tonerde, 43% Kieselsäure und 14% Wasser. Rein kommt er selten (als sog. Porzellanerde, Kaolin) vor, meist ist er mit anderen Erdarten, ferner mit Eisen usw. gemischt, wodurch er verschieden gefärbt wird. Er ist ein Verwitterungsprodukt der besonders feldspathaltigen Gebirge (Porphyre, Tonschiefer usw.) oder stammt aus dem tonigen Bindemittel vieler Flözgebirge oder findet sich auch in letzteren als besonderes Tonlager vor. Unter Tonboden versteht man nur solchen Boden, der über 70% Ton enthält.

Der Ton ist in Wasser unlöslich, auch nicht durch mineralische Säuren zersetzbar, also ebenfalls unfähig, allein Pflanzen zu ernähren. Seine Bedeutung liegt im geraden Gegensatze zum Sande in seiner Bindigkeit. Er saugt große Wassermengen auf, hält sie aber fest; trocknet er dennoch aus, so wird er nicht wieder locker, sondern äußerst fest, ja steinhart, schwindet zusammen und berstet. Ebenso saugt er alle fruchtbringenden chemischen Bestandteile begierig auf und hält sie zur Ernährung der Pflanzen fest.

Ist der Ton mit etwas **Kalk** und mit Sand gemengt, so nennt man ihn Mergel; doch unterscheidet man je nach dem Vorherrschen von Sand, Ton usw. tonigen, sandigen usw. Mergel; derselbe ist besonders fruchtbar und findet sich in den jüngeren Sandstein- und Kalkformationen; die Farbe ist weißlich-grau; er ist nicht zu formen.

Im feuchten Zustande fühlt der Ton sich klebrig, weich und fettig an, klebt an der Zunge und hat einen eigentümlichen Geruch; er läßt sich leicht formen und brennen. (Töpferton.)

Eine äußerst wichtige Abart des Tones ist der Lehm, unter welchem man eine Mengung von schwach kalkhaltigem Ton (40%) mit feinstem Sand, (60%) versteht, der durch Eisenoxydhydrat gelb bis bräunlich gefärbt ist. Zum Unterschied vom Ton ist er magerer anzufühlen, schwindet beim Austrocknen nicht so stark, läßt sich formen.

Schiefrigen Lehm nennt man Lette. Lehm ist fruchtbar, frisch und meist reich an Kalisalzen, auch fehlen selten Phosphate; daher ist er für die Vegetation sehr günstig. Durch größere oder geringere Sandbeimengungen entstehen zahlreiche Übergänge zum Sandboden (lehmiger Sandboden und sandiger Lehmboden).

Tonboden ist naßkalt, undurchlässig, zur Säurebildung geneigt und dem Pflanzenwuchs erst dann günstig, wenn er mit anderen Erdarten in richtigem Verhältnis gemengt vorkommt (vergl. die Bestimmungstabelle zu § 100).

§ 88.

Der Kalk.

Die Bedeutung des Kalkes liegt im Gegensatz zu den bereits genannten Erdarten, die hauptsächlich physikalisch auf die Ernährungsfähigkeit des Bodens wirken, in seiner chemischen Wirkung. Der kohlensaure Kalk (Kalk im gewöhnlichen Sinne) zersetzt und zerlegt die übrigen mineralischen Bodenbestandteile, die Pflanzenabfälle, die Streu- und Humusbeimengungen und wandelt sie in Pflanzennahrung um. Er ist daher von den genannten Bodenarten am tätigsten: im allgemeinen locker, warm, doch zur Trockenheit neigend.

In physikalischer Beziehung steht er in der Mitte zwischen Sand und Ton, er nimmt das Wasser ziemlich leicht auf, ist durchlässig und trocknet mäßig schnell, erhärtet dann aber nicht zum Klumpen, sondern zerbröckelt. Er ist kenntlich am Aufbrausen beim Begießen mit starken Säuren (z. B. Scheidewasser), am Geruch und der weißlich grauen Farbe. Kalkboden ist im allgemeinen fruchtbar; er kommt ebenfalls immer in Untermengung mit anderen Erdarten, namentlich mit Ton und Lehm vor, von dem gewöhnlich seine Fruchtbarkeit abhängt. Der Kalkboden (mit 30% kohlensauren Kalk) ist ein Verwitterungsprodukt der sehr verbreiteten Kalkgebirge, in welchen der Kalk in den verschiedensten Formen auftritt; den kristallinisch körnigen und politurfähigen Kalk nennt man „Marmor", den dichten Kalk „Kalkstein" (sandiger, toniger, bituminöser Kalkstein), schiefrigen Kalk „Kalkschiefer", porösen Kalk „Kalktuff", schwefelsauren Kalk „Gips" usw. In der Geologie treten die Kalke unter den verschiedensten Namen auf: Zechstein-, Jura-, Lias-, Muschel-, Wellen- usw. Kalk, Dolomit usw.

§ 89.

Eisenverbindungen im Boden.

Von großer Wichtigkeit für die Ernährung sind noch die Eisenverbindungen im Boden, sowie die auflöslichen Salze.

Die Eisenverbindungen finden sich in den meisten Bodenarten, besonders im Tonboden (§ 87); sie sind kenntlich an ihrer braunroten Farbe und am rauhen Bruch. Ihr günstiges oder ungünstiges Verhalten hängt von ihrer Löslichkeit oder Unlöslichkeit ab, welche wieder von der chemischen Verbindung des Eisens mit größeren oder geringeren Quantitäten Sauerstoff und Wasser abhängt. Das unlösliche und fein verteilte Eisenoxyd und Eisenoxydhydrat lockert den zu bindigen Ton und macht ihn wärmer, anderseits gibt es zu lockerem Boden größere Bindigkeit und wasserhaltende Kraft. In zu nassem oder in saurem Moor- und Sumpfboden sammeln sich jedoch leicht übermäßige lösliche Eisenverbindungen an und schaden durch Bildung des bekannten „Wurzelrostes" oder durch Zuführung von zu viel Eisen. Der Forstkultur sehr hinderlich ist der sog. „Raseneisenstein", der hauptsächlich aus phosphorsaurem Eisenoxyd resp. Eisenoxydhydrat mit allerlei Beimengungen von Sand, Tonerde, Humus, Mangan usw. besteht: er bildet eine blasige erzartige Masse, die sich nesterweis vermutlich durch Absetzen der Eisenteile aus zusammenfließendem und dann stagnierendem Grundwasser bildet. Raseneisenstein muß beseitigt werden, liegt er tiefer, ist er höchstens noch zur Wiesenkultur geeignet.

Weniger gefährlich ist der sog. „Ortstein", der aus Sand (meist sog. Bleisand) mit humosen oder eisenschüssigen Bindemitteln und etwas Eisenoxyd besteht. Er kommt in zusammenhängenden Schichten oder Nestern von 10—30 cm Stärke in geringer konstanter Tiefe (15—30 cm) auf armem Sandboden vor und zerbröckelt, an die Oberfläche gebracht, zu fruchtbarer Erde, während der Raseneisenstein erzartig bleibt. Seine Bearbeitung ist viel leichter als die des Raseneisensteins; er hindert das Eindringen der Pflanzenwurzeln, hält das Eindringen atmosphärischer Niederschläge zurück und verschließt den Obergrund gegen das kapillare Aufsteigen des Grundwassers. Er muß deshalb für die Kultur durchbrochen werden. Offenbar nachteilig tritt das Eisen im Sandboden auf, wenn es demselben in der Stärke von etwa 10% und darüber beigemengt ist; es bildet dann den bekannten scharfroten „Fuchssand", der ganz unfruchtbar ist.

§ 90.

Die auflöslichen Salze im Boden.

Die auflöslichen Salze sind das Produkt der unaufhörlichen chemischen Tätigkeit des Bodens unter dem Einflusse der atmosphärischen Luft, namentlich ihres Sauerstoffs, der Kohlensäure, des Ammoniaks, der Salpetersäure usw., der Bodenfeuchtigkeit und der Verwesung der Pflanzenabfälle. Obschon die Quantität der auflöslichen Salze nur gering ist ($\frac{1}{2}$—1%), so sind sie doch für die Ernährung von der allergrößten Wichtigkeit und hängt von ihrem Vorhandensein besonders die Fruchtbarkeit ab. Deshalb sind viele tonige Bodenarten so fruchtbar, weil sie die auflöslichen Salze vorzüglich in sich aufnehmen und festhalten und sie vermittels ihrer Feuchtigkeit den Wurzeln als Nahrung zuführen; deshalb hat der Kalkboden so große Nährkraft, weil er die Bildung der auflöslichen Salze ungemein befördert, deshalb verhält sich der Sandboden so ungünstig, weil er nur sehr wenig lösliche Verbindungen erzeugen kann und das Wasser, den Hauptvermittler der Zuführung der löslichen Salze an die Wurzeln, zu schnell verdunstet. Hieraus erhellt ferner die große Wichtigkeit einer Bedeckung des Bodens mit Waldabfällen, weil dieselben die Feuchtigkeit halten und durch ihre Verwesung eine Bildung und Zuführung der nährenden auflöslichen Salze ermöglichen. Solche Salze sind: kohlensaures Kali, Natron, Kalk, Eisensalze, Kalk- und Magnesiasalze usw.

§ 91.

Die Bodenmengungen.

Die genannten Hauptbestandteile des Bodens: Sand, Ton und Kalk finden sich fast nie in ganz reinem Zustande, sondern sie sind immer mehr oder weniger durcheinander gemengt, um ihre Vorzüge miteinander auszutauschen und zu ergänzen. Je nachdem nun die eine oder andere Bodenart vorherrscht, spricht man von sandigem, tonigem und kalkigem Boden: man nennt z. B. einen Tonboden mit etwas Sand gemengt einen sandigen Tonboden, einen Tonboden etwa zur Hälfte mit Sand gemengt Lehmboden, mit noch mehr Sand gemengt tonigen Sandboden usw. Ist der Boden im richtigen Verhältnis mit den anderen Bodenarten gemischt, die seine Nachteile möglichst aufheben, so wirkt ein jeder von ihnen günstig auf das Wachstum; herrscht jedoch in ihnen zu sehr eine Hauptbodenart vor, so wirkt sie meist nachteilig, dann wird der sandige Boden zu trocken, der tonige zu naß und kalt und der kalkige zu hitzig und trocken, namentlich — wenn zu der ungünstigen Bodenmischung noch eine ungünstige Lage kommt; in solchen Fällen erhalten wir einen „schlechten Standort".

— § 92. —

Humusboden.

Auf dem bewachsenen Boden sammelt sich, wenn nicht besondere Störungen eintreten, durch Abfall von Stengeln, Blättern, Nadeln, Reisern usw. nach und nach eine mehr oder weniger mächtige Bodendecke an, die unter Einwirkung des Sauerstoffs der Luft und von Bakterien zerfällt, allmählich in Verwesung übergeht und jene schwärzliche lockere modrige Masse bildet, welche man Humus nennt.

Bei ungenügendem Luftzutritt tritt statt der Verwesung die „Fäulnis" auf, bei welcher sich schwer zersetzbare organische Verbindungen von dunkler Farbe bilden, die ungünstig wirken.

Eine dritte Zersetzungsform ist die „Vermoderung", die bei stickstoffarmen organischen Substanzen (Holz) und bei mäßigem Wassergehalt stattfindet; es häufen sich hierbei die organischen Stoffe in zu großen Humus- und torfartigen Massen an und es bilden sich schädliche Humussäuren. — Je stickstoffreicher und frischer die organischen Stoffe sind, desto leichter, je trockner und stickstoffärmer, um so schwerer verwesen sie.

Die Humusdecke besteht gewöhnlich aus drei Schichten. Oben die jüngsten noch unverwesten Abfälle, sog. Rohhumus, darunter in fortgeschrittener Zersetzung lockere, faserige und schimmlige Bildungen und zuletzt in allmählichem Übergange der eigentliche erdige krümelige mullige Humus, welcher sich dann mit der oben beschriebenen verwitterten Mineralerde zur sog. Dammerde verbindet. Außer Waldabfällen bildet den Humus noch die absterbende Bodendecke von Unkräutern, Gras, Flechten, Moosen und verwesende Tierüberreste.

Der Humus hat eine doppelte Bedeutung: in physikalischer*) Hinsicht lockert er strengen Boden, wärmt als schlechter Wärmeleiter,

*) Unter physikalischem Verhalten versteht man das Verhalten der Körper in bezug auf ihre Formveränderung durch physikalische Kräfte, wie Wärme, Feuchtigkeit, Licht, Elektrizität, Festigkeit, Schwere usw.; unter chemischem Verhalten ihr Verhältnis zu vollständiger Umwandlung in ganz neue Körper durch chemische Kräfte, z. B. chemische Verwandtschaft, Säuren, Salze usw.

hält frisch und macht fruchtbar, indem er Feuchtigkeit und Nährsalze ansammelt; in chemischer Beziehung bildet er bei der Verwesung die Nährsalze (Kohlensäure, Salpetersäure, Ammoniak usw.) und schafft dadurch den Pflanzen die Nahrung. Der Humus macht also den Boden locker, warm, frisch und nahrhaft; er ist gewissermaßen seine Speisekammer, jedoch selbst keine Pflanzennahrung, wie man früher (Thaer) annahm. Er mildert den strengen Boden (Ton), bindet den losen Boden (Sand), er schützt gleichzeitig gegen Frost und Hitze (vergl. § 94a).

Wird der Humus durch plötzliche Freistellung der Sonne freigegeben, so erhält er zuweilen eine pulverig staubige Beschaffenheit, die sog. Stauberde, welche zwar viel Nährstoffe enthält, aber in ungelöstem, daher nicht verwertbarem Zustande; ebenso ungünstig ist der Taub- oder Hagerhumus, ein trockenes, kraft- und bindungsloses Fasergebilde, besonders von Moos und Angergras, welches Luft und Feuchtigkeit abhält. Der gewöhnliche Humusboden überlagert den Mineralboden gewöhnlich in einer Mächtigkeit von 3—30 cm, wonach die Bezeichnungen „etwas — ziemlich — sehr — äußerst humusreich" oder „humusarm" zu wählen sind. Je humusreicher der Boden im allgemeinen ist, desto fruchtbarer ist er; ein Übermaß macht jedoch den Boden naß, schwammig, kalt und sauer, wie z. B. im Torf- und Moorboden.

Wichtig für gute Humusbildung ist genügender Luftzutritt, angemessene Wärme und Feuchtigkeit, — wie sie durch richtige Waldbehandlung, namentlich durch einen angemessenen Schluß der Bestände, der sich nach dem verschiedenartigen Standort und den Holzarten richten muß — beeinflußt werden müssen.

§ 93.

Die sonstigen humosen Bodenbildungen (Schlamm, Moor, Torf).

Während die eben geschilderten Humusbildungen im Trocknen vor sich gehen, gibt es auch noch eine Anzahl humoser Bildungen im Nassen, die wir als Schlamm, Moor und Torf (nach v. Post) unterscheiden können.

Schlamm ist eine Ablagerung von grauen bis schwarzen Massen in Seen und Flüssen mit klarem sauerstoffreichen Wasser ohne deutliche Struktur, der hauptsächlich aus verwesten Wasserpflanzenresten und dem Kote von Wassertieren besteht.

Moor entsteht stets unter stehendem oder träge fließendem Wasser mit einer reichen schwimmenden Flora, deren verweste Teile sich als schwärzliche Humusmassen ablagern, in welchen sich ebenfalls keine Pflanzenteile mehr erkennen lassen. Moorböden enthalten mindestens 20% humose Stoffe und meist viel Kalk, aber wenig Kali und Phosphorsäure, weshalb bei ihrer Kultur diese Stoffe künstlich zugesetzt werden müssen (Moorkulturen!). Man unterscheidet Grünlands- und Hochlandsmoore.

a) Grünlandsmoore entstehen vom Rande stehender oder langsam fließender kalk- und pflanzenreicher Gewässer aus; namentlich kommen Binsen, Seerosen, Rohr, Schilf und schwimmende Moosarten vor; die bei der allmählichen langsamen Verwesung dieser Wasser- und Sumpfpflanzen gebildeten Moor- und Torfschichten füllen das Wasserbecken bis oben aus, und sobald sich dann saure Gräser auf dessen Oberfläche einfinden, ist die Bildung des Grünlandsmoor beendet und entsteht nach und nach durch weitere Austrocknung (oft auch künstliche Entwässerung) und Ansiedlung einer anderen Flora eine Wiese.

b) Hochlandsmoore entstehen entweder aus verarmten und vertrocknenden Grünlandsmooren oder auf Senkungen usw. mit reichen Rohhumusschichten und auf zur Versumpfung neigenden nassen undurchlässigen Untergrundschichten (Ton, Felsbildungen, Raseneisenstein usw.); auf ihnen wachsen zuerst charakteristische Torfmoose (Sphagnum-Arten), später charakteristische Gräser (Wollgras), schließlich die Heide, Sumpfporst, Krüppelbirken und Kiefern. Diese Hochlandsmoore sind (daher der Name) immer in der Mitte am höchsten, die Grünlandsmoore aber am Rande.

Die Torf-Bildung ist oben schon zum Teil erklärt. Torf entsteht in den Mooren, besteht aus verwesten Pflanzenstoffen, hat hell- bis tiefschwarzbraune Farbe, lockeres bis dichtes Gefüge und wird als Feuerungsmaterial benutzt. Er ist von sehr verschiedener Beschaffenheit, je nach den Pflanzenstoffen, aus welchen er besteht (Sumpfmoose, Sauergräser, Heidepflanzen usw.), nach seinem Gehalt an Humuskohle und Humussäure, nach seiner Zersetzung, namentlich aber nach seinem größeren oder geringeren Gehalt an erdigen Bestandteilen; je weniger er von letzteren enthält, desto wertvolleres Brennmaterial liefert er. Man unterscheidet gewöhnlich folgende Torfarten:

1. Pech- oder Specktorf. Er ist schwarz-dunkelbraun, dicht, schwer, stark zersetzt und bildet meist die untersten Lager der Moore.

2. Fasertorf. Er besteht aus lockerem noch deutlich erkennbarem hellgefärbtem Pflanzengewebe und bildet meist die oberen Lager der Moore.

3. Sumpf- (Bagger-) Torf. Er befindet sich meist als schwarzer zähflüssiger Schlamm auf dem Grunde der Grünlandsmoore und Sümpfe, wird ausgeschöpft und im Hand- oder Fabrikbetrieb zu Torfsoden verarbeitet.

Frische Torfsoden haben noch 70—90%, lufttrockene immer noch 20—25% Wassergehalt.

Physikalische Eigenschaften des Bodens.

§ 94.

Die unendlich verschiedenartige Zusammensetzung des Bodens bringt natürlich sehr verschiedene Bodenwirkungen hervor; außerdem beeinflussen den Boden noch seine physikalischen Eigenschaften, von denen als die bedeutendsten folgende vier hervorzuheben sind: 1. Bodenmächtigkeit und Gründigkeit, 2. Bodenfeuchtigkeit, 3. Bodenbindigkeit, 4. Bodenneigung.

§ 95.

1. Bodenmächtigkeit.

Unter Bodenmächtigkeit oder Gründigkeit versteht man die Tiefe, in welche die Baumwurzeln einzudringen vermögen.

Man unterscheidet bei dem naturgemäß geschichteten Waldboden, wie er sich unter dauerndem Schlusse gebildet hat, zwei Schichten:

a. die Nahrungsschicht, d. h. den eigentlichen Herd der Ernährung,

b. darunter liegend den Untergrund.

a. Die Nahrungsschicht.

Bei dieser kann man im normalen Zustande wieder drei Schichten deutlich unterscheiden: oben den Rohhumus, der allmählich zartfaserig wird und in den älteren schon erdigen Verwesungshumus übergeht, in der Mitte liegt das eigentliche Keimbett, ein feines mit Humuslösung geschwängertes graues oder schwarzes Erdgemenge, endlich zu unterst der eigentliche Wurzelbehälter, in welchem die noch in Verwesung begriffenen Humusteile mehr fehlen, fast reine Erde (Feinerde), die sog. „Dammerde". Diese 3 Schichten sind die hauptsächlichsten Ernährer des Pflanzenlebens: ihre Tiefe oder Mächtigkeit hängt ab von der Lage, vom Muttergestein, der Bewaldung resp. dem Kulturzustand.

b. Untergrund.

Der Untergrund besteht aus festem Fels, zertrümmertem Gestein oder in der Ebene aus bindenden Tonschichten, aus Sand, Kies, Lehm, Kalk, Ortstein usw. (vergl. §§ 82—88).

Von der tieferen oder flacheren Lage des Untergrundes hängt die sogenannte Gründigkeit des Bodens ab, welche man nach der Tiefe, in welche die Baumwurzeln einzudringen vermögen, etwa als:

sehr flachgründig	unter und bis	15 cm
flachgründig	„	30 „
mitteltiefgründig	„	60 „
tiefgründig	„	100 „

sehr tiefgründig über 1 Meter tief anzusprechen pflegt.

Die meisten Waldbäume begnügen sich mit einer Wurzeltiefe von 30—60 cm, während als äußerstes Maß wirksamer Bodentiefe 1,50 m anzunehmen ist. Im allgemeinen ist jeder tiefgründige Boden dem Wachstum günstig, flachgründiger Boden wird leicht trocken, bietet oft nicht genügenden Wurzelraum und paßt nur für Holzarten mit flach streichenden Wurzeln.

§ 96.

2. Bodenfeuchtigkeit und Bodenwärme.

Sie sind von der allergrößten Wichtigkeit für den Pflanzenwuchs, da ohne sie keine Pflanze keimen, wachsen und gedeihen kann. Die Feuchtigkeit ist nicht nur selbst Nahrungsstoff (Wasserlieferant), sondern dient auch zum Ersatz der großen Wassermengen, welche die Pflanzen ununterbrochen verdunsten (durch die Blätter), löst die Nährstoffe auf und führt sie den Wurzeln zu, sie reguliert die Bodentemperatur wie die Zusammensetzung desselben, indem sie strengen Boden mildert, zu losen Boden bindet.

Je nach der Feuchtigkeit unterscheidet man:

a) dürren Boden (er zerstäubt beim Zerreiben und trocknet in einigen Tagen nach starkem Regen bis 0,3 m Tiefe aus),

b) trocknen Boden (zeigt noch geringe Bindigkeit beim Zerreiben und trocknet etwa nach einer Woche bis 0,3 m aus),

c) frischen Boden (hinterläßt Feuchtigkeit in der Hand und trocknet selbst im Sommer nie über 0,2 m aus),

d) feuchten Boden (tropft beim Zerdrücken und trocknet nie über 30 cm Tiefe aus),

e) nassen Boden (tropft von selbst aus der Hand und trocknet selbst in der Oberfläche nie aus).

So vorteilhaft das richtige Maß von Feuchtigkeit ist, so schädlich wirkt ein Übermaß; es führt zur Versumpfung, verursacht Wurzel- und Stammfäule, versauert und erkältet den Boden, befördert das Auffrieren und erschwert das Keimen und Anwurzeln.

Stehende Nässe ist fast allen Waldgewächsen nachteilig, oft tödlich. Sie wird herbeigeführt durch undurchlässigen Untergrund, der hauptsächlich durch hochanstehenden Gebirgsboden, feste Tonschichten, verkittete Kieslager, Ortstein, Raseneisenstein usw. bei mangelhaftem Abfluß gebildet wird. Quellen der Bodenfeuchtigkeit sind die Niederschläge (Regen, Tau, Nebel) und die Grundfeuchtigkeit resp. Grundwasser, worunter man das über undurchlässigen Schichten angesammelte Wasser versteht; sie wirken durch ihre Verdunstung wohltätig. Das Vermögen, Wasser in sich aufzunehmen und zu halten, hängt, wie schon oben erwähnt, von der Zusammensetzung des Bodens ab.

Mit der Feuchtigkeit des Bodens hängt auch seine Wärme auf das innigste zusammen. Je feuchter ein Boden ist, desto kälter ist er, weil einmal das Wasser ein schlechter Wärmeleiter ist, besonders aber, weil das Wasser durch seine Verdunstung dem Boden viel Wärme entzieht (vergl. § 107). Aus demselben Grunde ist ein trockner Boden warm. Also nasser und kalter Boden, trockner und warmer (hitziger) Boden sind gleichbedeutend. Tonboden ist gewöhnlich kalt, Sand- und Kalkboden warm, letzterer oft hitzig; analog verhalten sich ihre Mengungen.

Ferner hängt die Wärme von der Lage und Farbe des Bodens ab: West- und Südhänge sind wärmer als Ost- und Nordhänge, die dunklen Bodenarten wärmer als die helleren.

Die Wärme des Bodens begünstigt die Keimung, den Harzreichtum, die Fruchtentwicklung und die Gerbstoffentwicklung (Schälwälder). In bezug auf Feuchtigkeit machen die Holzarten sehr verschiedene Ansprüche; Bodentrocknis ist jedoch fast immer ungünstig.

§ 97.

3. Bodenbindigkeit.

Hierunter ist der größere oder geringere Zusammenhang des Bodens zu verstehen. Die Bindigkeit hängt von der Zusammensetzung des Bodens ab. Ton bindet, Kalk bindet mäßig, Sand lockert, Humus mäßigt resp. befördert die Bindigkeit wie Lockerheit. Ein steiniger Boden mäßigt ebenfalls die Bodenextreme in vieler Beziehung und macht den Boden schwerer und frischer, ebenso verhält sich ein eisenhaltiger Boden moderierend. Feuchtigkeit lockert zu bindigen und bindet zu lockeren Boden, der Frost lockert durch die sich bildenden Eiskristalle. Wärme lockert den Boden.

Bindungsgrade.

Die Bindigkeit bezeichnet man durch folgende Ausdrücke:

a) Fest. Zeigt den höchsten Grad des Zusammenhangs. Beim Trocknen leicht rissig und blättrig, etwas tiefer steinhart. Schollige Struktur. (Tonboden.)

b) Streng (schwer). Etwas weniger zusammenhängend, beim Trocknen aber tief rissig, schwer zerbröckelnd. Bröckliche Struktur. (Toniger Lehm-, Kalk- und Mergelboden, also Boden, in dem Ton überwiegt.)

c) Mild (mürbe). Nicht rissig, leicht zerkrümelnd und Feuchtigkeit aufnehmend. Krümliche Struktur. (Günstige Mischungen von Ton-, Sand- und Kalkboden, Lehm), also Boden, in welchem Sand oder Kalk überwiegt.

d) Locker. In feuchtem Zustand noch zu ballen, zerfällt aber beim Trocknen. Feinkörnige Struktur. (Lehmiger Sandboden, sandiger Mergel.)

e) Lose. Mit dem geringsten Grad von Bindung (reiner Sandboden, Flugsand). Pulverige Struktur.

Ein milder, resp. lockerer Boden ist am günstigsten für unsere Waldbäume, er wird am besten gewonnen und erhalten durch richtigen Schluß derselben. Er wirkt deshalb so günstig, weil er das günstigste Verhältnis zu Feuchtigkeit und Wärme enthält resp. erhält und den Wurzeln die besten Entwickelungsbedingungen bietet.

§ 97.

4. Bodenneigung.

Bodenneigung ist die Neigung des Bodens gegen die Wagerechte, welche man auch **Böschung** nennt. Das Profil der Böschung A C (Figur 81) wird erhalten, wenn man durch C eine Horizontalebene legt und von A aus auf dieselbe das Lot A B fällt; das entstandene rechtwinklige Dreieck A B C, nach welchem man die Böschung bestimmt, heißt das Böschungsdreieck. Die Hypotenuse A C ist die Böschungslinie, die horizontale Kathete B C heißt Ausladung, die senkrechte Kathete A B die Höhe der Böschung, während der die Neigung angebende Winkel α der Böschungswinkel heißt. Die Bezeichnung der Böschungen kann nun auf zweierlei Weise geschehen:

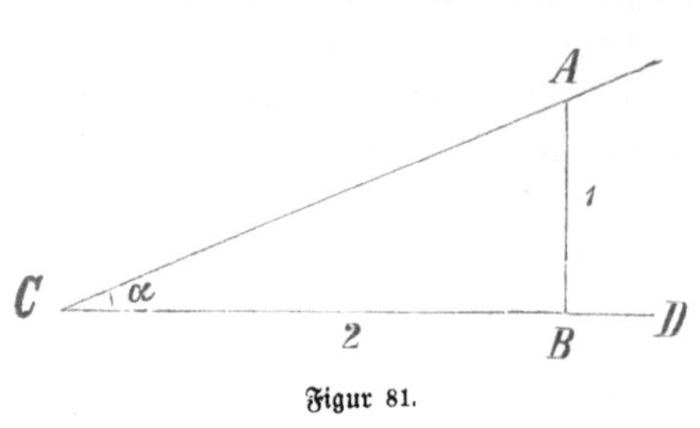

Figur 81.

1. Durch einfache Angabe des Neigungs- (Böschungs)-winkels in Graden, Minuten usw. Man spricht z. B. von einer Böschung von $23^0\ 12'\ 3''$. Sie wird durch ein Höhenmeßinstrument ermittelt.

2. Durch Angabe des Verhältnisses der Ausladung zur Höhe und zwar in Form eines Bruches, bei welchem die Maßzahl für die Ausladung den Zähler, jene für die Höhe den Nenner bildet $= \frac{BC}{BA}$. Man spricht z. B. von einer einfachen Böschung, wenn $AB = BC$, von einer doppelten oder zweifachen Böschung, wenn $BC = 2AB\left(\frac{2}{1}\right)$ ist, umgekehrt wird die Böschung $\frac{1}{2}$ metrig, $\frac{5}{4}$ metrig, wenn $BC : AB = 1 : 2$ resp. $5 : 4$ sich verhält usw.

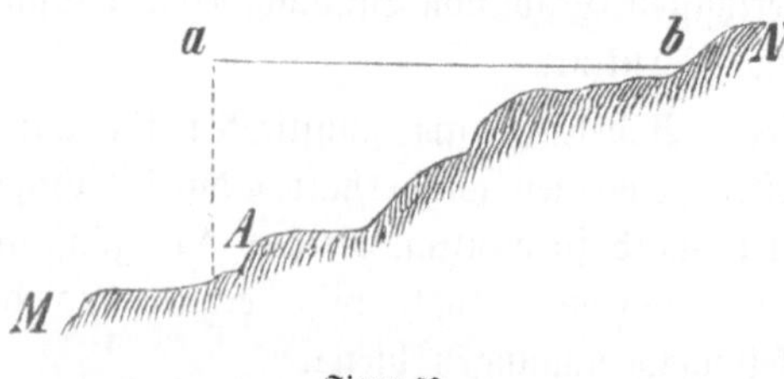

Figur 82.

Je größer der Böschungswinkel wird, desto kleiner wird der Bruch und die Böschung, und umgekehrt.

Die Bodenneigung kann man schon mit einer

gewöhnlichen Latte messen. Man wähle einen beliebigen Punkt der Neigung **M N**, z. B. **A** (Figur 82), lege die Latte **a b** horizontal an die Bergwand und messe den Abstand der Latte vom Boden, d. h. **A a**; der Bruch $\frac{a\,b}{A\,a}$ drückt dann die Bodenneigung im Verhältnis zur Horizontalen aus. Diese Böschungsmessungen kommen besonders bei Wege-, Damm- und Grabenanlagen zur Anwendung. Es gibt auch besondere Instrumente (Böschungsmesser) zum Bau von Böschungen; gewöhnlich konstruiert man sich dazu selbst Lattendreiecke von den verlangten Dimensionen als Modelle, nach denen man abböscht.

Man nennt eine Bodenneigung:

Sanft abhängig bei 1—5°, Steil bei 11—20°,
Mäßig steil bei 6—10°, Sehr steil bei 21—30°.

Außerordentlich steil oder schroff bei über 30°; bei 45° ist die Neigung unpraktikabel, d. h. vom Menschen kaum zu erklimmen, jedenfalls nicht mehr regelmäßig forstlich zu bewirtschaften.

Die Neigungen bei größeren Berglehnen usw. werden mit Meßinstrumenten (gewöhnlicher Theodolit, Hoßfeld's Wagebrettchen, Wasserwage usw.)*) gemessen; hat man solche Instrumente nicht, so kann man obiges einfaches, allerdings etwas ungenaues Verfahren anwenden.

Die Extreme in der Bodenneigung sind dem Waldbau schädlich; die absolute Ebene ruft leicht Versumpfung hervor, zu steile Hänge leiden unter Wegschwemmung, es entstehen Erdstürze, Erdrutschungen, sie sind auch schwer anzubauen und abzuholzen, während mäßige Neigungen dem Wachstum der Holzarten günstig sind, da sie dem Wasser bequemen, aber nicht zu starken Abfluß verschaffen; die Wechselwirkungen zwischen Atmosphäre und Boden erleichtern namentlich die Aufnahme aller Feuchtigkeit der fruchtbaren Luftarten und befördern so die Verwitterung. Die Exposition (Neigung nach einer bestimmten Himmelsgegend) gleicht öfter die Nachteile des Bodens aus, z. B. kalter Boden wird in warmen Lagen besser und umgekehrt, ebenso trockner Boden in frischen Lagen und umgekehrt. Nord- und Ostlagen sind kalt, Süd- und Westlagen warm, Ost- und Südlagen sind trocken, West- und Nordlagen frisch; Ostlagen leiden leicht unter Frost, Südlagen unter

*) Alle zu forstlichen Messungen gebräuchlichen Instrumente bezieht man gut und preiswürdig von Spörhaase-Gießen oder Reiß-Liebenwerda.

Dürre, Westlagen unter Sturm; die Zwischenlagen, z. B. Nordost, Südwest usw., gleichen die Gunst- und Ungunst etwas aus; ob die eine oder andere Lage für bestimmte Holzarten günstig ist, richtet sich nach ihren besonderen Ansprüchen resp. ihrer Empfindlichkeit. Im allgemeinen sind die Nord- und Ostlagen in waldbaulicher Beziehung günstig.

§ 99.

Steiniger Boden.

Der Boden besteht in den seltensten Fällen aus feinkörniger Erde, sondern ist meist mit kleinen und größeren Steinen durchmengt. Man unterscheidet Kies-, Grandboden und Grus. Der erstere besteht aus kleinen unzersetzbaren rundlichen kieseligen Kies- oder quarzigen eckigen Gesteinsbrocken (Grand). Ist dieser Boden ohne genügende Erdbeimengungen, so kann er die Feuchtigkeit nicht genug halten, hat auch zu wenig Nahrung für eine Waldvegetation. Ein mäßiges Vorkommen von kleinen Steinen ist dagegen entschieden günstig, namentlich in jedem schweren Boden, da dieselben der Kultur keine wesentlichen Hindernisse bereiten und den Boden lockern.

Unter Grus oder Gries versteht man 1 – 3 cm dickes Gestein, soweit es weiter zersetzbar ist. Er ist ziemlich nahrungskräftig.

Außerdem kommt in Gebirgen häufiger ein großsteiniger Waldboden (Gerölle) vor, meist mit einem dichten Überzug von Deckmoosen. In seinen mit Erde ausgefüllten Gesteinslücken finden wir nicht selten gute Buchen-, Tannen- und namentlich Fichtenbestände; diese muß man sich hüten, kahl abzutreiben, weil dann die Bodendecke schwindet und eine Kultur aus der Hand mit den größten Schwierigkeiten verbunden ist. Hier ist Plenterbetrieb am Platze.

§ 100.

Beurteilung des Bodens.

Zur genauen Beurteilung des Bodens sind ausgebreitete chemische und physikalische Kenntnisse erforderlich (die hier nicht vorausgesetzt werden dürfen), wir können uns daher nur mit der praktischen Seite derselben befassen.

Man beurteilt den Boden am richtigsten durch genaue Untersuchung seiner Zusammensetzung oder Beurteilung dessen, was er hervorbringt, d. h. der auf ihm stockenden Bestände und Pflanzen.

§ 101.

a. Die Untersuchung des Bodens selbst.

Zunächst belehrt uns die Abstammung über die Beschaffenheit des Untergrundes, seine mineralische Zusammensetzung darüber, ob wir es mit einem mineralisch kräftigen oder armen Boden zu tun haben.

Hierauf müssen wir den Boden selbst genau mit unseren Sinnen, mit den Augen, dem Geruch, durch Befühlen und eventuell mit dem Geschmack prüfen.

Tongehalt gibt sich durch große Bindigkeit, fettiges Anfühlen, Anhängen an der Zunge resp. Lippe, Wasserhaltung, Tongeruch zu erkennen, im trockenen Zustande durch Rissigkeit und Blätterung. Beim Schaben mit dem Fingernagel zeigt er Glanz.

Sandboden erkennt man an Lockerheit, Rauheit und Knirschen beim Zerreiben mit der Hand.

Kalkboden ist bemerklich durch helle graue Farbe, Zerbröckeln, Mittelbindigkeit, Aufbrausen beim Begießen mit Salzsäure, Kalkgeruch.

Eisenbeimengung erkennt man an der schwarzen bis rotbraunen Farbe, an der rauhen Bruchfläche; stagnierendes eisenhaltiges Wasser an seiner buntschillernden Oberfläche.

Sofort sichtbar wird der Grad der Steinbeimengung und der Humusgehalt; letzterer ist an der schwärzlichen Farbe, Leichtigkeit, Lockerheit und an seinem modrigen Geruch kenntlich.

Die Prozentsätze der Mengung findet man leicht durch den sog. Schlämmversuch. Man füllt den Boden in eine große zylindrische Glaskruke, gießt genügend Wasser hinein, rührt tüchtig um und untersucht und mißt oder wiegt, nachdem die umgerührte Masse sich nach dem Gesetz der Schwere abgelagert hat, die Lagerungsschichten und berechnet danach die Prozentverhältnisse der einzelnen Bodenteile.

Die Tiefgründigkeit, Bindigkeit und mittlere Feuchtigkeit findet man durch Bodeneinschläge bis auf den Untergrund resp. durch den ganzen Wurzelraum. Am besten lernt ein Forstmann seinen Boden jedoch durch aufmerksames Beobachten bei Kulturen, Graben- und Wegebauten, beim Stockroden usw. kennen; hierbei hat er reichliche Gelegenheit zu untersuchen, zu prüfen, vergleichende Beobachtungen anzustellen und danach seine Wirtschaftsmaßregeln zu treffen.

Boden-Bestimmungstabelle nach Thaer und Schübler.

Benennungen der Bodenarten				Bestandteile in 100 Teilen				Verhalten dieser Böden zur Waldvegetation.
Nr.	Klassen	Ordnungen	Arten	Ton	Kalk	Humus	Sand	
1	Tonboden	kalkloser	mittelkräftig	über 50	0	0,5—1,5*	Übrige	günstig für **Eiche** u. **Hainbuche;** auf kalkhaltigem Boden gedeihen noch **Buche, Fichte** u. **Tanne;** starker **Graswuchs.**
		kalkhaltiger	„	„ 50	0,5—5			
2	Lehmboden	kalkloser	„	30—60	0			bei genügender **Tiefgründigkeit** resp. Frische für **alle Holzarten sehr günstig.** Auf besserem Boden Graswuchs — auf ärmerem Heide.
		kalkhaltiger	„	dito	0,5—5			
3	Sandiger Lehmboden	kalkloser	„	20—30	0			
		kalkiger	„	dito	0,5—5			
4	Lehmiger Sandboden	kalkloser	„	10—12	0			**nur unter günstigen** Standortsverhältnissen noch für Laubholz und Hochwald, sonst **Kiefer** — auf frischem Boden **Fichte vorherrschend.**
		kalkiger	„	0—10	0,5—5			
5	Sandboden	kalkloser	„	dito	0			**fast nur Kiefernboden;** bei größerem Humus- und Feuchtigkeitsgehalt auch andere Nadelhölzer und anspruchslose Laubhölzer. Heide- und Beerkräuter.
		kalkiger	„	dito	0,5—5			
6	Mergel	toniger	„	über 50	5—20			**die besten Böden für alle Laubhölzer,** ausgenommen Erlen und Weiden; auch die Nadelhölzer gedeihen gut; die nicht geselligen Laubhölzer, z. B. Ahorn — Esche — Rüster, finden sich häufig ein.
		lehmiger	„	30—50	dito			
		sandiger Lehmmergel	„	20—30	dito			
		lehmiger Sandmergel	„	10—20	dito			
		humoser	toniger	über 50	5—20	über 5		Sehr starker Graswuchs — oft lästig beim Anbau.
			lehmiger	30—50	dito			
			sandiger	20—30	dito			

7	Kalkböden	toniger	mittelkräftig	über 50	über 20 Teile	0,5—1,5	das	für **Buchen, Ahorne, Ulmen, Eschen, Beerbäume usw. der beste Boden.** Fichte, Tanne, Lärche, Schwarz- und Zirbelkiefer gedeihen gut; geringere Neigung zum Graswuchs; trocknet leicht aus, deshalb stets sorgfältiger Schutz und guter Schluß erforderlich; Vorsicht beim Abtrieb, möglichst plentern.
		lehmiger	"	30—50				
		sandig. Lehmkalkboden	"	20—30				
		lehmig. Sandkalkboden	"	10—20				
		humoser	toniger	über 50				
			lehmiger	30—50				
			sandiger	20—30				
8	Humusboden	auflösl. milder Humus	toniger	über 50	mit oder ohne Kalk	über 5		für **Laub- und Nadelhölzer** — ausgenommen Kiefer **ausgezeichnet.** Starker Graswuchs.
			lehmiger	30—50				
			sandiger	20—50				
		unauflösl., verkohlter oder saurer Humus	toniger lehmiger sandiger	über 50				für **Fichten, Erlen, Birken** auch **Zirbelkiefer,** weniger für Kiefer. Heidelbeerüberzug.
		unauflösl. fasrige Pflanzenstoffe	Torfboden Moorboden	mit oder ohne Kalk				für **Fichte, Erle, Schwarzbirke.** Starker Überzug von Heide, Heidelbeeren oder Torfmosen.

Aufzuführen ist noch der **Ortstein** (§ 89), stets in geringer Tiefe und Mächtigkeit; eine durch Eisenbeimengung rötlich bis schwärzlich gefärbte und durch ein organisches Bindemittel verhärtete Sandsteinschicht, welche bei der Kultur durchbrochen werden muß und **an der Luft zu guter Erde zerbröckelt;** ferner der **Raseneisenstein** — eine **erzartige** meist blasige — aus kohlen- und phosphorsaurem Eisenoxyd mit einigen organischen Substanzen bestehende Bodenart; muß überall durchbrochen werden und **zerbröckelt nicht.**

* **Arme** Böden haben nur 0—0,5 und **reiche** Böden 1,5—5 Teile Humus, wonach man die oben aufgezählten Bodenarten noch je in 3 Unterarten, nämlich — **arme** — **mittelkräftige** (vermögende) und **reiche** Böden einteilen kann. Im übrigen ist bei Benutzung obiger Tabelle zu beachten, daß **das Gedeihen der Holzarten weit weniger von der chemischen Zusammensetzung als von dem physikalischen Verhalten des Bodens** — namentlich vom **Feuchtigkeitsgehalt,** von der **Lockerheit** und **Tiefgründigkeit** abhängt. Vergl. §§ 95—101.

Zur genauen Bestimmung des Bodens nach seinen einzelnen Bestandteilen diene die vorstehende Tabelle (Seite 150, 151), wobei bemerkt wird, daß die Fruchtbarkeit eines Bodens von der Menge und dem Grad der Löslichkeit aller darin enthaltenen Pflanzennährstoffe abhängt.

§ 102.

b. Beurteilung nach der Bodenflora.

In gewisser Weise läßt sich die Bodengüte auch wohl nach den Pflanzen beurteilen, jedoch nur unter Berücksichtigung der anderen Einflüsse auf den Pflanzenwuchs als Lage, Klima, Bewirtschaftungsart usw. Sind diese günstig, so wird ein schlechterer Boden besser produzieren und umgekehrt. Es ist hier also eine gewisse Vorsicht nötig.

Nichts desto weniger sollen einige Pflanzen aufgezählt werden, welche meist für charakteristisch gelten:

1. **Kalkpflanzen**: Viele Orchideen und Anemonenarten, Klee, Wicke.

2. **Sandpflanzen**: Heidekraut, Heidelbeere und Angergräser **Aira canescens** und **flexuosa** (Drahtschmeele). Sandhafer auf Dünen (**Elymus arenarius**), Carex-Arten, See-Kreuzdorn (**Hippóphaë rhamnóïdes**); hierher gehört auch, besonders auf Kieselboden, die Preißelbeere, der Besenpfriem und Ginster.

3. **Lehm- und Tonboden**: Besonders gute Grasarten (**Anthoxantum odoratum** Ruchgras, **Holcus mollis** Honiggras, **Avena pratensis** Wiesenhafer, **Aira caespituosa** Rasenschmeele, Schachtelhalm usw.

4. Sehr humosen Boden zeigen an: Brennessel, Distel, Sauerklee, Kreuzkraut. Im Halbschatten in sich zersetzender Bodendecke: Himbeere, Fingerhut usw.

5. Auf frischen Schlägen (ohne Schatten): Storchschnabel, Kreuzkraut, Fingerhut, Brombeere.

6. **Torfboden**: Sumpfheide, Rauschbeere, Sumpfheidelbeere, Sumpfdotterblume, Wollgras (**Erióphorum vaginātum**).

7. Auf nassem und saurem Boden: Binsen, Riedgräser, Schilfe, Schafthalme und die Sumpfmoose (**Equisétum**, **Sphágnum**).

II. Die Lehre vom Klima.

§ 103.

Unter „Klima" verstehen wir die Gesamtwirkung aller in der Atmosphäre vorgehenden Witterungserscheinungen, wie Frost und Hitze, Regen und Schnee, Tau und Reif, Sturm und Gewitter usw. Die Lehre vom Klima erklärt uns die Witterungserscheinungen und ihren Einfluß auf den Wald.

§ 104.

Die atmosphärische Luft.

Die Luft ist stets in demselben Verhältnis aus den beiden Urstoffen, Sauerstoff und Stickstoff in mechanischer (nicht chemischer) Mengung zusammengesetzt, und zwar stets aus etwa $\frac{1}{5}$ Sauerstoff und $\frac{4}{5}$ Stickstoff; daneben finden sich noch in wechselnden Quantitäten zahlreiche Gase, z. B. Wasserdampf, Kohlensäure (Kohlendioxyd), Ammoniak, Salpetersäure usw. Von größter Bedeutung für den Wald ist ferner ihr Wassergehalt, der großen Schwankungen unterworfen ist. Von ihm rühren alle Niederschläge: Tau, Nebel, Regen, Reif, Schnee, Hagel her.

§ 105.

Bedingungen des Witterungswechsels.

Bekanntlich wechselt das Wetter beständig. Die Ursache davon liegt in der ungleichen Erwärmung der Erde durch die Sonne. Die Sonne erwärmt am stärksten, wenn sie ihre Strahlen senkrecht entsendet, je schiefer die Sonnenstrahlen auffallen, desto mehr büßen sie an Kraft ein; daher ist es am Äquator am wärmsten, an den Polen am kältesten. Die größte Wärme wird an der Erdoberfläche hervorgerufen, hierdurch dehnen sich die erdauflagernden Luftschichten aus, werden leichter und steigen in die Höhe, die kälteren Luftschichten sinken nieder, um dann denselben Prozeß durchzumachen. Hierdurch entsteht die Bewegung der Luft, sie ist ein stetes Auf- und Niederwallen, das durch die Gestaltung des Bodens, die Erdumdrehung, ungleiche lokale Erwärmung usw. auch seitliche Abweichungen erhält, welche die Winde hervorrufen. Die erste Ursache der verschiedenen Wärmeeinwirkung ist der Tag- und Nachtwechsel, ferner der Wechsel der Jahreszeiten, bedingt durch die verschiedentliche Stellung der Erde bei ihrem Laufe um die Sonne, schließlich die verschieden starke Erwärmung am Äquator und an den Polen.

§ 106.

Luftwärme.

Wie aus dem Vorhergehenden erhellt, wird die Luftwärme durch die Jahres- und Tageszeit bedingt, ferner durch die geographische Lage (heiße, gemäßigte, kalte Zone), schließlich durch die Höhe über dem Meeresspiegel, Ebene, Gebirge. Die Temperatur nimmt erfahrungsmäßig bei größerer Erhebung über dem Meeresspiegel allmählich ab, im großen Mittel um etwa 0,5° C bei je 100 m Steigung, bis sie bei etwa 2900 m (in unseren Alpen) die Region des ewigen Schnees erreicht; in heißeren Gegenden in höherer Lage und umgekehrt.

Mit dieser Temperaturabnahme in den Höhenlagen hängt das Gedeihen des Pflanzenwuchses aufs innigste zusammen. Die Grenze des deutschen Waldbaues liegt bei einer Jahres-Durchschnitts-temperatur von 5° C.

Eine mäßige Wärme ist für unsere deutschen Waldgewächse am förderlichsten; starke Hitze oder Kälte stören eine gedeihliche Entwickelung. Die Wärme erregt die Keimung und Knospung, unterstützt die Aufnahme von Nahrungsstoffen und deren Umbildung und befördert die Verdunstung. Manche Holzarten verlangen mehr Wärme; so die meisten Laubhölzer und die Kiefer; die anderen Nadelhölzer und die Birke verlangen weniger Wärme. Warme Lagen befördern die Blüten- und Fruchtbildung wie die Holzproduktion und erhöhen den Harz- und Gerbstoffgehalt.

Kältere Lagen haben einen langsameren Wuchs, geben dafür aber meist festeres und dauerhafteres Holz. Größere Wärme befördert die Zersetzung des Humus, die Verdunstung jeder Bodenfeuchtigkeit und vermehrt somit die fruchtbaren Niederschläge, trocknet dagegen den Boden aus.

Große Hitze steigert die Fähigkeit der Luft, Wasserdämpfe aufzunehmen und ruft eine zu starke Verdunstung und damit Trocknis hervor; hierdurch wird die Vegetation gestört, die Pflanzen erschlaffen, vertrocknen und sterben schließlich aus Wassermangel ab (verwelken!).

Große Kälte wirkt am schädlichsten, wenn sie (als Spätfrost) bei der Keimung und Knospung auftritt und die jungen und zarten Pflanzenteile vollsaftig und noch nicht gehörig verholzt sind. Besonders leiden die zarten Laubhölzer, Buche, Eiche, Ahorn, Esche, Erle darunter; die Triebe sterben ab und sind dann kenntlich an der rostbraunen bis schwarzen Farbe, die oft weithin die jungen Schonungen und Kulturen bedeckt.

Am gefährlichsten sind zuglose Winkeltäler, Buchten und Kessel, sog. Frostlöcher; auch solche Löcher, wie sie innerhalb der Bestände durch Wind- und Schneebruch, falsche Hiebsführung usw. entstehen; sie strahlen die Wärme aus, die kalten Luftschichten lagern sich fest auf ihnen ab und es erfrieren alle zarten Pflanzen, da kein günstiger Luftzug sie retten und wärmere Luft auswechseln kann. Schädlich wirkt in jungen Saaten auch das sog. Auffrieren; es entsteht dadurch, daß die Feuchtigkeit bei plötzlich eintretender Kälte zu Eiskristallen erstarrt, sich ausdehnt und mit dem Boden die jungen noch flach bewurzelten Sämlinge in die Höhe hebt, welche dann beim Zurücksetzen des Bodens auf der Oberfläche liegen bleiben und verdorren, am meisten in Moor-, Ton- und Kalkboden.

Eine andere Wirkung des Frostes ist das Zersprengen starker Stämme in sog. Frostrisse. Bei sehr heftiger Kälte ziehen sich die äußeren saftreichen Holzlagen schnell zusammen, das trocknere und dichtere Innere gibt nicht so schnell nach, sodaß sie in Längsrissen bersten, oft mit lautem Knall; (bei Eiche, Buche, Rüster usw. häufig, wo sie noch lange Zeit, nachdem sie überwallt sind, als die bekannten am Stamme herablaufenden Wülste kenntlich bleiben; gut spaltiges Holz reißt leichter).

§ 107.

Luftfeuchtigkeit.

Durch unaufhörliche Verdunstung*) des auf der Erde befindlichen Wassers (aller Gewässer, feuchter Erde usw.) erhält die Luft ihre Feuchtigkeit. Je nach ihrem augenblicklichen Wärmegrad kann sie in sich verschiedene Mengen dieser Feuchtigkeit aufnehmen. Warme Luft faßt mehr Wasserdunst als kalte. Wenn daher eine mit Wasserdunst gesättigte warme Luft abgekühlt wird, was z. B. geschieht, wenn der Wasserdunst vermöge seiner Leichtigkeit in höhere kältere Luftschichten aufsteigt oder von kälteren Winden berührt wird, so muß sich der überschüssige Teil in sichtbare Wasserbläschen, den Wasserdampf**), verdichten, welchen wir, wenn er hoch in der Luft ist, Wolken, wenn er auf der Erde lagert, Nebel nennen. Verdichten sich durch schnelle

*) Wasser verdunstet, indem es sich mit freier Wärme verbindet und in dieser Verbindung Luftgestalt annimmt; es entsteht dann aus dem Wasser der unserem Auge unsichtbare „Wasserdunst". Ebenso wie die großen Wassermassen, verdunsten auch feuchte und nasse Körper durch Verbindung mit Wärme; sie trocknen. Bei solchen Verbindungen verschwindet in dem Maße, wie Wasserdunst entsteht, Wasser und Wärme: die verdunstenden Körper erkalten und trocknen.

**) Wasserdampf besteht aus Wasserbläschen, die so leicht sind, daß sie sich in der Luft schwebend erhalten und unserem Auge sichtbar werden; er ist durch Abkühlung verdichteter und somit sichtbarer Wasserdunst (Wassergas). Die Luft vermag nur eine ganz bestimmte und für jede Temperatur derselben fest bestimmte Menge Wasserdampf zu fassen.

Abkühlung größere Massen dieser Wasserbläschen zu Wassertropfen, so fallen sie als solche nieder — es regnet.

Der Tau bildet sich, wenn die am Tage stark erwärmte Erdoberfläche und die auflagernden Luftschichten sich Nachts durch Wärmeausstrahlung bis unter ihre Wasserdampfkapazität, den sog. Taupunkt abkühlen, d. h. soweit, daß ein Teil des in der Luft enthaltenen Wasserdunstes sich in Tropfen an den erkalteten Gegenständen absetzt. Da die Abkühlung am stärksten an sehr spitzen und an rauhen Gegenständen stattfindet, so taut es am stärksten im Grase und auf rauhem Boden. Wird die ausgestrahlte Wärme durch Beschirmung, wie Bäume, tiefliegende Wolken usw. zurückgeworfen, so findet keine Abkühlung bis zum Taupunkt statt, d. h. es taut unter solchen Verhältnissen nicht. Bekanntlich wirkt der Tau durch seine allmähliche und tief eindringende Befeuchtung sehr günstig auf den Pflanzenwuchs.

Schlägt sich der Wasserdampf an bis unter den Gefrierpunkt erkalteten Gegenständen — ohne erst flüssig zu werden — direkt in fester Form nieder, so entsteht der „Reif". Eine besonders schädliche Art des Reifes ist der sog. Raureif oder Duft, welcher dadurch entsteht, daß Nebel sich auf meist unter Einfluß von Ostwind stark erkaltete Kronen und Zweige niederschlägt und reifartig festfriert. In größerer Masse beschwert er die Zweige und gibt Veranlassung zum bekannten Duftbruche.

Schnee entsteht, wenn der in der Luft befindliche Wasserdampf gefriert; er wird dann so schwer, daß er als feste Masse (in sechsseitigen Kristallen) auf die Erde zurückfällt. Je kälter es ist, um so feinkörniger fällt er, daher die Schneebruchgefahr in höheren (kälteren) Lagen weniger gefährlich ist.

Der Schnee wirkt als wärmende Bodendecke günstig, ebenso als Erzeuger von Feuchtigkeit beim Schmelzen. Schädlich wirkt er, namentlich im Gebirge dadurch, daß sich große Massen auf den Bäumen, besonders den Fichtenbeständen, ablagern und dieselben niederdrücken (Schneedruck) oder niederbrechen (Schneebruch). Am meisten leiden darunter Hänge und rotfaule Bestände. (Vergl. Forstschutz).

Die Entstehung des Hagels ist noch nicht genügend aufgeklärt. Glatteis entsteht, wenn nach Frost warmer Regen oder Nebel fällt und als Eiskruste am kälteren gefrorenen Boden auffriert. Graupeln sind unter dem Einflusse von Stürmen und niedriger Temperatur (nahe dem Gefrierpunkte) zu Kugeln geballte Schneeflocken.

§ 108.

Wie alle anderen Körper, so übt auch die atmosphärische Luft einen Druck auf ihre Unterlage aus, mithin auf die Erdoberfläche mit allem, was darauf befindlich. Je nach der Windrichtung, nach der Temperatur, dem Feuchtigkeitsgehalte der Luft, insbesondere nach der Erhebung über der Meeresfläche ist der Luftdruck sehr verschieden und wird durch ein Instrument, das bekannte Barometer gemessen, welches uns den wechselnden Druck der Luft durch das Steigen und Fallen des Quecksilbers in der Röhre anzeigt. Ein plötzlich starkes Fallen des Barometers zeigt Sturm an, die Süd-, die Südwest- und Westwinde bringen uns wärmere **leichte** mit Wasserdünsten geschwängerte Luft, der Druck derselben läßt nach, das Barometer fällt, und wir haben Regenwetter zu erwarten; umgekehrt bringen die Nord- und Ostwinde uns kältere **schwerere** trockene Luft und schönes Wetter, der Luftdruck wird stärker und das Barometer steigt.

Die Luftwärme wird durch das bekannte Thermometer gemessen. Der Zwischenraum zwischen dem Gefrierpunkt und Siedepunkt, die durch Eintauchen in schmelzenden Schnee und kochendes Wasser festgestellt sind, wird in 80 Teile (Réaumur), zu wissenschaftlichen Zwecken meist in 100 Teile (Celsius) geteilt, so daß bei 0 der Gefrierpunkt, bei 80 resp. 100 der Siedepunkt sich befindet. Da die Wärme bekanntlich alle Gegenstände ausdehnt, die Kälte dieselben zusammenzieht, so steigt und fällt das Quecksilber in der Glasröhre nach dem Wechsel von Wärme und Kälte und wir können an der Skala ablesen, um wieviel es kälter und wämer geworden ist; abgekürzt 15° R = Réaumur, 15° C = Celsius. Zu wissenschaftlichen Zwecken darf nur das Celsius-Thermometer gebraucht werden.

Der Blitz (3 Arten: Zickzack-, Flächen- und Kugelblitz) ist ein elektrischer Funken im Großen, welcher durch Ausgleichung entgegengesetzter Elektrizitäten entweder zwischen zwei Gewitterwolken oder einer Gewitterwolke und der Erde entsteht, im letzteren Falle sagt man: es schlägt ein: Der Donner entsteht infolge der plötzlichen und gewaltigen Ausdehnung, welche die Luft durch den durch sie hinzuckenden heißen Blitzstrahl und durch das unmittelbar darauf folgende rapide Zusammenstürzen der Luftmassen nach den durch die Ausdehnung stark verdünnten Luftschichten hin erleidet, sowie der vielfachen Echos an Wolken, Bergen usw. Die Entfernung des Gewitters kann man leicht berechnen, indem man genau die Sekunden zählt, welche zwischen Blitz und Donner vergehen; jede Sekunde entspricht einer Entfernung des Gewitters von etwa $\frac{1}{3}$ Kilometer; bei 3 Sekunden ist das Gewitter also 1 Kilometer, bei 22 Sekunden eine deutsche Meile entfernt.

Gewitter entstehen bei sehr schneller Verdichtung des in der Luft reichlich enthaltenen Wasserdampfes durch plötzliche Abkühlung, z. B. wenn bei großer Hitze, wo die Luft am meisten Wasserdampf fassen kann, plötzlich sich ein kälterer Wind (Nord- oder Ostwind) erhebt, oder wenn der Süd- oder Westwind in Nord- oder Ostwind umspringt.

Das Wetterleuchten steht im Zusammhange mit entfernten Gewittern, deren Donner man wegen zu großer Entfernung (über 25 Kilometer) nicht hören kann, oder es ist der Widerschein von unter dem Horizonte befindlichen Gewittern. Der Regenbogen entsteht bei gleichzeitigem Regen und Sonnenschein, indem sich die Sonnenstrahlen im herabfallenden Regen nach bestimmten Gesetzen brechen oder zurückgeworfen werden und so Farbenerscheinungen hervorrufen; (die 7 Regenbogenfarben).

Auf ähnlichen Gesetzen beruhen die Morgen- und Abendröte, wie auch die sog. Höfe um Mond und Sonne; befindet sich die Sonne Morgens und Abends am Rande des Horizontes (Winkel von 18°), so fallen die Strahlen sehr schräg auf die Erde und werden durch besonders zahlreich in der Luft befindliche Dunstbläschen so verändert, daß der gesamte umgebende Himmel rot gefärbt erscheint.

Morgen- und Abendröte beweisen einen großen Wassergehalt der Luft und lassen, wenn sich kältere Winde aufmachen, auf Regen schließen.

Die Höfe (Ringe) um den Mond, wie auch die selteneren Höfe um die Sonne erklärt man durch die Beugung der Strahlen an den in der Höhe der Atmosphäre befindlichen Dunstkügelchen und Eiskristallen; sie stellen ebenfalls, wenn Abkühlung eintritt, Regen in Aussicht.

§ 109.

Luftbewegung.

Die Luftbewegung entsteht durch ungleiche Erwärmung und dadurch bedingte ungleiche Dichtigkeit oder Schwere der Luftschichten.

So entsteht durch das Abfließen der kalten schweren Luftschichten vom Norden und Süden der Erdkugel nach dem Äquator der Polarstrom und von diesem zurück durch das Abfließen der warmen leichten Luft nach den kälteren Polen der Äquatorialstrom. Durch die Drehung der Erde von Westen nach Osten um die eigene Achse (in 24 Stunden, wodurch die Länge des Tages bestimmt ist) wird der erste zum Nordost-, der zweite zum Südwestwind abgelenkt. Da nun mit der allmählichen Abkühlung des Äquatorialstromes ein Sinken in höheren Breiten verbunden ist, so kommt er naturgemäß mit dem Polarstrom häufig in Konflikt, und solche Länder, die in diesen Breiten liegen, wie z. B. Deutschland und andere Länder der gemäßigten Zone haben unter dem Kampfe der südwestlichen und nordöstlichen Luftströmungen zu leiden. Daher ist es bei uns viel windiger und regnerischer als im Süden oder Noden.

Außer diesen großen Weltwinden gibt es noch viele Lokalwinde, die durch die Verschiedenheit der Bodengestaltung, durch den Wechsel von Berg und Tal, von Wasser und Land, hervorgerufen werden. Ist die Luftbewegung eine besonders heftige, so nennen wir sie Sturm; Stürme entstehen am häufigsten bei schroffem Temperaturwechsel, bei Gewittern und nach starken Niederschlägen, also im Frühling und Herbst, wo Sommer und Winter um die Herrschaft kämpfen. Sie sind dem Walde immer verderblich, namentlich wenn sie bei großer Feuchtigkeit (Tauwetter nach Frost) und damit verbundener Lockerheit des Bodens auftreten.

Mäßige Winde sind notwendig, um die Nachteile der Temperaturextreme auszugleichen. Die herrschenden Winde bei uns sind die W e s t w i n d e. Über das atlantische Meer herwehend haben sie viel Feuchtigkeit, bringen also meist Regen und wirken deshalb günstig auf trockene Bodenarten und Lagen. Sie arten aber auch häufig in Stürme aus, deshalb muß sich der Forstmann am meisten vor ihnen schützen (vergl. § 195). Die über Asien und das europäische Flachland wehenden O s t w i n d e haben ihre Feuchtigkeit meist auf dem langen Landwege bereits abgegeben und wehen bei uns nicht nur trocken, sondern auch — aus kälteren Gegenden kommend — kalt und scharf. Der Ostwind hagert deshalb den Boden aus und zerstört häufig die zarten Triebe sowie die Fruchtansätze, hindert auch oft das Gedeihen der Saaten durch Frostgefahr.

Ein ähnlicher rauher Wind ist der N o r d w i n d, er artet leicht in Sturm aus und bringt häufig Schnee und unfreundliches Wetter. Da er jedoch seltener und unbeständig weht, so ist er nicht von großer Wichtigkeit, ebenso wie der seltene Südwind. Dieser ist allezeit weich, mild und fruchtbar, deshalb dem Forstmann nur erwünscht, zumal seine ursprüngliche Wärme in richtiger Weise für uns durch die vorlagernden Alpen gemäßigt ist.

§ 110.

Die verschiedenen Klimate in Deutschland.

Nach den verschiedenen Einflüssen der herrschenden Winde, der durchschnittlichen Feuchtigkeit und Wärme, welche wieder durch die Lage (geographische Lage, Höhenlage) und Exposition (Neigung einer Fläche gegen die Himmelsgegend z. B. Westhang, Nordostlage) bedingt wird, hat meist jeder Ort sein eigenes Klima, das je nachdem günstig oder ungünstig auf das Gedeihen der Waldgewächse einwirkt; man spricht demnach von einem milden (Sommermonate überwiegen), einem gemäßigten (Sommer und Winter gleich lang) und rauhen (Winter länger als Sommer) Klima. Das milde Klima ist für Deutschland besonders im Süden vertreten; anhaltende strenge Winter gehören zu den Seltenheiten; Wein und Obst wie edlere Laubhölzer (echte Kastanie, Wallnuß) gedeihen vortrefflich (10 bis 12° C. Durchschnittstemperatur und 7 Monate Vegetationszeit). Das gemäßigte Klima zeigt schon strengere Winter, hat keinen eigentlichen Weinbau und keine edleren Obstsorten im Freien, ist aber doch dem Anbau unserer Hauptholzarten noch sehr günstig. Es ist das verbreitetste in Deutschland (7 bis 9° C. Durchschnittstemperatur und 6 Monate Vegetationszeit). Das rauhe Klima ist hauptsächlich im Norden und Osten unseres Vaterlandes und in höheren Gebirgslagen vertreten; der Winter dauert im höheren Gebirge bei uns ebenso lange resp. länger als die milde Jahreszeit, die eigentliche Vegetationsperiode ist auf etwa ein Drittel des Jahres beschränkt. Der Obstbau hört auf, Getreidebau ist auf das geringste Maß zurückgeführt, die Waldbäume zeigen ein mäßiges, in den höchsten Lagen nur noch ein krüppelhaftes Gedeihen.

§ 111.

Die Standortsgüte.

Das Zusammenwirken des Bodens, der Lage und des Klimas, welche den Standort ausmachen, ist ein so mannigfaches, daß dadurch eine große Verschiedenheit desselben bedingt wird, welche man für die

Praxis wohl in Klassen geteilt hat; so hat Cotta 10 Standortsklassen gebildet und sie mit den römischen Zahlen I—X, von der schlechtesten zur besten aufsteigend bezeichnet, ein anderer hat die beste Klasse mit 1 und die schlechteren mit Zehnteln bezeichnet, z. B. 0,9, 0,8 usw. Für unsere Zwecke genügen die einfachen Bezeichnungen, gut, mittelmäßig und gering, denen als Aushilfe noch die selteneren Bezeichnungen sehr gut und schlecht beitreten mögen.

Was unter den verschiedenen Klassen zu verstehen ist, geht genügend aus dem Vorgetragenen hervor und mag höchstens als Anhalt wiederholt werden, daß der beste Standort der ist, auf welchem durch das günstigste Zusammenwirken von Boden, Lage und Klima der meiste und beste Holzwuchs (höchste jährliche Durchschnittszuwachs) erzeugt wird; unter schlechtem Standort versteht man das Gegenteil. Die Güte des unter normalen Verhältnissen herangewachsenen Holzbestandes wird im allgemeinen auch den sichersten Anhalt zur Beurteilung der Standortsgüte geben.

Bekanntlich macht jede Holzart ihre besonderen und meist ganz charakteristischen Ansprüche an den Standort; diese zu erkennen und zu befriedigen gehört zu den wichtigsten, zugleich aber schwierigsten Aufgaben des Forstwirts und wollen wir im nächsten Teil, dem Waldbau, untersuchen, wie er diese Aufgabe zu lösen hat.

Fragebogen zur Standortslehre.

I. Die Lehre vom Boden.

Zu § 80. Was heißt Standort und was versteht man unter Standortslehre? In welche beiden Hauptteile zerfällt die Standortslehre?

Zu § 81. Wie war unsere Erde früher beschaffen und wie ist ihre heutige Gestaltung und Zusammensetzung entstanden?

Zu § 82. Welche Gebirge bilden das erste Erstarrungsprodukt? Wie ist ihre Struktur?

Zu § 83. Wie sind die Flötzgebirge entstanden, wie heißen sie? Woran erkennt man sie? Wie unterscheiden sich Diluvium und Alluvium?

Zu § 84. Wodurch sind die Durchbruchsgesteine charakterisiert? Welche Gruppen unterscheidet man?

Zu § 85. Was versteht man unter Verwitterung des Gesteins? Wie geht sie auf mechanischem, wie auf chemischem Wege vor sich? Welche Bedeutung hat die Verwitterung für den Pflanzenwuchs?

Zu § 86. Woraus besteht der Sand und welche Eigenschaften hat der Sandboden in bezug auf die Waldvegetation?

Zu § 87. Woraus besteht der Ton, Lehm und Mergel? Welche Bedeutung haben sie für den Pflanzenwuchs?

Zu § 88. Woraus besteht der Kalk? Nenne seine Eigenschaften!

Zu § 89. Nenne die wichtigsten Eisenverbindungen im Boden. Welche sind dem Anbau günstig? Welche ungünstig? Wodurch unterscheiden sich Ortstein und Raseneisenstein?

Zu § 90. Welche Bedeutung haben die auflöslichen Salze für die Ernährung der Pflanzen?

Zu § 91. Welche Mengungen und Übergänge der Hauptbodenarten gibt es? Was versteht man z. B. unter sandigem Tonboden und tonigem Sandboden?

Zu § 92. Was versteht man unter Humus? Wie entsteht er? Welche Einwirkung hat er auf Boden und Wachstum? Was ist Stauberde? Was ist Taub- und Hagerhumus? Wie kann man eine günstige Humusbildung beeinflussen?

Zu § 93. Welche sonstigen Humusbildungen gibt es? Wie entstehen Grünlands- und Hochlandsmoore? Welche Torfarten unterscheidet man? Woran erkennt man guten Torf?

Zu § 94. Welches sind die physikalischen Eigenschaften des Bodens?

Zu § 95. Was versteht man unter Bodenmächtigkeit? Welches sind die wichtigsten Schichten des Nahrungsbodens und wie setzen sie sich zusammen? Wann nennt man einen Boden flachgründig? Wann tiefgründig?

Zu § 96. Nenne die verschiedenen Feuchtigkeitsgrade des Bodens und ihre Merkmale. Welche Hauptbodenarten repräsentieren sie? Welchen Einfluß hat die Feuchtigkeit auf die Bodenwärme und die Fruchtbarkeit?

Zu § 97. Welches sind die verschiedenen Bindungsgrade des Bodens? Woran erkennt man sie? Welche sind günstig?

Zu § 98. Was ist Bodenneigung? Wie mißt man sie? Welche Abstufungen gibt es und welche Bodenlagen sind günstig? resp. wodurch zeichnen sich die einzelnen Expositionen aus?

Zu § 99. Was versteht man unter Kies, Grus und Geröll? Wie verhält sich steiniger Boden zum Holzwachstum?

Zu § 100. Beschreibe die beiden Arten der Bodenbeurteilung.

Zu § 101. Woran erkennt man Ton-, Lehm-, Sand-, Humus- und Kalkboden? Woran das Vorhandensein von Eisen im Boden? Beschreibe den Schlämmversuch und den Bodeneinschlag!

Zu § 102. Nenne die wichtigsten Waldpflanzen, welche die verschiedenen Bodenarten kennzeichnen.

II. Die Lehre vom Klima.

Zu § 103. Was ist Klima und worin liegt seine forstliche Bedeutung?

Zu § 104. Woraus besteht die atmosphärische Luft?

Zu § 105. Wovon hängt die Erwärmung der Erde ab? Wie entstehen die Winde?

Zu § 106. Welchen Einfluß auf das Wachstum hat Wärme, Hitze, Kälte? Was versteht man unter Frostlöchern? Auffrieren? Frostrissen?

Zu § 107. Wodurch entsteht die Luftfeuchtigkeit im allgemeinen, der Regen, der Tau, der Reif, der Raureif, der Schnee, der Nebel und die Wolken im besondern? In welcher Weise wirkt der Schnee nützlich? Wie schädlich?

Zu § 108. Wie mißt man die Luftschwere, die Luftwärme? Wie entstehen die Gewitter, der Blitz, Morgen- und Abendröte?

Zu § 109. Wie entstehen die großen Weltwinde? Wie die örtlichen Winde? Welches sind unsere herrschenden Winde? Welche sind schädlich, welche nützlich und wodurch?

Zu § 110. Was versteht man in Deutschland unter einem milden, gemäßigten und rauhen Klima? Welches ist das verbreitetste, welches ist das günstigste? und weshalb?

Zu § 111. In welcher Weise werden im Buche die verschiedenen Klassen der Standortsgüte bezeichnet? In welcher Weise sind sie von anderen Schriftstellern bezeichnet?

B. Waldbau.

Literatur.

Carl Heyer: Waldbau. 4. Aufl. von Hesse.
Burkhard: Säen und Pflanzen. 6. Aufl.
Cotta: Waldbau. 9. Aufl.
Ney: Waldbau.
Pfeil: Deutsche Holzzucht.
Gayer: Waldbau. 4. Aufl. 1898.
Gust. Heyer: Verhalten der Waldbäume gegen Licht und Schatten.
W. Weise: Leitfaden für den Waldbau. 2. Aufl.
Borggreve: Holzzucht. 2. Aufl. 1891.

§ 112.

Einleitung.

Der Waldbau lehrt die Gründung und Erziehung von Holz-Beständen. Die Gründung der Bestände erfolgt entweder durch Saat oder Pflanzung, also auf künstliche Weise oder unter Benutzung von vorhandenen Beständen, indem man ihren abfallenden Samen oder die nach dem Hiebe erfolgenden Stockausschläge benutzt, auf natürliche Weise.

Ebenso verschieden wie die Gründung ist die Erziehung der Bestände, die im allgemeinen vom Standort und dem zu erreichenden Zwecke abhängt; man erzieht die Bestände entweder nur zu kurzem

Buschholze oder zu mächtigen Stämmen oder zu Beständen, die beides vereinigen, d. h. dicht zusammen und im Gemenge Buschholz und Stämme von allen möglichen Stärken und Höhen in sich begreifen.

§ 113.

Die Art und Weise, eine Waldwirtschaft zu betreiben, nennt man Betriebsart. Man hat hauptsächlich vier Betriebsarten:

1. Den Hochwaldbetrieb. Bei ihm erzieht man die Bestände zu Stämmen bis zu ihrer natürlichen Höhe und zu einem Alter, in welchem sie sich nicht nur selbst durch Samenabfall verjüngen können, sondern auch das meiste und beste Holz geben*).

2. Den Niederwaldbetrieb. Bei ihm läßt man die Bestände nur ein geringes Alter erreichen und treibt sie in kurzen Perioden ab, wenn sie noch „niedrig" sind. Sie sind noch nicht fähig, Samen zu tragen, und verjüngen sich hauptsächlich durch den Stockausschlag.

Hierbei sind noch zwei Unterbetriebsarten zu erwähnen, die mit dem Niederwaldbetrieb das gemein haben, daß man die Verjüngung und weitere Nutzung durch periodischen Ausschlag an den Nutzungsstellen erwartet, der sog. Kopfholz-" und der „Schneidelholzbetrieb". Bei dem ersteren nimmt man leicht ausschlagenden Stämmen in geringer Höhe den Kopf (Gipfel) weg; die dort erfolgenden Ausschläge nutzt man dann wieder in kurzen Zwischenräumen.

Beim Schneideholzbetrieb läßt man die Bäume ein höheres Alter und meist ihre volle Höhe erreichen, nimmt ihnen dann periodisch Kopf und Seitenzweige und wiederholt die Nutzung ebenfalls in kurzen Zeiträumen.

3. Den Plenter- (Plänter) oder Femelbetrieb. Man verjüngt und benutzt die Bestände nicht in zusammenhängenden Flächen, sondern nach Bedürfnis, bald hier, bald da, entweder horst- oder stammweise. Man hat also im Plenterbetrieb nicht Bestände von gleichem Alter, gleicher Stärke und Höhe, sondern alle möglichen Altersabstufungen von der jungen Pflanze bis zum haubaren Stamm in einzelner oder horstweiser Mischung in derselben Wirtschaftsfigur.

---

*) Vom Hochwald gibt es verschiedene Formen: Schlagweiser Hochwald und zwar: Kahlschlag, Femelschlag, Überhalt- und Lichtungsbetrieb — oder in Verbindung mit landwirtschaftlicher Zwischennutzung: Röderwald und Waldfeldbaubetrieb.

4. Den Mittelwaldbetrieb. Er ist eine zusammengesetzte Waldform von Niederwald und so weit geregeltem Plenterbetrieb im Oberholz, daß in letzterem nur dann gehauen wird, wenn das unter ihm stockende stets gleichaltrige Buschholz abgetrieben wird. Im Mittelwald befindet sich demnach über gleichaltrigem Unterholz verschiedenaltriges Oberholz und steht er, wie der Name besagt, in der Mitte zwischen Hochwald und Niederwald.

§ 114.

Die Hauptverschiedenheit dieser vier Betriebsarten liegt neben der Verschiedenheit ihrer Begründung auf künstlichem oder natürlichem Wege, in der Verschiedenheit der Nutzungszeit, d. h. in der Verschiedenheit des Umtriebes. Unter Umtriebszeit eines Bestandes versteht man den Zeitraum von seiner Gründung bis zu seinem vollständigen Abtriebe*). Die gewöhnliche Umtriebszeit beim Hochwald schwankt etwa zwischen 80—120 Jahren, beim Niederwald etwa zwischen 10 und 20 Jahren, abgesehen von abnorm hohen und abnorm kurzen Umtrieben zu gewissen Zwecken und bei gewissen Holzarten. Im Mittelwald hat man natürlich für das Unterholz die für den Niederwald, für das Oberholz die für den Hochwald gebräuchliche Umtriebszeit, obwohl ja bei dem plenternden Aushieb des Oberholzes ein Umtrieb im eigentlichen Sinne hier nicht zur Anwendung kommt. Im Plenterbetrieb kann von einer Umtriebszeit im gewöhnlichen Sinne nicht die Rede sein, da der Bestand ja nie vollständig abgetrieben wird. Man bezeichnet hier mit Umtriebszeit den Zeitraum, in welchem auf jeder Fläche wieder planmäßig gehauen wird.

Unter Betriebsklasse versteht man die Gesamtheit der zu derselben Schlagreihe gehörigen, nach gleicher Betriebsart und mit derselben Umtriebszeit bewirtschafteten Bestände — ohne Rücksicht auf ihre Lage oder ihren Zusammenhang—, für welche ein besonderer Etat (Hiebssatz) aufgestellt wird (im Taxationswerk und Hauungsplan).

---

*) Ich wähle diese kurze und klare Definition im Interesse des leichteren Verständnisses meines Leserkreises, obwohl mir bewußt ist, daß sie in einzelnen Ausnahmefällen nicht genau paßt; für Fortgeschrittenere erkläre ich sie dahin: sie ist der Zeitraum, innerhalb dessen planmäßig alle zu einer Betriebsklasse vereinigten Bestände einmal zum Abtrieb kommen.

§ 115.

Die Wahl der Umtriebszeit richtet sich meist nach der Verwertung der Bestände, seltener wird sie bedingt durch allgemeinere Interessen, z. B. Schutzmaßregeln für den Verkehr usw. Man wählt für die Holzarten meist die Umtriebszeit, in welcher sie den höchsten Ertrag an Geld resp. an Holz, namentlich auch an Holz für bestimmte Gebrauchszwecke geben, wenn nicht gewisse rechtliche Verhältnisse, wie Servituten usw. und eigentümliche Rücksichten (Standort, Schutz, Absatz, Marktlage usw.) eine andere Umtriebszeit vorschreiben. Die Umtriebszeit teilt man gewöhnlich in sog. Perioden ein, d. h. Zeiträume von gewöhnlich 20 Jahren beim Hochwald, von 3—10 Jahren beim Niederwald. Diese Perioden dienen als Anhalt für die Bewirtschaftungsweise resp. für die Abnutzung der Bestände. Ist die Umtriebszeit z. B. auf 100 Jahre festgesetzt, so teilt man diese in 5 Perioden von je 20 Jahren und legt in die letzte (5te) Periode alle Bestände, die am spätesten zur Benutzung kommen, d. h. in der Regel die jüngsten oder solche von vorzüglichem Wuchse, die noch länger wachsen sollen; in die erste Periode legt man alle Bestände, die zunächst genutzt werden sollen, d. h. in der Regel die ältesten resp. die schlechtwüchsigsten und auf längere Zeit unhaltbaren. In der Mitte liegen nach der Reihenfolge die II., III. und IV. Periode.

§ 116.

Über die Wahl der Holzarten.

Die Holzarten machen bekanntlich die verschiedenartigsten Ansprüche an den Standort, d. h. den Boden, die Lage und das Klima, und deshalb sind diese drei Faktoren bestimmend für die Wahl der zu erziehenden Holzarten. Welcher Art diese Ansprüche sind, muß ein aufmerksames Beobachten der Hölzer auf ihrem derzeitigen Standort ergeben; die einen verlangen einen tiefgründigen und milden Boden, viel Feuchtigkeit und Wärme, großen Schutz gegen Gefahren (die edlen Laubhölzer), die andern begnügen sich mit flachgründigem und unfruchtbarem Boden, sind weniger empfindlich gegen Feuchtigkeit oder Trockenheit, gedeihen noch gut in den rauhesten Lagen (Kiefer Birke), kurz sind ebenso genügsam als die anderen anspruchsvoll sind. Zu den anspruchsvollsten Hölzern gehören meist die wertvolleren sowie die edlen Holzarten, während die genügsameren oft auch geringeren Wert haben. Öfter ist maßgebend bei der Wahl das Bedürfnis der Umgegend; sind z. B. in einer Gegend reiche Kohlenlager entdeckt, so wird man sich den Anbau von Holzarten angelegen sein lassen, welche zum Grubenbau erforderlich sind. Ist man bei gleich günstigem Standort zwischen zwei Holzarten zweifelhaft, so wird man die wählen, die den höchsten Geldertrag liefert, oder, ist dieser gleich, diejenige, deren Anbau am bequemsten ist usw. Oft geben auch örtliche Kalamitäten, Sturm-, Wasser- und Frostgefahr, Gefahr von Insekten und anderen Tieren, ferner Servituten usw. den Ausschlag.

§ 117.

Wahl der Betriebsarten.

Die Betriebsart hängt zunächst von der Holzart ab. Die Nadelhölzer eignen sich nur für den Hochwald resp. als Oberholz im Mittelwald; für den Niederwald eignen sich alle Laubhölzer mit guter Ausschlagskraft, für den Mittelwald und Plenterwald eignet sich jede Holzart, sobald das Nadelholz oder schlecht ausschlagendes resp. nicht Schatten ertragendes Holz zu Oberholz gewählt wird.

Zum Hochwald wird man alle Holzarten nehmen, die den langen Hochwaldumtrieb aushalten und dabei die höchste und wertvollste Holzmasse liefern. Demnach sind zum Hochwaldbetriebe unsere Hauptholzarten Eiche, Buche, Kiefer, Fichte und Tanne vorzüglich geeignet. Die meisten übrigen Holzarten können im Hochwaldbetriebe bewirtschaftet werden, ob jedoch mit Vorteil, wird die spätere Besprechung der einzelnen Holzarten ergeben. Ferner ist der Hochwald nur geeignet für größere Waldflächen, in denen man rationell jährlich so viel hauen kann als zuwächst, ohne das Holzkapital zu verringern. Der Hochwaldbetrieb ist eine verhältnismäßig kostspielige Betriebsart, weil zwischen Saat und Ernte ein großer Zeitraum liegt, man also sehr lange warten und viele Gefahren bestehen muß, ehe man einen Gewinn erzielt. Der Besitzer einer sehr kleinen Waldfläche wird deshalb selten und nur gezwungen (durch den Standort usw.) den Hochwaldbetrieb wählen. Man kann obiges dahin zusammenfassen: der Hochwaldbetrieb wird mit Nutzen nur in solchen Wäldern angewandt, die groß genug sind, um eine ordnungsmäßige Hochwalds-Einrichtung mit jährlich gleichen und lohnenden Erträgen zuzulassen. Gewisse Standorte erlauben keinen Hochwaldbetrieb, z. B. ganz steile Hänge oder ganz flachgründiger und exponierter Boden, während umgekehrt rauhere Lagen ihn erfordern können. Verlangt der Markt hauptsächlich Bau- und größere Nutzhölzer, so wird man, wenn es sonst die Verhältnisse erlauben, den Hochwaldbetrieb einführen. Überhaupt sei hier gleich hervorgehoben, daß für die Betriebsart in ähnlicher Weise wie für die Umtriebszeit einer der wichtigsten Bestimmungsgründe, sobald die Natur ihr Ja gesprochen, die Absatz- und Verwertungsverhältnisse sind. Unter Umständen gebieten auch Verpflichtungen, Servituten usw. die Betriebsart, zuweilen auch die benachbarte Bewirtschaftungsart und sonstige örtliche Verhältnisse*).

Für die Einführung des Niederwaldes ist im allgemeinen das Umgekehrte maßgebend, was für den Hochwald maßgebend ist. Zunächst sind nur solche Hölzer tauglich, die an den Stöcken oder Wurzeln gut ausschlagen, d. h. die meisten Laubhölzer; ganz ausgeschlossen sind die Nadelhölzer. Je mehr Ausschlagsfähigkeit nun eine Holzart hat und je wertvoller sie dabei ist, um so geeigneter ist sie zum Niederwald. Obenan steht die Eiche, dann folgen in der Reihenfolge ihrer Tauglichkeit Erle, Weide, Ahorn, Esche, Ulme, Hasel, Akazie (vergl. § 124). Die Birke gibt nur auf zusagendem Standort, dann allerdings oft vorzügliche Erträge. In letzter Reihe sind zu nennen: Linde, Pappel, Eberesche und Buche, welche letztere wegen geringer Ausschlagsfähigkeit sich am wenigsten eignet. Außerdem eignen sich noch alle Straucharten zum Niederwald, sie kommen dann eingesprengt vor, haben aber meist keine hohe forstliche Bedeutung,

Der Niederwald eignet sich auch für die kleinste Waldfläche, vorzüglich für einzelne Parzellen. Er ist passend für flachgründigen Boden, indem der große Wurzelstock mit seinen weitgehenden Wurzeln bequem die verhältnismäßig geringe überirdische Holzmasse ernähren kann. Auf ganz steilen Hängen ist er neben dem Plenterwald beliebt, da er eine bequemere Abnutzung und Wiederkultur gestattet und den Boden schützt. Er ist noch angebracht, wo starke Nachfrage nach den schwächsten Nutz- und Brennholzsortimenten herrscht, und in allen Fällen, wo es dem Besitzer auf möglichst baldige Ernte aus seinem Waldgrundstücke

---

*) Bernhardt sagt in seiner Forstgeschichte Bd. III: „Das Ziel der Wirtschaft ist die höchste Ausnutzung der konkreten Kraft des Standorts durch Erzeugung des wertvollsten Holzes. Die Aufgabe des Forstmanns gipfelt darin, seine Standorte frei zu individualisieren und an jeder Stelle genau die Holzart zu erziehen, welche hier die relativ wertvollste ist; die Betriebsart ist aber stets diesem Hauptzwecke unterzuordnen.

ankommt, also namentlich für Besitzer kleiner Waldgrundstücke. Im allgemeinen hat der Niederwald, weil er fast nur Reisigholz erzeugt, in bezug auf Werts- und Massenerzeugung wenig Berechtigung; ausgenommen ist die Anlage von Weidenheegern und der Eichenschälwald, falls angemessene Rindepreise ihn lohnend machen. Er fordert stets besseren Boden!

Schon die geringe Verbreituug des Mittelwaldes (auch zusammengesetzter Betrieb genannt), ebenso die in jüngster Zeit meist vorgenommenen Überführungen von Mittelwald in andere Betriebsarten beweisen, daß er sich keines großen Beifalls unter den Forstwirten zu erfreuen hat. Dies liegt zunächst darin, daß der Mittelwald große Ansprüche an den Boden macht; nur ein guter und tiefgründiger Boden kann unter dem unvermeidlichen Drucke des Oberholzes noch lohnendes Unterholz hervorbringen und den großen Ansprüchen, welche die im Verhältnis zu Hoch- und Niederwald größte Bestockung des Mittelwaldes in bezug auf Ernährung macht, nachhaltig genügen. Der Mittelwald ist also auf den guten und besten Standort beschränkt. Die richtige Bewirtschaftung des Mittelwaldes ist mit großen Schwierigkeiten verknüpft, die namentlich den Privatforstwirt wohl bedenklich machen können; denn mit der Größe der Schwierigkeiten steht die Gefahr von Fehlern in gleichem Verhältnisse, und Wirtschaftsfehler rächen sich sämtlich im Ausbleiben der Erträge, d. h. in klingender Münze und in Verschlechterung des Bodenkapitals. Ein großer Nachteil liegt jedenfalls darin, daß der Mittelwald in seinem Unterholz und breitkronigem Oberholz zuviel Reisig resp. Brennholz produziert, was heute meist wenig Wert hat. Der Hochwald produziert unter gleichen Verhältnissen unzweifelhaft viel mehr und besseres Nutzholz, auch höhere Derbholzmassen pro ha.

Unter Umständen, d. h. auf gutem Standort, ist der Mittelwald vorteilhaft, da er am besten von kleinen Flächen vielseitige Ansprüche an die verschiedensten Holzsortimente befriedigt; er gibt ebenso wie der Plenterwald die bequeme Gelegenheit zur gleichzeitigen Erziehung der stärksten wie schwächsten Nutzsortimente auf den relativ kleinsten Flächen (vergl. § 164).

Der Plenterwald ist die Bestandsform, bei welcher neben und durcheinander in einzelner oder horstweiser Mischung alle möglichen Holzarten (seltener nur eine Holzart z. B. Tanne) in allen Altersklassen auf derselben Fläche erzogen und später nie in Kahlabtrieben, sondern wieder einzeln und horstweis genutzt und ebenso wieder verjüngt werden. Er hat somit größte Ähnlichkeit mit dem Mittelwald, doch fehlt ihm das „gleichaltrige Unterholz“. **Nachteile** sind bei ihm mangelnde Übersicht, hohe Anforderungen an den Wirtschafter, hohe Werbungs- und namentlich Rückerlöhne, die Notwendigkeit vieler Abfuhrwege; er erzeugt ebenso wie der Mittelwald im freien Stande Oberbäume mit niedrigen zu starken Kronen, die unteren Bestandsglieder leiden unter oberer und seitlicher Beschirmung; es wird im Verhältnis zu dem hohen Prozentsatz an Reis- und an Brennholz zu wenig Wertholz erzeugt; nur der horstweis gemischte Plenterwald hilft diesem Übelstande ab! **Vorteilhaft** ist der Schutz, den er gegen alle Gefahren bietet, wie überhaupt seine Berechtigung hauptsächlich in seiner Eigenschaft als Schutzwald auf ungeschützten Berghöhen und -Rücken, an windgefährdeten Küsten und auf sonst gefährdeten Lagen zu suchen ist. Für kleine Besitzer befriedigt er ebenso wie der Mittelwald am besten vielseitige Holzbedürfnisse, er befriedigt am besten die ästhetischen Ansprüche an Waldschönheit, er erhält und vermehrt mit dem Mittelwald am besten die Bodengüte, weil er nie in größeren Flächen bloßgelegt wird. Er kann nur auf besserem Standort erzogen werden.

Gründung der Bestände.

Natürliche Verjüngung.

§ 118.

Unter natürlicher Verjüngung ist die Verjüngung der Wälder durch Samenfall oder Ausschlag zu verstehen, wie sie z. B. in ursprünglicher Form im Urwald vor sich geht. Auch in der geregelten Forstwirtschaft ist diese Art der Bestandsbegründung bei gewissen Holzarten noch sehr beliebt und bei einigen Holzarten sogar nötig, da sie in der Jugend den Schutz ihrer Mutterbäume gegen Frost und Hitze verlangen, wie z. B. Buche und Tanne.

Die Aufgabe des Forstwirts besteht dann darin, die Samenentwickelung, seinen Abfall, die Keimung und sein Wachsen durch richtige Schlagführung zu befördern resp. im Niederwald und Mittelwald die Ausschlagsfähigkeit der Stöcke zu begünstigen und zu erhalten.

Je nachdem nun die Samenbäume auf der zu verjüngenden Fläche oder in nächster Nähe derselben stehen, unterscheidet man zwischen einer Naturbesamung durch den Schirmbestand und einer solchen durch den Seitenbestand. Die erstere hat eine weit ausgedehntere Anwendung und wird deshalb hauptsächlich von ihr in den folgenden Kapiteln die Rede sein.

§ 119.

a. Natürliche Verjüngung durch Samenabfall resp. Schlagstellung.

Die Bestandsverjüngung durch Samenfall kann mit sämtlichen Holzarten vorgenommen werden, doch findet sie in ausgedehnter Weise im Hochwald- und Plenterbetriebe nur bei Rotbuche und Weißtanne, seltener bei der Eiche, Hainbuche, Esche, Birke, Erle usw. und bei den anderen Nadelhölzern statt. Nur diese ersten beiden Holzarten erfordern die natürliche Verjüngnng, weil sie in der Jugend dringend eines Schutzes gegen Frost, Dürre, Unkraut usw. bedürfen, den ihnen der künstliche Anbau nicht gewährt.

Um eine gute natürliche Verjüngung zu erhalten, hat man folgendes anzustreben:

1. Erziehung von Samenbäumen,
2. Reichlichen Abfall von gutem Samen,
3. Herstellung eines guten Keimbettes, der sog. Bodengahre,
4. Schutz beim Keimen und Anwachsen,
5. Unschädliches Herausschaffen aller dem jungen Bestande später schädlich werdenden Mutter- und Schutzbäume.

Das Alles erreicht man nur durch eine richtige Schlagführung, und unterscheidet man nach der fortschreitenden Entwicklung der natürlichen Verjüngung drei Haupthiebe: die Vorbereitungshiebe, den Besamungsschlag, die Nachhiebe.

Als Beispiel wollen wir in folgendem besonders die natürliche Verjüngnng der Rotbuche näher besprechen.

§ 120.

1. Die Vorbereitungshiebe.

Sie haben den Zweck: a. Die Samenentwicklung hervorzurufen und zu begünstigen. b. Das Keimbett vorzubereiten.

Die Samenentwicklung begünstigt man durch Lockerung des dichten Kronenschlusses, so daß Licht, Wärme und die Niederschläge freier auf die Samenerzeugung einwirken können. Bei Führung der Vorbereitungshiebe ist große Vorsicht nötig, um nicht den Boden freizulegen und dadurch auf schlechterem Boden Verangerung oder Zurückgehen, auf gutem Boden Verunkrautung herbeizuführen. Unter Begünstigung der Samenbäume, d. h. von Bäumen mit gutem und kräftigem Wuchse und voller hoch angesetzter Krone, nimmt man nach und nach in verschiedenen Hiebsperioden soviel Bäume, namentlich unterdrückte und schlechtwüchsige weg, daß durch das noch lose zusammenhängende Laubdach genügend Licht und Niederschläge auf den Boden fallen, um eine schnellere und tiefer gehende Verwesung der Bodendecke zu Humus zu bewerkstelligen und den Boden gahr, d. h. fertig zur Entwicklung der Samenpflanzen zu machen. Wohl zu merken ist jedoch, daß Vorbereitungshiebe nicht Regel sind, sondern nur da eingelegt werden, wo es die oben angegebenen Zwecke erfordern. Tritt ein Samenjahr ein — ehe der Boden die richtige Gahre, kenntlich an leichter Begrünung — erreicht hat, so muß man künstlich durch Pflügen, Grubbern, Hacken, Eggen, auf Streifen oder Plätzen, Schweineeintrieb usw. mit nachfolgender Saat oder Pflanzung, am besten mit anderen Holzarten zur Erziehung gemischter Bestände, eingreifen.

§ 121.

2. Besamungsschlag.

Er hat den Zweck, eine gleichmäßige reichliche Besamung zu bewirken und die Keimung und das Anwachsen zu beschützen. Die Samenschläge werden am vorteilhaftesten im Sommer ausgezeichnet, wenn man aus Beobachtung des Fruchtansatzes (bei Kiefer der vorgebildeten Zapfen) auf guten und reichlichen Samenfall sicher rechnen kann. Sobald der Herbst die Früchte voll ausgereift hat (vom November ab), legt man den Schlag ein, indem man die Samenbäume, namentlich solche, welche den meisten und besten Samen*) tragen, in regelmäßigen kurzen Zwischenräumen stehen läßt, hier und da auch, wo es erforderlich ist, noch einige Schirmbäume und solche Stämme, die sich durch vorzüglichen Wuchs auszeichnen und, ohne dem jungen

*) Man läßt auch schon etwa im Juli—August einige Samenbäume erklettern und Früchte herunterholen, welche man durch einen Längs- und Querschnitt mit dem Messer untersucht. Aus der Menge des Samens urteilt man auf die Quantität, aus den Schnittproben auf die Qualität des Samens; dies ist wichtig für Aufstellung der Wirtschaftspläne.

Anwuchs durch Verdämmung zu schaden, mit diesem durchwachsen können. Eine Hauptregel bei der Stellung des Samenschlages ist, zur Vorsicht eher etwas zu dunkel als zu licht zu stellen. Eine zu lichte Stellung läßt sich nie wieder gut machen und gefährdet den Erfolg, die zu dunkle immer, wenn man rechtzeitig eingreift. Als Anhalt für den Grad der Lichtung mag noch dienen, daß Holzarten mit dichtem Laubdach (Buche, Tanne, Fichte) dunkle Schlagstellungen verlangen, ebenso verlangen in dichtem Schlusse erwachsene Bestände dichtere Stellung, weil sie vermöge ihres schlanken Wuchses und schwacher hoch angesetzter Krone den Anwuchs schlechter schützen können, auch leicht unter Sturmgefahr leiden. Wichtig ist auch der Standort für die Schlagstellung. Frische und kräftige, zu Unkraut neigende Böden (Kalk und Lehm), ebenso arme und trockene Bodenarten müssen dunkler gehalten werden, Süd- und Westlagen muß man dunkler halten als Nord- und Ostlagen. Das richtige Alter für Samenschlagstellungen tritt erst nach Vollendung des Höhenwachstums und nach erlangter vollständiger Haubarkeit ein; die Bäume tragen allerdings schon früher, jedoch dann meist tauben oder schlechten Samen. Die Stellung muß jedenfalls so bleiben, daß die Samenbäume die ganze Fläche reichlich mit Samen überwerfen können. Bei schwerem Samen (Eiche, Buche) müssen die Zweige der Samenbäume sich überall berühren, bei geflügeltem Samen können sie soweit auseinander stehen, als der Samen auch unter ungünstigsten Verhältnissen noch fliegen kann — etwa bis zu halber Baumlänge auseinander. Lücken in der natürlichen Besamung soll man so schnell als möglich, möglichst binnen Jahresfrist, mit anderen Holzarten auspflanzen oder nachsäen, so lange der Boden noch empfänglich ist, sonst verunkrautet oder verödet er.

§ 122.

Das Auszeichnen der herauszunehmenden Bäume erfolgt im belaubten Zustande, nachdem man den Boden von unnützen Vorwüchsen und Sträuchern der Übersichtlichkeit wegen gereinigt hat, weil man dann erst das sicherste Urteil über Schluß, Verhältnis von Licht und Schatten, Gesundheit der Stämme usw. hat, meist im Spätsommer —, indem man den Bestand strichweise durchgeht und die Bäume, welche herausgenommen werden sollen, immer nach derselben Himmelsrichtung hin anplätzen oder anreißen läßt; das erstere geschieht meist in Brusthöhe oder am Wurzelanlauf mit der Axt, das letztere mit dem Reißhaken. Bei unzuverlässigen Holzhauern tut man gut, die Bäume noch mit dem Waldhammer anzuschlagen resp. zu numerieren. Ist die Masse der herauszunehmenden Bäume größer, so bezeichnet man besser die stehen bleibenden Stämme, z. B. bei Kiefern, Birken, Erlen durch Umbinden von Wischen.

Das Fällen, Aufarbeiten und Rücken des Holzes muß vor dem Aufgehen des Samens (etwa Mitte — Ende April) beendet sein, auch muß man beim Fällen die stehen bleibenden Stämme vor jeglicher Beschädigung schützen. Ist vor dem Frühling eine Abfuhr nicht zu bewirken, so muß jedenfalls vor beginnender Keimung alles Holz aus dem Schlage resp. an Abfuhrwege gerückt werden, die nötigenfalls im Schlage selbst auszuzeichnen sind.

Bodenverwundungen zur Aufnahme des Samens sind nur bei noch nicht vorhandener Bodengahre, bei Verangerung und Verunkrautung des Bodens nötig. Sie geschehen vor dem Samenabfall mit Hacken, Harken, Eggen, Pflügen, Grubbern usw. plätze- oder streifenweis. **Vor** dem Samenabfall ist auch der Eintrieb von Schweinen sehr zu empfehlen, welche den Boden lockern und viel Ungeziefer (Mäuse) vertilgen; nur nicht an steilen Hängen und an feuchten Stellen. Der Schweineeintrieb erspart oft jede künstliche Bodenverwundung.

Jetzt sucht man die natürlichen Verjüngungen, namentlich der Buche immer mehr künstlich zu unterstützen und sind allerlei Geräte zur Bodenverwundung erfunden z. B. der Grubber von Balthasar, die dänische Rollegge usw.; schlechte Bodenstellen sucht man durch künstliche Düngung, namentlich mit Kalk, Gips (20 Ztr. Ätzkalk oder Scheideschlamm pro ha) zu verbessern; zu dichtes Aufgehen verhütet man durch Ausharken oder Abhobeln (Hin- und Herfahren mit der umgekehrten Harke) der Sämlinge Ende Mai; jedenfalls ist das früher übliche Abwarten von Nachbesamungen heute nicht mehr zu dulden.

§ 123.

3. Die Nachhiebe.

Zweck dieser stufenweis folgenden Nachhiebe in den übergehaltenen Mutterbäumen ist der, den Nachwuchs nach und nach an die Einwirkung von Licht und die damit verbundenen Gefahren zu gewöhnen. Die letzte Räumung nennt man Abtriebsschlag, auch Abräumungsschlag.

Die schattenertragenden Holzarten bedürfen einer sehr vorsichtigen und allmählichen Lichtung; je lichtbedürftiger eine Holzart ist (kenntlich an der lichteren Belaubung), desto schneller muß man lichten und abtreiben.

Bei der Buche umfassen die Nachhiebe einen Zeitraum von etwa 10—20 Jahren, bei Kiefern und Eichen ist gar kein Lichtschlag nötig; man kann bei hinreichendem Anflug sofort den Abtriebsschlag einlegen; die übrigen Holzarten liegen in der Mitte beider Abtriebszeiten.

Die Nachhiebe erfolgen am besten so, daß man jährlich nach dem Bedürfnis des Anwuchses die verdämmenden Stämme einzeln heraushaut; stets ist jedoch reiflichste Überlegung nötig, da sich ein unnötig weggenommener Stamm nie sofort wieder in seiner ganzen Größe ersetzen läßt. Den richtigsten Anhalt für die Fortführung der Nachhiebe gibt das Verhalten des Anwuchses; ist dieser gesund und im freudigen Gedeihen, so ist die Schlagführung die richtige; jedes abnorme Verhalten des Unterwuchses muß ein Fingerzeig für Verbesserung der Hiebsführung sein. Sind die Pflanzen gedrückt, von dünnem schwächlichem Wuchse, kränkelndem Ansehen (fleckige Blätter, spindliche Knospen, zurückgehender Höhentrieb usw.), so hat man zu dunkel gehalten; zeigt sich Überhandnehmen des Unkrautes, namentlich kennzeichnender Lichtpflanzen, Schaden durch Frost und Hitze (Sonnenbrand, verödete Bodenstellen), so hat man zu licht gestellt.

Man beginnt zu lichten, wenn der Aufschlag den Schutz entbehren kann (bei Schattenholzarten bei $\frac{1}{4}$—$\frac{1}{3}$ Meter Höhe etwa). Kann die Lichtung nicht jährlich mit einzelnen Stämmen, gewissermaßen plenternd, — sondern nur in bestimmten Jahreszwischenräumen (3—5 Jahre) schlagweise erfolgen, so fällt in diese Zeit der erste Lichtschlag. Man lichtet dann schlagweise weiter, bis man bei etwa Manneshöhe des Anwuchses den Abtriebsschlag einlegt.

Bei Stellung und Führung der Nachhiebe ist folgendes zu beachten:

1. Die Holzauszeichnung muß unbedingt im laubgrünen Zustande erfolgen, weil man nur in diesem Zustande den Grad der Beschattung und das Bedürfnis der Lichtung richtig beurteilen kann, und zwar nimmt man die schlechten, kranken und besten Nutzstämme — sofern letztere nicht als Schutzbäume nötig sind — bei allen Lichtungen zuerst heraus.

2. Das Fällen und Aufarbeiten der Stämme darf nur bei weichem Wetter oder Schnee und unter sorgfältigster Schonung des Jungwuchses geschehen. Schonungsmaßregeln sind:

a. Durch den Schlag sind in der kürzesten Richtung, jedoch unter Vermeidung der besonders gutwüchsigen resp. der schlecht fahrbaren Stellen, nach den Gestellen Abfuhrwege abzustecken, an welche das Holz gerückt (Langholz mit zweirädrigen Rückwagen z. B. dem Neuhauser Rück- oder dem Ahlbornschen Bloch-Wagen) und möglichst hoch (bis 1,5 m) aufgesetzt wird, um Platz zu sparen.

b. Stark und tief beastete Stämme sind womöglich vor dem Fällen zu entästen; die Fallrichtung ist so zu wählen, daß weder der Aufschlag noch Nachbarstämme beschädigt werden; sind zu dichte Aufschlaghorste vorhanden, so kann man mitten in diese hinein einzelne Stämme werfen; die Stämme sind nicht zu schleifen, sondern zu rollen.

c. Die Abfuhr aus dem Schlage muß vor dem Blattausbruch beendet sein; auf feuchtem Boden erfolgt dieselbe am besten bei Frost, sonst möglichst bei Schnee. Namentlich auf schnellste Abfuhr der starken Stämme ist zu halten.

3. Sämtliche Weichhölzer, soweit sie hindern und schlecht verwertbar sind, sind zu entfernen oder doch zu vermindern; sind stärkere Aspen usw. im Schlage, so welkt man sie durch Ringeln am besten schon beim Vorbereitungsschlage ab und nimmt sie, wenn sie vollständig verdorrt sind (meist nach 3 Jahren), bei den Lichtschlägen mit heraus. Alle nicht nutzbaren, jedenfalls alle vereinzelten Vorwüchse sind möglichst schnell wegzunehmen, namentlich wenn sie schlecht und sperrwüchsig sind oder durch Randverdämmung schaden; nur sobald sie geschlossen, gutwüchsig und über 1 Ar groß sind, kann man sie erhalten. Diese Regel gilt auch für die anderen Verjüngungsmethoden.

Schlußbemerkung.

Wo keine vollständige Besamung stattfindet, hilft man möglichst schnell durch Saat oder Pflanzung nach, da man mit dem Warten auf nachfolgende Sprengmasten zu viel Zeit verliert, der Boden sich verschlechtert und eine zu ungleichwüchsige Verjüngung entsteht. Diese Nachhilfe ist eine vorzügliche Gelegenheit, um entsprechende Holzarten einzusprengen; am liebsten wählt man hierzu die Stocklöcher, die wegen ihres Humusreichtums und gründlichster Bodenlockerung den Pflanzen das Anwachsen am meisten erleichtern, auch billig zu kultivieren sind, da die Kosten der Bodenarbeit fast ganz wegfallen. Stellen mit anderem Boden werden horstweis mit den dazu passenden Holzarten kultiviert.

§ 124.

b. Natürliche Verjüngung durch Ausschlag (vergl. § 117 Abs. 3, 4).

1. Niederwaldwirtschaft.

Das Kennzeichen dieser Betriebsart ist, daß die Holzarten nicht einmal, sondern in meist kurzen Perioden öfter genutzt werden, indem man das oberirdische Holz möglichst dicht am Boden wegnimmt und die nachhaltig aus dem Stocke erfolgenden Ausschläge in gleicher Weise behandelt.

Begründung von Niederwaldbeständen. Über die tauglichen Holzarten, ihre Umtriebszeit usw. verweisen wir auf die Einleitung (§ 117). Die verschiedenen Laubhölzer besitzen in ihren Wurzelstöcken ein sehr verschiedenes Ausschlagsvermögen; einige schlagen fast ausschließlich nur von dem senkrecht absteigenden Wurzelstocke aus, man nennt solche Ausschläge Stockloden, andere erzeugen nur sogenannte Wurzelloden, d. h. Ausschläge aus den mehr wagerecht streichenden Wurzeln (Tagwurzeln)*). Stockloden treiben: Rotbuche, Weißbuche, Linde, Eiche, Schwarzerle, Birke, Esche, Ahorn.

Stock- und Wurzelloden zugleich treiben: Akazie, Weißerle, Rüstern, Aspe, Pappeln, die meisten Weiden und Straucharten.

Läßt man einen Stumpf beim Hiebe stehen, so treiben die Ausschläge teils aus dem Stumpfe, teils unterirdisch; durch einen recht tiefen Hieb kann man jedoch alle Holzarten zu einem tiefen Stockausschlag zwingen, was immer die Regel bilden muß.

---

*) Die Fortpflanzung durch Ausschlag entspringt aus der Fähigkeit, durch Bildung von Adventivknospen am Stammreste den verlorenen oberirdischen Stammteil zu ersetzen oder aus der Fähigkeit, an den Wurzeln Blattknospen zu erzeugen und diese zu oberirdischen Längstrieben zu entwickeln. In beiden Fällen gründen sich Ernährung und Wachstum der neuen Stämmchen auf die fortdauernde Wurzeltätigkeit der Mutterpflanze. Sobald die neuen Pflanzen durch Bildung von Wurzelknospen sich selbständig bewurzeln, so werden sieu nabhängig und ist diese Art der Fortpflanzung als förmliche Vermehrung der Mutterpflanze durch Teilung derselben anzusehen.

Durch ein frühzeitiges sorgfältiges Abschneiden, sog. Stummeln (ganz glatter und schräger Schnitt dicht über der Erde) der Kernstämmchen, wie man die zur Ergänzung des Niederwaldes dienenden Nachpflanzungen in Gegensatz zu den Stockloden usw. nennt, läßt sich die Ausschlagskraft erhöhen. Die Masse und Güte des Ausschlags hängt vom freien Zutritt der Sonne, dem Standort und dem Maße der Feuchtigkeit ab. Deshalb schlagen Durchforstungsstöcke oft gar nicht oder doch viel schlechter aus.

Die Ausschlagsfähigkeit der Stöcke nimmt mit dem Alter ab; die Loden sind dann weniger kräftig und bleiben kürzer. Man kann diesem Übel in etwas durch einen recht tiefen Hieb abhelfen, weil dann die Ausschläge sich oft unterhalb bewurzeln und bald zu selbständigen Pflanzen ausbilden.

Eine Hauptregel beim Niederwaldhiebe ist deshalb für alle Fälle ein möglichst tiefer Hieb. Nur alte Stöcke sind nicht mehr selbst abzutreiben, sondern die aus ihnen getriebenen Loden sind dicht am alten Stocke wegzunehmen. Die kürzeste Dauer haben Birken- und Rotbuchenstöcke. Gute Ausschläge können noch erwartet werden:

bei Eiche bis zu . . . . 100 Jahren,
„ Schwarzerle, Weißbuche, Rüster, Esche, Ahorn bis 50 „
„ Weißerle, Akazie, Linde bis . . . . . 30—45 „
„ Pappeln, Weiden, Birken bis . . . . . 20—25 „

Um reichlichere Holz- und Gelderträge zu erzielen, läßt man jedoch am besten die Stöcke nicht die äußersten Grenzen erreichen. Je besser der Standort, desto länger und besser ist die Ausschlagsfähigkeit.

Da jeder Stock in der Regel viele Ausschläge treibt, so ist eine räumliche Stellung erwünscht; der durchschnittliche Verband der Stöcke schwankt je nach der Holzart und den örtlichen Verhältnissen zwischen 1,5—3 m, meist 2—3 m, um in den Reihen das Schlagholz bequem rücken zu können und reichlich Wachsraum zu schaffen; ein noch engerer Verband bis zu 1 m und noch weniger herunter ist gestattet bei Buschholzbetrieb mit den kürzesten Umtrieben, namentlich bei Weidenheegern. Die Anlage erfolgt am besten durch Pflanzung in regelmäßigem Verbande und zwar durch Stummelpflanzung (siehe § 152 Abs. 3), bei höherem über 15-jährigem Umtriebe ist Reihenpflanzung in 2,5—3 m Verband angebracht, wenn der Standort nicht zu feucht und der Wuchs nicht zu langsam ist. Zwischen den Reihen pflanzt man dann gern vorübergehend bodenbessernde Nadelhölzer (Kiefer, Lärche, Strobe, Akazie usw.). Die eingesprengten besseren Nadelholzstämme kann man hier und da zum höheren Umtrieb überhalten, sobald sie nicht verdämmen (sog. Niederwald mit Überhältern).

Verjüngungs-Schlagrichtung. Die Niederwaldbestände werden zur Vermeidung der Frostgefahr und Aushagerung stets im Westen angehauen, und wird der Schlag am besten von Südwest nach Nordost weitergeführt; an Bergwänden wird vom Fuß nach dem Gipfel gehauen.

Hiebszeit. Die beste Hiebszeit ist im allgemeinen nach Weggang des Schnees, also vom Winterausgang bis zum Eintritt der Saftzeit, etwa von Mitte Februar bis zum Mai; erfahrungsmäßig treiben die Stöcke in dieser Zeit die reichlichsten und besten Loden. Ausnahmsweis muß man hauen: Erlen in Sümpfen bei Frost, Schälhölzer in der Saftzeit, bessere Nutzhölzer ebenfalls schon im Herbst, Weiden im Dezember.

Der Hieb geschieht mit Axt, Beil und Heppe möglichst tief, ganz glatt und schräg von unten nach oben und mit der Schnittfläche nach Norden; auf den Hieb ist die größte Aufmerksamkeit zu richten; splittriche und wagerecht gehauene Stockflächen faulen leicht ein.

Das gefällte Holz muß unter allen Umständen (dies ist bei der Auktion gleich zur Bedingung zu machen), falls ein vollständiges Rücken nicht stattfindet, vor Laubausbruch, also spätestens bis zum Mai aus dem Schlage geräumt werden. Vergleiche § 182 über Eichenschälwald.

Die Schlagausbesserung umfaßt den Ersatz der abgestorbenen wie der schlechtausschlagenden Stöcke. Sie geschieht am besten durch ältere Pflanzen (Heister), selten durch Stecklinge und Senker. Saat ist nicht zu empfehlen, da sie leicht verdämmt wird.

§ 125.

2. Kopfholzbetrieb.

1. Unter Kopfbäumen versteht man Laubholzstämme, die meist als Setzstangen gepflanzt und deren Schaft in einer geringen Höhe (1—2 m) abgenommen wurde, um die im Umkreise der Abhiebsstellen entstehenden Ausschläge periodisch nutzen zu können.

Der Kopfholzbetrieb beschränkt sich hauptsächlich auf ständige Viehweiden und Viehruhen, auf Überschwemmungsgebiete, wo der Stockausschlag des Niederwalds gefährdet wäre und auf Flußufer zur Abwehr des Eisgangs. Auch außerhalb der Wälder findet man ihn viel in holzarmen Gegenden, an Wegen, Rainen, Gräben, auf Weiden, Angern und Wiesen.

Zu diesem Betriebe taugen nur Laubhölzer, ausgenommen Rotbuche, Erle, Birke, Aspe. Am besten eignen sich dazu die Baumweiden, Hainbuchen, Pappeln und Linden. Man benutzt die Ausschläge zu Futterwellen, Erbsen- und Deckreisig, von Weiden auch zu Reifstangen, Flechtruten, Bindeweiden und Faschinen.

Die Anlage geschieht am besten in weitem Verbande (5—10 m) mittels Setzstangen oder Heisterpflanzung; der Kopf wird in einer Höhe von etwa 1—2 m weggenommen und dann der Stamm je nach Holzart und Bedürfnis in 3—9jährigem Umtrieb genutzt. Futterwellen dürfen erst im August gehauen werden, sonst werden die Loden dicht und glatt im April am Stamme geschnitten. Manche Schriftsteller sprechen noch von einer zusammengesetzten Niederwaldform und verstehen darunter eine Verbindung von einfachem Niederwald und Kopfholz, indem ersterer mit Kopfholz in sehr weitem Verbande durchstellt ist. Dieser Betrieb muß vorsichtig gehandhabt werden, damit weder das Kopfbuschholz die Stockausschläge verdämmt, noch von letzterem eingeholt resp. überwachsen wird. Das Kopfbuschholz muß deshalb in sehr kurzem Umtriebe behandelt oder rechtzeitig freigehauen werden.

§ 126.

3. Schneidelholzbetrieb.

Er unterscheidet sich vom vorigen Betrieb dadurch, daß die Bäume erst in natürlicher Höhe ihrer Seitenzweige beraubt werden. Der Schneidelbetrieb liefert gutes Futterlaub, das ebenfalls im August abgehauen und in Bündeln getrocknet wird; die Stämme geben später beim Abtriebe oft besonders gutes maseriges Möbelholz. Eichen, Rüstern, Ahorn, Eschen, Erlen und Pappeln sind die besten Schneidelholzbäume. Die Triebe werden alle 3—6 Jahre ganz glatt und dicht am Stamme mit der Heppe weggenommen.

Künstliche Verjüngung.

§ 127.

Saat oder Pflanzung?

Man hat bekanntlich zweierlei Mittel, um auf künstlichem Wege Bestände zu erziehen, die Saat und Pflanzung.

Welche von beiden Arten die bessere und beliebtere ist, lehrt ein kurzer Blick auf die Geschichte des Waldbaues. In frühester Zeit plenterte man, dann verjüngte man durch Schlagstellung auf natürlichem Wege; als das Holz wertvoller und damit der Waldbau intensiver wurde, kam man nach dem Vorbild des Ackerbaues auf die Idee, Vollsaaten zu machen, dann auf Streifen- und Plätzesaaten unter fortwährender Verringerung der Samenmengen; die Anforderungen an den Wald stiegen mit jedem Jahre und man mußte auf Mittel sinnen, schneller brauchbares Holz zu erzielen; die Frucht dieses Nachdenkens war die Pflanzung, bei gewissen Holzarten (Fichte, Buche) zuerst in Büscheln mit großer Pflanzenzahl, die im Verfolg immer kleiner wurde, bis auf die Losung des heutigen Tages, die Einzelpflanzung. Büschelpflanzen kommen nur noch ausnahmsweis bei Fichte und Buche vor. Man hat also im allgemeinen die Saat verworfen und dafür die Pflanzung eingeführt. Hieraus folgt jedoch nicht, daß die Saat überall zu verwerfen sei. Mit bestem Erfolge wird die Saat z. B. noch bei Eiche und Kiefer angewandt und da, wo es schwierig ist, Pflanzenmaterial zu erziehen oder überhaupt zu pflanzen. Die Saat hat den Vorzug der Billigkeit vor der Pflanzung und bietet den Vorteil, daß sie gleichzeitig auf dem bequemsten Wege Pflanzenmaterial schafft, auch mehr Durchforstungsmaterial liefert usw. Doch ist die Saat auszuschließen:

1. auf verangertem, magerem und nassem Boden,
2. auf Boden, der dem Auffrieren ausgesetzt ist oder zu Unkraut neigt,
3. in rauhem Klima und zwischen verdämmenden Vorwüchsen; im allgemeinen überhaupt da, wo die Kultur mit besonderen Schwierigkeiten und mit Gefahren zu kämpfen hat;
4. bei vielen dazu ungeeigneten Holzarten z. B. Pappel, Weide, Birke, Rüster und ähnlichen Holzarten.

Man greift wohl notgedrungen zur Saat, wenn man sehr ausgedehnte Blößen schnell in Bestand bringen soll, weil sich in solchem Falle die erforderlichen bedeutenden Pflanzenmengen nicht schaffen lassen. Kann man also den Samen billig beschaffen, hat man geeigneten Standort, ist die Beschaffung von Pflanzenmaterial mit Schwierigkeiten verbunden, sind keine örtlichen Gefahren für die Saat vorhanden, wie Vögel, Mäuse, Frost, Nässe, Unkraut usw., so greift man namentlich bei Eiche und Kiefer lieber zur Saat. Die Pflanzung ist Regel in folgenden Fällen:

1. Wo die oben genannten Gefahren die Saat verbieten.
2. Wenn Samenmangel herrscht.
3. Bei fast allen Nachbesserungen.
4. Wo man den Bestand schneller in Schluß bringen und sehr kräftige Pflanzen erziehen muß.
5. Im Niederwald- und Kopfholzbetrieb.
6. Wenn man durch weitere Stellung der Pflanzen auf Nebennutzungen (Gras, Weide) rechnet.
7. An steilen Hängen und in rauhen Lagen.
8. Bei Herstellung eines gleichen Mischungsverhältnisses verschiedener Holzarten.

Holzsaat.

§ 128.

Beschaffung des Samens.

Man verschafft sich den Samen durch Selbstsammeln, durch Kauf oder Tausch.

Das Selbstsammeln geschieht erst, nachdem man sich von der Güte und vollkommenen Reife, auch von der Reichhaltigkeit sorgfältig durch Untersuchung der Samenbäume überzeugt hat. Man nehme den Samen nur von ganz ausgewachsenen, guten, gesunden, nicht zu gedrängt stehenden Stämmen auf kräftigem Standort; man vermeide drehwüchsige Stämme, da sich dieser Fehler leicht auf den Samen forterbt. Das Wetter muß dabei trocken sein. Sollen die Stämme noch längere Zeit stehen bleiben, so müssen sie vor allen unnötigen Verletzungen beim Sammeln (durch Steigeisen, Anprällen, Abbrechen der Äste usw.) geschützt werden. Am besten gewinnt man den Samen in den Schlägen von den gefällten Bäumen (beim Nadelholz), ist dies nicht möglich, so achtet man darauf, daß die Sammler die Zweige nicht nach unten, sondern stets nach oben biegen, weil sie dieselben im ersteren Falle leicht abbrechen oder abreißen. Der erste abfallende Same ist meist schlecht; jedenfalls muß er erst ausreifen. Am besten läßt man in Akkord sammeln und scheidet bei der Abnahme allen schlechten Samen und jegliche Unreinigkeiten aus.

Nach C. Geyer: Waldbau S. 69, ergibt sich für die Gesamtsamenproduktion der Holzarten folgende Reihenfolge: Die reichlichste Samenproduktion haben: Birke, Pappel, Weide, Hainbuche; an diese schließen sich an: Kiefer, Tanne, Fichte, Ulme; dann folgen: Ahorn, Tanne, Lärche, Linde, Eiche, Erle, Esche; zuletzt die Buche.

Im allgemeinen haben die Holzarten mit kleinen, leichten und geflügelten Samen eine reichlichere Fruchterzeugung als jene mit schweren und mit ungeflügelten Früchten.

Beim Ankaufe wende man sich nur an die bekannten großen Firmen*), bedinge vor der Ablieferung Reinheit und Keimprozente (§ 132) des Samens und Abzüge, falls die Bedingungen nicht erfüllt werden; jedenfalls ist der Same stets zu proben.

§ 129.

Aufbewahren des Samens.

Der gewonnene Samen muß so aufbewahrt werden, daß er seine Keimkraft behält, die sehr bald bei allen Samen leidet. Man verfährt bei den wichtigsten Holzarten auf folgende Weise:

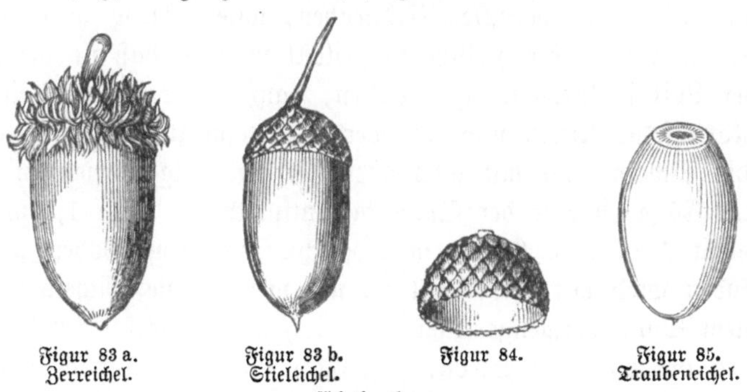

Figur 83 a. Zerreichel. Figur 83 b. Stieleichel. Figur 84. Figur 85. Traubeneichel.

Eicheln.

Die gesammelten Eicheln (Figur 83, 84, 85) werden (nachdem sie vollkommen getrocknet sind) bis zur Herbstsaat in bedecktem luftigem

*) Reelle Firmen sind z. B. Keller u. Sohn und Lecoque in Darmstadt.

Raume (auf Tennen, Böden), sonst im Freien unter Schutzdächern und unter Ziehung von Umfassungsgräben gegen Tiere, dünn, nicht über 30 cm hoch in Mengung mit gleichviel trocknem Sand aufgeschüttet und, so oft es nötig ist, zur Vermeidung der Erhitzung gründlich umgeschippt. Hat man keine Mäuse oder Auffrieren oder Überschwemmung zu fürchten, so ist Herbstsaat die Regel, da die Überwinterung schwierig ist. Beim Überwintern hat man auf trockene Lagerstätte und gehörigen Luftzug zu achten, damit die Eicheln sich nicht erhitzen und schimmeln oder zu früh keimen; zu viel Luftzug oder Frost verdirbt sie ebenfalls. Am besten bewahrt man sie im sog. Alemanschen Schuppen auf, dessen Anlage kurz folgende ist:

In der Nähe von Forsthäusern wird an einem trockenen Ort eine Grube von etwa 2 m Breite, 30 cm Tiefe und, je nach der Menge der Eicheln, von entsprechender Länge und unter wallartiger Aufhäufung des Auswurfes so groß gegraben, daß noch ein kleiner Teil des Raumes (0,5 m) frei bleibt, um die Eicheln dahin umzuschippen. Über der Grube wird ein dichtes Stroh- (Rohr-)dach gebaut, in dessen beiden Giebeln man verschließbare Öffnungen anbringt. Bei strengem Frost und nassem Wetter werden diese Öffuungen geschlossen. Die Eicheln, die 20—30 cm hoch gelagert werden, müssen täglich nachgesehen und bei Erwärmung umgeschippt werden. Die Anlage lohnt nur, wo ständig große Mengen Eicheln gebraucht werden.

Sehr empfehlenswert ist auch die Aufbewahrung der Eicheln — 30 cm hoch — in bedeckten Erdgruben, unter Stroh oder Fichtenzweigen, in welche Strohwische so gesteckt werden, daß sie die Eicheln mit der Luft in Verbindung erhalten, ganz in derselben Weise, wie man Kartoffeln, Rüben usw. zu überwintern pflegt. In jüngster Zeit sind die Eicheln anch mit allerbestem Erfolge folgendermaßen aufbewahrt. Es wird eine der Quantität entsprechende etwa 1,5 m breite und etwa 1 m tiefe Grube in möglichst trockenem Boden gemacht; ihr Boden wird mit Stroh belegt, auf welches die Eicheln gut mit trockenem Sand vermengt etwa 40 cm hoch aufgeschüttet und wieder etwa 15 cm hoch mit Stroh, schließlich etwa 0,5 m hoch mit Erde bedeckt werden, nachdem wie oben eine Ventilation mit Strohwischen hergestellt wurde. Bei den vergleichenden Versuchen mit allen anderen Aufbewahrungsarten ergab diese die höchsten Keimprozente.

Man kann die Eicheln, wo sonst keine Gefahren drohen, auch einfach auf einer trockenen Fehlstelle in einem Stangenholz 10—15 cm hoch aufschütten, gut mit trockenem Sand mengen und mit einer 10 cm hohen Sandschicht decken; selbstverständlich müssen Sicherungen gegen Mäuse (Graben) und Wild (Zaun) getroffen werden.

Bucheckern (Figur 86, 87) werden wie die Eicheln durch Auflesen, Abschütteln mit langen Haken oder Abklopfen in untergehaltene Tücher gesammelt und durch Werfen und Sieben von den Hülsen gereinigt.

Figur 86. Figur 87.
Bucheln.

Das Aufbewahren geschieht wie bei den Eicheln. Jedenfalls müssen die Bucheln wie alle anderen Samen vor dem Aufbewahren erst gründlich getrocknet werden. In ähnlicher Weise wie mit Sand durchschichtet man die Haufen auch wohl mit trockenem Laub. Um sich von der Keimfähigkeit zu überzeugen, keimt man die Buchеckern vor der Aussaat häufig durch sog. Malzen an. Einige Tage vor der Aussaat feuchtet man nämlich die Bucheln auf Zement- oder Steinböden recht naß an, schaufelt sie in 40—70 cm hohe Kegel und bedeckt sie dann mit Säcken. Diese Operation, ein- bis zweimal wiederholt, wird bei der Mehrzahl den weißen Keim hervorlocken, welches der geeignetste Zeitpunkt zum Versäen ist. Die Bucheln, die nicht keimen, werden entfernt.

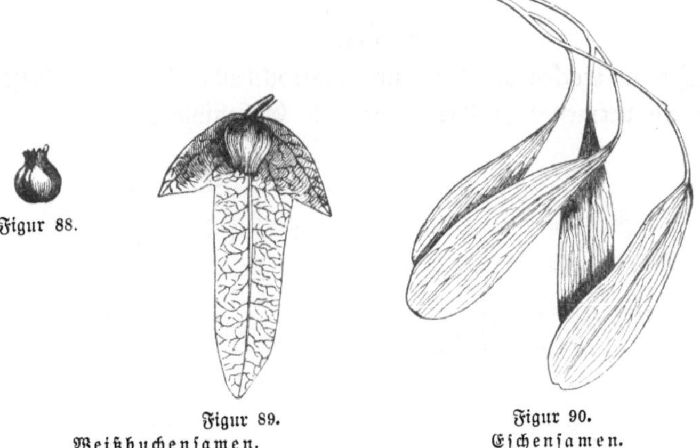
Figur 88.

Figur 89.
Weißbuchensamen.

Figur 90.
Eschensamen.

Weißbuchen- (Figur 88, 89) und **Eschensamen** (Figur 90) wird im Spätherbst, wenn das Laub abgefallen ist, durch Pflücken gesammelt; der erstere wird gedroschen, der letztere behält die Flügel bei der Saat. Ist die Herbstsaat unmöglich, so bewahrt man den Samen in 30 cm tiefen Gräben auf. Man schüttet ihn hier mit trockenem Sand vermengt etwa 20 cm hoch auf, bedeckt ihn flach mit **ganz trockenem** Laub und dann bis zum Rande der Grube mit Erde. Beide Samen pflegen überzuliegen, d. h. erst im zweiten Frühjahr zu keimen. Zur Sicherheit sieht man jedoch schon im ersten Frühjahr nach, ob vielleicht ausnahmsweise eine Keimung stattgefunden hat; in diesem Fall muß natürlich sofort gesäet werden.

Figur 91.
Bergahorn.

Ahornsamen (Figur 91, 92) gewinnt man im Oktober, wenn die Flügel braun sind, durch Abschütteln und bewahrt ihn nötigenfalls in Säcken in trockenen, aber nicht austrocknenden Räumen, besser noch mit Sand vermengt in Erdgruben wie Eschensamen.

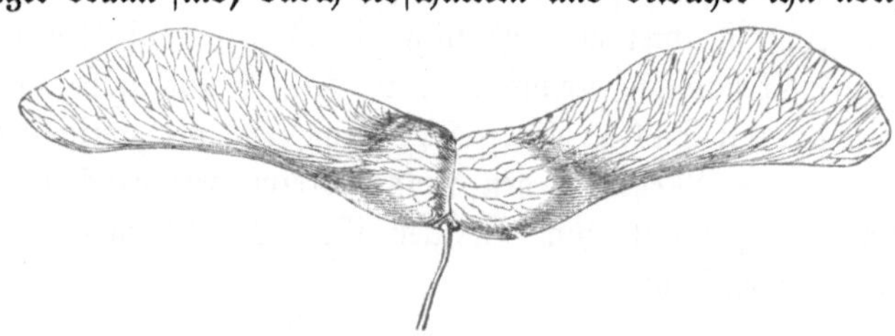

Figur 92.
Spitzahorn.

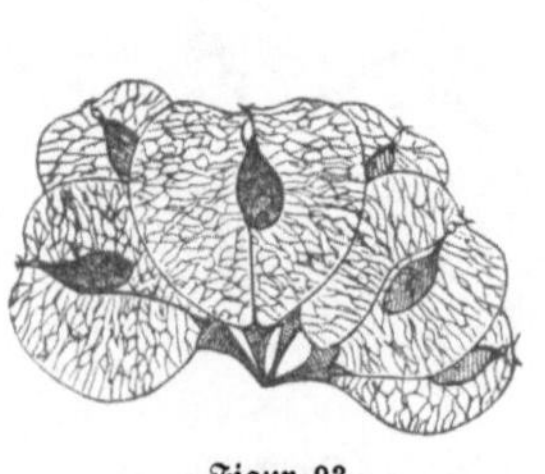

Figur 93.
Feldrüster.

Figur 94.
Flatterrüster.

Rüstersamen (Figur 93, 94) reift bereits im Mai oder Juni; er wird abgestreift oder unter den Bäumen zusammengefegt und sofort ausgesäet, da er die Keimkraft sehr bald verliert. Vor dem Sammeln ist jedoch durch Zerquetschen mit den Fingernägeln erst zu untersuchen, ob soviel fruchtbarer Samen vorhanden, daß das Sammeln lohnt; oft ist aller Samen taub.

Birkensamen (Figur 95, 96, 97) wird Ende August und im September mit den braunen Zäpfchen gesammelt, die zur Gewinnung des Samens erst getrocknet und dann zerrieben und durchgesiebt werden. Vor unvermeidlicher Überwinterung muß der Samen gut getrocknet und dann in Haufen auf dem Boden aufbewahrt werden. Öfteres Umschippen ist erforderlich, da er sich sehr leicht erhitzt. Am besten ist sofortiges Säen.

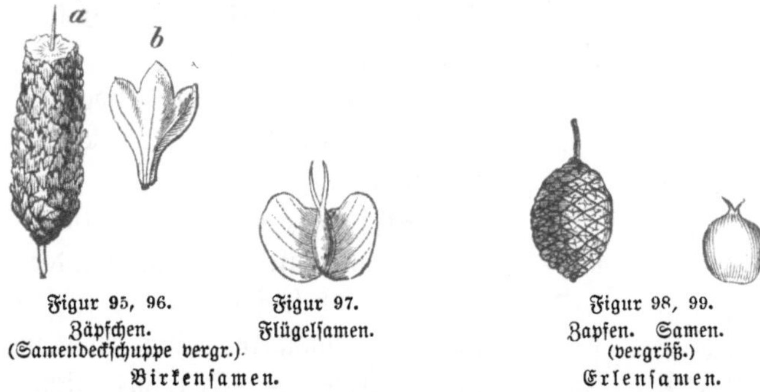

Figur 95, 96. Zäpfchen. (Samendeckschuppe vergr.). Figur 97. Flügelsamen. Birkensamen.

Figur 98, 99. Zapfen. Samen. (vergröß.) Erlensamen.

Erlensamen (Figur 98, 99) reift im Oktober, wird aber erst im November mit den braun gewordenen Zapfen (Figur 98) gesammelt, zerrieben, an warmen Orten ausgesiebt, auf gebretterten Böden ausgebreitet und öfter umgeschippt. Birken- und Erlenzapfen sammelt man am liebsten von gefällten Bäumen. An nassen Stellen wird Erlensamen auch im Frühjahr aus dem Wasser gefischt, muß aber dann sofort gesäet werden.

Weißtannensamen gerät fast immer und wird im September von Steigern gepflückt, bevor die Schuppen von den Spindeln fliegen. An mitteltrocknen und mittelwarmen Orten aufbewahrt, fallen die Schuppen bald ab; den Samen reinigt man durch Sieben. Bei der Aufbewahrung ist große Vorsicht nötig, da der Same leicht erhitzt leicht austrocknet und sich nur mit Not bis zum nächsten Frühjahr hält; öfteres Umschippen ist unerläßlich.

Ein hl Zapfen wiegt 30—40 kg und liefert etwa 2,5 kg entflügelten Samen, der etwa 25 kg à hl wiegen muß.

Fichtensamen (Figur 100, 101) wird durch Abbrechen der Zapfen von Oktober bis März von Kletterern gewonnen. Die Zapfen werden durch Sonnenwärme oder durch Feuerwärme in sog. Samendarren oder Klenganstalten künstlich vom Samen befreit, der dann in Säcken gedroschen und nachher durchgesiebt wird. Er behält die Keimkraft drei bis vier Jahre; frischer Samen ist jedoch, wie bei allen Holzarten stets der beste.

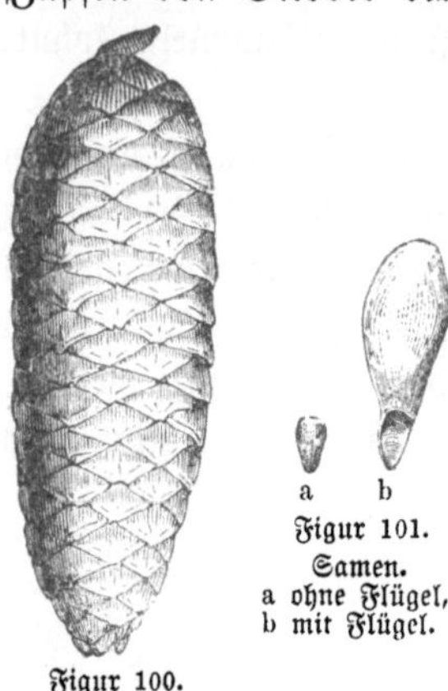

Figur 100. Fichtenzapfen.

Figur 101. Samen. a ohne Flügel, b mit Flügel.

Flügelsamen hält sich besser als reiner Samen, doch darf er der Luft nicht zu sehr ausgesetzt werden.

Ein hl Zapfen gibt etwa 1,5—2 kg reinen Samen, der etwa 46 kg à hl wiegen muß.

Kiefernsamen (Figur 102, 103) gewinnt man ebenso, nur läßt man die Zapfen, damit sie sich leichter öffnen, erst vom Dezember ab sammeln. Zum Ausklengeln ist mehr Wärme (40° C) erforderlich, auch ist der Same viel empfindlicher und hält nur schwer 2, sehr selten 3 Jahre seine Keimkraft; deshalb ist es erste Regel, nur frischen Samen auszusäen.

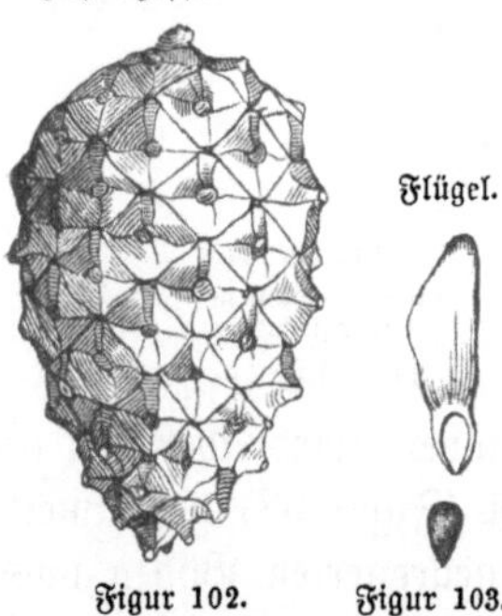

Figur 102. Kiefernzapfen.

Figur 103. Samen.

1 hl Zapfen gibt etwa 0,8 kg reinen Samen, der pro hl etwa 48 kg wiegt.

Lärchensamen. Die sich schwer öffnenden Zapfen werden im Nachwinter gepflückt, gedarrt und in besonderen Schwingfässern gereinigt; auch Sonnendarren haben guten Erfolg.

1 hl Zapfen gibt etwa 2,5 kg Samen, der pro hl etwa 50 kg wiegt. Lärchensamen hat eine sehr schlechte Keimkraft, deshalb ist vor der Aussaat Einquellen (24 Stunden in warmem Wasser) zu empfehlen.

Das Einquellen der Sämereien hat oft ungünstigen Einfluß gehabt! Keinenfalls kann durch solche künstlichen Reizmittel schlechter

Samen gut gemacht werden; jedenfalls ist Vorsicht geboten. Am besten ist noch, die Sämereien in dünnes Kalkwasser — das auf höchstens 50° C erhitzt wird — 30—40 Stunden zu legen, bis die guten Körner alle untergesunken sind. Den gequellten Samen soll man nicht bei trockenem Wetter säen.

§ 130.

Prüfung des Samens.

Gute Eicheln haben eine gleichmäßig bräunliche glatte Schale, der Kern ist äußerlich gelblich weiß und zeigt beim Zerschneiden inwendig eine frische Wachs-Farbe. Der Kern muß die Hülle ganz ausfüllen. Man schüttet auch wohl die Eicheln in Wasser; die, welche schwimmen, sind meist schlecht.

Buchenkerne prüft man ebenso wie Eicheln. Hainbuchensamen muß aufgeschlagen einen gesunden und frischen Kern enthalten. Eschensamen wird aufgeschnitten und muß sich im Innern frisch, weich und bläulich-weiß zeigen. Guter Ahornsamen zeigt beim Ablösen der äußeren Schale im Innern frische grüne Samenlappen. Rüster-, Birken- und Erlensamen muß einen mehligen Kern und beim Zerdrücken Feuchtigkeit haben. Weißtannensamen zeigt beim Durchschneiden vollen und frischen Kern und stark terpentinartig riechendes Öl. Den übrigen Nadelholzsamen prüft man durch sog. Keimproben, die stets mit großer Aufmerksamkeit und Vorsicht auszuführen sind.

Die sog. Topfprobe besteht darin, daß man mitten aus dem zu prüfenden Samen 100 Körner nimmt und diese gleichmäßig in einen mit leichter Garten- oder Lauberde gefüllten Blumentopf einsäet. Der Topf muß an einem gleichmäßig warmen Ort stehen und im Untersatz stets Wasser haben. Die keimenden Pflänzchen werden herausgezogen und ihre Anzahl wie der Tag des Keimens wird notiert, bis nach 3—5 Wochen das Keimen aufgehört hat.

Die sog. Lappenprobe (Figur 104) gibt ein viel schnelleres Resultat. — Man schlägt 100—300 Körner in einen doppelten Fries- oder Flanelllappen so ein, daß die Körner in der Mitte und die beiden Enden des Lappens in zwei mit Regenwasser gefüllten Untertassen liegen. Durch Beobachten und Notieren des Keimens, wie oben, erhält man die Keimfähigkeit, die in Prozenten ausgedrückt wird. Keimen z. B. von 100 77 Körner, so hat der Samen 77 % Keimkraft.

Bei zweckmäßig durchgeführter Keimprobe beträgt nach Gayer das Keimprozent etwa:

75—80% bei Fichte und Schwarzkiefer, 65—70% bei Kiefer, Esche, Hainbuche, Eiche; 50—60% bei Tanne, Buche, Edelkastanie, Ahorn, Akazie, Linde; 45% bei Ulme (sehr hoch!); 35—40% bei Erle; 30-35% bei Lärche; 20—25% bei Birke.

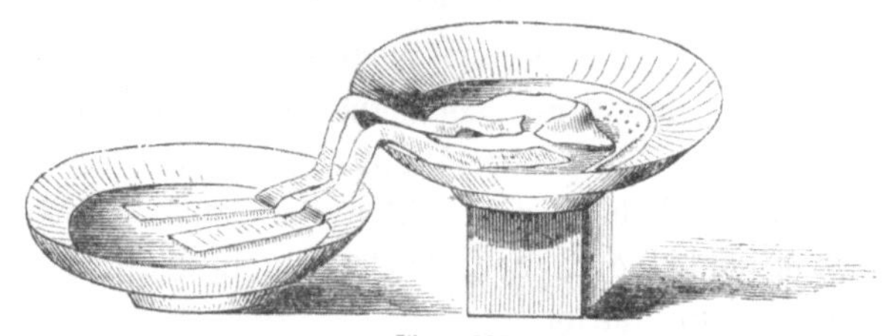

Figur 104.
Lappenprobe.

Am meisten zu empfehlen ist der Keimapparat von H. Th. Entel in Zwickau à 3,50 Mark, der auch für andere Sämereien paßt und 100 gleichzeitige Proben ermöglicht*).

Im allgemeinen wird die Güte aller Samenarten bedingt durch ihren Reifegrad, Größe, Gewicht, Alter, Herkunft, Reinheit, Farbe, Glanz, Geruch, Vollkörnigkeit und Frische im Innern usw., welche als wichtige Faktoren vor dem Gebrauch zu prüfen sind; besondere Vorsicht ist bei durch den Handel bezogenem Birken-, Erlen- und Lärchensamen, ferner bei Ulmen-, Eschen- und Tannensamen nötig; man bezieht deshalb die Sämereien nur von alten und als reell erprobten Samenhandlungen, z. B. Helms Söhne in Gr. Tabarz, Heinr. Keller Sohn in Darmstadt. Bei der Prüfung ist die Keimenergie wie auch alle Unreinigkeit stets in Prozenten zu ermitteln und mit in Rechnung zu stellen; wenn man nur gute Körner untersucht, erhält man viel zu hohe Keimprozente; auch muß man die Keimprobe lange genug ausdehnen (2—4 Wochen bei durchschnittlich 20° C). Die Keimkraft hält sich im allgemeinen nicht über die gewöhnliche Auflaufzeit des Samens im Freien hinaus; länger halten sich bei vorsichtiger Aufbewahrung

*) In neuerer Zeit sind vielerlei Keimapparate konstruiert worden und werden noch genannt: die Hanemannsche Keimplatte, die Apparate von Nobbe, von Stainer; recht empfohlen wird auch der Keimapparat v. Forstrat Pfitzenmaier in Blaubeuren à 2,50 Mark.

die öl- und wasserarmen, aber stärkemehlreichen Samen (Esche, Hainbuche, Fichte, Lärche).

Wer nicht selbst prüfen will, kaufe die Sämereien etwa 6 Wochen vor Gebrauch und schicke sie der neu errichteten Waldsamenprüfungsanstalt in Eberswalde ein; von Nadelholz mindestens je 100 gr, von Laubholz entsprechend große Proben.

Das Säen.

§ 131.

Beim Säen ist darauf zu achten, daß man die richtige Saatzeit, Saatmethode und Samenmenge wählt. Über die richtige Zeit belehrt uns die Natur am besten; es ist im allgemeinen die Zeit die richtigste, in welcher die Bäume von selbst ihren Samen fallen lassen; wir säen nur dann zu anderen Zeiten, wenn wir durch die Verhältnisse (Wirtschaftsführung, Gefahren von Tieren, vom Wetter, Arbeitermangel) dazu genötigt werden. Als Regel betrachte man, schon um das lästige und verlustdrohende Überwintern zu vermeiden, für die Laubhölzer die Herbstsaat, für die Nadelhölzer die Frühjahrssaat. Ist für Eicheln und Bucheln große Gefahr durch Mäuse oder Wild, für Bucheln durch Fröste zu fürchten, so säe man im Frühjahr. Birken- und Rüsternsamen säet man sofort nach erlangter Reife. Die Frühlingssaat nimmt man an trocknen und sonnigen Orten bald nach Abgang des Schnees vor, im allgemeinen von Ende März bis zum Buchenlaub-Ausbruch; für die Herbstsaat empfehlen wir Oktober; sie richtet sich übrigens nach der Reife und dem Abfall des Samens, dem Eintritt des Frostes oder Schnees, nach Arbeiterverhältnissen usw.

§ 132.

Saat-Methoden.

Man unterscheidet „Voll-“ und „stellenweise Saat“. Erstere ist die kostspieligste, sie verlangt am meisten Bodenbearbeitung, Samenmenge und Zeitaufwand, sie wird deshalb fast gar nicht mehr angewandt. Bei letzterer unterscheidet man Streifen-, Plätze- und Punktsaat; sie ist die allgemein gebräuchliche, weil sie bei billiger Herstellung meist auch bessere Erfolge liefert. Den Nachteil, daß nicht auf der vollen Fläche Pflanzen erzogen werden, wiegt sie dadurch auf, daß sie in ihrem lichteren Stande kräftigere Pflanzen und schnelleren Zuwachs erzielt. Der größten Verbreitung erfreut sich die Streifensaat mit ihren Unterabteilungen, der Furchen- und Rillensaat. Die Rillensaat wird nur in Saatkämpen angewandt; Plätzesaat empfiehlt sich besonders bei Nachbesserungen (in Samenschlägen), ferner auf sehr trocknem und magerem Boden, in rauhen und steinigen Lagen, auch wohl, um Kosten zu sparen; die Punktsaat (Einstufen) beschränkt sich meist auf den schwersten Samen (Eiche, Buche) und fast nur auf Nachbesserungen, besonders in natürlichen Verjüngungen; sie besteht einfach darin, daß mit einer kleinen Hacke eingeschlagen, der Boden gehoben und darunter der Samen gelegt wird, so daß gewissermaßen nur ein Punkt gemacht wird; auf bindigem Boden ist auch der von Th. Hartig eingeführte Saatdolch zu empfehlen.

§ 133.

Samenmenge.

Sie richtet sich außer nach der zu erstrebenden Bestandesdichte:

1. Nach dem Standort. Auf fruchtbarem und frischem Boden säet man dünner als auf trocknem, magerem und steinigem Boden oder auf heißem und rauhem, zu Unkraut und Auffrieren neigendem Boden.

2. Nach der Bodenzubereitung. Auf sorgfältig bearbeitetem Boden säet man dünner.

3. Nach den örtlichen Gefahren. Ist Wild-, Mäuse-, Vogelfraß, Insekten-, Forstschaden usw. zu befürchten, so säet man dichter.

4. Nach der Samengüte. Je besser und frischer der Same, je weniger gebraucht man; Same, der älter ist als ein halbes Jahr, bringt schon $\frac{1}{5}$—$\frac{3}{5}$ Ausfall, selbst die noch keimfähigen Körner liefern oft schlechteres Material. Je größer und schwerer der Samen relativ ist, um so weniger gebraucht man natürlich davon und umgekehrt.

5. Nach der Größe, dem Preis und dem Gewicht der Samenarten; dies ist nach den Holzarten und selbst bei einerlei Holzart je nach dem Alter des Samens, der Jahreswitterung, in der er gesammelt ist, der Standortsgüte usw. sehr verschieden. So verlieren die meisten Samenarten, selbst wenn sie unter den günstigsten Verhältnissen eingesammelt und aufbewahrt sind, durchschnittlich schon 30 Prozent der Keimkraft nach halbjährlicher Aufbewahrung, manche aber noch viel mehr (§ 130).

6. Nach der Wurzelbildung gewisser Holzarten. Von Holzarten, die früh eine Pfahlwurzel oder starke Herzwurzel entwickeln,

kann man verhältnismäßig weniger Samen nehmen, weil sie erfahrungsmäßig durch die tiefe Bewurzelung gegen die meisten Gefahren viel mehr geschützt sind. Am widerstandsfähigsten nach der Saat ist die Eiche, dann folgen Buche, Ulme, Esche, Ahorn, Erle, Hainbuche, Birke. Die Nadelhölzer stehen in dieser Beziehung in folgender Reihenfolge:

Kiefer, Lärche, Fichte, Tanne (Tanne macht eine Ausnahme wegen ihrer schlechten Keimkraft).

Die nachfolgenden Angaben über Samenmengen sind nur annähernde Mittelzahlen und bedürfen nach obigen Gesichtspunkten mehr oder weniger Ergänzungen. Sie beziehen sich nur auf gut trocknen Samen mit normaler Keimkraft:

1. Eichen: Breitwürfige Vollsaat 10 hl oder etwa 800 kg pro ha [illegible]: Streifen 0,5—1 m breit und 1—1,5 m Entfernung [illegible] Rand, 7—8 hl pro ha. Einstufen 4 hl pro ha. 1 hl wiegt etwa [illegible] kg, hat etwa 22000 Eicheln (schwankt sehr).

2. Buchen: Vollsaat 4 hl oder 250 kg pro ha, unter Schutzbeständen $\frac{1}{2}$—$\frac{2}{3}$ soviel. 50—70 cm breite Streifen, 1,25 m entfernt, 2—2,5 hl pro ha.

Löchersaat in 60 cm Verband. 1 hl pro ha. 1 hl Bucheln wiegt 50 kg mit 215000 Stück. Bei Vollmast liefert 1 ha etwa 24 hl Bucheln.

3. Hainbuchen: Vollsaat 50 kg, Streifensaat von 50 cm Breite und 1,5 m Entfernung 35 kg pro ha. 1 hl abgeflügelter Same wiegt 50 kg*). Keimt meist erst im zweiten Jahre.

4. Eschen: Vollsaat 35—60 kg, Streifensaat in obigem Verband 20 kg pro ha. 1 hl wiegt 16 kg. Keimt meist erst im zweiten Jahre.

5. Ahorn: Vollsaat 50 kg, Streifensaat in obigem Verband 20 kg pro ha. 1 hl wiegt 14 kg.

6. Rüstern: Vollsaat 30—40 kg, Streifensaat in obigem Verband 20 kg pro ha. 1 hl wiegt 6 kg.

7. Erlen: Vollsaat 20 kg, Streifensaat in obigem Verband 14 kg pro ha. 1 hl wiegt 30 kg.

*) Wo zwei Zahlen angegeben sind, bezieht sich die erstere auf die günstigen, die zweite auf die ungünstigen Verhältnisse; die mittleren Quantitäten ergeben sich hieraus von selbst.

8. **Birken:** Vollsaat 35—50 kg, Streifensaat in obigem Verband 20 kg pro ha. 1 hl wiegt 10 kg.

9. **Kiefern:** Vollsaat 6—7 kg abgeflügelter Samen, Zapfensaat 9 hl, bei Streifen- und Plattensaat in obigem Verband 4 kg pro ha. 1 hl Zapfen gibt 0,8 kg Samen. Samenjahre alle 3—6 Jahre. 1 kg kostet etwa 3—6 M.

10. **Fichten:** Vollsaat 16 kg, Streifen- und Plätzesaat in obigem Verband 8—10 kg pro ha. 1 hl Zapfen = 1,5 kg Samen. Samenjahre etwa alle 6 Jahre, kostet pro kg etwa 1,20 M.

11. **Tannen:** Vollsaat 50—75 kg, Streifensaat in obigem Verband 35 kg pro ha. 1 hl Zapfen gibt 3 kg Samen. Samen fast jährlich. 1 kg Samen kostet etwa 60 Pf.

12. **Lärchen:** Vollsaat 15—20 kg, Streifensaat in obigem Verband 10 kg pro ha. 1 hl Zapfen gibt 2,5 kg Samen; Samenjahre häufig.

Man prägt sich die Samenmengen der Nadelhölzer am besten nach folgendem Verhältnis ein: Kiefer braucht die geringste Samenmenge (7 kg), Fichte und Lärche etwa das Doppelte der Kiefer, Tanne etwa das Achtfache der Kiefer bei Vollsaaten.

Bei streifen- und platzweisen Saaten vermindert sich die Samenmenge im Verhältnis der verwundeten Fläche. Beanspruchen die Streifen, Plätze usw. z. B. nur $\frac{2}{3}$, $\frac{1}{2}$, $\frac{1}{3}$ usw. so viel als die Gesamtfläche, so nimmt man auch nur $\frac{2}{3}$, $\frac{1}{2}$, $\frac{1}{3}$ der für die Vollsaat bestimmten Samenmenge, doch pflegt man zur Sicherheit der so berechneten Samenmenge noch 10—20% hinzu zu geben.

Samenmengen für Saatkämpe.

1. Eiche:	Vollsaat	0,30 hl,	Rillen	30 cm	Entfern.	0,20	hl	pro ar
2. Buche:	"	0,24	"	"	"	0,14	"	"
3. Hainbuche:	"	"	"	"	"	1	kg	"
4. Ahorn:	"	"	"	"	"	1,2	"	"
5. Esche:	"	"	"	"	"	1	"	"
6. Rüster*):	"	"	"	"	"	1	"	"
7. Erle:	"	"	"	"	"	1,5—2	"	"
8. Kiefer**):	"	f. Jährl. 2 kg		"	"	0,7—1	"	"

*) Bei sofortiger Aussaat.

**) Je enger man die Rillen wählt, man geht bis zu 8 cm Entfernung herunter, um so mehr Samen muß natürlich genommen werden, vorausgesetzt, daß der Kamp gut gedüngt und bearbeitet ist.

9. Fichte: 1—1,5 kg pro ar
10. Tanne: 3—4 „ „ „
11. Lärche: Vollsaat 2 „ „ „

Die zu gemischten Vollsaaten für jede Holzart erforderliche Samenmenge bestimmt sich nach dem erstrebten Mischungsverhältnis resp. nach dem Verhältnis der Güte der Samenarten.

§ 134.

Boden-Bearbeitung.

Jede Bodenbearbeitung hat den Zweck, dem Samen ein günstiges Keimbett zu bereiten oder gleichzeitig auch den jungen Pflanzen gutes Wachstum zu sichern; sie bezweckt die Entfernung etwaigen der Besamung nachteiligen Bodenüberzugs und eine Lockerung des Bodens.

Entfernung des Bodenüberzugs.

Zur Entfernung des Bodenüberzugs bedient man sich bei kräftigem Unkraut, wie Heide-, Heidel- und Preißelbeere, Ginster usw. einer starken Sense mit kurzem und starkem Blatte; schwächeres Kraut, Gras und Moos entfernt man mit Hacke oder Sichel. Ist es möglich, die Arbeit gegen Abgabe des Materials z. B. in streuarmen Gegenden machen zu lassen, so ist dies entschieden ratsam, wenn der Boden nicht zu arm ist, so daß man den Überzug zum Bodenschutz und zur Bodenverbesserung gebraucht. Kann man das Material nicht abgeben, so bringt man es auf Haufen und läßt es zu Humus für Forstgärten oder Saatkämpe verwesen, oder man brennt oder schmort es zu Rasenasche, die ein vortreffliches Dungmittel bietet. Der Hieb ist unter allen Umständen vor der Samenreife des Unkrautes zu bewirken.

Ganz große und sehr stark verkrautete Flächen befreit man am schnellsten durch Absengen vom Unkraut. Dieses muß jedoch unter folgenden Vorsichtsmaßregeln vorgenommen werden:

1. Die benachbarten Ortschaften müssen benachrichtigt werden, damit nicht unnötiger Feuerlärm entsteht.

2. Die abzusengende Fläche muß an den Seiten, wo eine Gefahr vom Überspringen des Feuers zu fürchten ist z. B. an Dickungen, durch Schutzstreifen geschützt werden. Diese werden in der Weise angelegt, daß man 3 bis 6 m breite Streifen mit der Hacke bis auf die Erde abschürft und den Abraum über die zu sengende Fläche ausstreut; ihn wallartig am Rande aufzuhäufen ist falsch.

3. Es sind für den Notfall alle Vorbereitungen zu treffen, um einem etwaigen Übergreifen des Feuers durch energische Maßregeln begegnen zu können.

4. Das Brennen muß bei trockener und möglichst windstiller Witterung vorgenommen werden. Ist geringer Luftzug vorhanden, so brennt man am besten mit dem Winde, sonst gegen denselben. An Bergwänden leitet man das Feuer horizontal. Zum Anzünden stellt man die Mannschaft etwa 10—20 m von einander entfernt am Rande auf und läßt sie die Fläche mittelst trockenem Reisig oder Gras, welches eventuell zwischen die Zinken einer Forke geklemmt ist, anzünden. Sobald die Fläche brennt, müssen die Leute, mit grünen (am besten Wacholder- oder Birken-) Büschen zum Ausschlagen des Feuers versehen, sich an die gefährdeten Stellen zur Beobachtuug begeben. Die Brandstelle muß noch einen Tag nachher bewacht werden. Das Abbrennen geschieht im Frühjahr vor der Aussaat: ist es angängig, so soll man jedoch schon ein Jahr vorher die Fläche abbrennen, damit sich der durch das Feuer gelockerte Boden*) setzen kann; soll die Saat gleich erfolgen, so muß man den Boden durch Walzen wieder befestigen.

Einen nur benarbten nicht sehr bindigen Boden, der ziemlich eben und frei von größeren Steinen und Wurzeln ist, verwundet man vorteilhaft mit Grubbern oder leichten Eggen und Pflügen. Auf sehr unebenem Boden mit vielen Stöcken, großen Steinen und Vorwüchsen bedient man sich der Rodehacke, Hacke oder Harke, auf leichterem Boden mit hölzernen, auf schwererem mit eisernen Zinken; auch bei Moosüberzug leistet die Harke die besten Dienste. Soll der Bodenüberzug, namentlich streifenweis ganz beseitigt werden, nimmt man den zweischarigen Waldpflug.

§ 135.

Lockerung des Bodens.

Die wohlfeilste und zugleich eine sehr wirksame Bodenlockerung bewirkt man durch Schweineeintrieb; der Umbruch derselben paßt für leichte und schwere Samen und trägt zugleich zur Vertilgung der

*) Die Einwirkung des Brennens auf den Boden ist von vorzüglichen Folgen, da die Hitze den Boden ausdehnt und lockert, namentlich nassen und kalten (Ton-) Boden trocknet, die Absorptionsfähigkeit erhöht, die Zersetzung der Mineralien befördert und den Boden düngt.

Mäuse und vieler schädlicher Insekten bei. Auf sehr festem Boden muß man zum Eintrieb Regenwetter wählen; an steilen Hängen oder auf nassem und zur Versumpfung geneigtem Boden ist Schweineeintrieb unstatthaft.

Die künstliche Bodenlockerung wird mit Hacke, Rodehacke, Harke, vielerlei Spaten, allerlei Eggen, Grubbern und Pflügen vorgenommen, möglichst immer schon im Herbst, namentlich auf allen schwereren Bodenarten. Die Wahl dieser Werkzeuge richtet sich nach der Stärke der Bodenlockerung, die man bezweckt, nach der Bodenbeschaffenheit und nach der zu kultivierenden Holzart, besonders auch nach ihrer zweckmäßigen Konstruktion. Die Hacke gebraucht man zu leichteren mehr oberflächlichen Bodenarbeiten, namentlich zum Aufhacken von Streifen, Platten und Löchern; besonders erfolgreich auf ungenügend vorbereitetem Boden ist das grobschollige Umhacken desselben in Samenschlägen vor Abfall des Samens, so daß die Schollen aufrecht stehen. Die Anwendung des Spatens ist wegen seiner Kostspieligkeit fast nur auf Forstgärten, Saat und Pflanzenkämpe resp. auf das Rajolen von Flächen und Streifen beschränkt. Sehr verbreitet und allein anwendbar ist der Gebrauch des Pfluges, sobald es sich um eine tiefgehende und gründliche Bodenlockerung auf großen ebenen steinfreien nicht zu verunkrauteten Flächen handelt; die Spatenarbeit würde hier zu teuer werden, da ihre Kosten sich zur Pflugarbeit wie 4 : 1 verhalten*). Die Lockerung des Bodens betrifft entweder die ganze Fläche oder nur Teile derselben, je nachdem man Voll-, Streifen-, Platten-, Löcher- oder Rillensaaten vornehmen will. Je trockner der Boden ist, um so tiefer lockert man im allgemeinen, da sich tief gelockerter Boden frischer hält. Von Natur lockere und lose Böden lockere man nicht; diese muß man sogar oft binden.

Die Vorteile jeder Bodenlockerung liegen in folgenden Punkten:

1. Sie befördert die weitere Verwitterung und Zersetzung des Bodens und löst so besser seine mineralischen Nährstoffe; sie befördert den Luftwechsel im Boden, die Absorption von fruchtbaren Gasen, namentlich von Kohlensäure und Ammoniak, erleichtert das Eindringen

*) Recht zu empfehlen sind die neuerlich fast überall mit gutem Erfolge eingeführten Kulturgeräte von Spitzenberg, die laut Katalog von Franke & Comp., Berlin SW., Dessauerstr. 6 preiswürdig zu beziehen sind.

aller Niederschläge, verhindert ihr Abfließen (auf Bodenneigungen), sie absorbiert besser den Wasserdampf der Luft, hält alle Feuchtigkeit besser und vermindert die Verdunstung; kurz, durch die Bodenlockerung bleibt der Boden weit frischer.

2) Sie erleichtert den Pflanzenwurzeln das Eindringen und Verbreiten, namentlich ihre Ernährung und zwar je mehr, je besser gelockert wird. Eine Grenze zieht hier meist nur der Kostenpunkt.

§ 136.

Bodenbearbeitung zu Vollsaaten.

Bei Vollsaaten nimmt man, um Kosten zu sparen, häufig entweder vorher oder gleichzeitig landwirtschaftlichen Fruchtbau vor. Der Vor- oder Mitfruchtbau empfiehlt sich nur auf kräftigem, aber stark verunkrautetem Boden, indem durch die mit dem Fruchtbau verbundene Umarbeitung die nötige Bodenlockerheit ohne Kosten erzielt und gleichzeitig der Boden gründlich von Steinen und großem Gewürzel gereinigt wird. — Je nach der Bodengüte überläßt man das Land unentgeltlich oder gegen einen geringen Pachtzins oder endlich gegen das dabei gewonnene Stockholz. Auf ärmerem Boden ist der Fruchtbau nicht statthaft; ein Voranbau ist selbst bei kräftigem Boden nur 2—3 Jahre zu gestatten. Im letzten Jahre läßt man nur genügsamere Körnerfrucht (Hafer, Buchweizen) bauen. Die rascheste und vollkommenste Lockerung des Bodens wird durch den Kartoffelbau bewirkt, der sich ohne Schaden mehrere Jahre hinter einander betreiben läßt und am besten das Unkraut beseitigt; Kartoffeln sind auch zum Zwischenbau am geeignetsten. Der Fruchtbau wird am häufigsten bei Eiche und Kiefer angewandt. Die tiefe Bodenlockerung für Vollsaaten gewinnt man durch Pflüge, entweder auf leichtem stein- und wurzelfreiem Boden mit dem Ackerpfluge, sonst mit dem Waldpfluge, der ein doppeltes Streichbrett hat, am besten unter Bespannung mit Rindvieh. Ist der Boden stark schollig, so ist ein nachfolgendes Übereggen erforderlich.

Gute Waldpflüge liefert die Maschinenfabrik von Eckert, Berlin N.

§ 137.

Bodenbearbeitung für Streifensaaten.

Dabei ist die Richtung, die Entfernung, die Breite und Bearbeitung der Streifen zu beachten. Sie werden meist von Osten nach Westen, jedenfalls aber senkrecht auf die Gestelle oder Abfuhrwege gerichtet. An Hängen werden die Streifen gegen die Gefahr des Abschwemmens stets horizontal gelegt und auf der Talseite womöglich mit einem kleinen Schutzwall versehen. Bei der Entfernung des Bodenüberzugs soll man immer noch so viel als möglich Humuserde belassen; ist zu viel puffige Humuserde vorhanden, so muß sie beseitigt oder mit dem Mutterboden, womöglich mit Sand gründlich durchgehackt werden.

Die Entfernung der Streifen (von Mitte zu Mitte) richtet sich nach der Schnellwüchsigkeit der Holzart, der Bodengüte und den Kulturmitteln; bei ersterer nimmt man die weitere Entfernung von 1,2—1,5*) Meter; auf zur Verangerung geneigtem Boden, der einen schnelleren Schluß erfordert, nimmt man einen engen Verband, etwa 0,5—1,2 Meter; an Bergabhängen empfiehlt sich 1—1,3 Meter Entfernung, da auf der geneigten Fläche verhältnismäßig größerer Wachsraum vorhanden ist als auf der ebenen Fläche; die üblichste Entfernung der Streifen ist etwa 1,3 Meter. Die weiteste Entfernung von 3—5 Metern ist zu wählen, wenn man später zwischen den Streifen eine andere Holzart nachziehen will.

Die Breite der Streifen schwankt gewöhnlich zwischen 0,3 bis 1,5 Meter; die breitesten Streifen sind auf sehr zu Unkraut neigendem Boden, namentlich auf Heide- und mit üppigem Beerkraut bewachsenem Boden zu wählen. Werden die Streifen mit Pflügen gezogen, so beschränken sie sich häufig auch nur auf die Breite der Pflugschar, wo man dann die Entfernung der Streifen entsprechend vermindern muß; diese Unterart nennt man dann Furchen. Je breiter die Streifen, desto weiter ist gewöhnlich ihre Entfernung von einander.

Die Bearbeitung der Streifen richtet sich nach der Bodenbeschaffenheit. Auf leichtem Boden genügt häufig ein bloßes Abschürfen mit der Hacke ohne oder mit folgendem leichtem Durchhacken; auf festerem Boden muß jedoch noch eine tiefere Bearbeitung folgen; auf ärmerem Boden und kleinen Flächen ist das Unkraut gehörig auf dem Streifen auszuklopfen und das Kraut zur Gewinnung von Komposterde oder Rasenasche zu verwenden.

---

*) Die hier angegebenen Zahlen passen nur für mittlere Verhältnisse; unter gewissen Voraussetzungen kann resp. muß die Entfernung der Streifen resp. ihre Breite je nachdem bald größer bald geringer genommen werden.

Festen Boden oder sehr ausgedehnte Flächen, ferner wenn die Holzart (z. B. Eiche) eine tiefere Lockerung verlangt, bearbeitet man, je nachdem, mit leichteren oder schwereren Pflügen.

§ 138.

Ausstreuen des Samens.

Allgemeine Regeln.

Nachdem nach obigen Regeln die Saatzeit und Bodenbearbeitung gewählt, der Samen geprüft und die Samenmenge bestimmt ist, ist das Ausstreuen nach folgenden allgemeinen Gesichtspunkten vorzunehmen:

1. Zum Ausstreuen des Samens wählt man die zuverlässigsten und nur geübte Leute, die das Säen unter unausgesetzter Beaufsichtigung des Försters bewirken; Frauen sind hierzu geschickter als Männer.

2. Vor dem Aussäen ist der Samen immer in verschiedene kleinere Haufen zu teilen und sind erst Probeflächen zu besäen, um so einen Anhalt zu gewinnen, daß der Same ausreicht und die ganze Fläche gleichmäßig stark besäet wird. Bei den Vollsaaten teilt man den Samen meist in zwei gleiche Hälften, deren erste man längs, deren zweite Hälfte man quer über die Fläche ausstreut; letztere dient auch dazu, Fehler der ersten Aussaat zu ergänzen. Bei Streifensaaten macht man, wenn die Fläche klein ist, so viel Häufchen als Streifen vorhanden, bei größeren Flächen nimmt man mehrere Streifen für ein Samenhäufchen zusammen; bei Plätze- oder Löchersaat macht man je nach der Größe 3, 4, 5 usw. Häufchen und berichtigt die Größe der übrigen nach den bei der Aussaat der ersten Haufen gewonnenen Erfahrungen.

3. Das Auswerfen der Samen geschieht meist mit der Hand oder aus einer Flasche, durch deren Korken ein hohles Rohrstück gesteckt ist, was abgeschrägt wird. Die Säer sind vorher zu kontrollieren und einzuüben, daß sie zu jedem Auswurfe die richtige und immer gleiche Samenmenge greifen. Das Auswerfen des leichteren Samens ist bei möglichst windstiller Witterung vorzunehmen; sobald sich stärkerer Wind erhebt, sind die Leute anzuweisen, den Samen näher gegen den Boden auszuwerfen; bei stürmischer Witterung darf gar nicht gesäet werden. An Bergwänden ist horizontal zu säen. Der Beamte soll sich nur mit der Aufsicht befassen, nicht etwa selbst für längere Zeit mitsäen. Das Säen ist stets in Tagelohn, nie in Akkord auszuführen.

Säemaschinen, z. B. die Saatflinte, der Saattrichter, die Säemaschinen von Drewitz*), Alborn, und andere kompliziertere Maschinen sind nur auf bequemem Terrain, großen Flächen und unter ganz besonderer Aufmerksamkeit auf den stets guten Zustand der Maschine anzuwenden; sie empfehlen sich nur für den leichteren und abgeflügelten Nadelholzsamen sowie für sorgsam vorbereiteten Boden. Bei kaum einem anderen Waldgeschäft ist eine solche Gewissenhaftigkeit, Treue und unausgesetzte Aufmerksamkeit des Beamten notwendig als bei dem Geschäft des Säens; der Beamte soll stets gegenwärtig sein und mit der größten Sorgfalt alles überwachen, da jeder Fehler sich nachher schwer rächt.

§ 139.

Unterbringen des Samens.

Nur die schweren Samen (Eichel, Buchel) verlangen eine tiefere Bedeckung mit Erde.

Die Stärke der Bedeckung richtet sich bei allen Holzsamen nach der Größe der Samen, ferner nach der Art der Keimung und der Schwere des Bodens; er wird im allgemeinen mit mittelschwerem Boden so hoch bedeckt, als er stark ist, mit schwerem Boden verhältnismäßig dünner und umgekehrt. Ein zu starkes Bedecken ist entschieden zu vermeiden, da nicht nur das Keimen verzögert und erschwert wird, sondern auch die Pflanzen sich nicht so kräftig entwickeln. Die Eichel fordert je nach der Schwere des Bodens eine Bedeckung von 3—6 cm, die Buchel bis zu höchstens 4 cm; die Hainbuche, Ahorn, Esche und Tanne dürfen nur leicht bedeckt werden (1—3 cm), den übrigen Samen harkt man mit Rechen unter, so daß er sich mit der oberen Erdkrume leicht vermengt; bei Erlen- und Birkensamen ist ein nachheriges Anwalzen oder Festtreten erforderlich. Auf sehr trockenem Boden ist Vertiefung, auf sehr nassem Boden Erhöhung des Keimbetts erforderlich (durch Rabatten, Hügel, Grabenauswürfe usw.). Am besten bedient man sich dabei der Harke, da alle anderen Bedeckungsarten ihre Mängel haben.

*) Bei vorgenommenen vergleichenden Versuchen arbeitete am besten die Drewitzsche Kiefernsaat-Drillmaschine „System Tietze“, 130 M. Billig und gut die verbesserte Hackersche Säemaschine, 25 M. Den Ankauf besorgen wie den aller forstlichen Werkzeuge und Instrumente z. B. W. Goehlers Wittwe in Freyburg, S.

§ 140.

Schutzmaßregeln für die Aussaat empfindlicher Holzarten.

Um schattenbedürftige und empfindliche Holzarten, z. B. Buche, Tanne, Fichte usw., gegen Frost und Hitze zu schützen, kann man folgende Maßregeln anwenden:

1. Fruchtbeisaat. Mittelgroße und kleine Holzsamen werden voll, gleichzeitig mit leichtem Getreide (Roggen, Hafer) ausgesäet und untergeegget; doch muß man die Fruchtbeisaat entsprechend schwächer nehmen als bei der Landwirtschaft, auch muß die Ernte unter größerer Schonung der Holzpflanzen ausgeführt werden, am besten nur mit der Sichel.

2. Voranbau von raschwüchsigen bodenbessernden und lichtkronigen Holzarten. Die hierzu geeignetste Holzart ist die Kiefer und die Lärche, welche in weitem Verbande (reihen- und plätzeweis) gesäet oder besser gepflanzt werden; nach 10—20 Jahren wird die empfindliche Holzart (Buche, Tanne) untergesäet und nach und nach vom Schutzbestand befreit.

3. Die Anlage der Saaten unter vorhandenen alten Schutzbeständen gleicher oder auch anderer Licht-Holzarten. Ein solcher Schutzbestand ist nötig für Buchen- und Tannensaaten, die im Freien nur sehr selten gedeihen, sehr günstig für Traubeneichen, Fichten-, Ahorn-, Eschen-, Ulmen- und Erlensaaten. Je nach dem Schutzbedürfnis und dem Standort hat man den Schutzbestand verschieden dicht zu halten und die rechtzeitigen Nachlichtungen nach dem Bedürfnis der heranwachsenden Saat nicht zu versäumen. Zu Schutzbeständen eignen sich fast alle unsere wichtigeren lichtkronigen und dabei bodenbessernden Waldbäume, namentlich Lärche oder Kiefer.

§ 141.

Schutz der Saaten.

Ist die Saat nach obigen Angaben ausgeführt, so muß sie unausgesetzt beobachtet werden, ob nicht Gefahren ihr Gedeihen in Frage stellen. Solche Gefahren bringen:

1. Unkrautwuchs. Bei Vollsaaten beseitigt man das Unkraut **vor der Samenreife** durch Ausrupfen mit der Hand, unter Umständen auch wohl durch vorsichtiges und hohes Abmähen oder Absicheln, wenn die Pflanzen noch klein genug sind. Bei Streifensaaten läßt man das

Unkraut auf den Zwischenbänken absicheln, bei Rillensaaten hacken, in den Streifen selbst verfährt man wie bei Vollsaaten.

Je öfter in den Saatstreifen gelockert werden kann, um so freudiger müssen sie gedeihen; zuweilen gelingt die kostenlose Lockerung gegen Abgabe des Grases usw. auf den Zwischenstreifen.

2. Samenfressende Tiere. Diese muß man vertilgen oder verscheuchen; gegen Wild, Weidevieh und Menschen schützt Einzäunen oder verstärkter Abschuß des Wildes, gegen Mäuse Vergiften oder vorheriger Umbruch der Fläche durch Schweine. Als erprobtes Mittel gegen Vögel ist das Vergiften mit Bleimennige zu empfehlen. Man verfahre dabei wie folgt: 7 kg Samen schütte man dünn in einem wasserdichten Troge aus und streue darüber 0,5 kg Bleimennige; dann rühre man mit einem Holzspan, noch besser mit beiden Händen die mit etwa $\frac{1}{2}$ Liter Wasser bebrauste Masse tüchtig um; ist der Samen gleichmäßig durchgefärbt, so nehme man wiederum 0,5 kg Mennige und $\frac{1}{2}$ Liter Wasser und menge so lange, bis jedes Samenkorn mit einer roten Kruste überzogen ist. Schließlich wird der Samen auf Laken ganz dünn ausgebreitet und an der Sonne getrocknet. In derselben Weise werden auch größere Quantitäten auf gebretterten Böden unter Umschippen gefärbt, indem man auf die zu färbende Samenmenge stets $\frac{1}{7}$ des Gewichts Bleimennige und $\frac{1}{7}$ in Litern Wasser berechnet, welche — wie oben beschrieben — in 2 gleichen Hälften beigemengt werden. Da Mennige giftig ist, so ist Vorsicht zu empfehlen, namentlich darf man keine Wunden an den Händen haben.

3. Fehlstellen der Saaten sind rechtzeitig nachzubessern; am besten durch Pflanzung und zwar mit Wildlingen aus der Kultur selbst.

Bei Samen, die überliegen oder schwer keimen (Kiefer, Eschen, Hainbuchen, Nüssen usw.) muß man mindestens 2 Jahre mit den Nachbesserungen warten, während man alle Pflanzungen so schnell als möglich ergänzt. Man hüte sich ängstlich vor zu vielem Nachbessern und denke dabei an die künftige Entwickelung des Bestandes, die alle kleinen Lücken bald und bestimmt zuwachsen läßt. Ist der Bestand 1 m und darüber hoch, so dürfen nur noch große Lücken und zwar nur mit solchen Pflanzen nachgebessert werden, die ebenso hoch sind als der Bestand.

4. Gegen Abschwemmen an Hängen schützt das Ziehen von Horizontalgräben, auch müssen die Streifen stets horizontal längs des Hanges angelegt werden, mit etwas Neigung zu Berg, damit das Regenwasser gehalten wird.

Holzpflanzung.

§ 142.

Über die Frage, ob im gegebenen Falle Saat oder Pflanzung zu wählen ist, entscheidet das im § 127 Gesagte; sie ist immer nur örtlich zu lösen.

Die Pflanzung hat der Saat gegenüber den Nachteil, daß man sich das Material erst mit besonderer Mühe beschaffen muß, was in der Regel mit nicht unbedeutenden Kosten, Risiko und Umständen verbunden ist.

Beschaffung des Pflanzenmaterials.

Zur Beschaffung der Pflanzen gibt es zwei Wege:

1. Man benutzt schon vorhandenes Pflanzenmaterial aus Freisaaten, natürlichen Verjüngungen usw. sog. „Wildlinge".

2. Man erzieht sich das Pflanzenmaterial in sogenannten „Kämpen" (Pflanzschulen).

§ 143.

1. Benutzung schon vorhandener Pflanzen, Transport und Verpackung der Pflanzen.

Am wohlfeilsten ist es für den Forstwirt, wenn er seine Pflanzungen mit Wildlingen aus möglichst nahe gelegenen jungen Saaten, natürlichen Verjüngungen oder Schlägen herstellen kann. Bei der Auswahl der Pflanzen muß sorgfältig verfahren werden; es sollen zum Ausheben der Wildlinge nur die zuverlässigsten nnd tüchtigsten Arbeiter verwandt werden. Die zu benutzenden Pflanzen müssen gute konzentrierte Bewurzelung, namentlich recht viele Zaserwurzeln, gute Beastung und eine gerade recht kräftige (stufige!) Schaftform haben, dürfen nicht beschädigt und müssen vollkommen gesund sein; dies erkennt man an der Länge und Stärke der letzten Triebe und an den kräftigen Knospen. Werden die Pflanzen ohne Ballen, d. h. ohne die den Wurzelstock umgebende und anhaftende Erde ausgestochen, so müssen sie vor dem Transport sofort eingeschlagen werden; selbst die Ballenpflanzen sollen dicht zusammengetragen und, falls sie nicht an demselben Tage benutzt werden, an den Seiten ringsum mit Erde beworfen werden. Werden die Pflanzen aus Schlägen mit Schutzbäumen entnommen, so gebe man Pflanzen, die recht frei stehen, den Vorzug. Beim Ausheben hüte man sich vor dem Beschädigen der auszuhebenden wie der stehenbleibenden Pflanzen; namentlich muß der Spaten weit genug ab und tief genug eingestoßen werden; die Pflanzen sollen erst, nachdem sie vollkommen gelockert und losgestoßen sind, ausgehoben, nicht etwa mit Gewalt losgerissen werden. Je jünger und kleiner die Wildlinge sind, desto bequemer, billiger und sicherer ist ihr Verpflanzen; zu versetzende Stämmchen sollen über der Erde nicht stärker als höchstens 3 cm sein. Das beste Alter ist das von 2—4 Jahren, in höherem Alter wird das Auspflanzen immer schwieriger, kostspieliger und gefahrvoller. Der Transport der Pflanzen wird bei geringer Entfernung in Körben, auf Tragbahren, zweirädrigen Hand- oder Schiebkarren ausgeführt; Ballenpflanzen sollen nie am Stämmchen getragen werden, sondern mit der flachen Hand unter dem Ballen, weil sonst leicht die Erde abfällt; Pflanzen mit entblößten Wurzeln werden zusammengebunden und mit feuchtem Moos umgeben. Bei weitem Transport werden Wagen benutzt und müssen die Pflanzen gegen Reibung und Austrocknen durch Einfüttern des Bodens und der Wände der Wagen mit feuchtem Moos, Stroh oder Erde unter öfterem Anfeuchten unterwegs geschützt werden.

Bei weiterem, namentlich Eisenbahntransport ist eine sorgfältige und je nach der Größe verschiedene Verpackung erforderlich.

1. Kleine Pflanzen: 1—2jährige Laubholz- und Nadelholzpflanzen versendet man am besten in groben Weiden-(Kartoffel-)körben, in welche man sie — die Wurzeln nach innen —, nachdem der Boden mit feuchtem Moos bedeckt und inmitten ein Strohwisch senkrecht eingelassen ist, horizontal, kranzförmig dicht einschichtet; oben deckt man wieder reichlich feuchtes Moos ein und näht den Korb mit Sackleinwand zu.

2. Mittelgroße Pflanzen verpackt man in Doppelbunden, indem man etwa 4 Wieden (Birken, Weiden) 20—30 cm entfernt parallel auf dem Boden, über dieselben — die Wieden senkrecht kreuzend — recht dichte frische Fichtenzweige und zuletzt ein feuchtes Moospolster legt; nun legt man die Pflanzen, Wurzel gegen Wurzel gekehrt, dicht übereinander, in jedes Doppelbund die gleiche Zahl (50, 100 usw.), deckt sie wieder ringsum mit feuchtem Moos und Fichtenzweigen und

schnürt das Bund mit Hilfe der untergelegten Wieden und Bindedraht so zusammen, daß auch die an beiden Seiten heraussehenden Wipfel geschützt bleiben.

3. Große Pflanzen (Halbheister, Heister usw.) werden je nach ihrer Stärke zu 5—20 Stück um eine 2—3 m und mehr lange Tragstange herum verpackt, indem man auf eine entsprechend große Lage von Fichtenzweigen ein feuchtes dickes Moospolster und auf dieses die Pflanzen legt; sind die Wurzeln gut allseitig mit Moos eingefüttert und bedeckt, so schnürt man das ganze Wurzelbündel mit Bindedraht fest so zusammen, daß die überragenden Fichtenzweige noch den Stamm schützen.

Vor dem Einpflanzen müssen überflüssige, zu lange oder beschädigte Wurzeln und Zweige, jedoch unter sorgfältigster Schonung der kleinen Zaserwurzeln, mit glattem schrägem Schnitt nach unten weggenommen werden.

§ 144.

2. Erziehung der Pflanzen.

Die Erziehung von Pflanzen erfolgt in Kämpen, die man Saatkämpe nennt, wenn darin nur gesäet wird und die jungen Pflanzen dann direkt zu den Kulturen verwandt werden, Pflanzkämpe, wenn die Pflanzen vor der Verwendung noch ein- oder mehrere Male umgepflanzt: „verschult" werden.

Man unterscheidet ständige und Wanderkämpe. Letztere werden in nächster Nähe der Pflanzstelle oder auf der Kulturstelle selbst stets nur für vorübergehende Nutzung angelegt, erstere sind für langjährige Nutzung bestimmt und werden mit besonderer Sorgfalt angelegt und gepflegt.

§ 145.

Anlage von Wandersaatkämpen.

Wander- (vorübergehende) Kämpe werden, wie erwähnt, in der nächsten Nähe von den zu bepflanzenden Flächen angelegt. Zunächst ist die richtige Lage nach Boden und Exposition zu wählen. Der Boden muß kräftig, tiefgründig, nicht stark bindig, frisch und humos, frei von großen Steinen, Nässe und Bodensäuren sein; die Lage soll eben oder nur sanft geneigt, frostfrei, dem Luftzuge etwas ausgesetzt und gegen örtliche Gefahren jeder Art möglichst geschützt sein, wobei man den Besonderheiten jeder Holzart Rechnung tragen muß.

Man legt sie deshalb gern an nach Osten vorstehendes Holz gegen Frostgefahr, doch nicht unter die Traufe und soweit davon ab, daß der Kamp nicht verdämmt werden kann; Nord- und Osthängen gibt man den Vorzug, Sandboden muß gegen Süden und Westen wegen Dürre durch hohes Holz geschützt sein (Südwestecken). Die Form sei, wenn eine kostspieligere Verzäunung nötig wird, die genau quadratische. Die Kampfläche wird im Herbst zunächst gesäubert und von allen größeren und bei der weiteren Bearbeitung hinderlichen Stöcken, Wurzeln und Steinen befreit; alles kleinere Holz, was nicht verwertet werden kann, namentlich kleinere Wurzeln, Äste, Abfälle usw. wird zu Dungasche verbrannt. Vor der Bearbeitung wird, falls der Boden nicht fruchtbar genug ist, etwaiger Dung (entbehrliche Dammerde, Moorerde aus Senkungen angrenzender Bestände, Asche, Kompost) gleichmäßig ca. 5—10 cm hoch ausgestreut und dann die Fläche etwa 20—40 cm tief sorgfältig umgegraben oder bei etwas flacherer Bearbeitung nur mit einer schweren Umbruchshacke umgehackt, wobei streng darauf zu halten ist, daß der vorhandene Humus und die obere Bodenschicht unten zu liegen kommt. Noch besser erreicht man den Zweck des Unterbringens der nährkräftigen oberen Bodenschicht durch das sogenannte R a j o l e n*), wie folgt: man zieht an einer Seite des Kampes am äußersten Rande einen Graben von der Tiefe der gewünschten Bodenlockerung und zieht unmittelbar hinter dem ersten einen zweiten, dritten, vierten Graben usw. in der Weise, daß der Auswurf des folgenden Grabens in den vorhergehenden Graben geworfen wird. Je längere Wurzeln man erziehen will, desto tiefer muß die Bodenbearbeitung gemacht und die Nährschicht gelegt werden; man kann auf diese Weise sehr leicht künstlich selbst abnorm lange Wurzeln erziehen. Das Gegenteil, also recht flache Bewurzelung, erreicht man nicht etwa durch sehr flache Bodenbearbeitung — diese ist unter allen Umständen zu vermeiden — sondern dadurch, daß man die Nährschicht nicht in die Tiefe bringt, sondern mehr an der Oberfläche läßt; jedenfalls muß der Kamp im Frühjahr zum Zweck der vollkommenen Lockerung und Ebnung und zur Beseitigung aller Unreinlichkeit noch einmal durchgespatet und überharkt werden. Größere Kämpe (größer

*) Das Rajolen empfiehlt sich nur für größere Pflanzen, welche mit ihren tieferen Wurzeln in die gute Erde reichen. Schwache und flach wurzelnde Pflanzen sterben oft in der oberen unfruchtbaren Erde ab, ebenso Saatpflanzen.

als 10 ar) werden durch 0,3 m breite Steige, die nach einer Schnur getreten und nach dem Tiefpunkt geneigt werden, in entsprechende Beete geteilt. Auf leichtem und trockenem Boden ist das Anwalzen desselben sehr zu empfehlen.

Parallel mit der schmalen Seite des Kampes oder des Beetes resp. entgegen der erfahrungsmäßig gefährlichen Wetterseite werden nach der Schnur (mit einer schmalen Hacke, dem dreikantigen Rillendrücker usw.) Rillen gezogen, deren Tiefe sich nach der Größe des Samens richtet; sie werden in der Regel handbreit gemacht. Bei kleinen Samen sind sie etwa 2—3 cm tief, bei großen Samen, und wenn Büschelpflanzen erzogen werden sollen, bis etwa 6 cm tief (Eicheln, Nüsse). Bleiben die Pflanzen 1 Jahr stehen, so macht man die Rillen etwa 10 cm, bei 2 Jahr etwa 20 cm, 3 Jahr etwa 30 cm von einander entfernt. Die Entfernung der Rillen richtet sich nach der Holzart und der Zeitdauer bis zur Verpflanzung, sie schwankt zwischen 8 cm (Nadelholz) und 30 cm (Eiche). Das Besäen der Rillen erfolgt im Frühjahre so dicht, daß fast Korn an Korn zu liegen kommt; maßgebend bleibt jedoch das erzielte Keimprozent; bei 70—80% säet man dünn, bei 50—60% dick, bei weniger sehr dick. Man hüte sich vor einer zu starken Erdbedeckung. Die dichte Saat in den Rillen liefert die größte Pflanzenzahl und läßt das Unkraut in den Rillen nicht aufkommen, bedingt aber meist schwächere Pflanzen. Bei ganz großen Samen (Eicheln und Nüssen) kann man 3—6 cm auseinander legen. Eine größere Tiefe der Saatrillen empfiehlt sich gegen das Auffrieren wie auch zur Ansammlung von Feuchtigkeit (auf trocknem Boden), auch lassen sich die durch den Frost gehobenen Pflänzchen leichter wieder mit Erde bedecken. Die Erdbedeckung entspricht stets der Samengröße, am besten ist Überkrümeln mit loser Humuserde; bei leichter Bedeckung ist Anklopfen der Erde geboten (mit dem Rücken der Hacke).

Wenig gebräuchlich in Saatkämpen sind noch die Vollsaaten (bei Birken, Erlen und Kiefernballen); diese müssen im gegebenen Falle sehr dünn sein, wenn die Pflänzchen länger als ein Jahr stehen sollen.

Alle Bodenarbeiten für Saatkämpe müssen spätestens im Herbst vorher gemacht werden und grobschollig bis zum Frühjahr liegen bleiben, damit der Boden sich setzen und durchwintern kann; sehr vorteilhaft ist es, wenn die Fläche vorher 1 Jahr lang, nie länger, zum

Kartoffelbau in Pacht gegeben oder zur Stickstoffsammlung mit Lupinen oder Hülsenfrüchten besäet wird; dies ist besonders für Laubholzkämpe und auf verwildertem Boden empfehlenswert.

Die Bewehrungen und Verheegungen der Kämpe richten sich nach den Gefahren von Tieren und Menschen, öfter sind sie ganz entbehrlich oder es werden nur Gräben und die allerleichtesten Vermachungen nötig, um ein achtloses Betreten und Verstampfen durch Menschen und Tiere zu verhüten. Hierzu werden ringsum einige Pfähle eingeschlagen und mit einer oder zwei Stangen verbunden. Ist bei starkem Rot- und Rehwildstande ein Verbeißen zu befürchten, so müssen etwa 1,5—2 m hohe Flechtzäune (Figur 105) angelegt werden. Am

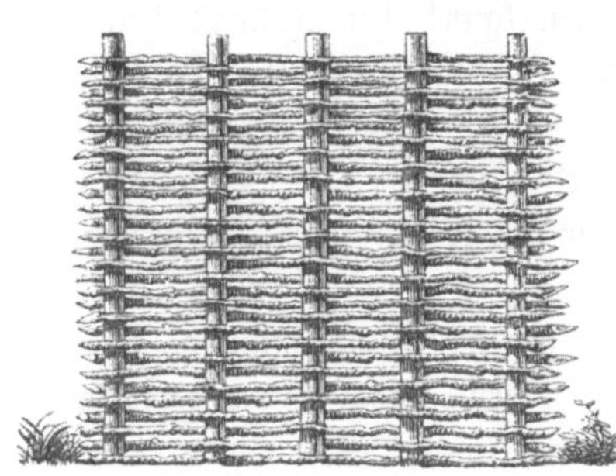

Figur 105.

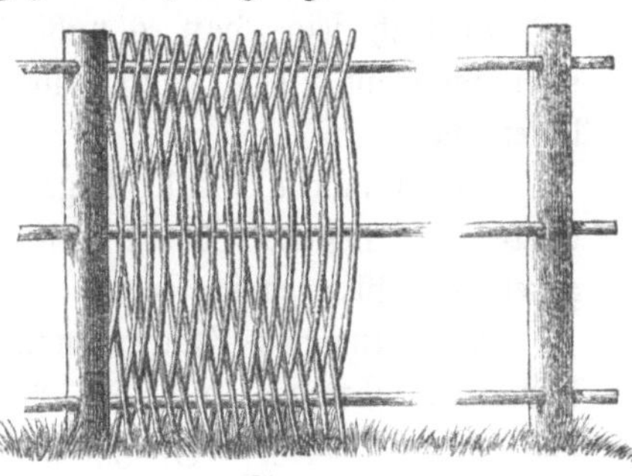

Figur 106.

besten läßt man die 1—2 m entfernten Pfähle mit leichtem Durchforstungsreisig resp. Wacholder wagerecht dicht durchflechten, um ein Durchkriechen des kleinen Wildes zu vermeiden. Sollte ein Überfallen des Wildes beobachtet sein, so läßt man etwa in 0,5—1 m Höhe über dem Zaun noch 1—3 Querlatten, die sog. „Sprunglatten" annageln. Die nach unten geflochtenen Zäune (Spriegelzäune Figur 106) sind dann zu vermeiden, wenn Hasen und Kaninchen zu fürchten sind, da die einzelnen Spriegel sich auseinander zwängen lassen und so ein Durchkriechen des kleinen Wildes, ja selbst von Rehwild ermöglichen. Etwas teurer, aber dauerhafter sind Lattenzäune (Figur 107), deren

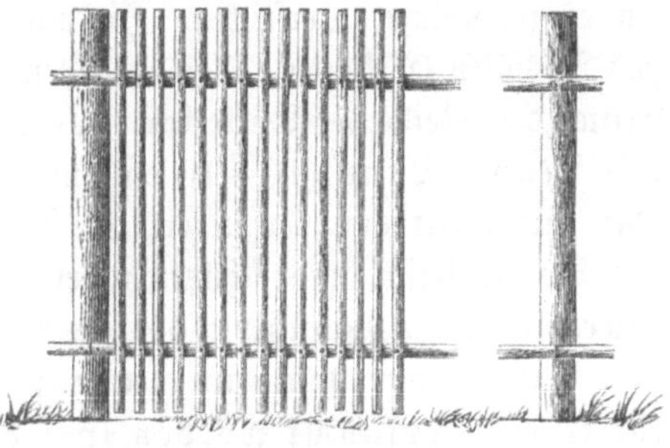

Figur 107.

Höhe und Lattenweite sich nach dem Bedürfnis richten muß. Billiger sind die Splißzäune, zu welchen man anbrüchige Nadelholzstämme in 1,3—1,5 m lange Rollen zerschneiden und aus diesen die erforderlichen Splisse reißen läßt; die Splisse werden in derselben Weise befestigt wie beim Lattenzaun, auch je nach Bedürfnis mit Sprunglatten versehen. Holzzäune — wie oben beschrieben — werden nur in Gegenden mit schlechterem Holzabsatz gemacht; im übrigen macht man Drahtzäune, deren Höhe, Maschenweite und Drahtstärke nach der Dauer und den Wildarten sich richten muß. Will man sie wiederholt verwenden, so muß der Draht gut verzinkt und 1,6 mm dick, die Maschenweite so eng sein, daß das Wild mit dem Kopf nicht hindurch kommen, und so hoch sein, daß es nicht überfallen kann! bei Rotwild bringt man dann über dem Gatter noch einige Spanndrähte resp. Sprunglatten an.

Gegen samenfressende Vögel helfen Vogelscheuchen, Windklappern, öfteres Abschießen, Bedecken mit leichtem Deckreisig, am besten Vergiften mit Bleimennige (vergl. § 141).

Auf geneigten Flächen muß man gegen Abschwemmung oberhalb des Kampes auf der Bergseite einen etwa 30 cm tiefen und ebenso breiten Fanggraben, event. auch noch einen oder mehrere Gräben diagonal, noch vor der Aussaat, durch den Kamp ziehen lassen.

Ein besonderes Augenmerk ist auf das Unkraut zu richten und soll im Sommer frühzeitig, wenn sich noch wenig Unkraut zeigt, ein öfteres Ausjäten oder Hacken, stets bald nach einem Regen stattfinden, um es im Keime zu ersticken. Hiermit verbindet man zweckmäßig auch das Ausjäten (Pikieren) aller schlechten Pflänzlinge, namentlich aus der Mitte der Reihen. B e d e c k e n d e r B e e t e z w i s c h e n d e n R e i h e n mit M o o s, L a u b (10—15 cm hoch, nicht Birken- oder Eichenlaub) oder mit B r e t t e r n verhindert die Entwicklung des Unkrautes, erhält den Boden frisch und schützt zugleich gegen Auffrieren und Insekten (Eierablegen der Maikäfer); d i e s e s B e d e c k e n d e r K ä m p e z w i s c h e n d e n P f l a n z e n r e i h e n u n d z w a r s o f o r t nach dem e r s t e n J ä t e n s o l l t e n i e v e r s ä u m t w e r d e n (im Juni); hierbei muß man jedoch auf Mäuse und sonstiges Ungeziefer achten, die sich namentlich im Herbst und Winter gern darunter verstecken und schaden. Kleine Sämlingsreihen lassen sich noch nicht decken.

§ 146.

Pflanzkämpe.

Pflanzkämpe werden ganz in derselben Weise angelegt wie die Saatkämpe, nur daß man je nach der Holzart und der Größe der zu verschulenden Pflanzen in der Wahl des Ortes und der Bearbeitung des Bodens, auch in dem Schutz gegen Gefahren und in der Pflege sorgfältiger ist. Die größte Sorgfalt erfordern Laubholzpflanzkämpe, namentlich wenn man starke Heister erziehen will. Das Nähere darüber findet sich bei der Besprechung der einzelnen Holzarten am Schluß des Waldbaues und im § 148.

§ 147.

Anlage von ständigen Kämpen (Forstgärten).

Bei der Wahl des Ortes für einen ständigen Kamp nimmt man, soweit es irgend die Standortsverhältnisse gestatten, auf die Nähe der Wohnung des mit der Aufsicht und Pflege betrauten Beamten, bequeme Verbindung mit den Absatzgebieten und auf die Nähe von Wasser Rücksicht; auch soll man sich die Heranziehung oder Ausbildung eines zuverlässigen und tüchtigen ständigen Arbeiterpersonals angelegen sein lassen.

Die Forstgärten bilden in der Regel eine Vereinigung von Saat- und Pflanzkämpen, da sie jedem Bedürfnis dienen sollen; ferner bieten sie das Mittel, um seltenere Holzarten zu Waldverschönerungen, zur Bepflanzung von Wegen und Plätzen, auch wohl zur Befriedigung des Publikums, falls diese Holzarten sonst schwer zu beschaffen sind, zu erziehen; ferner sollen sie älteres Pflanzenmaterial verschiedener Holzarten, wenn es nur in geringer Menge erforderlich wird, liefern.

Man suche sich eine möglichst geschützte Lage (§ 145) mit einem guten Mittelboden aus; ist der Boden zu gut, so pflegen die Pflanzen nach dem Umsetzen auf ärmere Böden zu kümmern oder gar einzugehen. Beabsichtigt man die Erziehung von starkem Pflanzmaterial, so muß der Garten groß genug sein, da die Pflanzen bei der Verschulung weiter gesetzt werden müssen. Die Form sei das Quadrat. Der Garten wird durch ständige Wege, worunter mindestens ein einspuriger Fahrweg mit einer Wendestelle sein muß, in Quartiere zerlegt, die nach dem Tiefpunkte zu geleitet werden. Die Umfriedigung muß dauernd und fest sein — mit Flecht-, Latten-, Gitter- und Drahtzäunen oder mit lebenden Weißdorn=, Hainbuchen= und Fichtenzäunen — die unter der Scheere gehalten werden; namentlich empfehlen sich die immergrünen Fichtenhecken. Man hebt zu diesem Zwecke etwa fingerlange Fichtenstämmchen mit dem Hohlbohrer aus und setzt sie in 15 cm breite flache Gräben, etwa 20 cm entfernt ein, auch tun ältere 3—4jährige Einzelpflanzen in 30 cm Entfernung gute Dienste. Die Hauptaufgabe besteht darin, daß man um Johanni die Gipfel= und Seitentriebe dicht über den Knospen abschneidet und dies Verfahren bis zur gewünschten Höhe und Breite der Hecke fortsetzt, wo dann alljährlich um Johanni das regelmäßige Beschneiden mit der Heckenscheere nicht versäumt werden darf. Um das Ausbreiten der Wurzeln in den Kamp zu verhüten, muß man inwendig längs der Hecke einen Graben ziehen. Auf gutem Boden legt man Weißdorn= und Hainbuchenhecken an, indem man 1—3jährige Pflanzen nach der Schnur in 10—25 cm Entfernung in entsprechend tiefe Gräben pflanzt. In den ersten 3 Jahren schneidet man im Herbst alle Seitenzweige auf 2 Augen, die Haupttriebe auf 5 Augen zurück, um kräftige Triebe zu gewinnen. Johanni schneidet man zum zweiten Mal ebenso. Später läßt man 2 Triebe stehen und verflechtet dieselben im vierten Jahre kreuzweis mit den Nachbarpflanzen und bindet sie mit Bast an einem provisorischen Stangen= oder Drahtzaune fest, der erst entfernt wird, wenn die Hecke hoch und dicht genug ist. Vor der eigentlichen Bearbeitung des Kampes soll immer ein einmaliger Kartoffelbau zur gründlichen Beseitigung des Unkrautes oder Gründüngung mit Lupinen vorhergehen; sonst ist die Behandlung des Bodens dieselbe, nur noch sorgfältiger wie bei Saatkämpen; die Wege, mit Ausnahme der kleinen und stets wechselnden Beetwege von 0,3 m Breite, müssen sorgfältig von Unkraut gereinigt oder mit Kies und Schlacken dauernd befestigt werden. In einer Ecke des Gartens, besser aber an der äußeren Umzäunung soll ein schattiger ständiger Platz zur Aufbewahrung und Bereitung der Dungerden und Komposthaufen eingerichtet werden, da das Düngen sich selbst auf fruchtbarstem Boden nicht umgehen läßt. Auf diese Stelle bringt man zunächst alles ausgejätete Unkraut, soweit es keine ausschlagenden Wurzeln und keinen reifen Samen enthält, die Rasenerden, gebrannten Rasenaschen und Holzaschen (von allem Wurzelwerk gewonnen usw.), alles nicht mehr brauchbare Decklaub usw., Abschurf von Chausseen, Wegen usw.

Dieses Material wird nach Bedarf noch durch Buchen- und anderes Laub (nur nicht von Eiche und Birke!) sowie Farrenkraut usw. vermehrt. Im Herbst werden die Komposthaufen wie folgt bereitet. Man gebraucht pro ar Saatbeete 3 cbm, pro ar Schulfläche 4 cbm jährliche Düngung; (auf gutem Boden etwas weniger, auf schlechtem etwas mehr). Unten legt man eine Schicht des Unkrauts, darauf eine Schicht Holzasche oder künstliche Dungsalze, die so ausgewählt werden, daß sie stets die dem Boden fehlenden Nährstoffe ersetzen, darauf eine Schicht Buchen- oder anderes Laub, darauf eine Schicht künstlichen Düngers, und zwar auf kalkarmem Boden von gebranntem Kalk, auf kali- oder phosphorarmem Boden von Kalisalzen und Phosphaten usw., darauf wieder Laub oder Unkraut, schließlich gute Walderde als Deckschicht. Dieser Komposthaufen ist jährlich zweimal (im Frühjahr und Herbst) sorgfältig umzuschaufeln. Da der Kompost wenigstens 2 Jahre gebraucht, um gar zu werden, so muß immer ein fertiger, ein werdender und ein neuer Haufen bereitet sein.

Außer gegen die schon beim Saatkampe erwähnten Gefahren sind in den Forstgärten besondere Vorsichtsmaßregeln gegen allerlei Ungeziefer nötig, damit es nicht festen Fuß faßt.

Mäuse fängt man in in den Saat-Rillen eingegrabenen Töpfen, falls das Vergiften sich verbietet, Maulwürfe in besonderen Fallen und am frühen Morgen durch Ausheben mit der Hacke beim Aufstoßen. Gegen Erdflöhe, die auch oft in Saatkämpen lästig werden, hilft das Bestreuen der Rillen mit Tabakstaub oder das Bestecken mit Reisig, da diese Flöhe keinen Schatten vertragen können. Dasselbe Mittel ist gegen Frost (Spätfröste) zu empfehlen, ebenso empfiehlt sich die Erzeugung künstlicher Rauchwolken in windstillen Frostnächten durch Anzünden von feuchtem Reisig; zarte Holzarten bedecke man im ersten Winter und die ersten Wochen nach der Aussaat mit schwach beschwertem Reisig.

§ 148.

Künstliche Düngung.

In der Hauptsache beschränkt sie sich noch auf die Kämpe, da die sich immer wiederholenden Auspflanzungen dem Boden die Nährstoffe entziehen; aber auch bei der Aufforstung armer Kiefernböden versucht man durch Gründüngung mit Lupinen, denen Kainit, Thomasmehl und Chilisalpeter beigegeben wird, die jungen Kulturen über die ersten Jugendgefahren (Schütte, Verbiß usw.) hinweg- und zu schnellerem Schluß zu bringen.

In den Kämpen muß sich die Düngung nach der Bodenart und den Holzarten, die erzogen werden, richten; man dünge auf Sandboden anders als auf Lehmboden. Nach ihrem Ursprung unterscheidet man tierische, pflanzliche, mineralische und Menge-Dünger. Tierischer Dünger ist leider meist zu teuer, aber von vorzüglicher Wirkung, wenn man auf Sandboden nicht den hitzigen Pferde- und Schafdünger nimmt; Jauche ist sehr zum Begießen der Mengedünger in den Komposthaufen zu empfehlen. Der Pflanzendünger wird meist als Gründüngung mit Lupinen und Hülsenfrüchten angewendet, wodurch der Boden gelockert und mit Stickstoff, den sie in sich sammeln, angereichert wird. Forstmeister Gareis erzielte gute Erfolge, indem er im Juni die Kampfläche pflügte und eggte, pro ar 2,5 kg Wicken und 2,5 kg Sommererbsen säte und eineggte, dann im September zur Blütezeit, nachdem sie niedergewalzt und pro ar mit je 4 kg Thomasmehl und 5 kg Kaïnit bestreut waren, unterpflügte und im Frühjahr kultivierte; von Lupinen sät man 3 kg und gibt 3—6 kg Kainit und 2—3 kg, in kalkarmem Boden noch 5—10 kg Ätzkalk bei. Die Mineraldüngung ist mit besonderer Fachkenntnis und einiger Vorsicht anzuwenden, da sie sonst schädlich wirken kann; am besten wirkt sie in Vermengung mit Kompost; man wendet Kalk und Gips, Abraumsalze (Kainit und Karnalit), Chilisalpeter, Phosphorit, Thomasmehl sowie fabrikmäßig hergestellte Mischungen an, wie sie z. B. H. Otto Ibach in Worms liefert. Alle diese Mittel sollen dem Boden die verlorenen Nährstoffe, namentlich Kali, Phosphorsäure und Stickstoff ersetzen, der Kalk hat den Zweck, nicht nur Nährstoffe zu geben, sondern namentlich den, sie verarbeiten zu helfen. Welche Mengen an Mineraldüngung verbraucht werden, richtet sich zu sehr nach den lokalen Verhältnissen, als daß man allgemein gültige Zahlen angeben könnte. Der Mengedünger wird, wie im vorigen Paragraphen beschrieben, dem Komposthaufen als Mineral- und Pflanzendünger beigemischt, namentlich Humus, Laub, Unkraut und Kalk, Abraumsalze, Thomasmehl usw.

§ 149.

Verschulen von Laubholzpflänzlingen.

Das Verfahren ist ein verschiedenes, je nachdem man Loden — bis 1 m hoch, oder Halbheister 1—2 m hoch, oder Heister über 2 m hoch erziehen will; man will dabei für die spätere Verpflanzung durch Beschneiden zu langer Wurzeln ein konzentrierteres Wurzelsystem herstellen.

Zur Lodenerziehung werden am besten einjährige, bisweilen auch zweijährige Sämlinge vorsichtig ausgestochen und dann zunächst abgeschüttelt.

Etwa beschädigte oder zu lange (über 20 cm), auch sehr krumm gewachsene Wurzeln, aber niemals gesunde Zaserwurzeln, werden mit einem scharfen, schrägen und glatten Schnitt auf der Unterseite gekürzt, ebenso werden etwaige Zwiesel und beschädigte Zweige schräg und glatt, möglichst die Schnittfläche nach unten gerichtet, weggeschnitten. Hierauf werden die so vorbereiteten Pflänzchen auf etwa 30 cm tief umgegrabenen Beeten in nach der Schnur gezogene etwa 40 cm entfernte und 20 cm tiefe Furchen, 20—30 cm von einander entfernt, eingepflanzt oder man pflanzt sie in 30—40 cm Quadratverband in entsprechende Löcher.

Zur Halbheistererziehung werden die Loden in gleicher Weise noch einmal umgepflanzt, nur wählt man dann eine Entfernung von 60 cm und sucht bei dem Beschneiden der Zweige auf eine künftige gute Krone hinzuwirken. Oder man verpflanzt die Sämlinge erst im 2.—3. Jahre und gibt ihnen von vornherein den weiteren Abstand von 40—60 cm; weniger empfiehlt sich das Ausheben der auf obige Weise erzogenen Lodenpflanzen in der Weise, daß man nur eine um die andere Lode heraushebt, die übrigen aber zu Halbheistern weiter wachsen läßt. Es sind bei dieser Methode zu große Beschädigungen der stehenbleibenden Pflanzen zu befürchten.

Zur Heistererziehung ist ein mindestens 40 cm tiefes Umgraben (Rajolen) nötig. Die etwa 1 m hohen Loden werden unter Ausrangierung alles schlechten Materials vorsichtig ausgehoben und in vorher gemachte etwa 30—50 cm im Kubus haltende Pflanzlöcher in 70—100 cm Quadratverband gepflanzt.

Zur Heistererziehung untauglich sind Pflanzen mit rübenartig langen Pfahlwurzeln, mit nur wenig Zaserwurzeln oder schlecht gewachsenen Wurzeln, Pflanzen mit dicken unförmlichen Seitenästen, mit mangelhaftem Höhenwuchs und schlechter, auch zu schlaffer Schaftform. Besonderes Augenmerk ist auf eine gute Bewurzelung zu richten.

In reichen Samenjahren verschult man auch wohl Keimlinge von Stellen, wo sie zu dicht stehen, namentlich von Buchen, Ahornen,

Eichen und Hainbuchen, im Sommer. In der Regel verschult man im Frühjahr vor dem Treiben, nur sehr früh treibende Hölzer schon im Herbst vorher.

§ 150.

Beschneiden der Pflanzen und Pflege des Kamps.

Beim Beschneiden beschränke man sich nur auf zu lange, schlechte und beschädigte Wurzeln, auf Beseitigung von Gabel- resp. Quirlbildungen in der Krone und von beschädigten oder zu lang resp. schlecht gewachsenen Zweigen. Es darf nie mehr wie nur ein einziger Höhentrieb bleiben. Dünne oder rutenförmige Triebe schneidet man zurück, jedesmal, wie bei allen Zweigkürzungen, vor einer kräftigen Knospe mit schräger nach unten gerichteter Schnittfläche.

Falls man im Garten nicht genug Sämlinge oder Loden zum Verschulen hat, greift man auch wohl zu Wildlingen, die dann besonders aus dichten Saatstreifen sorgfältig ausgewählt und behandelt werden müssen.

Bei der erstmaligen Verschulung beschneidet man sehr wenig, bei den folgenden Verschulungen stärker (siehe auch folgenden Paragraphen); auch muß stets, sobald es nötig wird — an den stehenden Pflanzen in den Beeten bis zu ihrer Auspflanzung beschnitten werden. Die Pflege der Beete erstreckt sich auf das Freihalten von Unkraut. Sehr empfehlenswert ist in den Forstgärten das Bestreuen mit Laub zwischen den Pflanzenreihen, wenn keine Mäuse und Erdinsekten zu befürchten sind (vergl. § 145). Ein häufigeres Durchhacken des Kampes fördert das Wachstum ungemein und kann man hierin kaum zu viel tun; ebenso empfiehlt es sich, zarte Holzarten, z. B. Buche, Erle, Lärche, Birke, Rüster, Fichte usw. mit Schutzgittern im Saat- wie im jungen Verschulungsbeet zu schützen. Man fertigt hierzu 3 m lange und 1 m breite Stangenrahmen, über welche in je 33 cm Entfernung 2 mm starker verzinkter Draht lose mit Krammen befestigt ist, zwischen welchen dürre Zweige gesteckt werden. Bis nach Aufgang des Samens legt man sie flach auf die Beete, später und bei Verschulungsbeeten stellt man sie entweder schräg auf oder legt sie auf etwa 1 m hohen Stangengerüsten über die Beete, die nach Bedarf eventuell noch erhöht werden. Die Pflanzen selbst müssen, jedoch nur wenn es nötig ist, öfter beschnitten werden. Man kann das ganze Jahr hindurch beschneiden, nur nicht im Frühjahr zwischen Laubausbruch und Verholzung der Triebe. Alle Äste werden, (am besten mit der Dittmarschen Ast- und Baumscheere) glatt und dicht am Stamme weggenommen, Höhen- und Seitentriebe immer dicht über einer Knospe mit glattem schräg nach unten gerichtetem Schnitt gekürzt. Entsprechend der späteren Baumform läßt man bei älteren Laubholzpflanzen die unteren Zweige am längsten und beschneidet die höher stehenden Zweige immer etwas

Figur 108 a. Nach dem Pyramidenschnitt beschnitten.

Figur 108 b. Unbeschnittenes Stämmchen.

kürzer, so daß die Kronenform annähernd die Form einer Pyramide oder vielmehr eines Kegels erhält. Einen derartig ausgeführten Zweigschnitt nennt man den Pyramidenschnitt (Figur 108 a, b). Wenn keine anderen Rücksichten ein besonderes Beschneiden der Krone vorschreiben, so soll man den Pyramidenschnitt der besseren und normalen Kronenausbildung wegen als Regel beibehalten*). Man beschränke das

*) Der Pyramidenschnitt wird auch als Regel beim Verpflanzen und Verschulen aller größeren Laubholzpflanzen und der Lärche angewandt.

Schneiden stets nur auf das Notwendigste; kann es ganz vermieden werden, um so besser. Je früher man beschneidet, um so weniger Arbeit verursacht es; viel kann man schon durch zeitiges Ausbrechen von Knospen und krautigen Trieben in den Kämpen vorarbeiten, die sich vermutlich zu störenden Zweigen entwickeln werden.

§ 151.

Verschulen von Nadelholzpflanzen.

Das Verschulen bildet die Regel bei Fichte, Tanne, Lärche und Weimutskiefer, kommt jedoch auch bei fast allen anderen Nadelholzarten vor. Am besten verschult man einjährige Fichten, die mit entblößter Wurzel in 15 cm entfernte Gräbchen 10 cm von einander entfernt nach der Schnur oder dem Pflanzbrett so tief gepflanzt werden, daß die Wurzeln sich nicht umbiegen. Sollen mehr als dreijährige Pflanzen erzogen werden, so nimmt man den Abstand in den Gräbchen der Größe entsprechend weiter. Beim Einpflanzen sind die Wurzeln gehörig auszubreiten. Zweijährige Fichten verschult man namentlich gern im Gebirge resp. wenn die einjährigen noch zu klein geblieben sind.

Bei Weißtanne verschult man 1—3 jährige Pflanzen, doch wählt man etwas weiteren Verband, etwa 25 cm entfernte Rillen mit 8—12 cm Pflanzenabstand, da die Weißtanne erst später ausgepflanzt zu werden pflegt.

Lärchen verschult man zu Loden in 20—25 cm □-Verband; doch erzieht man auch ältere Stämmchen bis zur Heistergröße, wonach man dann einen weiteren Verband bis zu 1 m im Quadrat zu wählen hat (die Lärche liebt überhaupt räumliche Pflanzung); Weimutskiefern werden ebenso wie die übrigen Kiefernarten einjährig verschult.

Bei allen Nadelhölzern werden nur die Wurzeln beschnitten, einzige Ausnahme bildet die Lärche, welche wie Eiche, Buche usw. beschnitten wird.

Die kleinen Pflanzen verschult man auch entweder nach der Schnur mit dem Setzholz (Pflanzdolch) oder mit dem Pflanzbrett, einem schmalen Brett von der üblichen Beetlänge, welches auf beiden Seiten in zwei der gebräuchlichsten Verbände mit schmalen Einschnitten versehen ist, so daß die Pflänzchen darin hängen können. Man legt dann das Brett an den Rand kleiner Gräbchen, hängt die Pflanzen ein, breitet die Wurzeln über einen zu diesem Zweck im Graben geformten kleinen

Hügel und bedeckt sie mit der Erde des Gräbchens. Manche neuerdings angepriesenen mehr oder weniger komplizierten Verschulungsmaschinen haben sich meist nicht bewährt, mit Ausnahme der von Oberförster Hacker in Uhoscht (Böhmen) zu beziehenden ausgezeichneten Hackersche Verschulungsmaschine.

Pflanzung im Freien.

§ 152.

Verschiedene Arten der Pflanzung.

Man unterscheidet:

1. Nach der Bewurzelung: bewurzelte Pflanzen und unbewurzelte Pflanzen, sog. Stecklinge.

2. Ballenpflanzen, d. h. solche, die mit einem Erdballen ausgehoben und verpflanzt werden, und Pflanzen mit entblößter Wurzel.

3. Kernpflanzen (aus Samen hervorgegangen) und Stummelpflanzen, welche letzteren dicht oberhalb des Wurzelknotens gestutzt sind.

4. Einzel- und Büschelpflanzung; bei letzterer 2—5, selten mehr Pflanzen in einem Loche.

5. Pflanzen nach einer bestimmten räumlichen Ordnung, welche man Verband nennt, und — ungeregelte Pflanzungen. Je nach der Anzahl der Pflanzen und der Figur, die sie bilden, unterscheidet man einen Dreiecks-, Quadrat- und Reihenverband.

§ 153.

Vorzüge von Verbandspflanzungen.

1. Schnellste Arbeit, weil die größte Ordnung herrscht.

2. Genaue Berechnung der erforderlichen Pflanzenmengen.

3. Größte Sicherheit, fehlende oder ausgegangene Pflanzen nachzubessern.

4. Ermöglichung der gleichmäßigen Mischung von Holzarten.

5. Erleichterung bei der Auszeichnung nachfolgender Ausläuterungen und Durchforstungen des Bestandes.

6. Erleichterung beim Forstschutz und der Jagd, welche die geraden und leicht zu übersehenden Reihen der Verbandspflanzungen bieten.

7. Die Möglichkeit gleichzeitiger Nebennutzungen.

8. Geringeres Verbeißen von Weidevieh.

§ 154.

Wahl des Verbandes.

Bei der Wahl des Verbandes, also der Entfernung der Pflanzen machen sich folgende Gesichtspunkte geltend:

1. Der Zweck, den man mit der Pflanzung erreichen will.

a. Man legt das Hauptgewicht auf die Erziehung von gutem Bau- und Nutzholz. Zu diesem Zweck muß je nach der Holzart, dem Standort und den Gefahren der Verband so gewählt werden, daß, ohne Rücksicht auf alle Vor- und Nebennutzungen, möglichst bald ein guter Schluß erzielt wird, der die Bodenkraft erhält und mehrt, das Holz möglichst astrein und langschäftig erwachsen läßt und ohne Nachteil für Güte und Schönheit des Holzes die größte Nutzholzmasse liefert. Es ist dies der etwa 1—2 m weite Dreiecks- und Quadratverband mit Einzelpflanzen.

Der Dreiecksverband ist vorzuziehen, weil er am schnellsten einen Schluß bewirkt, den gleichmäßigsten Nahrungs- und Wachsraum verschafft und durch frühzeitigste Reinigung der Stämme den höchsten Nutzwert liefert, auch bei gleicher Pflanzweite die verhältnismäßig größte Stammzahl auf den Hektar bringt. Er hat jedoch den Nachteil schwierigerer Herstellung und wird deshalb nur selten angewandt.

Der Quadratverband hat den Vorteil der bei weitem größeren Leichtigkeit und Bequemlichkeit der Anlage, liefert jedoch pro Hektar 15 % weniger Pflanzen als der gleiche Dreiecksverband.

b. Man legt Gewicht auf reichlichere Vornutzungen. In diesem Falle ist nach obigem wieder der Dreiecksverband der vorteilhafteste, auch ist ein engerer Verband zu wählen, weil man dann mehr Durchforstungserträge gewinnt. Die reichlichsten Vornutzungen liefert jedoch die Saat, nach ihr erst der engere Verband.

c. Man hat auf Nebennutzungen Rücksicht zu nehmen. Hier ist die Reihenpflanzung, und zwar je nach der gewünschten Ausdehnung der Nebennutzung, mit geringerer oder größerer Entfernung der Reihen am Platze. Sie bietet zwischen den Reihen auf die längste Zeit Acker-, Gras- und Weidenutzung.

Die weitesten Verbände nimmt man bei der Bepflanzung von Weideplätzen, Wiesen und Wegen; eine dauernde Wiese verlangt eine

Heisterpflanzung von 10—20 m Verband, eine vorübergehende von 3—10 m Verband, Alleebäume setzt man 5—10 m entfernt.

Der weitere Verband von 3 m und mehr empfiehlt sich, wie wir früher gesehen haben, für den Niederwald, zur Oberholzerziehung im Mittelwalde, zur Untermischung verschiedener Holzarten, indem man die langsamwüchsigeren in weitem Reihenverband zuerst kultiviert, endlich wenn man ein Bodenschutzholz vorübergehend vorher resp. gleichzeitig einmischt.

2. Die Mittel, die zu Gebote stehen.

Hat man ungeübte oder ungeschickte Arbeiter oder unzuverlässiges Aufsichtspersonal, so ist man öfter gezwungen, die in der Anlage einfachere Reihen-, resp. Quadratpflanzung anzulegen, wo die Dreieckspflanzung besser wäre.

Das jüngere oder ältere Pflanzmaterial bestimmt gebieterisch die Entfernung der Pflanzen im Verbande; so pflanzt man ein- bis zweijährige Pflanzen in bis 1 m, drei- bis vierjährige in 1,2—1,5 m Verband, Loden und Halbheister in 1,2—2,5 m Verband, Heister schwanken von 2,5—10 m Verband, der gewöhnliche ist der 3 m Verband.

Eine meist zutreffende Regel ist: Man pflanzt:

1 m	hohe	Pflanzen	in	bis	1 m²	Verband,	
1—2	„	„	„	„	1—2	„	„
2—3	„	„	„	„	2—3	„	„ ,

wobei man jedoch bei Freikulturen nur ausnahmsweis unter 1 m², in Kämpen unter 10 cm² hinuntergeht. Außer der Größe ist in Kämpen stets auch die Zeit, wie lange die Pflänzlinge stehen bleiben, maßgebend.

Die **Büschelpflanzung** gestattet einen **weiteren** Verband als die Einzelpflanzung. Nicht selten sind die Kulturgelder Veranlassung, einen engeren oder weiteren Verband zu wählen. Bei beschränkten Mitteln greift man zum weiteren Verbande, da er weniger Pflanzen und somit auch weniger kostspielige Pflanzarbeit verlangt.

Eine Pflanzung in 1 m Verband z. B. ist doppelt so teuer als eine in 1,5 m, viermal so teuer als eine in 2 m, hundertmal so teuer als eine in 10 m Verband ausgeführte Pflanzung.

Der Standort gibt in zweifelhaften Fällen stets den Ausschlag für Art und Weise des Verbandes. Auf gutem und frischem Boden und in mildem Klima gedeihen alle Holzarten bei weiterem Verbande am besten, ebenso auf lockerem und der Verödung nicht ausgesetztem Boden. Magerer Boden verlangt den schnellsten Schluß, deshalb engeren Verband, nur Kiefer, Lärche und Birke gedeihen selbst auf schlechtem Boden in weiterem Verbande besser. Wo Gefahren durch Sturm, Schneebruch, Insekten usw. drohen, muß man einen Verband wählen, der die kräftigsten und stufigsten Pflanzen liefert.

Der gebräuchlichste Verband für den Hochwald und für kleinere Pflanzen ist der 1—1,3 und 1,5 m Verband; man erlangt mit ihm frühzeitigen Schluß, gutes Nutzholz und den besten Ertrag an Haupt- und Vornutzung. Der weitere Verband von 2, 2,5 und 3 m ist geboten bei Mittel- und Großpflanzen, wenn man vorzugsweise Brennholz und minder feines Nutzholz, eine schnelle Erstarkung der Einzelstämme und etwa gleichzeitige Weide- und Grasnutzung, aber wenig Durchforstungsholz erziehen will.

§ 155.

Regellose Pflanzung.

Sie ist nur ein Notbehelf, wenn die schon stark mit natürlicher Verjüngung, Vorwüchsen oder mit Terrainhindernissen, wie Felsblöcken usw., bedeckte Fläche die Verbandspflanzung unmöglich macht. In ausgedehnter Weise kommt sie bei der Rekrutierung des Mittel- und Plenterwaldes zur Geltung sowie in natürlichen Verjüngungen.

§ 156.

Herstellung des Pflanzenverbandes.

Der Verband wird in der Regel mit zwei Schnuren hergestellt, die je nach der gewählten Entfernung mit Holzpflöckchen oder Zeugstückchen gezeichnet sein müssen; die eine dient zur Richtschnur, das heißt, sie bestimmt die Abstandsweite der Pflanzreihen oder die Punkte, in welche die ausgespannte Pflanzschnur beim jedesmaligen Fortrücken mit ihren beiden Endpflöcken eingesteckt werden muß. Die andere — die Pflanzschnur — trägt die Zeichen für die in den Reihen zu fertigenden Pflanzlöcher. Die Schnuren müssen, um sie vor Nässe und dem damit verbundenen Verkürzen zu schützen, geteert werden; die Schnurpflöcke nimmt man am besten von Weißbuchenholz und beschlägt sie oben mit einem eisernen Ring, unten mit einer eisernen Spitze. Nach dem Gebrauch dürfen die Schnuren nicht aufgewickelt, sondern müssen etwa wie Waschleinen zusammengefaßt werden, weil sie sonst sich verlängern. Vor dem Gebrauch sind die Schnuren stets auf richtiges Maß zu kontrollieren. Für kleinere Flächen (Kämpe usw.) ist die verstellbare 30 m lange Pflanzkette von Bär zu empfehlen, deren Ringe verstellbar sind, um sofort jeden beliebigen Verband herstellen zu können, zu beziehen von Osk. Krautmann, Erlbach bei Zwickau.

Quadratverband. Hat man im Revier die Jagdeinteilung, so lehnt man sich an die Gestelle an. Bei Distriktseinteilung oder bei Kulturflächen von unregelmäßiger Gestalt muß man in früher gezeigter Weise, **um** (Figur 109) — oder wenn Terrainschwierigkeiten dies verbieten — **in** (Figur 110) die unregelmäßige Fläche mit einer Kreuzscheibe oder dem Winkelspiegel das größte rechtwinklige Viereck abstecken, dessen beide zusammenstoßende Seiten AB und AD mit der mit gleicher Einteilung versehenen Richt- und Pflanzschnur besteckt werden. Auf sehr großen Flächen legt man sich mit der Kreuzscheibe usw. zuerst ein größeres Quadratnetz als Anhalt fest, indem man von einem Endpunkt des Rechtecks (Figur 109), z. B. von A nach B und D hin gleich große Linien abmißt uud von deren Endpunkten z. B. E und F mit der Kreuzscheibe parallele Fluchtlinien über die ganze Fläche einvisiert. Auf diesen Linien hat man dann Entfernungen gleich AE und AF usw. abzumessen und die Kreuzungspunkte, z. B. K, K, K durch Signalstangen zu bezeichnen. Innerhalb der einzelnen Quadrate, z. B. AEKF ist dann der Verband sehr einfach herzustellen. Beim Quadratverband (siehe Figur 109) haben die Richt- und Pflanzschnur dieselbe Einteilung, die sich natürlich nach dem gewählten Verband richtet.

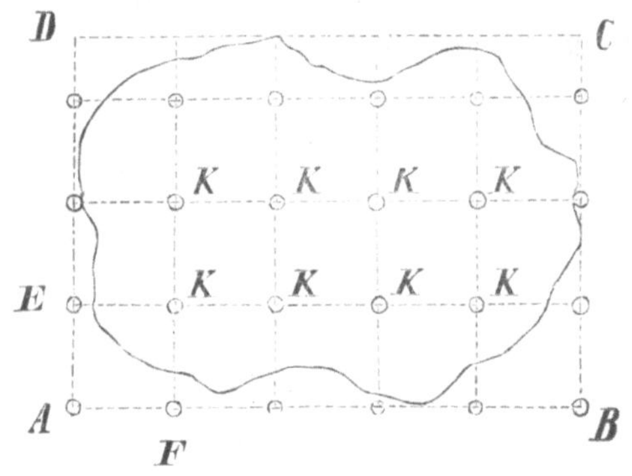

Figur 109.
Schema zum Quadratverband.

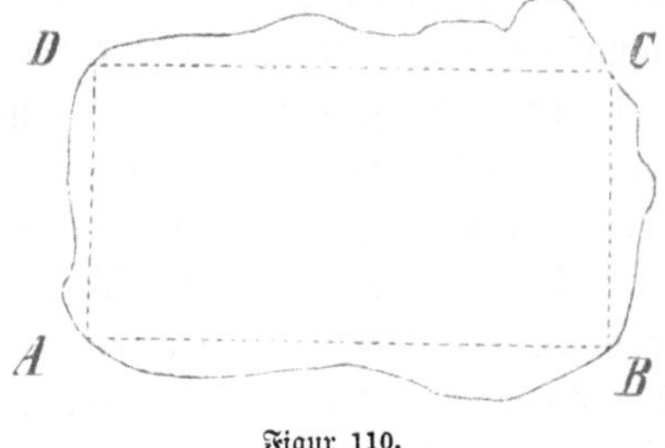

Figur 110.

Beim **Dreiecksverband** (Fig. 111) ist die Entfernung der Reihen von einander um $\frac{1}{15}$ geringer als die Entfernung der Pflanzen in den Reihen, da die erstere durch die Höhe, die letztere durch die Grundlinie des gleichseitigen Dreiecks, das dem Verbande zugrunde liegt, dargestellt wird. Da sich nun im gleichseitigen Dreieck die Grundlinie zur Höhe verhält wie 1 : 0,866, so ist bei der Einteilung der Richtschnur, um die richtige Entfernung der Reihen von einander zu bestimmen, die gewählte Pflanzweite mit 0,866 zu multiplizieren. Soll also der Dreiecksverband in 1 m Verband ausgeführt werden, so beträgt der Reihenabstand 1 · 0,866 m oder bei 1,5 m Verband 1,5 · 0,866 = 1,299 m usw.

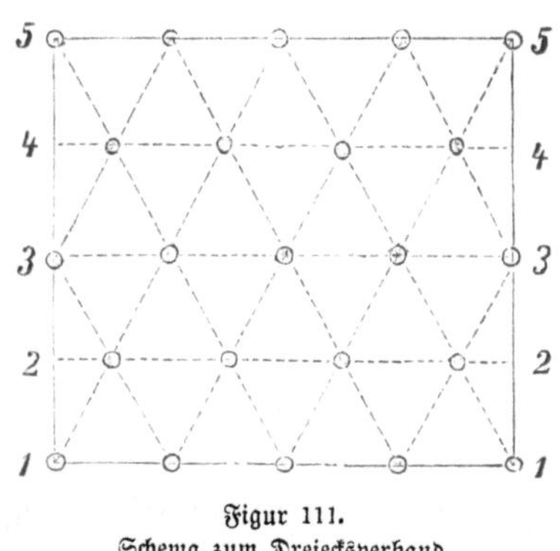

Figur 111.
Schema zum Dreiecksverband.

Wie aus nebenstehender Figur 111 des Dreiecksverbandes hervorgeht, stehen die Pflanzen der Reihen 1, 3, 5 und dann wieder die Pflanzen der Reihen 2, 4 usw. senkrecht übereinander. Die Richtung der Pflanzen stellt man am besten dadurch her, daß man die nach dem gewählten Verbande eingeteilte Pflanzschnur durch Zeichen von anderer Farbe und zwar genau in der Mitte zwischen zwei Pflanzzeichen noch einmal teilt. Angenommen, die verschiedenen Farben der Zeichen sind rot und weiß, so hat man bei dem weiteren Abstecken der Löcher bei jeder folgenden Reihe in jedes Anfangsloch das Zeichen der anderen Farbe einzustecken; hat das 1. Loch der ersten Reihe ein weißes Zeichen gehabt, so bekommt das 1. Loch der 2. Reihe das rote Zeichen, das 1. Loch der 3. Reihe wieder das weiße, das 1. Loch der 4. Reihe wieder das rote Zeichen usw.

Auf ebenso bequemem Wege kann man sich den Verband durch das Anlegen von Modellfiguren aus Holzstäben, Latten usw., die genau die Größe des Verbandes haben, verschaffen; man hat die Modellfiguren nur einfach weiter zu legen, um die Pflanzpunkte zu bestimmen.

Der Verband bei der Reihenpflanzung unterscheidet sich vom Quadratverband nur dadurch, daß die Richtschnur nach der gewünschten Entfernung der Reihen, die Pflanzschnur nach der gewünschten Entfernung der Pflanzen in den Reihen eingeteilt wird, mithin dieselben verschiedene Einteilung haben.

Die Herstellung des Verbandes wird so zeitig angefangen, daß er ganz oder doch teilweis vor Beginn der Kultur fertig ist. Die Pflanzzeichen werden entweder mit einem Hackenschlag oder mit kleinen Pfählchen genau bezeichnet.

§ 157.

Berechnung von Pflanzenmengen.

Man berechnet die Pflanzenmenge für eine gewisse Einheit, z. B. pro Hektar, indem man das Produkt der Entfernung von je zwei Pflanzen in vertikaler und horizontaler Richtung in Quadratmetern ausdrückt und mit diesem Produkt in die Quadratmeterzahl (10000) des Hektar hineindividiert.

Beim Quadratverband hebt man die Entfernung zweier Pflanzen in das Quadrat und dividiert damit in die Fläche, z. B. bei 1,5 m Quadratverband beträgt die Anzahl der Pflanzen pro Hektar

$$1{,}5 \cdot 1{,}5 = 2{,}25; \quad \frac{10000}{2{,}25} = 444{,}4 \text{ Stück.}$$

Beim Reihenverband multipliziert man die Pflanzenentfernung in den Reihen mit dem Abstand zweier Reihen und dividiert mit dem Produkt in die Fläche, z. B. bei 1,5 m Entfernung der Reihen und bei 0,75 m Entfernung der Pflanzen in den Reihen beträgt die Pflanzenzahl pro Hektar:

$$1{,}5 \cdot 0{,}75 = 1{,}125; \frac{10000}{1{,}125} = 8888{,}8 \text{ Stück.}$$

Beim Dreiecksverband beträgt die Pflanzenmenge 1,15 (genau 1,15475) mal so viel als beim Quadratverband, daher muß man den gewählten Dreiecksverband in das Quadrat erheben und dann in die mit obiger Zahl multiplizierte Fläche hineindividieren.

Beispiel: Der Dreiecksverband beträgt 1,5 m; die Fläche von einem Hektar beträgt bekanntlich 100 · 100 m = 10000 Quadratmeter, diese mit 1,15 multipliziert, gibt

$$10000 \cdot 1{,}15 = 11550 \text{ Quadratmeter.}$$

$$\frac{11550}{1{,}5 \cdot 1{,}5} = \frac{11550}{2{,}25} = 5132 \text{ Stück.}$$

Umgekehrt berechnet man eine ausgepflanzte Fläche durch Multiplikation der verwendeten Pflanzen mit ihrem Standraum, z. B.

4444 Eichen sind in 1,5 qm Verband gepflanzt, wie groß ist die Fläche? $1{,}5 \cdot 1{,}5 = 2{,}25 \cdot 4444 = 9999$ qm rot. = 1 ha.

Bedeutet F die Fläche, E die Pflanzenentfernung, so berechnen sich die Pflanzenzahlen nach den Formeln für den Quadratverband $= \frac{F}{E^2}$, für die Reihenpflanzung $\frac{F}{E \cdot e}$ (e = die Entfernung der Reihe), für den Dreiecksverband $= \frac{1{,}15 \cdot F}{E^2}$.

§ 158.
Pflanzzeit.

Für die Jahreszeit, in welcher zu pflanzen ist, entscheidet natürlich in erster Linie die Sicherheit des Anwachsens der Pflanzen, in zweiter Linie kommen die Beschaffenheit der Pflanzen (Loden oder Heister, mit oder ohne Ballen), der Standort, vorhandene Arbeitskräfte und der Kostenpunkt in Betracht.

Die gebräuchlichste Pflanzzeit ist die Zeit der Vegetationsruhe, also vom Abfall bis zum Wiederausbruch des Laubes mit Ausnahme der Zeit, in welcher die Tage kurz sind und Frost oder Schnee die Arbeit von selbst verbieten; nur Erlenpflanzungen in nassen Brüchern nimmt man zur Zeit des niedrigsten Wasserstandes, also im Herbst vor. Es fragt sich nun, ob die Pflanzung am Anfang oder am Ende dieser Periode, d. h. im Herbst oder Frühjahr gemacht werden soll?

Für die Herbstpflanzung spricht das günstige Verhalten des Bodens. Der Boden ist nicht so naß und ungefügig, die Erde sackt sich besser im Pflanzloch um die Wurzeln während des Winters, die Pflanze hat Muße, sich an ihren neuen Standort zu gewöhnen, um sich von den nachteiligen Einflüssen der Umpflanzung zu erholen, ehe die Vegetationsperiode eintritt; sie wird standfester. Bei Ballenpflanzen hält der Ballen besser im Herbst.

Gegen die Herbstpflanzung spricht die Befürchtung, daß die Pflanzen die Gefahren des Winters nicht überstehen werden. Größere Pflanzen leiden von den Winterstürmen, alle Pflanzen, die von besserem Standort, namentlich aus guten Kämpen auf ärmeren und rauheren Standort verpflanzt werden müssen, unterliegen besonders leicht den Gefahren von Frost und Auffrieren, Sturm und Nässe; Wild und Mäuse schaden den Herbstpflanzungen mehr als den Frühjahrspflanzungen, kleine Pflanzen frieren im Winter auf.

Im Herbst sind gewöhnlich Arbeitskräfte schwer zu haben, auch werden die Arbeiten wegen der Kürze der Tage teuer, wenn man nicht Stundenlohn gibt, den man stets akkordieren sollte.

Für die Frühjahrspflanzung fallen die eben aufgezählten Gefahren fast ganz weg, auch sind gewöhnlich die Arbeitskräfte wohlfeiler und leichter zu beschaffen. Deshalb ist die Frühjahrspflanzung beliebter und wo eine oder mehrere der oben genannten Gefahren besonders schädlich werden, muß sie Regel sein.

Ist jedoch, wie im Gebirge, der Frühling sehr kurz oder sind sehr große Flächen zu kultivieren, so macht man teils Herbst-, teils Frühjahrspflanzung. Man dehne jedoch bei Laubhölzern die Pflanzung ohne Not nicht ganz bis zum Laubausbruch aus, am besten nur bis etwa 14 Tage vor demselben, namentlich nicht auf trockenem Boden: Nadelhölzer (ausgenommen Lärche) vertragen die Umpflanzung noch bis zum Treiben, häufig auch noch, wenn sie schon getrieben haben (Kiefer), neuere Schriftsteller ziehen das Pflanzen von schon treibenden Nadelholzpflanzen sogar vor.

Empfehlenswert ist jedenfalls, wo dies irgend angeht, eine Teilung der Kulturarbeit in der Art, daß man im Herbst die Bodenarbeit, im Frühjahr die Saat- und Pflanzarbeit vornimmt.

§ 159.

Anfertigung der Pflanzlöcher.

Auf vielen Standorten ist es möglich, die Pflanzlöcher bereits im Herbst vorher zu machen und man sollte dies stets tun, wenn nicht örtliche Bedenken es verbieten, da die ausgehobene Erde durch Überwintern viel fruchtbarer wird. Solche Bedenken sind: Zu lockerer Boden (z. B. Sand), der fortgeführt wird und leicht seine Frische verliert, Tonboden, der sich fest zusammensetzt, nasser Boden, der die Löcher mit Wasser füllt, und Mangel an Arbeitskräften. Walten diese oder andere Bedenken nicht ob, so soll man die Pflanzlöcher stets im Herbst anfertigen lassen, besonders nötig ist es für Heisterpflanzungen und Nachbesserung älterer Laubholzpflanzungen.

Nassen Boden muß man vorher entwässern, zu leichten Boden (Flugsand) durch Kupierzäune (vergl. § 174), Bedecken mit Strauch, Heidekraut, Plaggen usw. binden, starken Unkraut- und Beerkrautüberzug vor der Samenreife abmähen, Vorwüchse, große Steine, auf Schlägen alles Holz vorher entfernen lassen.

Löcher für Ballenpflanzen sollen mit denselben Werkzeugen angefertigt werden, mit denen die Ballen ausgehoben sind und in ihrer Größe und Form möglichst genau der Größe und Form der Ballen entsprechen, um das zeitraubende Ausfüllen zwischen Ballen und Lochwand zu vermeiden. Besonders eignen sich zu Ballenpflanzungen der Heyersche Hohlbohrer (Figur 112), zu beziehen von L. Schaum in Kl. Linden bei Gießen für 7,5 und 9 M., und zum Löchermachen der eiserne Spiralbohrer (auf schwierigem Boden, Figur 113) und allerlei Formen von Spaten; zu beziehen von Gebr. Dittmar, Heilbronn.

Löcher für Pflanzen mit entblößter Wurzel müssen an Weite und Tiefe die durchschnittliche Ausdehnung des Wurzelstocks etwas übertreffen.

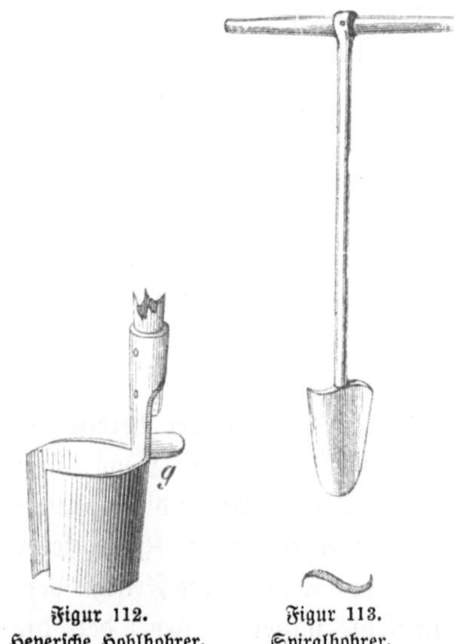

Figur 112. Heyersche Hohlbohrer.

Figur 113. Spiralbohrer.

Man sticht in genau gleicher Entfernung vom Zeichen, das bei Herstellung des Verbandes gemacht ist, mit dem Spaten die Größe des Loches quadratisch (bei Hügelpflanzung kreisförmig) ab, macht durch die Mitte einen Kreuzstich, schält den Bodenüberzug ab und legt ihn gegenüber hin; hierauf gräbt man das Loch in der Weise aus, daß die obere gute Erde rechts und die untere schlechtere Erde links vom Loch zu liegen kommt, hüte sich jedoch tunlichst, die Erde auf Beerkraut usw. zu werfen, weil sie in diesem leicht verkrümelt und schwer wieder abzuschippen ist. Bei sehr trockenem Boden müssen die Löcher tiefer, bei nassem Boden flacher als gewöhnlich gemacht werden: im Nassen wird ein kleiner Hügel aus der Erde dicht neben dem Pflanzloch gemacht. Um eine recht tiefere Lockerung zu erhalten — durchwühle man den Boden des Pflanzloches stets tüchtig mit dem Spaten — so tief als möglich. Zur Bodenlockerung ist sehr zu empfehlen der Wühlspaten von Spitzenberg, wie alle Spitzenbergsche Kulturgeräte von Franke und Co., Berlin S. W., Dessauerstraße 6, zu beziehen.

§ 160.

Einsetzen der Pflanzen.

Vor dem Einsetzen müssen alle ballenlosen Pflanzen, die nach dem Ausheben nicht binnen 10 Minuten, bei kleinen Pflanzen in noch kürzerer Zeit eingepflanzt werden, in Erde eingeschlagen werden, indem man Gräben mit schrägen Wänden zieht, in diese die Pflanzen dicht aneinander legt und die Wurzeln ganz mit feiner Erde bedeckt; man kann so Reihe hinter Reihe einschlagen.

Es ist durchaus zu vermeiden, entweder die ganze Kulturfläche oder nur einen größeren Teil derselben im voraus mit den Pflanzen belegen zu lassen, ohne sie einzuschlagen. Ein unbeschütztes Freiliegen namentlich in der Sonne, bei warmem Wetter oder gar bei scharfem Ostwind, von 10—15 Minuten genügt vollständig, um die kleinen Zaserwurzeln, die Hauptträger der Ernährung, oder die dieselben bedeckenden Nährpilze (bei den Becherfrüchtlern) zu töten oder wenigstens so zu erschlaffen, das ein längeres Siechtum der Pflanze die traurige Folge ist. Man legt also am besten nur so viel Pflanzen vorher in die Löcher als **sofort** verpflanzt werden können.

Bei dem Verpflanzen großer Heister, wozu man stets 2 Pflanzer nimmt, von denen einer den Stamm hält, der andere im Loch arbeitet, wird der Bodenüberzug meistens zu unterst in das Pflanzloch gelegt, sorgfältig zerstoßen und angetreten. Auf dieses Rasenbett wird zunächst von links eine schwache Schicht der schlechteren Erde gelegt und hierauf das Loch von rechts mit soviel guter Erde gefüllt, als zur Bedeckung der Wurzeln nötig ist. Nachdem diese Erdschicht geordnet und in der Mitte hügelförmig so weit erhöht ist, wie die Pflanze stehen soll, wird der Stamm mitten darauf gestellt und mit den meisten Zweigen nach Süden gerichtet (gegen Sonnenbrand), worauf seine genaue Einrichtung in die Verbandsreihen vor- nnd seitwärts erfolgt; dann werden die Wurzeln in ihrer natürlichen Lage über den Lochhügel gebreitet und mit lockerer Erde bedeckt, während der Stamm sanft auf und nieder gerüttelt wird, damit die Erde sich zwischen den Wurzeln einfüttert. Um alle Höhlungen zwischen und unter den Wurzeln zu vermeiden, greift man noch mit der Hand unter die Wurzeln, um den Boden dazwischen zu bringen.

Alle Wurzelverschiebungen müssen sofort wieder geordnet werden. In dieser Weise füllt man immer mehr Erde von rechts nach, rüttelt den Stamm, ordnet die Wurzeln und nimmt schließlich die schlechtere Erde von links dazu. Von Zeit zu Zeit muß die Erde mit der Hand fest angedrückt und schließlich oben leicht mit beiden Füßen angetreten werden; das Fest**stampfen** taugt gar nichts.

Auf trocknem Boden ist es geraten, anstatt den Rasenplaggen im Loche zu zerstampfen, um seinen Humus zu gewinnen, denselben mit dem Wurzelfilz nach oben zur Erhaltung der Frische um den Pflänzling zu legen, aber nie ganz heran; an Hängen legt man ihn auf die Talseite, jedenfalls macht man einen kleinen Damm daselbst zur Erhaltung der Feuchtigkeit; auf trocknem Boden macht man für Mittel- und Großpflanzen gern noch um die Pflanzlöcher Wasserkränze zur Erhaltung der Feuchtigkeit.

Auf den Winden ausgesetzten Flächen legt man den eingeknickten Rasenplaggen als Stütze (sog. Stuhl) gegen die Stämmchen (auf der der Windrichtung entgegengesetzten Seite) oder pfählt sie besser an.

Die Hauptsache beim Einpflanzen ist, daß der Stamm auf die Dauer so tief zu stehen kommt als er gestanden hat, was man ja leicht an der frischeren Farbe des Holzes am Wurzelhalse sehen kann. Auf lockerem Boden und kleine Pflanzen pflanzt man etwas tiefer und zwar je kleiner die Pflanzen sind, desto tiefer. Bei kleinen Pflanzen sind überhaupt bei weitem nicht so viele Umstände nötig, doch muß man auch bei ihnen auf natürliche Lage der Wurzeln und das Ausfüttern derselben achten.

Ballenpflanzen müssen gehörig mit der Hand eingefüttert und namentlich am Rande angetreten werden, damit nirgends zwischen Loch- und Ballenwand ein Zwischenraum bleibt; besonders die Südseite muß gut gedeckt werden.

Über Ausheben, Transport und Beschneiden der Pflanzen siehe §§ 143 bis 150.

§ 161.

Schutz der Pflanzen.

Auf nassem Boden hat man auf gehörige Entwässerung, auf trocknem Boden auf gehörige Zuführung von Feuchtigkeit durch Vertiefung der Erde um den Stamm oder Binden der Frische durch Wasserkränze, Bedecken mit Laub, Moos und Rasenplaggen zu achten. Das Begießen nach der Pflanzuug ist, wenn die Geldmittel eine Fortsetzung desselben gestatten, aber auch nur dann, auf sehr trocknem

Boden zu empfehlen, ebenso das Anschlämmen (Eintauchen kleiner Pflanzen in einen dünnen Lehmbrei).

Gegen Weidevieh müssen alle Pflanzungen in Schonung gelegt werden (durch Aushängen von Tafeln und Strohwischen, leichte Bewährungen oder durch Gräben); schlanke Heister werden an Pfähle gebunden, indem man ihre Rinde durch Unterlegen von Moos, Umwickeln mit Stroh, Werg usw. möglichst gegen Reibungen schützt, gegen Wild hilft Scheuchen, Abschießen, Umdornen der größeren Pflanzen, sowie Anstreichen kleiner Pflanzen, gegen Fegen und Schlagen Bestreichen mit einer Mischung aus $\frac{1}{3}$ Rinderblut, $\frac{1}{3}$ Kalk und $\frac{1}{3}$ Schweinejauche in der Konsistenz von Oelfarbe an der Rinde von größeren Laubholzpflanzen vor dem 10. April.

Auf rechtzeitige Nachbesserungen der Pflanzungen durch gutes Material ist besonders zu achten; doch ist es besser, man macht die Pflanzung gleich im Anfang so gut wie möglich und bringt etwas mehr Geldopfer, als daß man sich auf etwaige Nachbesserungen verläßt. Jede Nachbesserung ist unverhältnismäßig viel teurer als die Neukultur, abgesehen von dem Übelstand, daß man ungleiche Altersstufen erhält und Nachbesserungen besonders von Gefahren durch Tiere zu leiden haben.

Einige besondere Pflanzmethoden für gewisse Holzarten und Verhältnisse, wie die v. Manteuffelsche Hügelpflanzung, die Heyersche Pflanzbohrer-Pflanzung, die Pflanzung mit den Butlarschen Eisen, v. Alemanns Klemm- und Klappflanzung suche man in der Besprechung der einzelnen Holzarten am Schluß des Waldbaus.

§ 162.

Pflanzung von Senkern und Stecklingen.

Unter Senkern oder Ablegern versteht man Zweige, welche man, ohne sie vom Mutterstamme zu trennen, in den Boden einlegt, sobald sie Wurzeln getrieben haben, absticht und dann entweder auf ihrem Standort stehen läßt oder weiter verpflanzt. In dieser Weise lassen sich sämtliche Laubholzarten, einige mit besonderer Sicherheit und Schnelligkeit, vermehren.

Hauptsächlich wird diese Kulturmethode beim Niederwalde angewandt und zeichnet sich durch ihre Billigkeit aus. Man wendet das Ablegen bei Zweigen bis zu 7 cm Stärke an.

Bei stärkeren Stangen werden die Wurzeln auf der entgegengesetzten Seite der Biegung 15—20 cm vom Stämmchen entfernt abgestochen, der Stamm wird umgebogen, in einen kleinen Längsgraben gelegt, mit Haken befestigt und leicht mit Erde bedeckt. Läßt sich das Stämmchen schlecht biegen, so kerbt man es leicht ein (b Figur 114). Größere Zweige werden demselben ganz weggenommen, die kleineren aber 10 bis 20 cm hoch in guter Verteilung so mit Erde und Rasenstücken bedeckt, daß die Zweigspitzen etwa 20 cm (aa Figur 114) aus der Erde hervorragen. Man kann auf diese Weise leicht bis 30 Ableger aus einem einzigen Stämmchen erziehen, die nach wenig Jahren von Samenpflanzen nicht mehr zu unterscheiden sind. Schwächere Stämmchen und Wurzelausschläge werden umgebogen, fest gehackt oder mit Rasenplaggen belegt und nur schwach mit Erde bedeckt. Im 2., besser noch im 3. Jahre sind die Ableger zum Verpflanzen geeignet. Die beste Zeit zum Absenken ist das Frühjahr kurz vor Laubausbruch.

Figur 114. Künstliche Senker.

Über Stecklinge, Setzstangen usw. vergl. § 189 Weidenheeger.

§ 163.

Schlußbemerkung über das Pflanzen.

Sehr häufig wird beim Pflanzen der Fehler gemacht, daß man alles zur Hand liegende Pflanzmaterial verwendet. Der Forstbeamte hat ganz besondere Sorgfalt auf nur durchweg gutes und gesundes Pflanzmaterial zu verwenden und vor jeder Kultur entweder selbst oder durch intelligente und zuverlässige Arbeiter die Pflanzen einer genauen Prüfung zu unterwerfen, um alle kranken, verstümmelten und schlechtgewachsenen Pflanzen, sowie solche mit übermäßiger oder abnormer Wurzel- und Zweigbildung auszusondern; **lieber pflanze man gar nicht als schlechte Pflanzen.** Liegt die Kultur an älteren Beständen, so muß man mit derselben 3—6 m vom Bestandesrande ableiben, so daß die Pflanzen nicht verdämmt werden können und nicht unter der Traufe stehen.

Vor der Pflanzung wie überhaupt vor Beginn jeder Kultur ist alles gehörig vorzubereiten. Die Kulturgeräte sind zu revidieren und event. vorher auszubessern, die Arbeiter sind frühzeitig zu bestellen und nötigenfalls vorher mit Instruktion zu versehen. Die größte Pünktlichkeit ist beim Beginn und Aufhören wie bei den Arbeitspausen einzuhalten; der Förster soll der erste und letzte auf der Kulturfläche sein, um namentlich bei Tagelohnarbeit das rechtzeitige Anfangen und Aufhören der Arbeit zu kontrollieren. Vor Beginn der Kultur, unter Umständen an jedem Morgen ist eine genaue Arbeitseinteilung vorher zu entwerfen und jedem Arbeiter kurz und deutlich zu bezeichnen, was er zu tun hat. Eine Abteilung hat z. B. das Ausheben der Pflanzen, eine andere das Zusammensetzen und Einschlagen der ausgehobenen Pflanzen, die dritte den Transport, die vierte das Einschlagen auf der Kulturfläche, die fünfte das Beschneiden, die sechste das Löchermachen, falls dieses nicht vorteilhafter schon vorher besorgt ist, die siebente das Zutragen von Pflanzen, die achte das Einpflanzen usw. auszuführen.

Alle diese Arbeiten müssen genau in einander greifen, es darf keine Abteilung auf die andere warten und so die kostbare Zeit verschwenden. Wenn 30 Arbeiter auch nur eine Minute müßig sind, so beträgt der Ausfall sofort eine halbe Stunde oder der Geldverlust bei einem Tagelohn von 2 Mark pro Mann und 10stündiger Arbeitszeit 10 Pf., bei 10 Minuten 1 Mark!

Am Abend sind die Kulturgeräte nochmals zu prüfen, damit etwaige Ausbesserungen sogleich vorgenommen werden können oder schadhaftes Werkzeug durch gutes ersetzt wird; man muß deshalb immer einige Reserve-Werkzeuge auf der Kultur haben. Zu den leichteren Arbeiten verwendet man die billigere Kinder- und Weiberarbeit; nur zu schwererer Arbeit Männer.

Alle Arbeiten, die nicht besonderer Aufmerksamkeit bedürfen und deren Güte dabei leicht zu kontrollieren ist, läßt man im Akkord machen, namentlich Erdarbeiten, Transport usw., Säen, Pflanzen, Ausheben und Beschneiden läßt man im Tagelohn machen. Hat man ständige Arbeiter, so nimmt man zu denselben Arbeiten gern immer wieder dieselben Leute, damit sie größere Fertigkeit erlangen.

Während der Pflanzung sind die Pflanzen stets zu kontrollieren inbezug auf die richtige Tiefe und Festigkeit ihres Standes. Halbheister und Heister müssen federn, wenn sie mit dem Finger weggeschnellt werden, kleinere Pflanzen dürfen sich nicht leicht ausziehen lassen; die richtige Tiefe untersucht man, falls sie nicht sofort auffällt, indem man mit dem Finger die Erde um den Stamm etwas wegnimmt und das

Merkzeichen des früheren Standes resp. die obersten Wurzeln aufsucht. Vor allen Dingen ist ein zu tiefes Pflanzen zu verhüten. Die schlecht gepflanzten Stämme müssen sofort von demselben Pflanzer noch einmal gepflanzt werden. Tut der Beamte seine Schuldigkeit ganz, so hat er auf der Kulturstelle keine müßige Minute während der Arbeit, da er unausgesetzt kontrollieren soll. Sein Stand soll immer hinter der Arbeiterkolonne sein.

Sehr wichtig ist das Auftreten des Beamten den Arbeitern gegenüber. Derselbe muß Freundlichkeit und Strenge in richtige Verbindung bringen, vor allem aber immer entschieden sein und sich die Achtung der Arbeiter bewahren oder erzwingen. Der Beamte hat sich unter allen Umständen des Mitarbeitens zu enthalten, da seine Zeit reichlich mit der Beaufsichtigung und Instruktion der Arbeiter in Anspruch genommen ist. Auf das Arbeiternotizbuch als Grundlage der Löhnungen ist die größte Sorgfalt zu legen. Nachlässige Arbeiter, die man nicht entlassen kann oder will, bestraft man zunächst am besten durch Lohnabzüge, hilft das nicht, durch rechtzeitige Entlassung mit allen ihren Konsequenzen.

Mittelwaldbetrieb.

§ 164.

Allgemeines.

Unter welchen Bedingungen man den Mittelwaldbetrieb einzuführen hat, ist bereits bei der Wahl der Betriebsarten § 117 erörtert worden. Der Mittelwald besteht bekanntlich aus plenterartig zu nutzendem verschiedenaltrigem Hochwald und unter demselben stehendem gleichaltrigen Ausschlagswald; es kommen bei ihm sowohl natürliche wie künstliche Verjüngungen zur Geltung, daher er erst hier seine Besprechung finden kann.

Zu Unterholz taugen alle zu Niederwald dienlichen Holzarten mit Ausnahme der entschiedenen Lichtpflanzen (siehe § 116).

Zu Oberholz eignen sich alle baumartigen Holzarten, am besten im allgemeinen die lichtkronigen; die Laubhölzer stehen, wenn man mit den lichtkronigsten anfängt, in folgender Reihenfolge: Birke, Aspe, Erle, Esche, Ulme, Eiche, Ahorn, Linde, Hainbuche, Buche. Die Nadelhölzer eignen sich nur zu Oberholz: die Kiefer wächst als Oberbaum sperrig.

Die Umtriebszeit des Unterholzes schwankt gewöhnlich zwischen 10 bis 30 Jahren, die Umtriebszeit des Oberholzes ist klassenweis ein

Vielfaches (2—7faches) der Umtriebszeit des Unterholzes und wächst die jüngste Klasse zugleich mit dem eben abgetriebenen Niederwaldbestande auf; man hat also am Ende eines Unterholzumtriebes von 20 Jahren auf der ganzen Fläche derselben Wirtschaftsfigur (Jagen, Abteilung, Schlag), gleichmäßig verteilt, aber überall durcheinanderstehend bis 40, 60, 80, 100 usw. jähriges Oberholz. Nach dem ersten Abtriebe des Unterholzes heißen die übergehaltenen Stämmchen Laßreiser oder Laßreidel, im 2. Umtriebe Oberständer, nachher starke Bäume*); bei 20jährigem Umtriebe würden also Laßreiser ein Alter von 20—40, Oberständer von 41—60 Jahren usw. erreichen; noch jüngere Stämme als Laßreiser, die aber zur Rekrutierung des Oberholzes bestimmt sind, nennt man Kernloden, sobald sie aus dem abgefallenen Samen oder Nachpflanzungen hervorgehen.

Nach der Zahl der Jahre des Unterholzumtriebes wird der Mittelwald blockweise in gleich große Schläge geteilt, auf welchem jedesmal gleichaltriges Unterholz und verschiedenaltrige Oberholzklassen stehen, z. B. bei 20jährigem Umtrieb in 20 Schläge; in jedem Jahre wird ein Schlag genutzt, das Unterholz treibt man ganz, das Oberholz nur teilweis und zwar meist nur die älteste Klasse, Anbruchhölzer oder verdämmende Stämme ab, je nach Bedarf.

§ 165.

Anlage und Betrieb von Mittelwäldern.

Mittelwälder lassen sich am besten aus Niederwald in der Weise erziehen, daß man bei jedem Abtriebe des Unterholzes eine angemessene Zahl Laßreiser überhält resp. Heister pflanzt, bis die gewünschte Anzahl Oberholzklassen hergestellt ist. Die Richtung der Schläge ist wie beim Niederwald von Westen nach Osten, nur muß man besonders auf eine möglichst unschädliche Herausnahme des Oberholzes bei weichem Wetter und Schnee sehen; am besten läßt man sehr sperrige Oberbäume vorher entästen. Zu Laßreisern wählt man immer gesunde, stufige und schön gewachsene Kernloden. Während des Unterholzabtriebes werden sie sorgfältig ausgesucht und mit Grasbändern bezeichnet, nicht an-

*) Die Bäume bezeichnet man auch wohl noch spezieller mit:

a) angehender Baum (während des 3. Umtriebes); mit:

b) Hauptbaum (während des 4. Umtriebes); mit:

c) alter Baum (während der letzten Umtriebe des Unterholzes).

geschalmt. Zuerst wird im Schlage im Herbst das Unterholz kahl abgetrieben und dann erst das Oberholz ausgezeichnet, weil man sonst keinen Überblick hat.

Wurzel- und Stockloden nimmt man zu Oberholz nur notgedrungen, da sie leicht kernfaul werden. In Ermangelung von Kernloden pflanzt man vielfach Heister. Man soll immer etwas mehr Laßreidel auszeichnen (ebenfalls durch Bänder), um Fehler gleich verbessern zu können: die überflüssigen kann man später leicht wieder entfernen; überhaupt hält man von den jüngeren Oberholzklassen verhältnismäßig mehr über als von älteren Stämmen, um Ersatz für etwaigen Abgang zu haben. Je mehr Oberholz man von Holzarten mit dichter oder ausgebreiteter Krone hat, desto weniger Stämme darf man verhältnismäßig überhalten. Mehr Oberholz kann man auf frischem kräftigem und tiefgründigem Boden, sowie in milden Lagen und an Berglehnen als auf anderem Standort überhalten.

Kürzere Unterholzumtriebe lassen mehr Oberholz zu. Bei der Auszeichnung des Oberholzes hat man auf eine richtige Ausbeute an Nutzholz zu sehen, aber auch auf den Grad der Verdämmung desselben auf das Unterholz zu achten.

Stark verdämmendes Oberholz muß immer gelichtet oder bis zu 7 cm Aststärke entästet werden, selbst wenn es augenblicklich weniger gutes Nutzholz verspricht.

Um einen ungefähren Anhalt zu geben, wie viel Stämme und in welchem Klassenverhältnis dieselben auf der abgetriebenen Fläche übergehalten werden sollen, mögen folgende Durchschnittszahlen gelten. Bei einem 20jährigen Umtriebe des Unterholzes hält man über etwa:

6	Stämme	von	120-jährigem	Alter	pro	Hektar
8	„	„	100	„	„	„
12	„	„	80	„	„	„
16	„	„	60	„	„	„
20	„	„	40	„	„	„
30	„	„	20	„	„	„

Das beste Oberholz sind Eichen, dann Eschen, Rüstern, Lärchen, Fichten, Tannen, Kiefern, Birken; zu Unterholz eignen sich vorzüglich Hainbuche, Hasel, Rüster, Schwarzdorn, Linde usw. und alle Niederwaldholzarten mit Ausnahme der Lichtpflanzen, die nur auf bestem Boden und bei geringem Überhalt von Oberholz als Unterholz verwendet werden.

Weise (Waldbau 2. Aufl.) unterscheidet folgende Mittelwaldformen: 1. Oberholz und Unterholz sind gleichberechtigt: Mittelwald im gewöhnlichen Sinne. 2. Die Unterholzzucht überwiegt: niederwaldartiger Mittelwald. 3. Die Oberholzzucht wiegt vor: hochwaldartiger Mittelwald. Bei letzterem soll an Stelle der stammweisen Verteilung der Altersklassen eine horst- und flächenweise treten, die erforderlichenfalls voll künstlich kultiviert, später gelichtet und in die Mittelwaldstellung übergeführt wird.

Bei dem immer mehr sinkenden Werte der schwachen Brennholzsortimente und des Reisernutzholzes, bei dem geringen Nutzwert der in lichtem Stande meist sperrig wachsenden Oberbäume wird der Mittelwald immer unrentabler: er erzeugt zu viel wertloses Reisig, zu wenig Masse und Wertholz. Der niederwaldartige Mittelwald hat nur ausnahmsweis noch Berechtigung, der hochwaldartige nur dann, wenn die Holzarten hochwaldartig in größeren Horsten zusammengestellt werden und das Unterholz hauptsächlich die Rolle des Schutz- und Treibholzes übernimmt. Das Reisholz entzieht dem Boden eine viel größere Menge Nährstoffe als seinem Verkaufswert und Zweck entspricht.

§ 166.

Pflege der Bestände bis zur Haubarkeit.

Die erste Pflege, die den jungen Kulturen zuteil wird, ist die rechtzeitige Nachbesserung und Komplettierung, die fortgesetzt werden muß, so lange der Bestand eine Nachbesserung zuläßt, d. h. so lange die nachgebesserten Pflanzen nicht mehr verdämmt werden; Pflanzungen werden im ersten Jahre, Saaten erst im 2.—3. Jahre nachgebessert, da oft noch Samen nachläuft, namentlich bei Kiefer. Die fernere Pflege besteht darin, ein möglichst wertvolles Holz zu erziehen und die Bestände in kürzester Zeit der vorteilhaftesten Haubarkeit zuzuführen. Auf die normale Entwicklung eines Bestandes läßt sich nur schwer direkt einwirken, sondern viel mehr indirekt durch Schutz gegen Verdämmung, durch Unterhaltung einer angemessenen räumlichen Stellung der Stämme und durch Erhaltung und Verbesserung der Bodenkraft, ferner direkt durch geeignete Entastung im jugendlichen Alter, um besonders schöne und schaftreine Stämme zu gewinnen. Das Hauptpflegemittel ist also die Axt, die während des ganzen Umtriebes vom Dickungs- bis zum Baumalter nicht ruhen darf. Je nach dem Alter und Zustand des Bestandes unterscheidet man bei der Pflege des Waldes zweierlei Pflegehiebe, nämlich den Läuterungshieb und den Durchforstungshieb; schließlich dienen diese Hiebe auch noch Zwecken des Forstschutzes, indem Krankheiten und Insektenschäden vorgebeugt werden soll.

§ 167.

Der Läuterungshieb (Reinigungshieb).

Man versteht darunter die Herausnahme von Holz aus Dickungen oder ganz jungen noch nicht gereinigten Stangenhölzern, die zu dichten Wuchs haben oder von fremden Holzarten unter Verdämmung oder Seitendruck leiden, um Licht und Luft zu schaffen und einen zu schlanken und schwächlichen Wuchs zu vermeiden. Der Läuterungstrieb muß selbst mit Geldopfern zeitig genug eingelegt werden, namentlich wenn allerlei Weichhölzer, Birke, Aspe, Saalweide, Faulbaum usw. zu wuchern drohen; er ist eine Erziehungsmaßregel, die, wie jede Erziehung, auch Opfer fordert.

Bei der Ausläuterung hat man besonders auf das Freihauen der vielversprechenden Stämme zu achten; oft kann man gegen Abgabe des Materials die Ausläuterung kostenfrei bewirken lassen, dann darf aber Instruktion und Aufsicht nicht fehlen; man nimmt am besten eine Verhandlung darüber vorher auf.

Große Vorsicht ist nötig, wenn die Hauptholzart im Drucke der verdämmenden Hölzer oder im eigenen zu dichten Stande schlaff aufgewachsen ist, um ein Umlegen derselben oder die Gefahr von Regendruck, Schnee- und Duftbruch zu verhüten. In solchen Fällen empfiehlt sich ein Einstutzen der verdämmenden Holzart, oder doch eine weniger starke und dafür sehr bald wiederkehrende ganz allmähliche Läuterung.

Sind aus irgend welchen Gründen in solchen jungen Beständen Waldrechter stehen geblieben, die verdämmen oder keinen Zuwachs mehr zeigen, so müssen sie, wenn ihre Herausnahme nicht zu umgehen ist, vorher entästet und entgipfelt werden, ebenso müssen unbedingt alle starkvorwüchsigen, **sperrigen** und verdämmenden Stämme frühzeitig, sobald sie die Nachbarn irgendwie belästigen, herausgehauen werden und sobald sie aussichtsvollen guten Unterwuchs haben. Beim Fällen, Aufarbeiten und Rücken ist jede Schonung des Jungwuchses anzustreben. Unumgängliche größere Beschädigungen oder Lücken sind sofort durch Heisterpflanzung oder Pflanzung von schattenertragenden Holzarten nachzubessern; kleine Lücken wachsen bald von selbst wieder zu. Es ist ein grober Fehler, dieselben zuzupflanzen, da sie doch bald ein Opfer der Verdämmung werden.

Die Waldrechter (Überhaltstämme) haben meines Erachtens keine Berechtigung. Sie lassen bald im Lichtungszuwachs nach, neigen zu Sperrwuchs, der den Stamm beeinträchtigt, sie verdämmen den jungen Nachwuchs, können dessen Umtrieb meist nicht aushalten und verursachen dann bei der Herausnahme Schwierigkeiten, hohe Kosten und Fällungsbeschädigungen. Ihren Zweck erfüllen viel besser besonders gutwüchsige wertvolle Bestandesabteilungen, die man in längerem Umtrieb entweder geschlossen oder im Lichtwuchsbetrieb bewirtschaftet.

Durchforstungshiebe.

§ 168.

Allgemeines.

Unter Durchforstungen versteht man die im laufenden Umtriebe nach eingetretenem Bestandesschluß dem Läuterungshiebe folgenden planmäßigen Auslichtungen von allen dem künftigen Hauptbestand hinderlichen, also von abkömmlichen, trocknen, kranken, schlechtgeformten, unterdrückten, beschädigten, sperrwüchsigen und gutwüchsige Nachbaren unterdrückenden Stämmen.

Was ihren Nutzungswert betrifft, so gehören sie zu den Vornutzungen*), da sie vor der eigentlichen Hauptnutzung schon einen Ertrag gewähren, während man in dieser Beziehung die Läuterungs- und Reinigungshiebe zu den Kulturmaßregeln rechnen muß; denn man erwartet von ihnen weniger Ertrag als Zuwachs des bleibenden Bestandes.

Der Zweck der Durchforstungen ist ein doppelter. In **erster Linie** ist die Durchforstung eine Maßregel der Pflege der Bestände, um durch die vorgenommenen Durchhiebe einen höheren Massen- und Wertzuwachs am zukünftigen Hauptbestande bei gleichzeitiger Erhaltung und Kräftigung der Bodengüte zu gewinnen; ferner

*) Den Vornutzungen gegenüber steht die Hauptnutzung, welche im Abtrieb des Bestandes am Ende der Umtriebszeit resp. in Aushieben während der I. Periode besteht; in den preußischen Staatsforsten gehören außer der I. Periode rechnungsmäßig noch zur Hauptnutzung solche Hiebe in früheren Perioden, die mehr als 5 pCt. des ganzen Bestandes wegnehmen oder eine Neukultur erfordern.

will man, aber immer erst in zweiter Linie, gleichzeitig Vorerträge an Geld und an den auf anderem Wege schwerer zu gewinnenden schwachen Nutzholzsortimenten für den Markt haben.

§ 169.

Die Durchforstung als Bestandspflege.

Wann müssen die Durchforstungen eingelegt werden? Diese Frage beantwortet uns am besten ein aufmerksamer und prüfender Blick in die jungen Stangenhölzer. Sobald wir sehen, daß die jungen Stangen zu dicht an einander gedrängt stehen, daß sie weder Licht noch Luft ein Eindringen oder einen Durchzug gestatten, daß das Kronendach fest in einander gepreßt, der Höhenbetrieb sehr zurückgeblieben ist und ein kümmerliches Aussehen hat, daß die Mehrzahl der Stämme dünn und schlaff und bei Laubhölzern mit Wasserreisern bedeckt ist und die unterdrückten Stämme vielfach absterben; dann ist es die höchste Zeit, die Durchforstung einzulegen. Ein aufmerksamer Forstwirt darf jedoch ein solches Zerrbild eines Bestandes gar nicht aufwachsen lassen, sondern muß dasselbe durch frühzeitige Läuterungen verhüten. Für besser gepflegte Bestände ist der Zeitpunkt der beginnenden und später in gewissen Perioden immer zu wiederholenden Durchforstung der, wenn die Stämme nach dem stattgehabten Zuwachse wieder so gedrängt stehen, daß eine gewisse Wuchsstockung stattfindet und der Hauptbestand von nebenstehendem Holze, sei es nun im **Vorwuchs** oder im **Unterwuchs** in irgend einer Weise belästigt wird. Man erkennt solche Wuchsstockungen am Zurückbleiben der Höhentriebe und eventuell an Wasserreiserbildung, sofern nicht die zu dicht stehenden Stämme und das Überhandnehmen des unterdrückten und trocknen Holzes den ersten Blick eindringlich überzeugen.

§ 170.

Ausführung der Durchforstungen.

A. Allgemeines.

Man hat bei der Ausführung der Durchforstungen dreierlei Zwecke zu verfolgen:

1. Der Bestand — namentlich der künftige Hauptbestand, der aus den besten bis zum Kahlabtrieb zu erhaltenden Stämmen besteht — ist in seinem Massen- und Wertzuwachs möglichst zu fördern.

2. Die Bodenkraft ist zu erhalten, zu mehren und in richtiger Weise auszunutzen.

3. Unbeschadet der vorstehend genannten Ziele ist während des ganzen Umtriebes ein möglichst hoher Geldertrag im Interesse der Waldrente zu erstreben.

Schon bei Beginn der Durchforstung hat man diejenigen Stämme ins Auge zu fassen, welche den künftigen Hauptbestand bilden werden. Es sind das weder die stark vorwüchsigen noch die stark zurückbleibenden Stämme, sondern pro ha je nach der Holzart etwa 5—800 gesunde, kräftig und tadellos gewachsene Stämme, welche im gleichmäßigen Kronendach stehen. Wo die Umstände es gestatten, sollen diese Stämme schon in der Jugend in dauerhafter Weise bezeichnet werden (durch farbige Ringe usw.).

Bei den periodisch wiederkehrenden Durchforstungen ist es eine Hauptaufgabe, diese Stämme gegen ihren Nebenbestand zu schützen, sodaß sie möglichst lange astreine Stämme entwickeln können; werden sie von einem vorwüchsigen sperrig werdenden protzenden Nachbar belästigt, so muß dieser fallen; nimmt ihnen zu dichter Unterbestand Licht und Luft, konkurriert er zu stark bei der Ernährung, schadet er durch Peitschen oder Reiben und klemmt er durch Hineinwachsen die Krone seitlich ein, so muß er fallen oder gelichtet werden; es kann aber etwaiges Unterholz oder Unterstand im Interesse des Bodens als Schutzholz belassen werden.

Die Stämme des künftigen Hauptbestandes selbst werden erst angegriffen, wenn sie sich entweder zu Protzen (schädliche Sperrwüchse) entwickeln oder zurückbleiben oder krank resp. fehlerhaft werden.

In der Jugend hält man im allgemeinen den Hauptbestand dicht, in mittlerem Alter durchforstet man kräftiger, erst nach vollendetem Höhenwuchs stark. Die Schattenholzarten verlangen dunkleren, die Lichthölzer lichteren Stand, auf kräftigem Boden durchforstet man stärker, auf ärmerem schwächer. Sonne und Wind dürfen nie den Boden schädigen können. Die Kronen der herrschenden Stämme müssen stets gesund und frei erhalten werden, weil nur dann der Stamm sich gut entwickeln kann; gute Kronen liefern gute Stämme und Licht produziert Holz.

In zweiter Linie faßt man den Nebenstand ins Auge. Unbedingt wird alles trockne und absterbende Holz herausgehauen, da dasselbe keinen Zweck mehr hat und eine Gefahr durch Verbreitung von Krankheiten, Feuer und Insekten bildet; solches Material ist bei allen Durchforstungen zuerst zu entfernen. Schwieriger ist die Entscheidung bei den mehr oder weniger unterdrückten Stämmen. Hierbei gehen die Ansichten sehr auseinander, wie die neueste Literatur beweist, in der die Durchforstungsfrage eine Hauptrolle spielt. Die sicherste Antwort gibt der Boden, der ja durch fehlerhafte Durchforstungen empfindlich berührt werden muß. Greift man die unterdrückten Stämme zu sehr an, so kann durch zu große Lichtstellung guter Boden verunkrautet, schlechter Boden verangert werden, greift man sie zu wenig an, so wird der Humus nicht genügend verarbeitet, und dieses große Kapital liegt dann fast in toter Hand. Es läßt sich, um beide Fehler zu vermeiden, eine Generalregel nicht geben; hier muß der Wirtschafter an der Hand der lokalen Verhältnisse und Erfahrungen entscheiden, da fast jede Holz- und Bodenart, selbst jede Altersklasse verschieden behandelt sein will; deshalb soll er auch immer persönlich seine Durchforstungen auszeichnen und diese wichtige Arbeit nicht etwa den Unterbeamten oder gar den Holzschlägern überlassen.

Der Beginn und die Wiederkehr der Durchforstungen richtet sich, wie im vorigen Paragraphen erörtert ist, hauptsächlich nach dem Bedürfnis des Bestandes; diese Rücksicht kann durch die Geldfrage modifiziert werden, indem man im Interesse des Waldreinertrags auf keinen Fall den Durchforstungen Geldopfer bringen will oder wenn besonders günstige Konjunkturen auf stärkere oder frühere Durchforstungen hinweisen. Dann legt man natürlich die erste Durchforstung ein, wenn der Ertrag mindestens alle Unkosten deckt. Um ferner den möglichst höchsten Geldertrag zu erzielen, ist eine sorgfältige Sortierung von Nutzholz und Brennholz unerläßlich, namentlich der Stangenhölzer und der zahlreichen kleinen Nutzreisersortimente (Bandstöcke, Faschinen usw. usw.); die Nutzholzausbeute muß stets das höchste Maß erreichen! In der Regel durchforstet man alle 5—10 Jahre jeden Bestand, in der 2. Hälfte der Umtriebszeit seltener.

B. Spezielles.

Trotz der in neuester Zeit sehr verschiedenartigen Auffassungen hat man doch daran festzuhalten, daß, so lange das Höhenwachstum nicht vollendet ist, der Schluß nicht unterbrochen werden darf; selbst wenn derselbe bei manchen Holzarten im Interesse des Lichtstandszuwachses, der ja unzweifelhaft stattfindet, auf längere Zeit unterbrochen wird, muß ein Unterbau stattfinden; namhafte Schriftsteller und Wirtschafter stimmen jetzt meistens darin überein, daß die Durchforstungen nicht mehr bloß die toten und absterbenden Stämme begreifen, sondern auch den Kampf der herrschenden Stämme mit ihren bedrängenden Nachbaren im Interesse eines besseren Massen- und namentlich Wertszuwachses und intensiverer Ausnutzung der Bodenkraft möglichst abkürzen müssen; man durchforstet jetzt etwas stärker und wiederholt die Durchforstungen bis zur Haubarkeit, so oft dies das Bedürfnis des Hauptbestandes erfordert, um das meiste und zugleich wertvollste Holz zu liefern, und die Bodenkraft es verlangt resp. zuläßt. Man scheut sich nicht mehr, selbst kleine Lücken zu hauen, wenn es gilt, eine Gruppe fehlerhafter Stämme zu entfernen, sobald diese Lücken durch die Nachbaren jedenfalls früher oder später wieder geschlossen werden können. Einzelne vorwüchsige Stämme, die einen in sich ganz oder fast ganz geschlossenen gutwüchsigen Unterstand verdämmen, sollen unbedingt fallen, um so eher, je sperriger sie wachsen; stehen zwei gleich gute tadellose Stämme dicht beieinander, so kann man beide stehen lassen, da sie sich, wie unzählige Beispiele im Walde beweisen, trotz aller theoretischen Einwendungen doch oft gleichwertig bis ins höchste Alter entwickeln können; ist einer jedoch zurückgeblieben, so muß dieser fallen; ebenso verfährt man bei Zwieseln (Doppelstämmen). Alle minderwertigen anderen Holzarten, namentlich wertlose Weichhölzer, fallen nach dem Grade ihrer Entbehrlichkeit und Schädlichkeit für den Hauptbestand zuerst. Plötzliche scharfe Eingriffe sind stets, namentlich in der Jugend und mittleren Bestandesalter zu vermeiden.

Das Auszeichnen hat in derselben Weise, wie im § 122 beim Auszeichnen der Samenbäume vorgeschrieben ist, im laubgrünen Zustande (im Spätsommer) zu erfolgen. Die Bestandesränder sind, wo ein Auswehen, Austrocknen oder Aushagern zu befürchten ist, wenig oder gar nicht zu durchforsten. Die Stämme müssen so gehauen werden, daß über der Erde kein Stubben bleibt, **also so tief als möglich**, und daß das Hauende dahin zeigt, wohin das Holz gerückt werden soll. Es empfiehlt sich in zwei Touren zu durchforsten. Auf der Hintour nimmt man alles heraus, was heraus muß, auf der Rücktour alles, was heraus kann; Fehler müssen während des Hiebes korrigiert werden.

Die Nadelhölzer, die nicht in dem Grade, wie die Laubhölzer Schattenblätter und Knospen entwickeln, durchforstet man gewöhnlich schwächer, da sie den durch die Lichtung geschaffenen Raum mit ihren Kronen nicht so bald wieder füllen können; am wenigsten kann dies die Kiefer. Ungünstige Standorte durchforstet man vorsichtiger; auch im Mittelwald und Niederwald sollen rationelle Durchforstungen die Erträge erhöhen, da ja ganz unzweifelhaft jede Durchforstung den Zuwachs am stehen gebliebenen Holze vergrößert.

§ 171.

Entästungen.

Die Entästungen haben den Zweck, den Bäumen eine bessere Stammform zu geben, zuweilen auch, um verdämmende oder sonst belästigende Äste z. B. an Wegen, Grenzen usw. zu entfernen. Entästungen werden in der Zeit der Saftruhe, am besten von November bis Januar möglichst bei frostfreiem Wetter vorgenommen.

Große Astwunden bestreicht man, um Fäulnis zu verhüten, bei den Laubhölzern stets mit Steinkohlenteer*) oder — falls bei diesem Risse entstehen — mit Bleiweiß an. Alle wegzunehmenden Äste werden **ganz glatt und dicht** am Stamme weggenommen; längere Äste werden vorher bis auf 0,5 m vom Stamm gekürzt, um Reißen und Abdrücken der Rinde zn vermeiden. Aststummel dürfen nie stehen bleiben. Wird mit Hauinstrumenten (Beil, Heppe) entästet, so ist der Ast, falls er nicht gekürzt wird, vorher unten auf ein Drittel seiner Stärke einzukerben, um Stammsplitterungen zu vermeiden; über armstarke Äste soll man im allgemeinen ohne Not nicht mehr wegnehmen, bei Birken nur bis 2 cm starke, bei Eiche bis zu 10 cm starke Äste. Schwache Äste entfernt man mit einem an einer Stange befestigten Stoßeisen (Figur 115); sehr empfehlenswert ist beim Entästen auch die Stangensäge (Ahlerssche Flügelsäge**) Figur 116).

---

*) Gut bewährt ist der „Präparierte Steinkohlenteer" von C. Weil u. Co. in Lindenhof b. Mannheim. 1 Faß à 4 Ztr. kostet 13 M.

**) Zu beziehen (wie alle forstlichen Instrumente und Werkzeuge) für 11 Mark von Dominikus in Remscheid. Ist sehr zu empfehlen; sie entästet vom Boden aus bis auf 7 m Höhe: neuerdings wurde empfohlen, sie zuverlässigeren Raff- und Leseholzsammlern zu übergeben, damit sie unter Anleitung der Beamten rationell die trocknen Äste absägen. Vielfache Versuche in Hannover, Braunschweig, Bayern haben sich bewährt (siehe Allgem. Forst- und Jagdzeitung 1891 Heft 5).

Hauptsächlich werden die Ausästungen bei Eichen angewandt, die besonders gute Nutzholzstämme werden sollen; man beginnt damit schon früh, oft schon in Heisterpflanzungen, indem man alle störenden Seitenzweige mit der Baumscheere entfernt, auch wohl entbehrliche Knospen ausbricht. Besonders angebracht ist das Entästen bei Waldrechtern und dem Oberbaum des Mittelwaldes; auch durch Schneidelungen von Nadelholzstämmen, namentlich Fichten und Tannen hat man schöne Stammformen und erhöhte Nutzholzausbeute erzielt. Die periodische Wegnahme von trocknen und halbtrocknen Ästen, mit Ahlers Flügelstangensäge, ist unbedingt zur besseren Nutzholzausformung zu empfehlen, insbesondere bei den schwerer sich reinigenden Nadelhölzern; es wird dann sicher astfreiere Bretterware erzogen; Grünästungen über 8 cm Aststärke haben dagegen vielfach zu Fäulnis im Innern geführt. Man soll jedoch nur solche Stämme entästen, welche unzweifelhaft vorzügliche Nutzstämme geben werden und diese bereits in der Jugend bezeichnen; selbstverständlich müssen sie dann auch in den Durchforstungen besonders berücksichtigt werden. Wenn hohe Stämme zu entästen sind, bedient man sich der Steigeisen oder des Steigrahmens von „Zehnpfund", von Hefele usw.; in den letzten Jahren ist derartigen Steigeapparaten besondere Aufmerksamkeit zugewandt, ohne jedoch große Verbreitung finden zu können.

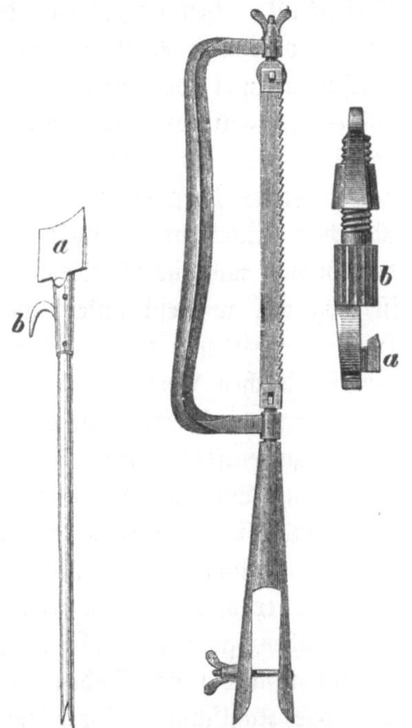

Figur 115. Stoßeisenstange. Figur 116. Ahlers Flügelsäge.

Die Ahlerssche Säge ist 1897 verbessert und vom Universitätsgärtner Dörmer in Gießen für 6 Mark (ohne Stange) zu beziehen; er liefert auch alle sonstigen Entästungswerkzeuge, namentlich Hand- und Spannsägen.

§ 172.

Bodenpflege.

Sie steht in innigem Zusammenhange mit der Bestandspflege und erstreckt sich auf Erhaltung, Mehrung und richtige Verarbeitung des Humus, die Sorge für Lockerung des Bodens und Erhaltung der Bodenkraft. Bestandsränder, die vom Winde durch Auswehen des Laubes oder von Aushagerung durch Sonne leiden, erhalten Nadelholzschutzmäntel oder werden immer dunkler gehalten, zu lichte Bestände müssen rechtzeitig unterbaut werden, jeder Streudiebstahl muß energisch verhütet, jede schädliche Streuabgabe möglichst abgestellt oder auf das geringste Maß beschränkt werden. Schweineeintrieb ist das vorzüglichste Mittel zur gleichzeitigen Lockerung des Bodens und Festigung des Humus wie zur Vertilgung schädlicher Insekten. Die Waldweide ist möglichst zu beschränken, da namentlich größeres Weidevieh den Humus festtritt und der Bodenlockerung entgegenarbeitet, abgesehen von dem schädlichen Verbeißen.

Stagnierende Nässe ist durch Anlage von Saug- und Abführungsgräben zu entfernen (cfr. Forstschutz), an trocknen Hängen ist das Wasser und Laub in schachbrettartigen Parallelgräben von 30—40 cm Breite und Tiefe zu fangen. Man vermeide zu hohe Umtriebe, namentlich bei Lichtholzarten, mische gefährdete Holzarten mit weniger gefährdeten, exponierte Lagen behandle man im Plenterbetrieb z. B. Bergköpfe, Höhenzüge, steile, flachgründige, steinige Hänge; man lege gefährdete Bestandsränder (nach Süden und Westen) nicht bloß, man unterlasse zu große Kahlschläge, sorge für schnelle Wiederkultur von Blößen, schnellsten Schluß der Kulturen u. dergl. mehr.

Das wichtigste Pflegemittel ist jedoch die Erhaltung eines dauernd guten Kronenschlusses des Bestandes, der nie stark unterbrochen werden darf, oder zu dichten Bestand auslichten und untätigen Boden soweit freistellen, daß „Bodengahre“ eintritt, die sich durch normalen Humus und eintretende Begrünung markiert.

Flugsand und Ortsteinkultur.

§ 173.

a. Dünenbau.

Flugsand findet sich am häufigsten am Meeresgestade, wo er bekanntlich, nachdem er vom Meere ausgespült ist, zur Bildung der Dünen

Veranlassung gibt. Damit dieselben dem weiteren Vordringen des Meeres einen wirksamen Damm entgegensetzen können, muß man sie mit irgend welchen Gewächsen binden und so Veranlassung zur Bildung einer festen Bodendecke geben, die Stürmen und dem Meere Trotz bieten kann. Am geeignetsten sind zur ersten Befestigung die drei Grasarten **Arundo arenaria L.** das Sandrohr, **Elymus arenarius L.** der Sandhafer und **Carex arenaria**, Sandsegge, welche in Kämpen erzogen, in 0,5 m Quadrat- oder Dreiecksverband auf die mit einer sanften Böschung versehenen Dünen in Büscheln (3—5 Halme) das ganze Jahr hindurch, am besten aber im Oktober, mit dem Keilspaten gepflanzt werden. Ist der Boden gebunden, so tut die Anpflanzung von Aspenloden zur weiteren Befestigung vorzügliche Dienste resp. von 1jährigen Kiefern in Karrees, die durch kleine Strauchwälle oder Heideplaggen oder Schilfzäune gebildet werden.

Im Schutze der gebundenen Dünen haben öfter die Kulturen mit Erlen, Pappeln, Weiden, Kiefern, der Seestrandskiefer, oder falls Bäume nicht fortkommen können, die Anlage von Akazien-Niederwald, Hollunder (**Sambucus nigra**), Bocksdorn (**Lycium barbarum**), Sanddorn (**Hippophaë rhamnoïdes**) gute Erfolge gezeigt.

An den Ostseeküsten hat sich auf den von Sandgräsern in obiger Weise gebundenen Dünen die Reihenpflanzung (in 1 m und 0,3 m Verband) von einjährigen Kiefern in schwacher Untermischung mit Birke und Weißerle bewährt, namentlich auf sehr flüchtigem Boden und wo das Material zur Hand war, nachdem die Fläche reihenweis mit Heideplaggen bedeckt war.

§ 174.

b. Binden des Flugsandes im Binnenlande.

Der Flugsand findet sich häufig in größeren Flächen namentlich im östlichen und nördlichen Deutschland in der Nähe von versandenden Flüssen oder auf ganz unfruchtbarem Sandboden vor. Um die Gefahr der weiteren Verbreitung desselben zu verhüten, muß er oft mit großen Geldopfern befestigt werden. Bei nicht zu losem Flugsande kann man auf kleinen Flächen gleich mit Kiefernballenpflanzung in 1 m^2 Verband (cfr. § 191) vorgehen, auf Sandboden mit frischem Untergrunde pflügt man auch mit Erfolg Pappeln- und Weidensetzlinge ein. Die Kultur muß immer an der gefährdeten Windseite beginnen, nachdem man dieselbe vorher durch einen undurchlässigen Strauch-Zaun geschützt hat.

Ist dagegen der Boden sehr locker und beweglich, so muß man ihn vor der Kultur künstlich befestigen. Folgende Kulturmethode empfiehlt Forstmeister Meschwitz (Tharand. Jahrbuch Bd. 32 Heft 2) als ausgezeichnet bewährt. Die aus Kiefernreisig zwischen etwa 1—2 m entfernten 7 cm starken Pfosten etwa 0,8 m hoch geflochtenen Zäune werden in 5—10 ar großen Karrees aufgestellt, um den Flugsand zu binden. Nach 2 Jahren werden im engen Verbande mit dem Buttlarschen oder Wartenbergschen Eisen- resp. Klemmspaten usw. in den unvorbereiteten Boden Löcher gestoßen, mit Komposterde gefüllt und 1—2jährige Kiefern, die mit dünnflüssigem Lehmbrei angeschlemmt waren, fest eingeklemmt; längs der Zäune werden 2jährige Birken und Weißerlen in gleicher Weise eingeklemmt. Der Meter Zaun kostet etwa 20 Pf., die Kultur außerdem etwa 30 Mark pro ha. Ist der Boden nicht zu flüchtig oder Schutz vorhanden, so bindet man ihn auch durch das Einstecken resp. einfache Belegen von Kiefernzweigen und bepflanzt ihn mit 1jährigen Kiefern. Diese Zweige werden bald dichter bald dünner gesteckt resp. gelegt, aber immer mit dem Hauende gegen die herrschende Windrichtung; am Rande führt man (gegen die Windrichtung) einen Flechtzaun auf. Häufiger stellt man auch Kupierzäune gegen die Windrichtung so auf, daß sie 20—50 m entfernte stumpfe Winkel mit parallelen Schenkeln bilden, deren Entfernung sich natürlich nach der Beschaffenheit des Bodens richten muß. Immer muß man mit der Kultur warten, bis der Boden hinlänglich gebunden ist.

Besser als die gemeine Kiefer hat sich die Pflanzung von ein- bis zweijährigen pinus rigida-Pflanzen bewährt, weil sie selbst auf ärmstem Boden noch freudig wächst und nicht von Frost und Schütte gefährdet ist; sie wird allerdings vom Wild stark verbissen, wogegen man sich aber durch Bestreichen mit Leim von Ermisch in Burg bei Magdeburg schützen kann.

§ 175.

Ortsteinkultur.

Wie bereits früher auseinandergesetzt ist, besteht der Ortstein aus Sandstein, der durch wachshaltigen Haidehumus verkittet und mit Eisenoxyd durchsetzt ist. Er wirkt durch seine Festigkeit, Undurchdringlichkeit und Undurchlässigkeit mechanisch störend auf den Pflanzenwuchs. Er zieht sich in mehr oder weniger ausgedehnten 10—30 cm starken Schichten in geringer Tiefe unter dem Boden hin und verbietet dem

Bestande ein Eindringen der Wurzeln, namentlich der Pfahlwurzel und verhindert das Eindringen der Niederschläge und das Aufsteigen des Grundwassers. Das einzige Mittel dagegen ist ein gründliches Durchbrechen der Ortsteinschicht, das dieselbe zu Tage fördert und zur Hervorbringung von Pflanzenwuchs wieder geeignet macht.

Die gewöhnliche Methode ist das Umpflügen mit dem Dampfpflug oder einem starken Schwingpfluge in 2 m breiten Streifen mit 1,5—2 m Entfernung im Lichten. Ebenso zu empfehlen, aber teurer ist das Rajolen in mindestens 1 m breiten Streifen. Die umgebrochenen Stellen werden nach vorherigem Eggen und Anwalzen mit 1 jährigen Kiefern in 1 m^2 Verband bepflanzt (mittels Klemm- oder Handspaltpflanzung); auf besserem Boden pflanzt man auch andere Holzarten (Eiche, Esche, Birke, Fichte usw.) horst- oder bänderweis zwischen die Kiefern. Das löcherweise Durchbrechen des Ortsteins hat sich nicht bewährt.

In ähnlicher Weise wie der Ortstein setzt eine andere Bildung, der Raseneisenstein, der Kultur oft große Hindernisse entgegen; derselbe kann jedoch nicht wie der an der Luft zerbröckelnde und dann wieder kultivierbare und fruchtbare Ortstein in der Erde bleiben, sondern er muß als ein Erz wegen seiner vollständigen Unlöslichkeit und Eisenhärte entfernt werden. Wegen seines großen Eisengehaltes (bis zu 60 Prozent) wird das Raseneisenerz auch wohl zur Eisengewinnung verhüttet. Der Raseneisenstein wird gewöhnlich rabatten- oder plätzeweise durchbrochen und dann abgefahren, worauf man erst mit der Kultur beginnen kann, falls solche die hohen Kosten nicht verbieten. Auf Raseneisenstein treibt man aber besser Wiesenkultur; liegt er flachgründig, bildet er Unland.

§ 176.

Gemischte Bestände.

Zu gemischten Beständen, d. h. solchen, in denen auf gleicher Fläche verschiedenartige Holzarten zusammen erzogen werden, geben verschiedene Gründe Anlaß:

1. Gemischte Bestände geben oft höhere Erträge als reine Bestände, weil Stamm- und Wurzelform sich besser ineinander fügen und deshalb eine größere Stammzahl stocken kann. Mischt man z. B. Eichen und Buchen auf einem Hektar, so erzeugt dieser unter normalen Verhältnissen größere Holzmassen als ein Hektar reiner Eichen oder reiner Buchen.

2. Gemischte Bestände geben die größte Sicherheit gegen alle Gefahren, z. B. Sturm, Feuer, Frost, Insekten, Pilzkrankheiten, Rindenbrand usw.

3. Gemischte Bestände bessern den Boden mehr und nützen ihn vielseitiger aus.

4. Gemischte Bestände befriedigen vielseitigere Holzbedürfnisse.

Zum besseren Verständnis der vorstehend aufgeführten vielfachen Vorteile sei noch ausführend bemerkt:

In gemischten Beständen wird der Boden vielseitiger ausgenützt, indem jede abweichende Bodenform mit der ihr zusagenden Holzart bedacht werden kann; sie geben Gelegenheit unsere wertvollen Lichtholzarten — Kiefer, Eiche, Ahorn, Birke, Lärche usw., die rein oft unter Verlichtung leiden, den Boden vernachlässigen, allerlei Gefahren heraufbeschwören, durch schützende und treibende Schattenholzarten, die man unterbaut oder von vornherein beigesellt — zu besseren Leistungen anzuspornen; sie bilden sich dann auch meist zu astreineren besseren Stämmen aus (Eiche mit Buche).

Zu gleichem Zwecke schützt man flachwurzelnde Holzarten durch Einsprengung von tiefwurzelnden gegen Sturm (Fichte und Buche), Nadelhölzer mit Laubhölzer zum Schutz gegen Feuer und Schnee (Kiefer mit Eiche, Birke, Akazie, Fichte mit Tanne und Buche), in pilzkranke Kiefern, Fichten und Tannen sprengt man passende Laubhölzer.

Die heute herrschende schablonenmäßige Kahlschlagwirtschaft hat bereits furchtbare Insekten-, Sturm-, Brand-, und Pilzgefahren hervorgebracht und den Wald einförmig und unschön gemacht; es ist dringend geboten, sie mehr und mehr aufzugeben, und die viel mehr geschätzten, ertragreicheren und schöneren Mischbestände sowie — soweit rentabel und möglich — rationellen Plenterbetrieb an ihre Stelle zu setzen.

Die Mischung kann sein „gleichmäßig", wenn alle Holzarten in etwa gleichen Mengen vorkommen, oder „ungleichmäßig", wenn eine vorherrscht; sie ist teils einzelständig, teils gruppen-, horst-, bänder- oder reihenweis, teils vorübergehend, teils dauernd.

Für die Mischung gelten kurz folgende Regeln:

Die Möglichkeit, zwei Holzarten mit einander zu mischen, hängt ab:

1. Von ihrem Vermögen, die Bodenkraft zu erhalten und zu vermehren; die zu mischenden Holzarten müssen dieselben Ansprüche an den Standort und die Bewirtschaftungsart (Umtrieb, Betriebsart usw.) machen.

2. Von ihrem Verhalten gegen Licht und Schatten, wonach man die Holzarten einteilt in*):

a) Schattenbedürftige Holzarten (Tanne und Buche in früher Jugend).

b) Schattenertragende Holzarten (Tanne, Fichte und Buche in höherem Alter).

c) Lichtbedürftige Holzarten (alle übrigen Waldbäume).

Je feuchter der Boden, desto mehr Licht und Wärme, je trockner der Boden, desto mehr Schatten verlangt er.

Hieraus lassen sich folgende fünf Generalregeln für die Mischung der Holzarten ableiten.

1. Regel.

Die vorherrschende Holzart soll eine bodenbessernde sein.

2. Regel.

Schattenertragende Holzarten sind mit einander zu mischen, wenn sie gleiches Wachstum haben, oder die langsam wachsende gegen die schnell wachsende geschützt wird, entweder:

a) durch horstweisen Voranbau der langsam wüchsigen Holzart;

b) durch Anbau derselben in überwiegender Zahl.

---

*) Gayer: Waldbau 1. Auflage S. 44 gibt den Waldbäumen, mit den lichtbedürftigsten anfangend, folgende Reihenfolge: „Lärche, Birke, Kiefer, Aspe, Eiche, Esche, Kastanie, Ulme, Schwarzerle, Schwarzkiefer, Ahorn, Weißerle, Linde, Weimutskiefer, Hainbuche, Fichte, Buche, Weißtanne, Eibe“. Er rechnet zu den echten Lichtholzarten vorzüglich: Lärche, Birke, Kiefer, Eiche, Aspe, zu den entschiedenen Schattenhölzern: Weißtanne, Buche, Fichte, Hainbuche. Die übrigen zwischen diesen beiden Gruppen stehenden Holzarten neigen bezüglich ihres Lichtbedarfes entschieden zu den Lichtholzarten, sie bilden gleichsam die 2. Stufe derselben. Übergangsholzarten von Licht- und Schattenholzarten lassen sich schwer bezeichnen, am meisten gehört noch Linde und etwa Weimutskiefer hierher.

Kraft stellt in der Zeitschrift für Forst- u. Jagdwesen 1893, S. 330 in derselben Reihenfolge folgende Skala auf: Kiefer, Schwarzkiefer, Lärche, Birke, Stieleiche, Traubeneiche, Weimutskiefer, Fichte, Hainbuche, Linde, Ulme, Esche, Ahorn, Tanne, Buche. Feuchte Atmosphäre und frischer Boden verleihen ein größeres Schattenerträgnis

c) Begünstigung bei der natürlichen Verjüngung,

d) Ausästen, Entwipfeln, und Aushauen der vorgewachsenen Holzart. Solche Holzarten sind:

1. Weißtanne mit Fichte im Verhältnis von 2 : 1, auch 1 : 1; die Tanne schützt die Fichte vor Sturm und liefert höhere Erträge durch ihre Vollholzigkeit.

2. Tanne und Buche. Eine vorzügliche Mischung. Sie sind im allgemeinen gleichwüchsig, die Tanne schiebt sich mit ihrer Baumform sehr gut in die Buchen ein, sie machen gleiche Ansprüche an den Standort.

3. Fichte und Buche. Nur dann zu mischen, wenn die Buche gegen die Fichte geschützt wird durch Voranbau, Entästen, Entgipfeln sowie horst- oder bänderweise Einsprengung der Fichte in weitem Verbande (10—20 m), wobei man die Bänder mindestens 10 m breit nimmt; Fichte erhöht die Rentabilität der Buche.

3. Regel.

Schattenertragende (dichtkronige) Holzarten können mit lichtbedürftigen dann gemischt werden, wenn die lichtbedürftigen einen Vorsprung haben und behalten.

1. a) Fichte mit Eiche. Die Eiche muß einen großen Vorsprung vor der später sehr viel schnellwüchsigeren Fichte haben. Deshalb sprengt man Eichenheister wohl in Fichtenkulturen in Bändern, Horsten oder Gruppen ein und schützt sie später an den Rändern durch Entästen resp. Entgipfeln der Fichten. Ähnlich wie die Eiche verhalten sich noch Ahorn, Ulme, Esche, Hainbuche und Elsbeere, deshalb ist die gleichaltrige Mischung zu vermeiden; die Fichte überholt alle diese Holzarten unter normalen Verhältnissen nach 10—20 Jahren und unterdrückt sie dann. Bei der Mischung von Birke und Fichte schadet die Birke oft durch Peitschen und Abreiben der Knospen, auch wird sie durch ihre ungemeine Samenausbreitung leicht vorherrschend, deshalb kann letztere stets nur vorübergehend beigemischt werden, z. B. durch Erziehung von Maien.

1. b) Fichte mit Kiefer. Die Kiefer darf nur zu $\frac{1}{7}$ bis $\frac{1}{5}$ eingesprengt werden, wenn sie später die Fichte nicht verdämmen und ihr durch sperrigen Wuchs und Abreiben der Knospen und Triebe schaden soll.

1. c) Fichte mit Tanne ist eine günstige Mischung; die Tanne verhält sich oben genannten Laubhölzern und der Kiefer gegenüber ähnlich wie die Fichte.

2. a) Buche mit Eiche. Sehr gute Mischung; sie sind in der Jugend fast gleichwüchsig, doch ist im allgemeinen der Eiche ein Vorsprung zu geben, z. B. Eichenheister mit Buchenloden, Ausästen von Eichen zur Beförderung ihres Höhenwuchses, Begünstigen der Eiche bei Durchforstungen, Voranbau derselben in ca. 6—10 ar großen Löchern und bei der natürlichen Verjüngung usw. Was das Mischungsverhältnis anbetrifft, so kann man auf gutem Standort beide in gleichem Verhältnis anbauen, auf schlechterem läßt man die Buche vorherrschen und nimmt je nachdem $\frac{1}{3}$ bis $\frac{1}{4}$ Eichen.

Ahorn, Ulme, Esche, Elsbeere usw. sprengt man gern als Heistern horst-, bänder- oder gruppenweis ein, die Weichhölzer, namentlich Aspen und Saalweiden, muß man in den Buchenschlägen im allgemeinen als Feinde der Buche behandeln; kommen sie vereinzelt vor, so duldet man sie wohl, da sie vor Frost schützen und eine gute Vornutzung gewähren, es ist aber große Vorsicht nötig, damit sie sich nicht ausbreiten; wo Aspen gut bezahlt werden und ihre Nachfrage wird immer größer (zu Streichhölzern, Waggons, Koffern usw.), ist sie jedoch zu pflegen, am besten in Gruppen.

2. b) Buche mit Kiefer. Vorzügliche Mischung. Die Kiefer bleibt immer etwas vorwüchsig ohne zu verdämmen, schützt gegen Frost und Hitze und gedeiht zu besonders schönen, allerdings oft grobjährigen Stämmen. Man sprengt die Kiefer im Abtriebsschlage mittels Saat oder Pflanzung ein.

2. c) Buche mit Lärche. Fast eben so gut wie Buche mit Kiefer, nur macht die Lärche mehr Ansprüche an den Standort, daher ist größere Vorsicht nötig, auch hält sie selten durch, da sie in Deutschland doch ein Fremdling geblieben ist und sich nicht an unsern Standort gewöhnen will.

4. Regel

Lichtbedürftige Holzarten dürfen zu dauernden Mischungen nicht verbunden werden, weil der Boden leicht sich verschlechtert. Ausnahmen:

1. Auf sehr kräftigem Boden, wo unter dem dünnen Schirm der lichtbedürftigen Holzarten keine Bodenverschlechterung zu fürchten ist,

z. B. Erle mit Esche, Erle mit Birke, Eiche mit Kiefer. Die langsamer wachsende Holzart muß stets einen Vorsprung haben.

2. Auf schlechtem, vorzüglich dem Nadelholz gewidmetem Boden mischt man wohl Kiefer mit Birke, obgleich sie sich oft nicht vertragen, in dem Falle, wenn man für den Markt und zum Schutz gegen Gefahren durchaus ein Laubholz haben muß. Ferner mischt man in Laubhölzern, namentlich in Eichen, die Lärche, Kiefer und Birke vorübergehend ein, weil sie dieselben gegen Frost schützen und günstige Treibhölzer sind.

3. Gemeine Kiefer mit Weimutskiefer wird jetzt viel empfohlen:

a) Wird p. strobus zu etwa $\frac{1}{3}$—$\frac{1}{5}$ eingesprengt, so erhält man geschlossenere, sicherere und astreinere Bestände;

b) P. strobus bessert den Boden und treibt p. sylvestris; die besseren Stroben können in mittlerem Alter heraus, die schlechteren bleiben nebst untergepflanzten Buchen oder Hainbuchen als Schutzholz (nur auf besserem Boden).

c) Da p. strobus viel Schatten erträgt, so kann man in allen Holzarten selbst kleinere Lücken in späterer Zeit noch damit nachbessern; bei ihrem schlanken Wuchse kommt sie nach. (Schneebruch, Wurzelpilzlücken usw. in Stangen.) Bei ihrer Verträglichkeit kann p. strobus auch einzeln eingesprengt werden. (Näheres Forstwissenschaftl. Zentralblatt von Fürst 1897, I. S. 26 ff.)

4. Kiefer mit Eiche. Nur auf besserem Kiefernboden zulässig. Man haut 20 Jahre vor dem Abtrieb der Kiefern 10—20 ar große Löcher und besät resp. bepflanzt sie mit qu. robur oder rubra; die Ränder schützt man durch einen etwa 5 m breiten Fichtenrand gegen Traufe und Verdämmung.

5. Regel.

Die einzusprengenden Holzarten sollen nur ausnahmsweis einzeln, in der Regel horst-,*) gruppen- oder reihenweise in mehr oder

*) Der Begriff: „Horst" und „Gruppe" schwankt. Wir verstehen unter „Horst" die größere Fläche, unter „Gruppe" die kleinere Fläche; wenn man sich in ihre Mitte stellt — kann man im belaubten Zustand noch bequem alle Ränder sehen. Am besten ließe man den Unterschied ganz fallen.

weniger breiten Bändern unter der herrschenden Holzart verteilt werden. — Beispiele sind:

1. Bei sehr wechselnder Bodengüte. Wenn Flächen und Plätze vorkommen, welche sich nur oder vorzugsweise für bestimmte Holzarten eignen, soll man diese hier in Horsten und Gruppen anbauen, z. B. Eschen und Erlen auf den frischen bis feuchten, Pappeln auf nassen Stellen, Eichen in kleinen besonders fruchtbaren Mulden, Fichten auf Steinköpfen, Kiefern auf ärmerem Boden usw.

2. Wenn eine langsam wachsende lichte Holzart neben einer schnell wachsenden schattenertragenden kultiviert werden soll, z. B. Eichen in Fichten- und Buchenbeständen, nimmt man größere Horste*) oder breitere Bänder.

Bei dauernder Mischung werden die vermengten Hölzer mit gleichem Umtriebe, bei zeitweiser mit ungleichem Umtriebe behandelt; in letzterem Falle dient eine Holzart entweder als Schutz- oder als Treibholz, die weggenommen wird, nachdem der Schutz entbehrlich oder der Boden gebessert worden ist. Ferner unterscheidet man noch: gleichzeitige und ungleichzeitige, gleichaltrige und ungleichaltrige, platzweise und streifenweise Mischung.

Die gemischten Bestände besitzen eine große Vielseitigkeit und außer den schon oben angeführten im einzelnen noch folgende spezielle Vorteile vor den reinen Beständen:

1. Sie erleichtern die Einrichtung eines Revieres, indem nicht für jede Holzart besondere Betriebsklassen gebildet zu werden brauchen.

2. Sie gestatten bei vielgestaltigem Wechsel des Standorts jede Berücksichtigung durch Wahl der passenden Holzart und sind rentabler.

3. Bei Frühjahrsfrost kann man in Frostlöchern oder in Frostlagen, die meist durch die lokale Terrainformation gebildet werden, frostharte Holzarten (Birke, Hainbuche, Kiefer) anbauen.

4. Gegen Raupen, soweit sie monophag sind, bieten gemischte Bestände nicht soviel Futterpflanzen, somit ungeeignetere Existenzbedingungen; sie können sich deshalb nie so stark entwickeln.

§ 177.

Wechsel der Holzarten.

Ein regelmäßiger Wechsel der Holzarten, wie z. B. der Früchte beim Feldbau, ist beim Waldbau deshalb nicht nötig, weil die Bäume

*) Siehe Anmerkung auf S. 254.

den größten Teil der Nahrung, die sie dem Boden entziehen, durch Laub- und Nadelabfall, d. h. durch die Bildung des Humus wieder zurückgeben und durch den Schirm ihrer Kronen den Boden vor Aushagerung schützen; man erreicht eine Bodenverbesserung eher durch das oben beschriebene Mischen verschiedener Holzarten. Man wechselt beim Waldbau nur dann und zwar dauernd, wenn man entweder eine lohnendere Holzart nachziehen oder wenn man andere Holzarten einsprengen und sich so die großen Vorzüge der gemischten Bestände sichern will.

Charakteristisches unserer wichtigsten Waldbäume.

Die Eiche. Quercus.

§ 178.

Allgemeines.

Über den Unterschied der beiden wichtigsten Eichenarten Quercus robur Traubeneiche und Quercus pedunculata Stieleiche vergleiche die Tabelle (§ 57). Die Stieleiche ist der Baum der Ebene und des feuchten Niederungs-(Aue-)Bodens, die Traubeneiche kommt auch im Gebirge und in rauhen Lagen und nebst qu. rubra auf geringerem Eichenboden fort. Beide Arten gehen oft ineinander über und zeigen in ihrem forstlichen Verhalten keine wesentlichen Verschiedenheiten, nur kann qu. robur mehr Schatten ertragen.

Standort. Der wichtigste Faktor des Standortes ist für die Eiche der Boden; geringerer, namentlich trockner und unkräftiger Boden setzen der Kultur der Eiche ihre Grenzen. Am besten gedeiht sie auf dem humosen und fetten Marschboden und in fruchtbaren Flußniederungen, in gutem Lehm- und humosem frischen Sandboden wie auf durch Steingrus gelockertem Bergboden geringer Höhenlagen. Das Haupterfordernis für die Eiche ist Bodenfrische und einige Tiefgründigkeit; entschieden flachgründiger Boden taugt nicht für die Pfahlwurzel der Eiche.

Betriebsarten. Die Eiche durchläuft alle Betriebsarten; sie bildet im Hochwald reine Bestände und ist den meisten Waldbäumen das willkommenste Mischholz, aus diesem Grunde gedeiht sie auch vorzüglich im Plenter- und Mittelwald. Im Mittelwalde ist sie der wertvollste und beliebteste Oberbaum und im Niederwalde gibt sie die wertvollsten und vermöge ihrer ausgezeichneten Ausschlagsfähigkeit die sichersten Erträge.

§ 179.

Eichenhochwald.

Reine Eichenbestände finden sich im allgemeinen nur in dem fruchtbaren und frischen Niederungsboden, weniger und da schon immer in weit geringerer Güte auf Mittelboden. Auf mittlerem und geringerem Standort erzieht man die Eiche stets in Untermischung mit Buche, Kiefer, Tanne, Weimutskiefer, seltener mit Fichte und ähnlichen Holzarten; ein Bodenschutzholz ist für die Eiche immer, auch auf günstigstem Boden sehr vorteilhaft.

In neuerer Zeit empfiehlt man den Lichtungsbetrieb für die Eiche. Man versteht unter Lichtungsbetrieb eine Betriebsweise, bei welcher der Hauptbestand behufs Zuwachssteigerung der Einzelstämme lange vor der Haubarkeit, sobald der Höhenwuchs vollendet ist, allmählich unter Unterbrechung des Kronenschlusses durch Kronenfreihieb der guten Stämme gelichtet und der Boden gleichzeitig durch ein Bodenschutzholz unterbaut wird. Außer Eiche eignen sich noch andere Licht- und Nutzholzarten, namentlich die Kiefer und Lärche zum Hauptbestande, zum Unterholze schattenertragende Laubhölzer (Hainbuche und Buche), sowie Tanne und Weimutskiefer für kürzere Zeit; Fichte hat sich nicht bewährt. Sobald das Höhenwachstum vollendet ist: bei Eiche mit 80, bei Kiefer etwa mit 60 Jahren, legt man die erste Lichtung ein, die alle schlecht gewachsenen und zurückgebliebenen Stämme entfernt. Diese Lichtungen wiederholen sich periodisch etwa alle 5—10 Jahre, bis nur gute Nutzholzstämme verbleiben. Der Unterwuchs wird, sobald sich Bodenbegrünung zeigt, durch Plätze- oder Streifen-Saat (Buche, Hainbuche) oder Pflanzung (Nadelholz) nach der ersten Lichtung eingebracht; er soll dicht genug sein, um den Boden zu schützen und zu bessern, darf aber denselben nicht abschließen, wie man dies bei der Fichte öfter erfahren mußte; auch darf er später nicht in die Krone des Hauptbestandes hineinwachsen (Tanne). Der Vorteil des Lichtungsbetriebes, der übrigens von vielen Wirtschaftern und Schriftstellern in neuer Zeit geleugnet und bezweifelt wird, soll in der schnelleren Erziehung wertvollster Nutzeichen usw. durch gesteigerten Lichtzuwachs ohne den Boden zu gefährden sowie auch in der Gewinnung früher und reicher Vornutzungen liegen. Auf trocknem und ärmerem Boden verbietet sich unbedingt der Lichtungsbetrieb; dort bringe man andere Holzarten hin.

Die natürliche Verjüngung reiner Eichenbestände erfordert eine lichtere Stellung im Samenschlage, die durch rationellen Durchforstungsbetrieb vorzubereiten ist und nach etwa zwei Jahren den Abtrieb der Samenbäume, da die Eiche als Lichtpflanze sonst unter Verdämmung des Schirmbestandes empfindlich leiden und der Aufschlag zu sehr geschädigt würde; sie wird seltener angewandt und ist eigentlich nur in reichen Samenjahren zur Erzielung einer wohlfeilen Kultur zu empfehlen. Regel ist die künstliche Verjüngung durch Saat oder Pflanzung, möglichst in Untermischung mit anderen Holzarten; an einem Orte sprechen die Verhältnisse mehr für die Saat, am andern mehr für die Pflanzung, selbst für die Pflanzung von stärkstem Pflanzmaterial; in anderen Fällen kann man zwischen Saat und Pflanzung wählen, wobei für die Saat die geringeren Kosten, eine reichliche und meist sehr gut zu verwertende Vornutzung, sowie gleichzeitige bequemste Erziehung von Pflanzenmaterial sprechen.

§ 180.

Eichensaat.

Wo nicht Gefahren von Mäusen und Wild (Rot-, Reh-, Schwarzwild, Dächse) oder mangelnde Arbeitskräfte es verbieten, sollen Eichensaaten im Herbst ausgeführt werden. Die Eiche ist noch mehr wie die Kiefer für eine gründliche und tiefe Bodenlockerung wegen ihrer Pfahlwurzel dankbar; am üblichsten ist die Furchen- und Streifensaat, dann die Saat auf Plätzen und das Einstufen. Guter nicht zu graswüchsiger Boden bedarf weniger der eindringenden Bodenlockerung, feuchten und lettigen Boden kultiviert man am besten durch Aufhöhung mittels Beet- und Rabattenkultur. Ein Übermaß von Feuchtigkeit schadet den Eichensaaten in gleichem Maße wie zu trockner Boden; doch vermag sie vorübergehende Bodennässe und Überschwemmung sehr gut zu ertragen.

Besonders häufig wird bei der Eiche auf besserem Boden die landwirtschaftliche Mitbenutzung angewandt, welche eine starke und gründliche Lockerung, Mengung und Reinigung des Bodens bewirkt, den Unkrautwuchs, für den die Eiche sehr empfindlich ist, hindert und durch den Fruchterlös, der jedoch den kräftigen Boden nicht zu sehr angreifen darf, die höheren Kulturkosten deckt. Hack- auch wohl Blattfrucht, namentlich in der Form von Zwischenfruchtbau in den 2 m entfernten Saat- oder Pflanzenreihen ist da am besten, wo es auf Lockerung und Reinhaltung des Bodens ankommt. Für den Voranbau kommen besonders Hafer und Kartoffeln in Frage. Nicht selten findet auch, nachdem bereits Eichen gesäet und gepflanzt sind, eine Übersaat von Getreide, auf schwerem Boden auch wohl von Flachs statt. Man kann den Fruchtbau im Walde so lange betreiben, als er lohnend ist und den Boden nicht entkräftigt. Die Ernte muß selbstverständlich unter größter Schonung der Eichenpflänzchen, nur mit der Sichel und bei hoher Stoppel bewirkt werden.

Eine andere Art der landwirtschaftlichen Mitbenutzung ist der Grasschnitt zwischen weitständigeren (3 m und darüber) Eichenkulturen, der deshalb weniger zu empfehlen ist, weil er den Boden nicht lockert und doch denselben angreift, auch leichte Beschädigungen der Pflanzen durch Unvorsichtigkeit bei der Nutzung mit sich bringt, die Frostgefahr erhöht und den Boden abschließt.

Zu der bei der Eiche nötigen tieferen Bodenlockerung wendet man den Untergrunds- oder Wühlpflug (Hacken) an oder das Doppelpflügen, indem ein gewöhnlicher Feldpflug vorangeht und ein tiefer gehender und stärker bespannter Umbruchs-(Schwing-)Pflug in derselben Furche nachfolgt; dem Pfluge folgen dann Kinder, welche die Eicheln dünn 10—20 cm weit von einander in eine etwa 3—4 cm tiefe Rille legen und unterharken. Hat man nur flachgehende Pflüge nötig, so legt man die Eicheln ebenso ein und läßt sie von dem zurückkommenden Pfluge bedecken. Ist Kartoffel- oder Hackfruchtbau vorhergegangen, so wird der Boden abgeegget, recht breitwürfig mit Eicheln besäet und wieder zugeegget. Ist Getreidebau mit gründlicher Bodenlockerung vorausgegangen, so besäet man die Stoppeln und pflügt die Eicheln flach unter. Auf frisch gepflügtem Boden wird mit der breitwürfigen Eichelsaat meist gleichzeitig etwas Frucht (Hafer) ausgesäet. Sehr verbreitet ist auch die Rillensaat, wo in dem voll bearbeiteten Boden mit einer schmalen Hacke nach der Schnur 1—1,5 m entfernte handbreite Rillen gezogen, mit Eicheln belegt und 4 cm tief eingeharkt werden.

Bei der Furchensaat auf schwierigem Boden werden in 1 m Entfernung mit dem Untergrundspflug (oft nachdem vorher der Bodenüberzug mit dem flach arbeitenden Waldpfluge entfernt ist) Furchen gezogen, welche wie oben beschrieben ist — besäet werden.

Streifen stellt man am wohlfeilsten dadurch her, daß man mehrere Pflugfurchen unmittelbar nebeneinander legt. Plätze und Löcher von 0,3—0,8 m Quadratgröße fertigt man mit Rodehacke und Spaten an. Vielfach verbreitet ist bei Eichenkulturen das sog. Einstufen, d. h. das Einlegen von 1—3 Eicheln unter eine kleine, mit der gewöhnlichen Kartoffelhacke gehobene Erdscholle; es ist die billigste Kulturmethode; sie paßt jedoch nur für lockeren, niemals für stark verunkrauteten Boden. Auf bindigem reinem Boden empfiehlt sich auch der Pflanzdolch zum Einstufen, der unten mit einem Querstift versehen ist, damit die Eicheln in die richtige Tiefe kommen.

Die Beet- und Rabattenkultur besteht darin, daß man auf feuchtem Boden in je 5 m Entfernung 1 m breite und etwa 0,5 m tiefe Parallelgräben aushebt (je nach dem Feuchtigkeitsgehalt), den Erdauswurf auf die Zwischenfelder bringt und diesen nach Umgraben der so gebildeten Rabatten besäet oder bepflanzt.

Für Eichensaatkämpe ist zu bemerken, daß die Rillen nach 30 cm tiefem Umgraben und guter Düngung durchschnittlich 4—6 cm tief, handbreit und 25—30 cm von einander entfernt gezogen werden. Besondere Sorgfalt ist auf die Unkrautreinigung und häufige Lockerung mit der Hacke sowie auf das Ausstreuen von Laub zwischen den Saatrillen zu legen; man gibt die Kampfläche gewöhnlich für ein Jahr in Kartoffelvorkultur. Man legt die Eicheln ziemlich dicht aneinander (0,2—0,4 hl pro ar); es ist übrigens nach den Versuchen von Fürst und Kienitz gleichgültig, ob die Eicheln bei der Aussaat quer oder mit der Spitze nach oben oder unten gelegt werden. Die Samenmenge schwankt übrigens — je nach der Größe der Eicheln, nach der Rillenentfernung, ob man Eichel an Eichel oder ob man sie mit je 2—5 cm Entfernung legt, namentlich aber nach der Güte. Gute Eicheln lasse ich im Kamp bis 5 cm, in Saatstreifen bis 15 cm weit von einander legen, wenn keine örtlichen Gefahren drohen.

Für sorgsame Pflege ist die Eiche besonders dankbar. Dichte Saaten durchläutert man fleißig durch Wegschneiden aller schlechtwüchsigen Stämme, in Pflanzungen wirke man durch öfteres Wegschneiden der Zwiesel und störender Äste auf gute Kronenform hin; bei den Durchforstungen sorge man immer, daß der künftige Hauptbestand freie Krone behält; starke Stämme erzielt man durch sorgsame Umlichtungen, wobei der Boden durch Unterbau zu schützen ist.

§ 181.

Verschulung von Eichen.

Sehr wichtig ist für die Eichenzucht die Anlage von Pflanzkämpen, da verschulte Eichenpflanzen das übrige Pflanzenmaterial meist übertreffen.

Man unterscheidet Lodenpflanzkamp und Heisterpflanzkamp. Der Lodenpflanzkamp hat den doppelten Zweck, Loden für die Kultur und Loden zur Verschulung für die Heisterkämpe zu gewinnen. Man nimmt zum Lodenkamp 1—2=jährige Eichen, kürzt nötigenfalls die Pfahlwurzel (auf etwa 15 cm, jedoch unterhalb von etwaigen Verzweigungen), auch zu lange Seitenwurzelstränge und entfernt alle überzähligen Gipfeltriebe. Zur Erziehung von 1 m hohen Loden gehören 2—3 Jahre und etwa 30 □cm Wachstum pro Lode. Zur Erleichterung der so notwendigen Kampreinigung und Lockerung wählt man gern die Reihenpflanzung in 20 : 30 oder 25 : 35 cm Verband. Zur Erziehung von Heistern werden die etwa 1 m hohen Loden in 60—90 cm Quadratverband nochmals verpflanzt, nachdem zu lange Wurzeln und Triebe, Gabel= und Quirlbildungen nach den früher erwähnten Regeln entfernt sind. Für Erziehung von Halbheistern genügt der 50—75 cm Quadratverband. Nächst der unablässigen Reinhaltung und Lockerung des Bodens und nachherigem Bestreuen der Zwischenreihen mit Laub, muß man im Kamp durch fleißiges Beschneiden und Ausbrechen von Knospen und Trieben, so lange letztere noch krautig sind, auf die künftige Stamm= und Kronenform des Heisters hinwirken. Auf gutem bindigem Boden ist die Wurzelbildung meist konzentriert genug, so daß eine zweite Verschulung erübrigt; in diesem Falle ist der erste Verband gleich weiter zu wählen.

Für die Pflanzung von Eichen verweisen wir auf das in den §§ 147 u. ff., 160, 171 Gesagte.

Im allgemeinen pflanze man nur im Notfalle, z. B. bei Ausfüllung kleiner Bestandeslücken, starke Heister; sie sind teuer und gehen oft aus, sondern bevorzuge **1—2** m hohe Pflanzen, wo sie sich nicht verbieten.

§ 182.

Eichenschälwald.

In der Ausschlagsfähigkeit und deren Dauer wird die Eiche von keiner Holzart übertroffen; sie eignet sich deshalb vorzüglich zum Nieder=

wald. Solchen Eichenniederwald, der hauptsächlich zur Rindennutzung angelegt wird, nennt man Eichenschälwald. Warme und milde Lagen, sanfte Süd- und Westhänge in frostfreien Tälern erzeugen die gerbstoffreichste Rinde, während Nord- und Osthänge mehr Massenproduktion haben; da, wo der Wein gut gedeiht, wächst die beste Eichenrinde. Nicht geeignet zum Eichenschälwalde ist der magere sandige Flachlandsboden, am besten ist der fruchtbare Niederungsboden und der kräftige Bergboden. Zur Erlangung guter Glanzrinde ist der 15—20-jährige Umtrieb am vorteilhaftesten.

Man legt Eichenschälwälder mittels Saat und Pflanzung an wie beim Hochwalde. Im allgemeinen wendet man fingerdicke Pflanzen aus Saaten oder Kämpen, auch wohl Wildlinge in weiterem Verbande (mindestens 2 m) an; besonders günstig verhalten sich Stummelpflanzen (Figur 117), die jedoch so tief abgestummelt werden müssen, daß der Stummel höchstens 3 cm lang bleibt. Man stummelt entweder unmittelbar vor dem Einpflanzen oder besser erst einige Jahre nach demselben. Ein lichterer Stand giebt bessere Rinde, die dick, fleischig und markig sein muß. Weichholz muß nach wenigen Jahren ausgeläutert werden, fremde Hölzer dürfen keinesfalls verdämmen; auf geringerem Boden wird die Einsprengung von Schutz- und Treibholz (Kiefer, Birke und Lärche) in Reihen zwischen die Eichenreihen neuerdings empfohlen. In vielen Gegenden wendet man das Überlandbrennen (Hainen!) mit Fruchtbau auf Eichenschälschlägen an.

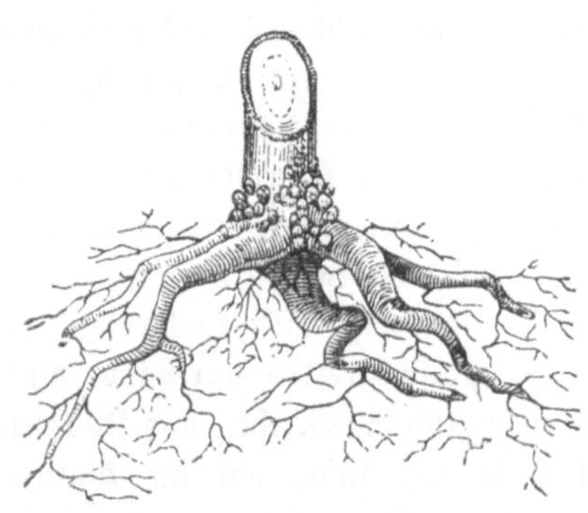

Figur 117. Stummelpflanze.

Eichenschälschläge werden zur Saftzeit im Mai oder bei Eintritt des zweiten Saftes im Juli geführt. Man schält die Stangen entweder liegend (meistens!) oder stehend.

Im ersten Falle zerhaut man die Stangen zu Prügeln, klopft die Rinde und schlitzt sie mit Beil oder Heppe der Länge nach bis auf den Splint ein und löst sie dann mit dem meißelförmigen nach oben etwas gekrümmten Lohschlitzer rundum ab. Wo die Rinde gut bezahlt wird, schält man auch noch die Spitzen und Äste bis zur Daumenstärke herab (Gipfellohe!). Nutzstangen werden im ganzen geschält.

Man darf an einem Tage nicht mehr Stangen fällen, als man schälen kann, weil am folgenden Tage die Rinde nicht mehr so gut geht. Zum Trocknen wird die geschälte Lohe, ihre äußere Seite nach oben, auf dachförmige Gabelgerüste ziegelartig aufgelegt und sofort nach dem Trocknen abgefahren, da Regen der Rinde sehr schadet. Nach einer Ermittelung von Roth (Baurs Centralbl. 1882, S. 72) beträgt der Gewichtsverlust der Rinde nach dem Beregnen 4,2 %, der Gerbverlust soll bis 71 % betragen. In den letzten Jahren sind Versuche mit der Lieferung regenfreier Rinde gemacht, indem man die Rinden mit wasserdichten Decken bis zum Trocknen bedeckte, die sich aber nicht bewährt haben, weil Käufer die Unkosten nicht tragen wollten.

Sollen die von unten zuvor entästeten Stangen stehend geschält werden, so kerbt man sie vorher rundum unten ein, so daß sämtliche Bastfasern durchschnitten werden, schlitzt mittels der Heppe oder des Reißeisens und Löffels die Rinde möglichst hoch von oben an dem Stamm herunter ein und löst dann die Rindenbänder von unten nach oben ab, wo sie zum Trocknen hängen bleiben. Der Abtrieb des Holzes erfolgt erst bei oder nach Abnahme der Rinde. Die Reife der Rinde erkennt man am Aufreißen derselben unten an der Stange.

Ein Hauptaugenmerk ist auf schrägen möglichst ganz glatten und tiefen Hieb der Stöcke zu richten (Figur 118), auch sollen dieselben zum Schutze sofort mit dem Abfallreisig bedeckt werden.

Figur 118. Normal-Eichen-Schälwaldstubben.

Der Verkauf der Lohrinde geschieht meist schlagweis und zwar mit Holz und Rinde oder es wird nur die Rinde nach dem Gewicht vor dem Einschlag, seltener nach dem Einschlag verkauft. In ersterem Fall fällt die Werbung dem Käufer zu. Die Qualität der Rinde hängt vom Alter und Standort ab. Rauhe Rinde ist wertloser als glatte Rinde (Spiegelrinde). Unter mittleren Verhältnissen erhält man pro ha etwa 40 rm Holz nnd 70 Ztr. Rinde mit einem Werte von à 4—7 Mark. Die schlechten Rindenpreise bei den jetzt erhöhten Werbungskosten stellen die Rentabilität des Eichenschälwaldes in Frage, weil die Einführung von allerlei Surrogaten die teurere und langsamer wirkende Lohgerbung mehr verdrängt; jedenfalls muß vor der Anlage neuer Eichenschälwälder bei der jetzigen Geschäftslage gewarnt werden.

Die Rotbuche. Fagus sylvatica L.

§ 183.

Allgemeines.

Keine andere Holzart ist so abhängig von günstigen Standortsverhältnissen, namentlich von der Bodenart, wie die Buche. Am meisten sagen der Buche ein mineralisch kräftiger Boden, besonders der Kalkboden, ferner der frische humose Sandboden bei lehmiger oder mergeliger Unterlage, das Küstenklima uud im Gebirge bunter Sandstein, Tonschiefer und Grauwacke wie die jüngeren Durchbruchsgesteine zu. Sie gedeiht besser an Nord- und Ostseiten als an Süd- und Westseiten (die schlechteste Lage ist die Südwestseite), besser an Hängen als auf Plateaus und Bergrücken. Sie steigt bei uns im Gebirge bis zu etwa 6—800 m hinauf, nach Norden geht sie bis Dänemark und dem mittleren Schweden, nach Osten bis zur Weichsel. Nässe und Überschwemmung kann sie nicht vertragen.

Betriebsarten. Das eigentliche Feld der Buche ist der Hochwald, im Mittelwalde wird sie nur angebaut, wenn ein dichter Oberstand ein schattenertragendes Unterholz bedingt.

Die Buche ist der erste Repräsentant der schattenertragenden Holzarten. Unsere jetzige Buchenhochwaldsform zeigt fast durchweg die natürliche Verjüngung in Besamungs- und Lichtschlägen, und verweisen wir in dieser Beziehung auf das in dem Kapitel über natürliche Verjüngung §§ 119 bis 123 Gesagte. Speziell die Buche betreffend bleibt darüber nur noch folgendes nachzuholen:

Im allgemeinen vermeidet man heute reine Buchenbestände ebenso wie reine Eichenbestände, da sie bei der geringen Nutzholzausbeute zu wenig rentabel erscheinen. Bei der immer mehr steigenden Konkurrenz der Kohle, die bei dem immer leichter sich gestaltenden Verkehr von Tag zu Tag größere Absatzgebiete erringt, sinkt das Brennholz immer mehr im Preise; große Brennholzmengen werden vielleicht bald gar nicht mehr Absatz finden. Die neueren Versuche, die Nutzholzausbeute durch Verwendung im Hochbau (zu Stielen, Dielen usw.), als Bohlen, Straßenpflaster, Treppenwangen, gebogene Möbel, Bahnschwellen, Böttcherware usw. zu steigern, haben sich meist gut bewährt. Man mischt deshalb jetzt der Buche immer gute Nutzholzarten, bänder-, gruppen- und horstweis so bei, daß die Buche nur etwa die Hälfte der Fläche einnimmt; langsamer wachsende Holzarten (Eiche, Tanne) baut man in Horsten, Kulissen und Streifen vor, schlechte Bodenstellen deckt man mit geeigneten Nadelhölzern (Kiefer, Lärche, Fichte), auf besseren Stellen pflanzt man allerlei edle Laubhölzer und die anbauwürdigen Fremdlinge (Carya-alba und amara, junglans-nigra, quercus rubra, abies douglasii, picea sitchensis, Thuja Lawsoniana und gigantea*). Zum Unterbau ist keine Holzart im Lichtungs- und Lichtwuchsbetriebe so geeignet als die Buche, wo sie überwiegend in Plätze- und Streifensaaten oder als Ballenpflanzen kultiviert wird.

§ 184.

Vorbereitungsdurchforstungen.

Ein Vorbereitungsschlag mit der Axt soll nur gestellt werden, wenn es die Verhältnisse dringend erfordern. Er wird geführt, um:

a) den Boden für die Ansamung vorzubereiten. Dazu ist nötig, daß man die Vorbereitungshiebe nicht auf einmal stellt; dieselben sollen ihren Anfang womöglich bereits bei der letzten Durchforstung (in der II. Periode) nehmen, die man in Berücksichtigung einer durchgreifenden Humusbildung und besserer Lichtstellung der künftigen Samenbäume kräftiger einzulegen pflegt. In allmählichen Aushieben, die besonders solche Stellen, wo sich viel Rohhumus angehäuft hat oder eine Kronenspannung resp. Stammpressung stattfindet, betreffen, erstrebt man eine solche Lockerung — ja nicht etwa eine Unterbrechung — des Kronenschlusses, daß der Humus sich zersetzen und richtige Bodengahre (Begrünung) eintreten kann, die sich durch das Erscheinen eines schwachen Bodenüberzuges markiert. In diesem Falle ist der Boden reif und zur Aufnahme der Mast bereitet.

Stark angesammelte Laub- und Modermasseu müssen entfernt werden, sie werden entweder an Bodenerhöhungen gebracht, die wenig Humus haben und dort sofort grobschollig untergehackt oder in den Saatkämpen und Komposthaufen als Dungmittel verwendet; Moosdecken müssen entfernt, verhärteter Boden, Kohl- und Staubhumus müssen mit der Hacke grobschollig (so daß die Schollen aufrecht stehen) bearbeitet und gelockert werden; auf ungenügend vorbereitetem Boden werden im Sommer

*) Über den Anbau fremder Holzarten vergl. die Resultate der deutschen Versuchsstationen und sonstige Versuche in der „Zeitschrift für Forst- und Jagdwesen“ 1903, Heft 3, von Forstmeister Professor Dr. Schwappach-Eberswalde und im Forstl. Zentralblatt 1902 Hefte 9 u. 10 von Forstmeister Boden.

vor dem Samenabfall Schweine eingetrieben oder es wird der Boden streifenweis oder in Plätzen umgehackt oder mit Grubbern (von Ingermann, Balthasar, Bötzels Waldpflug, dänische Rollegge) gelockert und nach dem Abfall der Mast tüchtig quer übergeeggt (auch mit umgekehrten Eggen!).

b. Die Bäume zur Besamung durch Umlichtung ihrer Kronen vorzubereiten und um den Bedarf an Holz gleichmäßiger befriedigen zu können.

Auf leichterem sandigem Buchenboden, dessen Humus sich leicht verflüchtigt und der unter der Gefahr einer Bodenverschlechterung leiden würde, auch auf hitzigem Kalkboden, der den Rohhumus ohne Beihilfe zu zersetzen vermag, unterläßt man meist die Vorbereitungshiebe; bei Beendigung derselben sollen die Zweige sich noch lose berühren.

Unsere Wirtschaft ist im allgemeinen noch zu träge in der Vorbereitung des Bodens; wo ungünstige Bodenverhältnisse vorliegen, muß der Boden stets bearbeitet, ja eventuell mit 12 Ztr. Kalk pro ha gedüngt werden; rühmenswerte Beispiele (Dänemark) beweisen die großen Erfolge derartiger Nachhilfen.

§ 185.

Samenschlag und die Nachhiebe.

Das Lichtmaß des Samenschlags richtet sich ganz nach den Standortsverhältnissen. Frischer und sehr graswüchsiger Boden, sowie frostgefährdete Lagen und Kalkboden werden dunkel gehalten. Die lichteste Schlagstellung und raschen Nachhieb verlangt der trockne und unkräftige Buchenboden.

Schlechtgewachsene, kranke und kronenreiche Stämme, soweit deren Herausnahme versäumt sein sollte, wie schwere Nutzholzstämme nimmt man gern schon bei der Samenschlagstellung heraus, tief beastete Stämme müssen, wo sie nicht zu schützen haben, entästet werden (§ 171). Bei allen Nachhieben greift man immer zuerst nach den schwersten und nach allen schlechten Stämmen, da sie bei späterer Herausnahme größeren Schaden verursachen würden; alle gutwüchsigen Stämme spart man am besten als Schirmbäume bis zum Abtriebsschlage auf, wo sie dann unter der Gunst größeren Freistandes meist zu wertvollem Starkholze herangewachsen sind.

Der Samenschlag wird stets im Winter nach einem genügend reichen Mastjahr geführt, um den abgefallenen Bucheln günstige Wuchsbedingungen und Wärme zum Anwachsen zu verschaffen. Man nimmt etwa 1/5—1/4 heraus. Dann folgt die Periode der Nachhiebe in dem verbliebenen Mutter- und Schutzbestand, die den Zweck verfolgen — einerseits den Buchenaufschlag vor Frost und Dürre zu schützen, anderseits ihn in allmählicher Freistellung im Wachstum zu begünstigen und an obige Gefahren zu gewöhnen; sie sollen plenternd geführt werden und können je nach dem Standort und den örtlichen Verhältnissen 12—20 Jahre dauern, bis im sog. „Abtriebsschlag" die Verjüngung ganz geräumt werden kann.

Als Maßstab für die Stellung des Bestandes bei den verschiedenen Nachhieben gilt durchschnittlich: Entfernung der Zweigspitzen bei dunkelster Stellung: 50 cm, bei mittlerer 1—1,5 m, bei lichter 2—3 m und ist die Hiebsmasse im allgemeinen so zu verteilen, daß in der Vorbereitung etwa 0,2, im Samenschlage ebensoviel, bei den Nachhieben etwa 0,35 und beim Abgange der Rest von 0,25 des ursprünglichen geschlossenen Bestandes gehauen wird.

Die natürliche Verjüngung ist nur in reinen oder vorherrschend mit Buche bestandenen Beständen angebracht.

§ 186.

Schlagnachbesserungen.

Sie sind selten ganz zu entbehren, doch sollen sie nur auf das vorher genau ermittelte oder für sich selbst sprechende Bedürfnis beschränkt werden. Die Nachbesserung der Verjüngungsschläge trifft entweder den ganzen Schlag oder nur einzelne bedürftige Teile. Sie bestehen in den oben erwähnten Bodenarbeiten zur Verbesserung des Keimbettes und in einer plätze- oder streifenweisen Nachsaat auf großen Fehlstellen. Vorzuziehen ist jedoch unter allen Umständen die Nachbesserung durch Pflanzung von Wildlingen aus den zu dicht stehenden Horsten im Schlage selbst (Ballenbüschel) und mit den vorher erwähnten Mischholzarten, die je nach Maßgabe ihres schnelleren oder langsameren Wachstums in den verschiedenen Verjüngungsstadien einzusprengen sind im Voranbau (Eiche), gleichzeitig oder später. Jedenfalls soll man nicht lange auf Nachverjüngung warten, sondern, wenn die Bucheln einigermaßen aufgegangen sind, gelegentlich der Nachlichtungen die Lücken mit anderen Holzarten decken.

§ 187.

Künstliche Pflanzenzucht von Buchen.

Wo die natürlichen Buchenverjüngungen ein zweifelhaftes Gelingen zeigen und gute Wildlinge, die wegen billiger Beschaffung immer vorzuziehen sind, fehlen, — ist man zuweilen genötigt, für die Nachbesserungen, ja sogar für Neukulturen junge Pflänzlinge (nur 2—3jährige Büschel und Loden) künstlich in Kämpen zu erziehen. Zu den Buchensaatkämpen sucht man guten und alten abgerodeten Waldboden an Stellen, die gegen Spätfröste geschützt sein müssen, aus. Es genügt eine spatentiefe Umarbeitung. Der Kamp wird in handbreiten etwa 15—20 cm entfernten nur 2—3 cm tiefen Rillen etwa mit 0,3 hl Bucheln pro ar im Herbst, bei Gefahren erst Ende April besäet. Die Bucheln sind vor der Saat durch tüchtiges Überbrausen und öfteres Umschaufeln anzukeimen und nach dem Aufgehen bis zum Ansatz der Keimblätter zu häufeln. Das Bestecken mit Schutzreisig oder Bedecken mit Schutzgittern (vergl. § 150), sobald die Keimlinge erscheinen, darf bei der großen Empfindlichkeit der Buche gegen Frost und Dürre nie versäumt werden. Zur Erhaltung der Bodenfrische und Lockerung bestreut man später die Felder zwischen den Rillen mit Laub usw. Im zweiten Jahre, bei guter Entwickelung schon im ersten Jahre nach der Saat, können die jungen Buchen ausgepflanzt werden. Neuerdings hat man auch kräftige Buchenkeimlinge (aus den Verjüngungen) im Juli mit dem Setzholze verpflanzt, die vorzüglich gediehen sind. Steter Schutz gegen Mäuse, Häher und Eichhörnchen ist nötig; kotyledonenkranke Bucheln müssen sofort ausgezogen und verbrannt und dürfen die Kämpe dann nicht länger benutzt werden.

Zuweilen werden zur Erziehung von besonders kräftigem älterem Pflanzmaterial ähnlich wie bei der Eiche auch Pflanzkämpe angelegt. Bei dem Verschulen der Buche hat man ganz besondere Vorsicht gegen das Austrocknen der feinen Wurzeln anzuwenden, auch muß man das Beschneiden auf das Allernotwendigste beschränken. Da die Buchenrinde außerordentlich empfindlich ist, so muß man den Schaft der Pflänzlinge möglichst rauh beastet lassen und ihn immer so in das Pflanzloch setzen, daß die meisten Äste nach Süden gerichtet sind; ebenso ist der Fehler des zu tiefen Pflanzens, das stets Kränkeln, oft den Tod herbeiführt, ängstlich zu vermeiden. Recht beliebt sind bei der Buche Büschel-, namentlich Büschel-Ballenpflanzungen, welche auf trocknem schlechterem Boden und in rauhen und windigen Lagen die Regel bilden sollen. Werden unter solchen Verhältnissen Buchenloden oder Büschel mit entblößter Wurzel gepflanzt, so soll man denselben eine Einfütterung mit humoser Pflanzerde geben. Auf lockerem besserem Boden in frostfreien Lagen ohne Graswuchs hat die Spatenklemmpflanzung, mit kleinen Buchen im Freien ausgeführt, recht gute Erfolge, noch bessere Erfolge aber zum Unterbau unter lichten Eichen-, Kiefern- und Lärchenschirmbeständen der besseren Böden; im anderen Falle wendet man auf ungelockertem Boden besser das Buttlarsche Eisen (Figur 126), den Keilspaten (Figur 123) oder das Pflanzbeil für die Klemmpflanzung an; für kleine Ballenpflanzen ist der Heyersche Hohlbohrer (Figur 112) das vorzüglichste Instrument.

Die Pflanzungen werden am besten im Frühjahr vor dem Schwellen der Knospen ausgeführt.

Sehr wichtig für die Buchendickungen sind die Ausläuterungen von Weichhölzern, von Hainbuchen und allerlei Stockausschlägen, wie später schwache und schonende, aber oft wiederkehrende Durchforstungen. Die Buche liebt als Schattenpflanze einen dichten Stand, deshalb vermeide man alle starken Durchforstungen, namentlich auf trocknem Standort, an Westseiten und an Bestandesrändern.

Wenn der Jungbestand von allem schlechtgewachsenen Material und den Protzen in einigen Durchläuterungen und Durchforstungen gereinigt ist, so lasse man dem Bestande bis zu 40—50 Jahre Ruhe; dann gehe man in kurzen Zwischenräumen (5—10 Jahre) zur Hauptbestandesdurchforstung unter Beseitigung aller schlechtgeformten, protzigen, zwiesligen, kranken und toten Stämme über, aber in dem Streben dunkel zu halten; nach etwa 30 Jahren durchforstet man alle 10 Jahre kräftig, indem man außer obigem Material auch noch alle breitkronigen und die den guten Stämmen in ihrer Entwicklung hinderlichen Stämme (etwa 80 fm pro ha alle 10 Jahre) entnimmt und schließlich nur beste Stämme mit vorzüglich gesteigertem Lichtungszuwachs zum Abtrieb bringt (nach Schwappach: Allgem. Forst- und Jagdzeitung 1899, Heft 7).

§ 188.

Die Schwarzerle. Alnus glutinosa. L.

Die Schwarzerle ist hauptsächlich die Holzart der Brücher; überall sucht sie die feuchten humusreichen Bodenarten auf und gedeiht noch auf schlammigem Bruchboden, wenn er kein stagnierendes Wasser hat; das kann allein auf einige Zeit die Pappel (p. canadensis und nigra), am besten aber Taxodium distichum vertragen. Ohne eigentliche Pfahl- oder Herzwurzel weiß sie doch mit feinen, langen und starken Wurzelsträngen genügend festen Fuß auf ihrem meist lockeren Boden zu fassen. Sie ist im ganzen eine genügsame Holzart, so daß man sie auch außerhalb ihres eigentlichen Standorts, wenn der Boden nur frisch und humos genug ist, an Flußrändern, Böschungen und in den Dünen, sowie überall im Hochwald auf feuchten, nicht versumpften Stellen horstweis mit gutem Erfolg anpflanzen kann.

Die Hauptbetriebsart ist der Niederwald mit dem relativ hohen Umtriebe von 30—40 Jahren, auf schlechterem Boden muß man die Umtriebszeit verkürzen: der höhere als 40jährige Umtrieb hat bei ihrer Neigung zu früher Lichtstellung sinkenden Massenertrag und unvollständige Ausschlagsfähigkeit zur Folge. Zur Erziehung von stärkerem Nutzholz läßt man ab und zu beim Abtriebe vereinzelte Laßreidel stehen, doch nur sehr vereinzelt, am besten an den Rändern, da die Erle als Lichtpflanze gegen jeden Schirm empfindlich ist. In Bruchwäldern hängt die Hiebszeit vom Eintritt stärkeren Frostes ab, da meist nur ein solcher dieselben zum Abtriebe zugänglich macht; bei sehr starkem Frost darf man aber nicht fällen, da die Erle leicht splittert. Auf zugänglichem Standort haut man im Herbst oder Frühjahr. Oft ist man gezwungen, hohe Stöcke stehen zu lassen, damit dieselben nicht ersäuft werden; am vorteilhaftesten ist jedoch wie bei allen Ausschlaghölzern ein möglichst tiefer glatter und schräger nach Norden gerichteter Hieb.

Der künstliche Anbau geschieht nur durch Pflanzung, da die Saat von Graswuchs, gegen den die Erle besonders empfindlich ist, erstickt wird oder durch Auffrieren zu sehr leidet.

Hat man von dem meist reichlich erfolgenden Anflug nicht genug Wildlinge, so muß man künstliche Pflanzen erziehen.

Sehr empfehlenswert ist für Anlage von Saatkämpen das Ziehen von Gräben, deren Breite und Entfernung sich ganz nach dem Wasserstande richtet, deren Auswurf man auf den Zwischenfeldern dünn mit Harken verteilt und dann in 15 cm entfernten handbreiten Rillen mit 2 kg oder voll mit 4 kg Erlensamen pro ar ganz dick besät. Der Samen ist stets vorher mit Schnittprobe streng zu prüfen. Die

Gräben stehen am besten mit einem fließenden Graben, der unterhalb des Kampes eine Stauvorrichtung hat, in Verbindung, so daß man den Wasserstand im Kamp in der Hand behält: er muß möglichst dicht unter der Oberfläche gehalten werden. Das Keimbett des Erlensamens darf nie locker sein, sondern muß vor der Aussaat stets mit der Walze, kleinen Brettchen oder Schaufeln usw. gedichtet oder auch festgetreten werden, auch verträgt der Same nur die allerleichteste Erdbedeckung; am besten ist Überkrümeln desselben mit Humuserde mit folgendem Festklopfen. Auf Moorboden empfiehlt sich Mengen des Bodens mit Sand. Das Bedecken der Beete mit dünnem und hohl liegendem Reisig oder Schutzgittern wie bei der Buche.

Zur Verschulung wählt man zweijährige Pflanzen und gibt ihnen je nach der Größe 30—40 cm im Quadrat Wachsraum. Von den ballenweis ausgehobenen Pflanzen sucht man die kräftigen aus und pflanzt sie mit entblößter Wurzel ein, nachdem man zu lange Wurzeln gekürzt hat; das Beschneiden der Zweige ist nicht ratsam, höchstens kann man sehr störende Gipfelunregelmäßigkeiten regulieren. Erle und Birke wollen möglichst wenig beschnitten werden.

Sollten sich in den Kämpen Binsen und dergl. Unkräuter einstellen, so ist dies meist ein Zeichen der Versaurung des Bodens; das beste Vorbeugungsmittel dagegen ist die oben beschriebene Rabattenkultur; hat man diese versäumt, so soll man in Kämpen, die noch längere Zeit zur Benutzung stehen, nicht mehr zögern, so schnell wie möglich nachträglich Gräben anzulegen und zu übersanden.

Die sonstige Behandlung ist dieselbe wie bei anderen Saatkämpen; man verschult im Frühjahr und verpflanzt die guten und kräftigen Pflanzen nach 1—2 Jahren, die schwächeren nach 3 Jahren ins Freie. Aufmerksamkeit gegen die Blattkäfer ist geboten.

Brücher werden, sobald sie zugänglich sind, im Herbst, sonst im Frühjahr mit Loden bepflanzt, auf besonders nassen, grasfilzigen Stellen gewinnt man die besten Resultate mit der Alemannschen Klapppflanzung. Man sticht dabei im Herbst den Bodenüberzug in einem entsprechend großen Plaggen auf 3 Seiten durch, an der 4. Seite bleibt er fest am Boden; der abgestochene Plaggen wird nun bis auf etwa zwei Drittel in der Mitte eingekerbt und zurückgeklappt. Auf die so entblößte Erde wird die Lode aufgesetzt, die Wurzeln werden mit wenig Erde bedeckt und dann wird der Plaggen wieder zurückgeklappt und angedrückt, so daß der Kerb die Pflanze vollständig umschließt. — Soweit noch Löcherpflanzung anwendbar ist, wird die Pflanze vor dem Wiederanfüllen mit Wasser schnell in das Pflanzloch eingesetzt; läuft das Pflanzloch dennoch voll, so muß man die Wurzeln gleich gut mit Erde bedecken und zum Schutz gegen das Wegschwemmen mit Rasenstücken beschweren.

Auf feuchtem Boden wendet man die Beet- und Rabattenkultur oder die Pflanzung auf Sätteln, die durch den Auswurf von 0,60 m breiten und 2—3 m entfernten entsprechend tiefen Parallelgräben gebildet werden, an. Stark moorigen Boden mengt man stets auf den Pflanzlöchern mit Sand und deckt Plaggen darauf.

Billiger und ebenfalls von gutem Erfolge ist die Pflanzung auf 60 cm breiten und 30 cm hohen, möglichst mit Sand vermengten Hügeln, in welche die Pflanze, nachdem der Hügel in der Mitte auseinandergeschoben ist, so eingesetzt wird, daß sie noch etwa eine Hand hoch Erde unter sich behält und etwas tiefer als vorher zu stehen kommt. Schließlich wird der Hügel mit den umgekehrten vorher abgestochenen Rasenplaggen gegen das Auffrieren belegt. Endlich pflanzt man die Erlenloden auch auf den Auswürfen von 30—50 cm breiten und ebenso tiefen, 2—3 m entfernten Gräben in 2 m Verband; in trockeneren Brüchern unterbricht man die Gräben öfter, um das Wasser fest zu halten, in sehr nassen Brüchern kann man die Gräben je nach Bedürfnis vergrößern und gleichzeitig zur Entwässerung benutzen. Die Pflanzen müssen auf den Grabenauswürfen unbedingt zum Schutz gegen das Auffrieren mit Plaggen bedeckt und muß die Erde womöglich stets mit Sand vermengt werden. Schlecht gewachsene oder beschädigte Pflanzen, ebenso solche, die vom Erlenrüsselkäfer befallen sind und kränkeln, müssen möglichst schnell tief auf den Stock gesetzt werden.

§ 189.

Die Weide (Salix) und Pappel (Populus).

a) Die Weide.

Die Weide ist hauptsächlich die Holzart der Flußufer und Stromniederungen. Ihr Wert besteht teils in Befestigung von Böschungen und Flußrändern und in dem Fangen von Schlick und Sand an den Ufern, teils in dem vorzüglichen Nutzholzertrage der

Kulturweiden. Die weniger wertvollen Waldweiden finden sich dagegen fast auf allen Standorten in und außerhalb des Waldes und mit allen Holzarten, meist als lästiges Mischholz ein und fordern dann bei den Ausläuterungen die besondere Aufmerksamkeit heraus, falls man nicht vorzieht, sie für den Winter als vorzügliches Wildfutter aufzusparen: kultiviert und gepflegt werden sie selten. Zu den weniger wertvollen Waldweiden gehören namentlich die bekannte Saalweide, Salix caprea (namentlich in Fichten und Buchen), die Wasserweide, S. cinerea, und die als niedriger Strauch vorkommende Ohrweide, S. aurita. Die Saalweide erreicht meist Baumhöhe und gibt dann ein ziemlich gutes (leichtes weiches) Nutzholz und von den Weiden das beste Brennholz; zu Kopfholz und zu Stecklingen ist sie nicht geeignet; da sie bald wuchernd auftritt, so muß man sehr vorsichtig gegen sie sein. Die Wasserweide kommt hauptsächlich auf feuchtem Boden und auf Bruchboden vor; sie hat ebenso wie die auf frischem und feuchtem Standort überall vorkommende Ohrweide nur geringen Nutzwert.

Die wichtigen Kulturweiden (vergl. Tabelle § 57) verlangen einen sehr frischen Boden (keinen feuchten, den sie nur vertragen, aber nicht verlangen!); auf trocknem Boden (Sand) kommt nur die kaspische Weide gut fort. Am besten gedeihen sie in den Schlickniederungen mit periodischen Überschwemmungen, stagnierendes, namentlich saures Wasser vertragen sie absolut nicht. Zu den Kulturweiden gehören Salix alba, vitellina, russeliana (verbreitetste Kopfweiden), Salix triandra, viminalis, purpurea (die drei besten Korbweiden), Salix helix, acutifolia oder caspica, auch noch gute Korbweiden und Bandstöcke; letztere wegen ihrer großen Wurzelverbreitung vorzüglichstes Befestigungsmittel von Ufern und Böschungen (längs der Eisenbahnen); im Handel kommen jedoch noch eine Masse anderer mehr oder weniger gute Kulturweiden vor, die künstlich verbastardiert sind.

Die Weiden werden durch Pflanzung von Stecklingen und Setzstangen*) kultiviert. Zu ersteren nimmt man die besten, im Frühjahr kurz vor dem Setzen geschnittenen, ein- bis zweijährigen auf 25 (schwerer

*) Man kann „bekronte" und „unbekronte" Stecklinge usw. unterscheiden und nennt wohl die bekronten Stecklinge und Setzstangen „Schnittlinge resp. Setzreiser". Von den Unbekronten nennt man „Stecklinge" solche von 0,3—1 m, Setzstäbe von 1—2 m und Setzstangen von über 3 m Länge.

Boden) bis 35 cm (leichter Boden) Länge glatt gekürzten Schößlinge, welche dann in Bunden gebunden möglichst bald verwendet werden. Sie werden mit der durch ein Leder geschützten Handfläche oder mit Hilfe des Vorstechers (Figur 119) bis an die Schnittfläche — das dicke Ende unten — schräg oder senkrecht im Reihenverband von 10 : 50 cm eingesteckt. Sorgfältiges Reinigen von Unkraut ist in den ersten 3 Jahren unerläßlich. Diese Kulturmethode ist nur auf 50—60 cm tief rioltem Boden zu empfehlen, womöglich nach kurzer landwirtschaftlicher Vornutzung. Setzstangen nimmt man im Frühjahr von 4- bis 6-jährigem Holze, entästet und kürzt sie dann auf 3 Meter mit glattem Hieb, wobei das untere Ende keilförmig zugespitzt wird; man steckt sie dann vorsichtig etwa 60 cm tief ein; bei schlechterem Boden macht man stets Pflanzlöcher wie bei Heisterpflanzungen. Sollen sie hohe Stämme werden, so läßt man natürlich die Krone daran.

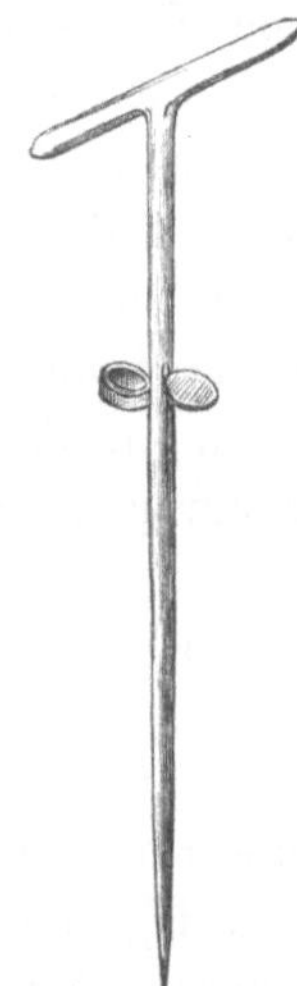

Fig. 119. Vorstecher.

Fig. 120. Normale Stecklingslage.

Auch werden die Stecklinge auf lockerem oder spatentief gelockertem Boden in 40—50 cm Quadratverband schräg einzeln tief (Figur 120) eingesteckt; falls Flutandrang zu befürchten ist, müssen die Stecklinge wasserabwärts gerichtet sein. Um Rindenbeschädigung beim Einstecken zu vermeiden, sticht man mit dem Spaten (Klemmpflanzung) oder dem Weidenpflanzer ein Loch vor; die untere (dickere) Schnittfläche des Stecklings muß unbedingt fest aufsitzen und dürfen keine Höhlungen vorhanden sein. In feuchtem Boden werden die Stecklinge häufig auf 50 cm tief rajolten Rabatten gepflanzt, die durch ein rationell angelegtes Grabensystem, das dem Wasserstande genau angepaßt sein muß, gebildet werden. Die Bodenlockerung muß bei allen Weidenkulturen mindestens so tief gehen, daß der Setzling ganz in gelockertem Boden steht; am besten ist jedenfalls immer, zu rajolen.

Auf lockerem, namentlich sandigem Boden wendet man wohl auch die sog. Nesterpflanzung an. Man gräbt in 1—1,3 m Verband ein 30—40 cm in Kubus haltendes Pflanzloch und belegt dasselbe ringsum mit 6—8 Stecklingen: das erste Loch wird mit dem Auswurf des folgenden Loches und so fort ausgefüllt und die Erde vorsichtig angetreten.

Bei allen Weidenkulturen ist besonders auf das Reinhalten von Unkraut zu achten. Man pflanzt am besten im Frühjahr bis zum Juni hin. Der erste Schnitt erfolgt nach 1—2 Jahren und dann je nach der Verwendung alle Jahre oder, falls man Bandstöcke erziehen will, alle 3—4 Jahre. Die Weide ist immer möglichst tief zu schneiden. Man schneidet von Dezember bis Ende April, wobei man jedoch darauf zu achten hat, daß die geschnittenen Ruten abgetrocknet, zusammengebunden und unter Dach mit Stroh bedeckt aufbewahrt werden; im Frühjahr (Ende März) werden dann die Bunde 4 Wochen lang 10 cm tief in Wasser gestellt und nachher mit sog. Klemmen weiß geschält. Dies Verfahren hat den Vorzug, daß die Stöcke eine bessere Ausschlagskraft behalten, die bei oft wiederholtem Schnitt zur Saftzeit bald nachlassen würde. Tief riolte Weidenheger mit reguliertem Wasserstand halten bei richtiger Behandlung 20—25 Jahre aus und kann der Reinertrag pro Hektar 150—300 Mark und mehr erreichen. Auf ärmerem Standort, der jährlichen Überschwemmungen nicht ausgesetzt ist, ist öftere Düngung mit Kalisalzen, Phosphaten, Kompost oder Stalldünger erforderlich, sobald der Wuchs nachläßt. Wenn schließlich bei jährlichem Schnitt der Ertrag nachläßt, so muß die Fläche vor Wiederkultur einige Jahre landwirtschaftlich bei bester Düngung bestellt werden. Nach derselben geben die Weiden dann immer wieder gute Erträge. Nachbesserungen müssen sofort folgen. In ständigen Überschwemmungsgebieten empfiehlt sich die Pflanzung von 1,5 m hohen Stecklingen.

b. Die Pappel (Populus).

Es kommen nur die Schwarzpappel populus nigra und die Kanadische Pappel p. canadensis (monilifera) für den Anbau in Betracht; alle übrigen werden nur in Parks oder an Wegen gepflanzt. P. nigra und canadensis werden von Laien leicht verwechselt, doch haben sie folgende charakteristische Unterscheidungen: Die Blätter von canad. sind dreieckig, die Basis bildet eine gerade Linie, die von nigra sind an der Basis stumpf- bis rechtwinklig und viereckig; die ♂ Kätzchen sind bei canadensis 8 cm, bei nigra nur 4 cm lang, ebenso sind die ♀ Kätzchen von canadensis noch einmal so lang (bis 15 cm);

die Knospen von nigra sind lang, spitz, klebrig und duften nach Harz, die von canadensis sind kleiner und glatter — ohne starken Duft; die Zweige und Triebe von canadensis haben charakteristische weiße Flecke an Zweigen und Trieben, der Stamm hat lange Borkenrisse, der von nigra ist netzförmig gerissen; nigra treibt Wurzelbrut, canadensis nicht. Beide Pappeln haben vorzüglichen Stockausschlag, wachsen sehr schnell zu guten Nutzstämmen, lassen sich leicht mit Stecklingen und Setzstangen kultivieren und haben wenig Feinde. Da sie in kürzester Zeit gesuchtes und teuer bezahltes Nutzholz liefern, so kann ihr Anbau, der viel zu wenig gewürdigt wird, auf frischem bis feuchtem Boden, aber auch auf besserem Sandboden nur dringend empfohlen werden.

Kultur: Man schneidet von jungen Trieben 30 cm lange Stecklinge, die oben über einer Knospe gekürzt und unten keilförmig zugespitzt werden; dann steckt man sie in 30—40 cm Verband auf tief umgegrabene Beete so ein, daß nur noch die obere Schnittfläche zu sehen ist; nach 2—3 Jahren werden sie ausgepflanzt; braucht man stärkeres Material, so wählt man 40—60 cm Verband! verschult wird nicht. Die bewurzelten Pflanzen nimmt man für ungünstigere Verhältnisse, da sie sicherer wachsen. Im allgemeinen aber kommt man auch mit hohen Stecklingen und Setzstangen aus! Das Material soll man nicht von alten Bäumen, sondern stets von eigens dazu aus Setzstangen erzogenem Kopfholz wählen. Hierzu nimmt man 3—4 m lange gut gewachsene Kopfausschläge, entästet sie bis auf eine kleine Krone von etwa 0,5—0,7 m Länge, spitzt sie unten keilförmig zu und und steckt sie, nachdem man mit einem Stock ein entsprechendes Loch vorgebohrt hat, etwa 60 cm tief in die vorher ausgegrabenen und wieder zugeworfenen Löcher von 0,6 m Tiefe und 0,5 m Breite, die in 2—3 m^2 Verband gegraben waren. Herbstpflanzung hat immer den Vorzug, falls sie nicht örtliche Gefahren verbieten. Gegen Wild muß man Schutzgitter oder Dornen resp. Reisig umlegen, auch hilft ein öfterer Anstrich mit einen Gemisch aus Kalkmilch, Rinderblut und Leim, ziemlich dünnflüssig; gegen Mäuse streiche man bis 40 cm hoch mit einem Gemisch aus Kienteer und zinnoberroter Bleimennige (nicht Eisenmennige). Um schneller gute Setzstangen zu erzielen, durchläutere man die Ausschläge der Kopfpappeln durch Beseitigung aller Schwächlinge, dann erhält man in 3—4 Jahren von jedem

Kopfe 4—6 gute Stangen. Die Kultur mit Setzstangen ist ebenso! Auf fruchtbarem lockerem geschützten Boden z. B. Flußanschwemmungen habe ich mit gutem Erfolge auch schon 1—1,5 m hohe Stock- und Kopfausschläge in 1 m² ohne jede Vorbereitung in den Boden gesteckt (0,3 m tief), nach 2 Jahren ein um die andere als bewurzelte Pflanzen verwendet und so Anzucht und Kultur vereinigt.

Empfehlenswert ist der Anbau der Pappel — canadensis ist übrigens bei weitem wertvoller — in allen feuchten Mulden und Senkungen, an Wegen, Bächen, Gräben, ferner in 50—100 m entfernten Reihen auf Wiesen, auch als Oberholz im Mittelwald, über Niederwald und Weidenhegern. Je weiter der Verband, desto ästiger wächst sie. Sie verträgt das Schneideln und Entästen, doch schlagen die Astwunden zuerst immer wieder aus, auch recht engen Verband, fordert dann aber Durchforstungspflege.

Die Kiefer. Pinus sylvestris L.

§ 190.

Allgemeines.

Die Kiefer ist der in Europa verbreitetste Waldbaum, namentlich in Norddeutschland, Skandinavien und Rußland. Sie ist der Baum der Ebene und des Sandes; wo sie sich durch die Kultur in die Berge verirrt hat, zeigt sie kein normales Verhalten, zumal ihr hier Schnee, Eis und Sturm noch mehr anhaben können als in der Ebene. Sie ist die Bewohnerin des großen Tief- und Flachlandes, wo sie sich auf dem tieflockeren Sandboden mit genügender Bodenfrische und Lehmbeimengung am wohlsten fühlt. Ihre Bedeutung für die Kultur liegt in ihrer außerordentlichen Bodengenügsamkeit wie in ihrer Kraft, den Boden zu bessern; strenger und flachgründiger Boden sagen ihr jedoch nicht zu. Dabei wächst sie, namentlich bis zum 40. Jahre etwa, rasch und erzeugt viel und unter Umständen vorzügliches Holz; sie ist für uns der Hauptlieferant nicht nur des Brennholzes, sondern auch des Bau- und Nutzholzes. Die Abwölbung der Krone deutet den Schluß des Höhenwuchses an. Unter normalen Verhältnissen entwickelt die Kiefer stets eine Pfahlwurzel, im anderen Falle bequemt sie sich mit ihrem Wurzelsystem ganz den Bodenverhältnissen an. Die saftige kräftige dunkelgrüne starre und reiche Benadelung ist stets ein Beweis für den guten Standort und umgekehrt; sie wechselt mit derselben alle

3—4 Jahre. Während sie im geschlossenen Stande lange geradschaftige Stämme entwickelt, wächst sie frei leicht sperrig, schon in früher Jugend kusselig. So lange sie geschlossen bleibt, namentlich im Jugendalter, verbessert sie durch reichen Nadelabfall den Boden, in lichtem Stande und höherem Alter dringen Gras- und Beerkräuter ein, die Bodengüte sinkt. Die Güte und Brennkraft des Holzes hängt von der Schnelligkeit des Wuchses ab; je langsamer die Kiefer gewachsen, desto höher steht sie in dieser Beziehung; je langschäftiger und glattrindiger sie ist, desto besser war die Standortsgüte. So sehr die Kiefer von allerlei Insekten und der ihr eigentümlichen Schüttekrankheit zu leiden hat, so wenig empfindlich ist sie gegen Frost. Schälwunden überwindet sie leichter als das Verbeißen. Als ausgesprochenste Lichtpflanze leidet sie keine Beschattung, am wenigsten Überschirmung, daher sie nur in lichtesten Schlägen mit schnellstem Abtrieb natürlich verjüngt werden darf. Vom Druck erholt sie sich langsam, aber sicher wieder. — Vermöge ihres lichten Baumschlages ist sie neben der Lerche der geschätzteste Schirmbaum für Anzucht der Buche, Tanne und Fichte, in deren und der Eiche Untermischung sie auch die höchsten Erträge liefert; sie ist das beliebteste Schutz- und Treibholz für alle Holzarten. Rein angebaut ist ihr der zu gedrängte Stand wegen ihres Lichtbedürfnisses äußerst nachteilig und muß deshalb die Ausläuterung und Durchforstung ein übriges tun. Eigentümlich ist ihr die lange Entwicklungszeit von Blüte bis Samenreife, sie dauert 18 Monate; der Same fliegt erst im April nach der Reife, also nach 2 Jahren, ab. Keine Holzart ist von so vielen Gefahren und Feinden heimgesucht, die wir freilich durch unsere verkehrte Schablonenwirtschaft selbst groß gezogen haben: Wildverbiß, Waldbrände, Wind, Sturm, Eis, Schnee, zahlreiche und sehr gefährliche Insekten, Pilzkrankheiten, Unkraut, Hitze und Dürre und die ihr eigentümliche Schüttekrankheit bringen enormen Schaden und bereiten dem Kiefernzüchter schwere Sorgen. Diese Sorgen werden erst erleichtert, wenn wir von dem System großer an einander gereihter Kahlschläge abgehen, die Altersklassen möglichst trennen und überall, wo es angeht, andere Holzarten gleichzeitig oder im Unterbau beimischen und uns entschließen, die armen Bodenklassen durch Anbau von anreichernden Pflanzen (Lupinen usw.) mit gleichzeitiger mineralischer Düngung gründlich zu verbessern. Hier sind der Zukunft noch große Aufgaben vorbehalten.

§ 191.

Kulturmethoden.

Reiche Samenjahre treten etwa alle 8 Jahre ein, jedoch bringt jedes Jahr etwas. Die Zapfen läßt man am besten erst im Nachwinter bis März pflücken, da vor Dezember gepflückte Zapfen sich schwer öffnen. Sehr zu beachten ist eine möglichst schwache Aussaat, etwa 6—7 kg reinen Samen pro Hektar bei Vollsaat, zumal bei gutem Samen immer noch auf Nachlaufen von Samenkörnern im 2., ja selbst im 3. Jahre zu rechnen ist; auf armem und trocknem Boden wie in Pflugfurchen nimmt man verhältnismäßig noch weniger; nur bei Gefahren von dem Engerling, Auffrieren usw. säet man stärker. Bei Flügelsamen setzt man $\frac{1}{4}$ zu. Bei Streifensaaten genügen 3—4 kg reinen Samens pro ha. Die hier und da noch gebräuchlichen Zapfensaaten geben den besten Samen, sind aber bei der Abhängigkeit vom Wetter sehr umständlich. Die beste Saatzeit ist im Frühjahr, wenn die Birken grün werden. Eine ganz schwache (1 cm) Erdbedeckung darf nicht fehlen, am besten ist das Einharken des Samens und Anwalzen mit kleinen streifenbreiten, ev. beschwerten Handwalzen, besonders auf sehr leichtem Boden. Man säet die Kiefer mit Vorliebe, weil das Verpflanzen bei der langen Pfahlwurzel und der Gefahr, die Wurzeln zu verkrümmen oder zu quetschen, mit Schwierigkeiten und Gefahren verbunden ist.

Bestandessaaten. Auf trocknem Boden wendet man die bereits erwähnte Zapfensaat an. Die Bodenbearbeitung ist dieselbe wie für reinen Samen. Die Zapfen (4—7 hl pro ha) werden bei trocknem und sonnigem Wetter auf Streifen ausgesäet und, wenn sie sich an den Spitzen geöffnet haben, mit Rechen, stumpfen Besen oder mit hölzernen Eggen bei trocknem warmem Wetter 2—3 Mal umgekehrt, worauf der Samen eingeharkt und festgetreten oder gewalzt wird. — Charakteristisch für die Bodenbearbeitung zu Kieferkulturen ist die ausgebreitete Anwendung von allerlei Arten Pflügen*), welche auf der

---

*) Gleich empfehlenswert ist der Alemannsche und Eckertsche Waldpflug, welche 14 cm tiefe Furchen liefern, den Bodenüberzug vollständig umklappen und 4—6 cm starke Wurzeln leicht durchschneiden. Bei 8 Stunden Arbeit und 1,2 m entfernten Furchen bearbeiten sie auf ziemlich günstigem Rodeland 1,9 Hektar pro Tag. Der Rüdersdorfer Waldpflug (Oberförster Stahl) bricht nur 1,7 Hektar um. Der amerikanische Meißelpflug eignet sich zum Zusammenpflügen des Bodenüber-

ganzen Fläche (je nach dem Boden einfaches und doppeltes Pflügen) in Streifen oder in Einzelfurchen angewandt werden (vergl. § 180). Das Pflügen kann selbstverständlich nur auf genügend ebenem stein- und wurzelfreiem Boden stattfinden. Alle Pflugarbeiten werden möglichst im Herbst ausgeführt und werden die Kulturen im Frühjahr bei weichem Wetter noch einmal umgeeggt oder umgeharkt; möglichst sofort in den frisch bearbeiteten Boden säet man dann, wenn die Birken grünen, und bedeckt den Samen durch Überziehen mit dem Schleppbusch oder Einharken. Es genügt zu derartigen Bodenbearbeitungen oft auch der gewöhnliche Feldpflug, wenn starkes Unkraut fehlt. Bei ungünstigen Bodenverhältnissen (Moor- und Torfboden, Ortstein, schweren Tonunterlagen, bei lange und stark verunkrautetem, verödetem Boden usw.) wendet man zuerst einen leichten Waldpflug zur Beseitigung des Bodenüberzuges und hinter ihm in derselben Furche den schweren Schwingpflug an, der etwa 40 cm tief geht. Am beliebtesten sind 0,3—0,5 m breite Streifen. Diese Streifen werden besäet, vielfach auch mit einjährigen Kiefern mit Klemmpflanzung oder Handspaltpflanzung in engem Verband (30—60 cm) bepflanzt. Das Furchenpflügen wird meist nur in günstigem Sandboden in 1 m entfernten Einzelfurchen mit dem Feldpfluge, auf schwierigerem Boden mit einem schweren Waldpfluge (siehe Bemerkung auf voriger Seite) ausgeführt. Man pflügt von Osten nach Westen oder senkrecht auf die Wege und Gestelle resp. Grenzen zu und säet wie oben beschrieben. Vielfach werden die Streifen und Furchen auch ohne weitere Lockerung gleich nach Entfernung des Bodenüberzugs durch den Waldpflug oder die Breithacke besäet. Ganz besonders billig (8—20 Mark pro ha je nach dem Bodenüberzug) ist eine eigenartige Plätzesaat! Die Arbeiter stellen sich in einer Ecke der rechtwinkligen Kulturfläche etwa 1 m von einander mit Rodehacken auf, der rechte Flügelmann (ein ausgesucht tüchtiger Vorarbeiter!) 1 m vom Gestell resp. der Grenzlinie. Dieser plaggt mit je zwei Hieben der Rodehacke auf drei Seiten einen etwa 0,3 qm großen Platz so ab, daß der Plaggen mit der 4. Seite (nach ihm zu!) fest bleibt, und tritt auf denselben. Dann

---

zuges, in dessen doppelte Humusschicht dann gepflanzt wird, zum Entfernen von dünnem Bodenüberzug der „Ruchadlo-Pflug". Alle diese Pflüge sind für 50 bis 60 Mark aus der renommierten Maschinenfabrik von Eckert, Berlin O., Weidendamm 37, zu beziehen.

schlägt er die Hacke so tief als möglich in den Platz ein und lockert die Erde so an, daß der Boden nur angehoben wird; dann geht er einen guten Schritt vorwärts und macht das 2. Loch und so fort. Ist der Flügelmann mit dem ersten Loch fertig und vorgeschritten, so beginnt der Nachbar seinen Platz abzuplaggen; ist dieser fertig, so folgt der 3., dann der 4. Arbeiter und so fort bis zum letzten. Es entsteht also eine schräge Front vom rechten bis zum linken Flügelmann; die Plätze der rechten Vordermänner geben genau Richtung und Fühlung für die Hinterleute und ersparen so die Herstellung des Verbandes. Dieser wird — wie ersichtlich — sehr eng, etwa = 1 m². Da die Plätze etwa nur mit einem Zweifingergriffe besäet und der Samen (2 kg pro ha!) nur angetreten wird, so wird die Kultur sehr billig: die Saat muß unmittelbar der Bodenarbeit folgen. Für stark verunkrauteten Boden paßt diese Säemethode nicht.

Besondere Erwähnung verdient noch die namentlich zur Erziehung von Ballenpflanzen sehr geeignete und sehr wohlfeile Eggesaat. Man wendet sie auf kurz benarbtem Heideboden an, indem man den Boden mit eisernen Eggen kreuzweis überegget, dünn besäet (4 kg pro ha) und den Samen einschleppt; namentlich auf frischerem Boden erzielt man auf diesem Wege Saaten, die wegen der Bodenbindigkeit die besten Ballenpflanzen liefern.

Früher ist bereits der Kiefernsaat mit gleichzeitigem Feldbau gedacht. Man säet den Kiefernsamen mit beschränkter Einsaat von Sommer-Roggen zusammen oder egget ihn einfach in die Roggenstoppeln im Frühjahr ein. Bei vorherigem Kartoffelbau egget man das Feld im Herbst um und besäet es im Frühjahr.

Pflanzung. Ein- und zweijährige Pflanzen werden mit entblößter Wurzel, **ältere Kiefern nur mit Ballen** verpflanzt.

Die Ballenpflanzung findet ihre Anwendung auf bindigem, moorigem, graswüchsigem, sehr trocknem und armem, zum Auffrieren geeignetem und nicht gelockertem Boden, auf dem Flugsande, bei Engerlingfraß und für Nachbesserungen, überhaupt für schwierige Verhältnisse. Der gewöhnliche Verband beträgt 1—1,3 m² oder in Reihen in 1,5 zu 1 m Verband. Zur Erziehung von Ballenpflanzen ist die oben beschriebene Eggensaat geeignet, doch muß man sich dazu einen bindigen, lehmigen oder frischen Sandboden mit festem kurzem Bodenüberzug aussuchen; in natürlichen Verjüngungen besäe man in

Zweifingerprisen sehr dünn die vorher übererdeten Stubbenränder zur Erziehung von Nachbesserungspflanzen, die gutes Material liefern und keine Transportkosten verursachen. Auf frischem bindigem Boden nimmt man auch gern die Ballenpflanzen aus den jungen Anflugkiefern in lichten Altbeständen, die in den ersten Jahren allerdings oft geringen Wuchs zeigen, nach erfolgter Anwurzelung aber vorzüglich wachsen. Man kann selbst schlecht aussehende Kiefern nehmen, wenn sie nur gute Wurzeln haben. Das Wichtigste ist in den Ballenkämpen, **den Boden nicht zu lockern;** man plagget also den Bodenüberzug einfach flach ab, oder man übererdet einen kurz bewachsenen Boden mit Erde aus Seitengräben; hierauf sät man ganz dünn pro ar 0,05 kg Samen. Neuerdings empfiehlt man Erziehung von Ballenpflanzen durch Verschulung von einjährigen Kiefern auf abgeplaggetem (nicht gelockertem) Boden in etwa 16 cm □-Verband. Die Ballenpflanzen werden sorgsam ausgehoben, in die mit dem Spiral- oder Hohlbohrer resp. mit dem Spaten gemachten Löcher eingesetzt, eingefüttert und besonders an dem Lochrande festgestopft. Im Sandboden setzt man die Ballen tiefer ein, auf Moorboden pflanzt man mit Sandfüllung unter Erhöhung der Plätze. Den Plaggen legt man stets auf den Lochrand an die Sonnen-, Tal- oder Windseite, je nach der Exposition.

Pflanzung von einjährigen Kiefern. Die Kiefernjährlinge erzieht man in Saatkämpen auf gutem nahrhaftem und lockerem Waldboden in geschützter Lage. Der Kamp wird im Herbst Spatenstich-tief umgegraben, auf geringerem Boden ist zu düngen. Die Beete werden in handbreiten, 10 bis höchstens 20 cm entfernten Rillen im Frühjahr mit 0,5 bis 1 kg Samen pro ar besäet und (womöglich mit humoser Erde) 1 cm hoch bedeckt. Frühzeitig im Herbst, ehe kalte Nächte eintreten, ist ein Bestecken mit Schutzreisig oder Bedecken mit Schutzgittern als Vorbeugungsmittel gegen die Schütte zu empfehlen; oder man legt die Kämpe in den Schutz des hohen Holzes, indem man mitten im Bestande liegende Lücken von 4—8 ar Größe benutzt oder einschlägt; am sichersten ist jedoch gegen die Schütte, die Pflänzlinge etwa in Februar schon auszuheben und in 1 m tiefen mit dichtem Schutzdach versehenen Gruben reihenweis sehr eng einzukellern. Besondere Sorgfalt ist auf das Reinigen der Kämpe von Unkraut zu legen, wobei aus zu dichten Saaten zugleich (stets bei feuchtem Boden) schlechte Pflanzen ausgejätet werden, da dieselben sonst fast immer schütten. Beim Ausheben zieht man zur Schonung der Wurzeln vor der ersten Rille ein Gräbchen etwas tiefer als die Wurzeln reichen, setzt auf der andern Seite der Rille den Spaten ein und drückt so die Pflanzen ab. Die Erde schüttelt man ab, indem man die Pflanzen in beiden zusammengehaltenen Händen vorsichtig rüttelt. Die zarten Wurzeln müssen nach dem Ausheben, beim Transport und vor dem Einpflanzen ganz besonders vor Austrocknen durch Einschlagen, Bebrausen, Einlegen in nassen Sand oder feuchtes Moos usw. geschützt werden. Beim Ausheben ist besonders darauf zu achten, daß die zarten Wurzelschwämmchen nicht verletzt werden. Schon treibende Pflanzen kann man unbedenklich verpflanzen. Am passendsten zu Bestandpflanzungen sind kräftige einjährige Pflanzen mit 20 cm langer Wurzel und mindestens 3 Knospen in Nähe der untersten Nadeln, welche in folgender Weise verpflanzt werden:

Man gräbt in 1—1,3 m Quadratverband 30 cm im Kubus haltende Löcher in der Weise aus, daß der Auswurf des folgenden Loches in das vorhergehende Loch geworfen wird; die gute Erde unten, die schlechteste oben. Das so wieder gefüllte Loch wird schwach angetreten. Der Plaggen wird an den Rand des Loches gelegt, falls er nicht auf sehr magerem Boden in zerkleinertem Zustande unten in das Pflanzloch gebracht ist. Hierauf werden mit dem Pflanzholz (Figur 121, 122) je nach der Länge der Wurzeln zwei Löcher (meist in gegenüberliegenden Ecken), bei weiterem Verbande auch vier Löcher gemacht und die Pflanzen so tief eingesetzt, daß nur die oberen Nadeln mit den Spitzknospen hervorsehen; vielorts werden auch mit einem Spaten Spalte eingestochen und in diesen Spalt 1—2 Kiefern eingeklemmt! besser aber ist es, die Pflanzen in den Löchern oder Spalten nicht einzuklemmen, sondern in das Loch (Spalt) die Kiefer einzuhängen, gute Erde nachzufüllen und dann sie mit der Hand festzudrücken (Handspaltpflanzung). Man vermeidet so Wurzelmißbildungen*). Die

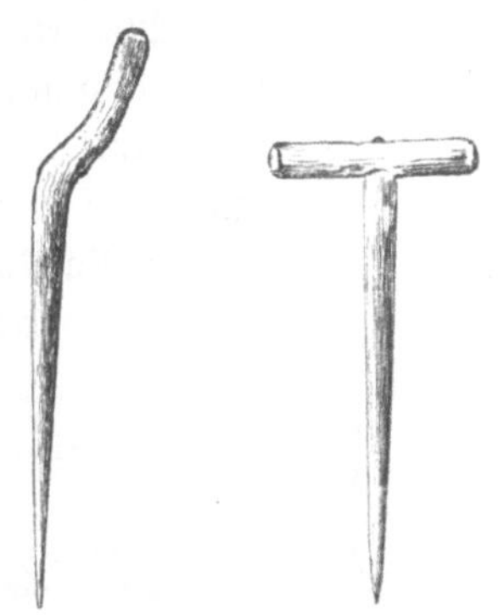

Figur 121. Figur 122.
Pflanzhölzer.

*) Die Ansichten über das tiefe Pflanzen der einjährigen Kiefern gehen vielfach auseinander. Manche pflanzen die Kiefern bis an die Spitzknospen, manche

Pflanzen werden am besten in Gefäßen, die mit etwas Wasser gefüllt sind, mitgeführt, wo dann die Wurzel vor dem Einpflanzen zur Erleichterung des Einsetzens mit lockerer Erde bestreut wird. Auf bindigem Boden pflanzt man etwas flacher.

Statt in Pflanzlöcher zu pflanzen, legt man auf schlechterem Boden auch wohl 1,5 m entfernte und 30 cm tiefe schmale Rajolgräben an, in welche man die Jährlinge mit Hilfe des Keilspatens 30—40 cm entfernt einsetzt; ebenso bepflanzt man ausgepflügte, zusammengepflügte oder aufgehackte Streifen und Furchen. Auf feuchterem Boden findet meist Hügel- oder Rabattpflanzung statt. Auf lockerem und dabei frischem unkrautfreierem Boden kann man oft mit vorzüglichem Erfolg auf billigstem Wege ohne jede Bodenlockerung mit dem Keilspaten, dem Buttlarschen oder dem Wartembergschen Eisen einjährige Kiefern pflanzen. Unter schwierigen Verhältnissen pflanze man jedoch lieber verschulte 2-jährige Kiefern als Jährlinge.

Mit etwaigen Nachbesserungen darf bei der Kiefer nicht *gewartet werden*, da die so lichtbedürftige Pflanze sonst im Seitenschatten der Nachbarn nicht aufkommen kann; bei Pflanzungen gleich, bei Saaten im 3. Jahre (wegen Nachlaufen des Samens).

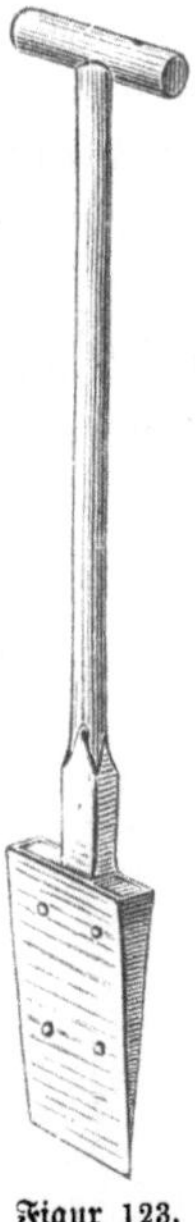

Figur 123. Keilspaten.

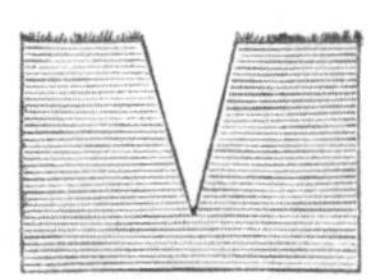

Figur 124. Loch des Keilspatens.

Die natürliche Verjüngung der Kiefer kommt neben der fast allgemein eingeführten Saat und Pflanzung in Revieren mit geringem Absatz und niedrigen Holzpreisen, ferner in sehr ausgedehnten Waldungen mit großen Schlägen, **wenn der Boden ziemlich unkrautfrei ist und eine ganz besondere Empfänglichkeit für freiwillige Ansamung** verrät und auf besserem Boden unter Begünstigung von Mischhölzern — namentlich der Buche und Eiche, in guten Samenjahren hier und da in Anwendung. Besonderes Gewicht hat man auf die natürliche Verjüngung (in *dunklen* Samenschlägen mit 20—30 % Herausnahme) gegen die Gefahr der

nur die untersten Nadeln mit ein! Alle oft mit gleich gutem Erfolge. Auf sehr losem Boden wird die sehr tief gepflanzte Kiefer leicht zugeweht, die sehr flach gepflanzte oft entblößt. Die Art des Pflanzens hängt jedenfalls von der Bodenbeschaffenheit ab.

Maikäferlarven gelegt, da man beobachtet hat, daß Naturbesamungen, namentlich der fehlenden Bodenlockerung wegen, weniger befallen werden als Saat und Pflanzung. Jedenfalls muß man bei Samenschlägen schnell abtreiben und mit der Ausbesserung mit Ballenpflanzen aus zu dichtem Anflug desselben Schlages sofort folgen, da die Besamung meist unregelmäßig, hier zu dicht und dort zu licht, zu erfolgen pflegt; um so mehr, da die Samenbäume leicht vom Winde geworfen werden. Gute geschlossene größere (mindestens 3 ar große) Vorwuchshorste kann man erhalten, alle sonstigen Vorwüchse treibe man mit ab, da sie nur zu lästigen und verderblichen Sperrwüchsen heranwachsen. Die vielen Mißerfolge der natürlichen Kiefernverjüngungen mahnen zu großer Vorsicht bei ihrer Anlage; sie sind vom Rüsselkäfer und Windwurf gefährdet und werden durch hohe Rückerlöhne sowie hohe Nachbesserungslöhne meist sehr teuer, die der Lichtzuwachs selten ausgleichen kann, zumal er bald nachläßt. Des Lichtzuwachses wegen soll man nicht natürlich verjüngen!

In zu stark besäten Jungwüchsen muß als Kulturmaßregel schnell der Läuterungshieb eingelegt und nötigenfalls wiederholt werden. — Auf ärmerem Boden treibt man die Kiefer schon mit 60 Jahren ab, der gewöhnliche Umtrieb ist jedoch der 80—120jährige; die Erziehung von Starkholz erreicht man am besten durch Überhalten von gutwüchsigen Abteilungen, wenn keine zu große Sturmgefahr droht oder im Lichtwuchsbetrieb mit Unterbau von Buchen oder Stroben; bei letzteren ist jedoch zu beachten, daß der Lichtstandszuwachs der Kiefer höchstens 10 Jahre dauert, da alte Kiefern ihre Krone und damit das Ernährungsvermögen nicht vermehren.

Guter Schluß ist für die Bildung guten Nutzholzes (vollholzig, astrein, langschäftig, gleichmäßige feinringige konzentrisch gewachsene Jahrringe) sehr wichtig.

Die Fichte. Picea excelsa.

§ 192.

Allgemeines.

Die Fichte*) ist hauptsächlich der bestandbildende Baum des Gebirges, nur im Osten und Norden von Deutschland bildet sie auch in

*) Professor v. Purkyn unterscheidet „grünzapfige und rotzapfige" Fichten; die noch nicht verholzten Zapfen sind an den Farben kenntlich; in den reifen grün-

der Ebene ansehnliche, reine oder mit anderem Nadelholz gemischte Bestände; in jüngster Zeit hat sich ihre Kultur sehr erweitert, sie ist auch in das Hügel- und niedere Bergland, sowie auf den besseren frischen und bindigen Boden der Ebene des mittleren und westlichen Deutschlands herabgestiegen; auch die Küste zeigt wegen ihrer Luftfeuchtigkeit gute Bestände. Sie hat eine sehr flach streichende Bewurzelung, die sie zum Hauptopfer der Stürme macht, und erträgt Schatten, wie ihre dunkle und nur alle 5—7 Jahre wechselnde Benadlung anzeigt; bei ihrer Lang- und Geradschäftigkeit wie dichtem Stande gibt sie weit höheren (bis zum doppelten) Massenertrag als die Kiefer. Groß ist ihre Reproduktion von beschädigten oder verbissenen Zweigen und Ästen, dagegen vermag sie Schälwunden oder Entnadlung durch Raupenfraß nur schwer zu überwinden. An den Boden macht sie den Anspruch von Frische und einiger Bindigkeit; zur Bodenverbesserung eignet sie sich fast so gut wie die Kiefer, auch trägt sie vermöge ihres weiten Wurzelgeflechts zur Austrocknung von feuchtem Boden bei; doch wird sie auf zu feuchtem Boden leicht, auf früherem Ackerland immer rotfaul. Wegen mancherlei Gefahren, (Wind- und Schneebruch, Wildschaden usw.) empfiehlt sich auch für die Fichte, wo irgend der Standort es zuläßt, Beimischung anderer Holzarten, in der Ebene von Kiefer, Lärche und Buche, im Gebirge von Tanne und Buche. In geschützten Lagen läßt sie sich gut natürlich verjüngen. Der Same keimt im Moospolster leicht; die Nachhiebe entnehmen stets die stärksten Stämme, nach 10—15 Jahren Kahlabtrieb. Beim Kahlschlagbetrieb müssen des Seitenschutzes wegen die Schläge schmal und möglichst von NW gegen SO geführt werden. Keine Holzart bringt so reichen Massen- und Wertzuwachs; der Umtrieb soll verhältnismäßig niedrig, etwa 60—80 Jahre gewählt werden, da im Gegensatz zu anderen Holzarten die beste technische Verwertbarkeit der Fichte schon bei etwa 40 cm Brusthöhendurchmesser eintritt. Haben die Bestände diesen Durchschnittsdurchmesser erreicht, so warte man nicht mehr mit dem Abtriebe. Manche pflanzen nach der Besamung schnell nach und treiben früher ab.

---

zapfigen Fichten ist der Same um die Hälfte größer; die anderen angeblichen Unterschiede sind noch nicht endgültig festgestellt. Es wäre wichtig, dieselben weiter zu beobachten und darüber zu berichten.

§ 193.

Kulturmethoden.

Samenjahre pflegen unregelmäßig, etwa alle 4—6 Jahre, geringere alle 2—3 Jahre, einzutreten; man erkennt sie vorher an den Blütenknospen und den Absprüngen; die Zapfen sammelt man durch Abpflücken den ganzen Winter hindurch.

Fichtensaaten werden seltener ausgeführt, und dann in Form von Plätzesaaten in rauhen und steinigen Lagen resp. auf Stubbenlöchern und zur Ergänznng natürlicher Verjüngungen. Der Boden wird in ersterem Falle im Herbst sorgfältig umgehackt und mit 6—8 kg Samen pro Hektar besäet, die ebenso behandelten Streifen besäet man mit 8 kg Samen.

Zur Gewinnung von Pflanzen legt man gemeiniglich Saat- und Pflanzkämpe an.

Die Saat- und Pflanzkämpe werden in der Nähe der Kulturfläche auf gutem Boden in windgeschützter Lage angelegt. Den Bodenüberzug und allen Abfall schmort man gern zu Rasenasche für die Komposthaufen zusammen und läßt dieselbe mit Plaggen bedeckt und stark mit Kompost vermengt den Winter über verrotten. Die Bodenbearbeitung geht nur spatentief; der Boden wird gegraben oder etwa 20 cm tief mit der Breitrodehacke (Figur 125) gehackt; an Hängen zieht man oberhalb einen kleinen Fanggraben, bei größerer Gefahr von Abschwemmungen auch noch durch den Kamp zwei Diagonalgräben. Nachdem die Bodenoberfläche geebnet, werden 2—7 cm breite und (von Mitte zu Mitte) 10—15 cm entfernte Rillen gezogen und mit etwa 1,5 kg Samen pro ar besäet, der dann etwa 1 cm stark bedeckt wird.

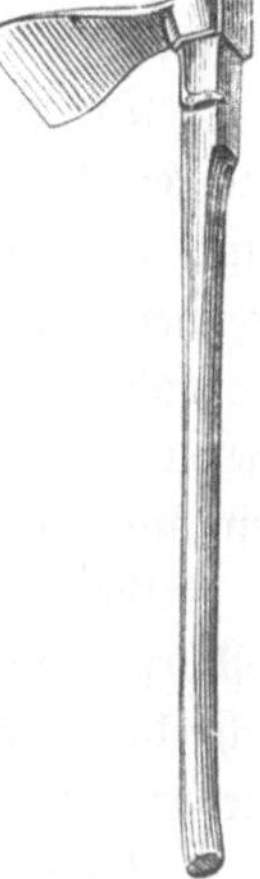

Figur 125. Rodehacke.

Gegen Auffrieren, Dürre und Wind, auch zur Ansammlung von Feuchtigkeit vertieft man gern die Rillen etwas und bedeckt ihre Zwischenräume mit Moos. Aufgefrorene Pflanzen müssen behäufelt werden. Bei schlechtem Wuchs in den Rillen tut das Düngen mit Komposterde gute Dienste. Von Unkraut müssen die Kämpe sorgfältig gereinigt werden, meist dreimal im Sommer. Man verwendet die Pflanzen nach 2—3 Jahren.

Die Verschulung aus dem Saatkampe erfolgt in der Regel 2jährig, seltener erst 3jährig, und zwar in dem sehr engen Reihenverband von 10—15 cm, nur bei größeren Pflanzen etwas weiter. Verschulte Fichten verwendet man unter schwierigen Verhältnissen, auf günstigem Standort erreicht man dasselbe mit den sehr viel billigeren unverschulten 2—3jährigen Fichten. Dann sind dieselben jedoch vorher in den Saatrillen durch rechtzeitiges fleißiges Ausziehen aller Schwächlinge zu kräftigen. Das Ausheben und Transportieren geschieht in Ballen, aus denen dann die Pflanzen mit entblößter Wurzel einzeln oder büschelweis auf der Kulturfläche ausgepflanzt werden; gegen Austrocknen sind die Fichtenwurzeln fast ebenso empfindlich als die Kieferwurzeln.

Bei Büschelpflanzkämpen legt man die Streifen 20 cm von einander und verschult in einem Büschel immer 2—3 gute Pflanzen. Nach zwei Jahren werden die verschulten Pflanzen ausgepflanzt.

Pflanzung. Man pflanzt mit Vorteil nur bis höchstens 5jährige Pflanzen; der Zahl nach kommt Einzel- und Büschelpflanzung vor.

Die Büschelpflanzung beschränkt man gewöhnlich auf rauhe Lagen, starken Graswuchs, Frostgefahr, starken Wildverbiß, Rüsselkäferfraß und auf Verhältnisse, die recht viel geringe Nutzhölzer resp. etwas reicheren Vorertrag verlangen. In rauhen Lagen haben die Büschel in sich mehr inneren Schutz. Sobald die Büschel etwa 1 m hoch gewachsen sind, schneidet man gern die größte Pflanze frei, wodurch ein schneller Schluß der Kultur bewirkt wird.

Gegen den Schneebruch hilft nur die kräftige verschulte Einzelpflanze, die außerdem, in engerem Verband angelegt, den Boden schneller deckt und auf dem schnellsten Wege sehr gutes Nutzholz*) liefert; auch ist sie am geeignetsten zu Nachbesserungen.

Im Gebirge, namentlich in den höheren Lagen mit nur kurzem Frühling und auf feuchtem Boden muß man oft schon im August, sonst im September und Oktober pflanzen; ohne diese Notstände pflanzt man jedoch lieber im Frühjahr kurz vor dem Treiben, vorzugsweise auf trockenem Boden und in Frost und Windlagen. Etwas getriebene Pflanzen können ohne Schaden noch verpflanzt werden. Auf gutem

---

*) Aus Fichtenpflanzungen in weitem Verbande erzieht man sehr schnellwachsendes und deshalb grobjähriges technisch schlechteres Holz. Das beste Nutzholz liefern wie bei allen Nadelhölzern die Saaten und nach ihnen der enge Verband.

Standort und mit kräftigen Pflanzen pflanzt man in 1,3—1,5 m Verband; auf trockenem und magerem Boden mit viel Beer- und Unkraut pflanzt man geschulte Einzelpflanzen in 1—1,2 m Quadratverband. Die geeignetsten Werkzeuge beim Pflanzen sind: zum Ausstechen der Spaten, zum Pflanzen die Hacke, zum Löchermachen auf schwierigem Terrain die Rodehacke, sonst der Spaten. Am gebräuchlichsten ist die Löcherpflanzung, wobei man in dem Pflanzloch einen kleinen Hügel von der guten Erde aufwirft, auf diesem die Wurzeln der Fichte sorgsam ausbreitet und dann mit guter Erde bedeckt. Ganz besonders hat man sich vor dem zu tiefen Pflanzen zu hüten. Die flach wurzelnde Fichte verlangt nur eine flache Bedeckung, man pflanzt sie deshalb nicht tiefer, als sie gestanden hat.

Auf feuchtem Terrain wendet man häufig die v. Manteuffelsche Hügelpflanzung an, ebenso auch auf magerem und sehr festem Boden mit von Gras oder Unkraut verfilztem Überzug. Im Sommer oder Herbst sticht man gute Erde aus, bringt sie auf größere Haufen und schüttelt die gute Erde aus den Plaggen noch darauf, worauf man das Ganze gründlich zu durchmengen hat. Die Plaggen werden zu Rasenasche verbrannt und die Asche wird beigemengt. Im Frühjahr trägt man in Körben diese Erde auf die Kulturfläche und schüttet sie in kleinen Hügeln auf die Pflanzstelle; die Kamppflanzen werden so in die Mitte des Hügels eingepflanzt, daß die Wurzeln auf den benarbten Boden reichen; die Wurzeln werden auf einem kleinen Hügel ausgebreitet, mit Erde bedeckt und schließlich wird der ganze Hügel mit zwei halbmondförmigen Rasenplaggen aus nächster Nähe, der erste an der Nordseite, der zweite an der Südseite bedeckt. Übrigens läßt sich die Manteuffelsche Hügelpflanzung mit allen Holzarten und selbst bis zu Heistergröße auf feuchtem resp. schlechtem Boden mit Erfolg anwenden; nur ist sie immer kostspielig.

Auf günstigem Boden, namentlich auf mürbem und frischem Boden im Hügellande, hat man mit der sog. Klemmpflanzung unter Anwendung des Buttlarschen Pflanzeisens, des Keilspatens und des Pflanzbeils sehr gute Kulturen auf dem billigsten Wege hergestellt.

Man pflanzt auf diese Weise auf gelockertem wie ungelockertem Boden und benutzt meist zweijährige Pflanzen, deren Wurzeln vor dem Einpflanzen in Lehmbrei getaucht sind. Das Buttlarsche Pflanzeisen ist ein etwa 30 cm langer und 3 kg schwerer Keil mit kurzem Griff

(Figur 126), der senkrecht (e b) eingestoßen resp. eingeworfen wird; der Pflänzer hält die Pflanze an die gegenüberliegende Lochwand, sticht etwa 3 cm vom Pflanzloch noch einmal ein (g b) und drückt („klemmt“) die Pflanze innig im Loch an. Das zweite Loch pflegt man wieder leicht zu schließen. Jede gebuttlarte Pflanze, die sich leicht herausziehen läßt, muß noch einmal gepflanzt werden. Die Pflänzer bewegen sich in einer Reihe, etwa 1,2 m von einander entfernt vorwärts, in der rechten Hand das Eisen, in der linken die Pflanzen und stecken dieselben nach dem Augenmaß vorwärts etwa 50 bis 60 cm von einander entfernt ein. Der Mann kann täglich 1200 Pflanzen einbringen.

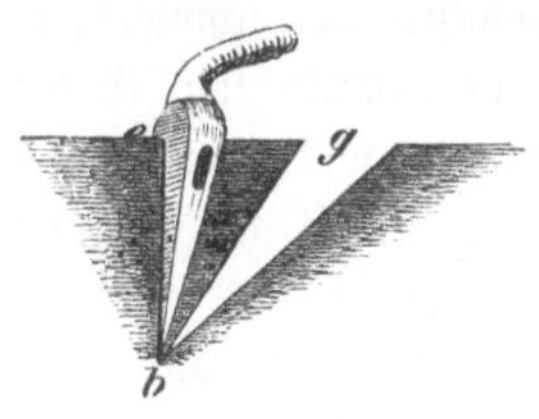

Figur 126.
v. Buttlars Klemmpflanzung.

Man pflanzt mit dem Buttlarschen Eisen auch 1—2jährige Kiefern und Eichen und viele zweijährige Laub- und Nadelhölzer, sobald man es mit steinigem Boden zu tun hat.

Weichhölzer müssen zeitig in Fichtendickungen ausgeläutert werden, die Durchforstungen sollen in Schneebruchslagen vorsichtig geführt werden. Recht empfehlenswert ist zur Stammpflege das Absägen von trockenen und halbtrockenen Ästen dicht am Stamme, um das Einwachsen derselben zu vermeiden. Da die Fichte außerordentlich unter Sturmgefahr leidet, so muß man die Hiebsrichtung stets sorgfältig gegen die herrschende lokale Windrichtung auswählen, auch setzt diese Gefahr der sonst so wünschenswerten natürlichen Verjüngung gebieterisch Schranken. Der Samenschlag wird dunkel gehalten. Die Fichte ist ein sehr beliebtes Misch- und Unterholz, besonders geeignet als Windmantel und zur Ausfüllung kleiner Bestandeslücken.

§ 194.

Fremdländische Holzarten.

Wir haben in Deutschland verhältnismäßig nur wenige Holzarten, die in großen Beständen rentabel angebaut werden können, etwa nur 4 Nadelhölzer und ein halbes Dutzend Laubhölzer. Da war es dankbar anzuerkennen, wenn vor etwa 30 Jahren John Booth mit Unterstützung des Reichskanzlers Fürsten Bismarck es unternahm — geeignete ausländische Holzarten anzubauen; in den deutschen Staats-

und Privatforsten wurden viele Fremdländer mit wechselndem Erfolge angebaut; es wurde viel gestritten und geschrieben über Wert und Unwert! Mußten doch naturgemäß nach Maßgabe der Verschiedenheiten des Standorts und der richtigen und unrichtigen, geschickten oder ungeschickten Kultur die Erfolge verschieden ausfallen! Jetzt hat der ursprüngliche Enthusiasmus dem Skeptizismus Platz gemacht; im allgemeinen finden die Fremdländer nicht mehr viel Freunde, namentlich mit der Begründung, daß die einheimischen Holzarten besseres leisten. Da, wo die Ausländer nach eingehenden sachgemäßen längeren Versuchen weniger leisten, soll man sie nicht anbauen, sie aber wohl berücksichtigen, sobald sie ebensoviel oder mehr leisten; haben sie dann doch neben angemessenem Ertrage noch den Vorteil, die Waldbilder freundlicher zu gestalten und als willkommene Mischhölzer Nutzen zu bringen. In großen Beständen verdient wohl keine angebaut zu werden, höchstens in großen Horsten.

Es erscheinen auf angemessenen Standorten anbauwürdig: Roteiche qu. rubra, Weißesche Fraxinus alba, Spätblühende Traubenkirsche prunus serotina, Schwarze Wallnuß juglans nigra, Weiße Hikory carya alba, von Nadelhölzern: Douglasfichte, Sitkafichte, Lawsons-Zypresse, chamaecyparis Lawsoniana, Pechkiefer pinus rigida, Bankskiefer p. Banksiana und Japanische Lärche larix leptolepis. Die Einzelmischung hat sich im allgemeinen weniger bewährt, ebenso — wie bereits oben angedeutet — der Anbau im großen; ich empfehle nur den Anbau in kleinen und großen Horsten **bei sorgfältigster Auswahl des passenden Standortes**, namentlich des Bodens, der ja in derselben Wirtschaftsfigur nicht selten wechselt, auch trage man dem Bedürfnis nach Wärme und der Eigentümlichkeit ihres schnelleren oder langsameren Wachstums wie der richtigen Kultur und Pflege sorglich Rechnung.

Qu. rubra. Eine sehr wertvolle Erwerbung. Kommt sowohl auf gutem Laubholz- wie auch bis zu Kiefernboden III. Klasse fort, bei ihrer flachen Bewurzelung selbst auf flachgründigem Boden; sie hat schnellen schönen Wuchs, zu allen Nutzzwecken geeignetes Holz, nur hobelt es sich schlecht; nach der Bearbeitung wird das Holz immer härter. Bei ihrem schnellen Wuchs Halb- oder Ganz-Heisterpflanzung in 3 m^2, bei ihrem großen Lichtbedürfnis ist starke Durchforstung nötig.

Fraxinus alba. Hat sehr schnellen Jugendwuchs, läßt aber — wie ich hier beobachte — mit etwa 50 Jahren nach. Ihr Holz ist sehr zäh und hart; sie treibt später als excelsior, deshalb frostsicherer, sonst macht sie dieselben Ansprüche an den Standort wie diese, ist aber genügsamer; verträgt besser Überschwemmungen. Die Blätter sind größer, lockerer, die braunen Knospen haben Silberschuppen.

Prunus serotina. Ihr hartes rötliches Holz wird als beste Tischlerwaare bis 200 Mk. bezahlt; ist sehr schnellwüchsig, gedeiht bis Kiefernboden III. Klasse, liebt Frische. Man säet die Früchte nach Färbung mit Mennige (gegen Mäuse und Vögel) Korn an Korn in 20 cm entfernte Rillen, schlägt ihn fest und bedeckt ihn sofort mit Schutzgittern, die später erhöht werden; nach 1 Jahr Verschulung in 40 cm^2, Auspflanzung 1 m hoch in 1,3 m^2. Später dunkel halten.

Juglans nigra. Vorzügliches Tischlerholz mit schnellem Wuchs, gedeiht nur auf gutem Eichenboden. Keine Feinde. Am besten Freisaaten in 1,5 m entfernten Streifen, Nüsse 10—20 cm von einander legen oder 1 m hohe Pflanzen setzen; höhere Pflanzen kümmern lange. Zwiesel bis zu 5 m Höhe öfter ausschneiden, bald läutern, dunkel durchforsten. Nüsse ankeimen.

Carya alba. Bestes Stellmacherholz, fest, sehr zähe. Alles wie bei juglans nigra! aber anspruchsloser und recht empfindlich gegen Frost, langsamer Jugendwuchs, später schnellwüchsiger, deshalb dann auch kräftiger zu durchforsten.

Pseudotsuga Douglasii. Geht bis Kiefernboden III. Klasse, ist aber dankbar für besseren Boden; Bewurzelung paßt sich jedem Boden leicht an, ihr Holz nicht ganz so gut wie unser Fichtenholz, hart, fest, dauerhaft, schwer zu bearbeiten, Rinde zum Gerben tauglich. Von den beiden Spielarten mit gelblicher und grünlicher Benadelung hat sich erstere besser bewährt; in Mittel-, namentlich Süddeutschland gedeiht ps. D. weniger gut.

Picea sitchensis. Gutes Holz, auf allen Böden, die nicht zu arm sind; leidet in der Jugend unter Frost und Dürre, auch stagnierendem Wasser; besteht aber gut Überschwemmungen, wird wegen ihrer stechenden (oben schön bläulichen) Nadeln nicht verbissen, wächst zuerst langsam, verträgt Seiten-, aber keinen Oberschirm, flache Bewurzelung; 0,8 kg Samen pro ar im Kamp, fleißig hacken, erst im 3. Jahr verschulen, im 4.—5. Jahr ins Freie. Saatbeete unter

Schutzgitter. Ps. Douglasii und p. sitchensis werden im übrigen wie Fichten behandelt.

Chamaecyparis Lawsoniana. Großer Stamm mit gutem Holz. Liebt denselben Boden wie die Buche, namentlich Kalk- und kräftigen Gebirgsboden, Seitenschatten (also nur kleine Horste), engen Verband, die unteren Seitenäste immer entfernen; hat langsamen Jugendwuchs, leidet leider sehr von Pilzen (agaricus melleus und Pestalozzia). Auf Saatbeete Vollsaat, sorgfältig, auch im Winter bedecken, im 2. Jahr verschulen, im 4.—5. Jahr recht flach auspflanzen in höchstens 10 ar großen Horsten. Ganz ebenso wird Chamaecyparis obtusa behandelt, die viele noch vorziehen, aber nur auf gutem Eichenboden. Beide gegen Mäuse und Hasen mit dem aus Mennige und Teer gemischten Anstrich sowie gegen Fegen schützen.

Pinus Banksiana und p. rigida (letztere 3-nadlig) nur Bäume 2.—3. Größe; ihre Bedeutung liegt darin, daß sie mit großer Schnelligkeit noch auf ärmstem Sandboden (Flugsand) gut gedeihen, ihn bald decken und so verbessern, daß p. silvestris bald (nach 20 bis 30 Jahren) folgen kann; Einzäunung gegen Wild; auch als Schutz- und Treibholz zwischen Kiefern, Kultur wie bei Kiefer; jedoch besser verschulte 2-jährige Pflanzen.

Larix leptolepis. Nur auf Eichen- und Buchenstandort, sonst wie unsere Lärche; leidet aber nicht unter Krebs und Motten und ist sehr widerstandsfähig, auch schnellwüchsig. 1,5 kg pro ar Rillensaat, 1-jährige Verschulung, nach 3 Jahren in kleinen Horsten einsprengen.

Zum Schluß weise ich noch auf Taxodium distichum (Sumpfzypresse) hin, die sich vielfach zum Bepflanzen sumpfartiger Stellen, die sonst ins Unland fallen, bewährt hat.

Fragebogen zum Waldbau.

Zu § 112. Was lehrt der Waldbau? Welches sind die verschiedenen Arten der Begründung und Erziehung von Beständen?

Zu § 113. Was versteht man unter Betriebsart? Erkläre die verschiedenen Betriebsarten von Hoch-, Nieder-, Mittel- und Plenterwald, von Kopfholz- und Schneidelholzbetrieb.

Zu § 114. Was versteht man unter Umtrieb? Nenne die Hauptumtriebszeiten!

Zu § 115. Was versteht man unter Periode? Nach welchen Gesichtspunkten reiht man die Bestände in die Perioden ein? Nach welchen wählt man die Länge des Umtriebes?

Zu § 116. Wodurch läßt man sich bei den Kulturen zur Wahl gewisser Holzarten bestimmen?

Zu § 117. Was ist für die Wahl des Hochwaldbetriebes, des Niederwaldes, Mittelwaldes und Plenterwaldes maßgebend?

Zu § 118. Was versteht man unter natürlicher Verjüngung?

Zu § 119. Worauf hat man bei der natürlichen Verjüngung sein Hauptaugenmerk zu richten?

Zu § 120. Was bezweckt die Vorbereitungsdurchforstung?

Zu § 121. Was bezweckt der Samenschlag? Wann und wie zeichnet man denselben aus?

Zu § 122. Wann und wie zeichnet man Verjüngungsschläge aus?

Zu § 123. Welchen Zweck haben die Nachhiebe? Nach welchen Regeln stellt man sie?

Zu § 124. Welche Holzarten treiben Stockloden? welche Wurzel- und Stockloden? Zähle die wichtigen Waldbäume in der Reihenfolge ihrer Ausschlagsfähigkeit hinter einander auf? Wie legt man Niederwälder an? Wie ist die Schlagrichtung im Niederwald? Worauf ist beim Hiebe besonders zu achten?

Zu § 125. Welche Holzarten eignen sich zum Kopfholzbetrieb? Wann ist die Hiebszeit des Kopfholzes?

Zu § 126. Welche Holzarten passen für den Schneidelholzbetrieb?

Zu § 127. Wo wendet man noch Saaten an? In welchen Fällen pflanzt man?

Zu § 128. Wie gewinnt man den Holzsamen?

Zu § 129. Wie gewinnt man den Samen unserer wichtigen Waldbäume? Wie werden die Sämereien, namentlich Eicheln aufbewahrt?

Zu § 130. Wie prüft man die einzelnen Holzsamen inbezug auf ihre Keimkraft? Beschreibe die Topf- und Lappenprobe?

Zu § 131. Wann ist die beste Saatzeit?

Zu § 132. Welches sind die verschiedenen Saatmethoden?

Zu § 133. Nach welchen Gesichtspunkten wählt man die Samenmenge?

Zu § 134. Wie entfernt man den Bodenüberzug? Welche Vorsichtsmaßregeln gelten beim Überlandbrennen? Welche Urteile bietet die Bodenlockerung?

Zu § 135. Nenne die verschiedenen Werkzeuge die man im Waldbau zur Bodenlockerung gebraucht. Wann wendet man dieselben an?

Zu § 136. Wie ist die Bodenbearbeitung bei Vollsaaten? Was ist landwirtschaftliche Mitbenutzung? Wie wird sie angewandt?

Zu § 137. Wie ist die Bodenbearbeitung zu Streifensaaten?

Zu § 138. Welche Regeln hat man beim Ausstreuen des Samens zu beobachten?

Zu § 139. Wonach richtet sich die Erdbedeckung der verschiedenen Waldsamen?

Zu § 140. Welche Schutzmaßregeln wendet man an bei der Aussaat empfindlicher Holzarten?

Zu § 141. Wie schützt man die Saaten gegen Gefahren? Wie lange darf man noch nachbessern?

Zu § 142. Auf welchen beiden Wegen beschafft man sich Pflanzen?

Zu § 143. Was sind Wildlinge? Was hat man beim Ausheben, Transport und Verpflanzen derselben zu beobachten?

Zu § 144. Wodurch unterscheidet man Saat- und Pflanzkämpe, Wander- und ständige Kämpe?

Zu § 145. Wie legt man einen Wander-Saatkamp an? Wann müssen die Bodenbearbeitungen gemacht werden? Was geschieht mit dem Bodenüberzug? Wodurch empfiehlt sich im Kamp eine möglichst dichte Saat und schwache Bedeckung? Weshalb vertieft man die Saatrillen? Was ist maßgebend für den Verband?

Zu § 147. Nach welchen Gesichtspunkten wählt man die Lage von ständigen Kämpen aus? Wie umgibt man einen Kamp mit einer lebendigen Fichtenhecke? Wie bereitet man Dungerde und Rasenasche? Wie schützt man sich gegen Mäuse, Maulwürfe, Erdflöhe und Frost im Kampe?

Zu § 148. Was hat man bei der künstlichen Düngung zu beachten?

Zu § 149. Was sind Loden, Halbheister und Heister? Wie verschult man dieselben?

Zu § 150. Wie beschneidet man Pflänzlinge und was hat man für Pflegemittel in den Kämpen? Was ist ein Pyramidenschnitt?

Zu § 151. Wie verschult man Nadelhölzer?

Zu § 152. Welche Arten von Pflanzen gibt es?

Zu § 153. Welche Vorzüge haben regelmäßige Pflanzungen?

Zu § 154. Welche Gründe fallen bei Auswahl der Pflanzweite ins Gewicht?

Zu § 155. Wie stellt man den Quadrat-, den Reihen- und Dreiecksverband her? Wie legt man den Verband über sehr große Flächen?

Zu § 156. Wie berechnet man die Pflanzenmenge für die obigen Verbände?

Zu § 158. Was hat die Herbstpflanzung gegen und die Frühjahrspflanzung für sich?

Zu § 159. In welcher Jahreszeit sollen die Pflanzlöcher gemacht werden? Wie werden die Pflanzlöcher angefertigt?

Zu § 160. Was muß mit Pflanzen geschehen, die ausgehoben sind, aber nicht sofort eingepflanzt werden? Wie schlägt man Pflanzen ein? In welcher Weise pflanzt man stärkere Pflanzen ein?

Zu § 161. In welcher Weise hat man nach der Pflanzung die Kultur zu schützen?

Zu § 162. Was sind Senker? In welcher Weise und zu welcher Jahreszeit senkt man Zweige und Stangen ab? Wie pflanzt man Setzreiser? Wie Setzstangen?

Zu § 164. Welche Holzarten eignen sich besonders zu Ober- und Unterholz im Mittelwalde? Was sind Laßreiser und Oberständer?

Zu § 165. Wie zeichnet man die überzuhaltenden Laßreidel beim Abtrieb des Unterholzes im Mittelwalde aus? Was spricht gegen den Mittelwaldbetrieb?

Zu § 166. Worauf hat man bei der Pflege der Bestände sein Augenmerk zu richten?

Zu § 167. Was versteht man unter Läuterungshieb? Welche Vorsicht hat man beim Freihauen von schlaff erwachsenen Stangen zu beobachten? Was haben Waldrechter gegen sich?

Zu § 168. Was versteht man unter Durchforstung? Welchen Zweck haben die Durchforstungen? Worin sind die Vorteile der Durchforstungen begründet?

Zu § 169. Woran erkennt man in den Beständen die Notwendigkeit einer Durchforstung?

Zu § 170. Nach welchen Regeln wird eine Durchforstung ausgeführt?

Zu § 171. In welcher Jahreszeit entästet man? Wie werden die Entästungen ausgeführt? Welche besonderen Vorsichtsmaßregeln sind nötig gegen Stammbeschädigungen?

Zu § 172. Wie erhält man die Bodenkraft? Welche besonderen Wirtschaftsmaßregeln kommen dabei in Betracht?

Zu § 173. Wie befestigt man Dünen?

Zu § 174. Was hat man für Schutzmittel gegen die Verbreitung des Flugsandes? Wie kultiviert man Flugsandflächen?

Zu § 175. In welcher Weise kultiviert man Ortsteinflächen?

Zu § 176. Welche Vorteile haben gemischte Bestände? Nenne die fünf waldbaulichen Mischungsregeln und begründe sie!

Zu § 178. Welche Ansprüche macht die Eiche an den Standort?

Zu § 179. Was versteht man unter Lichtungsbetrieb? Welche Vorteile hat er?

Zu § 180. Wann sollen Eichensaaten in der Regel ausgeführt werden? Welche verschiedenen Methoden kann man bei Eichensaaten anwenden? Beschreibe die wichtigsten! Was bedeutet der Lichtungsbetrieb? Was kann man zur Erziehung guter Starkeichen tun?

Zu § 181. Was hat man bei der Verschulung von Eichen zu beobachten?

Zu § 182. Welche Standorte eignen sich zur Anlage von Eichenschälwald? Wann und wie wird der Hieb im Eichenschälwald geführt? Wie wird die Rinde geschält und getrocknet? wie verkauft?

Zu § 183. Wie wird die Buche in der Regel verjüngt? Was haben reine Buchenbestände gegen sich?

Zu § 184. Was bezweckt die Vorbereitungsdurchforstung im Buchenwald?

Zu § 185. Welche Stämme werden bei den Lichtungshieben in Buchenverjüngungen zuerst eingeschlagen?

Zu § 187. Wie legt man einen Buchensaatkamp an? Was muß man beim Pflanzen von Buchen besonders beachten? Welche Eigentümlichkeiten hat die Buchendurchforstung?

Zu § 188. In welchem Umtriebe wird die Schwarzerle bewirtschaftet? Wann und wie wird der Abtrieb von Erlen bewirkt? Wie legt man einen Erlensaatkamp an? Wie verschult man Erlenpflanzen? Wo wendet man die Klapppflanzung an? Wie wird sie ausgeführt? Wie kultiviert man die Erle künstlich auf sehr nassem Boden?

Zu § 189. Nenne die wichtigsten Kulturweiden. Beschreibe die verschiedenen Kulturarten bei Weiden. Welches ist die empfehlenswerteste? Wann schneidet man gewöhnlich die Weidenruten und wie?

Welche Pappelarten sind zu kultivieren? Worin unterscheiden sie sich im winterlichen wie sommerlichen Zustand? Wie kultiviert man sie im Kamp und im Freien?

Zu § 190. Welchen Standort liebt die Kiefer? Welche Bedeutung hat sie für andere Holzarten?

Zu § 191. Beschreibe einige Saatmethoden der Kiefer? Wie erzieht man Kiefernballenpflanzen? Wie pflanzt man dieselben? Bis zu welchem Alter verpflanzt man die Kiefer mit entblößter Wurzel? Wie pflanzt man einjährige Kiefern? Wie wird ein Kiefernsaatkamp angelegt? Was hat man beim Transport von Kiefernpflanzen zu beachten? Unter welchen Verhältnissen empfiehlt sich die natürliche Verjüngung der Kiefer? Wie führt man sie aus?

Zu § 192. Welchen Standort liebt die Fichte?

Zu § 193. Wo und wie legt man Fichtenplätzesaaten an? Wie legt man einen Fichtensaatkamp an? Wie verschult man Fichten? Was hat man bei der Pflanzung von Fichten zu beachten? Beschreibe die Manteuffelsche Hügelpflanzung und die Pflanzung mit dem Buttlarschen Eisen. Wann und wie wendet man die natürliche Verjüngung bei der Fichte an?

Zu § 194. Welche fremdländischen Holzarten sind anbauwert? Was ist bei ihrem Anbau besonders zu beachten? Wie kultiviert man sie?

C. Forstschutz.

Literatur.

Grebe: Waldschutz und Waldpflege. 1875. Gotha.

Heß: Forstschutz III. Aufl. 1896—1900. Leipzig.

Altum: Waldbeschädigungen durch Tiere usw. 1889. Berlin.

Ohlschlaeger und Bernhard: Die Preußischen Forst- und Jagdgesetze. 4. Aufl. Berlin.

Mücke: Der Preußische Forst- und Jagdschutzbeamte. 3. Aufl. 1902. Neudamm.

Kauschinger-Fürst: Lehre vom Forstschutz. 5. Aufl. 1896. Berlin.

§ 195.

Einleitung und Definition.

Es ist eine Tatsache, daß vor Zeiten bedeutend mehr Wälder vorhanden waren als jetzt; es ist ferner Tatsache, daß heute sich die Wälder, besonders in der privaten Hand in einer Weise vermindern, daß zu befürchten ist, wir werden schließlich zu wenig Wälder haben, um unsere Holzbedürfnisse zu befriedigen und unsere heutigen Klima- und Gewerbs-Verhältnisse zu erhalten (vergl. § 2), wenn nicht alle Schutzmaßregeln gegen die zahlreichen Feinde der Wälder, namentlich den Hauptfeind derselben, den sinnlos oder habgierig wirtschaftenden Menschen, mit Energie gehandhabt werden. Die Menschen haben zuerst den Wald gerodet und verringert, um ihren vermehrten Bedürfnissen durch Ackerbau, wo früher Wald gestanden, Rechnung zu tragen. Nächstdem trat jedoch die Nutzung des Holzes in den Vordergrund und zwar in dem Grade, als der Wert des Holzes zunahm, bis sie heute fast ausschließlich der Grund der Waldverringerung, sehr häufig leider der vollständigen Waldausrottung seitens der Privatwaldbesitzer ist. Mit den verwüstenden Eingriffen des Hauptfeindes hielten die verderblichen Einwirkungen der anderen Feinde des Waldes in der Natur gleichen Schritt, und zwar einesteils der rohen Naturkräfte — Sturm, Wasser, Frost, Hitze, Feuer usw. —, anderenteils der vielen den Wald beschädigenden Tiere. Alle diese Gefahren sind leider vielfach durch falsche Wirtschaft vermehrt. Die Lehre vom Forstschutz behandelt demnach die Maßregeln, durch welche der Wald erhalten und vor allen Gefahren und schädlichen Einflüssen beschützt wird. Sie macht uns mit den drohenden Gefahren bekannt und lehrt uns ihre Abwehr, soweit sie in der Macht des zunächst interessierten Menschen, nämlich des Waldbesitzers resp. dessen Beamten oder des weiter interessierten Staates liegt, der durch Gesetze und Polizeimaßregeln die dem Gemeinwohle schädliche Verminderung der Wälder oder ihre Beschädigung seitens Unberechtigter zu verhindern hat.

I. Schutz gegen Beschädigungen durch die lebende Natur.

A. Gegen die rohen Naturkräfte.

§ 196.

1. Sturm und Wind (vergl. § 109).

Wie aus der Standortslehre (§ 109) bekannt ist, entstehen die Stürme durch plötzliche Temperaturveränderungen und kommen bei der geographischen Lage von Deutschland meistens von Westen, seltener von Norden her. Jede Gegend pflegt jedoch ihre besonders gefährliche Sturmrichtung, die mit ihrer eigentümlichen Bodengestaltung (Lage hoch im Gebirge, in Talkesseln, an Talausgängen, in Flußtälern, an Seen, an der Küste, hinter vorliegenden Höhen- und Gebirgszügen usw.) zusammenhängt, zu haben, gegen welche man sich dann besonders zu schützen hat. Man erkennt die herrschende Sturmrichtung, die nicht selten schon in demselben Revier verschieden ist, an der Rinde der Bäume, die nach der Sturm- und Windrichtung viel rauher und besonders stark mit Moos und Flechten bewachsen ist, ferner an der Fallrichtung von geworfenen oder gebrochenen Stämmen und an den Erdaufwürfen der alten Windbrüche. Der Sturmgefahr am meisten ausgesetzt sind die flachwurzelnden Holzarten (Fichte, Aspe, Birke, Hainbuche und alle Holzarten auf flachgründigem Boden); von unseren wichtigen Holzarten leidet am meisten die Fichte; jedoch leiden in ausgesetzten Lagen auch Rotbuchen und Kiefern zuweilen sehr bedeutend. Mit zunehmender Höhe und vorgeschrittenem Alter des Baumes wächst die Gefahr; haubare und angehend haubare, besonders aber stark durchlichtete Bestände oder einzelne übergehaltene Stämme auf Blößen unterliegen am meisten. Lockerer Boden leidet mehr als bindiger, feuchter mehr als trockener. Junge Bestände leiden nur selten.

Der beste Schutz gegen Sturmgefahr liegt in der richtigen waldbaulichen Erziehung und Behandlung sowohl der gefährdeten Holzarten wie der gefährdeten Lage, z. B. das Einsprengen tiefer bewurzelter Holzarten, wie Tannen und Buchen in Fichten. Man hat von vornherein auf besonders kräftiges Pflanzmaterial, auf eine vorsichtige die Stämme des künftigen Hauptbestandes von vornherein kräftigende und sie räumlicher stellende Durchforstung, besonders an den ausgesetzten Bestandsrändern, auf feuchtem Terrain auf zeitige Entwässerung vor dem Hiebe und vor allem auf die richtige Hiebsrichtung — stets der bekannten Sturmrichtung entgegen — zu achten. Eine besondere Bedeutung haben in dieser Beziehung die sog. Loshiebe erlangt; eine Art besteht darin, daß längere Zeit vor dem Hiebe an der gefährdeten Seite in dem alten abzutreibenden Bestande selbst ein etwa 20 m breiter Streifen nach und nach durchforstet und dann unterbaut wird, um durch freie Stellung allmählich künstlich sturmfestere Randbäume an den Windseiten zu erziehen und gleichzeitig den Boden zu schützen; bei diesem Lichthauen muß man besonders gefährdete (kranke, auffallend flach wurzelnde sowie schlanke Stämme mit hoch angesetzter Krone oder schon geschobene) Stämme zuerst wegnehmen und die kräftigen und stufigen Stämme frei hauen. Die verbreitetste Art von Loshieb besteht jedoch darin, daß man zur Vorbeuge jüngeres Holz dadurch an dem gefährdeten Rande sturmfester macht, daß man in dem in der Sturmrichtung vorliegenden älteren Bestande — meist also an dessen Ostseite einen etwa 30 m breiten Streifen etwa 20—30 Jahre vorher kahl abtreibt und sofort wieder kultiviert; diese Kultur wächst dann gleichzeitig zum Windmantel heran. Auf sehr ausgesetzten Gebirgskämmen oder einzelnen Kuppen muß man die Erziehung älteren Holzes in reinen Hochwaldbeständen vermeiden und darf nur Plenterwirtschaft betreiben oder den Umtrieb des Hochwaldes herabsetzen; schließlich müssen bei der Betriebsregulierung planmäßig Hiebszüge gegen die Sturmrichtung vorgesehen werden.

Sind trotz aller Vorsichtsmaßregeln dennoch Windbrüche eingetreten, so muß man dieselben sofort aufarbeiten und zur Vermeidung von Insektengefahr schnell abfahren oder schälen lassen. Zuerst räumt man die Wege frei, dann arbeitet man das wertvollere ballenlose Wurfholz, zuletzt die mit Ballen geworfenen Stämme auf; es ist nicht nötig, das Holz ganz zu schälen, streifenweises schälen genügt auch; (am besten gleich durch den Käufer). Ist alles irgendwie wertvolle Nutzholz verkauft, dann erst geht man an das zersplitterte Holz und die geschobenen Stämme. Man muß unbedingt so schnell als möglich alles Holz, wenn auch mit Opfern, verkaufen, aus dem Walde schaffen und die Wiederkultur sofort folgen lassen. Unhaltbare lückige Bestände werden abgetrieben, raume Bestände je nach dem Boden mit Fichte, Strobe, Buche, Hainbuche unterbaut, Löcher werden glatt ausgerändert und — wenn klein, mit Schattenhölzern, wenn groß, mit passenden Lichthölzern ausgebaut, wobei man immer weit genug vom Bestandsrande und der Traufe abzubleiben hat (3—6 m!) Nach der Art des Bruches unterscheidet man Massenbruch, wenn größere Bestandteile (über 0,3 ha), Nesterbruch, wenn kleine Bestandteile zusammenhängend gebrochen sind oder Einzelbruch, wenn nur einzelne Stämme getroffen sind; ferner unterscheidet man noch Windwurf, wenn der ganze Stamm mit der Wurzel geworfen ist, oder Windbruch, wenn entweder der Schaft oder der Wipfel gebrochen ist, wobei man wiederum Schaft- und Wipfelbruch unterscheidet. Fortwährende Aufmerksamkeit hat man auf die sog. geschobenen Stämme zu richten, d. h. solche Stämme, die nur aus ihrer Lage gebracht sind, da sie bald kränkeln und so eine Brutstätte der gefährlichen Insekten zu werden drohen.

Außer als Sturm kann der Wind auch durch Aushagern der Bestandsränder und Wegführung resp. Aushagerung des Rohhumus gefährlich werden, und muß man dieselben deshalb bei der Durchforstung auf 30—40 Schritt hin dunkel halten (vergl. § 170), oder an besonders ausgesetzten Rändern sog. Wind- oder Schutzmäntel anlegen. Am besten eignet sich hierzu die Fichte resp. Tanne, von denen man gleich bei der Kultur 3—5 Reihen in 1 m Dreiecksverband am Rand entlang so pflanzt, daß die hinteren Pflanzen immer die Lücken der vorderen Reihen decken. Sind solche Bestandsränder bereits fehlerhaft durchlichtet und schutzlos dem Winde preisgegeben und können Schutzmäntel nicht angelegt werden, so soll man unterbauen oder doch wenigstens den Boden öfter grobschollig umhacken, um das abfallende Laub zu binden und eine Humusbildung zu ermöglichen, so daß keine Verangerung eintritt.

Nach jedem Sturme sind sofort alle Wege zu revidieren, um etwaige Verkehrsstörungen zu beseitigen und dann sind die Anzahl, der geschätzte Festgehalt der gebrochenen und geworfenen Stämme, die Sturmrichtung und sonstige nähere Umstände dem Revierverwalter nach dem vorgeschriebenen Schema zu melden.

§ 197.

2. Gefahr von Frost, Schnee, Duft und Eis.

a) Frost.

Am schädlichsten wirkt der Frost in der Form der Maifröste (sog. Spätfröste), durch welche die unter Frost leidenden Holzarten (Tanne, Buche, Ahorn, Fichte, Esche, Erle, Akazie und fast alle anderen Holzarten in frühester Jugend) häufig vernichtet oder doch stark beschädigt werden; seltener sind Frühfröste im Herbst, welche noch nicht verholzte Triebe gefährden, oder die Winterfröste gefährlich, die den Stamm zersprengen und Frostrisse sowie schließlich Kern- und Ringfäule erzeugen. — Außer dem Laub, den Gipfel- und Seitentrieben wird häufig die Blüte zerstört. Die einzigen Holzarten, die (mit Ausnahme der frühesten Jugend) fast ganz frostfrei sind, sind Kiefer, Hainbuche und Birke, auch salix viminalis, von Fremdländern: pinus Banksiana, rigida, strobus, abies Douglasii, fraxinus americana; sie werden deshalb gern an frostgefährdeten Stellen rein oder zum Schutz empfindlicherer Holzarten in Untermischung mit diesen angebaut. Am gefährdetsten sind feuchte Einsenkungen und Ostlagen resp. Nordlagen oder windstille von Bestand oder Bergen hoch eingeschlossene Orte, sog. Frostlöcher oder Frostlagen, Kulturen mit Graswuchs, große Kahlschläge, toniger, schneefreier, naßkalter Boden (Moore, Brüche).

Die zartesten Holzarten — Buche und Tanne, Akazie und Wallnuß, wie überhaupt in Frostlagen auch andere Holzarten — schützt man gegen Fröste dadurch, daß man sie unter Schirmbäumen erzieht, daß man bei Verjüngungen gegen Osten schützende ältere Bestände vorliegen läßt (im Niederwald), daß man die Schläge (namentlich im Niederwald und Mittelwald) von Westen nach Osten, besser noch von Südwest gegen Nordost führt. Bestandeslücken müssen, sobald sie Frostschaden zeigen, mit frostsicheren Holzarten (Kiefer, Birke, Hainbuche) ausgebaut und müssen zarten Holzarten reihenweis frostsichere beigemischt werden. In Kämpen schützt man sich durch Bestecken mit Schutzreisig, decken desselben auf Gabelgerüsten (von Nadelholz), durch Schutzgitter oder durch den Seitenschutz gegen Osten und Norden vorstehender Bestände und Wahl von frostfreien oder wenigstens gegen Osten geschützten Lagen.

Ein zweiter Feind ist das früher beschriebene Auffrieren auf feuchtem und lockerem Boden. Dagegen hilft genügende Entwässerung und Bedecken des Bodens mit Moos, Streu, Laub, Plaggen, Steinen, Schutzgitter und Sand (in Kämpen besonders), oder Vermeidung der Lockerung auf solchem Boden, indem man nicht säet, sondern Ballen- resp. Hügel- oder Rabattenpflanzung usw. anwendet.

Unter Stammfrost leiden die Holzarten am meisten in folgender (absteigender!) Reihenfolge: Roßkastanie, Eiche, Buche, Linde, Ulme, Esche, Ahorn, Hainbuche, Aspe, Erle, Birke, welch letztere fast nie leidet; die Blätter, Blüten und Triebe leiden am meisten bei folgenden Holzarten (absteigende Folge!): Esche, Ahorn, Rotbuche, Eiche, Ulme, Linde, Pappel, Erle, Birke, Hainbuche; von den Nadelhölzern: Lärche, Tanne, Fichte, Kiefer. Die Schütte der Kiefer wird vielfach dem Einfluß von Spätfrösten zugeschrieben, so daß diese sonst frostsichere Holzart also in frühester Jugend ebenfalls gefährdet ist; die Maitriebe derselben erfrieren ganz ausnahmsweis noch bis zum 6. Jahre.

b) Schnee, Duft und Eis (vergl. § 107).

Der Schnee wird namentlich in den mittleren Gebirgslagen*) in den Fichtenstangenorten gefährlich, indem er sich in großen Massen auf

*) Die Schneebruchregion erstreckt sich im Harz auf eine Höhe von 400 bis 950 m, in Schlesien auf 600—1200 m, am Rhein bis zu 600 m, in Thüringen bis 500 m herunter.

denselben ablagert und sie in ganzen Flächen nesterweis oder stammweis zusammenbricht; älteren Stämmen bricht er die Kronen ab, Stangenhölzer und junge Schonungen drückt er zusammen; die Folgen sind dieselben wie beim Windbruch. In gleicher Weise leidet auch die Kiefer, doch wird dieselbe meist in weniger gefährdeten Gegenden angebaut. Von Laubhölzern leiden bei frühem Schneefall, wenn noch verbleichendes Laub an den Zweigen vorhanden ist, namentlich bei gleichzeitigem stärkeren Frost: Rotbuche, Erle, Esche, Akazie, Birke, Eiche. Das sicherste Vorbeugungsmittel besteht in sorgfältigster Pflanzung von kräftigem und verschultem Material und in sorgfältigster Durchforstung, sowie in Mischung mit anderen Holzarten; in sehr gefährdeten Lagen in Einführung des Plenterbetriebes oder natürlicher Verjüngung, welch letztere sich namentlich in den schweren Schneebruchkalamitäten der Jahre 1886 und 1887 bewährt haben, während sonst fast keine Holzart und keine Kulturmethode verschont blieb. Nach stattgehabtem Bruch hat man zur Vermeidung anderer Gefahren (Insekten, Sturm, Frost) alles kränkelnde Material schnell einzuschlagen und alles gefällte Fichtenholz, wenn es nicht schnell abgefahren werden kann, streifenweis zu schälen; den beschädigten Stangenorten kann man durch rechtzeitigen Unterbau resp. Einbau von schattenertragenden Holzarten (Fichten, Tannen, Stroben, Buchen, Hainbuchen) helfen; auf Kulturen und in Kämpen, allenfalls auch noch in kleinen besonders wertvollen Stangenorten empfiehlt sich ein rechtzeitiges Abklopfen nach starkem Schneefall, falls es nicht zu teuer wird.

Gegen Duft- und Eisbruch, der besonders hart die Ostränder trifft, indem dabei die stark inkrustierten Zweige und Triebe abbrechen, sucht man sich durch vorstehende Bestände und durch die schon oben berührte Schlagstellung von Südwest nach Nordost, auch durch hohe und tief beastete Nadelholzschutzmäntel gegen Osten zu schützen; am meisten sind Niederwälder und Oberbäume im Mittelwald, die wintergrünen langnadligen Nadelhölzer (Kiefer) und die Akazie gefährdet.

§ 198.

3. Gefahr durch Hitze und Dürre.

Die Hitze schädigt besonders den Boden, indem sie ihn seiner Feuchtigkeit und Frische beraubt; sie reizt die Pflanzen zu einer erhöhten Wasserverdunstung, die wieder ein Verwelken und schließliches

Absterben derselben hervorrufen muß, wenn der Boden durch seine Grundfeuchtigkeit oder atmosphärische Niederschläge nicht zur rechten Zeit für den Ersatz der zu viel verbrauchten Feuchtigkeit sorgt.

Infolge von Dürre und Hitze verwelken Blätter und Blüten, die bereits angesetzten Früchte werden taub und fallen vorzeitig ab, das Laub wird vorzeitig gelb, der Zuwachs geht zurück, es fällt auffallend mehr Trockenholz an, Bäume sterben ganz ab, die Kulturen verwelken, die Saaten gehen nicht auf oder vertrocknen wieder, die schädlichen Insekten vermehren sich, Waldbrände treten häufiger und gefährlicher auf usw.

Das einzige Mittel gegen diese Gefahr liegt im Binden der vorhandenen Bodenfrische, das uns der Waldbau in den einzelnen Fällen bereits gelehrt hat, nämlich: Vermeidung plötzlicher Freistellungen trockener Bodenarten, tiefe Bodenbearbeitungen, Pflanzen in vertieften Löchern, Belegen der Pflanzlöcher mit Plaggen an den Süd- oder Talseiten, Ausstreuen von Laub, Moos und Nadelstreu in die Pflanzenreihen in Kämpen, öfteres gründliches Behacken derselben, Ballenpflanzung, Wahl einer Kulturmethode, welche den Boden am schnellsten deckt, beim Pflanzen von Heistern — Richten der meisten Belaubung nach Süden, natürliche Verjüngung, Erziehung von Bodenschutzholz, Bewässerungen, Hemmen der Abflüsse usw.

Direkt schädlich wird die Sonne durch Abwelken von jungen Pflänzchen und Erzeugung des Rindenbrandes an Buchen; nach den Berichten von Beling (Baurs Centralbl. 1888, S. 29) leiden auch Hainbuche, Eiche und Esche, wogegen man sich durch Vermeidung jeder plötzlichen Freistellung älterer Bestände gegen Süden und Südwesten zu schützen hat. Plötzliches Freistellen und damit verbundene Bodenverschlechterung ruft auch häufig die bekannte Wipfeldürre hervor, der man durch möglichst schnelle Pflanzung einer Bodenschutzholzart begegnen muß.

Am meisten leiden: Rot- und Weißbuche sowie Fichte und alle Holzarten in der Jugend, die Süd- und Westhänge, kalkige, tonige sowie arme Sandböden, lückige und raume Bestände, namentlich von flachwurzelnden Hölzern.

Der an zartrindigen Holzarten (Rotbuche, Hainbuche, Esche, Ahorn, junge Fichte usw.) und zwar an Süd-, Südwest-, und Westseiten der Stämme und Bestände namentlich nach plötzlichen Freistellungen häufig auftretende **Rindenbrand**, infolgedessen das durch Platzen der Rinde bloßgelegte Holz abstirbt und anfault — ist eine Folge der direkten Sonnenbestrahlung; man vermeide deshalb an den gefährdeten Orten alle plötzlichen Freistellungen und Aufastungen oder lege Fichtenschutzmäntel an.

§ 199.

4. Gefahr durch Feuer.

Eine Folge der Dürre im weiteren Sinne ist, — wie oben angedeutet — auch das häufigere Vorkommen von Waldfeuern. Man unterscheidet sog. **Lauffeuer**, welches im trockenen Bodenüberzuge zu entstehen pflegt und sich dann mit großer Schnelligkeit, indem es die ganze Bodendecke ergreift, weithin verbreitet. Besonders gefährlich wird das Lauffeuer bei starkem Winde, wo es nicht selten sich auch in die Wipfel verbreitet und diese als sog. **Wipfelfeuer** zerstört; brennt der ganze Bestand, was nur in Schonungen und jüngeren Stangenhölzern vorkommen kann, so entsteht das **Stamm-** oder **Totalfeuer**. Schließlich kommt noch **Erdfeuer** vor, welches brennbare Erde, namentlich den Torfboden ergreift. Am gefährdetsten sind die Nadelholzwaldungen, besonders ihre Schonungen und jungen Stangenhölzer, namentlich der Kiefer in trocknen Frühjahren und heißen Spätsommern, doch werden auch Laubhölzer heimgesucht, von denen die zartrindige Buche am meisten zu leiden hat. Eichen pflegen wieder auszuschlagen; bei Erlen ist besondere Vorsicht nötig, indem diese sehr lange in ihren Stöcken nachglimmen.

Zunächst hat man sich gegen das Feuer durch umfassende **Vorbeugungsmaßregeln** zu schützen, die entweder polizeilicher oder waldbaulicher Natur sind. Die Polizeimaßregeln umfassen das Verbot und bedrohen mit Strafen:

Das unbefugte **Feueranzünden** resp. Unterlassen des Auslöschens von Waldfeuern seitens der Holzhauer, Hirten, Köhler und des Publikums, das **Tabakrauchen** in den heißen Monaten im Walde, das **Schießen** mit Filzpfropfen, das **Anzünden** von Feldfeuern unmittelbar am Walde, Anlage von feuergefährlichen Etablissements im und am Walde. Bei der Anlage von jeglichen Waldfeuern ist streng darauf zu halten, daß der Bodenüberzug in einem Umkreis von mindestens 0,5 m um das Feuer abgeschürft und daß das Feuer nicht eher verlassen wird, als bis es entweder ganz ausgebrannt oder doch mit Erde vollständig zugeworfen ist. Über Vermeidung von Waldfeuern vergl. §§ 308, 309, 360[10], 368[6] des Strafgesetzbuches, sowie §§ 44, 51 des Feld- und Forstpolizeigesetzes vom 1. April 1880.

Die waldbaulichen Maßregeln bestehen in Vermeidung von großen zusammenhängenden gleichaltrigen Beständen, in Unterbrechung besonders gefährdeter Bestände durch breite (10—20 m), in den heißen Monaten stets wund zu haltende sog. Feuergestelle, womöglich mit 1—1,5 m breiten Schutzgräben an beiden Seiten, die ev. auch mit perennierenden Lupinen (Lupinus polyphyllus), Wicken usw. zu besäen sind, und in der Anlage von 5 m breiten Laubholzmänteln (Birke, Akazie, Hainbuche, Eiche) an den Gestellen und Bestandesrändern von Nadelholz. Die größte Vorsicht ist an den Eisenbahnen nötig, und hat der Schutz gegen Feuersgefahr durch die Bahnen in den letzten Jahren die Aufmerksamkeit besonders beschäftigt. Forstmeister Kienitz-Chorin empfiehlt folgende Schutzstreifen in feuergefährdeten Revieren längs der Bahnen:

„Auf beiden Seiten der Bahn wird ein je 12—15 m breiter Waldstreifen als Schutzmantel durch zwei 1,5 m breite holzfreie Streifen, einer unmittelbar am Bahnkörper, der andere auf der Waldseite isoliert; die Streifen werden entweder stets wund gehalten oder mit Lupinen, Seradella usw. besäet; sie sollen durch Funken- und Aschenauswurf entstehende Bodenfeuer nicht zur Entwicklung gelangen lassen und werden deshalb die Schutzmäntel auch noch durch 1,5 m breite Wundstreifen senkrecht zur Bahn meistens in 20 m breite Rechtecke zerteilt. Die Mäntel werden dauernd in 60jährigem Umtriebe bewirtschaftet; sie dürfen nie zu gleicher Zeit auf beiden Bahnseiten abgetrieben werden; nach dem Kahlabtrieb Wiederkultur mit 1jährigen Kiefern in 1—1,3 m²; im Dickungs- und jüngsten Stangenholzalter werden bis auf 1,5 m Höhe die untersten Äste entfernt. Bei besonderer Gefahr, namentlich nach dem Abtrieb des ersten Mantels kann ein zweiter etwa 12 m breiter Parallel-Schutzmantel angelegt werden, ebenso wo der Bahnkörper höher liegt.

In Schonungen gibt man längs der Wege und Gestelle zu beiden Seiten auf 5—10 m Tiefe die Bodenstreu ab und läßt bis auf Mannshöhe alle trocknen unteren Zweige dicht am Stamme entfernen; diese Streifen sind stets wund zu halten. In den heißen Monaten ist von erhöhten Punkten aus das Revier häufig zu inspizieren*) und sind etwaige Arbeiter, soweit es die Natur der Arbeit zuläßt, möglichst im Revier zu verteilen, damit das Feuer sofort nach seinem Entstehen entdeckt werden kann. Sobald Feuer im Revier gemeldet wird, sind folgende Löschmaßregeln anzuordnen und zu ergreifen:

Ist das Feuer noch klein, so versucht man es durch Ausschlagen mit belaubten Zweigen, Bewerfen mit Erde und Abschürfen des Bodenüberzuges rings um dasselbe auszulöschen resp. zu beschränken. Man lasse die Leute beim Ausschlagen nicht nach Belieben, sondern in Kolonnen von je 10 Mann unter einem Führer nach Kommando schlagen, womöglich mit Birken- oder Wachholdersträuchern; man wird dann ganz anderen Erfolg erzielen. Bei größeren Feuern muß man die Mannschaften, deren möglichst viele mit schweren Hacken, Schaufeln, Rechen, Äxten auf schnellstem Wege heranzuholen sind, vor und neben dem Feuer unter gleicher Verteilung der Werkzeuge anstellen; die Leute in den Flanken suchen es auszuschlagen und auszuwerfen und verhindern so nicht nur das Umsichgreifen nach beiden Seiten hin, sondern suchen es immer mehr einzuengen, so daß es schließlich eine immer mehr sich verengende Spitze wird; die ersteren arbeiten ihm entgegen, indem sie die in seinem Wege liegenden Brennstoffe — Dürrholz, Rohhumus usw. — schleunigst entfernen, den Boden abschürfen oder durch Gräben das Feuer zu begrenzen trachten. Hierbei ist immer weit genug vom Feuer anzufangen, damit dasselbe die Löschmannschaften nicht vor beendeter Arbeit überrascht, die Leute sollen immer mit dem Rücken dem Feuer zugekehrt arbeiten und den Abschurf an der Feuerseite flach ausbreiten, bei ganz großen Feuern in Schonungen, und wenn der Bestand selbst brennt, legt man Gegenfeuer**) an, hinter denen man jedoch besonders aufmerksam sein und alle Vorsichtsmaßregeln treffen muß.

*) Forstassessor Seitz hat Feuerwachttürme mit Signaleinrichtungen konstruiert, die über das ganze Revier verteilt werden, und ermöglichen, daß jedes Waldfeuer sofort bemerkt und nach seiner Lage genau bestimmt werden kann.

**) Am 16. April 1881 konnte ein bei heftigen Oststurm ausbrechendes Waldfeuer im Falkenwalder Reviere, das etwa 280 ha zerstörte, nur durch Anlage eines großen Gegenfeuers von etwa 1,3 Kilometer Länge gelöscht werden. Bei Anlage von Gegenfeuern muß man im Rücken derselben breite Gräben, Wege, Bäche usw. haben, an denen man es anlegt und welche natürliche Hindernisse bieten, wenn das Feuer etwa zurücklaufen sollte; auch sind hier stets ausreichende Wachmannschaften aufzustellen, die zurückspringende Funken sofort auszuschlagen haben.

Nach jedem Brande ist die Feuerstelle noch längere Zeit zu bewachen, wenn angängig von in der Nähe Arbeitenden, um einen Wiederausbruch zu verhüten; namentlich Moosdecken und alte Stöcke pflegen noch Wochen lang nachzuglimmen. Leute, welche uneigennützig den Ausbruch des Feuers zuerst melden und sich beim Löschen auszeichnen, soll man entsprechend belohnen; erstere jedoch mit einer gewissen Vorsicht.

Erdfeuern kann man nur durch tiefe die ganze glimmende Erdschicht durchdringende breite Gräben begegnen, Wipfelfeuern durch Fällen von Stämmen, die man in Streifen mit dem Wipfel dem Feuer entgegenfallen läßt.

Stark beschädigtes Nadelholz (wenn die Rinde bis auf den Splint verbrannt ist) und Laubholz hat man schnell abzutreiben, damit sich nicht in den kränkelnden und absterbenden Stämmen schädliche Insekten ansammeln resp. damit die Laubholzstöcke durch Ausschlag für schnellste Deckung des Bodens sorgen können. Ältere Stämme, namentlich von Holzarten mit starker Borke (Eiche, Kiefer) pflegen, wenn die Rinde nur leicht angebrannt ist, weiter zu wachsen; sobald sie jedoch abwelken sollten, müssen sie sofort gefällt und abgefahren werden.

§ 200.

5. Gefahr durch Wasser.

Das Wasser wird in der Nähe von Flüssen und Strömen häufig durch Überschwemmungen gefährlich. Gegen große Flüsse werden Deiche und Dämme, deren Ufer mit Weiden zu bepflanzen sind, gebaut, gegen zeitweises Übertreten von kleinen Flüssen und Bächen muß man die genau zu ermittelnden Überfallstellen der Ufer erhöhen und durch Faschinenflechtwerk festlegen; sollte das übergetretene Wasser keinen Abfluß haben und somit Veranlassung zu Versumpfung geben, so ist schleunigst auf dem kürzesten Weg durch einen Abflußgraben für den Rückfluß, dessen Einmündung in den überschwemmenden Fluß oder Bach durch eine Schleuse verschließbar ist, zu sorgen. Auf eine gewisse Befestigung und Pflege der Ufer ist sehr zu achten, namentlich an starken Krümmungen sind Schlemmbäume und Faschinen zu legen und etwaige Uferunterwaschungen sind rechtzeitig abzuböschen, um Unglück zu verhüten. In anderer Weise wird das Wasser durch plötzliche oder anhaltende Regengüsse oder Wolkenbrüche, namentlich in

Saatkämpen, auf geneigten Flächen durch Abschwemmungen schädlich. — Hiergegen schützt man sich in den Kämpen durch einen Fanggraben auf der Bergseite und einen resp. zwei Diagonalgräben quer durch den Kamp. An steilen Hängen muß der Fanggraben noch zwei Ableitungsgräben an beiden Seiten des Kampes haben. Alle derartigen Gräben müssen selbstverständlich vor der Bestellung gezogen werden.

§ 201.

6. Gefahr durch Nässe und Versumpfung.

Nässe entsteht durch Undurchlässigkeit des Bodens bei mangelhaftem Wasserabfluß, durch Quellen ohne genügenden Abfluß und zeitweise Überschwemmungen; besonders sind zu Nässe geneigt Ton, Lette und strenger Lehmboden, alle sog. schweren Bodenarten und Unterlage von Raseneisenstein, Ortstein, Felsen usw.

Versumpfungen bilden sich überall da, wo eine ebene oder muldenförmig vertiefte Lage und undurchlassender Untergrund das Ansammeln und Aufstauen einer größeren Wassermenge veranlaßt, welches ober- oder unterirdisch (Druckwasser) zuströmen kann. — Um die Nachteile, die durch beide Arten von Bodenzuständen für den Waldbau (krüppelhafter Wuchs, Versäurung und Verkältung des Bodens, Frostgefahr, Auf- und Ausfrieren der Pflanzen) entstehen, zu entfernen, muß das überflüssige Wasser in Gräben abgezogen werden. Bei nur feuchtem Boden genügen oft einige wenige Gräben, die quer durch die Fläche in der Richtung des größten Gefälles parallel gezogen werden, um den richtigen Bodenfeuchtigkeitszustand herzustellen. Man hüte sich jedoch, gleich zu viele und zu tiefe Gräben anzulegen, weil sonst das Gegenteil, ein zu trockner Boden, der schließlich kulturunfähig wird, entsteht. Alle Entwässerungen sind deshalb vorsichtig nur auf das erforderliche Maß zu beschränken.

Schwieriger ist die Entwässerung von größeren sumpfigen Stellen, wo man meist ein ganzes Grabensystem zu entwerfen hat. Man unterscheidet dabei dreierlei Arten von Gräben:

1. Sauggräben, welche die kleinsten sind und das stagnierende Wasser aufsaugen sollen; sie dienen der eigentlichen Trockenlegung.

2. Fanggräben, sind eine größere Art von Nebengräben, die das in den Sauggräben gesammelte Wasser auffangen und in die Abzugsgräben abführen.

3. **Abzugsgräben**, in welche Saug- und Fanggräben münden und welche das Wasser in Bäche, Flüsse, Seen usw. ableiten. Sie sind größer als die Saug- und Fanggräben.

Die Entwässerung wird nun in folgender Weise (siehe Figur 127) ausgeführt:

Man führt den Hauptabzugsgraben von der niedrigsten nach der höchsten Stelle und folgt dabei der Richtung, in welcher bei hohem Stande das Wasser von selbst abfließt; im anderen Falle hat man das Gefälle durch ein Nivellement zu ermitteln. Es genügt für den Abzugsgraben ein Gefäll von $^1/_2$—1 %. Die Breite und Tiefe des Abzugsgrabens richtet sich nach der abzuführenden Wassermenge. Sind Quellen und Tümpel auf der Sumpfstelle, so wird aus diesen das Wasser in besonderen kleineren Abzugsgräben unter einem spitzen Winkel mit dem Gefäll in den Hauptabzugsgraben geleitet. Überall, wo es der nasse Boden nötig macht, werden parallele und sich ev. senkrecht kreuzende Sauggräben gezogen und münden ebenfalls spitzwinklig in die Fanggräben und kleineren Abzugsgräben, die ihretwegen in der Richtung des größten Gefälles spitzwinklig zum Hauptgraben und in gewisser Entfernung von einander sowie möglichst parallel zu einander gezogen werden.

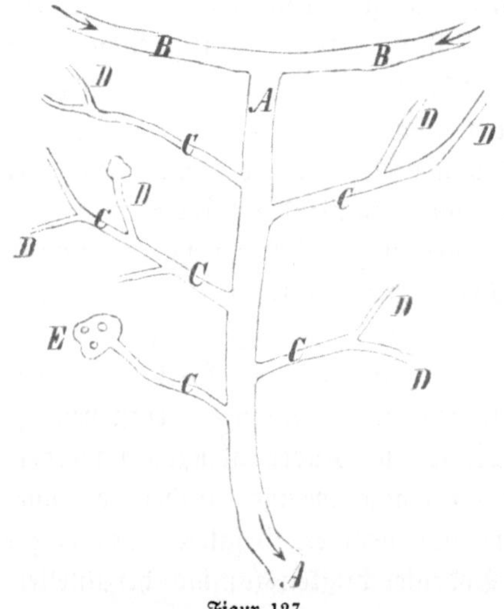

Figur 127.
A Hauptabzugsgraben, B Fanggraben, C Abzugsgräben, D Sauggräben, E Quelle.

Die Fanggräben werden möglichst senkrecht zum Hauptabzugsgraben gelegt.

Alle diese Grabenarbeiten werden im Spätsommer bei niedrigstem Wasserstande ausgeführt; zuerst wird der Hauptabzugsgraben gestochen, dann die Fanggräben, und zwar arbeitet man **immer dem Wasser entgegen**, fängt also am weitesten davon an und nähert sich allmählich mit der Grabenarbeit der Sumpfstelle. Vom Hauptgraben aus werden dann die kleineren Abzugsgräben und zuletzt die Sauggräben gestochen. Schließlich mündet man den Abzugsgraben in den betr. See, Bach usw., welcher das Wasser aufnimmt resp. weiter führt, der jedoch dauernd ein tieferes Niveau als die zu entwässernde Fläche haben muß.

Wie schon erwähnt, steht die Weite und Tiefe der Gräben im Verhältnis zur abzuführenden Wassermenge, zum beabsichtigten Maß der Trockenlegung und zum ermittelten Gefäll. Für Hauptgräben genügt meist eine Oberweite von 1—1,5 m, für Sauggräben von 0,3—0,5 m; in Mooren muß die Tiefe bis auf den Mineralboden gehen, je tiefer die Sauggräben, desto besser ziehen sie. Im allgemeinen macht man die Gräben etwa halb so tief als sie breit sind. Die Tiefe hängt auch ab von der Böschung (vergl. § 98). Letztere wird um so schräger angelegt, je lockerer der Boden und je stärker das Gefäll ist; in ganz lockerem Boden macht man die Gräben mehr muldenförmig, in festem Boden (Ton, Torf usw.) macht man die steilsten Wände.

Den Grabenauswurf wirft man auf vertiefte Stellen oder man übererdet damit gleichmäßig die ganze Fläche; wenn man ihn wallartig am Rande aufhäuft, geht einmal der Grabenrand öfter der Benutzung verloren, dann kann aber auch leicht der Auswurf wieder in den Graben hineingespült und stehendes Wasser am Abfließen in denselben verhindert werden. Sind die Gräben in Tätigkeit, so müssen sie, so oft es nötig, gereinigt werden, und zwar pflegt man in die Sohle der Gräben kleine Pfähle als Merkmale einzuschlagen, wie tief die Reinigung erfolgen muß. Hier und da werden in die großen Abzugsgräben zum Auffangen des Laubes usw. kleine Flechtwerke oder Holzgitter (Laubfänge) eingelegt. Will man das Grabenterrain selbst noch benutzen, so füllt man die Gräben etwa zur Hälfte mit dauerhaftem Strauch (Eiche, Erle) oder Steinen und bedeckt sie wieder mit Erde; solche Gräben nennt man im Gegensatz zu den offenen Gräben

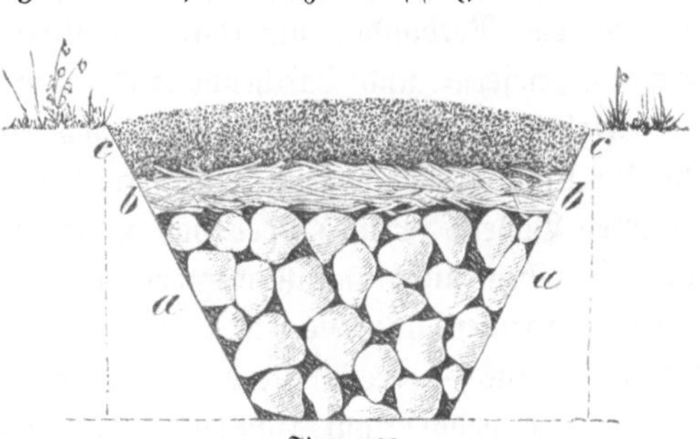

Figur 128.
Unterdrain mit Steinen.
a Steinschicht, b Deckstrauch, c Deckerde.

gedeckte Gräben (Figur 128). Ihre weiteste Anwendung finden letztere in der Drainage der Landwirte.

Den entwässerten Sumpfboden bepflanzt man mit kräftigen und verschulten Pflanzen, wo es noch nötig ist, in Hügeln oder Rabatten; stets jedoch erst, wenn er sich genügend gesetzt hat.

B. Beschädigung durch organische Wesen.

1. Aus dem Pflanzenreich.

§ 202.

Den Kulturen und Ansamungen wird das große Heer der Unkräuter durch Verdämmung der jungen Pflanzen, durch Aussaugen des Bodens, Vergrößerung der Frostgefahr (Gras), und im schlimmsten Falle durch vollständiges Überwuchern der Kulturflächen schädlich, wie: Gras, Ginster, Kreuzkraut, Farrenkräuter, Brombeere, Himbeere, Fingerhut, die Beerkräuter, Heidekraut usw. Als Vorbeugungsmaßregel gegen ihr Erscheinen ist vor allen Dingen das Universalmittel gegen alle Unkräuter, nämlich die Erhaltung eines vollständigen Kronenschlusses zu beachten und Unterlassung jeder Streunutzung; sobald zu viel Licht auf den Boden fällt oder wie auf Bestandeslücken und Blößen, gar kein Baumschatten mehr vorhanden ist, finden sich oben genannte Forstunkräuter ein. Man vermeide auf unkrautwüchsigem Boden Kahlschläge, halte die Durchforstungen dunkler, ebenso etwaige natürliche Verjüngungen, pflanze Lücken schnellstens wieder zu, kultiviere in engerem Verbande, unterbaue rechtzeitig die sich früh lichtenden Eichen-, Kiefern- und Lärchenbestände usw.

Haben sich die Unkräuter irgendwo angesiedelt, so muß man auf ihre Vertilgung bedacht sein, falls man dieselben nicht etwa zur Bindung zu losen Bodens (Sand) oder von steilen Hängen gebraucht; doch soll man dieselben nicht unnütz wegwerfen, sondern sie entweder zu Rasenasche verbrennen oder sie mit Laub und Erde usw. vermengt zu künstlichem Humus — Komposterde —, deren man stets bei den Kulturen so dringend bedarf, auf Haufen in Untermischung mit allerlei Düngesalzen, den Winter über zusammenrotten lassen oder sie als Streu verwerten. Bei der Vertilgung des Unkrautes sind folgende zwei Generalregeln zu beobachten:

1. Rechtzeitig und dann energisch mit der Ausrottung vorgehen, ehe das Unkraut zu sehr überhand nimmt und wuchern kann.

2. Alles Unkraut vor seiner Samenreife entfernen.

Die Vertilgungsmittel sind so mannigfach, daß nur das Allgemeine hier angeführt werden kann: Alles Unkraut, was sich durch Wurzelbrut und Ausschläge verjüngt, soll man nicht abschneiden, sondern — womöglich mit allen Wurzeln — ausroden lassen; alles Unkraut, was sich nur durch Samenabfall verbreitet, soll man, je nach dem Kulturzustande der Fläche, abmähen oder absicheln lassen und zwar jedesmal vor der Reife seines Samens. Wenn Farrenkraut lästig wird, so köpfe man dasselbe im Frühjahre mehrmals, bevor es die Blätter entfaltet hat. Brombeeren bewältigt man am schnellsten durch Niederlegen und Übererden, Himbeeren durch tiefes Abmähen vor der Beerenreife.

Beiden Unkrautarten gemeinsam ist die Vertilgung durch Feuer, das sog. Überlandbrennen, wodurch man Entfernung des Unkrauts und gleichzeitige Aschendüngung bewirkt. Das Nähere darüber siehe Waldbau § 134.

Die größte Aufmerksamkeit gegen Unkrautwuchs ist in feuchtwarmen Sommern nötig und muß man dann besonders rechtzeitig und energisch in seiner Vertilgung sein. Der Graswuchs, der leider auf den Kulturflächen häufiger noch Gegenstand der forstlichen Nebennutzung ist, wird dadurch schädlich, daß er durch tiefe Bewurzelung und seine vielspitzige Oberfläche, die die Verdunstung befördert, den Boden aussaugt und austrocknet, auch den Boden durch die Verfilzung seiner Wurzeln und dadurch bedingte Befestigung seiner Oberfläche gegen Luft und Feuchtigkeit abschließt, sowie die Frostgefahr befördert. Wird nun das Gras, das sonst durch seine Verwesung einen Teil der entnommenen Nährkräfte dem Boden durch Humusbildung wieder zuführen würde, genutzt und entfernt, so kann eine den Kulturpflanzen schädliche Entkräftung des Bodens nicht ausbleiben. Nur die besten und guten Bodenarten gestatten neben der Holznutzung eine gleichzeitige kürzere Grasnutzung. Dazu kommt, daß bei der Nutzung des Grases, die nur durch Rupfen und Sicheln, nie durch Abmähen stattfinden sollte, häufig Holzpflanzen beschädigt werden.

In welcher Weise die schädlichen und verdämmenden Weichhölzer entfernt werden, lehrt die Waldpflege resp. der Waldbau bei Besprechung der Ausläuterungen und Durchforstungen (§ 167 u. ff.).

Schließlich werden aus dem Pflanzenreiche noch unzählige, häufig nur mikroskopisch deutlich erkennbare Pilzbildungen schädlich; sehr vieles, was wir unter den Krankheiten der Hölzer verstehen — Fäulnis, Krebs, Rost usw. —, läßt sich auf Pilzwucherungen zurückführen und ist die Wissenschaft im Begriff, das Wesen derselben zu erkennen und uns vielleicht auch spezielle sichere Gegenmittel, was die Hauptsache wäre, anzugeben (vergl. § 253). Gegen alle Pilzkrankheiten hilft nur aufmerksamste Waldpflege, indem die befallenen Stämme sobald als möglich entfernt werden.

2. Aus dem Tierreich.

§ 203.

a) Durch Säugetiere.

α) Durch Wild.

Da der Wald sein sämtliches Wild größtenteils zu ernähren hat, so ist es natürlich, daß dasselbe — teils um Abwechslung in seiner Nahrung zu haben, teils in der Not, namentlich im Winter, wenn es an der gewöhnlichen Nahrung gebricht — auch die Waldbäume annimmt und durch Zertreten der Saaten, Verbeißen der jungen Pflanzenknospen und -Triebe, durch Benagen, Schälen (Weichhölzer, Nadelholz, Ahorn, Esche, Buche), Schlagen und Fegen der Rinde, durch Aufsuchen der Mast (Eiche, Buche) und Samen, ferner durch Übertreten auf benachbarte Felder nicht selten in erheblicher Weise schädlich wird. Der Schaden richtet sich nach der Größe des Wildstandes, und muß man deshalb auf die Erhaltung eines nur angemessenen Wildstandes bedacht sein, falls man nicht die Mittel hat, den Schaden zu ertragen oder man absichtlich in Gehegen und Tiergärten großer Jagden wegen einen zahlreichen Wildstand halten will. Das gründlichste und billigste Mittel gegen Wildschaden ist natürlich ein verstärkter Abschuß, namentlich von Mutterwild, im anderen Falle muß man die gefährdeten Orte so eingattern (mit altem Telegraphendraht gegen Hochwild, mit Drahtzäunen usw.), daß ein Überfallen, oder, wie bei kleinem Wilde, ein Durchkriechen des Wildes nicht mehr möglich ist (vergl. §§ 145, 147). Edle Holzpflanzen, z. B. Eichenheister, muß man, soweit dies die Kulturmittel erlauben, durch Umdornen, Schutzgitter, Anstrich usw. schützen*) oder besonders gefährdete Holzarten (Fichten-

*) Gegen das Fegen der Rehböcke lasse ich mit vorzüglichem Erfolge auf zwei Seiten der Heister 1 m lange geschälte Prügel schräg einstecken, die zum Schutz gegen Insekten und Verfaulen vorher etwas angekohlt sind; auch hat sich der An-

stangen an den Fütterungsstellen) mit Kalk oder Teer bestreichen. Sobald hoher Schnee andauernd liegen bleibt, wie dies namentlich im Gebirge der Fall ist, dürfen zur Erhaltung des Wildstandes und zur Vermeidung seiner Beschädigungen Wildfütterungen nicht unterlassen werden. Man füttert Heu, Erbsstreu, Klee, Kartoffeln, Runkeln, Eicheln, Mais, Hafer usw., wobei man darauf zu achten hat, daß das Futter in möglichst viele kleine Haufen verteilt wird, damit jedes Stück Zutritt hat; von den großen Futterhaufen pflegt das schwächere Wild — namentlich beim Rotwilde — vom stärkeren abgeschlagen zu werden. Man sorge auch möglichst für Wasser in der Nähe der Futterstellen oder lege diese an stets offene Quellen und Bäche; ebenso soll man nie Trockenfutter allein geben, sondern neben Heu z. B. noch Hafer, Kartoffeln, Runkeln, Rüben usw. füttern. Trockenfutter muß stets in gut gedeckten Raufen verabreicht und sobald es feucht geworden, ausgewechselt werden. Über die Wildfutterfrage gehen heute die Ansichten noch so weit auseinander, daß eine weitere Klärung abgewartet werden muß. Jedenfalls sorge man für möglichste Abwechslung, stets gute trockene und reinliche Beschaffenheit des Futters; lege auch Salzlecken an und Salzlecksteine aus, da, wo das Wild gern steht und wechselt.

Die Futterstellen müssen möglichst abgelegen sein und ruhig gehalten werden (Schutz vor Wilddieben!); das Füttern ist, um Veruntreuungen zu vermeiden, einer strengen Kontrolle zu unterwerfen, auch soll immer zu derselben Tageszeit gefüttert werden. Bei geringerem Wildstande genügt schon das Fällen von Weichhölzern (Aspen, Weiden) und Weißtannen in der Nähe des Standes oder der Wechsel; dieselben sollen auch stets bei anderer Fütterung gefällt werden, da sie als einzig mögliche Grünäsung das Wild gesund erhalten und den oft

---

strich mit einer dickflüssigen Mischung von $^1/_3$ Schweinejauche, $^1/_3$ Rinderblut und $^1/_3$ Kalk bestens bewährt, welche im April bei trockenem Wetter (vor Beginn des Fegens!) an den notorisch gefährdeten Pflanzen angebracht wird; gegen das Verbeißen hilft das Bestreichen mit einer Mischung aus 1 Teil Steinkohlenteer, 4 Teilen frischem Kuhdung und soviel Kuhjauche, daß die Masse dickflüssig wird, resp. Raupenleim v. Ermisch aus Burg-Magdeburg oder mit bloßem Holzkohlenteer; doch dürfen die Knospen nicht mit gestrichen werden. Gegen das Auswechseln des Wildes hilft das Bestreichen von Randbäumen mit Rinderblut, gegen Schälen (an der Futterstelle) Umbinden von Abfallreisig mit geglühtem Draht oder indem man daselbst Durchforstungsstangen fällen und hohl hinlegen läßt, die dann das Wild lieber annimmt. Diese Mittel helfen jedoch nicht in allen Fällen.

gefährlichen Verdauungskrankheiten im Frühjahr vorbeugen. Neben **Waldwiesen und Waldfeldern** besäet man auch noch geeignete Gestelle, alte Kämpe usw. mit Seradella, Lupinen, Rübenarten, namentlich aber mit Vogelknöterig und Topinambur. In Revieren mit viel Heide- und Beerkraut genügt es meist, dem Wilde — namentlich wenn der Schnee eine Kruste hat — durch Eggen in der Nähe des Lieblingsstandes die Heide usw. zugänglich zu erhalten. Das Rot- und Damwild wird besonders durch Schälen (rings oder von unten nach oben, Figur 129, 130, an Fichten, Buchen, Eschen und Eichen usw.), aber auch durch Verbeißen auf den Kulturen schädlich, das Auerwild durch Verbeißen der jungen Knospen, das Schwarzwild durch Übertreten auf die Felder und Aufsuchen der Mast, ist jedoch auf der anderen Seite durch Vertilgung der Mäuse und Insekten und Verwundung des Bodens wieder sehr nützlich, der Hase (Figur 131 a b) und besonders die Kaninchen durch Benagen von jungen Pflanzen, seltener durch Verbeißen der Triebe. Die Kaninchen soll man auf alle Weise (Abschuß, Tellereisen- und Kastenfallenfang, Frettieren, Vergiften mit Schwefelkohlenstoff, den man in die Röhren bringt) zu vertilgen suchen, da sie sich ungeheuer vermehren und dann sehr schädlich werden können. Das Verbeißen des Rot- und Rehwildes hinterläßt eine rauhe Schnittfläche, weil es nur rupfen kann, das von Hase und Kaninchen eine glatte Schnittfläche — wie mit einem scharfen Messer abgeschnitten.

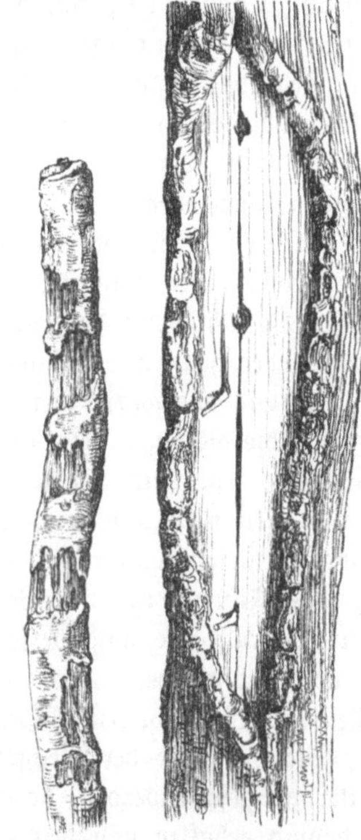

Figur 129. Ringsschälen des Rotwildes.

Figur 130. Längsschälen des Rotwildes.

Von den vielen Mitteln, es tauchen immer wieder neue auf, die gegen den Verbiß helfen sollen (Umwickeln von Werg, Umbinden von Papier und sog. Knospenschützern, etwa ein Dutzend Anstrichmittel) haben sich fast keine durchaus bewährt; viele schaden sogar den Pflanzen.

Sicher hilft nur der Zaun; doch ist auch als einfachstes und billigstes Mittel der Anstrich mit Kalkmilch zu empfehlen, die mit Rinderblut, Petroleum und Leim streichrecht verdickt, aufgebracht wird. Er muß natürlich — wie fast alle Streichmittel — öfter wiederholt werden und schützt einigermaßen gegen Verbeißen, Fegen und Schlagen.

Bei dieser Gelegenheit wird noch einmal besonders die Verfolgung des Eichhörnchens an das Herz gelegt, welches als arger Zerstörer der Bruten unserer nützlichsten kleinen Vögel und als Schädling an vielen Waldsämereien, an Eichel- und Buchelsaaten auszurotten ist.

§ 204.

β) Durch Mäuse. (Vergl. § 13.)

Die Mäuse werden durch Benagen der jungen Laubholzpflanzen (Hainbuche, Buche, Eiche, Ahorn, Esche, Rüster usw.) schädlich, welche sie meist über dem Wurzelknoten an der Rinde (3—7 cm hoch) anfressen oder deren Wurzel sie beschädigen (Figur 131 b c), öfter dringen sie auch in die im Herbst gemachten Eichel- resp. Buchelsaaten und fressen den Samen; nur wenige (m. silváticus und a. glaréolus) klettern und benagen in der Höhe. In von Mäusen gefährdeten Orten muß man deshalb diese Saaten erst im Frühjahr anlegen. Ein Vorbeugungsmittel ist das Fernhalten von Graswuchs durch dichte Beschirmung, da die Mäuse sich hauptsächlich von den Graswurzeln nähren und nur aus Näscherei oder Not Holzpflanzen benagen, sowie das Auslegen von Weichholzreisern; gegen das Benagen bestreiche man die Pflänzlinge mit einem Gemisch aus Kienteer und Bleimennige; die Schonung der Mäusefeinde, der Bussarde, Turmfalken, Eulen, Krähen, Wiesel, Iltis, Hermelin, Igel, des Dachses und des Fuchses ist geboten. Bereits benagte Laubholzloden oder sehr schwache Stangen schneidet man über dem Wurzelknoten mit einem glatten schrägen Schnitt möglichst tief ab, damit der Stock wieder frisch ausschlagen kann; ist Überwuchern des Stockes zu befürchten, so behäufele man ihn 20 cm hoch mit Erde, da sich dann unter dem Haufen neue Wurzeln bilden. Sollte der Fraß unterhalb des Wurzelknotens stattgefunden haben, so gibt es keine Rettung. Das Zurückschneiden soll man jedoch nur anwenden, wenn größere (mehr als 5—6 Quadratmeter) Lücken zu befürchten sind. Alle Verstecke der Mäuse — Wacholderbüsche, Laubanhäufungen, Brombeerhecken, dichte Ausschläge usw. — müssen entfernt werden. Als Vertilgungsmaßregeln, aber nur in lockerem sandigen Boden', sind Fanggräben und in diesen Fanglöcher, beide mit ganz glatten senkrechten Wänden oder eingesenkten und mit wenig Wasser gefüllten Töpfen oder Vergiftung durch arsenik-, strychnin- und phosphorhaltigem Weizen oder mit dem sicher wirkenden Sacharin-Strychnin-Hafer (von Wasmut-Ottensen), der in enge Drainröhren oder unter Strauch gelegt wird, sehr zu empfehlen und Schweineeintrieb, falls dieser sonst zulässig ist. Man lege auch z. B. in Buchenverjüngungen viele kleine Reisighaufen auf Stangen und unter diese die Drainröhren mit strychninvergiftetem Hafer. Die Mäuse sammeln sich massenhaft unter diesen Schutzhaufen und vergiften sich; die toten wurden sogar von den lebenden gefressen und so ein durchschlagender Erfolg erzielt. Wenn auf benachbarten Feldern sich viele Mäuse zeigen, so sichert man die Schonungen und Dickungen durch an der Grenze gezogene Gräben mit steilen Wänden und Fanglöchern in denselben. Vielfach hat auch die Vergiftung mit dem Löfflerschen Mäusebazillus Erfolg gehabt, der von Schwarzlose, Berlin SW, Markgrafenstr. 29 nebst Gebrauchsanweisung zu beziehen ist. Er hilft aber nicht gegen mus agrarius.

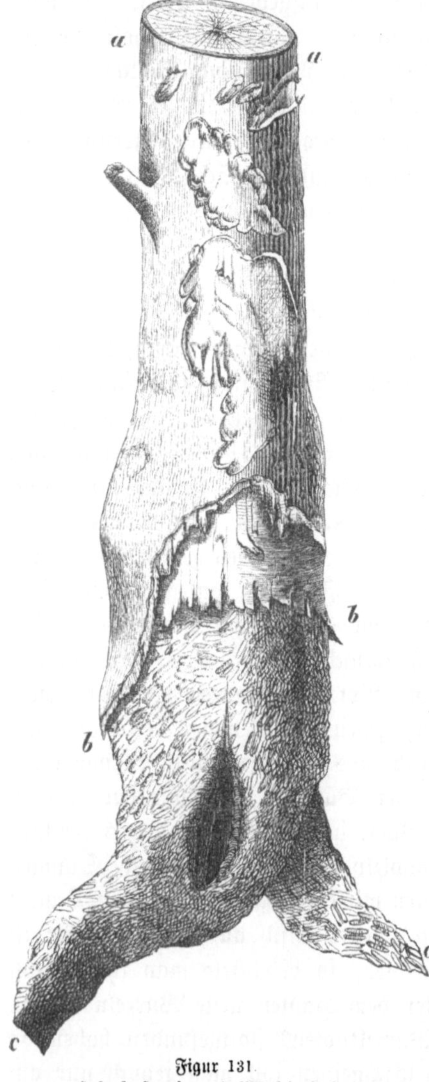

Figur 131.
Hasenfraß (a b) und Mäusefraß (b c) an demselben Stamm.

Besonders schädlich wird die der Hausmaus sehr ähnliche auch etwas kletternde Waldmaus (mus silvaticus) und die Wühlmaus (Wasserratte arvicola amphibius) an Stamm und Wurzeln, auf Kulturen, in Kämpen und Jungwüchsen; man fängt sie in den gewöhnlichen Maulwurfsfallen oder vergiftet sie mit Brocken, die aus 6 g Strychnin mit 800 g Roggenmehl gemischt und in die geöffneten und dann wieder sorgfältig verschlossenen Gänge gelegt werden. Die vorzüglich kletternde Rötelmaus benagt gern die Lärchen und Laubhölzer in den Spitzen; von benachbarten Feldern wandert häufiger ein die Feldmaus (arvicola arvalis); nach den Mastjahren von 1888 und 1890 ist der Mäuseschaden wieder stärker aufgetreten und hat sich daran auch a. agrestis, die oben schmutzig kastanienbraune, unten grauweiße Feldwühlmaus beteiligt, die in dem Benagen der Wurzeln der a. amphibius und in ihrer Klettergewandtheit a. glareolus fast gleichkommt.

§ 205.

b) Durch Vögel.

Von den Vögeln werden besonders die wilden Tauben — die Ringeltaube, die Hohltaube, die Turteltaube —, die Häher, die Finken und die Kreuzschnäbel durch Vertilgen der Nadelholzsamen, sowie von Eicheln und Bucheln auf den Saaten, den Kämpen und den Bäumen selbst schädlich. Auerwild frißt im Winter die Spitzen der Kulturpflanzen ab. Man schützt sich dagegen durch Bewachen, Ausstellen von Scheuchen, Bedecken des Samens mit Reisig oder Schutzgitter, durch Schießen, am besten aber durch Vergiften der Sämereien mit Bleimennige.

Auf der anderen Seite soll man sich den Schutz der nützlichen Vögel, die in den §§ 17—25 meist näher charakterisiert sind, dringend am Herzen liegen lassen, indem man ihre Feinde vertilgt und ihre Vermehrung in jeder Weise fördert. Eine strenge Handhabung des Reichsgesetzes über den Schutz von Vögeln vom 22. März 1888 (R.-G.-Bl. S. 111) wird dringend empfohlen.

§ 206.

c) Durch Insekten.

Von allen erörterten Gefahren ist die Gefahr durch Insektenfraß, namentlich durch viele Raupen- und Käferarten für den Wald die bedeutungsvollste. Das Laubholz leidet von Insekten erheblich weniger, so daß wir ein Absterben infolge Insektenfraßes nur selten feststellen können; Laubholz kann vollständig entblättert werden und geht doch selten ein, denn entweder schlägt es noch in demselben Jahre mit dem Johannistrieb wieder aus, wenn es ein Vorsommerfraß war (z. B. Schwammspinner, Kahnwickler, Nonne, Maikäfer) oder bei Nachsommerfraß, wenn die Knospen bereits zur Ruhe gekommen sind, schläft es allmählich ein und schlägt nach der Winterruhe wieder aus.

Es findet beim Laubholze nur ein nach der Stärke des Fraßes größerer oder geringerer Zuwachsverlust oder ein Verlust des Samens statt. Viel mehr leidet das Nadelholz, namentlich Kiefer und Fichte. Wenn bei Nadelholz Kahlfraß eintritt, so folgt Safterstickung und Blaufleckigkeit, die sicherste Todesanzeige, weil dann bereits das Kambium (siehe § 51) verwest und sich die Verderbnis dem Innern des Holzes mitteilt.

Das Nadelholz ist das ganze Jahr hindurch auf die Tätigkeit der Nadeln angewiesen und muß in seinem Lebensprozeß auf das empfindlichste berührt werden, wenn diese plötzlich fehlen.

Nächst den Blättern sind die Wurzeln von Bedeutung, deren Verlust der Pflanze, sobald sie wie z. B. vom Engerling, abgefressen werden, sofortigen und rettungslosen Tod bringt. Glücklicherweise haben wir die todbringenden Wurzelfresser nur an jungen Pflanzen, deren Ersatz leichter ist als der älterer Bäume. Sobald die Basthaut an Bäumen wie z. B. von den zahlreichen Borkenkäfern ringsum zerstört wird, so muß der Stamm ebenfalls eingehen, weil dann der Saftumlauf zwischen Wurzeln und Krone unterbrochen ist. Beschädigungen von Knospen sind weniger gefährlich, die Blumen- und Fruchtfresser beeinträchtigen oder vernichten nur die Ernte, sie töten den Baum nur dann, wenn gleichzeitiger vernichtender Blattfraß eintritt. Für das Leben des Baumes am ungefährlichsten ist der Holzfraß z. B. vieler Bockkäfer, die nur der Nutzbarkeit desselben schaden.

Im allgemeinen ist der Vorsommerfraß, weil er die Pflanzen in ihrer wichtigsten Entwicklungsperiode stört, immer bedenklicher als der Spätsommer- und Herbstfraß, wo die Knospen für das nächste Jahr bereits gebildet sind und ein Insektenfraß somit weniger Gefahr bringen kann; schlechte Standorte leiden mehr unter Insektenfraß als gute, weil letztere widerstandsfähiger sind und besser wiedererzeugen.

§ 207.

Allgemeine Schutz- und Vorbeugungsmaßregeln.

Den Insekten gegenüber ist wegen ihrer geringen Größe und ihrer verborgenen Lebensweise eine ganz außerordentliche Aufmerksamkeit nötig, damit man sie gleich bei ihrem ersten Erscheinen auffindet und die entsprechenden Vorbeugungsmaßregeln ergreifen kann. Bei der ungeheuren Vermehrungsfähigkeit derselben ist frühzeitiges und energisches Einschreiten resp. geeignetes Vorbeugen unbedingte Notwendigkeit, weil bei dem späteren massenhaften Auftreten eine Abwendung nicht immer möglich ist. Namentlich in allen Nadelholzrevieren hat der Forstmann auf folgende Erscheinungen das wachsamste Auge zu richten:

1. Zahlreiches Schwärmen von Käfern und Schmetterlingen, vorzüglich derselben Art.

2. Auf besonders häufiges Vorkommen der unten näher beschriebenen Insektenvertilger, namentlich der Spechte, Kuckucke, Ichneumonen usw.

3. Auftreten vieler Raupen oder Herabrieseln von Raupenkot, resp. das Auffinden desselben unter den Bäumen, auf Wegen und Gestellen in auffallender Menge.

4. Auffallendes Kränkeln von Stämmen, Dickungen und Kulturen, was sich durch welke Triebe, Licht- und Lückigwerden der Kronen, Grau- und Fuchsigwerden der Nadeln, Herabfallen von Trieben und Nadeln, Wurmmehlerscheinungen, durchlöcherte Rinde oder Harzausflüsse in der Rinde kennzeichnet.

An solchen Spuren können wir auch meistens sofort das Insekt selbst und die Ausdehnung des Schadens erkennen und danach unsere Mittel ergreifen. Ein Hauptvorbeugemittel ist sorgsamste Bestandspflege.

Insektenfraß in Kiefern.

§ 208.

Die Kiefer wird namentlich von einigen Schmetterlingsraupen (Spinner, Spanner, Nonne, Eule), zwei Blattwespenraupen (**Lophyrus pini** und **Lyda pratensis**), dem großen und kleinen Rüsselkäfer, dem Kiefernmarkkäfer, dem Engerlinge und der Maulwurfsgrille in oft verheerender Weise heimgesucht.

Der Kiefernspinner, Gastropăcha (Lasiocampa) pini O.

Der Schmetterling ist der größte unter den sehr schädlichen, entweder hell rötlich oder gelblich oder dunkel bräunlich oder grau gefärbt; sofort kenntlich ist er an den schneeweißen Halbmondfleckchen der Vorderflügel und an der breiten anders gefärbten dunklen Querbinde. Die Raupen sind stark behaart, meist dunkelbraun und kenntlich an den beiden stahlblauen Nackeneinschnitten. Die Puppe ist dunkelbraun und in einem festen wattenartigen schmutzig weißen oder graubraunen Kokon eingeschlossen. Die Eier sind hanfkorngroß, zuerst grün, später grau, zerbrochen glänzen sie perlmutterartig, der Kot ist sehr groß und dick, dunkelgrün.

Der Spinner fliegt gewöhnlich Mitte bis Ende Juli, legt je 20 bis 60 Eier — im ganzen 300—400 — in kleineren Häufchen in die Rindenritzen, an die Nadeln oder auch um Ästchen, woraus nach etwa 3 Wochen die kleinen Räupchen kommen und sofort die Nadeln befallen. Beim ersten stärkeren Frost (etwa bis 6° C.) oder anhaltendem naßkalten Wetter im Spätherbst, gewöhnlich nach ihrer 3. Häutung, steigen sie herab und überwintern im Moose am Fuß der Stämme im Umkreis von 0,5—1 m, besonders gern an den Südseiten. Gewöhnlich im April, oft auch früher, bei 7—9° C. Durchschnittstemperatur (es hängt dies sehr vom früheren oder späteren Eintrit beständigen warmen Wetters ab) besteigen sie wieder den Baum, bei kaltem Wetter öfters an der Rinde verweilend und fressen, bis sie sich im Juni, sobald sie ausgewachsen sind, an Nadeln und Zweigen verpuppen. Die Kiefernraupe wird deshalb so gefährlich, weil sie die Nadeln vollständig auffrißt und durch diesen Kahlfraß den befallenen Baum öfter tötet, am häufigsten wiederkehrt, am größesten und gefräßigsten, dabei unempfindlich ist und wenig Feinde hat.

Vorbeugungsmaßregeln: Außer der stetigen Aufmerksamkeit auf den Kot, der groß und dick, 6 mal längsgefurcht und undeutlich 3teilig ist, auf etwaiges Aufsteigen der jungen Raupen im Spätsommer, Fliegen oder Sitzen von Schmetterlingen im Juli an Stämmen usw. sind in besonders gefährdeten Kiefernrevieren — d. h. solchen mit schlechten Boden- und Wuchsverhältnissen —, falls im Herbste nach Eintritt des ersten stärkeren Frostes gründliche Revisionen am Fuße der Stämme im Umkreise von 1 m unter dem Moose viele

Raupen zeigen, Probesammlungen anzustellen. Hierbei wird zuerst das Moos oder die sonstige Bodendecke bei wieder eintretendem mildem Wetter streifen- oder flächenweis (0,5—1 ar groß) von Frauen rings um jeden Stamm aufgedeckt; findet sich keine Raupe, so muß noch mit einem Spähnchen nachgescharrt werden, weil die zusammengerollt liegenden Raupen leicht übersehen werden, sich zuweilen auch tiefer einwühlen. Man kann annehmen, daß selbst bei sorgfältigem Probesuchen die 3—6fache Anzahl Raupen übersehen wird. Die Zahl der gefundenen Raupen, die Zahl der untersuchten Stämme und die Größe der abgesuchten Fläche ist genau zu vermerken; findet man in schlechtwüchsigen jungen Stangenorten mehr wie 20 Raupen, im Altholze mehr wie 40 durchschnittlich pro Stamm resp. mehr wie 15000 pro ha, so muß man die Vertilgung durch Leimringe anordnen. Man muß außerdem in möglichst vielen Revierteilen Probesammlungen anstellen, am besten in etwa 10 m breiten Streifen durch den ganzen Bestand hin. Eines der wichtigsten Vorbeugemittel in notorisch gefährdeten Revieren liegt in der Erziehung von gemischten Beständen, d. h. in Einsprengung von Eiche, Buche, Fichte, Akazie, Birke usw., soweit dies der Standort irgend ermöglicht.

Vertilgungsmaßregeln: Das einzige Mittel ist das Fangen der im April wieder aufsteigenden Raupen auf rings um den Stamm angebrachten 5 cm breiten und 2—4 mm dick aufgetragenen Raupenleimringen. Zu diesem Zweck müssen die Stämme vorher abgerötet werden, d. h. man läßt bereits im Winter etwa bis Mitte Februar in handgerechter Brusthöhe auf 8—10 cm Breite mit einem zweigriffigen Schnitzmesser an Stangenholz, an Altholz aber besser mit dem Borkenhobel von Seitz*) vorsichtig die grobe Borke glatt wegnehmen. Der Anstrich mit Raupenleim**) wird etwa Mitte März, überhaupt wenn das warme Wetter ein Steigen der Raupen vermuten läßt, angelegt. Zum Anstrich empfehlen sich ein Spatel oder eine Kelle aus Holz mit bequemem Handgriff und dreieckigen Seitenwänden, wobei der Leim in

---

*) Zu beziehen für 4 Mk. durch Kammerdirektor Seitz zu Carolath (Post).

**) Raupenleim ist z. B. zu beziehen von Schindler u. Mützel zu Stettin, Ermisch in Burg b. Magdeburg, Pohlborn in Berlin S., Kohlenufer 1—3 usw. Er muß 2—3 Monate fängisch bleiben, gut streichrecht sein (nicht zu dick oder zu dünn) und muß im Wasser schwimmen.

einem um den Leib befestigten Gefäß mitgeführt wird. Die vielerlei neuerfundenen Apparate (Füllmaschinen, Leimschläuche) sind meist unpraktisch und verteuern nur die Kosten.

Die Raupen bleiben entweder (die kleineren) auf dem Ringe sitzen oder sie sammeln sich unterhalb des Ringes und wandern dann zurück oder sie sterben (meistens!) infolge der Besudelung mit dem Anstrich, wenn sie den Ring nur berührt haben, weil der Leim an Maul und Beinen sitzen bleibt und Ernährung wie Bewegung unmöglich macht. Die Kosten des Leimens und Ringelns belaufen sich auf etwa 15—20 Mark pro ha in 20—90jährigem Holz. Es ist ein völlig durchschlagendes Mittel.

Sollten zahlreiche Raupen bereits auf den Bäumen fressen ohne vorher bemerkt zu sein, so hilft in jüngeren Stangenorten ein kräftiges kurzes Anschlagen mit einer vorher umwickelten Axt (Anprällen), worauf die Raupen herunter fallen; (in untergehaltene Tücher).

Die am Tage untätig an den Bäumen sitzenden Schmetterlinge können im Juli zur Vorbeuge zerdrückt werden, am besten mit Stöcken, die oben mit Zeug oder Werg fest umwickelt sind.

Die Raupen werden gefressen von Heher, Kuckuck, Pirol, Elster, Ziegenmelker, Meise, Goldhähnchen, Igel, Krähe, Staar und vom Fuchs. Meisen und Staare stellen auch den Puppen, die Eulen und Fledermäuse den Schmetterlingen nach; außerdem haben die Eier in Ichneumonen, Tachinen, Ameisen, Baumwanzen, Raubkäfern (Puppenräuber) usw. ihre Feinde.

Das auffallend häufige Erscheinen von Lauf- und Moderkäfern, besonders aber der Schlupfwespen und Tachinen sind das sicherste Zeichen dieses wie jeden Raupenfraßes. Von den Schlupfwespen sind besonders wichtig: Ichneumon circumflexus, gebogener Ichneumon, die größte je eine in einer Raupe oder Puppe als Made vorkommende Schlupfwespe; Ichneumon globatus, Knäuelichneumon, mit seinen im Mai massenhaft auf den Raupen sitzenden weißen zusammengeballten Tönnchen, von dem mehr als 100 Maden in einer Raupe vorkommen. Im ganzen kommen im Spinner etwa 50 Arten Schlupfwespen vor, welche in der Raupe, der Puppe oder den Eiern als Maden leben und sie schließlich töten. Häufig vernichten das Insekt auch verheerende Pilzkrankheiten.

§ 209.

Die Eule, Forl- oder Kieferneule. Trachéa (noctua) piniperda. Figur 13, Seite 40.

Ein kleiner Falter; Vorderflügel zimmetrötlich mit graulicher Beimischung und weißen Flecken, Hinterflügel und Hinterleib graubraun mit fadenförmigen Fühlern. Die 16füßige Raupe ist kahl, gelblich grün, mit 3—5 weißen und je einem gelben Streifen auf jeder Seite dicht über den Beinen. Die zuerst grüne, später dunkelbraune Puppe ist leicht kenntlich an 2 Spitzen am After. Die halbkugeligen grünen Eier stehen zu 4—10 reihenweis (im Frühjahr) an den Nadeln. Der Kot ist lang und dünn und besteht aus drei Stücken. Auffallend ist die Eule durch ihren frühen Flug, bereits Ende März bis Mitte Mai. Sie befällt die jungen Stangenhölzer, auch wohl Schonungen und die Raupen fressen von Mai bis Mitte Juli nicht nur Nadeln der Triebe, sondern sie bohren sich auch in den noch weichen Maitrieb ein. Puppe von Ende Juli bis Ende März unter dem Schirm der Fraßbäume. Im Gegensatz zum Spinner, der besonders auf schlechtem Boden haust, kommt die Eule auch auf besserem Boden, namentlich in 20—40jährigen Kiefernstangen, selten in Fichten, Stroben usw. vor; selbst kahl gefressene Bestände können sich infolge von Bildung neuer Scheidentriebe wieder erholen; bilden sich aber Rosetten*) an den Zweigen, so ist das Eingehen wahrscheinlich. Zur Vorbeuge achte man Abends im Frühjahre (auf dem Schnepfenstriche!) auf die schwärmenden Falter und untersuche dann später die erreichbaren Maitriebe nach den grünen Eiern oder Ende Mai und Juni nach den Raupen; umgeknickte, welke, verkümmerte, verschrumpfende und entnadelte Maitriebe deuten am besten auf das Vorhandensein von Eulenfraß hin. Der Fraß pflegt etwa alle 10 Jahre wiederzukehren.

---

*) „Rosetten“ nannte zuerst Ratzeburg jene eigentümlichen büschelförmigen Triebbildungen an den Kiefern, welche als Vorboten des Todes aufzutreten pflegen. Einen Anhalt, ob sich der Bestand halten wird, bieten weniger die Menge der noch erhaltenen Nadeln (Ratzeburg), als der Zustand (Größe und Fülle!) der Knospen. (Robert Hartig). Jedenfalls treibe man nie vorschnell ab, sondern warte und beobachte möglichst lange, da die Widerstandskraft der Bestände häufig unterschätzt wird und günstiges Wetter viel wieder gut machen, ungünstiges (Dürre) aber auch alles vernichten kann.

Das Hauptmittel dagegen ist Schweineeintrieb von Juli ab, **wenn die Raupen zur Verpuppung** herabkriechen, womöglich von härteren **russischen oder polnischen Rassen** mit langen Beinen und spitzer Schnauze, **da unsere veredelten Schweine** nicht mehr geeignet erscheinen. Ist die **Gefahr besonders groß**, so muß man auch noch die Raupen sammeln, **und wenn die Raupe** bei eintretendem Futtermangel wandern sollte, **Fanggräben ziehen**; selbst im Winter treibt man noch Schweine ein, **um die Puppen zu vertilgen.** Recht wirksam ist das Abprällen von schwachen Stämmen und Ästen mit umwickelten Äxten in untergehaltene Tücher (von Anfang Mai an). Mit ihr zusammen fressen vielfach: **Geometra piniaria, lituraria, fasciaria** und **Sphinx pinastri.** Das Leimen — Anfang Mai — wie beim Spinner hat verschiedentlich guten Erfolg gehabt! Durchgreifende Mittel haben wir leider nicht, sondern müssen das beste den vielen Feinden überlassen.

Als nackte Raupe ist die Eule gegen schlechte Witterung empfindlich und hat unter allen Tieren zahlreiche Feinde; von Ichneumonen, **Tachinen (Tachina glabrata)** und Pilzen wird sie besonders stark befallen, ferner stellen ihr nach: Meisen, Goldhähnchen, Finken, Drosseln, Pirol, Heher; am Boden in der Ruhe: Igel, Dachs, Wildschwein, Spitzmaus, zahlreiche Laufkäfer.

§ 210.

Der Spanner oder Kiefernspanner. Fidōnia (geometra) piniāria. Vergl. Figur 12, Seite 40.

Der männliche Falter hat doppelt gekämmte Fühler und hellgelbe **dunkelbraun gefleckte** Flügel, das Weibchen dagegen braunrote (fast **einfarbige**) Flügel und fadenförmige Fühler.

Die grüne kahle 3 cm lange Raupe hat 10 Füße und einen grünen Kopf, der wie der ganze Leib hell- und dunkelgrün gestreift ist.

Die Puppe unterscheidet sich von der Eulenpuppe nur durch den einspitzigen After. Die grünen Eier sitzen zu 5--6, aber auch bis 30 an den Nadeln der Krone. Die Raupen fressen von Mitte Mai bis Oktober die Nadeln, an der Kronenspitze beginnend, worauf sie sich hinunterspinnen und unter dem Moose als Puppen wie die Eule unter dem ganzen Baumschirme zerstreut überwintern. Die Nadeln sind meist unten ganz, oben nur am Rand angefressen; die Triebe sehen grob borstenförmig, das Fraßgebiet sieht grau bräunlich von weitem aus.

Die Bestandesränder bleiben meist verschont. Die Falter fallen im Juni, zuweilen schon früher, durch ihren schnellen, taumelnden Flug auf, im Herbst die an langen Fäden schaukelnden Raupen. Die Flugzeit zieht sich oft von Anfang Mai bis Ende Juni hin, Hauptschwarmzeit ist aber im Juni. Der Kot ist klein, unregelmäßig eckig. Fraß besonders an 20—40jährigen Kiefernstangen. Der große Fraß im Nürnberger Reichswald 1892/96 hat ergeben, daß es keine durchschlagenden Vertilgungsmittel gibt; auch der Fraß in den Jahren 1900—1902 in Mitteldeutschland, der enormen Schaden verursachte, brachte keine (Schweine- und Hühnereintrieb, Leimen usw. haben sich nicht unzweifelhaft bewährt; das für Vertilgung aufgewendete Geld ist meist weggeworfen); die Natur hilft sich aber selbst durch Massenvermehrung der Feinde, durch Krankheiten, ungünstiges Wetter usw. Solche Bestände, die erst im Oktober ihre grüne Benadelung verlieren, pflegen sich zu erholen, solche, die schon im August trocken werden, sind meist verloren und dann schleunigst zu versilbern.

Im allgemeinen sind dieselben Mittel wie gegen die Eule, mit der er in ihrer Lebensweise viel Ähnlichkeit hat, anzuwenden. Er hat fast dieselben Feinde wie jene, namentlich: Ichneumonen, Tachinen, Pilze, Raubkäfer, Baumwanzen, Wespen, Ameisen, Drosseln. Man sei auch beim Spannerfraß vorsichtig, ehe man sich zum Abtriebe entschließt.

Zu erwähnen bleibt noch — bevor wir die schädlichen Schmetterlinge verlassen — der Kiefernschwärmer Sphinx pinastri, ein großer grauer mit 3 schwarzen Längsstrichen auf den Vorderflügeln gezeichneter im Frühling fliegender Schmetterling. Die sehr große auffallende nackte Raupe ist grün mit bräunlich rotem Rückenstreif und hat auf dem Schwanz ein Horn. Große Puppe im Winterlager; wird erst bei den Probesammlungen gefunden. Die Raupe frißt fast den ganzen Sommer über mit anderen Schädlingen zusammen Nadeln, ohne für sich erheblich zu schaden. Ein größerer selbständiger Schaden ist wohl nie bekannt und die Bedeutung früher sehr überschätzt worden.

§ 211.

Die kleine Kiefernblattwespe. Lophyrus (tenthredo) pini.

Die kleine dicke und gedrungene, etwa Stubenfliegen-große Wespe hat einen braungelb oder braunschwarz gebänderten Hinterleib, das

Männchen ist kleiner und bis auf die rotgelben Beine ganz schwarz, sie summt wie eine Schmeißfliege und ähnelt ganz einer dicken Fliege. Die zarten grünweißen wurstförmigen Eier sitzen in der Nadelkante meist oben in der Krone kettenartig übereinander, wie eingesägt.

Die schmutzig gelbgrüne schwerfällig wandernde nackte Raupe hat einen rotbraunen Kopf, 22 Füße und über jedem Fußpaare ein sehr charakteristisches schwarzes liegendes Semikolon (·-). Der Kokon ist schmutzig braun, lederartig und tonnenförmig, im Winter an der Erde, im Sommer am Baum. Die Wespen schwärmen im April und August, haben also doppelte Generation, doch ist dieselbe recht unregelmäßig, vielfach auch nur 1jährig.

Der Fraß ist leicht daran kenntlich, daß die Nadeln selten ganz abgefressen werden, sondern kleine Stümpfchen überbleiben, meist werden auch nur die vorjährigen Nadeln gefressen, von denen die Mittelrippe meist stehen bleibt, erst in der Not kümmernde Maitriebe. Bei der Berührung der Zweige verraten sich die immer in Haufen sitzenden Räupchen durch Emporschnellen des Kopfes.

Der unter den Bäumen liegende Kot hat rhombische Form.

Mit Vorliebe werden unterdrückte schlechtwüchsige freiliegende oder Rand-Bestände befallen, erst bei größerer Ausdehnung greifen die Raupen auch das Innere großer Bestände an und werden dann bei Massenauftreten, da sie kahl fressen, sehr schädlich; in kräftige Schonungen kommen sie fast nie.

Das einzige sichere Mittel ist das Sammeln der Raupen im Mai und Juni oder September und Oktober, wenn die Räupchen noch in Klumpen fressen, indem man die befallenen erreichbaren Zweige in untergehaltene Gefäße oder Tücher abschüttelt oder die Raupen mit Handbrettchen zerquetscht oder jüngere Stangen bei kaltem Wetter anprällt, öfter haben sich auch mit Raupenleim bestrichene Stangen bewährt, die während der Schwärmzeit aufgestellt werden.

Die nackte Raupe ist sehr wetterempfindlich und hat ebenso zahlreiche und dieselben Feinde wie die Eulen- und Spannerraupe. Die natürlichen Feinde in der Tierwelt bilden auch hier das Hauptgegengewicht. Mit ihr fressen meist noch andere ähnliche, meist schwer zu bestimmende Blattwespenarten zusammen, z. B. L. rufus, pallidus, socius usw. mit ähnlichen Lebens- und Fraßweisen.

§ 212.

Die große Kiefernblattwespe Lyda (tenthredo) praténsis.

Die Wespe ist größer als die vorige, oben schwarz mit vielen gelben Flecken auf Kopf und Bruststück und roter Einfassung des Hinterleibes. Die grüne nackte mit dunklen Punkten besetzte Raupe hat nur 6 deutliche Füße vorn und 2 auswärts gerichtete Spitzen am letzten Ring; die kahnförmigen grünlichen Eier sitzen einzeln an den Nadeln, die Puppen ohne Kokon in kleiner Höhle in der Erde. Die Generation ist 3jährig, nur ausnahmsweis 1—2jährig. Kot und meist Nadeln in einem Gespinst in den Zweigen; Kot länglich zylindrisch, fast glattwandig, oben und unten abgerundet. Die Raupe frißt aus ihrem Gespinnst heraus die Nadeln, die sie vorher abbeißt, und wandert allmählich von unten nach oben, das Gespinnst immer vergrößernd. Der Hauptfraß findet vom Juni bis Mitte August statt; die Wespen schwärmen lebhaft im Mai bis Anfang Juni. Kenntlich ist der Fraß daran, daß die Bäume unten ganz kahl gefressen sind, während die Zweigspitzen und die Krone noch benadelt sind. Meist wird junges schlechtwüchsiges Holz, später auch 30—40jähriges Stangenholz befallen.

Hauptmittel dagegen ist Schweineeintrieb im Herbst und Winter oder vorsichtiges Aufhacken des Bodens, um die überwinternden Raupen und Puppen zu vernichten, sowie Schonung der sie vertilgenden Tiere (Meisen, Finken), wozu wir bei größerem Fraße noch die Mäuse und Spitzmäuse rechnen müssen, die nach neueren Beobachtungen die nackt ruhenden Larven und Kokons fressen. In älterem Holze rötet man die Stämme (etwa 50 Stück in Altholz und etwa 200 Stück in Stangenholz pro **ha**) bis auf Brusthöhe Ende Mai und bestreiche sie dann mit Raupenleim. Auf Blößen und Kulturen wird die Aufstellung von 2 m langen geschälten und mit Raupenleim bestrichenen Fangstangen zur Schwärmzeit empfohlen. Die Wirkung der zahlreichen Feinde ist um so größer, als die Larven mehrere Jahre überliegen. Starker Platzregen beendigt die Kalamität oft sofort. An regnerischen oder kühlen Tagen läßt man von 6—10 Uhr Vormittags die Wespen zur Schwärmzeit von Schulkindern sammeln. Hühnereintrieb hat sich nicht recht bewährt. Bei der Probesammlung ist immer auf **Lyda** zu achten und sind Maßregeln zu ergreifen, wenn man bei Beginn des Auftretens 10, später

15 Puppen pro qm findet. Ganz ähnlich verhalten sich die ebenso auftretende Lyda erythrocephala und campestris; erstere frißt jedoch fast nur in Dickungen.

§ 213.

Die Maikäfer. Melolóntha vulgāris und hippocastani.

Das Männchen unterscheidet sich vom Weibchen durch einen breiteren und längeren Fühlerfächer (♂ 7blättrig, ♀ 6blättrig), sowie viel längere Hinterleibsspitze. Der Engerling von M. hippocastani gebraucht meist 5, von M. vulgaris meist nur 4 Jahre zu seiner Entwicklung vom Ei bis zum Käfer, deshalb kehren die Hauptflugjahre nur alle 4—5 Jahre wieder; die Flugjahre sind in den verschiedenen Gegenden verschieden, auch schwankt die Entwicklung je nach Lage und Milde. Der Käfer frißt von Kiefern und Fichten höchstens die männlichen Kätzchen, sonst nur Laubhölzer, namentlich Eichen, Birken, Pappeln, besonders freistehende Bäume. Der Engerling frißt die Wurzeln aller Holzarten und tötet dieselben bei intensivem Fraß.

Nach den Untersuchungen des Forstrats Feddersen, denen wir im wesentlichen folgen — ist M. hippocastani hauptsächlich der Waldmaikäfer, vulgaris der Feldmaikäfer.

Lebensweise: Die Käfer schwärmen im Mai in der Dämmerzeit eine halbe Stunde vor bis eine Stunde nach Untergang der Sonne; das Weibchen sucht hochliegende warme lockere Stellen zur Eierablage und legt etwa 70 Eier in Gruppen von je 18—27 Stück 8 (frischer Boden) bis 30 (Sandboden) cm tief ab, von denen jedoch nur etwa $\frac{1}{3}$ Engerlinge nach etwa 7 Wochen auskommen; bis Mitte Juli bleiben dieselben zusammen, um sich dann zum Fraße zu zerstreuen; bei starkem Fraße wandern sie. Sie vermögen die Kiefer in allen Altersstadien, selbst über 100 Jahre alte Stämme durch Abfressen der Wurzeln zu töten; aber auch der Käfer frißt höchst verderblich in den Kronen der meisten Laubhölzer wie von Kiefer, Fichte und Lärche. Im September vor dem Flugjahre entpuppen sie sich und werden bereits nach einem Monat Käfer, die dann etwa 1 m tief in der Erde überwintern.

Am gefährdetsten sind verödete trockne heiße Heideböden; die Kahlschlagwirtschaft fördert die Ausbreitung.

Vorbeuge: Wirtschaftliche Maßregeln. Natürliche Verjüngung durch Freihauen von guten Vorwuchshorsten und ringförmige

Vergrößerung derselben, Führung vieler kleiner Löcherhiebe, um die Freilegung des Bodens zu vermindern, jedoch stets mindestens ein Jagen entfernt von Fraßstellen. Große Kiefernkulturen fasse man mit Birkengürteln an Wegen und Gestellen ein, die gute Fangbäume und zugleich Sicherung gegen Waldfeuer bieten. Die Kämpe — eine Hauptbrutstätte — belege man in der Zwischenzeit mit einer dicken Laubschicht und über dieselbe womöglich noch Schilf, was die Weibchen sicher abhält. Komposthaufen sind zu decken, alle Kulturen mit tiefer Bodenlockerung im Flugjahre zu vermeiden.

Abwehrmaßregeln: Die Vorbeugemaßregeln decken sich mit den Vertilgungsmaßregeln und bestehen im Sammeln der Käfer in den Flugjahren. Man biete alle Arbeitskräfte (auch die Schulen, Militär usw. wenn irgend möglich!) auf und lasse von früh 4—10 Uhr, an kühlen Tagen fortwährend, die Käfer schütteln, in zum Teil verschlossene Blechgefäße (Gießkannen) und Säcke sammeln und dann in großen Kochkesseln töten. Sind die Käfer nicht als Dungmittel, Schweine- oder Hühnerfutter zu verwerten, so menge man sie mit Kalk und vergrabe sie. Das Sammeln geschieht am besten im Akkord und kostet nach Feddersen etwa 10—20 Pf. mit je 430 hippocastani- und 370 vulgaris-Käfern durchschnittlich pro Liter. Im Juli und August vor dem Flugjahre liegen die Engerlinge sehr flach. Wo die vielen welken Pflanzen, die lockere Erde, viele Maulwurfshügel den Feind verraten, lockere man den Boden mit Kartoffelhacken und sammle die Engerlinge, was nach Feddersen gute Erfolge hatte und pro Liter durchschnittlich 30 Pf. kostete. Tote Maikäfer haben einen Dungwert von etwa 3 Mk. pro Zentner, sind auch ein wertvolles Beifutter für Schweine und Hühner.

Für Kämpe wird das Einbringen von Schwefelkohlenstoff in 12 cm tiefe Löcher empfohlen, die mit einer besonderen durch Vermittlung der Königl. Oberförsterei Lutter a. B. für 18 Mk. zu beziehenden Hebelkanne in 30 cm² in die Beete eingestoßen werden, je 2 g pro Loch. Vorsicht gegen Entzündung geboten.

Die Feinde: Maulwurf, Krähen, Stare, Würger, Eulen, Fuchs, Dachs, Marder, Igel, Fledermäuse sind in Fraßgegenden zu begünstigen. Gemeinschaftliches Vorgehen der ganzen Gegend unter Hilfe der Polizeiorgane resp. Erlaß von Polizeiverordnungen ist unerläßlich, wo die Kalamität überhand nimmt.

§ 214.

Der große braune Rüsselkäfer*). Hylōbius abiētis L. (curculio pini R.) Figur 7, Seite 36.

Es ist ein mittelgroßer (6—13 mm) brauner Rüsselkäfer mit gelben abgebrochenen Querbinden. Die Larve lebt unschädlich in den Wurzeln der frischen Stöcke und in Astreisig auf den Schlägen, um so schädlicher wird der Käfer, welcher mit seinem Rüssel die kleinen Pflanzen (von 2—8 Jahren) in besonders schädlicher Weise ansticht und dann viele erbsengroße Plätze in der Rinde frißt, die einen Harzausfluß veranlassen und meist tötlich werden; die Wundstellen haben wegen des Harzausflusses ein grindiges Aussehen.

Er frißt am liebsten an Kiefern und Fichten, selten an allerlei Laubhölzern. Die Fichte ist empfindlicher!

Lebensweise: Auf den frischen (diesjährigen) Schlägen entwickeln sich nach der im Frühling erfolgten Eierablage die jungen Larven im Juni und sind Ende Juli schon halb-, im September ganz ausgewachsen; sie nagen in Wurzeln, Stöcken, Abfallreisig usw. in unschädlicher Weise breite furchenartige auffallende Fraßgänge und bohren am Ende derselben und zwar stets hinter einem Spanpfropf ihre Puppenhöhle; nach 8—9 Monaten, spätestens Anfang Juli des zweiten Jahres verpuppen sie sich, um schon etwa Mitte Juli als junge Käfer sich auszubohren, die dann, ohne bemerkbaren Schaden, fressen und unter Moos und Rinden überwintern. Im folgenden April beginnt der verderbliche Fraß, die Flugzeit und die oft Monate andauernde und meist von demselben Weibchen öfter wiederholte Eierablage des alten Käfers, der sich dann noch länger fressend herumtreibt.

Hieraus erklärt sich die Verschiedenheit des Auftretens.

Mit ihm fressen in der Kiefer 5 wurzelbrütende Hylesinen, nämlich **H. ligniperda, attenuatus, angustatus, opacus** und **ater** (letzterer am gefährlichsten), in Fichten nur H. cunicularius zusammen.

---

*) Mit dem großen braunen Rüsselkäfer frißt stets der ihm zum Verwechseln ähnliche, aber meist kleinere Hylobius pinastri (Gyll), namentlich auf Kiefern in derselben Weise zusammen. H. pinastri ist nur 4—9 mm groß (H. abiētis 6—13 mm) und glänzend, die Beine inkl. die Schenkel rot — bei H. abietis schwarz oder dunkel. Übrigens wechseln bekanntlich die Farben bei diesen Rüsselkäfern, ebenso wie die Größen sehr. H. pinastri ist beweglicher und frißt mehr in der Höhe.

Gegenmittel. Die diesjährigen Schlagflächen z. B. 1903 werden kurz vor der Kulturzeit im Frühjahre (März bis April), sobald die Witterung und Abfuhr der Hölzer es gestattet, durch spatentiefe und spatenbreite Fanggräben mit nach unten abgeschrägten glatten Wänden umgeben, die alle 10 m ein etwa 0,3 m im Kubus haltendes Fangloch mit ebenfalls nach unten abgeschrägten ganz glatten Wänden haben; etwa durch die Schläge führende Wege sind ebenfalls zu isolieren, da gerade auf diesen die Käfer am liebsten überlaufen. Bei etwa noch nicht beendeter Abfuhr sind die Gräben, wenn sie eingefahren werden, stets zu erneuern, namentlich sind alle Brücken (überliegende Reiser, Strauch usw.) zu entfernen. Im Juni (1904) sind diese Gräben gegen die im Juli zu erwartenden jungen Käfer wieder fängisch zu stellen und auch zur Sicherheit im folgenden Frühjahr (1905) noch einmal zu räumen und fängisch zu halten, so lange alte Käfer bemerkbar sind. An warmen Tagen sind die Käfer nötigenfalls täglich aus den Löchern in Gießkannen, am besten mit kellenartigen großlochigen Blechsieben von Frauen zu sammeln, die zugleich alle Brücken entfernen und sich dabei vor Beschädigungen der Grabenwände durch Abtreten und mit ihren Kleidern sorgfältig zu hüten haben, auch schlechte Stellen der Gräben sofort wiederherzustellen. Die abgelieferten Käfer werden vom Beamten in einem bestimmten Gefäß, in welchem man vorher Probezählungen der darin enthaltenen Käfer vorgenommen hat, nachgemessen und wird ihre Zahl gebucht, dann werden sie in kochendem Wasser verbrüht und als Futter für Schweine und Hühner, als Dung usw. verwertet. Ebenso wirksam sind auch 30—40 cm im Kubus haltende und über die ganze zu schützende Fläche in etwa 10—20 m^2 Verband verteilte Fanglöcher, besonders in heißen Lagen; in solche legt man auch gern auf den Boden dünne Fichten- und Kiefernzweige, sie müssen natürlich auch abgesammelt und gepflegt werden. Wo die Gräben nicht gut fangen, z. B. in bindigem Boden (Boden I.—III. Kl.), der den Käfern das Heraufkriechen ermöglicht, sowie im Gebirge — lege man bis zum 3. Frühjahre reichlich Fangmaterial (Kloben, Knüppel, Reiser, Rinde und zwar stets mit der angeplätzten Rindenseite an die Erde) von April ab auf die Kulturen, das alle paar Tage (bei warmem Sommerwetter täglich, bei naßkaltem Wetter gar nicht) mit den oben erwähnten Hylesinen, die sich auch gern darunter fangen, abzulesen und — so oft die Rinde trocken — zu erneuern ist; ein vortreffliches Lockmittel bilden auch 20 : 25 cm große Rindenstücke — etwa 300 pro ha —, die auf der Bastseite ganz, oben mit nur einem Pinselstrich mit Terpentin bestrichen, auf der Bastseite ausgelegt und oben mit einem Plaggen beschwert werden; sind sie trocken, so müssen sie erneuert werden, auch müssen sie täglich, später alle 2—5 Tage abgesammelt werden, bis in den August hinein. Die Schläge sind sorgfältig zu roden und ist alles Brutmaterial, besonders der Abraum zu entfernen, resp. zu verbrennen; wo dies nicht möglich — ist eine 2—3jährige Schlagruhe geboten, ehe man kultiviert; auch sind Springschläge mit 4jährigen Zwischenräumen zu führen.

Lassen sich weder Gräben noch Fangmaterial anbringen, so bestreicht man die Pflanzen, namentlich auch Laubhölzer, wo diese angenommen werden, im April ringsum mittels kleiner Schuhbürsten mit Ermischschem Raupenleim. Man braucht 1,2 kg pro ha à 30 Pf. Tausend Pflanzen erfordern etwa 0,8 Mk. Die Spitzknospen dürfen keinen Leim erhalten.

Mit dem großen Rüsselkäfer fressen vielfach 2 graue Rüsselkäfer schädlich zusammen: **Strophosomus obesus**: klein, sehr gedrungen und **Cneorhinchus geminatus**: Flügeldecken hell und dunkel längs gestreift, und zu etwa 10 % mit H. abietis vergesellschaftet: H. pinastri, glänzend braun mit rötlichen Schenkeln. Man muß sie abklopfen und absuchen.

§ 215.

Die kleinen Rüsselkäfer (Pissōdes).

Pissodes (curculio) notatus, Weißpunktrüsselkäfer, Kleiner Rüsselkäfer. Ist nur halb so groß als der vorige, hat einen längeren und dünneren Rüssel, ein helleres Braun, zwei große helle Querbinden, 8 weiße Punkte auf dem Halsschild. Flugzeit Mai—Juni, Larven Juni—Juli, Verpuppung derselben in einer Splintwiege mit Spanpolster im August, Auskommen des Käfers im Herbst, Überwintern im Moos usw.; es kommen aber auch viele Unregelmäßigkeiten vor, so daß Eichhoff sogar eine doppelte Generation annimmt. Wird besonders als Larve schädlich, die unter der Rinde, gewöhnlich unter den Astquirlen junger 3—8jähriger, selten noch älterer Kiefern, auch in Stangen oft in Zahl von 20—30 zusammen auskommt und dann von oben nach unten immer breiter werdende Gänge unter dem Baste frißt; oder sie kommt in den Zapfen aus und zerstört dann oft einen großen Teil der Ernte. Der Fraß ist im Sommer in den Kiefernschonungen an dem Rotwerden der Stämmchen und Welken der Triebe kenntlich, welche an den unteren Quirlen Löcher, wie mit schwachem Schrot Nr. 6—7 geschossen, zeigen. Die absterbenden Pflanzen werden mit den Larven etwa im Juli ausgezogen und verbrannt; auch fängt man die Käfer während der Flugzeit im Mai an Kiefernstangen, die in der Nähe der gefährdeten Kulturen und Schonungen an warmen Bestandsrändern gefällt werden, massenhaft. In Stangen und in Altholz frißt der Käfer jedoch weniger schädlich.

Pissodes piniphilus. Stangenrüsselkäfer. Die kleinste von den schwer zu unterscheidenden Pissodes-Arten (2,3 mm). Der rostbräunliche Käfer ist fast ganz bedeckt mit weißen Haaren; die für die pissodes sonst charakteristischen zwei Querbinden mehr verwischt, die hintere artet in zwei große rostfarbene Punkte aus. Generation ist von mir endgültig als 2jährige festgestellt, während sie bei den übrigen Arten 1jährig ist.

Er frißt in Stangenholz und nur in dessen gelber abblätternder dünner Spiegelrinde, wie im Gipfel alten Holzes. Sein Fraß fällt, wenn erheblich, durch die vielen weißen Flecke — als wenn die Stämme mit Kalk bespritzt wären — und die kurzen buschigen Triebe sofort in die Augen; er befällt namentlich unterdrücktes Holz — und nur soweit die Rinde zart ist, und findet man hier die charakteristischen dünnen schwarzen Schnörkellarvengänge unter dem grünen Baste. Sonstige Lebensweise wie bei p. notatus. Der Käfer verursacht unter Umständen sehr bedeutenden Schaden in Kiefernstangenhölzern. Die befallenen Stämme müssen vor der Schwärmzeit im Juni, spätestens im Mai — man hat ja ein Jahr Zeit dazu — herausgehauen und abgefahren werden, auch muß alles Abfallreisig, in dem ich stets viel Brutmaterial gefunden habe — ausgebracht und verbrannt werden. Mit ihm zusammen frißt auch Hylesīnus minor.

Weniger wichtig ist der zuweilen in Tannen auftretende p. piceae und der an fast allen Nadelhölzern fressende p. pini.

§ 216.

Der schwarze Kiefernmarkkäfer. Hylesīnus pinipérda (Waldgärtner).

Ein kleiner (4—4,5 mm) behaarter brauner bis schwarzer Käfer, sehr fein gestreift, punktiert und etwas runzlig, vom Borkenkäfer wie alle Bastkäfer dadurch unterschieden, daß er einen etwas spitzer zulaufenden Kopf hat. Der alte Käfer fliegt im frühen Frühjahr in geschlagenes Holz und an kränkelnde stehende Stämme und legt dort unter der Rinde — einen 8—15 cm langen Lotgang, der unten mit einer charakteristischen Krücke anfängt, fressend — seine 100—120 Eier ab, woraus sich die jungen Käfer Ende Juli, oft auch wieder im Herbst entwickeln und die jungen Triebe von Kiefernrandbäumen befallen, seltener weit in die Bestände hineinfliegen, dieselben ausbohren, sodaß sie abbrechen und mit ihnen herunterfallen. Bei eintretendem Froste bohrt sich der Käfer am Wurzelknoten in den Splint der Bäume, um zu überwintern; seltener bleibt er in den abgefallenen Trieben. Er wird also in dreifacher Weise schädlich: durch Ausbohren der Triebe (am meisten!), Zerstörung der Basthaut mit seinen Larvengängen und Anbohren des Wurzelstocks. Kenntlich ist der Fraß an den im Spätsommer unter Kiefern liegenden zahlreichen hohlen Trieben mit einem Holztrichter und schon von weitem an den stark durchfressenen und lückigen Kronen der Bestandsränder sowie an dem bis 1 cm hohen Bohrmehltrichter auf der Rinde. Bei wiederholtem oder starkem Fraß werden die Stämme wipfeldürr und gehen ein, abgesehen davon, daß meistens die Zapfenernte vernichtet wird.

Als bestes Gegenmittel ist das bis Ende Mai zu bewirkende Abfahren alles Schichtholzes aus dem Reviere und sorgfältige Herausnahme aller kranken und trocknen Stämme zu empfehlen; auch sucht man den Käfer auf gesunden und kranken Fangbäumen, die im Sommer bis Mitte Juli geworfen, sobald sie mit Brut besetzt, zu schälen und dann gleich wieder zu erneuern sind, wie den Borkenkäfer (siehe § 220) zu fangen. Die ersten Fangbäume müssen etwas vor den beiden erwähnten Schwärmzeiten — etwa im März und Ende Juni — mit der ganzen Krone gefällt und bald geschält werden. Die Rinde muß verbrannt werden.

§ 217.

Andere Kiefernschädlinge.

a) Bastkäfer. In Kiefern werden auch folgende Bastkäfer (Hylesinus) merklich schädlich: Es wurden bereits in § 214 Abs. 4 und 5 wurzelbrütende Hylesinen genannt, von denen noch speziell der öfter in 2—10jähr. Kiefernpflanzungen sehr schädliche H. ater genauer zu behandeln ist. Er ist glänzend schwarz, überwintert als Käfer und befällt im Frühjahr die Kulturen, indem er ober- und unterirdisch Stamm und Wurzeln so stark befrißt, daß sie verloren sind.

Gegenmittel: Da die Larven sich in Stöcken und Wurzeln entwickeln, 1—2jähr. Schlagruhe vor der Wiederkultur, oder Stockrodung und Reinigung der Schläge wie bei H. abietis; auf den Kulturen helfen gegen ihn wie gegen die meist mit ihm zusammen fressenden oben genannten 4 anderen Hylesinen: ausgelegte Rindenstücke wie beim großen Rüsselkäfer.

Mit H. piniperda zusammen frißt meist h. minor, der kleine Waldgärtner, nur 3–4 mm, rötl. braun mit rostroten Beinen. Schwärmt etwas später, befällt die zartrindigen Teile von Kiefern-Stangen und Althölzern — sowohl kränkelnde wie gesunde und verursacht Wipfeldürre und Trocknis. Die Käfer zerstören die Triebe, die Larven das Holz; an den doppelarmigen Wegegängen leicht erkenntlich. Fluglöcher 2reihig (Schrotschuß). Gegenmittel wie bei p. piniphilus.

b) Borkenkäfer werden auf Kiefern nicht merklich schädlich.

c) Wickler. Überall häufige und unter Umständen recht schädliche Kiefernkulturverderber, von denen 4 in ihrer Lebensweise ziemlich übereinstimmende Arten zu erwähnen sind. Sie belegen die Spitzenknospen junger Kiefern mit je 1 Ei und die Räupchen höhlen dann die Triebe aus, welche an Umbiegen, Welkwerden und Harzaustritt leicht zu erkennen sind.

Gegenmittel: Sammeln und Verbrennen der Triebe. —

Retinia (tortrix) buoliana, Kieferntriebwickler. Vorderflügel ziegelrot mit silbrigen Querbinden und Flecken, fliegt Juni—August; Raupe vernichtet im Frühjahr oft alte Quirlknospen, die halb befressenen Triebe biegen sich um und wachsen oft posthornähnlich in die Höhe. **R. turionana** vernichtet bis zum Herbst die Gipfelknospen; **R. duplana** zerstört bis Juli die Maitriebe, die Mittsommer welk herabhängen. R. resinella, Harzgallenwickler frißt unter den Quirlen einen Gang bis auf das Mark, wobei eine breiige erbsengroße Harzgalle entsteht; befrißt nur Seitentriebe. 2jährige Generation.

§ 218.

Die Werre (Maulwurfsgrille, Reuterwurm) Gryllotälpa vulgaris.

Die Werre ist als Insekt, Larve und Puppe von Juli—Oktober in Saatkämpen von Kiefern und Fichten, aber auch an jungen Laubholzpflänzchen, in Garten und Feld außerordentlich schädlich. Man erkennt sie an den zahlreichen, einzeln absterbenden Sämlingen und Pflänzchen, an den vielen federkiel- bis fingerdicken Gangaufwürfen und an dem unterirdischen Zirpen (des Männchens) Anfangs Juni. Das wirksamste Mittel ist das Aufsuchen und Ausheben der Nester mit ihren 150—300 gelblich weißen Eiern von Anfang Juni bis Anfang Juli in den Saatbeten oder auf benachbarten Rasenflächen, wo sie sich meist durch plätzeweises Welken des Grases verraten. Man verfolgt sorgsam die Gänge immer weiter, bis sie spiralig nach unten gehen, wo man schließlich auf das etwa 10 cm tief liegende mit harter Erdkruste umgebene Nest kommt; auch das Wegfangen in bis auf den unteren Rand der Gänge eingegrabenen Töpfen hat sich in Kämpen bewährt. Als unfehlbares Mittel empfiehlt ferner Ney (Allgem. Forst- und Jagdzeitung 1887 S. 69) folgendes: Anfang Juni, an einem heiteren Tage, nach starkem Regen verfolge man die Nestgänge bis sie abwärts führen; hier schütte man einen Eßlöffel Brennöl hinein und danach soviel Gießkannen Wasser, daß das Loch überläuft. Die durch das Öl unbeholfenen Werren kommen zu Tage und werden leicht gefangen. Kommen die Werren nicht binnen 10 Minuten, so war das Loch verstopft und muß man das Hindernis beseitigen.

Insektenfraß in Fichten.

§ 219.

Die Nonne. Lipäris (bombyx) mónacha. Figur 14, Seite 41.

Ein mittelgroßer, weißer, im Zickzack dicht schwarz gestreifter Schmetterling mit rosenroten breiten Querbinden am Hinterleib, woran er vor andern ähnlichen Schmetterlingen sofort zu erkennen ist. Die

16füßige meist rötlich graue, lang und dicht behaarte Raupe, ist leicht kenntlich an einem sammetschwarzen Nackenfleck auf dem zweiten Ringe und einer dunklen, einen länglich hellen Streifen einschließenden Rückenbinde. Die dunkelbraune schillernde mit Haarbüscheln versehene Puppe findet sich zwischen einzelnen Fäden versponnen an Nadeln und Rinde. — Der Kot ist schmutzig, grün, dick, walzig mit deutlichen Längsfurchen und Sterneindruck auf dem Querschnitt. Die Nonne fliegt Mitte Juli bis Anfang August Abends bis Mitternacht sehr beweglich, legt dann unter der mittelstarken Rinde in Stangenhölzern und Baumholz 5—15 m hoch bis zum Beginn der glatten Rinde etwa 250 nackt überwinternde Eier in Gruppen zu 10, 30 usw. bis 100 Stück möglichst versteckt ab, aus welchen Anfang April bis Anfang Mai die kleinen Räupchen entschlüpfen und je nach dem Standort und Wetter 1—6 Tage neben dem Neste auf der Rinde in taler- bis handgroßen Häufchen, sog. Spiegeln, sitzen bleiben, bevor sie baumen. Bis zur Halbwüchsigkeit spinnen sie. Sie fressen von Mai bis Juli, wo die Verpuppung stattfindet, nicht nur die von ihr allerdings bevorzugte Fichte, sondern auch ebenso Kiefern und fast alle Laubhölzer und werden besonders dadurch schädlich, daß sie die (Mai-)Triebe, Knospen, Nadeln und Blätter verschwenderisch meist nur anfressen und rastlos immer neue Blätter und Triebe angehen, die meist absterben und herunterfallen müssen. Durch dieses unstete Fressen wird die Nonne in so furchtbarem Grade schädlich. In Kiefern frißt sie häufig mit der Forleule und Blattwespe, in Eichen mit dem Schwammspinner und Goldafter, auf Rotbuche mit dem Rotschwanz zusammen. Zuerst zieht sie ältere Stämme vor, bei Ausbreitung des Fraßes greift sie jedoch alles Holz, auch Unterholz an.

Der Fraß dauert meist drei Jahre hintereinander. Da das Insekt auch die Knospen angreift, so tritt nach Kahlfraß meist Absterben der Bestände ein.

Gegenmittel. 1. Das Töten der Raupen kann auf Kulturen, Kämpen und zartem Unterholz vorgenommen werden, wohin die Raupen bei starken Stürmen und Winden von den benachbarten befallenen Beständen leicht übergeweht werden. Man zerquetscht sie am besten mit Pinzetten, die man sich selbst aus grobem Draht biegt. Bis Ende Juni sind solche Stellen fort und fort zu revidieren und event. abzusuchen.

2. Das Töten der Weibchen. Diese sind leicht durch Größe, Farbe, fadenförmige Fühler und festes Sitzenbleiben kenntlich. Man sucht sie namentlich in solchen dunklen Bestandsteilen, die in der Nähe von lichten und kahlgefressenen Orten sind, überhaupt im Schatten auf und zerquetscht oder beschmiert sie mit in Raupenleim getauchten, an langen Stangen befestigten Lappen. Etwa 5—6 Tage nach dem Erscheinen der Schmetterlinge sind sie dort massenhaft zu finden. Das Töten der ersten Spiegel, die man im ersten Frühjahr gleich nach dem Auskriechen zerquetscht oder besser mit Raupenleim betupft, ist ein gutes Vertilgungsmittel. Als natürliche Feinde haben sich namentlich bewährt: **Kuckuck**, der **Puppenräuber** (**Calosóma sycophánta**) und die **Raupenfliege** (**Tachīna monăchae, silvatica** und andere Schmarotzer); Meisen und Baumläufer vertilgen stark die Eier und Puppen.

Ein durchschlagendes Vertilgungsmittel hat uns leider auch der letzte große Nonnenfraß von 1890/92 nicht gebracht, obwohl viele vorgeschlagen und versucht sind; auch die Impfung mit Bakterien und die Forschung nach den Krankheitserregern der Nonnen ist erfolglos geblieben. Das wichtigste Vorbeugemittel liegt in der Erziehung gemischter Bestände.

Der Harzrüsselkäfer Pissodes Hercyniae. Lebensweise wie bei **p. notatus** (§ 215); befällt **kränkelnde** 60—100jähr. Fichten und bringt sie öfter zum Absterben. Er wird wie **p. piniphilus** durch die weißen **Harzflecke** kenntlich, wird in derselben Weise als Larve und Käfer schädlich und ist ihm ebenso zu begegnen. Die Fangbäume sind schon im April zu fällen und bis August zu entrinden.

§ 220.

Der Fichtenborkenkäfer (Buchdrucker). Bóstrichus (tómicus) typógrăphus (vergl. Fig. 6, S. 36) und andere Fichtenschädlinge.

Er ist der zweitgrößte Borkenkäfer, hat eine walzige Form, dicken walzigen Kopf, gelbbraun bis schwarze Farbe und hinten am Flügelabsturz 8 Zähnchen und ist lang gelblich behaart. Der Käfer fliegt im frühen Frühjahr, bohrt sich an dickborkigen Teilen älterer liegender und stehender, am liebsten frisch gefällter Fichten ein, begattet sich hier und dann frißt das Weibchen in dem Baste einen doppelarmigen oder einfachen Lotgang, rechts und links nach und nach 30—50, ja bis 100 Eier ablegend. Die auskommenden fußlosen weißen Larven fressen recht- und spitzwinklig zum Muttergang immer breiter werdende Larvengänge, bis sie sich in einer Art Wiege verpuppen. Im Spätsommer und Herbst entwickelt sich eine zweite Generation. An den zahlreichen Fluglöchern, wie an dem eben beschriebenen Muttergang und den Larvengängen ist der Fichtenborkenkäfer deutlich zu erkennen. Meist fressen mit ihm zusammen noch viele andere Borkenkäfer und Bastkäfer in der Fichte, die jedoch weniger wichtig und an den kleinen Fluglöchern und anders gestalteten Larvengängen, die für jede Art charakteristisch zu sein pflegen, leicht zu unterscheiden sind.

Der Borkenkäfer zieht kränkelndes und frisch gefälltes Holz den ganz gesunden Bäumen vor; an abgestorbenes geht er nie, während er bei großem Fraße weder das gesunde Holz verschont noch ein meilenweites Überfliegen in andere Bestände scheut; er bevorzugt alte Stämme von 80—100 Jahren. Die Gefährlichkeit seines Fraßes liegt in vollständigem Töten der kränkelnden Stämme, die sich ohne ihn vielleicht erholt haben würden. Meist stellt er sich nach anderen Schäden — Windbruch, Schneebruch, Raupenfraß, Feuer usw. — ein, vermehrt sich in den kränkelnden Stämmen ungeheuer schnell und vollendet das von jenen angefangene Vernichtungswerk.

Vorbeugungsmaßregeln. Sie sind das eigentliche Element der Begegnung und bestehen darin, daß man den Käfer — besonders nach stattgehabten Schäden — vor seiner Vermehrung abfängt. Sobald sich die schwärmenden Käfer in nur etwas bedrohlicher Menge zeigen, verleitet man sie auf sog. „Fangbäumen" zum Ablegen der Brut. Das wichtigste Vorbeugungsmittel ist natürlich sorgfältigste Wirtschaftsführung, gute Kulturen, gute Pflege und richtige Hiebsfolge, so daß keine Gefahren entstehen können. Sind diese jedoch eingetreten, so müssen die nicht zu rettenden beschädigten Stämme und Bestände sofort eingeschlagen und womöglich vor den Flugzeiten im Frühjahr und Sommer bis auf die zu belassenden Fangbäume entrindet (an kühlen Tagen) und abgefahren werden.

Fangbäume werden 2—3 Wochen vor den Schwärmzeiten, also etwa Mitte März und Juni, mit allen Ästen an den gefährdeten Orten, namentlich in warmen Lagen, gefällt, in schattigen Lagen aber mit Unterlagen (Steinen, Knüppeln usw.) versehen, damit der Käfer auch von unten anbohren kann. Man benutzt zum Fangen möglichst zurückgebliebenes Langholz, event. auch Schichtholz, kränkelnde, unterdrückte, geschobene und gebrochene Stämme usw. Nach dem Anfliegen hat man auch benachbarte, namentlich nicht ganz gesunde Stämme zu untersuchen. Etwa 4 Wochen nach den Flugzeiten hat man die Fangbäume, sobald man auf ihnen die Verpuppungen bemerkt, über untergelegten Tüchern zu entrinden und die Rinde zu verbrennen, womöglich bei kühlem Wetter. Bei ausgedehntem Fraße ist es am besten, alles Holz zu entrinden.

Je nach den wiederholt auftretenden Schwärmzeiten hat man immer wieder neue Fangbäume an den Bestandesrändern zu werfen — von Monat zu Monat. Im Innern der Bestände werden liegende Fangbäume ungern angenommen; falls hier keine kränkelnden, geschobenen usw. Fichten vorhanden sind, muß man minderwertige Stämme künstlich beschädigen, um sie als „stehende" Fangbäume zu benutzen. Fangbäume werden gegen alle Borkenkäferarten angewandt.

In Fichtendickungen wird noch der Fichtenwickler Tortrix hercyniana **R.** (**Graphólitha** tedella Cl.) schädlich, indem er die Nadeln anfrißt, doch tötet er die Stämme nicht. Gegen die zahlreichen anderen Borken- und Bastkäfer hilft nur große Aufmerksamkeit auf alles kränkelnde Holz, dann Fällen und Entrinden desselben resp. das Werfen von Fangbäumen kurz vor den Schwärmzeiten. Es müssen deshalb in den Fichtenrevieren, namentlich in jedem Vorsommer, unausgesetzt gründliche Revisionen nach kranken und Wurmmehl, Harzausfluß, Fluglöcher usw. zeigenden Stämmen, die zu untersuchen und nötigenfalls gleich einzuschlagen sind, angestellt werden. Über den auch auf Fichtenkulturen sehr schädlichen großen Rüsselkäfer siehe § 214. Gegen den Harzrüsselkäfer pissodes harcyniae, der nur im Altholz auftritt und an vielen Harzflecken auffällt, hilft nur schnellster Einschlag und Abfuhr. Gegen den Rindenwickler, Zapfenzünsler, die mancherlei Pilzkrankheiten usw. haben wir leider keine Gegenmittel.

§ 221.

Insekten auf Lärche und Tanne.

Auf der Lärche wird erheblich schädlich die Lärchenminiermotte, Tínēa **laricélla** (Figur 10), **Coleophora laricella H.**), die kleinste und unansehnlichste aller schädlichen Lepidopteren. Sie befällt am liebsten 10—40jähriges Holz, wo man ihren Fraß, bei welchem sich das Räupchen in die Nadeln einbohrt, daran erkennt, daß die Lärchen wie mit weißlichem kurzem Werg bedeckt aussehen. Man kann wenig gegen dieses Insekt tun; das einzige ist Zerquetschen der Raupen und Puppen in ihren Säckchen im April an den jungen und noch erreichbaren wertvollen Lärchen; im übrigen vertilgen die Meisen und Goldhähnchen im Winter sehr viele Raupen; deshalb ist die Schonung der Feinde das beste. Ebensowenig ist gegen die Lärchenwollaus, Chermes laricis, etwas zu machen, die die Lärchen oft mit ganz schneeigem Flaum bedeckt erscheinen läßt, wie gegen den Lärchenrindenwickler, tortrix zebeana, der die Zweige mit Gallen bedeckt.

In Tannen wird der krummzähnige Borkenkäfer Bostrichus curvidens, oft erheblich schädlich. Er ist kenntlich an seinen wagerechten Muttergängen und stimmt in der Lebensweise sehr mit dem Fichtenborkenkäfer überein. Es wird ihm ebenso begegnet. Er frißt auch zuweilen auf Fichten und Lärchen. In beiden Holzarten werden auch noch viele andere Borkenkäfer (bostrichus chalcographus, laricis, lineatus (nur im Holze!), amitinus usw.) schädlich; auch treten viele Krebskrankheiten auf, denen man durch rechtzeitigen Aushieb der befallenen Stämme abzuhelfen sucht. Gegen den Tannen-Rüsselkäfer pissodes piceae hilft nur rechtzeitiger Einschlag und schnellste Abfuhr. Das Entrinden genügt nicht.

Insektenfraß in Laubhölzern.

§ 222.

Allgemeines.

Die Laubhölzer ernähren mehr Insekten, aber verhältnismäßig weniger schädliche als die Nadelhölzer. Maikäfer, Werre und Nonne fressen im Laubholz so gut als im Nadelholze, wenn auch weit weniger gefährlich. Der Schwammspinner kommt mehr im Laubholz als im Nadelholz vor. Die Borkenkäfer sind mit Ausnahme des im Eichennutzholz durch seine vielen kleinen Fraßlöcher oft erheblich schädlichen und unter dem Namen „der kleine Wurm" bekannten und gefürchteten Bostrichus monógraphus von keiner Bedeutung; dafür fressen aber ziemlich viel Blatt- und Rüsselkäfer. Am meisten leiden von Insekten Buche und Eiche, dann Esche, Birke, Pappel, Weide und Obst, dann Rüster, Erle und Linde; fast garnicht Ahorn und Akazie. Es gehört zu den Ausnahmen, daß Insekten Laubhölzer in größerer Ausdehnung töten, meist verursachen sie nur Zuwachs- und Ernteverluste. Keine einzige Raupe frißt nur an einem Laubholze, sondern alle lieben die Abwechselung, wobei einige allerdings einer oder der anderen Laubholzart entschieden den Vorzug geben.

§ 223.

Der Rotschwanz (Bürstenspinner). Dasýchira (Bombyx) pudibūnda L.

Ziemlich großer, rötlich bis gelblich weißer Schmetterling mit dunkleren Bindestreifen. Die 16beinige rötlich bis grünlich gelb gezeichnete langhaarige Raupe ist sehr auffallend, vorn mit vier bürstenartigen und hinten auf dem Schwanz einem federbuschartigen roten Haarbüschel (daher der Name „Rotschwanz") und sammetschwarzen Einschnitten. Der Schmetterling fliegt im Juni, die Raupe frißt, anfangs nur skelettierend, später die ganzen Blätter zerstörend, von Juni bis Oktober, worauf sie sich verspinnt und auf dem Boden überwintert. Am meisten liebt sie die Buche und zwar älteres Holz; hat sie dieses kahl gefressen, so nimmt sie auch junges Holz oder alle anderen Laubhölzer an. Häufig geht nach ihrem Fraß die ganze Mast zu Grunde. Das einzige Mittel dagegen ist wohl das Sammeln der Kokons im Winterlager. Die stark behaarte Raupe hat wenig Feinde, dagegen werden die Kokons im Winter stark von Krähen, Hehern und Meisen vertilgt, auch stellen ihnen viele Moder- und Laubkäfer (Staphylīnus olens, Cárăbus violăceus) und Ichneumonen (Ichneumon balticus, sehr groß) nach. Die Versuche mit Leimringen, die bei dem letzten verbreiteten Auftreten mannigfach gemacht sind, haben sich nicht bewährt. Wir stehen diesem Insekt ziemlich ohnmächtig gegenüber, der Fraß hört nach zwei Jahren meist von selbst auf und die Buchen erholen sich.

§ 224.

Der Eichenprozessionsspinner. Cnethocámpa (Bombyx) processiónĕa L. Der Goldafter- und Ringelspinner.

Ein mittelgroßer schmutzigbraungrauer mit feinen helleren und dunkleren Binden versehener Falter. Die 16füßige Raupe ist bläulich bis rötlich grau mit rötlich braunen Wärzchen und sehr langen (giftigen!) weißen Haaren versehen. Flugzeit Abends im Juli und August, die Eier überwintern an der Rinde der Eichen, die Raupen fressen von Mai bis Anfang Juli in Familien beisammen, indem sie prozessionsweise weiter wandern und Morgens sich in weiße kopfgroße Gespinnste, die sich am Stamme oder in Astgabeln befinden, zurückziehen, um sie Abends zum Fraße wieder zu verlassen; seltener fressen sie am Tage. Die Raupe wird in alten und jungen Eichen erheblich schädlich. Die Gespinnste wie im Juli die Verpuppungsballen kann man mit Lumpen oder Graswischen, die oben an Stangen befestigt wurden, zerquetschen lassen oder noch besser mit geteerten Wergfackeln, die an Stangen befestigt sind, verbrennen lassen; um die Nester sicher zu entdecken, muß man ganz dicht am Stamme hinaufspähen.

Bei einem Prozessionsraupenfraße, namentlich aber bei seiner Begegnung, sind ganz besondere Vorsichtsmaßregeln für Arbeiter und Publikum nötig, da die Haare der Raupe heftige Entzündungen bei Menschen und Tieren hervorrufen können. Während eines starken Fraßes muß der befallene Ort dem Publikum vollständig verschlossen, den Arbeitern aber muß die Gefährlichkeit der Raupe vorgestellt werden und müssen sie Gesicht und Hände durch Einreiben mit Öl oder Fett, den Mund durch Verbinden schützen; bereits entzündete Stellen bestreiche man mit Salmiakgeist oder Sahne, bei Reiz in der Kehle trinke man warme Milch. Bei ernsteren Erkrankungen ist jedoch sofort ärztliche Hilfe zu holen. Die natürlichen Feinde Kuckuck, Baumläufer, Buntspechte, **C. sycophanta, Ichneumon instigāta** usw. sind zu schonen.

Erheblich schädlich und von den Waldbäumen ebenso, wie die vorige die Eiche besonders vorziehend, frißt der Goldafter, **Lipăris (Bombyx) chrysorrhoēā**, ein mittelgroßer atlasweißer Schmetterling mit dicker rötlich brauner Afterwolle; die dunkelbraune gelbbraun behaarte Raupe hat zwei zinnoberrote Streifen auf dem Rücken. Die Raupen überwintern in den bekannten Raupennestern versponnen und fressen, sobald es warm wird, sehr verderblich Blätter und Blüten der Eichen und Obstbäume bis zum Juni, wo die Verpuppung erfolgt. Einziges Vertilgungsmittel ist das Herabnehmen und Verbrennen der Raupennester im Winter.

In gleicher Weise schädlich an Eichen, auch anderem Laubholz wie an Obstbäumen tritt der Ringelspinner **Gastrópacha (Bombyx) néustria** auf. Der gelbliche mit Querband auf den Vorderflügeln versehene Schmetterling schwärmt im Juli und legt seine zahlreichen Eier dicht um die Zweige. Im April kriechen die blau, rot und weiß gestreiften Raupen aus und bleiben gesellig; spinnen auch zum Schutz gegen die Witterung im Frühling bis Vorsommer graue Nester in den Astgabeln. Generation einfach.

Gegenmittel. Abbrechen der mit Eiern belegten Zweige im Winter, Zerquetschen oder Verbrennen der Raupennester, Zerdrücken der noch kleinen in Haufen zusammensitzenden Raupen im Frühjahr.

§ 225.

Der Schwammspinner. Lipăris (Bombyx) dispar L.

Der Schmetterling hat die größte Ähnlichkeit mit der Nonne, aber keinen roten Hinterleib. Die große lang behaarte Raupe hat 5 Paar blaue und 6 Paar rote Rückenwarzen. Die 200 bis 400 Eier überwintern in Häufchen zusammen und sind mit der schwammartigen braungrauen Afterwolle des Weibchens bedeckt. Der Falter fliegt im Juli—August, die Raupen fressen im Frühjahr und Vorsommer nicht nur alle Laubhölzer, sie befallen auch — allerdings seltener — das Nadelholz. Das Insekt hat in seiner ganzen Lebensweise, auch Fraßweise, die größte Ähnlichkeit mit der Nonne und kann man deshalb dieselben Vertilgungsmaßregeln — das Ringeln, Spiegeln usw. — anwenden. Ende Mai und im Juni sitzen viele Raupen oft am Stamme und in den Astachseln haufenweis beisammen — namentlich bei schlechtem Wetter —, wo man sie dann mit Werg- und Mooslappen usw., die nötigenfalls an Stangen befestigt werden, zerquetschen kann; auch das Töten der Weibchen und Betupfen der Eierhaufen mit in Petroleum getränkten Leinwandlappen wird empfohlen.

§ 226.

Der Winterspanner und Blattspanner. Cheimatōbia (Geomētra) brumāta und Hibernīa (geometra) defoliāria L.

Der erstere ist der kleine grauweiße Schmetterling, welcher im Spätherbst und Vorwinter in Laubholzwaldungen und Obstgärten in der Dämmerung schwerfällig herumflattert, um die wurmartigen langbeinigen ungeflügelten langsam am Stamm hinaufkriechenden Weibchen aufzusuchen. Im April bis Mai kommen die 10füßigen kleinen hellgrünen Raupen aus, um Knospen, Blätter und Blüten, auch die jungen Pflanzen von Eichen, Buchen und Obst so zu zerstören, daß nicht nur die Ernte verloren geht, sondern auch die Bäume ein bis zwei Jahre nachher kümmern, junge Pflanzen, ja auch ältere Bestände zuweilen ganz eingehen.

Viel größer und lederbraun bandiert ist der Schmetterling des Blattspanners; gut kenntlich ist dessen ziemlich große nackte rotbraune mit schwefelgelben Seitenflecken versehene 10füßige Raupe und das kleine ganz ungeflügelte Wurmweibchen. Er stimmt in seiner ganzen Lebensweise vollkommen mit dem vorigen überein, wird aber wegen seiner größeren Raupe fast noch schädlicher*).

Die Raupen beider sehr schädlicher Schmetterlinge werden beim Fraße gesammelt oder es werden bei großer Ausdehnung der Kalamität im Herbst die aufbaumenden Weibchen nach Art der Obstgärtner auf Raupen-Leimringe gefangen, die nach vorherigem Röten etwa 4 cm breit und 3 mm stark Ende Oktober angelegt werden. Mit ihnen zusammen fressen auch viele andere ähnliche schwer bestimmbare Raupen, z. B. g. **hibernia, boreata, aescularia** usw. auf allen möglichen Laub- und Obstbäumen.

§ 227.

Der Eichenwickler. Tortrix viridāna (vergl. § 38).

Ein kleiner grüner Schmetterling; die wenig behaarte 16füßige Raupe ist dunkelgrün, schwarz punktiert, hat schwarzen Kopf; er überwintert im Ei-Zustand. Die Schmetterlinge fliegen im Juni—Juli, die Räupchen fressen im Frühjahr Blätter und Blüten der Eichen, aber auch die anderer etwa eingesprengter Laubhölzer in gefährlicher Weise, so daß die Bestände oft ganz kahl werden. Wenn dieselben im Juni zur Verpuppung zwischen versponnenen Blättern und Rindenritzen herabkommen, kann man sie in Massen töten. Die Raupen spinnen lebhaft baumauf-baumab, wodurch man auf sie aufmerksam wird. Die natürlichen Feinde, Star, Blaumeise, Drossel, Weidenlaubvogel, Buchfink und namentlich die Waldfledermäuse (v. **noctula**!) sind zu schonen. Wo einmal eingenistet, kehrt der Fraß alljährlich wieder und entlaubt den Wald. Ein wirksames Gegenmittel haben wir leider nicht.

---

*) Mit diesen beiden Spannerraupen fressen vielfach mehrere Rüsselkäferarten, namentlich der 5 mm lange metallisch grün glänzende Phyllobius (curculio) argentatus und Ph. viridicollis — fast so groß, glänzend, schwarz, zusammen auf Laubholz und richten besonders auf jungen Pflanzen oft große Verwüstungen an.

§ 288.

Die spanische Fliege, Lytta vesicatōria und andere schädliche Insekten.

Ein großer Käfer mit langen Fühlern und weichen smaragdgrünen Flügeldecken, welcher im Juni namentlich Eschen zuweilen massenhaft befällt und kahl frißt. Er wird am frühen Morgen mit Handschuhen gesammelt (ist giftig) oder auf Laken, umgekehrte Schirme usw. abgeklopft und dann in den Apotheken verkauft.

Unter der Rinde im Splinte der Eschen fressen noch zwei Splintkäfer, der kleinere und bunte gefährliche **Hylesinus fráxini** (wolkig auf dunklem Grunde) und der größere braunschwarze runzlige glänzende **H. crenātus**; die an den Bohrlöchern und an den welkenden Maitrieben kenntlichen Randbäume soll man Anfang Juli fällen, entrinden und die darin befindliche Brut verbrennen. **H. crenatus** ist weniger gefährlich, da er nur kranke und alte Eschen mit dicker borkiger Rinde befällt. Gegen **H. fraxini** empfiehlt man Fangstangen Ende April und Entrinden derselben nach 2 Wochen, gegen crenatus dickborkige alte Fangbäume. Beide haben in der Regel doppelarmige Wagegänge.

Auf Birken frißt noch in größeren Lotgängen **Eccoptogáster destrúctor Ol.** und auf Rüstern der ziemlich große **E. scolȳtus F.** in lotrechten Muttergängen. Beide sehr ähnlich. Der Fraß ist an den vielen dicht senkrecht unter einander stehenden Löchern kenntlich. Gegenmittel: Fangbäume im August und Entrinden. In Eichennutzholz wird namentlich ein Borkenkäfer, der gefürchtete kleine Wurm **Bostrichus monógraphus** oder der große Wurm, die Larve des größesten mit mächtigen Fühlern versehenen rotbraunen Bockkäfers **Cerambyx heros (cerdo)** gefährlich; in jungen Aspen und Pappeln frißt die Larve des großen gelb und schwarz punktierten Pappelbockkäfers **Sapérda carchàrias**, oft mit der Larve des Wespenschwärmers **Sésia apifórmis** zusammen; auf Erlen frißt der Erlenrüsselkäfer **Cryptorhýnchus (Curculio) lápăthi**, schwarz mit breiter weißer Zeichnung, namentlich auf Loden und Heistern, die im Juni möglichst tief abgeschnitten und sofort verbrannt werden müssen; seine Generation ist ganz unregelmäßig; auf Kiefern und Birken **Brachydéres (Curculio) incānus**, der grau bestäubte Rüsselkäfer, ein mittelgroßer grauer Käfer, der massenhaft mit dem großen Rüsselkäfer gefangen wird.

Auf Pappeln, Erlen, Birken, Aspen fressen und namentlich in Weidenheegern fressen noch erheblich folgende Blattkäfer nebst ihren Larven, indem sie die Blätter skelettieren:

Chrysomēla (Lina) trémūlae, blaßroter Käfer mit stahlblauem Halsschilde, auf Aspenwurzelbrut und Purpurweide sehr schädlich, Chr. populi: rot mit schwarzen Flügelspitzen auf Pappeln, Chrysomela (Gallarūca) caprēae kleiner, gelblich braun und die etwas größere stahlblaue Chrysomela (Galleruca) alni auf Erlen, Weiden und Birken, Chr. lineola gelbbraun unten schwarz, Chr. vulgatissima matt grünblau auf Weide. Alle Arten sammelt man als Käfer und Larven durch Ablesen, Abklopfen in Tücher oder weite ovale Blechtrichter, mit der Kraheschen Fangkanne: 30 Mk., zu beziehen von Frl. Krahe, Aachen, Steilgraben 34, oder in untergehaltene Schirme und nach Zerdrücken der Larven auf den Blättern, doch mit Vorsicht, da die empfindlichen Käfer sich leicht herabfallen lassen.

Um die oben beschriebenen schädlichen Waldinsekten genau kennen zu lernen, genügt es nicht, sich deren Beschreibung einzuprägen; dazu ist eine unmittelbare Anschauung nötig, wie sie kleine Handsammlungen bieten, die sich jeder Forstmann selbst in möglichst umfangreichem Maße mit den dazu gehörigen Fraßstücken anlegen sollte.

§ 229.

Die nützlichen Tiere.

Ihre Nützlichkeit besteht in der Vertilgung der schädlichen Insekten*); sie schützen den Wald meist wirksamer als Menschen und müssen deshalb vom Forstmann — wie bereits oben vielfach hervorgehoben — gehegt und geschont werden. Zu den forstlich überwiegend nützlichen Tieren gehören viele Waldvögel mit Ausnahme der Falken, Habichte und Sperber, der Adler und des Uhus, der Tauben, Finken

*) Nur solche Tiere sind unbedingt nützlich, die entweder direkt von den Menschen zu irgend welchen Zwecke ge- oder verbraucht werden oder den Menschen schädliche Lebewesen beseitigen. Fälschlich hält man z. B. alle Insekten fressende Tiere für nützlich; fressen sie aber nützliche Insekten, so werden sie schädlich, fressen sie für uns gleichgiltige Insekten, so sind sie uns ebenfalls gleichgiltig. Es gibt im allgemeinen nur wenige wild lebende Tiere, die bei genauer Prüfung unbedingt schädlich oder unbedingt nützlich sind. Deshalb haben wir uns danach zu richten, was sind sie im gegebenen Falle überwiegend?

und Waldhühner; besonders nützlich darunter sind die Höhlenbrüter, die Kletter- und viele Singvögel. Zu ihrer Erhaltung schone man möglichst die alten hohlen Bäume im Revier oder hänge Nistkästen aus. Nützliche Säugetiere sind das Schwein, der Igel, der Dachs, der Maulwurf und die Fledermäuse; bei Mäusefraß muß auch der Fuchs geschont werden; ferner sind alle Amphibien mit Ausnahme der gefährlichen Giftschlangen und von den Insekten die Raub-, Lauf- und Moderkäfer, die Schlupfwespen, Wegwespen, Mord- und Florfliegen, Libellen, Spinnen und Ameisen nützlich. Manche Säugetiere und Vögel sind forstlich nützlich, aber jagdlich schädlich und umgekehrt.

II. Schaden durch Menschen.

§ 230.

Allgemeines.

Es gehört zu den wichtigsten Dienstpflichten der Forstbeamten, den Wald gegen seinen event. Hauptfeind, den Menschen selbst, zu schützen, welcher dem Walde durch unberechtigte Nutzungen oder Überschreiten der berechtigten Nutzungen, bös- oder mutwillig, aus Unkenntnis oder Unvorsichtigkeit auf alle mögliche Art und Weise Schaden zufügt. Den Schutz des Waldes gegen Menschen nennt man Forstpolizei; dieselbe gründet sich auf allgemein gültige Straf- oder Forstpolizeigesetze (vergl. das hinten angeheftete Forstdiebstahls- und Forst- und Feldpolizeigesetz) oder auf nur lokal gültige Forst- oder Polizeiverordnungen, von denen sich der Beamte die genaueste Kenntnis verschaffen muß, um die in jenen Gesetzen und Verordnungen gegen die Übeltäter angedrohten Strafen mit Hilfe des Richters oder der Behörden in Anwendung bringen zu können.

A. Übergriffe der Berechtigten.

§ 231.

Wo die Wälder noch mit Berechtigungen Dritter (Servituten), wie Holz-, Weide- und vielseitigen Nebennutzungsberechtigungen belastet sind oder wo einzelnen Menschen freiwillig derartige Nutzungen unentgeltlich oder gegen Bezahlung gestattet sind, liegt die Gefahr nahe, daß diese aus Eigennutz die berechtigten oder erlaubten Nutzungen überschreiten (sog. Kontraventionen); daher ist eine unausgesetzte Kontrolle und Beaufsichtigung bei den Ausübungen nötig, und hat sich der Beamte von dem Umfang der Berechtigungen aus den vorhandenen Berechtigungsnachweisungen, Urkunden, Verträgen, den bestehenden gesetzlichen oder polizeilichen Bestimmungen über Waldservituten event. an der Hand seines Vorgesetzten genau zu informieren. Wenn Nutzungen unentgeltlich oder gegen Bezahlung gestattet sind, so müssen die Betreffenden stets einen Ausweis-(Legitimations)zettel (mit Postadresse) bei sich führen, der Person, Gegenstand und Umfang der Nutzung genau bezeichnet. Jeder, der in den Staatsforsten ohne Berechtigung (Legitimationszettel) derartige Nutzungen ausübt, ist strafbar (vergl. §§ 40 bis 42 des Feld- und Forst-Polizeigesetz*) und §§ 62 bis 64 der J. f. F.).

§ 232.

a) Übergriffe Holzberechtigter.

Die Holzkäufer und ihre Fuhrleute sind stets unter aufmerksamer Kontrolle zu halten, da sie sich oft folgende Überschreitungen oder unberechtigte Anmaßungen zu Schulden kommen lassen: das gekaufte Holz fahren sie nicht rechtzeitig ab, so daß es bei den Kulturen belästigt oder schädliche Insekten anlockt, beim Abfahren entwenden sie gern kleinere Nutzhölzer, z. B. Peitschenstiele, zum Aufladen Hebebäume und Schichthölzer oder im Gebirge Hemmscheite, sie wählen kürzere Wege durch Bestände oder Schonungen, fahren nicht auf, sondern neben den Wegen, wenn dies bequemer ist, spannen ihr Vieh während des Aufladens aus und lassen es umherlaufen, so daß es durch Verbeißen und Zertreten schadet, fahren unrichtiges Holz ab und stehlen fremdes Holz dazu, führen den Verkaufszettel nicht bei sich, fahren an unerlaubten Tagen oder Tageszeiten ab usw., kurz, sie verletzen die allgemeinen und besonderen Bestimmungen über die Art und Weise der Abfuhr, wie sie beim Verkaufe und sonst kundgegeben sind.

Auf alle solche Überschreitungen ist streng zu achten, auch wird bezüglich etwaiger Beschädigungen des Waldes in Erinnerung gebracht, was im Waldbau über Räumung der Niederwald- und Buchen-

*) Wo künftig das Feld- und Forstpolizeigesetz v. 1. April 1880 zitiert wird, geschieht dies mit den Abkürzungen F. u. F. P. G., das Forstdiebstahlsgesetz mit F. D. G., die Dienstinstruktion für Förster mit J. f. F., St. G. B. für „Strafgesetzbuch", A. L. R. für „Allgemeines Landrecht", B. G. B. für „Bürgerliches Gesetzbuch", St. P. O. für „Straf-Prozeß-Ordnung".

besamungsschläge gesagt ist. Alle Schläge sollen im Interesse des Forstschutzes so zeitig geführt resp. verkauft werden, daß sie im Laubholze vor dem Ausbruch desselben, in Nadelholzbeständen vor Juni geräumt werden können; ist das unmöglich, so muß das Holz gerückt und die Nadelhölzer müssen außerdem noch geschält werden, soweit sie nicht zu Fangbäumen dienen.

Auf sorgfältigste Schonung des Waldbodens ist selbstverständlich ein Hauptaugenmerk zu richten; die Wege und Brücken sind zu diesem Zwecke stets in möglichst gutem Zustande zu erhalten und ist über notwendig werdende Wege- und Brückenverbesserungen rechtzeitig dem Vorgesetzten Meldung zu machen*).

Die spezielleren Vorschriften für die Staatsforsten hierüber finden sich außer in den speziellen Verkaufsbedingungen in der Preußischen Dienstinstruktion für Förster vom 23. Oktober 1868, §§ 56—63 und §§ 35, 36, 38, 39, 43 des F. u. F. P. G.

Die Übergriffe der Berechtigten auf Bau-, Nutz- und Brennholz sind auf Grund der bestehenden Bestimmungen zu verfolgen.

Raff- und Leseholzsammler, denen diese Nutzung freiwillig gestattet ist, sammeln gern stärkeres und noch nicht abgestorbenes Holz, bedienen sich unerlaubter Werkzeuge und Transportmittel, sammeln an unerlaubten Tagen und Tageszeiten oder ohne Legitimationszettel oder in Schlägen, bevor ihnen diese ausdrücklich geöffnet sind. Namentlich schädlich ist das unvorsichtige Abbrechen von Ästen in den Kronen, wodurch Verwundungen und damit Fäulnis, Schwarzästigkeit und Schwamm hervorgerufen werden kann. Alle derartigen Übergriffe müssen durch die Schutzbeamten verhindert werden (§ 63 der J. f. F.) oder man gibt zuverlässigen Sammlern die Alerssche Flügelsäge in die Hand — wie das anderseits empfohlen wird, um Schaden zu verhüten und den Holzwert zu steigern. Kein Berechtigter darf den Gegenstand seiner Berechtigung veräußern oder anders verwerten.

§ 233.

b) Übergriffe Weideberechtigter.

Wenn die Waldweide auf Grund von Berechtigungen ausgeübt wird, so gelten die darüber bestehenden besonderen Bestimmungen. Ist

*) Zu beziehen sind alle Preußischen Instruktionen usw. von Julius Springer Berlin N Monbijouplatz 3.

dieselbe dagegen unentgeltlich oder gegen Zahlung, wie dies in futterarmen Gegenden oft nicht zu umgehen und im allgemeinen Interesse auch nicht zu verweigern ist, gestattet, so muß sie streng überwacht werden, weil sie sonst dem Walde durch Verbeißen wertvoller Holzarten schädlich werden kann.

Folgende Regeln sind zu beachten:

1. Das Vieh darf nie ohne Aufsicht, sondern nur unter durchaus unbescholtenen und zuverlässigen Hirten weiden, auch nie einzeln, sondern in Heerden zusammen.

2. Es darf nur die erlaubte Gattung und Stückzahl Vieh eingetrieben werden, über die Buch zu führen (im Weidebuche) und unausgesetzt Kontrolle zu üben ist. Pferde, Schafe und namentlich Ziegen sind nie zur Waldweide zuzulassen, überhaupt streng zu verfolgen, sobald sie im Walde betroffen werden.

3. Die Gras- und Weidenutzung ist nur vom Mai bis Oktober zu gestatten, die Masthütung vom 15. Oktober bis 1. Februar.

4. Kulturen, Pflanzungen, Brücher, Samenschläge usw. sind, bis sie dem Maule des Viehes entwachsen sind, in Schonung zu legen; auch sind feste Viehruhen in hohem schattigem Holze, wo kein Schaden geschehen kann, anzuweisen. Die Schonungen sind deutlich durch Wische abzugrenzen, welche man auf Stangen steckt oder an angrenzenden Bäumen so hoch anbindet, daß sie schwer zu erreichen sind. Wo Grenzüberschreitungen des Viehes häufig vorkommen oder wenn Vieh viel oder regelmäßig an Schonungen vorbeigetrieben wird, muß man daselbst Zäune errichten oder genügend tiefe Gräben mit Erdauswurf nach der Schonung hin ziehen lassen.

5. Die Weidestriche müssen den Hirten, um Irrtümer und Ausreden abzuschneiden, genau örtlich angewiesen werden und soll der Hirt in diesen mit dem Weidegang nach einer bestimmten Reihenfolge wechseln. (Vergl. § 64 d. J. f. F. und §§ 14, 15, 25, 69, 71 des F. u. F. P. G.).

§ 234.

c) Übergriffe bei anderen Nebennutzungen.

Ist die Grasnutzung gestattet, so müssen bestimmte Distrikte an bestimmten Tagen hierfür geöffnet werden und ist die Art der Nutzung — ob nur gerupft, ob gesichelt oder ob gemäht werden kann, vorzuschreiben. Aus Unachtsamkeit oder aus Rache werden hierbei öfter Pflanzen beschädigt; dies ist scharf zu überwachen und zu bestrafen. (Vergl. F. u. F. P. G. § 24 u. § 63 d. J. f. F.).

Bei Abgabe der Waldstreu ist die allerstrengste Kontrolle zu üben und sind genau die einzelnen Stellen, wo die Streu entnommen werden kann, anzugeben; solche Stellen sind Laubanhäufungen, Schonungsränder (gegen Feuersgefahr), Gräben, Wege und Gestelle, dichte Beer- und Heidekrautstellen, Mulden, brüchige und verangerte Plätze; nie darf eine Stelle im Bestande durch Streuabgabe ganz vom Humus entblößt werden. In Beständen, die jünger als 50 Jahre, ist die Streunutzung auszuschließen, ebenso 5—10 Jahre vor dem Abtriebe; eiserne Harken oder solche mit sehr engen Zinken sind zu verbieten. Bei der Streunutzung soll der Beamte, mehr als bei jeder anderen Nutzung, soweit es irgend möglich ist, persönlich zugegen sein. Bestrafungen nach dem noch gültigen Waldstreugesetz vom 5. März 1843 (für die 6 östlichen Provinzen) und § 96 des F. u. F. P. G., § 63 d. J. f. F.

Beim Sammeln und Pflücken der Waldsämereien werden leicht die Bäume durch unvorsichtiges Anschlagen mit der Axt, durch Herabreißen, Abbrechen und Abhauen der samentragenden Zweige und Gipfel, auch wohl beim Besteigen unnötig und stark beschädigt. Dies muß man durch strenge Aufsicht und das Verbot des Mitbringens scharfer Instrumente verhindern; auch sollen die Zweige nie herunter, sondern stets heraufgebogen werden. Im übrigen siehe J. f. F. §§ 62—64.

Alle unter a—c genannten Übertretungen finden ihre Bestrafung auf Grund des hinten angehefteten Feld- und Forstpolizeigesetzes vom 1. April 1880 resp. daneben noch gültiger besonderer Verordnungen, die auf jeder Oberförsterei einzusehen sind, und werden dieselben in das Rügebuch eingetragen. Da sie jedoch nur Kontraventionen sind, so dürfen sie nicht in die Forstdiebstahlsstraflisten eingetragen werden, sondern gehören in die Kontraventionslisten; wo solche nicht geführt werden, sind besondere Anzeigen zu erstatten. Die Bestrafung erfolgt durch die Polizeibehörden (Amtsvorsteher, Bürgermeister) im Mandatsverfahren; wird Widerspruch erhoben, auf Antrag des Amtsanwaltes durch das Schöffengericht.

B. Übergriffe der Unberechtigten.

§ 235.

a) Der Grenznachbarn.

In jedem Jahre hat der Schutzbeamte zweimal eine genaue Revision der Grenzen vorzunehmen und sind die betr. Berichte (Rapporte) bis Ende Juni und Mitte November dem Oberförster einzureichen. Die Grenzen sind dann event. ordnungsmäßig wiederherzustellen. Vor allen Dingen müssen die Grenzen dauernd und deutlich durch Gräben, Grenzsteine, Grenzpfähle oder Hügel usw. festgelegt werden oder es müssen natürliche Grenzen, feste Wege, Flüsse, Schluchten usw. vorhanden sein.

Die Grenzzeichen müssen stets in gutem Zustande und deutlich erkennbar sein, Grenzzüge müssen immer von aufwachsendem oder überhängendem Gebüsch so frei gehalten werden, daß man von einem Grenzzeichen bis zum anderen sehen kann*); die Grenzzeichen sollen belaufs- und parzellenweis fortlaufend numeriert sein und soll auf denselben sich ein Orientierungszeichen befinden, in welcher Richtung die nebenstehenden Grenzzeichen zu suchen sind. Die Grenzen sind in besonderen Grenzvermessungsregistern und in Grenzkarten aufzunehmen und müssen von beiden Nachbarn freiwillig, sonst gerichtlich anerkannt sein. Von Grenzüberschreitungen, fehlenden oder versetzten Grenzzeichen, Grenzverdunklungen usw. ist sofort dem Vorgesetzten Meldung zu machen. Vergleiche hierüber § 48 der J. f. F.; über absichtliche Beschädigung, Verrückung von Grenzzeichen, Überpflügen, Überschreitung der Grenzen und das Grenznachbarrecht vergl. §§ 274, 303, 370 des Strafgesetzbuches, §§ 24, 30 d. F. u. F. P. G. und §§ 741 ff., 909—911, 919—923 B. G. B.

Folgende gesetzliche Bestimmungen sind noch von Wichtigkeit: Grenzraine oder Grenzgräben**) sollen zwischen verschiedenen Besitzern 0,31 m — zwischen verschiedenen Feldmarken (Gutsbezirken) 1,26 m breit sein. Die Mittellinie bildet bei Grenzrainen dann die

---

*) Nach Preuß. Min.-Verf. v. 9. 2. 1834 sollen Grenzlinien 3′ von jungem Holz gereinigt werden.

**) Fiskalische Grenzgräben sollen nach der Min.-Verf. v. 5. 8. 1843 1 m Bordbreite, 0,3 m Sohlenbreite und 1 m Tiefe haben und mit ihrem äußeren Rande genau an der Grenzlinie liegen.

Grenze. Ein Hügel ist nur dann gültiges Grenzzeichen, wenn unter ihm unverwesliche Merkmale (Glas, Kohlen usw.) liegen. Jeder kann seine Nachbarn zur Grenzerneuerung auffordern; die Kosten tragen die Nachbarn anteilig. Bei jeder Grenzberichtigung sind die Nachbarn, in Streitfällen ist der Richter zuzuziehen, um ein Protokoll aufzunehmen. Fiskalische Grenzgräben sollen ganz auf fiskalischem Boden bleiben, der äußere Bord bildet die Grenzlinie.

Gehen diese Gräben hart an Gebäuden oder Zäunen vorbei, so muß der Graben an denselben einen Wall von 0,31 m lassen. Allgem. L. R. I. Tit. 8. §§ 128, 187.

§ 236.

b) Diebstahl an Nebennutzungen.

Außer durch die Übergriffe der Berechtigten haben die mannigfaltigen Erzeugnisse des Waldes in viel höherem Maße durch Eingriffe und Entwendungen fremder durchaus unberechtigter Personen zu leiden. Der Diebstahl an solchen Waldprodukten, wie Gras, Kräuter, Heide, Moos, Laub und anderes Streuwerk, Kienäpfel, Waldsämereien und Harz wird nach dem Forstdiebstahlsgesetz vom 15. April 1878, § 1, dem Holzdiebstahl gleichgeachtet und danach bestraft. Das unberechtigte Viehtreiben in Schonungen wird nach § 368. 9 des Strafgesetzesbuches bestraft, nach demselben Paragraphen auch das unberechtigte Gehen, Fahren und Reiten im Walde, vergl. auch § 9 ff. des F. u. F. P. G. Außerdem bestehen für die verschiedenen Regierungsbezirke gewöhnlich besondere Forstpolizeiverordnungen, wodurch dergleichen und andere Waldbeschädigungen mit Strafe bedroht werden, oder es finden die Bestimmungen des hinten angehefteten Feld- und Forstpolizeigesetzes statt; von diesen Bestimmungen hat sich der Beamte genaueste Kenntnis zu verschaffen.

Vorbeugen kann man dergleichen Entwendungen dadurch, daß man in Gegenden, in welchen ein lebhaftes Bedürfnis nach den verschiedenen Waldnebenprodukten vorhanden ist, diese Nebennutzungen unentgeltlich oder gegen eine gewisse Bezahlung unter der Kontrolle der Beamten und unter der im Interesse des Waldes gebotenen Einschränkung rechtzeitig gestattet. Man wird überhaupt mit einer entgegenkommenden Behandlung, die allerdings geeigneten und nötigen Falles nie der Strenge, welche das Interesse des Dienstes erfordert, entbehren darf, meist weiter kommen, als mit einem harten überstrengen unfreundlichen herausfordernden und verletzenden Benehmen. Dergleichen verbittert das Publikum und reizt es zu Racheakten, unter denen gewöhnlich am meisten der Wald, nicht immer nur der betreffende Beamte zu leiden hat.

§ 237.

c) **Diebstahl an Holz.**

Zur Vermeidung oder doch zur Verminderung des Holzdiebstahls soll dem Bedürfnisse des Publikums durch genügenden und rechtzeitigen Verkauf von Nutzholz und Brennholz, sowie durch Gewährung der Entnahme von Raff- und Leseholz Rechnung getragen werden; es sollen die Preise nicht übermäßig hoch gegriffen werden, damit der Kauf auch dem unbemittelten Publikum ermöglicht wird; in armen Gegenden tragen Brennholzverkäufe, zu denen nur notorisch unbemittelte Leute zugelassen werden, sehr viel zur Verminderung des Holzdiebstahls bei, sowie Überlassen von Stockholz zur Selbstwerbung.

Mit Ausnahme des Diebstahls an geschlagenem Holze aus dem Walde und von Ablagen, welcher unter das Strafgesetzbuch (§ 242) fällt, werden alle Holzdiebstähle nach dem Forstdiebstahlsgesetz vom 15. April 1878 bestraft, das unverkürzt hinten angeheftet ist.

Im allgemeinen wird nur hervorgehoben, daß der Beamte jeden Übertretungsfall sofort festzustellen und folgendes zu notieren hat:

1. Zunamen, Vornamen, Stand, Wohnort und Alter des Frevlers (genaue Postadresse!).

2. Inhalt der Beschuldigung nach Tat, Gegenstand, Zeit, Ort und allen näheren Umständen, welche eine Erhöhung der ordentlichen Strafe oder eine Zusatzstrafe — namentlich nach §§ 6, 8 des F.-D.-G. — rechtfertigen, genaue Bezeichnung etwaiger Zeugen und etwaiger in Beschlag genommener Gegenstände sowie der Bestohlenen (genauer Tatbestand).

3. Die Zeit ist namentlich beim Übergang von Tag und Nacht genau festzustellen; die Nachtzeit bedingt erschwerende Strafe und umfaßt die Zeit von Sonnenuntergang bis Sonnenaufgang (Dunkelheit).

4. Die Angabe des Alters muß besonders erkennen lassen, ob der Frevler über 12 und unter 18 Jahre alt oder älter als 18 Jahre ist, in zweifelhaften Fällen, namentlich bei etwa 12 oder etwa 18 Jahre (sog. kritisches Alter) alten Frevlern ist der Geburtsschein zu fordern.

Kinder unter 12 Jahre dürfen als Beschuldigte überhaupt nicht in die Spalten 2 und 3 der vorgeschriebenen Strafverzeichnisse eingetragen werden, sondern an ihrer Stelle die nach §§ 11 und 12 des F.-D.-G. mittel- oder unmittelbar für sie haftbaren Personen; die Namen dieser strafunmündigen (unter 12 Jahre alten) Personen sind in Spalte 5 unter Nr. 1 einzutragen. In jedem Falle, wo Haftbarkeit in Frage kommt, müssen die haftbaren Personen in Spalte 3 unter einem besonderen Buchstaben unter genauester Bezeichnung der Person und ihrer Postadresse eingetragen werden; auch ist festzustellen und in der Anzeige mit anzugeben, ob sie die nötige Erkenntnis der Strafbarkeit ihrer Handlungsweise gehabt haben. Dies ist durch geschickte Ausfragung des jugendlichen Forstdiebes meist leicht zu ermitteln. (Vergl. die Beispiele zu § 28 des F.-D.-G. im Anhang.)

Alle zum Forstdiebstahl geeigneten Werkzeuge, welche der Frevler bei der Zuwiderhandlung bei sich führt, gleichviel, ob sie ihm gehören oder nicht resp. ob sie wirklich zum Diebstahl benutzt sind, sind demselben behufs ihrer Einziehung durch richterliches Urteil abzunehmen. Gegenstand solcher Beschlagnahme können außerdem auch andere zur Beweisführung wichtige Sachen, z. B. die Transportmittel sein.

Man hat streng Beschlagnahme und Pfändung zu unterscheiden. Gegenstände, welche als Beweismittel für eine strafrechtliche Untersuchung bedeutungsvoll sind und der Einziehung unterliegen (§ 15 F. D. G.), sind in Verwahrung zu nehmen oder sonst sicher zu stellen. Gibt die betr. Person solche Gegenstände nicht freiwillig heraus, so bedarf es nach 94 Str. P. O. der Beschlagnahme, die dem Richter, bei Gefahr im Verzuge aber auch dem Staatsanwalt und **seinen Hifsbeamten** (Förster usw.) zusteht. Gegen dieselbe kann der Betroffene jedoch richterliche Entscheidung anrufen. Während die Beschlagnahme also strafrechtlichen Zwecken dient — dient die Pfändung privatrechtlichen Zwecken, namentlich der Sicherstellung der Geldstrafe und des Werterſatzes. Ein Pfändungsrecht besteht in Preußen z. B. nach § 77 F. u. F. P. G. für Überlaufen von Vieh, nach § 8 der Waldstreuverordnung v. 5. 3. 1843 und der Pfandgelder nach § 33 der alten Feldpolizeiverordnung vom 1. 11. 1847, die vom B. G. B. nicht berührt werden. Im übrigen gelten für die Pfändung die §§ 229—231 über Selbsthilfe und als besondere Vorschriften die §§ 858—862, 1204 u. ff. des B. G. B.

Die Strafverzeichnisse sind für alle im Kalendermonat ermittelten Straffälle als abgeschlossenes Monatsverzeichnis dem Oberförster bis zum 5. des folgenden Monats einzureichen. Muster zu Anzeigen finden sich im Anhange unter § 28 des dort abgedruckten Forstdiebstahlsgesetzes; gleichzeitig werden auch die Kontraventionslisten mit eingereicht, die meist formularmäßig vorgedruckt den Beamten übergeben werden.

Sollte der Beamte den Frevler nicht kennen oder Verdacht schöpfen, daß ihm unrichtige Namen angegeben werden, oder wird ihm die Angabe des Namens verweigert, so hat er den Frevler zu verhaften und ihn sofort seinem Vorgesetzten oder dem nächsten Ortsvorstande zur Feststellung der Person zuzuführen.

§ 238.

Die polizeilichen Befugnisse der Forst- und Jagdbeamten.

Neben obigem Gesetz, welches die Forsten und ihre Produkte schützt, sind andere Gesetze erlassen, welche die Beamten den Frevlern gegenüber unterstützen. Es ist namentlich das wichtige Preuß. Gesetz über den Waffengebrauch der Forstbeamten vom 31. März 1837, welches ebenfalls im Auszug hinten angeheftet ist. Als das Wichtigste daraus soll hier nur angeführt werden, daß der Beamte bei Angriffen auf seine Person, bei tätlichen oder mit gefährlichen Drohungen verbundenen Widersetzlichkeiten, zur Abwehrung des Angriffs und Überwindung des Widerstandes — nicht weiter —, sobald er im Besitze des Waffengebrauchsattestes oder auf das Forstdiebstahlsgesetz vereidigt und nicht auf Denunziantenanteil gesetzt ist, auch mit erkennbaren amtlichen Abzeichen versehen resp. in Uniform ist, vom Hirschfänger Gebrauch machen darf. Vom Gewehr darf er nur dann Gebrauch machen, wenn der Angriff oder die Widersetzlichkeit mit Waffen, Äxten, Knütteln oder anderen gefährlichen Werkzeugen oder von einer Mehrheit, welche stärker als die Zahl der anwesenden Forst- oder Jagdbeamten ist, unternommen oder angedroht wird. Von jedem solchen Falle, namentlich wenn Verwundungen oder Tötungen vorkommen, ist sofort auf schnellstem Wege dem Vorgesetzten resp. der Ortspolizeibehörde oder direkt der nächsten Staatsanwaltschaft Anzeige zu machen, nachdem für die Verwundeten die nötigste Vorsorge getroffen ist*).

*) Zur näheren Information über unsere Forst- und Jagdgesetzgebung werden empfohlen die bei Julius Springer in Berlin erschienenen preußischen Forst- und

In Abänderung des Art. 3 der Einführungsverordnung zu obigem Waffengebrauchsgesetz vom 17. April 1877 ist durch Min.-Verf. vom 14. Juli 1897 für alle mit dem Waffengebrauch versehenen Beamten bestimmt, daß auf solche Frevler geschossen werden darf, die auf der Flucht nach erfolgter Aufforderung nicht sofort ihre Schußwaffe niederlegen oder dieselbe wieder aufnehmen, aber nur wo, je nach den besonderen Umständen des einzelnen Falles, in dem Nichtablegen oder Wiederaufnehmen der Schußwaffen eine gegenwärtige Lebensgefahr für die Beamten zu erblicken ist. Es sollen jedoch auch hierbei möglichst lebensgefährliche Verwundungen vermieden und Vorsicht gebraucht werden, daß bei diesem Schießen nicht unschuldige Dritte verletzt werden. Maßgebend für die richtige Befolgung dieser Verfügung ist die gewissenhafte Feststellung, ob aus dem Verhalten des fliehenden Frevlers eine Lebensgefahr für den Beamten gefolgert werden kann.

Ferner stehen die Forst- und Jagdbeamten unter dem Schutze der §§ 117—119 des St.-G.-B., welche den Widerstand gegen dieselben in rechtmäßiger Ausübung ihres Amtes mit besonderen Strafen bedrohen.

Ebenfalls unter dem Schutze dieser Paragraphen stehen die Forstlehrlinge, welche von einem Königl. Oberförster auf Grund des Regulativs vom 1. Oktober 1897 angenommen sind, und sind dieselben in allen Forstschutzangelegenheiten als „bestellte Forstaufseher" anzusehen, welche den Forst- und Jagdschutz wie die angestellten Beamten wahrzunehmen haben. Den Waffengebrauch resp. die weiteren Befugnisse der als Hilfsbeamte der Staatsanwälte bestellten Beamten haben sie jedoch nicht. In Ausführung des § 153 Abs. 2 des Deutsch. Ger.-Verfass.-Ges. vom 27. Januar 1877 sind nämlich **die Revierförster, Hegemeister, Förster, Forstaufseher, Forsthilfsjäger, sowie die Waldwärter,** sofern sie regulativmäßige Anstellungsberechtigung besitzen, durch Minist.-Verf. v. 23. November 1881 zu **Hilfsbeamten des Staatsanwalts** berufen. Durch Minist.-Verf. v. 23. Juli 1883 ist diese Befugnis auch auf die Forstpolizeisergeanten ausgedehnt und

---

Jagdgesetze mit eingehenden Erläuterungen, namentlich das Preuß. Forstdiebstahlsgesetz und das Preuß. Feld- und Forstpolizeigesetz von v. Bülow und Sternberg, sowie „der Preuß. Forst- und Jagdschutzbeamte als Hilfsbeamter der Staatsanwaltschaft" (1,75 Mk.) bei J. Neumann in Neudamm von Mücke 4. Aufl. 1902 und „der Forst- und Jagdschutz von Berger" (4 Mk.) bei M. Wundermann, Friedeberg N./M.

haben alle diese Beamten den Anordnungen der Staatsanwälte ihres Landgerichtsbezirks Folge zu leisten.

Daneben sind sie jedoch nach den §§ 98 und 105 der Strafprozeßordnung **bei Gefahr im Verzuge** auch selbständig zu Beschlagnahmen und Durchsuchungen ermächtigt. Dieses selbständige Eingreifen soll sich jedoch im wesentlichen nur auf die Verletzungen der Forst-, Jagd-, Feld-, Fischerei- usw. Gesetze **in ihrem Schutzbezirke** beschränken. Bei **direkter Verfolgung des Täters** (unmittelbar oder nach seinen Spuren) und wenn **zugleich eine Verzögerung** die wirksame weitere Verfolgung **unwahrscheinlich** machen würde resp. ein vorheriger Antrag beim zuständigen Richter oder der zuständigen Polizeibehörde **nicht angängig** ist, soll der Beamte auch **außerhalb seines Dienstbezirks Beschlagnahmungen und Durchsuchungen selbständig** vornehmen. In diesen Fällen ist aber baldmöglichst der Ortspolizeibehörde (Amtsvorsteher, Bürgermeister) Anzeige zu machen.

Die beschlagnahmten Gegenstände brauchen dem Eigentümer nicht immer direkt entzogen zu werden, sondern es genügt event., wenn demselben die Beschlagnahme amtlich erklärt und damit die Verfügung über die betr. Gegenstände untersagt wird.

Bei derartigen Beschlagnahmen, die **bei** oder **nach** der Tat sowie im Laufe der Untersuchung seitens der Hilfsbeamten der Staatsanwaltschaft in den **oben erwähnten Fällen** stattfinden können, muß der betr. Beamte innerhalb 3 Tagen die Bestätigung des Richters nachsuchen, wenn weder der davon Betroffene noch ein erwachsener Angehöriger desselben anwesend war, oder wenn gegen die Beschlagnahme ausdrücklich Widerspruch erhoben wurde. Bei Forstdiebstählen unterliegen der Beschlagnahme und zwar sowohl **bei der Tat** wie auch **nach derselben** und **selbst noch im Laufe der Untersuchung:** Äxte, Sägen, Messer usw., kurz alle zu einem Forstdiebstahl geeigneten Werkzeuge, welche der Täter **bei sich geführt** hat; **Tiere und Transportmittel** aber nur, insoweit sie zur **Sicherung der Beweisführung oder des Schadenersatzes** dienen könnten.

Haussuchungen können gegen Täter oder Teilnehmer, gegen Begünstiger oder Hehler in deren Wohnungen oder in beliebigen anderen Räumen zur **Ergreifung der Person** oder zur **Auffindung von Beweismitteln** gerichtet sein; auch können **die Personen selbst**

durchsucht werden. Bei anderen Personen sind nur, wenn verdächtige Umstände vorliegen, Durchsuchungen zulässig und zwar behufs Ergreifung des Beschuldigten oder eines Entwichenen, zur Verfolgung der Spuren einer strafbaren Handlung oder zur Beschlagnahme bestimmter Gegenstände.

Diese Beschränkung findet keine Anwendung auf die Räume, in welchen der Beschuldigte ergriffen ist oder die er auf der Flucht betreten hat. Zur Nachtzeit (vom $\frac{\text{1. April}}{\text{30. September}}$ von 9 Uhr Abends bis 4 Uhr Morgens und vom $\frac{\text{1. Oktober}}{\text{31. März}}$ von 9 Uhr Abends bis 6 Uhr Morgens) dürfen Haussuchungen nur bei **Verfolgung bei frischer Tat**, bei **Gefahr im Verzuge**, bei **Ergreifung eines Entwichenen** oder bei **unter Polizeiaufsicht Befindlichen** stattfinden.

Soweit dies möglich, sollen die Hilfsbeamten der Staatsanwaltschaft bei Nichtanwesenheit des Richters oder Staatsanwalts bei Haussuchungen einen Gemeindebeamten oder zwei Gemeindemitglieder, welche aber nicht Sicherheits- oder Polizeibeamte sein dürfen, zuziehen, auch ist dem von der Durchsuchung Betroffenen auf Verlangen eine schriftliche Mitteilung von dem Grund der Durchsuchung sowie ein Verzeichnis der in Verwahrung oder in Beschlag genommenen Gegenstände zu übergeben. Der Inhaber der zu durchsuchenden Wohnung resp. sein Vertreter oder ein erwachsener Angehöriger, Hausgenosse oder Nachbar ist möglichst zuzuziehen.

Wird jemand auf frischer Tat betroffen oder verfolgt, so ist, wenn er der **Flucht verdächtig** oder **unbekannt** ist, **jedermann zu seiner vorläufigen Festnahme** befugt; derselbe ist jedoch unverzüglich dem zuständigen Amtsrichter vorzuführen (durch die nächste Polizeibehörde, also Amtsvorsteher, Bürgermeister, nicht Ortsvorsteher).

§ 239.

Viehpfändung, Töten und Vergiften von Hunden, die wichtigsten strafrechtlichen Bestimmungen.

Folgende besondere Bestimmungen sind noch zu beachten:

Die Viehpfändung ist zulässig nach den §§ 10, 17, 77—87 des F. u. F. P. G. v. 1. April 1880, ferner nach § 368 ad 9 des St.G.B. Es kann soviel Vieh gepfändet werden als zur Deckung des Schadens, Ersatzgeldes und der Kosten nötig erscheint und ist von jeder Pfändung binnen 24 Stunden der Ortspolizeibehörde Anzeige zu erstatten, die dann entscheidet.

Nach den Preuß. Provinzialgesetzen können umherlaufende ungeknüppelte Hunde ohne Begleitung ihrer Herren vom Jagdberechtigten totgeschossen werden, aber nicht von Jagdteilnehmern (Reichsger.-Erk. v. 12. 1. 80); bloß während der Jagd über die Grenze laufende Jagdhunde können nicht getötet, müssen aber zurückgerufen werden, wohl aber können sie aufgefangen, müssen aber gegen Pfandgeld zurückgegeben werden. Neben den Provinzialgesetzen kommen noch §§ 64 bis 67 A.L.R. T. II, Tit. 16, die gültig blieben, in Betracht.

Das Legen von Gift gegen Raubzeug, wildernde Hunde und Katzen ist im allgemeinen in Preußen — ausgenommen Provinz Hannover — dem Jagdberechtigten und seinen Beauftragten (Schutzbeamte, Lehrlinge) gestattet, falls dies nicht besondere Verordnungen ausdrücklich verbieten und die Rechte anderer nicht verletzt werden.

Nicht jagdbares Raubzeug kann jeder Besitzer vergiften, dies gilt z. B. unter Umständen sogar vom Fuchs, wo er nicht zum jagdbaren Wild gehört. Ein Recht zum Legen von Gift folgt aus § 228 B. G. B., wonach man fremde Sachen (Hunde usw.) zerstören (vergiften) kann, um eine drohende Gefahr (Reißen usw. von Wild) von sich und andern abzuwehren.

Die Ausübung der Jagd während der Gottesdienststunden ist wohl überall, wenigstens während des Vormittagsgottesdienstes verboten, meist auch während des ganzen Sonntags die geräuschvollen Jagden (Hetz- und Treibjagden).

Das unbefugte Schießen an bewohnten oder besuchten Orten ist nach Str.G.B. § 367[8] zu bestrafen, ebenso nach § 367[7] Str.G.B. das feuergefährliche Schießen in der Nähe von Gebäuden.

Der unentgeltliche Jagdschein des Forstschutzbeamten berechtigt denselben auch an allen fremden Jagden teilzunehmen.

Der Forstbeamte kann sein Waffenrecht auch außerhalb der Forst, ja sogar, wenn er nicht in Uniform, aber persönlich bekannt ist, gegen widersetzliche Kontravenienten gebrauchen; er kann einen Jagdkontravenienten auch in ein fremdes Revier und zwar mit schußfertigem Gewehr verfolgen.

Die preußischen vereidigten Jagdbeamten sind berechtigt, den verdächtigen Jagdfrevler anzuhalten, nach versteckten Jagdwerkzeugen zu durchsuchen und ihm dieselben eventuell mit Gewalt abzunehmen.

Als Nachtzeit im Sinne des § 293 des Str.G.B. ist die Zeit der Dunkelheit, nicht die Zeit von Sonnenuntergang bis Sonnenaufgang zu verstehen, also auch noch die Dämmerung.

Über die Fischereivergehen vergl. namentlich die §§ 11—17, 19—28, 43—45, 46—48 des Fischereigesetzes vom 30. Mai 1874 nebst den betr. provinziellen Verordnungen; außer den bereits erwähnten Gesetzen, also §§ 1—18, 23 und 26 des Forstdiebstahlsgesetzes vom 15. April 1878, §§ 1—47, 62—68, 77—81 des Feld- und Forstpolizeigesetzes vom 1. April 1880, dem Waffengebrauchsgesetz vom 31. Mai 1837 und den damit im Zusammenhange stehenden Bestimmungen des Strafgesetzbuches §§ 113, 117—119, 211—233 hat der Forstbeamte sich noch mit den §§ 123, 134, 137, 240—243, 257—260, 274, 289, 292—296, 303—305, 308—310, 321, 324, 325, 360, 361 ad 9, 366, 367, 370 des Strafgesetzbuchs, dem Jagdpolizeigesetz vom 7. März 1850, dem Wildschongesetz vom 26. Februar 1870, dem Wildschadengesetz vom 11. Juli 1891, den Bestimmungen der Strafprozeßordnung vom 1. Februar 1877 über Beschlagnahme und Haussuchungen §§ 94, 95, 98, 102—107, über Verhaftungen und vorläufige Festnahme §§ 112—132, deren wesentlicher Inhalt im obigen bereits mitgeteilt ist, namentlich mit den provinziellen und lokalen Polizeiverordnungen über Forstschutz genau bekannt zu machen.

Merke: Bei Verfolgung auf frischer Tat unbekannten Personen gegenüber, bei Gefahr im Verzuge kannst du zu jeder Tageszeit und in alle Räume hin auch allein die strafbaren Handlungen in und außerhalb deiner Grenzen verfolgen; in allen zweifelhaften Fällen wirst du im allgemeinen stets richtig handeln, wenn du alles tust, um die Person und alle zur Bestrafung führenden Beweismittel fest resp. sicher zu stellen. In allen schwierigen Fällen hast du stets sofort mündlich oder schriftlich deinem Vorgesetzten, resp. der Ortspolizeibehörde oder der nächsten Staatsanwaltschaft zu berichten und weitere Instruktionen einzuholen; bei Gefahr im Verzuge aber selbständig nach bestem Wissen und Gewissen obigen Bestimmungen gemäß sofort energisch und umsichtig zu handeln und erst nachträglich unverzüglich zu berichten.

Fragebogen zum Forstschutz.

Zu § 194. Was begreift die Lehre vom Forstschutz? Wer hat den Wald zu schützen?

Zu § 195. Woran erkennt man im Bestande die herrschende Sturmrichtung? Welche Holzart leidet am meisten vom Windwurf? Wie sichert man sich gegen Sturmgefahr? Was ist ein Loshieb? In welcher Weise wird er eingelegt? Was hat man für Vorsichtsmaßregeln nach stattgehabten Stürmen in älteren Beständen zu ergreifen? Wie schützt man Bestandesränder gegen aushagernde Winde?

Zu § 196. Welche Holzarten leiden am wenigsten vom Frost? Wie schützt man sich gegen Spätfröste? Wie gegen Auffrieren? Welche Arten von Frost unterscheidet man?

Zu § 197. Wie schützt man sich gegen Duft-, Eis- und Schneebruch? Welche Lagen sind am gefährdetsten? Welchen Nutzen bringt der Schnee?

Zu § 198. Inwiefern äußert sich der schädliche Einfluß von Hitze und Dürre im Walde? In welcher Weise kann man ihm begegnen?

Zu § 199. Welche Arten von Waldfeuern gibt es? Welche Vorbeugungsmaßregeln gibt es gegen Entstehung von Waldfeuern? Welche Löschmaßregeln hat man gegen Lauffeuer, gegen Wipfelfeuer und Erdfeuer? Was tut man gegen große Waldbrände? Was ist nach jedem Feuer zu beobachten?

Zu § 200. Wie schützt man sich gegen Überschwemmungen und wie gegen Abschwemmungen?

Zu § 201. Wie entsteht ein nasser, wie ein sumpfiger Boden? Wie entwässert man nassen, wie sumpfigen Boden?

Zu § 202. In welcher Weise vertilgt man Unkraut, was sich durch Samenabfall vermehrt? Was tut man gegen wucherndes und aus der Wurzel sich vermehrendes Unkraut? Auf welchem Waldboden ist gleichzeitige Grasnutzung gestattet?

Zu § 203. In welcher Weise wird das Wild schädlich? Wie verhütet man Wildschaden? Was hat man bei Wildfütterungen zu beachten? Welche Grünfütterung gibt man im Winter und weshalb? Welche sicheren Mittel gibt es gegen Fegen und Verbeißen?

Zu § 204. Wodurch werden die Mäuse schädlich? Welche Mäusefeinde sind zu schonen? Wie schützt man sich gegen Mäuse? Was ist das beste Mittel?

Zu § 205. Welche Vögel sind schädlich? Wie hält man sie fern?

Zu § 206. Leiden die Laubhölzer oder die Nadelhölzer mehr unter Insektenfraß? Welche Fraßzeit ist den Waldbäumen am gefährlichsten?

Zu § 207. Nenne die allgemeinen Schutz- und Vorbeugungsmaßregeln gegen Insektenschaden? Woran erkennt man Insektenfraß?

Zu § 208. Welche Vorbeugungsmaßregeln gibt es gegen die große Kiefernraupe? Welches ist das beste Vertilgungsmittel gegen dieselbe? Welche Feinde sind zu schonen?

Zu § 209. Wann frißt die Eule? Worin besteht ihre besondere Schädlichkeit? Wie vertilgt man sie?

Zu § 210. Wann frißt der Kiefernspanner? Wann und wie vertilgt man ihn? Wie sieht die Raupe und Puppe aus?

Zu § 211. Woran ist die Raupe der kleinen Kiefernblattwespe kenntlich? Woran erkennt man den Fraß? Wie begegnet man ihm?

Zu § 212. Wie unterscheiden sich die große und kleine Kiefernblattwespe? Wann und wie frißt die erstere? Wie beseitigt man sie?

Zu § 213. Welche Vorbeugungs- und Vertilgungsmaßregeln hat man gegen den Engerling nnd gegen den Maikäfer? Welche beiden Maikäferarten unterscheidet man?

Zu § 214. Wann frißt der große Rüsselkäfer und wo? Wie sind die Sicherheitsgräben anzulegen und zu unterhalten? Wie vertilgt man ihn am besten auf den Kulturen? Wie auf bindigem Boden und im Gebirge?

Zu § 215. Beschreibe die schädlichen kleinen Rüsselkäfer und ihre Gegenmittel.

Zu § 216. Woran erkennt man den Fraß des Kiefernmarkkäfers? Wie begegnet man ihm?

Zu § 217. Nenne die übrigen Kiefernfeinde und die für sie passenden Gegenmittel?

Zu § 218. Wodurch wird die Werre schädlich? Wie tut man ihr Abbruch?

Zu § 219. Wann frißt die Nonne? Was sind Spiegel? Wodurch wird die Nonne in so hohem Grade schädlich? Welches ist das wirksamste Vertilgungsmittel?

Zu § 220. In welcher Weise frißt die Larve des Fichtenborkenkäfers? Wie beugt man dem Borkenkäferfraße vor? Wann fällt man die Fangbäume? Wie vernichtet man die Brut in ihnen?

Zu § 221. Welches sind die schädlichen Insekten auf Lärchen und Tannen?

Zu § 222. Welche Insekten fressen in Laub- und Nadelholz? Welche Laubhölzer leiden am meisten von Insekten?

Zu § 223. Wie schadet der Rotschwanz? Was kann man gegen ihn tun?

Zu § 224. Mit welcher besonderen Gefahr ist der Fraß der Eichenprozessionsraupe verbunden? Wie vertilgt man sie?

Zu § 225. Wann frißt der Schwammspinner? Wie begegnet man ihm?

Zu § 226. Wie werden Winter- und Blattspanner schädlich? Wie begegnet man ihnen?

Zu § 228. Wo frißt die spanische Fliege und wie tut man ihr Abbruch? Nenne noch einige auf allerlei Laubholz schädliche Käfer und ihren Schaden.

Zu § 229. Welche Tiere sind nützlich? Was versteht man unter nützlichen und schädlichen Tieren?

Zu § 230. Was versteht man unter Forstpolizei?

Zu § 231. Was ist bei der Entnahme aller Waldprodukte zur Legitimation des entnehmenden Publikums alles nötig?

Zu § 232. Worauf hat der Schutzbeamte bei der Holzabfuhr zu achten? In welcher Weise ist das Raff- und Leseholz-Sammeln zu kontrollieren?

Zu § 233. Welche forstpolizeilichen Beschränkungen sind bei der Waldweide aufzugeben?

Zu § 234. Wie ist die Grasnutzung zu kontrollieren? In welcher Weise muß die Streunutzung im Walde erfolgen? Was ist bei Einsammlung von Waldsämereien zu beachten?

Zu § 235. Wie müssen die Forstgrenzen beschaffen sein? Welche gesetzlichen Bestimmungen kennst du über die Sicherung derselben? Wie erhält man einen guten Grenzzustand?

Zu § 236. Nach welchen Gesetzen und Bestimmungen wird der Diebstahl an Holz und anderen Waldprodukten bestraft?

Zu § 237. Was hat der Beamte zu tun, wenn er jemand beim Holzdiebstahl betrifft? Was ist bei Haussuchungen zu beachten? Was geschieht mit den Werkzeugen, die beim Holzdiebstahl gebraucht sind? Was hat der Beamte mit ganz unbekannten Holzdieben zu tun? Wodurch unterscheiden sich Beschlagnahme und Pfändung?

Zu § 238. Welche Gesetze sind zum Schutze der Beamten bei Ausübung ihres Berufes erlassen? Was hat der Beamte bei Widersetzlichkeit der Frevler zu tun? Wann darf der Beamte von der Schußwaffe Gebrauch machen? Wann darf er und wie weit vom Hirschfänger Gebrauch machen? Was hat der Beamte zu tun, wenn bei der Widersetzlichkeit ein Frevler verwundet oder getötet ist? Welche Pflichten und welche Rechte hat der Beamte als Hilfsbeamter der Staatsanwaltschaft? Wann kann er als solcher Beschlagnahmen und Haussuchungen selbständig vornehmen? Welche Räume darf er durchsuchen? Wann darf er allein Haussuchungen vornehmen? In welchen Fällen ist der Richter von Beschlagnahmen zu benachrichtigen? Worauf erstreckt sich die Beschlagnahme? Bei wem können Haussuchungen vorgenommen werden? Zu welcher Tageszeit? Wann kann der Beamte, wann jedermann vorläufige Festnahme bewirken? Was ist bei Pfändungen zu beachten? worauf erstrecken sie sich?

Zu § 239. Wann kann Vieh gepfändet werden? Welche Bestimmungen gibt es über das Töten und Vergiften von Hunden, über das Überlaufen von Jagdhunden, über unbefugtes Schießen? Welche gesetzlichen Bestimmungen muß ein Forstbeamter kennen?

D. Forstbenutzung.

Literatur.

Gayer: Forstbenutzung, 8. Aufl.
Stötzer: Waldwegebau, 4. Aufl.

§ 240.

Einleitung und Definition.

Die Lehre von der Forstbenutzung begreift die Gewinnung, Verwertung und Verwendung sämtlicher Waldprodukte in sich. — Je nachdem nun das Holz als Hauptsache selbst Gegenstand der Nutzung ist oder andere Waldprodukte — im Verhältnis zum Holze Nebenprodukte genannt — teilt man die Forstbenutzung in zwei Hauptteile:

1. in Hauptnutzung,
2. in Nebennutzung.

In weiterem Sinne gehört noch in die Forstbenutzungslehre eine Besprechung der das Holz und die Nebenprodukte verarbeitenden Gewerbe und die Lehre von den verschiedenen Eigenschaften, Fehlern und Krankheiten des Holzes.

Die technischen Eigenschaften des Holzes.

§ 241.

Unter technischer Eigenschaft des Holzes ist die besondere Eigenschaft zu verstehen, welche eine Holzart nach irgend einer Richtung hin verwendbar und gebrauchsfähig macht, entweder zu Bauholz oder Werkholz aller Art. Es sind nicht nur die verschiedenen Holzarten in ihren technischen Eigenschaften sehr verschieden, sondern sogar eine und dieselbe Holzart hat oft ganz verschiedene Brauchbarkeit, je nach dem Standort, auf dem sie gewachsen ist. So nehmen z. B. Holzhändler die Eichen aus einer Provinz oder aus einem Reviere lieber als aus einem anderen, Kiefern auf armem Sandboden sind andere als auf frischem lehmigem Sandboden usw. Die Verschiedenheit des Holzes ist begründet in seiner anatomischen und chemischen Zusammensetzung und in seinem Standort; von ersterer ist das wichtigste in der Botanik § 51 gesagt und wird hier noch einiges zur Vervollständigung über den Gebrauchswert angeführt; man vergleiche auch Spalte 5 der Holzarten-Tabelle daselbst (§ 57). Unsere wissenschaftlichen Qualitätsuntersuchungen der Hölzer befinden sich noch in der Entwicklung, sind jedenfalls noch nicht zuverlässig, wie die Veröffentlichungen der letzten Jahre beweisen. Die Erfahrungssätze des Publikums, das namentlich auf Stärke, Geradfasrigkeit, Astreinheit, Vollholzigkeit, Kerngehalt, gleichmäßigen Jahrringbau, Fehlerfreiheit, Gesundheit und guten Wuchs, Marktfähigkeit der Ware sieht — müssen für unsere Wirtschaft vorläufig maßgebender bleiben*), als wissenschaftliche Untersuchungen. Um spezifisches Gewicht, Druckfestigkeit und ähnliche Dinge kümmert sich der Käufer meist herzlich wenig.

*) Vergl. Allgem. Forst- u. Jagdzeit. 1896. XI., daselbst 1897. X.; Forstwissenschaftl. Centralbl. 1898. II.

§ 242.

a) Trockenzustände des Holzes.

In dem frischen Holze beträgt der Wassergehalt bei den harten Laubhölzern 30—40% des Grüngewichts, bei den weichen Laubhölzern 40—55%, bei den Nadelhölzern sogar bis zu 60% (nach Th. Hartig) im Winter und wechselt der Wassergehalt nach der Jahreszeit; er ist im Winter und Frühjahr (zur Zeit des Laubausbruchs) am größten, im Sommer und Herbst am kleinsten; auch im Stamm selbst ist er verschieden, indem er in der Krone oft um die Hälfte größer ist als im unteren Stamm; je jünger das Holz — schwaches Wurzelholz, Zweige, Splint — desto saftreicher ist es. Nach dem Fällen des Holzes verliert es einen Teil des Wassergehalts und unterscheidet man danach:

1. grünes Holz etwa 40% Wassergehalt,
2. waldtrockenes Holz etwa 30—40% „
3. lufttrockenes „ „ 10—20% „
4. gedörrtes „ „ 0% „

Frisches Holz, namentlich von schwereren Holzarten, z. B. Buche, Eiche, Ahorn usw. läßt sich besser bearbeiten als trocknes.

§ 243.

b) Reif- und Splintholz.

Mit dem Wasser- und Saftgehalt des Holzes hängt auch die Unterscheidung von Reif- und Splintholz zusammen; unter ersterem versteht man eine der Kernbildung analoge Veränderung der inneren Baumteile, aber ohne Farbenveränderung älterer Holzschichten, unter Splintholz den das Reifholz umgebenden meist schmäleren und jüngeren noch lebende Zellen enthaltenden Holzring, durch hellere Farbe und Saftreichtum gekennzeichnet. Dasjenige Reifholz, welches sich durch dunklere Farbe und besondere Härte auszeichnet, auch kein Wasser mehr leitet, nennt man Kernholz.

Reifholz haben:

Fichte, Tanne, Buche im höherem Alter.

Kernholz haben:

Akazie, Eiche, Ulmus campestris, Esche, Eibe, Wacholder, Lärche und alle einheimischen Kiefernarten.

Splinthölzer, bei denen die Kernholzbildung nur sehr schwer zu erkennen ist, sind:

Ahorn, Birke, Weißbuche, Tanne, Erle, Aspe, Saalweide, Buche in der Jugend. Der Splint markiert sich hier vor dem Kern nur durch seine große Wasseraufsaugungskraft. Das Kernholz älterer Bäume ist bei den meisten Holzarten härter und dauerhafter als Splintholz, dieses muß deshalb im Interesse der Dauerhaftigkeit oft entfernt werden. Die eigentliche Substanz des Kernholzes kennt man noch immer nicht.

§ 244.

c) Widerstandsfähigkeit des Holzes.

Unter Widerstandsfähigkeit versteht man die Festigkeit des Holzes, allen äußeren Einwirkungen zu widerstehen. Den Widerstand äußeren Krafteindrücken gegenüber nennt man Festigkeit. Man unterscheidet folgende Arten von Festigkeit:

1. Die Tragkraft des Holzes. Es ist dies die Festigkeit des Holzes gegen das Zerbrechen; sie ist die wichtigste für den Bauwert des Holzes, für Zimmerleute und Stellmacher. Diese Art Festigkeit hängt vom Bau und Zusammenhang der Holzfasern ab, indem bei derselben Holzart das lang-, gerad- und gleichfaserig gewachsene Holz stets tragkräftiger ist als das kurz- und krummfaserige, ferner ist gleichförmiger Jahrringbau, Reinheit von eingewachsenen Ästen und abnormen Stellen wichtig für die Tragfähigkeit; allzu große Trockenheit schadet der Tragkraft; je zäher und elastischer das Holz, desto tragfähiger ist es; schwach gedrehtes Holz ist tragkräftiger als geradfaseriges oder stark gedrehtes; großer Harzreichtum macht das Holz brüchig; das jüngere Holz und der obere Stammteil ist tragfähiger, das im Dezember gefällte Holz ist besser als das später gefällte; Winterholz soll kräftiger sein als im Sommer gefälltes, Ausdämpfen und Auskochen vermindert die Tragkraft.

Das tragfähigste Holz liefern in absteigender Reihenfolge: Eiche, Aspe, Esche, Fichte, Weißtanne; noch beim Bauen als Tragstücke verwendbar sind: harzarmes Kiefernholz und Lärchen. Durchaus tragunfähig und sehr brüchig sind: Buche und Erle.

§ 245.

2. Festigkeit gegen Zerdrücken, Zerreißen und Zerdrehen. Man nennt die erste Festigkeit auch „die rückwirkende“; sie kommt bei

Säulen, Ständern und Pfosten, beim Wagenbau (Speichen usw.) zur Anwendung und hängt von der Dicke und Geradschaftigkeit der betreffenden Holzstücke ab; dem Zerreißen setzen die Hölzer dieselbe Festigkeit wie dem Zerbrechen entgegen, die Drehungsfestigkeit ist bei schweren, zähen und langfaserigen Hölzern (Eichen, Akazien) am größten.

Nach Gayer ist die Druckfestigkeit das sicherste Kennzeichen für die bauchtechnische Qualität des Holzes; er stellt als festeste Nadelhölzer hin: Lärche, Fichte, Kiefer, Tanne, Weimutskiefer; Äste schaden der Festigkeit sehr.

§ 246.

3. Härte des Holzes. Unter Härte des Holzes ist der Widerstand desselben gegen das Eindringen von scharfen Werkzeugen zu verstehen. Das Holz ist im allgemeinen um so härter, je spezifisch schwerer es ist, je fester die einzelnen Holzfasern in einander schließen, je zäher und je trockner es ist und je mehr Harzgehalt es hat. Langfaseriges Holz mit verschlungenem oder welligem Faserverlauf ist härter als gerad- und kurzfaseriges.

Der Widerstand gegen die Axt ist nach der Richtung, in welcher dieselbe einzudringen sucht, sehr verschieden; wenn dieselbe senkrecht auf die Längsfaser geführt wird, so ist der Widerstand am größten, in der Richtung der Längsfasern am kleinsten, letzteren Widerstand bedingt die unten folgende Spaltbarkeit. Schwere, dicht gebaute und harte Hölzer erfordern leichtere Äxte mit feinerer sehr gut gestählter Schneide, leichtere, zähfaserige Hölzer schwerere Äxte; um den Widerstand in senkrechter Richtung auf die Faser abzuschwächen, wird der Axthieb schief geführt, damit er sich mehr der Spaltrichtung nähert; es wird gekerbt. Gefrorenes Holz erfordert schwerere Äxte. In der senkrechten Richtung wirkt besser die Säge auf die Längsfaser, und zwar je fester, härter, kurzfaseriger und frischer das Holz ist, desto besser arbeitet die Säge; einige zähe und locker gebaute leichte Holzarten — Aspe, Birke, Weide, Pappel — lassen sich dagegen in frischem Zustande, wie auch überhaupt, schlecht zerschneiden.

Eine Eigentümlichkeit inbezug auf die Härte ist bei der Kiefer zu merken. Man unterscheidet nämlich oft an der Kiefer die sog. harte und weiche Seite. Hart ist die mehr nach außen vom Mark aus (exzentrisch) gewachsene Seite des Baumes; bei Randbäumen immer die Außenseite, im Bestande meist die Nordseite. Die harte Seite ist spaltiger und dauerhafter, ist auch kenntlich an den rötlichen Spähnen. Der Stamm muß immer auf die harte Seite geworfen, das Rundstück auf die harte Seite gelegt werden, da sie dann besser spalten. Der Spalt soll bei Rundstücken immer die harte und weiche Seite in der Mitte trennen. Auch bei bogenförmig gewachsenen Fichten unterscheidet man die „rotharte" Seite, ebenso sind die Fichtenäste auf der Unterseite „rothart". Die harte Seite bei der Fichte ist jedoch eher schlechter als besser.

Unter Zugrundelegung von Noerdlingers Untersuchungen sind folgende Härteklassen aufgestellt:

Sehr hart:	Hart:	Weich:
Weiß- und Schwarzdorn, Maßholder, Ahorn, Hainbuche, Waldkirsche, Mehlbeere.	Esche, Platane, Zwetsche, Akazie, Ulme, Rotbuche, Nußbaum, Birnbaum, Apfelbaum, Elsbeere, Stieleiche, Traubeneiche, Vogelbeere.	Fichte, Tanne, Schwarzerle, Weißerle, Birke, Wachholder, Lärche, Schwarzkiefer, Kiefer, Saalweide, alle Pappelarten, Aspe, die Weidenarten u. Linde.

§ 347.

4. Spaltbarkeit. Hierunter versteht man die Fähigkeit des Holzes, sich in der Richtung der Längsfaser durch einen eingetriebenen Keil trennen zu lassen; die Leichtigkeit, mit welcher diese Trennung in der Richtung des Keiles vor sich geht, bestimmt den Grad der Spaltbarkeit.

Hauptbedingung für gute Spaltbarkeit ist Gerad- und Langfaserigkeit (Nadelhölzer und Hölzer mit schnellem Höhenwuchs), Astreinheit, Bau der Markstrahlen (große Markstrahlen wie bei Buche, Eiche erhöhen die Spaltbarkeit), Feuchtigkeitsgehalt (frisches Holz ist spaltiger); geschlossener Stand und frischer Boden begünstigen die Spaltbarkeit.

Hemmnisse der Spaltbarkeit sind: eingewachsene Äste, gedrehter Wuchs (namentlich widersonnig, d. h. von links nach rechts), Elastizität, Zähigkeit und Frost.

Den Grad der Spaltbarkeit kann man am stehenden Stamm an folgenden Merkmalen erkennen: langer Schaft, Astreinheit und gleichmäßige Abnahme nach oben, bei grobrindigen Holzarten (Eiche, Kiefer) feinere Rinde, gerades Hinaufsteigen etwaiger vorhandener oder bereits überwallter Rindenrisse, gerader und senkrechter Verlauf der ganzen Rindenbildung usw. (der Borkenrisse); nach Fällung geben Kernrisse und der gerade Verlauf der Fasern an abgehauenen Spänen oder Kloben ein gutes Zeichen für die Spaltbarkeit.

Die Reihenfolge der Spaltbarkeit ist bei den Holzarten nach Gayer folgende:

leichtspaltig:	schwerspaltig:
Erle, Linde, Kiefer, Eiche, Aspe, Tanne, Fichte, Esche, Buche, Lärche.	Ahorn, Pappel, Elsbeere, Schwarzkiefer, Maßholder, Birke, Hainbuche, Akazie, Ulme.

§ 248.

5. Biegsamkeit. Hierunter versteht man die Kraft des Holzes, Formveränderungen zu ertragen, ohne zu brechen. Sie hängt von der größeren und geringeren Dehnbarkeit der Holzfaser ab. Bei der Biegsamkeit unterscheidet man je nach dem Verhalten nach dem Biegen:

α) Elastizität,

wenn das Holz nach dem Aufhören der biegenden Kraft mit größerer oder geringerer Schnelligkeit seine ursprüngliche Form wieder annimmt:

β) Zähigkeit,

wenn das Holz nach dem Biegen in der gegebenen Form verharrt.

Fast jedes Holz besitzt Elastizität und Zähigkeit nebeneinander, doch pflegt eine Eigenschaft bald mehr, bald weniger zu überwiegen, wonach wir dann das Holz je nachdem elastisch oder zähe nennen. Beide Eigenschaften stehen in demselben Stück Holz nicht unabänderlich fest, sondern wechseln besonders nach dem Feuchtigkeitsgehalt. — Trockenheit macht im allgemeinen das Holz elastisch und beschränkt die Zähigkeit, während warme Feuchtigkeit das Holz zähe macht; größerer Harzgehalt erhöht die Zähigkeit, ebenso Abwelken des grünen Holzes auf dem Stocke; Frost hebt Elastizität wie Zähigkeit auf.

Die Elastizität in Verbindung mit der Festigkeit ist, wie wir bereits gesehen haben, wichtig für die Tragkraft, also für das Bauholz, ferner für viele kleine Nutzhölzer; die Hölzer stehen inbezug auf die Elastizität in folgender Reihenfolge: Akazie, Linde, Aspe, Birke, Ulme, Nußbaum, Eiche, Buche, Fichte, Esche, Ahorn; schwach elastisch sind: Lärche, Erle, Hainbuche, Tanne, Kiefer, Pappel, Weißerle. — Diese

Reihenfolge bezieht sich auf den Trockenzustand der Hölzer (nach **Noerdlinger**).

Die **Zähigkeit** hängt mit der Gerad- und Langfaserigkeit und dem räumigen Zellenbau gewisser Hölzer zusammen, weshalb die leichten Hölzer zäher sind als die schweren. Wurzelholz ist zäher als Stammholz und dieses wieder zäher als Astholz, junges Holz und Splintholz ist zäher als älteres Holz und Kernholz, nasser Boden erzeugt oft brüchigeres Holz. Am zähesten sind die Stockloden von Weide, Birke, Hainbuche, Aspe, Esche, Eiche, Ulme usw.; inbezug auf Zähigkeit stehen die Holzarten in folgender Reihenfolge: Birke, Aspe, Weide, Lärche, Pappel, Stangen von Eichen, Fichten und Haseln. Auf der Zähigkeit des Holzes beruht seine Verwendung zu Schachtel-, Sieb- und Fruchtmaßfabrikation, Faßreifen, Bindeweiden usw.; die Zähigkeit läßt sich durch Dämpfen erhöhen, worauf die Fabrikation der gebogenen Möbel und das Anfertigen aller gebogenen Bretter (Schiffsplanken, Kutschenkasten usw.) beruht; in durch Wasserdämpfe erweichtem Zustande gebogen und so bis zum Trocknen festgehalten, behalten sie für immer ihre Form, werden auch durch das Dämpfen viel dauerhafter.

§ 249.

6. **Dauer des Holzes.** Hierunter versteht man die Widerstandskraft des Holzes allen äußeren zerstörenden Einflüssen aus der Tier- und Pflanzenwelt und den Elementen gegenüber, sowie die Fähigkeit, sich möglichst lange in gebrauchsfähigem Zustande zu erhalten.

Am meisten haben die Hölzer bekanntlich unter Fäulniß zu leiden, welche nach den Untersuchungen der Wissenschaft meist auf der Wucherung mikroskopischer Pilze (vergl. § 202) beruht. Die äußerst feinen Pilzkeimchen gelangen häufig an wunden Stellen in das Holz und bilden sich, sobald sie günstige Keimungsverhältnisse, namentlich die nötige *Feuchtigkeit und Wärme* vorfinden, zwischen und in den Holzzellen üppig wuchernd fort, indem sie sich von den dieselben bildenden Elementarorganen ernähren, bis sie schließlich ein vollständiges Zerfallen der Holzfasern bewirken. Saftvolles oder noch nicht völlig trockenes Holz ist der Fäulnis (seines größeren die Pilzentwicklung fördernden Feuchtigkeitsgehaltes wegen) weit mehr ausgesetzt als trocknes Holz.

Die Dauerhaftigkeit des Holzes hängt im allgemeinen von folgendem ab:

α) Bei derselben Holzart ist das schwerere Holz auch dauerhafter; bei den ringporigen Hölzern (Eiche, Esche, Ulme) ist Holz mit breiten Jahresringen, aber schmalen Porenkreisen und ganz feinen Poren viel dauerhafter (oft um das dreifache!) als solches mit engen Jahresringen; umgekehrt ist Nadelholz mit engen Jahresringen dauerhafter als solches mit breiten Jahresringen.

β) Je günstiger der Standort der ganzen Entwicklung einer Holzart ist, desto dauerhafter wird sie auch sein, weil sie auch schwerer zu sein pflegt, ebenso ist das im freien Stande (Oberholz im Mittelwalde usw.) erwachsene Holz dauerhafter als das geschlossen erwachsene.

γ) Kernholz ist dauerhafter als Splintholz, Holz von mittlerem Alter ist dauerhafter als junges und sehr altes Holz.

δ) Inwiefern die Fällungszeit (Herbst, Winter, Sommer) von Einfluß auf die Dauer des Holzes ist, ist noch nicht endgültig festgestellt, doch ist bei Laubhölzern für die Dauer derselben wohl die Winterfällung vorzuziehen. Eingehende Versuche, die natürlich einen langen Zeitraum erfordern, sind wohl angefangen, aber noch nicht abgeschlossen.

ε) Von größtem Einfluß auf die Dauer der Hölzer ist ihre Verwendung im Freien oder in der Erde, im Wasser, in geschlossenen Räumen, an dumpfigen, feuchten, trocknen Orten usw.

Die längste Dauer hat das Holz an trocknen Orten, besonders aber ganz unter Wasser; im ersteren Falle ist dasselbe möglichst frei von der fäulnisfördernden Feuchtigkeit, in letzterem Falle ist es von der Luft, in welcher die Pilzkeimchen herumschwärmen, abgeschlossen; fauliges und schnellströmendes Wasser ist jedoch schädlich.

Im Wasser dauern am besten: Eichenholz, harzreiches und engringiges Lärchen- und Kiefernholz und Erlenholz; sie können unter Wasser über 1000 Jahre ausdauern.

Bei fortdauernder Berührung mit Wasser und Luft gleichzeitig, wie z. B. Pfähle und die Pfeiler bei Wasserbauten usw., dauert das Holz am wenigsten und verwendet man dazu, wenn dies möglich ist, nur das oben genannte Holz, im Notfall auch Fichten- und Tannenholz.

Gegen die Einflüsse der atmosphärischen Luft und der Niederschläge sind am dauerhaftesten die Eiche und die Nadelhölzer, welche deshalb beim Häuserbau, zu Zäunen und zu landwirtschaftlichen und Gartenbau-Zwecken am liebsten verwendet werden.

Im Erdboden dauert das Holz nur kurze Zeit, namentlich in lockerem, feuchtem und warmem Boden, z. B. in Ton, Kalk und ähnlichen Bodenarten. Es dauern außer Eiche und den Nadelhölzern am besten noch Erle und Akazie im Boden. Sehr verderblich für alles Holz sind dumpfige feuchte Räume, z. B. Bergwerke, Keller, Ställe usw., wo das Holz in kürzester Zeit der Fäulnis anheim fällt; an solchen Orten bildet sich auch häufig im Bauholze der gefürchtete Hausschwamm (**Merulius lacrymans Jacq.**), von dem nur schnellste Austrocknung der befallenen Hölzer und Anstrich rettet. Sein Vorkommen ist kürzlich auch im Walde in Lagerhölzern, unter alten Brücken usw. leider festgestellt.

Außer den vielen Fäulnispilzen schaden dem trockenen Holz noch allerlei Käfer und Würmer, namentlich die Totenuhr, **Anobium striatum**, der Trotzkopf, **A. pertinax**, und viele andere Bohrkäfer, welche Bau- und Nutzholz (Möbel usw.) zernagen. Die Laubhölzer leiden mehr vom Wurmfraß als die Nadelhölzer.

Das ungünstigste Verhältnis, nämlich wechselnde Feuchtigkeit und Trocknis vorausgesetzt, stellt Gayer folgende Dauerhaftigkeitstabelle auf:

Sehr dauerhaft:

Eiche aus mildem Klima und freiem Stande,
Lärche, wenn sie feinringig und harzreich ist,
Kiefer, wenn sie feinringig und harzreich ist,
Schwarzkiefer, wenn sie feinringig und harzreich ist,
Akazie von warmem Standort steht der Eiche gleich.

Dauerhaft:

Kastanie als Faßholz und im Boden gut, im Trocknen vorzüglich, im Wind und Wetter schlecht,
Ulme, wurmfrei, im Trocknen vorzüglich,
Fichte, wenn sie harzreich ist,
Tanne,
Lärche mit breiten Jahrringen aus warmen Lagen,
Esche, nur im Trocknen gut.

Wenig dauerhaft:

Die breitringigen harzarmen Nadelhölzer sind nur im Trocknen gut, sonst ziemlich vergänglich,

Buche, im Nassen gut, im Trocknen dauerhaft, aber von Würmern sehr heimgesucht,

Hainbuche,

Ahorn, von Würmern ganz frei,

Erle, im Nassen vorzüglich, aber sonst sehr vergänglich und von Würmern gefressen,

Birke, im Trocknen gutes Möbel- und Wagnerholz,

Aspe, nur im Trocknen,

Linde, Pappel, Hasel und Weide haben nur im Trocknen einige Dauer.

§ 250.

Mittel zur Erhöhung der Dauerhaftigkeit sind:

Das Austrocknen entweder auf dem Stamme durch Abwelken oder Liegenlassen nach dem Fällen im Laube oder teilweises oder ganzes Entrinden von Stämmen oder Stammabschnitten.

Schutz vor Feuchtigkeit durch wasserdichte Anstriche mit Karbolineum, Ölfarbe, Kreosotöl, Holzteer, Steinkohlenteer, Firnisse usw., dazu muß das Holz jedoch erst vollkommen ausgetrocknet sein und der Anstrich vollkommen decken.

Das Ankohlen bei der Verwendung im Boden bei Pfählen, Zaunlatten usw.; soll dieses helfen, so muß der in die Erde kommende und 30 cm über demselben befindliche Teil vollständig mit einer starken Kohlendecke umgeben sein.

Das Imprägnieren oder Durchtränken mit fäulniswidrigen chemischen Substanzen, Kupfervitriol, Zinkchlorid, Quecksilberchlorid und kreosothaltigen Stoffen, wie es namentlich bei Eisenbahnschwellen vorkommt. Man bringt die betr. Substanzen teils durch den hydrostatischen Druck der Flüssigkeit (Verfahren von Boucherie, meist bei Kupfervitriol üblich), teils durch Dampfkraft in hermetisch abgeschlossenem Raum in das Holz. Das Holz muß gesund und mittleren Alters sein, Splintholz durchtränkt sich am besten.

§ 251.

d) Schwinden, Quillen und Werfen.

Unter Schwinden des Holzes versteht man seine Raumverringerung durch Wasserverdunstung, unter Quillen die Raumvergrößerung durch Wasseraufnahme. Nachdem das Holz lufttrocken geworden ist, wechselt es stets in Wasseraufnahme und Wasserabgabe je nach dem Feuchtigkeitsgehalte der umgebenden Luft; je größer der Wassergehalt einer Holzart ist, um so mehr schwindet es; am geringsten schwindet das Holz in der Längsrichtung, schon mehr in der Richtung der Markstrahlen, am meisten im Verlaufe der Jahrringe (bis 15 %). In warmen oder geheizten Räumen schwindet das Holz am meisten. Nach Noerdlinger schwinden wenig: Fichte, Lärche, Tanne, Stieleiche, Ahorn, Kiefer, Pappel, Ulme, Kastanie, Esche, Aspe, Akazie — schwinden stark: Erle, Birke, Apfelbaum, Hainbuche, Rotbuche, Kirsche, Linde, Nußbaum.

Da das Holz in verschiedenen Richtungen schwindet, so bekommt dasselbe dabei sog. Trocken- und Schwindrisse, und zwar meist in der Richtung des Radius oder der Markstrahlen; es reißt um so mehr, je schneller es schwindet (je saftreicher es gewesen ist).

Starkes entrindetes Holz reißt mehr als schwaches, am meisten reißen Buche und Esche; man vermindert das Reißen durch langsames Austrocknen der Stämme in der Rinde oder durch nur platzweises Entrinden resp. allmähliches Trocknen in Rinde und Laub. Recht gut bewährt fand ich „die Anstrichfarbe der Rheinischen Holzverwertung. A. G. Rheinau b. Mannheim", die das Reißen der Laubhölzer in den Schlägen vollkommen verhinderte, die jetzt auch auf Holzplätzen viel angewandt wird. In ähnlicher Weise wie durch den Wasserverlust beim Schwinden, verändert sich das Holz auch bei der Wiederaufnahme des Wassers, beim sog. Quillen, wodurch das Werfen und Ziehen entsteht; letzteres steht im gleichen Verhältnisse zum Schwinden und wird namentlich durch Dämpfen und Bähen verhindert. Nadel- und weiche Laubhölzer quillen und werfen sich weniger als die harten Laubhölzer.

§ 252.

e. Brennkraft des Holzes.

Hierunter ist die Wärmemenge zu verstehen, die verschiedene Holzarten in unseren Öfen zu entwickeln vermögen, wenn man die gleiche

Masse in gleichem Trockenzustande die gleiche Zeit brennen läßt. Von Einfluß auf die Brennkraft einer Holzart ist sein Feuchtigkeitsgehalt — trocknes Holz brennt am besten, — seine Schwere und Güte — bei derselben Holzart pflegt das schwere und bessere Holz, d. h. solches, was auf gutem Standort erwachsen ist, brennkräftiger zu sein — seine Zusammensetzung und sein Bau — leichtere und harzreiche Hölzer brennen schnell und heiß, schwere still und andauernd —, der Gesundheitszustand — gesundes und Holz von mittlerem Alter ist brennkräftiger als junges und altes resp krankes Holz.

Nördlinger stellt die Hölzer in Bezug auf ihre Brennkraft in folgende Reihe:

Sehr brennkräftig: Buche, Hainbuche, Birke, Akazie, harzreiches altes Kiefernholz.

Brennkräftig: Ahorn, Rotrüster, Esche, harzreiches Lärchenholz, Kastanie.

Mittelbrennkräftig: Weißrüster, gesundes Eichen- und Kiefernholz, altes Fichtenholz.

Wenig brennkräftig: Tanne, Linde, junges Fichtenholz, Erle,*) Eichenanbruchholz, Aspe, Pappel, Weide.

Ein Raummeter gutes trocknes Buchenklobenholz = $6\frac{1}{2}$ Ztr. guter Steinkohle und etwa 15 Ztr. guten trocknen Stichtorf; 1 rm do. Nadelholz nur = etwa $4\frac{1}{2}$ Ztr. Steinkohle.

Alles Brennholz (Deputatholz) soll gleich nach der Anfuhr gut zerkleinert und an luftigem Ort aufgestapelt werden; es muß vor dem Gebrauch 1—2 Jahre austrocknen, um seinen richtigen Trocken- und Brennwert zu erhalten.

§ 253.

f. Fehler, Schäden und Krankheiten des Holzes.

Hiermit sind die Holzarten in sehr verschiedener Weise behaftet, meistens beeinträchtigen sie die Verwendbarkeit in höherem oder geringerem Grade. Solche Fehler sind:

1. Kernrisse; sie bestehen in feinen Rissen und Klüften, welche radial vom Kern nach dem Splint zu verlaufen; eine besondere Art

*) Erle ist nach anderweitigen Erfahrungen ein gutes Brennholz mit nachhaltigem milden Feuer; es wird namentlich zur Kaminfeuerung oft gesucht und teuer bezahlt.

Kernriß ist der Waldriß, welcher quer durch das Mark und den Kern geht. Kernrisse kommen mehr im unteren Stamm und bei starken Bäumen vor, namentlich bei Buchen, Eichen, Eschen, Rüstern, Kiefern und Hainbuchen; seine Risse schaden weniger, stark kernrissiges Holz wird dagegen zum Bretter- und Bohlenverschnitt untauglich.

Die Ursache ist das Schwinden des Holzes in dem Stamminnern.

2. Frostrisse (Eisklüfte). Sie entstehen bei plötzlicher Kälte resp. bei schroffem Temperaturwechsel durch ungleiches Zusammenziehen des Holzes; es sind lange am Stamme herunterlaufende, von der Rinde aus radial nach innen allmählich verlaufende Risse. Besonders leiden darunter starke freistehende mit größeren Markstrahlen versehene gutspaltige Hölzer, am meisten Eichen, Rüstern, Eschen, Linden und Buchen und zwar in den unteren Stammteilen. Frostrisse beeinträchtigen oft den Nutzwert bedeutend, so daß der Stamm klein gespalten werden muß (vergl. § 106).

3. Maserholz besteht in einem wellenförmig verschlungenen Lauf der Holzfaser, entstanden durch örtliche Wucherung vieler Stammknospen, um welche die sich neubildenden Holzfasern herumlaufen müssen, auch wohl durch Stammverletzungen und Losästungen; am ausgebildetsten bei Schwarzpappel, Ulme, Erle, Birke, Ahorn, auch bei Eiche.

Eine Abart der Vermaserung ist das sog. Wimmerholz, wo die Holzfaser nur wellenförmig, nie verschlungen verläuft (Buche, Erle, Eiche).

Viele Höcker, Wülste, Auftreibungen usw. bezeichnen bereits am lebenden Stamme solchen unregelmäßigen Wuchs. Wimmerholz ist zu Nutzholz unbrauchbar, Maserholz ist dagegen bei harten Hölzern zu Möbeln und von den Drechslern oft sehr gesucht.

4. Drehwuchs verläuft entweder von der linken nach der rechten Seite des Beschauers rechtsgedreht oder widersonnig oder umgekehrt, er verläuft „mitsonnig"; man versteht darunter den spiralförmig um den Stamm gehenden Verlauf der Holz- und Rindenfasern; er kommt besonders bei Eiche, Kiefer, Ulme und Buche vor. Gedrehtes Holz ist zu kantigem Schnitt- und Balkenholz ganz unbrauchbar, zu Ganzholz, zu wahnkantigem beschlagenem Bauholz und ganz kurzem Spaltholz dagegen sehr wohl brauchbar. Es ist ein sehr verbreiteter Fehler, seine Ursache ist noch nicht völlig aufgeklärt. Es leiden be-

sonders darunter: Kiefer (manchmal bis zu 60% des Bestandes), Eiche, Rüster, Pappel, Fichte.

5. Hornäste sind in den Schaft eingewachsene Äste und Zweige (Augen!), bei Nadelholz wegen Tränkung mit Harz oft steinhart; sie beeinträchtigen den Wert der Bretter, aus denen die Augen später leicht herausfallen.

6. Baum- oder Borkenschläge entstehen durch Rindenverletzungen aller Art und rufen meist Fäulnis hervor oder es vertrocknet der Splint unter der Wunde und es bleibt, selbst wenn Überwallung (Wülste, Kappen) eintritt, ein kurzer Spalt, der das betreffende Stück zu Faßholz und kleinem Schnittholz untauglich macht.

Bei großen Rindenverletzungen, wie sie durch Abbrechen, unvorsichtiges Fällen und Entästen (bei Durchforstungen, im Plenter- und Mittelwaldbetrieb), durch Anreißen von Lachten zur Harzgewinnung, namentlich aber durch das Schälen des Wildes hervorgerufen werden, tritt in der Regel Fäulnis hinzu; solche Stämme werden dann entweder ganz oder doch in der Umgebung der verletzten Stellen zu Nutzholz unbrauchbar; sie geben nur minderwertiges Brennholz sog. „Anbruchholz". Zur Vorbeuge ist größte Vorsicht beim Aushiebe des Trocken- und Durchforstungsholzes, beim Rücken und Abfahren geboten. Es wird hierin leider sehr viel zum großen Schaden der Holzverwertung gesündigt.

Die verschiedenen Arten der Holzfäulnis in lebenden Bäumen wurden bisher nur nach der Farbe des fauligen Holzes in Rot- und Weißfäule unterschieden. Jetzt weiß man, daß die Träger der Fäulnis fast lediglich Pilze*) aus der Gattung Polyporus, Trametes usw. sind, welche unsere Waldbäume zerstören. Diese Pilze sind zum Teil ächte Parasiten und dringen durch Astwunden in das Innere der Bäume ein. Gegen Wurzelpilz, z. B. den unsere Nadelhölzer oft tötenden Hallimasch, Agaricus melleus (kenntlich, wenn im Oktober die großen honigfarbenen Hutpilze an oder bei den Wurzelstöcken der getöteten Bäume hervorkommen), ferner gegen den Wurzelschwamm, Trametes radiciperda in Nadelhölzern (an den Wurzeln in kleinen

*) Vergl. die kleine Schrift: „Die durch Pilze erzeugten Krankheiten der Waldbäume; für die deutschen Förster" von Robert Hartig, Breslau, Morgenstern, deren Anschaffung hiermit empfohlen wird.

schmutzig gelben Polstern erscheinend), schließlich den in Eichensaatkämpen so verderblichen Rhizoctonia quercina (am Stengel in schwarzen schrotkörnchengroßen Pilzen) hat man als hier und da wirksames Mittel Isolierungsgräben angewandt, um zu hindern, daß die Pilzstränge im Boden sich weiter verbreiten und die Nachbarwurzeln anstecken. Gegen die parasitischen Pilze des Holzkörpers dagegen hat man kein durchgreifendes Mittel. Das Einzige ist der schnelle Einschlag fauler und mit Schwämmen versehener Stämme in den Durchforstungen und der Totalität, damit weiterem Schaden vorgebeugt wird, also sorgfältigste Bestandespflege und Erziehung gemischter Bestände, in welchen sich die Pilze der einzelnen Holzarten naturgemäß nicht so ausbreiten können.

7. Die Fäulnis dringt teils durch die Wurzeln, teils durch die Äste, teils durch Rindenverletzungen ein und unterscheidet man je nach der Farbe Rot-, Weiß-, Schwarz- usw. Fäule und dem Sitze derselben:

a) Kernfäule, welche den Schaft und somit den nutzbarsten Teil erfaßt; sie geht von Wundstellen am Stamm, an Wurzeln und Ästen aus und befällt alte und junge Stämme im Kern sowohl als Rotfäule (Eiche, Erle, Ulme, Linde, die Nadelhölzer usw.), als auch als Weißfäule (Buche, Pappel, Ahorn, Weide, Eiche usw.). Abarten davon sind die rote und weiße Mondringfäule, die — wie aus dem Namen ersichtlich — ringförmig auftritt.

b) Wurzel- oder Stockfäule befällt als Rot- und Weißfäule namentlich Pfahl- und Herzwurzeln alter Bäume; sie ist weniger gefährlich, da sie nicht hoch in den Stamm zu steigen pflegt und andere Seitenwurzeln, die dann gewöhnlich stark unten am Stamm hervortreten und Wurzelaufläufe hervorrufen, die die Ernährung übernehmen. Solche starken Wurzeln und Wurzelaufläufe sind stets verdächtig für die Gesundheit des Baumes.

c) Astfäule entsteht an absterbenden abgebrochenen oder schlecht abgehauenen Ästen, namentlich an alten Laubhölzern (Eiche, Pappel), seltener an Nadelhölzern; sie ist kenntlich an den Überwallungsstellen (Kappen!) und tut der Nutzbarkeit, wenn sie tiefer in den Stamm eindringt oder sich hier gar zu Kernfäule entwickelt, nicht selten erheblichen Eintrag. Am gefährlichsten sind Faulstellen von gemischt rot- und weißfleckiger Farbe (Rebhuhnflecke), welche gewöhnlich tiefer zu gehen pflegen, am ungefährlichsten sind schwarze Faulflecken, und pflegen Stämme, welche nur solche Faulstellen zeigen, immer noch gern gekauft zu werden.

Zu den schlimmsten Parasiten in Kiefernbeständen gehört der sog. Astschwamm, Trametes pini, Erzeuger der Rotfäule und Ringschäle der Kiefer, Fichte, Buche, Tanne, dessen konsolförmige Fruchtkörper meist an Aststufen sitzen. In kleinen Revieren empfiehlt sich immer wiederholtes Abstoßen und Verbrennen der Konsols. In den Tannen und Eichen erzeugt die Weißfäule der Polyporus igniarius, Feuerschwamm.

8. Krebskrankheiten sind äußerliche Rindenkrankheiten, die sich durch Wucherung, rissige Aufblasung usw. sofort bemerklich machen.

a) Eichenkrebs: Er besteht in einer einseitigen oft große Ausdehnung (1/2—1 m hoch) annehmenden zerborstenen wulstigen Auftreibung an offenen Rindenwunden junger und mittlerer Eichenstangen, meist am untern Stamme und beeinträchtigt, da er immer mit Fäulnis verbunden ist, die nicht selten in Kernfäule ausartet, den Nutzwert sehr und wird durch einen Pilz, aglaospora Taleola, verursacht.

b) Tannenkrebs und Hexenbesen wird durch die Wucherung eines Pilzes (Aëcidium elatinum) verursacht, dessen Wirkung sich zuerst in einer kleinen Rindenbeule zeigt, die nach und nach sich vergrößert, oft den Stamm bis zu seiner doppelten Stärke wulstig auftreibt und das betreffende Stück zu Nutzholz untauglich macht. Sehr verbreitet und schädlich.

c) Lärchenkrebs ist der gefährlichste uud verbreitetste Krebs an jungen nnd mittleren Lärchenstangen, welche oft verheerend befallen werden. Die Ursache ist die Wucherung eines kleinen Lärchenpilzes (Peziza Willkomnii), der sich in der Größe eines Stecknadelkopfes und in Becherform an den Rindenkrebsstellen zeigt. In der weiteren Entwickelung tritt schließlich der schwärzliche Splint zu Tage, der von harziger, zerborstener und wülstiger Rinde umgeben ist. Die Stangen sind zu Nutzholz gewöhnlich ganz untauglich.

d) Buchenkrebs. Die Buche leidet an mancherlei Krebserscheinungen. Ein Krebs wird verursacht durch einen Pilz (Sphaeria ditissima), ähnliche Krebsbildungen ruft eine Rindenlaus (Lacteus exsiccator) und eine Wolllaus (Chermes fagi), ferner der Frost hervor. Der

Kiefernblasenrost (Aëcidium pini) erzeugt den Kiefernkrebs, Kienzopf; die Fruchtbecher erscheinen an den erst kürzlich befallenen Rindenstellen im Mai—Juni als große Blasen; Caeoma pinitorquum (Melampsora pinitorqua) erzeugt in 1—10 jährigen Kiefernschonungen die Kiefern-Drehkrankheit. Anfang Juni zeigen sich goldige schließlich aufplatzende, die Sporen verstäubende Stellen, an welchen die Rinde abstirbt; da das gesunde Holz weiter wächst, entstehen die bekannten Drehwüchse. Die Kiefernschütte wird vielfach auf den Kiefernritzenschorf Hysterium pinastri zurückgeführt (?); die Nadeln erhalten schon im Herbst ein leicht fleckiges Ansehen und sterben im Frühjahr — sich gelb färbend — bekanntlich in großen Massen ab, schwarze Flecken, die Sporenlager des Pilzes, zeigend, die die Krankheit weiter verbreiten. Man bekämpft die Krankhett jetzt wirksam durch Bespritzen der jungen Saaten im Juli—August bei trocknem Wetter mit Bordelaiser Brühe. Viele schreiben aber die Entstehung anderen Ursachen zu: Frühfrösten, Vertrocknung der Nadeln im frühen Frühjahr usw. Die Fichtennadelröte bewirkt der Schlauchpilz Hyporderma macrosporum (Fichtenritzenschorf), der im ganzen Jahre — ausgenommen Dezember bis Februar — die Nadel tötet. Außerdem gibt es noch vielerlei Schäden und Krankheiten, die manchmal lokal sehr verderblich auftreten, deren Besprechung aber hier unmöglich ist.

Die Mittel, um Fehler, Schäden und Krankheiten zu verhüten, liegen einzig in einer richtigen waldbaulichen Begründung und Pflege der Bestände, vor allem in der richtigen Auswahl des Standorts für jede Holzart und in der Erziehung gemischter Bestände, wo irgend möglich; es werden dann die Waldbäume sich kräftig entwickeln und den Angriffen ihrer zahlreichen Feinde siegreichen Widerstand leisten. Wo sich bei der Fällung an Nutzholzstämmen Fehler zeigen, müssen dieselben aufgedeckt werden, namentlich alle **Überwallungen, Wülste und Kappen müssen freigehauen werden,** damit die Käufer sich von dem Schaden überzeugen können und nicht nachher begründete Beschwerde führen, daß ihnen Fehler verheimlicht seien und ihnen krankes fehlerhaftes Holz als gesundes Holz verkauft sei. Vor allem aber müssen kranke Stämme bei den Durchforstungen und Trockenholz-Aushieben rechtzeitig entfernt und muß bei deren Aushieb mit aller Strenge ev. mittels Strafen dafür gesorgt werden, daß die gesunden Nachbarstämme nicht beschädigt werden.

I. Hauptnutzung.

A. Gewinnung des Holzes.

a. Organisation der Holzhauer.

§ 254.

1. Annahme der Holzhauer.

Um das zu fällende Holz in entsprechender Weise vom Boden zu trennen und für den Gebrauch zurichten zu können, muß man ein zuverlässiges und handwerksmäßig eingeübtes Holzhauerkorps in ausreichender Anzahl zur Hand haben.

Es hat die größten Vorteile, wenn man immer dasselbe Personal sich erhält und man sucht deshalb die Holzhauer nicht nur durch ausreichenden der Schwere und Schwierigkeit der Holzzurichtung entsprechenden Verdienst, sondern auch durch Gewährung mancher Vorteile, wie Überlassung von billigen Pachtländereien, von Waldweide und allerlei Nebennutzungen, Gewährung guter Geräte, von Arbeiterwohnungen, ferner durch festere Organisation, Belohnungen usw., vor allem aber durch eine richtige angemessene Behandlung an sich und den Wald zu fesseln resp. sie in eine engere Genossenschaft zu bringen, die ihre Standesehre hoch hält. Man soll seine Forstarbeiter dauernd so stellen und behandeln, daß sie gern arbeiten und gern bleiben. Bei der Annahme von Holzhauern muß man nicht nur auf tüchtige Arbeitskraft und gute Leistungen sehen, sondern auch auf Unbescholtenheit und Zuverlässigkeit, namentlich müssen dieselben durchaus ehrlich und nüchtern sein. Ob bei der Annahme mit den Holzhauern schriftliche Verträge mit Kündigungsfrist oder nur mündliche Verabredungen unter Vorbehalt jederzeitiger Entlassung geschlossen oder ob vielleicht ganze Schläge kontraktlich an Unternehmer verdungen werden, hängt von den Arbeitsverhältnissen ab. Die Aufarbeitung durch einen Unternehmer, auch durch den Käufer, falls dieser den Schlag auf dem Stamm gekauft hat, bietet viele Vorteile. Schriftliche Arbeitsverträge, die die gegenseitigen Verhältnisse ganz klar stellen, sind geboten, wenn man es mit notorisch unzuverlässigen Arbeitern zu tun hat, wie in der Nähe größerer Städte usw.

§ 255.

Die Arbeiterversicherungsgesetze.

Die oben geschilderten Maßnahmen zur Fürsorge der Waldarbeiter können allein nicht helfen; das Bedürfnis einer verstärkten allgemeinen

Fürsorge machte sich vor etwa 30 Jahren immer dringender geltend und die endliche Frucht dieser Bestrebungen liegt heute ziemlich abgeschlossen in den sog. Arbeiterversicherungsgesetzen vor, nämlich:

1. dem Reichsgesetz, betr. die Krankenversicherung der Arbeiter vom 25. Mai 1903, gültig vom 1. Januar 1904 ab,

2. dem Reichsgesetz, betr. die Invaliditäts- und Altersversicherung vom 13. Juli 1899 und

3. dem Reichsgesetz, betr. die Unfall- und Krankenversicherung der in land- und forstwirtschaftlichen Betrieben beschäftigten Personen vom 5. Mai 1886, zu deren Erlaß die berühmte Kaiserl. Botschaft vom 17. November 1881 Veranlassung gab. Hiernach sollte den Arbeitern in den durch Krankheit, Unfall, Invalidität und Altersschwäche herbeigeführten Notlagen ein Anrecht auf eine standesgemäße, vor der Armenpflege bewahrende Fürsorge gesetzlich sichergestellt werden. Es ließ sich dies nur durch allgemeine Zwangsversicherung auf öffentlicher Grundlage erreichen, nämlich auf Gegenseitigkeit und Selbstverwaltung. Die Notwendigkeit der Zwangsversicherung erwies sich, weil z. B. die vorhandenen freien Krankenkassen nur einer verhältnismäßig kleinen Anzahl von Personen halfen und alles der „freien Entschließung" überließen. Wir besprechen jetzt ganz kurz die drei Gesetze:

1. Das erste Krankenversicherungsgesetz vom 15. Juni 1883 erfüllte seinen Zweck nicht vollständig; es wurde durch die beiden nachfolgenden Gesetze vom 10. April 1892 und vom 25. Mai 1903 noch weiter ausgedehnt; es ist dadurch mit den inzwischen erlassenen anderen Versicherungsgesetzen in Einklang gebracht und jetzt der Kreis der Versicherungspflichtigen und -berechtigten weit ausgedehnt; minderbegünstigte Arbeiter **müssen**, bessergestellte Arbeiter und kleine Beamte bis zu 2000 Mk. Einkommen **können** sich versichern. Neben freiwilligen Hilfskrankenkassen, denen auch jeder Versicherungspflichtige wahlweis beitreten kann, bestehen noch als Zwangskassen die Ortskrankenkassen, die Betriebs(Fabrik-)krankenkassen, die Baukrankenkassen (welche die Bauherren vorübergehender Baubetriebe errichten müssen), die Innungskassen nach Vorschrift der Reichsgewerbeordnung und die Knappschaftskassen auf Grund der berggesetzl. Vorschriften der einzelnen Bundesstaaten. Durch die Krankenversicherung wird jetzt dem Versicherten eine Unterstützung für

26 Krankenwochen, freie ärztliche Behandlung, Arznei und Heilmittel sowie bei Erwerbsunfähigkeit vom 3. Tage der Erkrankung ab für den Tag ein Krankengeld gleich der Hälfte des zugrunde liegenden Tagelohnes gewährt. Auf Grund besonderer Statuten können die Unterstützungen erheblich erweitert werden. Bei den Zwangskassen tritt noch ein Sterbegeld und eine 6wöchige Wöchnerinnenunterstützung hinzu. Für die Versicherungspflichtigen sind die Beiträge auf 2—4½% des durchschnittlichen Tagelohns beschränkt, von denen der Arbeiter stets ⅔, der Arbeitgeber nur ⅓ bezahlt. Für vorübergehende und die ländlichen Arbeiter besteht noch kein Versicherungszwang, doch sind für den Umfang von ein oder mehreren Oberförstereien, Gutsbezirken usw. besondere Betriebskrankenkassen vielfach begründet, die die Krankenversicherung erzwingen. Im Jahre 1900 wurden in Deutschland jährlich für etwa 9 Millionen Krankenversicherte etwa 150 Millionen Mark Unterstützungen verwendet.

2. Den ersten Schritt zur Unfallversicherung bildete das Haftpflichtgesetz vom 7. Juni 1871, welches den Betriebsunternehmern für Unfälle eine selbständige Verantwortung auferlegte. Wenn es auch einen großen Fortschritt bedeutete, so genügte es auf die Dauer nicht; es wurde das Unfallversicherungsgesetz vom 6. Juli 1884, namentlich für den Gewerbebetrieb erlassen, das den Versicherungszwang für die Arbeiter und die Betriebsbeamten einführte, welche bis 2000 Mk. Gehalt erhielten. Die Unfallversicherung erfolgt unter Garantie des Reiches auf Gegenseitigkeit der Unternehmer durch besondere Berufsgenossenschaften, welche teils für ganz Deutschland teils für begrenzte Gewerbe- resp. Wirtschaftsgebiete gebildet sind; sie haben Selbstverwaltung, teilen sich in Sektionen und haben überall ihre „Vertrauensmänner"; sie ersetzen allen Schaden, der infolge eines unverschuldeten Unfalls **im** Betriebe (nicht außerhalb desselben!) durch Körperverletzung und Tod entsteht. Es werden ersetzt: die Kosten des ganzen Heilverfahrens resp. der Beerdigung und für den Fall der Erwerbsunfähigkeit resp. des Todes wird dem Verletzten resp. seinen Hinterbliebenen eine Unfallrente bis zu ⅔ seines Jahresverdienstes gezahlt. Für die ersten 26 Wochen muß jedoch zunächst die betr. Krankenkasse oder mangels einer solchen der Unternehmer eintreten. Der Schaden wird

nach einer polizeilichen Unfalluntersuchung durch die Organe der zuständigen Berufsgenossenschaft festgestellt, wogegen dem Betreffenden die Berufung an das „Schiedsgericht“ zusteht, das aus je 2 Mitgliedern der Berufsgenossenschaft und der Arbeiter unter dem Vorsitz eines Staatsbeamten besteht; auch gegen dieses Urteil kann in schweren Fällen noch der „Rekurs“ an die höchste Instanz, „das Reichsversicherungsamt“, eingelegt werden. Der Entschädigungsanspruch verjährt in 2 Jahren. Die Entschädigungen werden durch die Post ausgezahlt. Die Kosten werden allein von den Unternehmern nach Maßgabe der von ihnen gezahlten Arbeitslöhne und der Gefahr ihres Unternehmens aufgebracht, zu welchem Zwecke sie in „Gefahrenklassen“ eingeschätzt werden. Zur Herabminderung der Gefahren können die Berufsgenossenschaften „Unfallverhütungsvorschriften“ erlassen, deren Nichtbefolgung mit Geld bestraft wird. Dieses erste sog. Grundgesetz erfuhr bald eine Erweiterung, indem es auf die Transportbetriebe (Post, Eisenbahn usw.) durch Gesetz vom 28. 5. 1885, auch auf Beamte und Personen des Soldatenstandes (Gesetz vom 15. 5. 1886) und, was uns hier besonders interessiert, auf die in land- und forstwirtschaftlichen Betrieben beschäftigten Personen durch obiges Gesetz vom 15. 5. 1886 ausgedehnt wurde. Es weist nur verhältnismäßig wenig Abweichungen gegen das Grundgesetz auf. „Es läßt den Versicherungszwang auch für kleine Betriebe mit einem Jahresverdienst bis 2000 Mk. zu; im wesentlichen weicht es in Berücksichtigung der einfacheren ländlichen Verhältnisse in bezug auf die Organisation und Verwaltung ab, namentlich kann die Verwaltung auf die Organe der Selbstverwaltung (Kreis- und Provinzial-Ausschüsse) oder auf Behörden übertragen werden. Die Renten werden nicht nach Eigenverdienst, sondern nach von der höheren Verwaltungsbehörde festgesetzten Durchschnittslöhnen berechnet, auch kann sie in natura geleistet werden, falls die Versicherten in ihrem Verdienst mit Naturalleistungen gelohnt wurden. Die Beiträge können nach der Grundsteuer umgelegt und kleine Besitzer frei gelassen werden. Bis 1900 waren etwa von den Unternehmern bereits ½ Milliarde Entschädigungen und etwa 160 Millionen Mark an Reserven gezahlt worden.

3. Nach dem Invaliden-Versicherungsgesetz vom 13. 7. 99 unterliegen vom 16. Jahre ab alle Lohnarbeiter (auch Lehrlinge und

Dienstboten), alle Betriebsbeamte, Handlungsgehilfen, Lehrer und Erzieher mit einem Einkommen bis zu 2000 Mk. dem Versicherungszwang; es können versichern kleinere Betriebsunternehmer (mit 1 Lohnarbeiter) je nach Beschluß des Bundesrats. Außerdem haben das Recht zur Selbstversicherung bis zum 40. Jahre noch Angestellte zwischen 2—3000 Mk., kleine Betriebsunternehmer mit 2 Lehrlingen und Personen, welche gelegentlich vom Versicherungszwang befreit sind. Gewährt werden:

a) eine Invalidenrente an jeden dauernd Erwerbsunfähigen und solche vorübergehend Erwerbsunfähige, die ½ Jahr ununterbrochen erwerbsunfähig waren, für die weitere Erwerbsunfähigkeit. Die Erwerbsunfähigkeit muß vom Versicherten nachgewiesen werden; die Rente wird erst gezahlt, wenn Versicherter 200 Wochen beigetragen hat;

b) Altersrente erhält jeder Versicherte nach Vollendung des 70. Jahres und beträgt hier die Wartezeit 1200 Wochen.

Bescheinigte Krankheits- und militärische Dienstzeit sowie Bezug einer früheren Invalidenrente werden bei beiden Renten mit angerechnet.

Die Mittel werden vom Reich, von Arbeitgebern und Arbeitnehmern aufgebracht. Das Reich gibt bei jeder Rente 50 Mk. jährlich und trägt die Kosten der höchsten Behörde — des Reichsversicherungsamts —, den Verkauf der Versicherungsmarken und der Rentenauszahlungen. Die übrigen Kosten tragen Arbeitgeber und Arbeitnehmer je zur Hälfte. Es sind 5 Lohnklassen nach dem 300fachen Betrage des Durchschnittslohnes gebildet: 1. bis 350 Mk., 2. bis 550 Mk., 3. bis 850 Mk., 4. bis 1150 Mk., 5. über 1150 Mk. Die Beiträge hat der Arbeitgeber in Marken von je 14, 20, 24, 30 und 36 Pf. betragenden Wochenbeiträgen zu entrichten, die auf eine sog. Quittungskarte geklebt werden (Klebegesetz!). Die Marken müssen bei jeder Lohnzahlung geklebt und die Beiträge den Arbeitern zu ihren Hälften vom Lohn einbehalten werden. Die freiwillig Versicherten haben natürlich ihre Marken allein zu bezahlen und zu kleben. Die Altersrente schwankt zwischen 110,4 bis 230,4 Mk.; die Invalidenrente richtet sich nach den Lohnklassen und der Zahl der im ganzen entrichteten Wochenbeiträge und kann steigen bis zu jährlich 185,4 bis 450 Mk. Alle Renten werden namentlich im voraus gezahlt und unterliegen keiner Verpfändung und Beschlagnahme. Die Leitung untersteht bei staatlicher Garantie besonderen Versicherungsanstalten, aus je 5 gewählten Vertretern der Arbeitgeber und Arbeitnehmer bestehend, die ihre Einnahmen und ihr Vermögen für sich verwalten; die Aufsicht führt das Reichsversicherungsamt. Bis 1900 wurden an die Versicherten etwa 400 Millionen Mark gezahlt und 950 Millionen vereinnahmt.

Die **Pflichten des Arbeitgebers resp. seiner Beamten** (Forstbeamten) ergeben sich schon aus dem oben Mitgeteilten und werden kurz noch einmal zusammengefaßt:

1. Für die Krankenversicherung: Spätestens innerhalb 3 Tagen sind die Arbeiter unter genauer Angabe des Vor- und Zunamens, Geburtstages und -Jahres, des Tages des Ein- resp. Austritts, beim Vorgesetzten oder direkt bei der zuständigen Krankenkasse an- und abzumelden. Bei kleinen Unterbrechungen bleibt der Arbeiter am besten versichert und unterbleiben dann auch die Meldungen. Im Arbeiternotizbuch ist alles zur Meldung nötige sorgfältig einzutragen, wozu meist besondere Spalten vorgesehen sind. Wird die Arbeit unterbrochen, so ist die Ursache zu vermerken resp. in welches andere Arbeitsverhältnis der Arbeiter übertrat. Die Beiträge werden, falls nicht volle Wochen gearbeitet war, nach Beitragstagen berechnet: Sonn- und Festtage bleiben außer Ansatz; Teile eines Arbeitstages werden voll gerechnet. Bei eintretender Erkrankung werden die Beiträge nur für die ersten beiden Krankheitstage (sog. Karenz) berechnet, für einen Sonntag aber nicht. Der Arbeitgeber zahlt $^1/_3$, der Arbeiter $^2/_3$ und event. noch ein Eintrittsgeld.

2. Bei der Alters- und Invalidenversicherung ist zu kontrollieren, ob nicht ein anderer Arbeitgeber zum Kleben verpflichtet ist; Kleben muß der, der den Arbeiter in der Woche zuerst beschäftigt hat. Auf den Lohnzetteln sind die Beiträge auf Grund der Eintragungen in den Arbeiterbüchern (nebst den Krankenversicherungsbeiträgen!) zu addieren und vom Lohnbetrag abzuziehen.

3. Bei der Unfallversicherung kommt es namentlich auf die rechtzeitige und richtige Anmeldung des Unfalls bei dem Vorgesetzten resp. dem Betriebsunternehmer an, wozu besondere Formulare geliefert werden, deren Vordrucke gewissenhaft und sorgfältig auszufüllen

sind. Von jedem Unfall, der eine Arbeitsunfähigkeit von mehr als 3 Tagen oder den Tod zur Folge hat, ist **sofort** Anzeige zu erstatten und dabei besonders zu berichten, was etwa von Bedeutung für die Unfalluntersuchung sein kann.

§ 256.

2. Instruktion und Disziplin der Holzhauer.

Nur selten kann der Beamte allein die Aufsicht über die Schlagführung und die Holzhauer führen; zumal er ja durch den Forst- und Jagdschutz, die Kontrolle der Abfuhr usw. oft behindert ist; deshalb wählt er sich den zuverlässigsten, tüchtigsten, bei seinen Mitarbeitern in entschiedener Achtung stehenden Holzhauer zum Holzhauermeister (Oberholzhauer, Regimenter) aus, der in seiner Vertretung die Aufsicht im Schlage führt, ihm bei der Abnahme des Schlages, dem Numerieren, dem Vermessen und bei anderen Waldgeschäften zur Hand geht, den Lohn erhebt und auf Grund der Lohnzettel verteilt usw., wofür er nicht nur eine besondere — übrigens verschieden bemessene — Vergütung bezieht, sondern auch bei Verteilung der Arbeit, da er meist selbst mitarbeiten muß und bei sonstigen Gelegenheiten begünstigt wird. Bei der Arbeit im Schlage verteilen sich die Arbeiter in „Rotten oder Sägen" nach eigener Wahl, welche aus zwei bis sieben Mann bestehen, meist eine gemeinschaftliche Säge besitzen, jedenfalls gemeinschaftlich arbeiten. Vor jedem Schlage sind die Holzhauer, besonders aber der Holzhauermeister, auf das genaueste zu belehren, in welcher Weise der Schlag zu führen ist, namentlich welche Art von Nutzhölzern auszuhalten ist. Außer diesen speziellen Belehrungen vor jeder einzelnen Arbeit müssen noch allgemeine Vorschriften über das Aufarbeiten und Rücken der Hölzer, das Aufsetzen und Vermessen, das Aushalten des Holzes, über Anfangszeit und Aufhören der Arbeit und Disziplinarstrafbestimmungen für Vergehen und Versehen gegeben werden, welcher sich die Arbeiter im Walde, bei der Arbeit und gegen ihre Vorgesetzten schuldig machen. Alle diese Bestimmungen werden zusammengefaßt zu der sog. meist von den Regierungen erlassenen **Hauordnung**, auf welche die Holzhauer bei der Annahme schriftlich zu verpflichten sind. Eine beglaubigte Abschrift erhält der Haumeister, um sie event. jederzeit bei Zweifeln und Streitigkeiten den Leuten zur Einsicht vorlegen zu können.

Die Strafen bestehen in Verweisen, in Lohnabzügen oder in Entlassung; die eingezogenen Geldstrafen werden jedenfalls später zum gemeinen Besten verwendet.

Alles Holz, was von einer Rotte gefällt oder aufgearbeitet ist, wird auch von dieser gerückt und aufgesetzt, wo dann zur leichteren Kontrolle jede Rotte ihr eigentümliches Zeichen (Nummer usw.) an dem von ihr aufgearbeiteten Holz anbringen muß.

An den geltenden Bestimmungen muß seitens des Beamten streng festgehalten werden; im Schlage muß stets die größte Ordnung herrschen; es darf womöglich an einem Tage nicht mehr Holz gefällt werden als aufgearbeitet und aufgesetzt werden kann; vor Anbruch der Nacht, unbedingt aber vor den Sonn- und Festtagen, soll alles Holz aufgesetzt sein und darf kein zugerichtetes Stück, was in ein Schichtmaß oder einen Haufen gehört, mehr frei umher liegen; das an einem Tage aufgearbeitete Holz ist immer gleich am folgenden Tage auf die Richtigkeit der Maße zu kontrollieren.

Vor vollständiger Beendigung des Schlages darf weder Holz abgegeben noch abgefahren werden, noch dürfen die Raff- und Leseholzsammler daraus Holz entnehmen. Die Holzhauer dürfen zum Feuer nur trocknes und sonst nicht weiter verwertbares Holz verbrauchen; alles Lärmen im Schlage, Zänkereien, Mitbringen größerer Mengen Spirituosen usw. sind strengstens zu untersagen. Abends beim Verlassen des Schlages sind die Holzhauer regelmäßig zu kontrollieren, ob sie nicht unerlaubtes Holz mitnehmen und daß die Feuer gelöscht sind; auch Morgens in der Dämmerung wird vor Beginn der Arbeit oft Unfug verübt.

§ 257.

3. Verlohnung.

Die Verlohnung findet statt nach der Holzwerbungskostentaxe, welche dem ortsüblichen Tagelohn für schwere Arbeit entspricht und die in den preußischen Staatsforsten Vergütigung für sämtliche Arbeiten vom Anhiebe bis zur Abnahme des Schlages begreift; neben dem Hauerlohn darf ein besonderes Rückerlohn nur dann gewährt werden, wenn das Holz auf weiter als 50 Schritt gerückt werden muß. Für jede Nummer des Hauungsplanes ist ein gesonderter Lohnzettel aufzustellen, der sämtliche Hauer- und Rückerlöhne für jedes Sortiment einzeln angibt; er wird nach Beendigung und Abnahme des Schlages endgiltig festgestellt; vorher kann der Förster jedoch alle 8—14 Tage auf Grund von Vorschuß- und Abschlagslohnzetteln, die vom Vorgesetzten angewiesen werden, durch den Holzhauermeister bei der Kasse Geld erheben und an die Arbeiter verteilen; nie darf der Förster aber mehr verlohnen, als bereits aufgearbeitet ist (vergl. § 50, 51 der J. f. F.).

b) Werkzeuge der Holzhauer.

§ 258.

Zum Fällen, Aufarbeiten und Roden.

α) Zum Fällen und Aufarbeiten.

Die hierzu nötigen Werkzeuge dienen entweder zum Hauen, zum Spalten oder zum Sägen. Hau-Instrumente sind: die Axt, welche zum Bearbeiten im Rohen dient und eine doppelseitige Zuschärfung der Schneide hat, das kurzstielige Beil, welches mehr zum Entästen und Reinigen dient und nur eine Schneidenschärfung hat und die mit einer Hand zu führende kleine und mehr haumesserähnliche Heppe. Axt und Beil (vergl. Figur 132, 133) bestehen aus der eigentlichen Axt resp. Beil und dem in das Öhr des hinteren Teils — Haus oder Haube genannt — eingesteckten Helm (Stiel); der Vorderteil der Axt setzt sich aus den beiden zusammengeschweißten Blättern zusammen, die vorn gut gestählt sein müssen und in die

Figur 132.

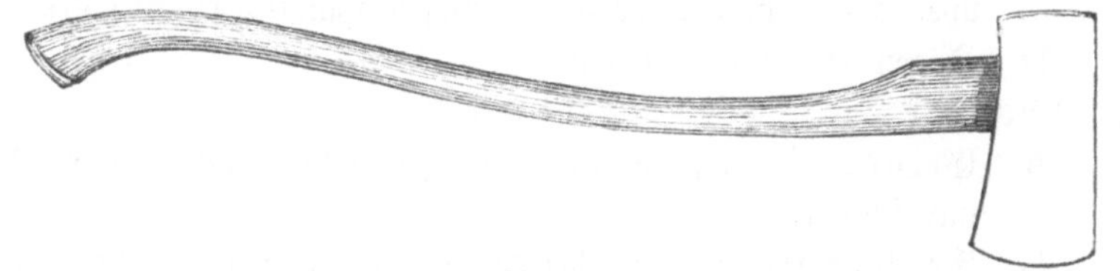

Figur 133.

Schneide auslaufen. Am meisten empfehlen sich Äxte mit etwas geschwungenem und unten verdicktem (Nase) Helm mit einer von der Schneide sich etwas abwendenden Richtung, weil der Hieb dadurch wurfartiger und kräftiger wird, auch die Arme am wenigsten erschüttert werden. Man hat zuweilen zweierlei Äxte, die leichtere Fällaxt und die schwerere Spaltaxt.

Das Beil und die Heppe (Faschinenmesser) kommen hauptsächlich beim Entästen und im Niederwaldhiebe vor.

Zum Spalten bedient man sich der schweren Spaltaxt, sowie eiserner und hölzerner Keile; mit ersteren arbeitet man besser, doch springen sie leichter aus; die hölzernen Keile fertigen sich die Arbeiter aus zähem Hainbuchen- oder Buchenholz und lassen meist oben einen eisernen Ring umlegen; hölzerne Keile werden mit der Axthaube, eiserne mit eigenen Holzklöppeln eingetrieben. (Stets Holz auf Eisen und umgekehrt).

Die Waldsägen unterscheidet man folgendermaßen*):

1. Nach der Art der Befestigung des Griffes:
   - A. Öhrsägen: An den Enden des Sägeblattes sind Öhre zum Durchstecken der Holzgriffe angenietet.
   - B. Stiftsägen: An Stelle der Öhre sind Stifte angeschweißt, auf welche Holzgriffe aufgetrieben werden (Figur 134).

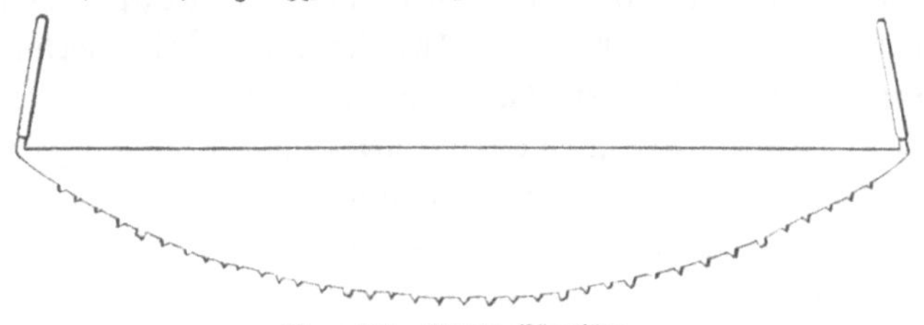

Figur 134. Gerade Bügelsäge.

   - C. Bügelsägen: An den Enden des Sägeblattes befindet sich ein rundes Loch, durch welches ein Holzpflock getrieben wird, über den man den hölzernen Bügel spannt (Figur 135).
   - D. Sägen mit Patentangeln.
2. Nach der Form des Sägeblattes:
   - A. Gerade Sägen, Rücken und Zahnseite sind gerade oder nur schwach gebogen.
   - B. Geschweifte Sägen, bei denen sowohl Rücken- wie Zahnseite bogenförmig sein kann (Figur 136).

   Man kann dabei unterscheiden:
     - a) Bauchsägen mit geradem Rücken und gebogener Zahnseite (Figur 134).

*) Wer sich genauer über Sägen und Holzhauergeräte unterrichten will, lese das „Illustrierte Handbuch über Sägen und Werkzeuge der Holzindustrie“, zu beziehen von der berühmten Fabrik dieser Branche: J. D. Dominikus u. Söhne zu Remscheid-Vieringhausen. 2. Aufl. 1893. 3 Mk., die auch alle Werkzeuge in guter Qualität liefert.

b) **Bogensägen** mit mehr oder minder auswärts gebogener Zahn- und Rückenseite (Figur 135).

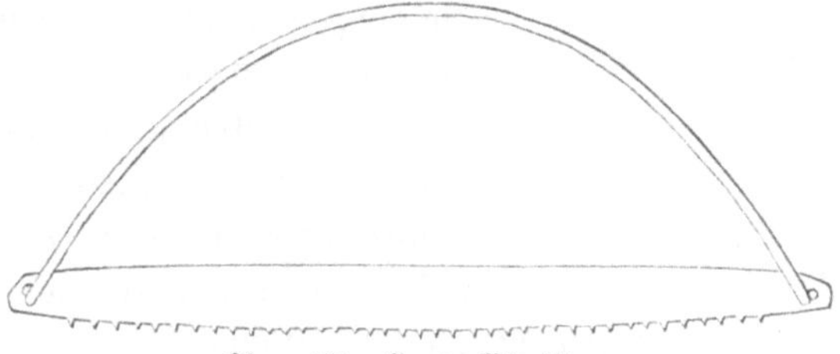

Figur 135. Gerade Bügelsäge.

c) **Wiegensägen** mit ausgebogener Zahn- aber eingebogener Rückenseite. Die Stärke der Schweifung wird durch Abweichung der Krümmung von der geraden Linie in Millimetern angegeben (Figur 136).

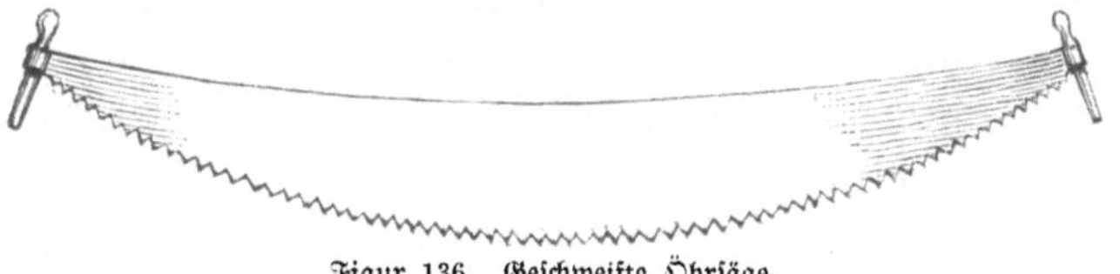

Figur 136. Geschweifte Öhrsäge.

3. **Nach der Art des Zahnbesatzes.**

A. **Waldsägen mit M-Zähnen** und zwar entweder mit hohen M-Zähnen, wenn der Zahn hoch über der Zahnlückenlinie liegt, oder mit niedrigen M-Zähnen (Figur 138).

Figur 137. Figur 138.

B. **Sägen mit Dreiecks-(△)Zähnen.** Es sind dann entweder:

a) die Zähne dicht aneinander gereiht. (Geschlossener Zahnbesatz!) (Figur 137).

b) Zwischen den einzelnen Zähnen bleiben Räume von der Breite der Zähne. (Raumer Zahnbesatz) (Figur 138).

Eine Zahnhöhe von 18 mm und eine Zahnbasis von 13 mm bei △Zähnen leisten am meisten.

Das Blatt soll aus Tiegel-Gußstahl und **richtig gehärtet** sein und muß sich von der Zahnseite nach dem Rücken verjüngen. Zur Verminderung der Reibung und Verbreiterung des Schnittes werden die Sägen geschränkt, d. h. es wird abwechselnd ein Zahn nach der einen, der folgende nach der andern Seite ausgebogen, gewöhnlich um die doppelte Blattstärke; um das Sägemehl besser auswerfen zu können, werden öfter in regelmäßigen Abständen verschieden geformte stumpfe sog. Raumzähne eingefügt (Figur 139a) oder die Blätter werden durchlocht.

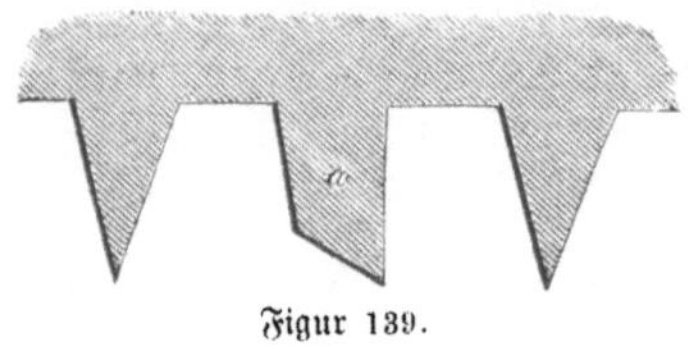

Figur 139.

Nach den mit Unterstützung der Königl. bayerischen Staatsregierung von Geheimrat Dr. Gayer in den Jahren 1871, 74, 76, 79 und 1893—94 angestellten und im forstwirtschaftl. Zentralbl. v. Baur in den Heften 8—10 1896 veröffentlichten Versuchen, die in großem Umfange und mit größter Gewissenhaftigkeit ausgeführt und wobei auch die Ergebnisse aller früheren Versuche mit berücksichtigt wurden, ist jetzt die Frage ihrer Lösung zugeführt. Als leistungsfähigste Säge stellte sich eine solche von etwa 1,5 m Blattlänge, etwa 20—22 cm Breite (mit Zurechnung der Rückenhöhlung von etwa 5 cm, um das Klemmen zu vermeiden), mit 17—18 mm Zahnhöhe, 12—13 mm Zahnbasis, einem Zahnausschnitt von dem $2\frac{1}{2}$—3fachen der Zahnfläche, ohne Ausräumer, 2,3—2,5 kg schwer, mit bogenförmigem Zahnbesatz heraus. Hiernach hat die Firma Dominikus-Söhne in Remscheid-Vieringhausen eine Normalsäge: „Non plus ultra“ fabriziert: aus feinstem Tiegelgußstahl, doppelt gehärtet, patentgeschliffen, dünn im Rücken, geschränkt, geschärft, also vollständig gebrauchsfertig, die perforiert 11 Mk., nicht perforiert 10 Mk., mit abnehmbaren Patentangeln 1,50 Mk. mehr kostet und als gute Säge empfohlen werden kann. Die Versuche haben ferner ergeben, daß alle bisher gebräuchlichen Sägen mehr oder minder große Fehler haben, die ihren Gebrauchswert herabsetzen.

3) Zum Roden.

Zu den einfachsten Rodewerkzeugen zur Gewinnung der Stöcke gehören Rodehaue, Spitzhaue und Rodeaxt, Keile, Hebelstangen, Brechstangen, Stemmeisen, Ziehseile, Ziehstangen, Wendehacken usw. Die Rodehaue hat eine breite gut verstählte horizontale Schneide und dient zum Aufhacken des Bodens und zum Durchhauen schwacher Wurzeln, auf felsigem Boden muß man noch die Spitzhaue mit keilförmiger Spitze zu Hilfe nehmen. Die Rodeaxt ist die gewöhnliche

Fällaxt; meist nimmt man dazu ein abgenutztes Exemplar derselben. Außerdem werden noch mannigfache Rodemaschinen angewandt, die jedoch entweder zu teuer oder zu schwer zu handhaben oder zu transportieren oder zu wenig wirksam, stellenweis auch gefährlich sind; sie bewähren sich wenig, die bekanntesten sind: der Waldteufel, die Schustersche Stockrodemaschine und das Wohmannsche Zwickbrett. Der kürzlich eingeführte verbesserte Waldteufel dient auch zum Werfen der Stämme nach entgegengesetzter Richtung und arbeitet besser; für 62,50 Mk. zu beziehen von Dominicus Söhne Remscheid.

Ziemlich gute Erfolge haben die Versuche mit der sog. „Uhrichschen Zündnadelsprengschraube" (zu beziehen für 40 Mk. von Dreyse in Sömmerda) ergeben, welche somit für das Roden von Stöcken empfohlen werden kann. Die in den letzten Jahren eingeführten Schraubenkeile, die schiefe Stämme nach entgegengesetzter Richtung bringen sollten, haben sich nicht bewährt. In manchen Gegenden werden die Stöcke mit Pulver oder Dynamit gesprengt.

c) Die Holzfällung.

§ 259.

Fällungszeit und Wadel.

Die Hauptfällungszeit, Wadel genannt, fällt gewöhnlich in die sechs Wintermonate, doch kommen im hohen Gebirge der Unzugänglichkeit bei hohem Schnee wegen, auch wohl Sommerhiebe vor. Läuterungs- und Durchforstungshiebe im Laubholz werden gern im belaubten Zustande — im Frühjahr, vielfach auch im Sommer — ausgeführt; wenn man die Rinde oder zu schälendes Material gewinnen will, so wird meist mit beginnendem Saftflusse gehauen; in Verjüngungsschlägen — Samen- und Lichtschlägen — wird der Hieb im Winter zu einer Zeit geführt, wo dem Aufschlage der geringste Schaden zugefügt wird – also bei Schnee und gelindem Wetter; sonst unzugängliche Erlenbrücher treibt man bei starkem Frost, wenn die Eisdecke hält, ab. Stockrodungen werden meist im Sommer ausgeführt. Bei sehr starkem Frost wie bei Sturm sind alle Fällungen sofort zu sistieren. Bau- und Nutzholz soll bei Beginn der Saftzeit nicht mehr geschlagen werden. Dieser Termin markiert sich in Deutschland überall, im Gebirge und in der Ebene, im Norden wie im Süden durch die Blütezeit der Hasel.

§ 260.

Anlegen der Holzhauer.

Die Anweisung und Auszeichnung der Schläge erfolgt immer durch den Oberförster, höchstens bei Durchforstungen ist dem Schutzbeamten in sofern freiere Hand gelassen, als er sich nach der allgemein darüber gegebenen Anweisung und Probeauszeichnung richten muß, aber das Auszeichnen der herauszunehmenden Stämme selbständig ausführt.

Bei Kahlhieben wird die Größe des Schlages durch Anschalmen der Grenzbäume vom Revierverwalter genau bezeichnet, bei Lichtungshieben werden die einzelnen herauszunehmenden Stämme mit dem Waldhammer, schwächere mit dem Reißhacken angezeichnet; sollen aber mehr Stämme herausgehauen werden als stehen bleiben, so werden die stehen bleibenden gezeichnet. Die den einzelnen Rotten zufallenden Stämme oder Teile des Schlages werden vom Holzhauermeister an die Rotten verlost, wobei man auf möglichste Gleichwertigkeit der Lose zu halten hat; hierauf wird jede einzelne Rotte noch einmal vom Förster in betreff des Aushaltens von Nutzholz genau instruiert und werden namentlich die Wege und Plätze, an welche das Holz zu rücken ist, genau angewiesen oder im Schlage mit Signalstangen ausgezeichnet. Ein Los läßt man gewöhnlich übrig, um darin noch die Arbeiter zu beschäftigen, welche früher fertig werden, da eine Verzettelung der Arbeiter immer von Übel ist.

Besonders wertvolle oder schwierig aufzuarbeitende Stämme werden stets den tüchtigsten Arbeitern angewiesen.

Die Schläge schließen sich meist an die Gestelle an und bilden Rechtecke, deren Längs- oder Breitseite bekannt ist. Die Größe des Schlages ist stets vorgeschrieben z. B. 3 ha. Der Schlag wird am Feuergestell, das z. B. 500 m lang ist, angelegt. Wie breit wird er? 3 ha = 30000 qm. Man dividiert mit 500 in 30000 = 60; mithin wird der Schlag 60 m breit. Bei unregelmäßigen Figuren muß man anders verfahren.

§ 261.

Arten der Fällung.

Die gewöhnliche Art der Fällung ist die mit der Axt und Säge. Zunächst wird die Fallrichtung nach dem Hängen der Baumkrone und nach der Richtung, in welcher der Stamm am wenigsten leidet und am wenigsten schadet, sorgfältig ausgesucht, indem man sich mit dem Rücken an den Baum stellt. Auf dieser Seite, der Fallseite, wird der Stamm möglichst tief auf 1/4 bis 1/5 seiner Stärke mit der Axt angekerbt (Fallkerb!) und wird dann auf der entgegengesetzten Seite ein wenig höher die Säge eingesetzt, hinter welcher, sobald sie tiefer in den Stamm eingedrungen ist, Keile eingetrieben werden, um die Arbeit der Säge zu erleichtern und dem Stamm die Fallrichtung zu bestimmen.

Ausnahmsweise werden Stämme nur mit der Axt gefällt, wobei dann meist ein gleichzeitiges Roden erfolgt, indem die Stämme an der Wurzel tiefer ausgegraben werden. Wird der Stamm nur möglichst tief mit der Axt vom Stocke losgehauen, so nennt man diese Fällmethode „Auskesseln" oder „aus der Pfanne hauen". Die Fallrichtung wird dann durch Ziehen oder Drücken erzwungen.

Das Werfen der Stämme erleichtert man sich auch öfter durch Umlegen von Ziehseilen oder Ansetzen von spitzen hölzernen oder eisernen Druckstangen. Die Fällung mag nun auf die eine oder andere Weise erfolgen, jedenfalls hat der Beamte streng darauf zu halten, daß die Stämme stets so tief als möglich vom Boden getrennt werden und daß so wenig als möglich Holz in die Späne gehauen wird. Die Holzhauer sind unausgesetzt zur größten Vorsicht beim Werfen der Stämme anzuhalten, um alle Beschädigungen am fallenden und stehenden Holze sowie Unglücksfälle zu verhüten.

§ 262.

Sortieren des Holzes.

Sämtliches eingeschlagene Holz wird nach den verschiedenen Holzarten getrennt und in zwei Hauptsortimente geteilt, nämlich in Nutzholz und Brennholz; in welche Untersortimente das Nutzholz und Brennholz zerfällt, ist nach dem Bedarf der verschiedenen Gegenden sehr verschieden und richtet sich ganz nach der Nachfrage; es ist die Pflicht jedes Beamten und Waldbesitzers, dem Holzbedürfnisse des Publikums, soweit irgend möglich in jeder Beziehung Rechnung zu tragen, um so mehr, weil bei recht vielseitiger Nachfrage der Wald in vielseitigster Weise ausgenutzt und damit der höchste Geldertrag erzielt wird.

Bei einem derartigen Entgegenkommen ist beiden Parteien, dem Publikum und dem Waldbesitzer, in gleicher Weise gedient. Treten also bezügliche Anforderungen von bestimmten Nutzhölzern aus dem Publikum an den Besitzer oder seinen Beamten heran, so soll er ihnen möglichst Rechnung tragen. Den nächsten Anhalt zur weiteren Sortierung geben in den Staatsforsten die allgemeinen Ministerial- und Regierungsbestimmungen, die für die Reviere gegebenen Holz- und Holzwerbungskostentaxen, die jedem Beamten eingehändigt werden müssen, endlich die speziellen Vorschriften der nächsten Vorgesetzten. An der Hand der darüber erlassenen allgemeinen Bestimmungen werden meistens etwa folgende Sortimente bei der Holzfällung in den Schlägen ausgehalten.

§ 263.

a) Sortierung des Nutzholzes.

I. Bau-, Nutz- und Werkhölzer.

A. In Stämmen oder Abschnitten.

a) Wahlhölzer. Ausgesuchte Hölzer zu besonderen Gebrauchszwecken von vorzüglicher Beschaffenheit, wie Schiffsbauholz, Maschinenholz, Mühlenwellen usw.

b) Schneidehölzer zu Sägeblöcken, welche nach ihrem Kubikgehalt von über 2, über 1 und bis 1 Kubikmeter in Blöcke I.—III. Klasse geteilt werden.

c) Gewöhnliche Rundhölzer, welche als Bau- und Nutzhölzer nach ihrem Festmetergehalt*) wieder in verschiedene Klassen (I.—V.) geteilt werden.

d) Schiffs- und Kahnkniee. Gebogene Nutzstücke aus den Einbiegungen von Wurzeln oder Ästen in den Stamm ausgehalten, zerfallen nach dem Festgehalt in 2 Klassen.

B. In Nutzstangen (14 cm und darunter Durchmesser bei 1 m vom unteren [dicken] Stammende gemessen).

a) Zum Derbholze**) gehörend (über 7 bis inkl. 14 cm Durchmesser).

Klasse I—IV von über 7 bis 14 cm Durchmesser und 6 bis 18 m Länge, wozu nur nutzfähige, möglichst fehlerfreie und gesunde

---

*) Es ist in letzter Zeit mehrfach mit Recht vorgeschlagen — das Stammnutzholz allgemein nicht mehr nach seinem Festgehalt, sondern nach der Zopfstärke

**) Siehe S. 401.

Stangen ausgehalten werden; sie werden zu mehreren zusammengelegt: ihr Festgehalt schwankt von 0,04 bis 0,18 Festmeter.

b) Zum Reiserholz gehörend (7 cm und darunter Durchmesser).

Klasse V—X von 4—7 cm Durchmesser und 1,4—11 m Länge. Sie werden hundertweis oder zu je zehn zusammengelegt und schwankt der Festgehalt von je 100 zwischen 0,60—2 Festmeter.

Diese angegebene Einteilung ist jedoch durchaus nicht fest, sondern kann nach den verschiedenen Ländern, Provinzen usw. verschieden sein, so z. B. nur 3 Sortimente Derbholzstangen und 5 Sortimente Reiserholzstangen usw., jedenfalls sind überall die Holztaxen und Holzwerbungskostentaxen maßgebend, die sich den allgemeinen resp. lokalen Marktverhältnissen anzupassen haben.

Zu den Nutzholzreiserstangen gehören auch noch Buhnenpfähle, Faßband-, Tonnenbandstöcke, große und kleine Bandstöcke, Eimerbandstöcke, Gehstöcke usw., die zu je Hundert zusammengelegt werden und worüber die Holztaxen das Nähere enthalten.

Auch werden hierzu die nach Hunderten oder Zehnern von Bunden ausgehaltenen Faschinen, Bindeweiden, Besenreis, Gradierdorn usw. gerechnet.

C. In Schichtmaßen.

a) Zum Derbholz gehörend.

Schichtnutzholz I. Klasse; fehlerfreie, glatte gradspaltige Scheite oder Rundstücke von über 25 cm Durchmesser am dünnen Ende.

Schichtnutzholz II. Klasse, fehlerfrei usw., aber etwas weniger glatt. Das Bestreben der Beamten muß darauf gerichtet sein, durch sorgfältigste Auswahl der guten Kloben möglichst viel Nutzkloben auszuhalten.

---

resp. dem Mittendurchmesser zu klassifizieren, da sich hiernach sein Wert als Brettschneideware richtet. Jedenfalls hat die Sortierung nach dem Festgehalt große Mängel.

**) Nach den Vereinbarungen für das Deutsche Reich ist Derbholz die oberirdische Holzmasse von über 7 cm Durchmesser inkl. Rinde mit Ausnahme des bei der Fällung am Stock bleibenden Schaftholzes. Nichtderbholz ist die übrige Holzmasse, welche zerfällt: a) in Reisig: Das oberirdische Holz bis inkl. 7 cm Durchmesser am dünnen Ende. b) Stockholz: Das unterirdische Holz und der bei der Fällung am Stock bleibende Schaft.

Schichtnutzholz III. Klasse (Nutzholzknüppel) von über 7—14 cm oberem Durchmesser; namentlich Grubenhölzer.

b) Zum Reiserholz gehörend.

Peitschenstielholz, Pulverholz, grünes Reisig und Weihnachtsbäume.

II. Rinde (vergl. § 277).

a) Zum Reiserholz gehörend.

Rinde I. Klasse, Glanz- oder Spiegelrinde.
„ II. „ rissige Rinde von jungen Stämmen, die in Raummetern aufgesetzt wird und wovon 1 Raummeter = 3 Zentner gerechnet wird.

b) Zum Derbholz gehörend.

Rinde III. Klasse von mittleren Stämmen	werden nach Raummetern verkauft und haben 0,7 fm Festgehalt.
„ IV. „ „ alten Stämmen	

a) Sortieren des Brennholzes.

I. Derbholz (von über 7 cm Durchmesser am dünnen Ende der Rundhölzer).

Scheitholz von über 14 cm Durchmesser am dünnen Ende des Rundholzes, wird ein oder mehrere Male in Scheite gespalten, je nach der Stärke.

Knüppelholz von über 7 bis inkl. 14 cm oberem Durchmesser, wird nicht gespalten, sondern bleibt rund; es darf nie geduldet werden, daß Knüppel im Scheitholzmaße gelegt werden.

II. Reiserholz (7 cm und darunter Durchmesser am dünnen Ende).

Reiserholz I. Klasse; stärkere Astknüppel, die gereinigt sind, von 5 bis inkl. 7 cm Stärke und 1 m lang*).

Reiserholz II. Klasse; Stamm- und Astreisig aus Mittel- und Niederwald und Durchforstungen in Raummetern.

*) Alles Brennholz wird in der Regel 1 m lang ausgehalten; sollte jedoch Nachfrage danach sein, so hält man dasselbe auch in jeder verlangten beliebigen längeren oder kürzeren Dimension aus, läßt auch wohl das Klobenholz rund (als sog. „Rollen") liegen, um höhere Preise zu erzielen.

Die übrigen Reisigsortimente werden je nach Länge und Güte in Haufen von 1 qm Stirnfläche und 2—4 m Länge oder in Wellen zu je Hundert von 1 m Umfang und 1—2 m Länge ausgehalten. (Reiserholz III. und IV. Klasse wird meist zum Selbsthieb vergeben.)

III. Stockholz (aus Stöcken und Wurzeln).

Zerfällt gewöhnlich in I. und II. Klasse, je nachdem stärkere Stücke oder nur geringes Wurzelholz darin enthalten ist.

§ 264.

Aufmessen, Aufsetzen und Rücken.

1. Die Vermessung der Nutzenden in ihrer Länge ist so vorzunehmen, daß diese mit ganzen Metern oder geraden Zehnteln (0,2, 0,4 . .) von Metern abschneidet; der Punkt, wo abzulängen, soll stets vom Beamten bestimmt werden; am nächsten geraden Dezimeter über seinem Merkmal wird dann abgesägt.

2. Der Durchmesser ist auf der örtlich durch einen Schalm zu bezeichnenden Mitte des Stammes oder Stammabschnitts mit der Kluppe, nötigenfalls (bei nicht rundgewachsenen Stämmen) kreuzweis unter Annahme des Mittels beider Messungen zu messen und hier mit Rotstift zu vermerken; überschießende Bruchteile eines Zentimeters werden nicht berechnet. Ist die Mitte des Stammes uneben, so muß gleichweit ober- und unterhalb gemessen und daraus das Mittel genommen werden. Derbholzstangen werden stückweise zusammengelegt, gezählt und einzeln numeriert, der Durchmesser wird 1 m oberhalb des unteren Endes gemessen; die übrigen Klassen werden zu vollen Hunderten oder zu Zehnteln vom Hundert zusammengelegt und nicht gemessen, sondern nur gezählt und wird die Stückzahl numeriert und gebucht, je 10 werden immer durch ein Querholz getrennt; ebenso wird es mit sämtlichen Sortimenten, die nach Hunderten sortiert werden, gemacht.

3. Das Aufsetzen der Brenn- und Nutzschichtmaße geschieht stets nach vollen Raummetern, Bruchteile sind zu vermeiden*).

*) Durch diese für Staatsforsten geltende Bestimmung geht mancherlei Holz verloren; für Privatreviere empfiehlt es sich, wenigstens einzelne 0,5 rm haltende Schichtmaße setzen zu lassen, um das überzählige Holz zu verwerten. Bei wertvollem Holz (Kloben und Knüppel) und in großen Revieren wird diese Einrichtung die Mühe reichlich lohnen, namentlich in den Totalitätsschlägen.

Das Nutzholz soll in jeder vom Besteller gewünschten Schnittlänge ausgehalten und sollen danach die anderen Dimensionen so geändert werden, daß volle Raummeter gesetzt werden. Die Berechnung der anderen Dimensionen wird einfach in der Weise gemacht, daß man die verlangte Scheitlänge z. B. 63 cm mit der vorgeschriebenen Länge oder Höhe, die z. B. 100 cm betragen soll, multipliziert und mit diesem Produkt, also 100 . 63, in den Gesamtgehalt eines Raummeters, der ja 100 . 100 . 100 cm oder 1000000 cbcm beträgt, hineindividiert, um die dritte Größe zu finden; sie würde also in diesem Falle abgerundet 159 cm betragen; man kann den Raummeter dann entweder 159 cm hoch und 100 cm lang setzen oder umgekehrt; noch einfacher gestaltet sich die Rechnung, wenn man mit 63 in 10000 dividiert. Die Probe der richtigen Rechnung darf nie unterlassen werden; die Länge, Breite und Höhe mit einander multipliziert muß immer 1 Raummeter oder 1000000 cbcm betragen. Gewöhnlich werden jedoch die anderen Dimensionen der genauen Übereinstimmung im Revier wegen fest vorgeschrieben.

Die Schichtmaße werden in Maßen von gewöhnlich 1—4 Raummetern, nur ausnahmsweise mehr (nicht über 20!) aufgesetzt; in Schlägen setzt man zur Vereinfachung der Buchung usw. und zur Ersparung von Stützen möglichst alles Holz gleichmäßig z. B. je 4 rm groß, nur die letzten Reste in kleineren Maßen, falls der Markt dies gestattet. Setzt man das Schichtholz in großen Quantitäten ab, so setze man dasselbe stets in großen Maßen = 10—20 rm auf, weil man dabei an Stützen spart und das Numerieren und Buchen sehr vereinfacht. Beim Aufsetzen ist darauf zu achten, daß die Raummaße, um das Einsinken in den Boden und das Anfaulen zu verhüten, auf Unterlagen kommen und, damit die Seitenstützen nicht ausweichen, in mittlerer Höhe (nicht höher) mit hakenförmigen Reisigeinlagen (Ankern) in dem Schichtmaße befestigt werden. Scheit- und Knüppelholz soll man ohne Not nicht über 1,50 m hoch setzen, weil dadurch die Arbeit erschwert und die Gefahr des Einstürzens vergrößert wird.

Die Schichtmaße sollen mit möglichst wenig Zwischenräumen zwischen den Holzstücken, also möglichst dicht und regelmäßig, so daß alle Stücke an der Stirnseite in die gleiche Fläche kommen, gesetzt werden; dies erreicht man am besten so, daß die S p a l t f l ä c h e n d e r R a n d s c h e i t e oben, unten und an beiden Seiten stets nach außen und die krummen Scheite oben liegen. An Berglehnen wird die Länge des Schichtmaßes nicht auf der Bodenneigung, sondern in der Horizontalen gemessen; das Ansetzen des Schichtmaßes an Bäume ist nicht gestattet, weil die Wurzeln und Wurzelansätze meist kein richtiges Maß gestatten, auch die Bäume leiden und die Stöße bei Sturm umfallen.

Regel ist, daß jede Holzart für sich in Raummeter gesetzt wird; sollten jedoch zufällig von einzelnen Holzarten nicht ganze Raummeter gefällt werden, so können auch mehrere Holzarten in einen Raummeter zusammengelegt werden; derselbe ist dann nach der Holzart zu bezeichnen, welche überwiegt; das Nummerscheit ist stets von der überwiegenden Holzart zu nehmen, nach welcher gebucht wird.

Das Zusammenbringen des Holzes zu Schichtmaßen wird verschieden bewirkt; wo man das Holz nicht schleifen, oder, wie z. B. an Hängen, werfen oder rutschen kann, bringt man es am besten auf Schiebekarren oder Schlitten, auch wohl auf Tragen zusammen; das Holz aus Dickungen muß meist auf den Armen oder auf den Schultern getragen werden. In allen Schlägen sucht man das Holz so zusammen zu bringen, daß die Schichtmaße in regelmäßige parallele gleichweit entfernte Reihen hintereinander zu stehen kommen, damit die Abfuhr soviel als möglich erleichtert und die Abnahme übersichtlich wird. In Aushieben und Verjüngungsschlägen muß das Holz an die Wege, Gestelle oder an erst auszuzeichnende Wege (§ 260) gerückt werden, um bei der Abfuhr und Abnahme dem stehenbleibenden Bestande oder dem Aufschlage möglichst wenig Schaden zuzufügen. Zum Rücken der Bauhölzer eignet sich der „Neuhauser" und „Albornsche" Rück-Wagen, die etwa à 70 Mark kosten und den Festmeter für 10—25 Pf. rücken. Die ganze Aufarbeitung des Holzes muß jedenfalls so erfolgen, daß möglichst viel Nutzholz ausgehalten wird und daß dem Holze selbst wie auch den Beständen der geringste Schaden zugefügt wird (vergl. § 52 der J. f. F.) und gleichzeitig dabei der rationell höchste Geldertrag für den Festmeter Holz erzielt wird. Der hohe Nutzholzprozentsatz ist nicht maßgebend.

§ 265.

Numerieren, Buchen und Abnahme.

Ist ein ganzer Schlag oder ein vom Oberförster bestimmter Teil desselben beendigt, so muß der Förster unter Zuhilfnahme des Holzhauermeisters alles Holz in fortlaufender Reihe mit Nummern versehen. Die Nummer ist bei Bau- und Nutzstämmen auf dem Schnitte am unteren Stammende, daneben oder darunter sind die Abmaße in Bruchform, so daß die Länge in den Zähler, die Stärke in den Nenner kommt, die Kloben-, Knüppel- und Stockholzschichtmaße auf ein in der Mitte der Vorderseite um 10 cm vorzuschiebendes Holzstück (Nummerscheit), bei starkem Reiserholz oder Nutzholzstangenhaufen auf die rechte Seitenstütze (wenn man davor steht!), bei geringem Reisig auf einen vor oder in dem Haufen anzubringenden Pfahl deutlich aufzuschreiben. Die Nummerscheite müssen stets in der Mitte und dürfen nie im oberen Drittel oder gar oben auf liegen; sie werden sonst leicht herausgezogen und verwechselt.

Die Güteklassen der Schichtnutzhölzer werden mit I und II, Anbruchholz mit † auf dem Nummerscheit und im Buche bezeichnet. Das Numerieren selbst geschieht entweder mit Rot- oder Blaustift, Försterkreide von Faber oder Kohle (vom Faulbaum) oder schwarzer Ölfarbe (Kienruß mit gewöhnlichem Brennöl), oder durch Einschlagen der Nummern mit eisernen Stempeln, mit Schablonen, dem Schusterschen Numerierrade, dem Pfitzenmayerschen Stempelapparat (für Buchen), dem 7mal prämiierten Revolver-Numerierschlägel von Goehlers Witwe in Freiberg (Sachsen), wo auch alle forstwirtschaftlichen Geräte zu kaufen sind.

Das numerierte Holz trägt der Beamte in ein tabellenartiges übrigens verschieden eingerichtetes Nummerbuch, wobei jeder Nutzholzstamm, jedes Schichtmaß, kurz alles, was mit einer besonderen Nummer bezeichnet ist, auf einer besonderen Linie aufgeschrieben wird. Die Reihenfolge der Holzarten bestimmt sich nach der Holztaxe und ist gewöhnlich folgende: Eichen, Buchen und anderes hartes Laubholz, Birken, Erlen (Aspen, Linden, Pappeln, Weiden) und sonstige Weichhölzer, Fichten und Tannen, Kiefern und Lärchen, die in einer Reihenfolge, jede Holzart in sich — gebucht werden. Die Reihenfolge der Sortimente ist: Nutzholzstämme und Stangen, die übrigen Nutzholzsortimente, dann Schichtnutzholz und beim Brennholz: Kloben, Knüppel, Stockholz und Reisig und richtet sich ebenfalls genau nach der Holztaxe; entweder laufen die Nummern sämtlichen Nutzholzes und sämtlichen Brennholzes derselben Hiebsposition fort oder man numeriert beim Brennholz das Derbholz (Kloben und Knüppel) für sich und dann wieder das Nichtderbholz für sich. Jede Holzart wird für sich abgeschlossen und am Schluß ist eine Zusammenstellung nach Holzarten geordnet zu machen. Jede Position des Hauungsplanes erhält ein Nummerbuch für sich. Alles Holz, was in Abteilungen fällt, die keine besonderen Positionen im Hauungsplane haben, werden unter „Totalität" gebucht. Das Holz der Totalität erhält ebenfalls seine besondere Position im Hauungsplan und wird ebenso durchnumeriert, wie in den Schlägen, jedoch getrennt nach Haupt- und Vornutzung.

Unter Zugrundelegung dieses Nummerbuches zählt der Oberförster in Gegenwart des Försters den Schlag ab und läßt als Zeichen der erfolgten Abnahme jede einzelne Nummer mit dem Waldhammer anschlagen. Das richtig befundene oder berichtigte Nummerbuch wird durch Unterschrift abgeschlossen und dient als Grundlage der weiteren Buchungen und der Verlohnung, später auch als Anweisebuch für den Käufer und zur Kontrolle der Abfuhr (vergl. § 53—55 der J. f. F.) Der Oberförster fertigt Abschriften von den Nummerbüchern, die als sog. Abzähltabellen die Unterlagen für den Verkauf, die Wirtschaftsbücher und die Rechnungslegung bilden.

B. Abgabe des Holzes.

a) Verkauf oder sonstige Abgabe.

§ 266.

Der Verkauf des Holzes wird verschieden gehandhabt. Bei geringwertigem Holze, bei geringen Nutzholz- oder Brennholzsortimenten oder gewissen Holzarten und Sortimenten, deren Absatz schwierig ist, empfiehlt sich der „freihändige" Verkauf nach Maßgabe der Taxe. In den preußischen Staatsforsten darf der freihändige Verkauf niemals unter den Taxpreis heruntergehen, ist auch in seiner Ausdehnung beschränkt! zur Befriedigung des Brennholzbedarfs des kleinen Mannes und zur Verhütung des Diebstahls sollen — wo die örtlichen Verhältnisse es erheischen — öfter Holzauktionen mit beschränkter Konkurrenz abgehalten werden. Meistens wird das Holz vollständig in den marktgängigen Sortimenten aufgearbeitet und in öffentlichen Auktionen ausgeboten; der Höchstbietende erhält den Zuschlag. Das Holz, namentlich das Bau- und Nutzholz wird „sortimentenweis" je nach der Nachfrage in größere oder kleinere „Lose" gebracht und in das Verkaufsprotokoll eingetragen, in welchem sich außerdem noch die Spalten für die Taxpreise, die Verkaufspreise, die Nummern der Holzverabfolgezettel und die Adressen der Käufer befinden. Unter gewissen Verhältnissen, namentlich wenn es sich um große Bauholz- und Nutzholzquantitäten, um den Verkauf stehenden Holzes oder von Nutzhölzern zu besonderen Gebrauchszwecken z. B. von Grubenhölzern handelt oder, wenn die Kaufpreise durch Ringbildungen der Holzhändler gedrückt werden, empfiehlt sich der Verkauf im Wege der „geheimen schriftlichen Versteigerung, Submission genannt", wobei Käufer ihre Gebote schriftlich einreichen; in einem vorher bestimmten Termin werden die Gebote in Gegenwart der Bieter geöffnet und erhält gewöhnlich der Meistbietende den Zuschlag, falls nicht eine Auswahl unter den Bietern vorbehalten war. Außer dem Verkauf des aufgearbeiteten Holzes gibt es auch noch einen Verkauf des stehenden Holzes oder vor dem Einschlage. Es geschieht in der Regel im Wege der Submission und werden die Gebote „für den Festmeter Derbholz" abgegeben. Die Aufarbeitung geschieht meistens durch den Käufer unter der Kontrolle des Verkäufers. Allen Verkäufen liegen besondere Verkaufsbedingungen zu Grunde, die vor dem Verkaufe veröffentlicht werden und zu denen sich Käufer und Verkäufer ausdrücklich verpflichten; sie müssen die Sicherheit des Kaufgeschäfts garantieren und gegen alle Übervorteilungen und Überschreitungen bei der Bezahlung, bei dem Aufmaß, der Preisbewertung, der Aufarbeitung, der Abfuhr usw. schützen und Verfehlungen dagegen mit Strafen bedrohen.

Die betreffenden Förster haben in den Staatsforsten an den Versteigerungen, die der Oberförster abhält, teilzunehmen und sich in ihrem Nummerbuche hinter den einzelnen Verkaufslosen, soweit dies möglich, den Namen des Käufers zu notieren, damit das Nummerbuch ihnen bei der Anweisung des Holzes als Richtschnur und bei der Holzabfuhr als Kontrolle dienen kann. Die Schläge sollen in der Regel 8 Tage vor der Auktion beendigt sein und soll der Beamte den Käufern bei vorheriger Besichtigung behülflich sein und jede verlangte Auskunft geben.

Die Abfuhr des Holzes darf nur gegen Abgabe der vorschriftsmäßigen Holzzettel und nur den durch diese legitimierten Personen gestattet werden. Auf diesen Holzverabfolgezetteln darf niemals die Quittung des Kassenbeamten fehlen; nur in den zwei Fällen, wenn auf dem Zettel vom Oberförster ausdrücklich bemerkt ist, daß entweder gar keine Zahlung nötig ist oder daß die Verabfolgung des Holzes mit Genehmigung der Regierung vor der Zahlung erlaubt wird, darf die Quittung des Kassenbeamten fehlen. Holzverabfolgezettel, an denen radiert ist oder Zahlen durchstrichen sind, sind ungültig und muß dann die Abfuhr verweigert werden, da sie dokumentarischen Wert haben.

Für den Fall, daß das Holz nicht meistbietend verkauft, sondern freihändig nach der Taxe oder nach Durchschnittspreisen verkauft ist, erhalten die Käufer in den Staatsforsten grüne Holzverabfolgezettel; ist das Holz an Berechtigte (Deputanten) abgegeben, so erhalten diese rote Verabfolgezettel und ist gleichzeitig von denselben über richtigen Holzempfang zu quittieren; in der Regel soll das Holz ohne diese Quittung nicht abgegeben werden.

Ohne Verabfolgezettel oder Legitimation oder schriftliche Anweisung seitens des Vorgesetzten (mündliche Anweisung genügt nicht!) hat der Beamte in keinem Falle Holz oder sonstige Waldprodukte aus dem Walde zu verabfolgen. Die Legitimation haben die betreffenden stets bei sich zu führen. Die Nummern des abgefahrenen Holzes sind im Nummerbuche zu streichen und ist dahinter die Nummer des Holzzettels zu vermerken; bemerkt der Beamte, daß Holz fehlt, worüber er den Verabfolgezettel noch nicht erhalten hat, so muß er sofort dem Vorgesetzten Anzeige machen; findet er das ohne Zettel abgefahrene Holz beim Käufer oder anderen Personen, so hat er es bis zur weiteren Entscheidung des Vorgesetzten mit Beschlag zu belegen. Die Holzzettel sind sorgfältig aufzubewahren (vergl. § 56—61 der J. f. F.) und nach den Buchstaben resp. der Farbe geordnet in besondere Packete zu heften, um vor Ablauf des Etatsjahres versiegelt an den Revierverwalter abgegeben zu werden.

Holz zu Kulturzwecken, zu Bauten, Wegebesserungen usw. hat der Förster aufzumessen und in sein Nummerbuch mit einer entsprechenden Notiz versehen einzutragen, ebenso unbedeutende Bruch- und Frevelhölzer, deren schleunige Verwertung bei Gefahr im Verzuge ihm überlassen bleibt.

b) Transport des Holzes.

§ 267

1. Zu Lande.

Meistens wird das Holz, wie es in den Schlägen liegt, verkauft und abgegeben, seltener wird es auf große an bedeutenden Verkehrsstraßen liegende Holzhöfe oder Ablagen auf transportablen Waldeisenbahnen gerückt und hier verkauft. Um nun eine Wegschaffung des Holzes in bequemer Weise zu ermöglichen, hat der Waldbesitzer gute Abfuhrwege im Walde anzulegen und zu unterhalten, welche mit den größeren Verkehrsstraßen in Verbindung stehen, die für den weiteren Transport sorgen. Die Möglichkeit, das Holz bequem aus dem Walde schaffen zu können, hat den größten Einfluß auf die Holzpreise und sind diese, selbst bei geringer Güte des Holzes, meist da die höchsten, wo die besten Abfuhrwege vorhanden sind. Aus diesem Grunde müssen die Waldbesitzer auf Anlage und Ausbesserung ihrer Wege außerordentliche Sorgfalt verwenden und muß der Förster, sobald er Mängel auf Wegen, Brücken, Überfahrten usw. bemerkt, die in seinem Reviere oder in der Nachbarschaft liegen, ohne Säumen sofort Meldung machen, oder dieselben, falls die Abfuhr ganz stockt, selbständig beseitigen; ist Gefahr mit dem ferneren Passieren der Brücken oder der Wege verbunden, so sind dieselben an Stellen, wo noch ein Ausbiegen möglich ist, zu sperren. Näheres darüber im „Waldwegebau" von Stötzer, Frankfurt a. M. bei Sauerländer 4. Aufl. und in „die Waldeisenbahnen" von Runnebaum, Berlin bei Julius Springer.

§ 268.

Bau und Erhaltung von Wegen.

Die Wege, mit denen der Forstmann zu tun hat, dienen hauptsächlich zum Holztransport, also zum Transport großer und schwerer Massen und sollen deshalb, namentlich wenn dieselben für längere Zeit dem Transporte dienen, wie z. B. Wege, in die die kleineren Abfuhrwege, die nur zum Transport des Holzes einzelner Schläge oder im Abtriebe befindlicher Wirtschaftsfiguren für kürzere Zeit angelegt sind, münden, solide und dauerhaft gebaut werden. Man kann deshalb dauernde und vorübergehende Abfuhrwege unterscheiden:

Dauernde Abfuhrwege müssen mindestens 8 m Breite und eine Wölbung haben, sodaß die Wegmittellinie um $^1/_{24}$—$^1/_{36}$ der Wegbreite höher liege als die Wegränder, dürfen, wenn Gefäll und Steigung abwechseln, höchstens auf 100 m 7 m ansteigen (7 % Steigung), müssen mit Gräben und Bäumen eingefaßt sein und einen dauernden Unterbau von Steinen oder fester Erde haben.

Hiernach unterscheidet man zunächst **Erdwege**, d. h. solche Wege, zu denen ein anderes Material als das gerade im Straßenkörper oder dessen Umgebung befindliche nicht verwendet wird. Nachdem der Wald in der vorher abgesteckten Linie durchhauen und gerodet ist, wird die Breite des Weges abgemessen und durch Signale, resp. Steine festgelegt; dann werden zu beiden Seiten des Straßenkörpers Gräben ausgeworfen, deren Größe sich nach der Bodenfeuchtigkeit und dem Abflusse richtet. Der Auswurf wird so auf dem Straßenkörper ausgebreitet, daß er in der Mitte um 5—10 cm höher liegt als an den Gräben, also gewölbt wird. Bei etwaigen Durchstichen von Bergen müssen die Böschungen derselben gehörig abgeschrägt werden, bei festem Boden auf je 1 m Höhe 0,5 m horizontale Abschrägung (Ausladung), bei losem Boden 1,5 m Abschrägung (cfr. § 98) und sollten dieselben mit Faschinen oder Plaggen oder Besäen mit Gras resp. durch Bepflanzung mit Weiden (**Salix caspica, acutifolia Willd., pruinosa Wendtl.**) oder Akazien nötigenfalls befestigt werden, um Nachrutschungen und Verschüttungen zu vermeiden.

Das gleiche muß bei Überführung von Einsenkungen beobachtet werden, oder wenn der Weg um Berglehnen herumgeführt wird. — Etwaige Steigungen sind event. durch Nivellement (siehe § 77) zu ermitteln und ist danach die Steigung des Weges festzulegen. Das Wasser wird von der Straße, jedoch nur, wo die Seitengräben nicht genügen sollten oder solche nicht vorhanden sind, durch sog. Abschläge, d. i. gepflasterte Mulden, oder in kleinen gemauerten Durchlässen, in Ton-, Zement- usw. Röhren, zuweilen auch in untergelegten Brunnenröhren abgeführt. Die obere Erdschicht solcher Wege besteht am besten, zur Beförderung der Trockenheit aus einer Mischung von Lehm und Kies*), von letzterem soll man im Zweifel eher zu viel als zu wenig nehmen (eine Schicht von 5—8 cm hoch Kies im Mittel wird hinreichen). Diese Erdwege genügen jedoch nur in solchem Boden, der einen festen Untergrund hat. Im andern Falle muß man die Wege, nachdem das Planum hergestellt ist, noch mit **Steinschüttungen** versehen. Solche Steinschüttungen sind je nach der Bedeutung der Straße

*) Nach einem Min.-Reſcr. vom 23. Mai 1877 wird bei Anlage von Lehmbahnen ganz besonders die Aufschüttung von Kies zur Pflicht gemacht, weil Lehmwege in den nassen Jahreszeiten den Verkehr erschweren und zu wenig dauerhaft sind.

sehr verschieden. Bei chaussierten Wegen, die eine Breite von 6 bis 10 m haben, wird entweder in der Mitte der Straße oder auf einer Hälfte, während die andere unversteint, sog. Sommerbahn bleibt, das Planum für die 3--3,5 m breite Steinschüttung etwa 5 cm tief eingegraben (sog. Kasten) und mit kantig behauenen Steinen gepflastert, nachdem an beiden Rändern sog. „Bordsteine" eingerammt sind; auf diese sog. Packlage werden eine oder mehrere Schüttungen von klein behauenen Steinen 6—8 cm hoch gelegt, dann wird die Bahn 7 bis 10 cm hoch abgewölbt, festgestampft oder besser gewalzt und schließlich eine 3—5 cm starke Kiesschicht aufgebracht und unter steter Wassersprengung ebenfalls festgewalzt.

Wird nicht gepflastert, sondern nur Steinschlag genommen (Makadamisierung) und folgen mehrere Steinschüttungen verschiedener Stärke im ganzen 10—20 cm stark übereinander, so ist als Hauptregel festzuhalten, daß der feinere Steinschlag immer über den gröberen zu liegen kommt und jede Steinlage für sich festgestampft oder gewalzt wird. Die Bekiesung usw. ist wie oben geschildert. Schäden auf solchen Straßen müssen möglichst schnell mit kleingehauenen Steinen ausgebessert und festgerammt werden; diese müssen deshalb immer in Haufen längs der Straße vorrätig gehalten werden. Für nötigen Wasserabfluß ist durch Abschläge und Durchlässe zu sorgen. Die in solche Hauptwaldstraße mündenden Nebenwege werden je nach dem Bedürfnisse mehr oder minder dauerhaft gebaut; sie sind meist nur 4 bis 8 m breit und haben in kleineren und größeren Entfernungen je nach der Übersicht der Straße Ausbiege-, hier und da auch Umbiegestellen. Bei stark benutzten Straßen und auf ungünstigem Untergrund bringt man auf das Planum 15—20 cm starke Steinschüttungen (Granit, Basalt), unten immer das grobe, oben das feinere Material, schließlich Kies.

Wege mit Steinschüttungen lassen sich nur auf gutem und festem Untergrund bauen, auf schwer zu entwässerndem, nassen und nachgiebigem Untergrund sinken die Steinschüttungen ein und da muß man entweder vorher entwässern oder erhöhen oder den wenig dauerhaften Holzbau zu Hilfe nehmen. Zu einzelnen sumpfigen Stellen auf sonst mit Steinschutt gebauten Wegen benutzt man Fichten- und Kiefernreisig, welches mit dem Stockende nach innen etwa 35 cm hoch gleichmäßig auf dem Planum ausgebreitet, mit Beerkraut, Plaggen usw. bedeckt und schließlich mit gröberem Kies (nicht mit feinem Sand!) überschüttet wird. Eine andere Überführung nasser und sumpfiger Stellen bewirkt man mit Knüppeldämmen (Buchen und Kiefern), die jedoch bei dem jetzigen Werte des Holzes, da sie oft erneuert werden müssen, meist zu kostspielig werden; in solchem Falle muß man, ohne eine einmalige große Ausgabe zu scheuen, für dauernde Abhilfe durch Entwässerung sorgen. Alles, was hier über die Anlage von Wegen gesagt ist, betrifft den schwierigen Straßenbau, wie er namentlich im Hügellande und Gebirge notwendig zu werden pflegt und sollen die Angaben nur Anhaltspunkte gewähren, da ein tieferes Eingehen auf den Wegebau zu weit führen würde; in der Ebene werden meistens nur Wege der einfachsten Art nötig, da die Gestelle gleichzeitig als Abfuhrwege benutzt werden; hier genügt gewöhnlich das Ziehen von den Bedürfnissen angepaßten Gräben*) zu beiden Seiten des Weges und Aufschütten und Abwölben des Grabenaufwurfs; an weicheren Stellen werden Heide- oder Rasenplaggen oder Reisig eingelegt. Zur Erhaltung der Wege dient das sog. Einspuren der Geleise, Bedecken von tiefen Stellen, sofortiges Ableiten der Wasserlöcher, Ausfüllen der Schlaglöcher, Ausebnen ungleicher Stellen und auf Kunststraßen das Belegen mit großen Steinen, um einseitiges Befahren zu verhüten und Abziehen des Kotes bei nassem Wetter; auch müssen alle Wege von überhängenden Ästen frei gehalten werden; am besten ist es rechts und links schmale Streifen kahl abzutreiben, um Licht und Luft Zutritt zu schaffen; fehlt Beides, so wird die Unterhaltung stets teuer. Moorige Stellen übersande man, auf Sandwege bringe man starke 7—10 cm Schichten von Lehm, der aber wieder überkiest werden muß, Torf- oder Brucherde (10 cm), von Moos (20 cm), von Heideplaggen, die dicht aneinander gepflastert werden, auf Lehmwege bringe man Kies usw., alles jedoch erst, nachdem man zuvor einen 5—15 cm tiefen Kasten im Wegeplanum ausgehoben hat; Heideplaggen pflastere man nur in versetztem Verband (wie Ofenkacheln). Zur Unterhaltung der gewöhnlichen Erdwege eignet sich der Elbinger oder Webersche Wegehobel am besten; ersterer kostet 15 Mk., letzterer 50 Mk. Auch die neuerdings eingeführten Hobel von Neumann und Wilke werden gelobt.

---

*) Sollten am Wege sturmgefährdete Bestände stehen, so muß die Anlage von Gräben an der Bestandsseite unterbleiben.

Der in einzelnen hohen Gebirgsgegenden vorkommende Transport durch sog. **Riesen**, die entweder von zusammengelegten Langhölzern gebaut oder einfach muldenförmig im Boden ausgeebnet werden, um Holz von hohen Bergen in Täler und an die größeren Wege hinabzurutschen, wird hier, als zu selten vorkommend übergangen.

In den letzten Jahren hat der Bau von Waldeisenbahnen immer größere Verbreitung gefunden und sollten dieselben überall da, wo sie eine sichere Rente bringen, angelegt werden.

§ 269.

2. Transport zu Wasser.

Um den Bau kostspieliger Wege zu umgehen, werden nicht selten Flüsse und Bäche, die aus dem Walde in der Richtung des Hauptabsatzgebietes ihren Verlauf haben, zum Transport des Holzes benutzt; es wird auf ihnen geflößt. Man pflegt Brennholz zu flößen, indem die Scheite einfach in das Flößwasser geworfen und an dem Bestimmungsort durch sog. Schwemmbäume, die im Wasser durch Böcke befestigt sind, aufgefangen werden. Das etwa an den Ufern hängen bleibende Holz ist von Floßknechten zu revidieren und abzustoßen.

Langholz wird zu Flößen zusammengebaut und von auf denselben befindlichen Flößern stromabwärts geführt. Da der Bau derselben wohl nie Sache der Beamten sein wird, so wird derselbe übergangen.

C. Verwendung des Holzes.

a) Bauholz.

§ 270.

1. Hochbau.

Der Hochbau begreift den Bau der Gebäude und der etwa bei demselben vorkommenden Einfriedigungen in sich. Alles Bauholz muß durchaus gesund und dauerhaft sein; dauerhaft besonders solches, welches dem verderblichen Wechsel von Trocknis und Feuchtigkeit ausgesetzt ist. Leichtes Bauholz ist beliebter als schweres Holz, um eine übermäßige Belastung, namentlich mit Bedachungsholz zu vermeiden. Die Hauptsache ist, daß das Bauholz möglichst vollholzig, gerade gewachsen und astfrei, möglichst lang und gesund ist. Alles Holz, was diesen Bedingungen genügt, ist als Bauholz in den Schlägen auszuhalten; nur Stämme mit fehlerhaftem Wuchs oder nicht gesunde Stämme sind ganz oder teilweis in das Brennholz zu schlagen, wobei die noch irgend wie zum Nutzholz tauglichen Teile in solche auszusortieren sind; das Holz soll im übrigen so lang als rationell möglich ausgehalten werden. Übermäßig lang ausgehaltene Stämme verlieren bei unserer Berechnungsweise an Inhalt, schlechte Spitzen machen das Holz unansehnlich und oft schwer verkäuflich. Besonders vollholzige, ast- und fehlerfreie Stammabschnitte werden öfter als wertvollere Schneidehölzer, Blöcke oder Sägeblöcke in gewöhnlich von den Abnehmern genau angegebenen Längen (3—8 m) abgetrennt. Das übrigbleibende Stück ist dann womöglich noch als Bau- oder Nutzholz zu verwerten. Die Sägeblöcke werden zur Verwendung beim Hochbau in Bretter von 0,7—4,5 cm Stärke oder zu Bohlen von 5,2—10,5 cm Stärke verschnitten. Vor seiner Verwendung wird das Bauholz durch den Zimmermann vom Splint befreit und scharfkantig rechtwinklig beschlagen; entweder gibt ein Rundholz nur ein scharfkantiges Bauholz — Ganzholz — oder durch einmaliges Zersägen zwei Bauhölzer — Halbholz oder durch kreuzweises Zersägen vier Bauhölzer — Kreuzholz; hierbei entsteht ein Abfall von 20—30%.

§ 271.

2. Erdbau.

Hierunter sind alle Bauwerke in und unter der Erde zu verstehen. Um nachgiebiges Erdreich für den Häuserbau zu befestigen, werden in der Erde öfter Fundamente von Pfählen, sog. Rostbauten, nötig, wozu man nur die dauerhaftesten Eichen- und feinringige harzreiche Lärchen und Kiefernnutzstücke, bei größerer Bodennässe allenfalls auch Erlenholz verwenden darf. (Jetzt meist Eisen- oder Zementwürfel.)

Zu Röhrenholz für Wasserleitungen eignen sich am besten Kiefer, Lärche und Schwarzkiefer (das sonst sehr geeignete Eichenholz gibt dem Wasser einen Beigeschmack), welche dann grün gebohrt und gelegt, eventuell unter Wasser aufbewahrt werden müssen. (Jetzt ebenfalls meist aus Eisen, Ton, Zement usw.)

Zu Eisenbahnschwellen*), welche Rundstücke für sog. Fugenstücke (wo zwei Schienen zusammenstoßen) von 2,60 m und für Stoß-

*) Neuerdings hat man wegen der teuren Holz- und niedrigen Eisenpreise mehrfach eiserne und steinerne Schwellen eingeführt, die sich aber nicht recht bewähren, weil sie geräuschvoll und nicht elastisch genug sind.

schwellen von meist 2,50 m Länge, 26 cm Breite und 16 cm Stärke Stammabschnitte von 30—60 cm Durchmesser erfordern, verlangte man früher nur Eichenholz und feinringiges harzreiches Lärchen- und Kiefernholz, jetzt aber, wo man durch Sättigung mit fäulniswidrigen Substanzen so große Erfolge erzielt, verwendet man auch durchtränktes Kiefern-, Fichten- und Buchenholz, ja selbst andere wohlfeile Hölzer. Nach neuesten Versuchen ist das mit Teeröl getränkte Buchenholz das beste und billigste Schwellenholz.

Zum **Grubenbau** gebraucht der Bergmann sehr viel Holz und verwendet jetzt, da das dazu am besten geeignete Eichenholz zu selten geworden ist, die in der Gegend herrschende Holzart, namentlich die Nadelhölzer. (Knüppel und Rundkloben mit bestimmten, aber sehr abweichenden Dimensionen.)

Zu Brunnenröhren taugen alle harzreichen Nadelhölzer.

§ 272.

3. Wasserbau.

Da alles Holz, was zum Wasserbau verwendet wird, eine große Dauer haben muß, so verwendet man zu den Pfeilern und Pfählen beim Brückenbau, bei Wassermühlen, bei Uferbauten usw., wenn es möglich ist, Eichenholz oder harzreiches Lärchen- und Kiefernholz; wo das nicht zu haben ist, greift man wohl auch zum Fichtenholz. Bei Uferbefestigungen gebraucht man Faschinen, wozu man alle schnellwachsenden 5—10jährigen Holz- und Straucharten, wie man sie im Niederwald oder als Unterholz im Mittelwalde, auch als abkömmliches Bodenschutzholz findet oder dazu erzogen hat, verwenden kann. Obenan stehen als Faschinenholz einige Weidenarten: Salix fragilis, S. alba, S. rubra usw., ferner die Rhamnus-, Viburnum-, Evonymus-, Lonicera-, Ligustrum-, Berberis-Arten, Hasel, Pappel, Schwarz- und Weißdorn, Erle, Fichte, Kiefer usw. usw.

Das Faschinenholz wird kurz vor Laubausbruch gehauen.

b) Nutzholz.

§ 273.

1. Handwerkerholz.

Stellmacherholz. Der Stellmacher oder Wagner verarbeitet vorzüglich Eichen, Ulmen, Buchen, Hainbuchen, Eschen, Ahorn, Birken und Nadelholz.

Die Felgen, aus denen der Kranz der Wagenräder zusammengesetzt wird, werden meistens aus Buchenholz gefertigt; am besten eignet sich jedoch Ulmenholz und dann Akazie, Esche, Hainbuche und Birke, zu Luxuswagen Hickory (carya alba) usw. Da von den Scheiten, aus denen die Felgen so ausgehauen werden, daß ihre Seitenflächen in der Richtung des Jahresringes verlaufen, Kern und Splint getrennt werden, so müssen die Scheite stark genug ausgehalten werden, auch gut spaltbar sein. Holz, was nur in Splint und Kern fehlerhaft oder etwas anbrüchig ist, gibt oft noch taugliches Felgenholz; da die gewöhnliche Felgenlänge zwischen 63 und 75 cm schwankt, so müssen die Nutzscheite entweder diese beiden Längen einfach oder doppelt haben.

Die Speichen werden aus gutspaltigem Eichen-, Eschen- oder Akazienklobenholz 45—80 cm lang gerissen. Die Nabe wird meist aus Stammabschnitten von Eichen, aber auch von Ulme, Esche, Ahorn und Birke 30—35 cm lang abgeschnitten. Zu Deichseln, Leiterbäumen, Raufenbäumen usw. nimmt man meistens schwache Birkenstangen, auch Esche und Eiche, zu den vielerlei Sprossen in Leitern, an Wagen, an Futterraufen usw. nimmt man am liebsten gutspaltiges Eichenholz, was meist in Klötzen von verlangter Länge ausgehalten wird, auch eignet sich Eschenholz hierzu sehr gut; am besten ist Wacholder, wo dieser entsprecheud vorkommt.

Sehr wertvoll für den Stellmacher sind alle schwachen Stangensortimente von 9—20 cm Durchmesser, namentlich krumm und bogig gewachsene erlangen oft die höchsten Preise, die er zu Karrenbäumen, Pflugsterzen, zu Stielen für allerlei Gerät vortrefflich verarbeiten kann. — Zu Schlittenkufen nimmt man krummgewachsenes Buchen-, Hainbuchen- und Eschenholz. Zu Eisenbahnwaggons verwendet man Eichen-, Eschen-, Pappel-, Aspen- und Nadelholz aus Blöcken.

B ö t t c h e r h o l z. Die Böttcher (Büttner, Küfer, Faßbinder) verwenden zur Anfertigung von Fässern und Gefäßen aller Art vielerlei Laub- und Nadelhölzer. Das wertvollste und beste Holz erfordern die Weinfässer, wozu ausschließlich gutes spaltiges Eichenholz verarbeitet wird. Sehr gut eignen sich hierzu noch fehlerhafte und anbrüchige Eichen, die als ganze Nutzstücke nicht liegen bleiben können; das unbrauchbare Holz sortiert man aus, das gesunde und dabei gutspaltige Holz hält man in Kloben-Längen von 70 oder 240 cm aus, wobei nur am Kern und Splint leicht anbrüchige oder fehlerhafte Scheite immer noch in die Nutzholzschichtmaße gelegt werden können, da Teile von beiden doch abgespalten werden müssen. Dieses Sortiment heißt Stabholz. Zu den Faßreifen nimmt man junge Stangen, Gerten, Loden, Stockausschläge usw. von Eichen, Birken und Haseln, die als Reifstäbe in den verschiedenen Längen ausgehalten werden; jetzt meist Eisenreifen. — Zu Trockenfässern wird auch in gleicher Weise auszuhaltendes Stabholz*) von allen Nadelhölzern, auch von Buchen, Birken und Aspen verwendet, wozu man namentlich die noch nutzbaren Teile von anbrüchigen oder sonst fehlerhaften Stämmen aushält. Gutspaltige Nadelhölzer, oft noch von ganz geringer Länge, verarbeitet der Böttcher zu Eimern, Zubern, Milchgeschirren, Butterfässern und zu Gefäßen, die nur ganz vorübergehend zur Aufbewahrung von wertloseren Flüssigkeiten im Haushalte usw. dienen. — Die Reifen zu diesen Geräten werden meist aus Stammstücken von gutspaltigem Eschen-, Fichten- und Weidenholz 6 cm breit und 3 cm dick ausgespalten, glatt gearbeitet und, wenn sie durch heißes Wasser gezogen sind, über einem runden Holze (Biegestock) gebogen. Alles Holz, was zu Reifen irgend welcher Art verlangt wird, wird am besten kurz vor Laubausbruch gefällt.

Zu Spaltwarenholz, zu Sieb- und Scheffelrändern, zu Schachteln, Dachsplissen und Dachschindeln, zu Zündhölzchen usw. verwendet man leichtes, astfreies, gesundes und vor allen Dingen gut spaltiges Nadelholz, was in Schichtnutzhölzern von verlangter Länge, gewöhnlich noch die nutzbaren kurzen Stücke aus anbrüchigen und fehlerhaften Stämmen, die keine Bauhölzer geben, ausgehalten wird; wo Nadelholz fehlt, verwendet man jedoch auch Laubholz, wie Eichen, Eschen, Aspen, Saalweiden und Buchenholz zu Spaltwaren.

Zu Schnitzwaren werden fast ausschließlich Laubhölzer verwendet. — Der Muldenhauer verarbeitet möglichst frisches Ahorn-, Buchen-, Hainbuchen-, Aspen-, Pappeln-, Linden-, Birken- usw. Holz, wozu dicke gesunde und fehlerfreie Klötze jeder Länge ausgehalten werden, vor allen Dingen darf das Holz nicht ästig und nicht drehwüchsig sein; sobald das Holz speziell zu größeren Schüsseln und Mulden

*) Zu Fässern für trockne Substanzen (Zucker, Zement usw.) nimmt man neuerdings billiges Brennholz, welches mit der Kreissäge zerschnitten wird (Rundkloben und Knüppel); zu Zucker jetzt fast nur Säcke.

verlangt wird, muß es bis zu etwa 1 m Durchmesser haben. Seiner Häufigkeit wegen wird am meisten Buchenholz verwendet.

Der Löffelschnitzer verarbeitet frisches Ahorn-, Birken-, Buchen-, Erlen-, Pappel- und Aspenholz; hierzu werden ganz glatte astreine Stangen ausgehalten; zu kleinen Löffeln genügen schon armdicke Stangen. Die Leistenschnitzer verarbeiten frisches Buchen-, Ahorn-, Birken-, Erlen- und Aspenholz, das in durchaus fehlerfreien und gutspaltigen Nutzschichtmaßen auszuhalten ist. — Holzschuhe und Pantoffeln werden aus Nutzholzscheiten (Rollen) von Erlen, Birken, Pappeln und Buchen ausgehauen. Zu Flintenschäften und Blasinstrumenten dient besonders Maserholz von Nußbaum, Maßholder, Birken und Spitzahorn, am liebsten aus den Wurzelknoten. Zu Kinderspielwaren werden fehlerfreie Schichtnutzhölzer von Linden, Erlen, Fichten, Tannen, Ahorn-, Pflaumen- und Apfelbaum ausgehalten; zu Bildschnitzereien ist am gesuchtesten Linde und Nußbaum, aber auch Spitzahorn, Eiche, Erle und Obstholz.

Der Drechsler verlangt entweder Stammabschnitte oder gesundes Schichtnutzholz (meist Rollen) von harten Hölzern mit schöner Textur, wie Buche, Ahorn, Hainbuche, Obstholz, Elsbeere, Eiche, Erle usw., und kann auch noch schlechtgewachsenes Holz oft in den kürzesten Stammabschnitten, sobald es gesund ist, verarbeiten.

Der Glaser verlangt gutspaltiges fehlerfreies Eichenholz, ferner gutes Lärchen- und Kiefernholz zu Fensterrahmen, was aus Nutzholzschichtmaßen oder aus Bohlen herausgeschnitten wird.

Der Tischler verarbeitet fast alle Hölzer; er verlangt sie in Stammabschnitten, die ganz fehlerfrei, weich, möglichst astrein und geradfaserig sind, so daß er aus ihnen Bretter, Bohlen, Latten, Pfosten usw. herausarbeiten kann. Kommen in Schlägen masrig gewachsene gesunde seltenere Hölzer, wie Ulmen, Ahorn, Eschen, Kirschen, Elsbeeren, Maßholder, Erle, Birke usw. vor, so sind diese sorgsam auszuhalten, da sie als Möbel- und Fournierholz sehr hoch bezahlt werden.

Zu Flechtarbeiten (allerlei Korbwaren, Kober, Schwingen, Hürden usw.) gewinnt man in erster Linie das Material aus den dünnen Stocktrieben der verschiedenen Flechtweiden (s. § 189), aber auch aus Haseln-, Fichten-, Aspen- und Lindenholz, das in feine Stränge und Fäden aufgerissen wird. Zu den besseren Korbwaren werden die Weiden geschält. Die meisten Korbwaren werden aus ungespaltenen meist einjährigen Stocktrieben gefertigt, feinere Ware aber aus gespaltenen Schienen. Zu großen Tauen, Matten usw. verwendet man zuweilen die feinen Wurzelstränge von Fichten und Kiefern, die sehr zähe sind; leider werden sie zu solchen Zwecken oft gestohlen. Der Besenbinder verlangt feine krause, dabei steife Birkenreiser oder Besenpfriem, was man ihn meistens auf Schlägen oder in Läuterungshieben von Nadelholzdickungen usw. sich selbst aussuchen läßt; gehauen wird das Besenholz vor Laubausbruch.

§ 274.

2. Acker- und Gartenbauholz.

Erbsenreisig wird aus den Zweigspitzen von allerlei Holzarten etwa 1 m lang ausgehalten; zu den vielerlei Stangen, Pfählen und Stöcken, wie sie die an Gebäuden und in Gärten vorkommenden vielfachen Einfriedigungen oder der Gartenbau erfordern, liefern die Durchforstungen der Nadelhölzer reiches Material. Man halte dazu Nadelholzreisig I. Kl. bis zu 4 m lang aus und säge es. Zu kleineren Weinpfählen, wie sie der sog. Kammerbau in den Weinbergen erfordert und wo die Pfähle den Winter über stecken bleiben, gebraucht man Eichen-, Kastanien- und Akazienholz; ebenso ist dieses zu recht dauerhaften Verzäunungen erforderlich, wo man nicht Drahtgeflecht vorzieht. Zu Rebpfählen verwendet man jetzt auch viel imprägnierte Tannen- und Fichtenstangen.

§ 275.

3. Holz zu technischen Zwecken.

Schiffbauholz. Das wichtigste Schiffbauholz ist das Eichenholz wegen seiner Dauer und Haltbarkeit; fast der ganze Rumpf der See- und Flußschiffe ist aus Eichenholz gebaut. Das beste Eichenholz ist kenntlich an den breiten gleichmäßigen Jahresringen, schmalen äußerst feinporigen Porenringen, am recht kräftigen Geruch, Langfaserigkeit und überall gleichmäßiger, nicht zu dunkler Farbe. Zum Schiffbau wird für Kiel und Planken Langholz von mindestens 8 bis 10 m Länge und 35 cm Zopfstärke verlangt; je stärker das Holz ist, desto gesuchter ist es. Zu dem unteren Kiele werden starke gerade Buchen verlangt. Zu den Mastbäumen und Raaen verwendet man feinringige mäßig harzreiche tadellose Kiefern der größten Dimensionen;

oft müssen dieselben bei 31 m Länge noch 47 cm Durchmesser haben. Zum Bau des Rumpfes verlangt man die in verschiedenster Weise gebogenen Krummhölzer, Buchthölzer und Kniehölzer, wozu man namentlich die sich vom Stamm abzweigenden Wurzeln und Äste der stärksten Dimensionen an Eichen verwendet, die deshalb in den Revieren, wo Schiffbauholz verkauft wird, mit peinlichster Sorgfalt am Stamme gelassen und ausgesucht werden müssen. — Je stärker die Krummhölzer sind, desto besser ist es; für Marinezwecke sind die geringsten Dimensionen für die Länge 3,60 m, für die beschlagene Stärke 20 cm, für Flußfahrzeuge genügen oft 10 cm beschlagene Stärke. Alle Krummhölzer müssen die Bucht entweder in der Mitte oder bis zu $\frac{1}{3}$ vom kurzen Ende haben.

Das Schiffbauholz kann gewisse kleine Fehler, die die Stärke des Stückes nicht sehr beeinträchtigen, wie braune Flecke und Ringe am Stammende, die nicht tief gehen, kleinere Weiß- und Rotfaulstellen usw. wohl haben. Unzulässig sind dagegen große Kern- und Frostrisse, Drehwuchs, tief eindringende schwarze und braune, besonders buntfleckige Stellen und weit vorgeschrittene Ast- und Kernfäule.

Bauholz für Mühlen und Maschinen. Für den Mühlenbau sind am wichtigsten die Wellbäume, welche die Achsen der großen Räder bilden und wozu man tadellose Stammabschnitte starker und stärkster Dimensionen von Eichen, Lärchen, Kiefern, Fichten, ja auch von Buchen und Hainbuchen bis zu 15 m Länge und 120 cm Durchmesser verlangt. In großen Hammerwerken werden zu den Stielen der Pochhämmer usw. oft gesunde astreine und gerade Buchen- und Hainbuchenstammenden von 2,5 m Länge bei 30—100 cm Zopfstärke gesucht. Zu Schlagtrögen in den Stampfmühlen verschiedenster Art verlangt man fehlerlose Eichenstämme von beträchtlicher Stärke, zu den Klotzhölzern daselbst die unteren Stammabschnitte von mittelwüchsigen Buchen oder Hainbuchen. Zu den Kämmen von Mühlrädern nimmt man geradspaltige recht zähe Hainbuchenklötze und Schwarzdorn, ebenso zu Preßschrauben. — Im ganzen hat die Verwendung des Holzes zu Maschinenteilen sehr nachgelassen, und beschränkt man sich auf das unentbehrlichste, da man dieselben jetzt dauerhafter und im ganzen billiger durch Eisen herstellt, das allerdings andere Nachteile hat.

Schließlich sei noch der in neuester Zeit in Aufnahme gekommenen Verarbeitung aller Sortimente (selbst der Sägespäne) von den meisten

Holzarten, namentlich aber von Kiefern-, Fichten- und Tannenholz zum Holzstoff (Zellulose) erwähnt, welcher zur Fabrikation von allen Papiersorten, Packpapier, zur Polsterung, ja selbst als Viehfuttermaterial Verwendung findet. In Amerika verwendet man die Zellulosepappe zu Radreifen, Dichtungsringen, zum Ersatz von Filzsohlen usw., bei uns preßt man den Holzstoff mit Bindungsmitteln in Formen zu allerlei Ornamenten und Luxussachen. Deutschland verarbeitet zur Zeit in etwa 400 Fabriken über 250000 fm minderwertiges Holz zu Holzstoff jährlich. Aus schwachem Reisig, namentlich von Buchen, quetscht man neuerdings versuchsweis Futter für Pferde und Rindvieh; die Verarbeitungs- und Verwendungsweise des Holzes schreitet immer weiter fort und fördert somit auch den Wert desselben.

c) Brennholz.

§ 276.

Bei weitem das meiste zum Verbrennen bestimmte Holz, das heißt alles Holz, was sich in keiner Weise besser benutzen läßt, oder wofür man keinen anderen Absatz finden kann, wird zum Heizen, Backen und Kochen gebraucht; in früherer Zeit wurde dasselbe bei der Pottaschenbereitung vielfach zu Asche verbrannt; jetzt ist jedoch diese Verwendung der hohen Holzpreise wegen nur noch selten gebräuchlich. Vielmehr ist dagegen die Holzessiggewinnung namentlich aus Buchen, jedoch auch von vielen anderen Laubhölzern und den Nadelhölzern gebräuchlich, welche in geschlossenen eisernen Zylindern schnell stark erhitzt werden und dann eine saure Flüssigkeit von sich geben; der Holzessig wird wieder zur Darstellung von essigsauren Salzen zu Druckerei- und Färbereizwecken vielfach benutzt. Über die Verwendung des Brennholzes zur Teerschwelerei siehe § 288. Das zum Brennen bestimmte Holz soll nur in möglichst trockenem Zustande verbraucht werden, da es sonst viel an Wert verliert; es soll sofort nach der Anfuhr zerkleinert und an einem trockenen luftigen Ort lose aufgestapelt werden.

II. Nebennutzung.

A. Vom Holze selbst.

§ 277.

a) Rinde zum Gerben.

Der in den Rindenzellen einiger Waldbäume, der Eiche, Fichte, Birke, Lärche und Weide vorhandene Gerbstoff wird zur Lederzubereitung seitens der Gerber benutzt und werden deshalb von ihnen deren Rinden gesucht. — Aus diesem Grunde erzieht man die Eiche, deren Rinde am wertvollsten ist, wie wir im § 182 gesehen haben, zu besonderer Rindennutzung in den Eichenschälschlägen, doch benutzt man auch die Eichenrinde von alten Bäumen, welche im Gegensatz zu der glatten und feinen Rinde der jungen Eiche, der sog. Glanz- oder Spiegelrinde, rauhe, auch Grobrinde genannt wird, vergl. § 263, II. a. und § 182. Die Spiegelrinde wird in den Lohmühlen ganz, bei der rauhen Borke werden nur die saftigen Schichten, das sog. Rindenfleisch, zur Lohe zermahlen und dann zum Gerben benutzt.

Der Eichenrinde steht die Fichtenrinde, die fast in allen unseren Gebirgen hier und da als Grobrinde genutzt wird, in der Güte nach: sie wird allein nur zum Garmachen des Oberleders, sonst in Untermischung mit anderen Rinden benutzt; die Gewinnung ist ähnlich wie bei den Eichen. Sie wird im Frühjahr von den Rundstücken abgeschält und entweder auf Trockengerüste horizontal gelegt oder dachförmig zum Trocknen zusammengestellt; zum Schutz gegen den Regen werden da, wo die Rindenstücke oben zusammenstehen, einige Rinden übergelegt. Zur Herstellung von dänischem Leder, aber auch zu anderen Gerbzwecken wird noch die Rinde der Saalweide, seltener die von anderen Weidenarten benutzt. In Rußland, weniger in Deutschland, werden in Gegenden mit vielen Gerbereien die jungen Birken auf Spiegelrinde genutzt, deren Lohe als Zusatz zur Schwellbeize bei Bereitung des Sohlleders gebraucht und häufig gut bezahlt wird. Die Birkenrinde geht erst 14 Tage später als die Eichenrinde.

Die Lärchenrinde wird bei uns vorläufig noch wenig verlangt, die meiste Verwendung findet sie in Rußland und Österreich, wo sie stellenweis der Fichten- und Birkenrinde vorgezogen wird. — Da sie sich sehr leicht schälen läßt, so dürfte ihre Gewinnung im Sommer vorzuziehen sein; nach den neuesten Ermittelungen soll ihr Gerbstoffgehalt außerdem im Hochsommer am höchsten sein. In neuerer Zeit verliert die Rindengerbung immer mehr durch die Konkurrenz der mit anderen Gerbmitteln z. B. Quebracho, dini-dini, Catechu, Algarobiller usw.

Außer zum Gerben wird die Rinde von Birke und Linde noch anderweitig genutzt; erstere dient nämlich zur Anfertigung kleiner Dosen, der Bast der letzteren zur Anfertigung von Matten und zum Binden.

Da in neuerer Zeit die Mineralgerbung immer mehr um sich greift, die Rindenpreise auch durch die Konkurrenz eingeführter Rinden immer mehr sinken, so verlohnt sich die Rindenproduktion bei uns nicht mehr recht und haben viele Waldbesitzer den Betrieb der Eichenschälwälder aufgegeben.

§ 278.

b) Harz.

In den preußischen Forsten ist die Harzgewinnung nur noch an wenigen Stellen auf Grund von Berechtigungen gestattet, sonst der großen Schädlichkeit wegen, da die harzgenutzten Stämme größtenteils rotfaul werden und dem Windbruche unterliegen, abgeschafft; in großem Umfange wird die Harzgewinnung aus Schwarzkiefern noch in Österreich betrieben; es können alle Nadelhölzer geharzt werden. Der Ertrag der Harznutzung ist nach den Holzarten recht verschieden. Wird dieselbe z. B. bei der Fichte auf die letzten Jahre vor dem Abtriebe beschränkt, so kann man auf einen Ertrag von 70—80 kg pro ha, bei der Schwarzkiefer kann man auf 3—4 kg pro Stamm, bei der Seestrandskiefer sogar auf 4—5 kg pro Stamm rechnen. Zur Harzgewinnung schält man unten am Stamm schmale Rindenstreifen, sog. Lachen ab, in welchen sich das Harz sammelt und immer wieder ausgekratzt wird. Die Bäume leiden natürlich sehr unter diesen Beschädigungen gerade des wertvollsten Nutzabschnittes und ist es mit Freude zu begrüßen, daß die Harzgewinnung bei der Konkurrenz des ausländischen Harzes jetzt fast ganz bei uns aufgehört hat. Die besonders harzreichen alten Kiefernstöcke werden zur Teerschwelerei und der bekannten „Kiehnspähne" wegen vielfach genutzt.

§ 279.

c) Raff- und Leseholz (vergl. § 232).

Unter Raff- und Leseholz ist alles dürre und trockene Holz zu verstehen, welches von selbst von den Bäumen gefallen und zu seiner Benutzung vom Boden aufgelesen oder zusammengerafft wird. Zum Raff- und Leseholz wird noch das auf den Schlägen liegen bleibende nicht benutzbare Reisig- usw. Holz gezählt, auch wohl die sog. Lagerhölzer, stärkere Stämme, die durch Zufall umgeworfen, teilweis verdorben sind und jedenfalls vom Waldbesitzer nicht mehr genutzt werden.

Die Nutzung des Raff- und Leseholzes wird entweder auf Grund von Erlaubnisscheinen, die stets mitgeführt werden müssen, in 5 bis 6 Wintermonaten unter forstpolizeilichen Einschränkungen gestattet, oder sie wird auf Grund von Berechtigungen ausgeübt, wo dann die betreffenden Urkunden und gesetzlichen Bestimmungen die Art der Nutzung regeln. Die freiwillig gestattete Nutzung (sog. Heidemiete) schließt gewöhnlich alle Werkzeuge und größeren Transportmittel aus und beschränkt das Sammeln auf gewisse sog. Holztage und die Person, auf deren Namen der Zettel ausgestellt ist; letzterer muß mitgeführt werden. Die Nutzung ist bei notorisch Armen meist unentgeltlich, sonst gegen geringe Bezahlung. Übertretungen der auf Grund von Zetteln oder sonst Berechtigten werden auf Grund der §§ 36—42 des F. und F. P. G. bestraft. Leseholz darf nicht verkauft werden. Die Entnahme von Holz, was nach obiger Erklärung nicht zum Raff- und Leseholz gehört, wird nicht als Kontravention, sondern als Forstdiebstahl bestraft. Vergl. J. f. F. § 63.

§ 280.

d) Mast- und Baumfrüchte.

Die meisten Früchte der Waldbäume werden von allerlei Tieren als Nahrung aufgesucht, abgesehen davon, daß sie ihre wichtigste Bestimmung in der Verjüngung und Wiederkultur finden. — Die vielen Baumbeerfrüchte werden von Vogelarten eifrig verzehrt (Vogelbeere, Mehlbeere usw.), ebenso allerlei Steinfrüchte — Kirschen, Wachholder, Dornarten; Elsbeeren, wilde Birnen und Äpfel werden von Rot- und Rehwild begierig aufgesucht, namentlich wird aber die Frucht der Buche und Eiche für die Ernährung der Schweine wichtig, und da sich dieselben oft förmlich dabei mästen, auch mit dem technischen Namen „Mast“ bezeichnet. Die Jahre, in welchen Buchen- und Eichenwälder durchweg reichliche Frucht tragen, treten selten auf, bei der Buche in günstigen Lagen etwa alle 10 Jahre, bei der Eiche alle 4 Jahre, in rauheren Lagen noch viel seltener. — Solche reichliche Fruchterzeugung bei der Eiche oder bei der Buche, wo alle Bäume gut tragen, nennt man „Vollmast“; trägt etwa nur die Hälfte der Bäume gut, so nennt man es „Halbmast“, tragen nur einzelne Bäume, so nennt man es „Sprengmast“. Bei voller und halber Mast werden häufig vom 15. Oktober bis 1. Februar Mastschweine eingetrieben und werden zur Mastnutzung die Mastdistrikte entweder meistbietend oder freihändig verpachtet, oder es wird pro Stück ein festgesetztes Einmietegeld bezahlt. Die Bedingungen, unter welchen die Mast gestattet wird, werden vertragsmäßig festgesetzt. An manchen Orten gebührt die Mastnutzung dazu Berechtigten.

Bei geringer Mast treibt man unter gleichen Verhältnissen statt der Schweine auch Schafe ein; bei noch geringerer Mast gibt man Sammelzettel aus und läßt diese durch Bezahlung oder Abgabe von Eicheln und Bucheln zur Hälfte zu eigenen Kulturzwecken entgelten. Die gesammelten Bucheln werden auch zur Gewinnung von Öl in Ölmühlen geschlagen; sie geben, je nach dem Standort, 10—15 % Öl.

Soweit die Baumfrüchte als Waldsämereien anzusehen sind, wird die Entwendung als Forstdiebstahl bestraft (F. D. G. § 1[4]).

§ 281.

e) Futterlaub.

In futterarmen Gegenden werden nicht selten Esche, Linde, Rüster, Saalweide, Eiche, Aspe, Pappel im Kopf- und Schneidelbetrieb zu sog. „Futterwellen" zur Winterfütterung für Schafe und Ziegen, im Notfall auch für Rindvieh genutzt, zuweilen werden die Zweige gleich grün verfüttert. Auch die Durchläuterungen der Laubholzjungwüchse in belaubtem Zustande, ingleichen Eichenschälwald- und Niederwaldschläge liefern Futterwellen, die sogleich verfüttert, falls sie recht holzfrei sind, einen hohen Futterwert haben. Häufig läßt man Läuterungshiebe umsonst gegen Abgabe des Materials nach vorherigen genaueren Vereinbarungen machen, wobei sich Publikum wie Waldbesitzer gleich gut zu stehen pflegen. Falls Futterlaub verkauft wird, wird es in Wellen gebunden und hundertweis abgegeben. Im Futternotjahr 1893 ist man gezwungen der Fütterung mit Laub und dünnem Reisig näher getreten und hat beides nach den Untersuchungen guten Futterwert; in ihrer Güte folgen die Holzarten: sehr gut: Akazie, Hollunder, Ahorn, Rüster, Sommerlinde, Aspe; gut: Erle, Weide, Winterlinde, Eiche, Esche, Weißbuche, Kastanie; genügend: Weißerle, Eberesche, Birke, Hasel, Buche. Der Nährwert ist bis Juni am größten. Schwaches Reisig aus Nieder- und Mittelwaldschlägen, den Durchläuterungen usw. quetscht man mit Maschinen zu Häcksel und mengt ihm Viehsalz und Maismehl bei. Der Diebstahl an Laub wird nach dem F. D. G. § 1[4], das schädliche Abbrechen von Laub an Bäumen, Hecken usw. als Kontravention nach § 24[2] des F. und F. P. G. bestraft.

B. Nebennutzungen vom Waldboden.

§ 282.

a) Streu.

Was wir mit dem Namen Waldstreu bezeichnen, besteht aus den vielerlei Abfällen der Waldbäume, der Sträucher und aus den vielerlei Gräsern und Kräutern, Moosen, Farren, Flechten usw., die der Waldboden hervorbringt und die teils als Einstreu in Viehställen zum nachherigen Dung, teils direkt, nachdem man sie hat verrotten lassen, zum Dung, teils zur Fütterung benutzt werden. Die Nutzung der Streu kann insofern dem Walde großen Schaden tun, als ihm dadurch ein Teil des zu seiner Ernährung so nötigen Humus, der durch die Verwesung der entnommenen Streu sich jedenfalls gebildet hätte, entzogen und er seiner natürlichen Schutzdecke beraubt wird.

In allen den Fällen, wo der Boden durch Streuentnahme geschwächt wird oder dem Walde irgend ein Schaden aus derselben erwächst, soll der Waldbesitzer dieselbe freiwillig nie gestatten, sondern da, wo sie als Berechtigung noch geduldet wird, selbst mit bedeutenden Opfern abzuschaffen trachten. Das nähere darüber siehe im Forstschutz § 234. Ist die Streuabgabe nicht zu umgehen, so soll man sie wenigstens so unschädlich wie möglich machen, indem man folgendes dabei zu beobachten hat:

1. Man gibt die im Walde entbehrlichste Streuart ab. Am entbehrlichsten ist das Laub und sonstiges Streumaterial von Wegen, Gestellen, Gräben*) und allen solchen Plätzen, die keine Bodenproduktion haben sollen (sog. „Rechstreu"). Ist diese Streu verbraucht, so kann man wohl das Laub aus den Beständen nehmen da, wo es sich in Löchern und allerlei Vertiefungen sehr hoch angesammelt hat, falls es nicht notwendig wird, um magere hochliegende Bodenpartieen desselben Bestandes, angrenzender Bestände oder Kulturflächen damit zu düngen. In zweiter Linie werden die Kulturflächen angewiesen, um die darauf wuchernden Forstunkräuter, zuerst die schädlichsten — Heide, Beerkräuter, Besenpfriem usw., zu nutzen; die eigentliche Boden-

*) Hier ist die Abgabe von Streu sogar erwünscht, da — namentlich auf schwererem Boden — die verwesenden Blätter die Wege verschmutzen und die Gräben verschlammen, sodaß Kosten verursacht werden, um sie wieder in guten Zustande zu bringen.

decke — Moos, Gras, Humus usw. — darf jedoch nur in besonderen Fällen angegriffen werden. Solche Unkräuter werden am besten abgemäht, weshalb man diese Art Streunutzung wohl auch Mähstreu nennt. Auf steilere Hänge darf sie jedoch wegen der Abschwemmungsgefahr nie ausgedehnt werden. Schließlich kann man auch noch die besseren Schläge zur sog. Aststreu anweisen, wodurch die oben liegenden kleinen Ästchen und Zweige, besonders der Nadelhölzer genutzt werden; diese Abgabe ist sogar im Interesse des Forstschutzes meist erwünscht.

2. Man gibt sie nur aus ausgewählten Teilen des Waldes ab. Die fruchtbareren und besseren Bodenpartien werden in allen den Fällen, wo eine Streuabgabe aus den Beständen selbst nötig werden sollte, zuerst angewiesen, namentlich recht frische Tieflagen, feuchte und nasse Orte, Wege, Gräben, Schluchten und zu dichte Moospolster, die oft dadurch schaden, daß sie die Atmosphärilien und die Humusbildung aus den Waldabfällen abhalten, auch die Wurzelatmung hindern, andererseits aber große Erträge als Verpackungsmaterial für Glas- und andere Fabriken, Geschäfte, Gärtnereien usw. bringen können. Unter keinen Umständen darf die Streu genutzt werden von dem Winde und der Aushagerung preisgegebenen Standorten wie Freilagen auf Kuppen, Gebirgsrücken, steilen Hängen, Bestandsrändern, von armem flachgründigem und trockenem Boden; möglichst geschont sollen werden die Süd- und Westseiten.

Ältere Bestände soll man mindestens 10 Jahre vor dem Abtriebe ganz mit der Streunutzung verschonen, nicht minder die jungen Bestände vor dem mittleren Stangenalter und alle Bestände, die erst vor kurzem durchforstet sind; ebenso sind von der Streunutzung ausgeschlossen: Eichenschälwald und Buchenniederwald, möglichst auch jeder Mittelwald und Niederwald, weil diese Betriebsarten an und für sich schon den Boden angreifen; ferner alle lückigen und schlecht geschlossenen Bestände, alle Bestände, die von Gefahren heimgesucht waren, kurz alle solche Bestände, die aus irgend einer Ursache sich in abnormem und schlechtwüchsigem Zustande befinden; eine Streunutzung würde sie nur noch mehr entkräften und vielleicht verhängnisvoll werden.

3. Die Art und Zeit der Streunutzung ist streng vorzuschreiben und zu beaufsichtigen. Was die Ausdehnung und Art der Streunutzung betrifft, so soll nur der obere, noch nicht in Verwesung begriffene Roh-Humus genutzt werden. Eiserne Harken

und solche mit engen Zinken (unter 7 cm Weite) sind zu verbieten; sie greifen zu tief in die Bodenschicht und verletzen die freien Wurzeln.

Obwohl für das streubedürftige Publikum die Nutzung im Frühjahr am erwünschtesten ist, so ist diesem Verlangen aus Rücksicht für den Wald nicht immer zu entsprechen. Die Forstunkräuter sind unter allen Umständen **vor Reife und Ausfall des Samens**, um ihre Vermehrung zu verhüten, abzugeben; Aststreunutzung wird auf den Herbst und Winter beschränkt; Farrenkräuter werden im Spätsommer, Rech- und Harkstreu bei möglichst trockner Witterung im Herbst nach vollendetem Laubabfall gewonnen. Dieselben Orte dürfen höchstens alle 10 Jahre genutzt werden, am meisten schone man unter sonst gleichen Verhältnissen die bald haubaren Bestände und greife dann lieber in jüngere Stangenhölzer über.

Meist wird die Streunutzung auf Grund von Berechtigungen ausgeübt; ist sie freiwillig gestattet, so gewinnen die Betreffenden dieselben auf Grund von Legitimationszetteln entweder selbst oder sie wird von der Forstverwaltung geworben (dies sollte Regel sein!) und nach Raummetern oder fuhren-, karren-, kiepenweis abgegeben oder freihändig verkauft. Die Streunutzung unterliegt den forstpolizeilichen Bestimmungen und wird die Übertretung derselben nach dem F. u. F. P. G. resp. in den 6 östlichen Provinzen nach der dort noch gültigen Verordnung vom 5. März 1843 G. S. S. 105 bestraft; die Entwendung der Streu wird nach § 1^4 des F. D. G. bestraft.

§ 283.

b) Weide und Gras.

Das wesentlichste hierüber ist bereits im Forstschutz §§ 233, 234 gesagt und wird darauf verwiesen. Es sind beide Nutzungen nur mit möglichster Schonung für den Hauptzweck des Waldes, die Holzerziehung auszuüben. Da wo sie aus Rücksicht auf eine große arme ländliche Bevölkerung gestattet werden müssen, ist die ganz besondere Aufmerksamkeit des Beamten nötig, um Beschädigungen zu verhüten. Sie wird nur gegen Ausgabe von Zetteln gestattet und ist es ratsam, nur das Abrupfen zu erlauben. Wiederholtes Absicheln und Abmähen von Unkrautgras verschlimmert das Übel und schließt den Boden nur noch mehr ab. Die Entwendung wird nach § 1^4 des F. D. G., Weideübertretungen werden nach dem F. u. F. P. G. §§ 14 ff. und 69 ff. bestraft.

§ 284.

c) Torf.

Über die Entstehung und die Bestandteile des Torfes vergl. § 93.

Ist der Torf von Wasser oder einem mehr oder minder starken Bodenüberzug bedeckt, so macht seine Gewinnung mehr Schwierigkeiten. Bei großen Brüchern ist zur rationellen Ausnutzung ein besonderer Wirtschaftsplan nötig, da man nicht selten auf ein Wiedernachwachsen des Torfes rechnet; in solchem Falle wird ein förmlicher Umtrieb festgehalten und darf dann jährlich oder periodisch nicht mehr genutzt werden als nachwächst. Kleinere Torfmoore oder Torfstellen nützt man entweder periodisch oder nützt sie ganz aus, um nachher die Stelle zu kultivieren oder in Fischteiche umzuwandeln. Sobald man auf keine Wiederzeugung des Torfes rechnet, muß man das Wasser, den Hauptvermittler der Torfbildung und Versumpfung, abziehen, und zwar so tief als der Torf steht. Man sticht dann den Torf bis auf die Sohle mittels des Torfspatens oder der Torfstechmaschinen ab. Bei noch nicht vollständiger Entwässerung wird das Ausstechen so betrieben, daß regelmäßige parallellaufende Gräben entstehen, die durch stehenbleibende ganz schmale Bänke getrennt werden, um das Wasser fern zu halten. Die ausgestochenen gleichgroßen, etwa 30 cm langen, 15 cm breiten und 10 cm dicken Torfstücke — Soden oder Torfziegel genannt — werden zum Trocknen auf die Zwischenbänke gelegt und nachher in sog. „Ringen" aufgesetzt.

Hat der Torf keine Bindigkeit oder ist eine Entwässerung nicht möglich oder nicht lohnend, so wird die Torfmasse ausgeschöpft, in einen großen Holzkasten gebracht, gleichmäßig durchgetreten, nachher auf dem Boden ausgeschüttet, durch Schlagen usw. wasserfrei gemacht und, sobald er feststeht, zu einem großen Kuchen geformt, von dem die Soden gleichgroß abgestochen werden — Preßtorf.

Den bekannten Streichtorf erhält man noch viel einfacher, indem man den Torfbrei in Formen, die in Fächer geteilt sind, füllt und diese auf trocknem Boden ausklopft und trocknen läßt. Wo das Trocknen des Torfes mit Schwierigkeiten verknüpft ist, baut man Trockenhäuser oder Trockengerüste; der getrocknete Torf ist besonders vor Nässe zu schützen und möglichst sofort abzufahren.

In großen Torfmooren wird der Torf hier und da in Fabriken, Maschinen usw., durch Schlämmen, Zerkleinern und nachheriges Pressen, oft in komplizierter Weise brennkräftiger gemacht und kommt dann als sog. Kunst- oder Maschinentorf in den Handel. Zuweilen wird auch der Kunsttorf „Preßtorf, Brikett" genannt, da zu seiner Bereitung immer ein Preßverfahren angewandt wird. Die Verarbeitung von Torfabfällen oder minderwertigem Torf zu „Torfstreu" gewinnt in den letzten Jahren als Ersatz für Stroh und andere Streu immer größere Bedeutung.

§ 285.

d) Verschiedene Erdarten und Steine.

Kies- und Sandgruben im Revier werden in sandärmeren Gegenden oft äußerst wertvoll und hat der Förster die Ausnutzung derselben nur mit Erlaubnis des Vorgesetzten und nur gegen Vorzeigung von Legitimationszetteln zu gestatten; für das Revier selbst wird der Kies als wichtiges Wegebaumaterial bedeutsam.

Lehmgruben werden ebenfalls sehr nützlich für den Wegebau auf Sandboden event. für die Ziegelbrennerei, Mergelgruben werden vom Landwirt, Kalk von Maurern, Ton von Töpfern sehr gesucht; Steine liefern in der Ebene das gewünschte Material zu Brücken- und Wegebauten, werden auch oft teuer vom Publikum bezahlt. Keinesfalls darf der Förster die Benutzung dieser Bodenbestandteile aus eigenem Ermessen gestatten, hat dieselben im Gegenteil wie alle anderen Waldprodukte und das Holz vor fremden Eingriffen zu schützen. Die Nutzung dieser sogen. Fossilien wird entweder freihändig oder meistbietend an Unternehmer verpachtet oder sie geschieht auf Grund von Zetteln unentgeltlich oder gegen Entgelt, meist unter Selbstwerbung des Publikums.

Die Steinbrüche, Sandgruben usw. müssen eingefriedigt sein (§ 29 des F. u. P. G.), der Diebstahl an Fossilien wird nach § 370 des Str. G. B. bestraft.

§ 286.

e) Waldbeeren, Pilze und ähnliche Produkte.

Alle derartigen geringen Nebenprodukte des Waldes dürfen vom Publikum ebenfalls nur auf Grund von Legitimationszetteln genutzt werden und bilden meist einen sehr willkommenen Nebenerwerb der ärmeren Bevölkerung. Als wichtigste sind zu nennen: Heidelbeeren und Preißelbeeren, welche zum Einmachen, die ersteren leider auch zur Verfälschung des Rotweines verwendet werden, die Himbeeren werden in eigenen Fabriken oder in den Apotheken und Destillationen zu Saft verkocht, Erdbeeren, Brombeeren usw. werden meist roh gegessen und namentlich in der Nähe von Städten und Bädern oft teuer bezahlt, auch nimmt die Verarbeitung aller Beerensorten zu Wein immer größeren Aufschwung. Die Wachholderbeeren werden in den Apotheken und Destillationen gekauft; für Apotheken sind außerdem noch wichtig: Belladonna oder Tollkirsche, Fingerhut, Bärlapp usw., der Schachtelhalm wird als Poliermittel von Tischlern gekauft, Grassamen von Landwirten und Gärtnern; Trüffeln, gewisse Moosarten zu Bürsten und künstlichen Blumen geben außerordentlichen Ertrag, wo sie vorkommen. — Von den Pilzen sind am meisten die Champignons, Steinpilze und Pfefferlinge als eßbar gesucht; doch ist bei den Pilzen Vorsicht nötig, da manche giftig sind. Die giftigen Pilze erkennt man fast durchgehends daran, daß sie beim Einbrechen sich blau färben: vor diesen muß man sich unter allen Umständen hüten. Besonders muß man sich hüten vor dem Fliegenpilz, dem Knollenpilz und dem Speiteufel.

Da das Sammeln von Beeren und Pilzen forstpolizeilichen Bestimmnngen überlassen ist, so sind diese maßgebend und ist die Entwendung als Kontravention zu bestrafen, nie als Forstdiebstahl.

C. Forstliche Nebengewerbe.

§ 287.

a) Köhlerei.

Bis vor nicht langer Zeit wurde die Köhlerei im Walde vielfach auf Rechnung der Forstverwaltung betrieben und lag den Forstbeamten die Leitung oder Beaufsichtigurg derselben ob. Bei den heutigen Preisen des Holzes ist man von dieser Selbstverwendung des Holzes vollständig abgekommen, da man alles Holz, selbst wenn es aus Anlaß von Naturereignissen in großen Mengen, sei es als Brennholz, sei es als Nutzholz, auf den Markt gebracht werden muß, noch zu leidlichen Preisen absetzen kann. Die Köhlerei auf Kosten der Forstverwaltung ist wohl überall abgeschafft und ist dieselbe Privatköhlern überlassen; deshalb hat eine eingehende Kenntnis des Köhlereibetriebes für den Forstmann nur noch historisches Interesse, so daß wir sie nur flüchtig berühren dürfen.

Die Köhlerei bezweckt die Umwandlung des Holzes in Holzkohle durch Verbrennung bei unvollkommenem Luftzutritt. Zu diesem Zwecke wird Scheit- oder Knüppel-, Reis- oder Stockholz der Buche und der Nadelhölzer in den sog. **Meilern**, gewölbten Holzstößen von 11 bis 20 Raummetern (kleine Meiler) oder von 70—130 Raummetern (große Meiler) so kunstmäßig übereinander geschichtet, daß in der Mitte eine Art Kanal, **Quandel**, bleibt, der mit leicht brennbaren Stoffen gefüllt wird und nachher zum Anzünden dient. Das schwer kohlende Holz kommt dem Quandel zunächst, das am leichtesten brennende und schwächste in den Umfang. Um die Luft vom Holze abzuschließen wird dasselbe zunächst mit einer **Rauchdecke** von Rasen, Laub, Moos, Nadelstreu, Heide usw. so dicht umgeben, daß keine Erde durchsickern kann, auf diese Rauchdecke kommt dann eine dichte Erddecke, welche auf Rüsten, die rings um den Meiler aus Stangen usw. angebracht sind, ihren Halt findet. Wenn der Meiler durch den Quandel oder mittelst eines besonderen Zündschachtes, der sich am Boden befindet, angesteckt ist, wird das Feuer im Meiler durch Bedecken der zu stark glimmenden und durch Hineinstoßen von Luftlöchern an zu schwach glimmenden Stellen sorgfältig dirigiert. Die kleinen Meiler sind unter mittleren Verhältnissen nach 6—8 Tagen, die großen Meiler nach etwa 3—4 Wochen verkohlt. Da das Holz beim Verkohlen sehr stark schwindet, so beträgt die Kohlenausbeute dem Raum nach nur ohngefähr $\frac{3}{5}$ der früheren Holzmasse (nur $\frac{1}{4}$ seines Gewichts). Die Holzkohlen werden besonders zum Schmelzen von Metallen, zum Löten und zu chemischen Zwecken verlangt und teuer bezahlt, da sie eine sehr starke Hitze geben.

§ 288.

b) Teerschwelerei.

Die Teerschwelerei hat die größte Ähnlichkeit mit der Köhlerei, nur daß man zu derselben ausschließlich harzreiches altes Kiefernstockholz verwendet. Die Schwelerei geschieht in sog. Teeröfen und bezweckt die Gewinnung von Teer aus den kienreichen Kiefern-Stöcken. Der Ofen besteht aus einer 4—6 m hohen und 2—8 m breiten gemauerten stumpf kegelförmigen Glocke, „Blase“ genannt, die einen hohlen und in der Mitte mit Abflußloch und Abflußröhre versehenen Boden, oben ein etwa 70—80 cm im Quadrat haltendes Loch, das sog. Füllloch, hat. Rings um die Blase wird auf etwa $\frac{2}{3}$ ihrer Höhe in einem unteren Abstand etwa von 40 cm ein mantelförmiger Ofen gemauert und mit Heizholz gefüllt. Nachdem das zu schwelende Stockholz bis auf die kienreichen Teile ausgespalten, wird die Blase damit gefüllt, das Holz im Mantel angezündet und so das Holz in der Blase durch starkes Erhitzen von seinen wässerigen und harzigen Teilen befreit. Zuerst fließt durch das Abzugsrohr, was in den Boden der Blase mündet, die sog. Teergalle ab, welche zu Wagenschmiere verkocht wird; nachher erscheint der eigentliche Teer, welcher entweder direkt verwandt oder zu Pech umgesotten wird. Das Holz in der Blase ist zu Holzkohlen verkohlt.

§ 289.

c) Pech- und Kienrußhütten.

In den Pechhütten wird das aus den Nadelhölzern gewonnene Harz in eingemauerten Kupferkesseln geschmolzen, in nasse Säcke gefüllt, fest in diese eingebunden und ausgepreßt, um das feine klare und ganz gereinigte wertvollste gelbe Pech zu gewinnen, was schon bei gelindem Drucke in untergestellte Tonnen abfließt, hier verhärtet und gleich in diesen verkauft wird. Das erst bei stärkerem Pressen ausfließende Pech ist dunkler, schließlich schwarz gefärbt und kommt als geringwertiges sog. schwarzes Pech in den Handel. Die in den Säcken nach dem Preßverfahren verbleibenden Harzrückstände heißen Pech- oder Harzgrieven und werden in den Kienrußhütten zur Gewinnung des Kienrußes verwendet. Die Pechgrieven werden zu diesem Zwecke einfach in Öfen verbrannt, deren Abzugsröhren sämtlich in einen riesigen auf dem Boden der Hütte befindlichen Flanellsack münden und diesen mit ihrem Rauch durchziehen müssen. Bei dem Durchziehen des Rauches bleiben die feinen Kohlenteilchen, die sich in großer Menge bei der Verbrennung der Harzgrieven bilden, am Flanell hängen und werden hier von Zeit zu Zeit auf den Boden abgeklopft und gesammelt. Die rußigen Kohlenteilchen bilden den bekannten Kienruß, der in Fässern, Tonnen und Tönnchen verpackt dann in den Handel kommt.

Fragebogen zur Forstbenutzung.

Zu § 239. Was versteht man unter Forstbenutzung?

Zu § 240. Was versteht man unter „technischer Eigenschaft" des Holzes?

Zu § 241. Nenne die verschiedenen Trockenzustände des Holzes.

Zu § 242. Was ist Kern- und Splintholz? Nenne die wichtigsten Kern- und Splinthölzer.

Zu § 243. Was versteht man unter Widerstandsfähigkeit und Festigkeit der Hölzer?

Zu § 244. Was ist Tragkraft? Wovon hängt sie ab? Zähle die tragfähigsten Hölzer nach einander auf.

Zu § 246. Was ist Härte des Holzes? Wovon hängt sie ab? Welche Holzarten gehören zu den sehr harten, harten und weichen Hölzern?

Zu § 247. Was ist Spaltbarkeit? Welche Eigenschaften des Holzes bedingen seine Spaltbarkeit? Nenne die leicht- und schwerspaltigsten Hölzer?

Zu § 248. Was ist Elastizität und Zähigkeit? Wie erhöht man die Zähigkeit künstlich? Für welche Handwerker ist die Zähigkeit wichtig? Nenne Holzarten, die sich durch Zähigkeit und Elastizität auszeichnen.

Zu § 249. Was versteht man unter Dauerhaftigkeit des Holzes? Wovon hängt sie ab? Welche Holzarten dauern am besten im Wasser und Erdboden aus? Welche haben im allgemeinen die größte Dauer?

Zu § 250. Welche Mittel gibt es, um die Dauerhaftigkeit zu erhöhen?

Zu § 251. Was bedeutet das Reißen der Hölzer? Welche Mittel gibt es dagegen?

Zu § 252. Wovon hängt die Brennkraft der Hölzer ab? Welche Hölzer heizen gut?

Zu § 253. Was sind Kernrisse, Waldrisse, Frostrisse, Maser und Wimmerholz? Inwiefern beeinträchtigen solche Fehler die Nutzfähigkeit des Holzes? Was ist widersonniger Drehwuchs? Was sind Hornäste? In welcher Weise werden Rindenverletzungen gefährlich? Was ist Rot- und Weißfäule? Kommen beide in allen Holzarten vor? Welche Fäulnisarten unterscheidet man nach den befallenen Baumteilen? Sind starke Wurzelanläufe an älteren Stämmen vorteilhaft? Wodurch verrät sich Astfäule? Wodurch wird sie häufig hervorgerufen? Welche Farbe von Faulflecken ist besonders verdächtig? Welche Krebskrankheiten kommen an Eiche, Tanne und Lärche vor? Wodurch schaden sie?

Zu § 254. Was ist bei der Annahme von Holzhauern zu beachten?

Zu § 255. Welche Arbeiterversicherungsgesetze gibt es? Welche Vorteile gewähren sie dem Arbeitnehmer? Welche Pflichten legen sie dem Arbeitgeber auf? Welche Betriebe müssen, welche können versichern? Welches sind die Organe der Versicherungsgesetze? Welche Pflichten erwachsen aus den Gesetzen dem Forstbeamten und Waldbesitzer? Was ist bei der Anmeldung von Arbeitern zu beachten? Was bei einem Betriebsunfall?

Zu § 256. Was bezweckt die Hauordnung? Weshalb müssen vor jedem Schlage besondere Instruktionen seitens des Försters gegeben werden? Wie bestraft man Holzhauer? Was muß vor jedem Sonn- und Festtage im Schlage geschehen? Dürfen Raff- und Leseholzsammler in einem noch nicht beendigten und abgenommenen Schlage sammeln? Wann kann im Schlage mit der Abfuhr begonnen werden? Welches Holz dürfen die Holzhauer verfeuern? Dürfen dieselben irgend welches Holz zu eigenem Gebrauch aus dem Schlage entnehmen?

Zu § 257. Wann kann Rückerlohn gewährt werden?

Zu § 258. Welche Instrumente gebraucht man beim Fällen und Aufarbeiten des Holzes? Nenne den Unterschied zwischen Axt und Beil. Wie heißen die einzelnen Teile der Axt? Wie unterscheidet man die Sägen? Was gehört zu einer guten Säge? Welche Rodewerkzeuge gibt es?

Zu § 259. Was ist Wadel? Wann sind die verschiedenen Fällungszeiten?

Zu § 260. Was ist beim Anlegen der Holzhauer im Schlage zu beachten? Was beim Anlegen der Schläge?

Zu § 261. Wie wird ein Stamm gefällt mit Axt, Säge und Keilen? Was versteht man unter Auskesseln? Wonach wählt man die Fallrichtung? Worauf hat der Förster beim Baumfällen besonders zu achten?

Zu § 262. In welche Hauptsortimente wird das Holz in den Schlägen eingeteilt? Nach welchen allgemeinen und besonderen Vorschriften hat sich der Förster beim Sortieren des Holzes zu richten?

Zu § 263. Was sind Wahlhölzer? Wie werden Sägeblöcke, Rundhölzer und Schiffsknie eingeteilt? Welche Durchmessergrenze besteht zwischen Rundhölzern und Nutzstangen? Wo ist die Grenze zwischen Derbholz und Reiserholz? Welche Stangenklassen gehören zum Derbholz, welche zum Reiserholz? Wo wird der Durchmesser bei Stangen, wo bei Rundhölzern gemessen? In welcher Zahl werden die Reiserholzstangen zusammengelegt? Wodurch unterscheiden sich Schichtnutzholz 1., 2. und 3. Klasse? Wie wird die Rinde sortiert? Was ist Scheitholz, Knüppelholz, Reiserholz und Stockholz? Welche Reiserholzklassen gibt es?

Zu § 264. Wie wird Länge und Durchmesser bei Nutzenden gemessen? Mit welchen Bruchteilen müssen Langhölzer abschneiden? Ist noch eine Zugabe in der Länge gestattet? Dürfen von Schichtholz Bruchteile von Raummetern gesetzt werden? Wie berechnet man von Schichthölzern die dritte Dimension, wenn Anzahl der Raummeter und zwei Dimensionen gegeben sind? Wie wird ein Schichtmaß aufgesetzt? In welchem Verhältnis steht das Spalten der Schichtrundhölzer (Stempel!) zu ihrer Stärke? Wie wird ein Schichtmaß auf geneigter Fläche aufgesetzt? Nenne die verschiedenen Schwindemaße. Wie wird das Schichtmaß bezeichnet, wenn mehrere Holzarten zusammengelegt sind? Wie wird das Holz gerückt?

Zu § 265. Wie wird das Holz numeriert? Wie bezeichnet man Nutzschichtmaße? Wie Anbruchholz? Wie wird das Holz gebucht? Wie abgenommen?

Zu § 266. Welche verschiedenen Arten von Verkäufen gibt es? Was ist bei der Holzabgabe seitens des Försters zu beachten? Was bedeuten grüne und rote Holzzettel? In welchen beiden Fällen darf die Quittung des Forstrendanten auf den Holzzetteln fehlen? Welche genaue Vorschriften enthalten die §§ 56—61 der Försterinstruktion über die Holzabgabe, die Holzverabfolgezettel, die Holzanweisung, Verausgabung im Anweisebuche, Aufbewahrung und Ablieferung der Holzzettel und die Abgabe von nicht aufgearbeitetem Holze?

Zu § 267. Was hat der Förster zu tun, wenn plötzlich eine Gefahr bei dem Passieren von Brücken, Wegen usw. eintritt oder auf den Wegen die Abfuhr stockt?

Zu § 268. Wie breit werden dauernde Abfuhrwege angelegt? Was ist über den Bau von Erd- und Steinwegen zu bemerken? Wie führt man Wege über sumpfige Stellen? Wie unterhält man den guten Zustand der Straßen?

Zu § 269. Wie wird Brennholz und wie Langholz geflößt?

Zu § 270. Welche Eigenschaften muß Hochbauholz haben? Was ist Ganzholz, Halbholz und Kreuzholz?

Zu § 271. Welches Holz verwendet man zu Rostbauten, zu Röhrenholz, zu Eisenbahnschwellen, zum Grubenbau?

Zu § 272. Welches Holz verwendet man beim Wasserbau zu Pfählen, welches zu Faschinen?

Zu § 273. Welche Holzarten verwendet der Stellmacher? Wie wird Felgenholz ausgehalten und von welchen Hölzern? Wie werden Speichen und Naben und von welchen Hölzern ausgehalten? Haben krumm gewachsene Stangen noch Wert? Welches Holz nimmt man zu Deichseln und Leiterbäumen?

Wie wird Eichenstabholz ausgehalten? Kann es leichtere Fehler haben? Woraus werden die wertvolleren Faßreifen gemacht? Welches Holz wird zu Trockengefäßen und zu Eimern verwendet?

Welches Holz wird zu Spaltwaren ausgehalten? Welche Holzarten werden zu Schnitzwaren ausgehalten? Wie muß Leistenholz ausgehalten werden?

Welches Holz verwenden Drechsler, Glaser und Tischler? Was geschieht mit gesunden Maserhölzern? Welche Hölzer verwendet man zu Flechtarbeiten? Welche zu Besen?

Zu § 274. Welche Sortimente und welche Holzarten verwendet man beim Gartenbau?

Zu § 275. Welche Eigenschaften muß gutes Eichenschiffbauholz haben? Wie wird es ausgehalten? Welches Holz nimmt man zum unteren Kiel und zu Masten und Raaen? Wie hält man die erforderlichen Krummhölzer aus? Welche Fehler kann Schiffbauholz haben? Wie werden Mühlwellen ausgehalten?

Zu § 276. Wozu kann Brennholz außer zum Kochen und Heizen noch verwendet werden?

Zu § 277. Welche Rinden werden zu Gerbzwecken gewonnen? Was ist Glanz- und was rauhe Rinde?

Zu § 278. Welchen Nachteil hat die Harzgewinnung? Wie wird es gewonnen?

Zu § 279. Was ist Raff- und Leseholz?

Zu § 280. Was versteht man unter Voll-, Halb- und Sprengmast?

Zu § 281. Welche Holzarten werden zu Futterlaub benutzt?

Zu § 282. Welchen Nachteil hat die Streunutzung? An welchen Stellen weist man die Streu zuerst an? Welche Orte sind mit der Streunutzung ganz, welche möglichst zu verschonen? In welcher Art und Weise muß die Streunutzung betrieben werden?

Zu § 284. Wie bildet sich der Torf? Welche Torfarten gibt es? Wie nützt man große Torfmoore nachhaltig? Wie nützt man kleine Torfmoore einmal, um sie später zu kultivieren? Wie bereitet man Preßtorf, Streichtorf und Kunsttorf?

Zu § 285. Was sind Fossilien? Wie werden sie verwertet?

Zu § 286. Wie werden Beeren, Pilze usw. verwertet?

Zu § 287. In welcher Weise verkohlt man das Holz?

Zu § 288. Was für Holz nimmt man zur Teerschwelerei? Wie schwelt man den Teer aus?

Zu § 289. Wie gewinnt man Pech und Kienruß?

Einrichtung der preußischen Staatsforsten.

§ 290.

Die Staatsforsten ressortieren von dem Ministerium für Landwirtschaft, Domänen und Forsten und umfassen eine Gesamtfläche von 8192504 ha oder $23^{1}/_{2}$ % der Gesamtfläche von Preußen. Unter der oberen Leitung des Ministers werden die Geschäfte betrieben:

a) der Zentraldirektion: von der Abteilung (III) für Forsten im Ministerio durch den Oberlandforstmeister und die Landforstmeister (4).

b) der Lokaldirektion, Inspektion und Kontrolle: von den Bezirksregierungen und zwar der Abteilung für direkte Steuern, Domänen und Forsten durch die Oberforstmeister und Regierungs- und Forsträte.

c) der eigentlichen Administration: durch den Oberförster (Forstmeister) und hinsichtlich der Geld-Einnahme und -Ausgabe durch die Forstkassenrendanten (Rentmeister).

d) des Forstschutzes und der speziellen Aufsichtsführung über die Waldarbeiter:

durch die Forstschutzbeamten (Revierförster, Hegemeister, Förster, Hilfsförster, Waldwärter, Forstaufseher und Hilfsjäger).

Die Forstbeamten haben nach dem Uniformsreglement vom 29. Dezember 1868 und den dazu erlassenen Ergänzungsbestimmungen, namentlich vom 14. Oktober 1891, 4. September 1897 und 7. Juli 1903 im Dienste folgende Uniform zu tragen:

im Walde die „Walduniform“ bei allen dienstlichen Verrichtungen, welche aus einem Überrock von grau-grün meliertem Tuch mit 2 Brustklappen, 2 Reihen von je 6 bronzierten Wappen-Knöpfen, grünem Kragen mit hinten joppenartigem Schnitt besteht. Die Rangabstufungen sind bezeichnet wie folgt:

A. Kragen von grünem Tuch, Brustklappen im Innern von gleichem Tuch wie der Rock, Hirschfänger mit Messer, Griff von Hirschhorn ohne Bügel mit gelbem Beschlag, schwarzer Scheide, durch den Rock gesteckt. Ohne Portepee (auch für ehemalige Feldwebel, Oberjäger usw.).

a) Achselabzeichen bestehen aus 2 Streifen gerade nebeneinander von 6 mm breiter jagdgrüner Plattschnur:
Waldwärter, Hilfsjäger und Forstaufseher.

b) Achselabzeichen wie oben, jedoch 3 Schnüre nebeneinander. Hegemeister mit einem goldenen Stern mitten auf dem Achselstück; Förster mit einer naturfarbenen Eichel, beide mit goldenem Portepee:
Hilfsförster, Förster, Hegemeister.

B. Kragen von grünem Sammet, sonst wie bei A.

a) Achselabzeichen mit 3 Schnüren:
Forstreferendare.

b) Achselabzeichen mit 4 Schnüren und Hirschfänger, Portepee, wie bei C:
Revierförster.

C. Kragen mit grünem Sammet, Brustklappen im Innern von grünem Tuch, Hirschfänger mit Messer, weißem Griff mit vergoldetem Bügel in schwarzer Scheide. Goldenes Portepee mit jagdgrüner Seide und dünnen Kantillen. Reserveoffiziere oder zum Tragen der Offiziersuniform Berechtigte tragen das silberne Portepee.

a) Achselabzeichen mit 5 Schnüren, gerade nebeneinander:
Forstassessoren.

b) Achselabzeichen mit 5 Schnüren, von denen die drei mittleren geflochten: Oberförster; mit 7 Schnüren, sämtlich durchflochten und einem goldenen Stern:
Forstmeister.

c) Achselzeichen mit 7 Streifen und 2 goldenen Sternen, sämtlich geflochten und das Portepee mit starken Kantillen; letzteres auch bei allen folgenden Beamten:
   Regierungs- und Forsträte.
d) Achselzeichen wie bei c, aber mit 3 goldenen Sternen übereinander:
   Oberforstmeister.
e) Achselabzeichen wie bei c, aber mit einer kleinen silbernen Eichel:
   Oberforstmeister im Range der Räte 3. Klasse.
f) Achselabzeichen wie bei c, aber mit 2 silbernen Eicheln übereinander:
   Landforstmeister im Range der Räte 2. Klasse.
g) Achselabzeichen wie bei c, aber mit 3 silbernen Eicheln übereinander:
   Der Oberlandforstmeister.

Die Beinkleider sind von demselben Tuche wie der Rock, mit grünen Biesen; die Kopfbedeckung ist ein grün-grauer Filzhut mit 7 cm breiter Krämpe, mit 2 cm breitem grünem Bande, Kokarde mit Gemsbart oder von Rehhaaren auf der linken Seite, vorn mit königlichem Adler von 3 cm Höhe und 5 cm Flügelspannung. Im Winter (Oktober bis inkl. März) kann eine grüne Baschlickmütze mit Kokarde und Adler getragen werden. Als Überzieher dient ein Rock von gleichem Tuche und Schnitt wie die Walduniform, nur länger und ohne Achselstücke oder ein Militärpaletot mit grünem Kragen.

Beinkleider, Kopfbedeckungen und Überzieher sind für alle Beamte gleich. Für den Sommer ist das Tragen einer Litevka gestattet.

Für feierliche Gelegenheiten tragen die Beamten vom Forstreferendar aufwärts eine Staatsuniform, für sonstige Gelegenheiten ist allen Beamten noch das Tragen einer Interimsuniform gestattet. Nur zu letzterer darf eine grüne Tuchmütze nach dem Schnitt der Militärmützen resp. der Hut getragen werden.

Die zum Waffengebrauch berechtigten Forstbeamten dürfen sich der Waffen beim Forst- und Jagdschutz nur bedienen, wenn sie in Wald- oder Interimsuniform sind und den Dienstadler tragen.

Der Gruß erfolgt wie beim Militär durch Anlegen der rechten Hand an die Kopfbedeckung. (Der Hut darf nicht abgenommen werden!)

Die Grundlage der ganzen Einrichtung der Staatsforsten bildet die Einteilung derselben in Oberförstereien.

Die Oberförsterei wird in der Ebene durch ein Netz von sich rechtwinklig schneidenden Schneißen in kleine Wirtschaftsfiguren eingeteilt, welche man Jagen nennt. Die Schneißen heißen „Gestelle" und zwar nennt man die von Osten nach Westen laufenden „Hauptgestelle" (meist 7 m breit!) und bezeichnet sie mit großen lateinischen Buchstaben; die von Norden nach Süden laufenden (meist 5 m breit) nennt man Feuergestelle und bezeichnet sie mit kleinen lateinischen Buchstaben. Die Jagen haben die Form länglicher Rechtecke, deren Längsseiten (Feuergestelle) meist die doppelte Länge der Querseiten haben.

Im Gebirge schließt sich die Einteilung an die Terrainbildung (Bäche, Schluchten, Wege usw.) an und heißen diese Wirtschaftsfiguren von mehr oder weniger unregelmäßiger Form „Distrikte". Im Hochwald sind die Jagen und Distrikte 25—30 ha groß. Diese kleineren Wirtschaftsfiguren sind wiederum zu einem Hauptwirtschaftskomplex „Block" genannt, vereinigt, d. h. ein mehr oder weniger selbständiges organisches Glied des ganzen Reviers, innerhalb dessen ein nachhaltiger Betrieb entweder sofort geführt oder wenigstens durch Herstellung eines geordneten Altersklassenverhältnisses angebahnt werden soll. Die Blöcke werden mit großen römischen Ziffern, die Jagen und Distrikte von Osten nach Westen fortlaufend — und zwar in der Südostecke anfangend — mit arabischen Ziffern numeriert; an den Kreuzungspunkten der Jagen werden vierkantig behauene sog. Gestell- oder Jagensteine resp. Pfähle aufgestellt, auf welchen die Nummern der Jagen usw. und die Buchstaben der betreffenden Gestelle aufgemalt werden. Für Bildung der Wirtschaftsfiguren werden weniger die gegenwärtigen vorübergehenden Bestandsverhältnisse als vielmehr die dauernden Terrain-, Boden- und Formverhältnisse des Waldareals sowie die Rücksicht auf eine zweckmäßige Abgrenzung der zu erziehenden Bestände und auf das bleibende Wegesystem maßgebend.

Die Schlageinteilung in den Mittel- und Niederwaldungen ist meist nur eine rein geometrische, ohne Rücksicht auf die Bestandsverhältnisse usw.; jeder Belauf wird in soviele örtlich mit Steinen abgegrenzte Jahresschläge geteilt als der Unterholzumtrieb Jahre hat.

Die in jeder Wirtschaftsfigur vorhandenen Bestände werden, wenn sie in einzelnen größeren Teilen nach Alter, Boden oder Bestandsbeschaffenheit wesentlich verschieden sind, in sog. „Abteilungen" zerlegt, welche mit kleinen lateinischen Buchstaben bezeichnet und auch örtlich im Walde durch Anschalmen der Randbäume oder mit kleinen Hügeln abgegrenzt werden. Abteilungen mit „Nichtholzboden" (Acker, Fenne usw.) werden mit kleinen deutschen Buchstaben bezeichnet.

Die ganze Wirtschaftseinteilung eines Revieres wird auf der im Maßstabe von 1 : 25000 hergestellten „Wirtschaftskarte" dargestellt, auf welcher die Blöcke, Jagen (Distrikte) und Abteilungen mit ihren Nummern und Buchstaben eingetragen sind. Die vorherrschenden Holzarten sind durch folgende Farben bezeichnet: Eichen gelb, Buchen braun, Ahorn, Ulmen, Akazien, Erlen grün, Birke karmin, Aspen und sonstige Weichhölzer blau-grau, Fichten grau-blau, Tannen grau-grün, Kiefern grau-schwarz und Lärchen grau-rot. Eingesprengte Holzarten werden durch die bezüglichen Baumfiguren markiert, wenn sie 0,1 und mehr des Holzbestandes bilden und zwar bei horstweiser Einsprengung in Gruppen zu 3, sonst einzeln. Die verschiedenen Perioden (cfr. § 115) werden farbig umrändert und zwar die I. Periode mit grün, die II. mit karmin, die III. mit gelb, die IV. mit blau, die V. mit zinnober, die VI. mit braun, außerdem sind sie noch mit römischen Zahlen I, II usw. bezeichnet. Neuerdings umrändert man nur die I. und II. Periode. Die Verteilung der übrigen Bestandesteile in die III.—VI. Periode geht ungefähr aus ihrem Alter hervor, welches in der Art bezeichnet wird, daß die beiden ältesten Altersklassen ganz dunkel, die beiden mittleren heller, die beiden jüngsten ganz hell angelegt werden. In demselben Farbentone wird der ältere Bestand durch Unterstreichen des Abteilungsbuchstabens bezeichnet. Kommt eine Abteilung während des Einrichtungszeitraumes mehrmals zum Hiebe, so werden beide Perioden, z. B. II, IV, findet nur ein Aushieb statt, so wird die betr. Periode mit kleiner römischer Zahl, z. B. $_{\text{II}}$V eingeschrieben. Mittelwaldblöcke und Niederwald werden gelbgrün angelegt, die Holzarten werden durch Baumfiguren und die Jahresschläge mit liegenden römischen Ziffern bezeichnet. Außerdem zerfällt jede Oberförsterei noch in kleinere Bezirke, welche „Schutzbezirke" oder „Beläufe" genannt werden; meist umfassen dieselben zugleich einen Block; der Schutz sowie die Führung aller Waldgeschäfte in demselben liegt einem Förster (Hegemeister) ob; speziell zur Aushilfe beim Forst- und Jagdschutz sind für einen oder auch mehrere Schutzbezirke noch Hilfsförster, Forstaufseher und Hilfsjäger resp. Waldwärter angestellt. Liegen einzelne Revierteile sehr weit vom Sitze des Oberförsters entfernt, so werden gewisse Funktionen des Oberförsters einem „Revierförster" übertragen, der zugleich aber noch einen eigenen Schutzbezirk hat, den er mit Hilfe von Forstaufsehern zu versehen hat. Hierzu werden teils besonders qualifizierte Förster befördert oder Forstassessoren vorübergehend angestellt. Mehrere Oberförstereien werden zu einem Forstinspektionsbezirk unter der Leitung und Kontrolle eines Regierungs- und Forstrats am Sitze der Regierung vereinigt; mehrere Forstinspektionen (ev. auch eine) bilden zusammen den Bezirk eines Oberforstmeisters am Sitze der Regierung, der meist die sämtlichen Oberförstereien und Forstinspektionen eines Regierungsbezirks umfaßt; liegt in einem Regierungsbezirk nur eine Forstinspektion, so versieht dieser Forstinspektionsbeamte zugleich die Funktionen des Oberforstmeisters. Mehrere Provinzen stehen wieder unter der speziellen Leitung und Kontrolle eines Landforstmeisters am Sitze des Ministerii; die Gesamtleitung der Staatsforsten hat unter der oberen Leitung des Ministers für Landwirtschaft, Domänen und Forsten der Oberlandforstmeister, zugleich Direktor der Ministerialabteilung für Forsten.

Die Oberforstmeister sind zugleich Mitdirigenten der Abteilung für direkte Steuern, Domänen und Forsten bei den Regierungen.

Die Ausbildung für den niederen Forstdienst bis zum Revierförster aufwärts ist durch das Regulativ vom 1. Oktober 1897, von dem sich ein Auszug hinten unter den Beilagen befindet, geregelt; die höhere Karriere vom Oberförster an aufwärts ist streng geschieden; die Vorbereitung und Ausbildung dazu ist geregelt durch die Bestimmungen vom 15. Januar 1903. Die Aspiranten der höheren Karriere heißen während der bei einem Oberförster abzuleistenden 1jährigen Lehrzeit „Forstbeflissene", nach absolviertem erstem Staatsexamen „Forstreferendare", nach dem zweiten Staatsexamen „Forstassessoren".

Anhang.

Jagdlehre.

Benutzte Werke.

Diezel: Erfahrungen aus dem Gebiet der niederen Jagd. 5. Aufl. Neumann, Neudamm.

Oberlaender: Der Lehrprinz. Neumann, Neudamm. 1900.

Oberlaender: Dressur und Führung des Gebrauchshundes. 3. Aufl. Neumann, Neudamm.

Regener: Jagdmethoden und Fanggeheimnisse. 10. Aufl. Neumann, Neudamm.

Fr. Brandeis: Der Schuß. Alle seine Zufälligkeiten usw. Hartleben, Leipzig.

Odenwälder: Der gerechte Jäger. Prakt. Leitfaden zur Erlernung des Jagdbetriebs, Neumann, Neudamm.

Gille: Anleitung zum Fangen des Raubzeugs. E. Grell u. Co., Haynau i. Schl.

§ 291.

Einleitung.

Die Lehre von der Jagd hat den doppelten Zweck, zu zeigen:

1. Wie man nützliches Wild erzieht, gegen Schaden und Gefahr schützt, in einer kunstgemäßen Weise erlegt und dasselbe in der besten Weise verwendet und verwertet (Wildzucht und Wildjagd).

2. Wie man der Jagd schädliche Tiere und die ihr drohenden Gefahren aller Art möglichst vermindert (Jagdschutz).

Da der Förster sich einesteils mit dem Schutze des Wildes gegen seine Feinde, auf der anderen Seite aber behufs der Verwertung mit seiner Verfolgung und Erlegung zu beschäftigen hat, so werden wir nur diesen beiden Teilen, namentlich aber der eigentlichen Wildjagd besondere Aufmerksamkeit widmen und aus den anderen Teilen der Jagdlehre nur das nötigste und soweit es von unbedingtem Interesse ist, an geeigneter Stelle erwähnen.

Von der Ausübung der Wildjagd.

§ 292.

Welche Tiere sind jagdbar?

Zur ausschließlichen Jagdgerechtigkeit*), d. h. dem Rechte, jagdbare wilde Tiere aufzusuchen, sie unter den bestehenden polizeilichen Einschränkungen nach waidmännischen Regeln zu hetzen, zu treiben, zu schießen, zu fangen oder auf andere Weise sich zuzueignen, gehören im allgemeinen die jagdbaren**) wilden Tiere im Gegensatz zum sog. freien Tierfange, d. h. dem Fange von Insekten und anderen Tieren, welche noch in keines Menschen Gewalt gewesen sind und weder zur Jagd noch Fischereigerechtigkeit gehören. Den freien Tierfang kann jeder auf seinem Besitz ausüben. Was nun zu den jagdbaren Tieren gehört, ist nach den verschiedenen Rechtsgebieten zu entscheiden; soweit diese darüber keine besonderen Bestimmungen enthalten, rechnet man dazu: alle diejenigen vierfüßigen wilden Tiere und das wilde Geflügel, welche zur Speise gebraucht werden und solche Raubtiere, die noch einen Nutzwert haben. Es gehören im allgemeinen dazu:

a) **Vierfüßige Tiere:** Elch, Rot-, Damm-, Schwarzwild, Rehe, Hasen, meist auch Dachse, Bibern, Fischottern, Füchse, in einigen Landesteilen Luchse, Wölfe, Marder, wilde Katzen.

b) **Wildes Geflügel:** Auer-, Birk-, Haselwild, Trappen, Fasanen, Rebhühner, Wachteln, wilde Tauben, Krammetsvögel, Ziemer, Amseln, Drosseln, Lerchen, Schwäne, wilde Gänse und Enten, Kraniche, Fischreiher, Brachvögel, Taucher, Wasserhühner, Schnepfen.

Unbedingt nicht jagdbar sind alle Vögel, die gesetzlichen Schutz genießen. Es ist durchaus nötig, daß jeder Jäger weiß, welche Tiere jagdbar sind, da nur die widerrechtliche Erlegung von jagdbaren

---

*) Im weiteren Sinne gehört auch noch dazu die Aneignung aller Objekte des Jagdrechts, also nicht bloß an Tieren, sondern auch z. B. von Geweihen, von Fallwild usw.

**) Wilde Tiere sind herrenlos und befinden sich in vollkommener Freiheit. Wilde Tiere in Tiergärten, Fische in Fischteichen sind nicht herrenlos. Gezähmte Tiere werden wieder herrenlos, wenn sie die Gewohnheit ablegen, an den für sie bestimmten Ort zurückzukehren. Vergl. Bürgl. Ges.-B. § 960.

Tieren nach § 292 des Strafges.-B. strafbar ist. Leider haben wir hierüber noch keine einheitlichen gesetzlichen Bestimmungen. Zur sog. hohen Jagd werden gewöhnlich nur gerechnet: Elch, Rot-, Damm-, Schwarzwild, Auerwild, Schwäne, Fasanen. — Alle übrigen Wildarten gehören zur niederen Jagd, also auch das Rehwild.

Die übrigen gesetzlichen Bestimmungen und Beschränkungen bei Ausübung der Jagd finden sich in dem Jagdpolizeigesetz vom 7. März 1850 und in dem Jagdschongesetz vom 26. Februar 1870, dem Wildschadengesetz vom 11. Juli 1891, in dem Jagdscheingesetz vom 31. Juli 1895 und dem Reichsgesetz über den Schutz von Vögeln vom 22. März 1888, von denen die beiden ersten dem Buche hinten angeheftet sind; diese Gesetze müssen genau bekannt sein, ehe man an die Ausübung der Jagd selbst geht.

§ 293.

Von den Jagdgewehren.

Auf alles zur hohen Jagd gehörige Wild schießt man mit der Kugel, mit Ausnahme von Fasanen; man bedient sich dazu der Birschbüchse, welche einen gezogenen Lauf und außer dem Korn noch ein Visier hat, während die Flinte nur ein Korn hat. Die Kugeln sind jetzt meist gefettete Langgeschosse in Messinghülsen, welche durch die Züge und deren Windung, Drall genannt, ihre Führung erhalten; es sind entweder Vollgeschosse oder sog. Expansionsgeschosse, die innen einen mit einem Stöpsel verschlossenen Hohlzylinder haben, sodaß sie sich beim Aufschlagen am Wilde ausdehnen, das Wildpret zerreißen, viel größere Verwundungen und so stärkeren Schweiß verursachen. Ich halte sie für nicht waidgerecht. Die Vollgeschosse haben einen zylindrischen Hinterteil und eine konisch verjüngte oben abgeplattete Spitze; der zylindrische Teil ist dicker als das Laufinnere, damit das Geschoß sich einpressen und eine sichere rasantere Laufbahn erzielen kann. Die Form wechselt sehr; nach dem Durchmesser unterscheidet man als gebräuchlichste Kaliber 11, 9,3, 9,8 ja 6 mm. Die Kugeln werden jetzt meist durch Pressen aus Hartblei hergestellt und oft teils oder ganz mit einem Mantel aus Nickelstahlblech umgeben (Ganz-, Halb- usw. Mantelgeschosse), die ebenfalls eine Stauchung und dadurch stärkere Verwundung bewirken sollen. Zu Birschbüchsen eignen sich alle Hinterlader-Systeme mit und ohne äußerlichen Hähne, Patronen-Auswerfer usw. Zu erwähnen ist noch die „Expreßbüchse“ mit

Zügen von polygonalem Querschnitt, die sehr breit sind und nur schmale Felder zwischen sich haben; sie sind jetzt fast allgemein eingeführt. Man hat einfache oder Doppel-Büchsen, deren Läufe neben oder auch übereinander (Bockgewehre) liegen. Ist mit der Büchse noch ein Schrotlauf verbunden, so entsteht „die Büchsflinte", sind zwei Schrotläufe mit ihr verbunden, so entsteht „der Drilling".

Bei den Flinten sind in der Regel 2 Schrotläufe neben-, seltener übereinander (Bockgewehre) vereinigt und werden heute nur noch „Hinterlader" nach sehr vielen verschiedenartigen Systemen verwendet. Man hat z. B. a) Lefaucheux mit Hähnen, deren Patronen Schlagstifte haben, b) Zentralfeuer mit Schlagstiften im Gewehr und Zündhütchen im Zentrum des Patronenbodens, die entweder mit Hähnen versehen sind oder keine sichtbaren Hähne haben, sog. „Selbstspanner"; man nennt alle Gewehre mit zentraler Zündung auch nach ihrem Erfinder „Lankaster-Gewehre"; c) Zündnadelgewehre, bei welchen man die von „Dreyse" mit eigentümlichem Verschluß und seitlichem Verschieben beim Laden sowie „Papierpatronen" und die von „Fischer", jetzt „Collath in Frankfurt a. O." unterscheidet, deren Papierpatronen hinten ein Schlußstück von Pappe haben, worin ein Nagel steckt, auf den die stumpfen Schlagbolzen auftreffen, während bei Dreyse die zentrale Zündung durch Spiralfedern hervorgerufen wird, welche die Zündnadeln emporschnellen lassen. Alle Gewehre müssen sorgfältig rein gehalten werden und sind alle Eisenteile nach Gebrauch sofort trocken abzureiben und dünn mit reinem Olivenöl oder Vaselinöl einzufetten. Die Läufe, namentlich die der Büchse, sind sobald man nach Hause kommt, mit einem fest anschließenden Wischer trocken zu reiben und ebenfalls leicht einzuölen, sollten sich Rostflecke zeigen, so sind sie sofort — event. nach leichtem Bestreichen mit Petroleum — mit dem Drahtwischer zu entfernen; der Schaft ist von Zeit zu Zeit mit einem Öllappen gut abzureiben. Die beliebtesten Kaliber bei Flinten sind 12 und 16, welche einem Bohrungsdurchmesser von 18,8 resp. 17,6 mm entsprechen. Unter „Kaliber" versteht man das Maß für die Rohrweite, das gewöhnlich mit graden Zahlen angegeben wird; es bedeutet die Anzahl der die Laufbohrung vollständig ausfüllenden Rundkugeln, welche auf 0,5 kg gehen z. B. bei Kaliber 16 = 16 Kugeln; besser ist jedenfalls das Kaliber auch nach dem Durchmesser wie bei dem Büchsenkaliber zu bemessen wie das in Amerika und England gebräuchlich, wo es nach $^1/_{100}$ resp. $^1/_{1000}$ eines englischen Zolls bemessen wird.

Von größter Wichtigkeit ist, daß die Flinte eine gute Lage hat, d. h. daß sie im Anschlage dem Schützen so liegt, daß er beim Anlegen und Zielen nichts von den Läufen, sondern sofort das Korn sieht. Ganz besonders wichtig ist aber eine richtige Balance, d. h. die Flinte muß, auf straffen Bindfaden gelegt, 10 cm vom Abzugsbügel genau balancieren; neigt es am Kolben herunter, so schießt es zu hoch und umgekehrt. Das Korn soll nicht zu fein, sondern gut zu sehen, aber auch nicht zu grob sein, damit es schwaches Federwild beim Zielen nicht bedeckt.

Die Anfertigung der Schießgewehre ist jetzt gesetzlich geregelt durch das Reichsgesetz betr. „die Prüfung der Läufe und Verschlüsse der Handfeuerwaffen" vom 19. Mai 1891, wonach nur mehr mit dem amtlichen Prüfungszeichen versehene Feuerwaffen in den Handel kommen dürfen.

§ 294.

Munition und Laden.

Das Pulver muß von der besten Qualität sein; das feinkörnige mattglänzende Pulver, was in Blechbüchsen verpackt ist, hat sich bewährt, doch überzeugt man sich besser jedesmal durch Reiben einer kleinen Quantität auf dem ganz trocknen Handteller mit dem Zeigefinger; läßt es sich nicht zerreiben und schmutzt es möglichst wenig, so ist das Pulver gut. Das Kugelpulver besteht aus 72% Salpeter und je 14% Schwefel und Kohle, das Schrotpulver aber aus 78,5% Salpeter, 11,5% Kohle und 10% Schwefel. Neuerdings sind viele neue Arten von Pulver in den Handel gekommen, darunter auch das rauchschwache Pulver, über deren Güte die Meinungen sehr auseinander gehen.

Über die Kugelgeschosse ist bereits im vorigen Paragraphen das nötigste gesagt.

Das Schrot wird in Fabriken gegossen und nach seiner Stärke meist in Nummern von 0—10 geteilt; Nr. 0 ist das gröbste, Nr. 10 das feinste Schrot. Die Auswahl der richtigen Schrotstärke auf die verschiedenen Wildarten ist von größter Wichtigkeit; die meisten Jäger pflegen zu starkes Schrot zu schießen und schießen damit viel Wild krank und zu Holze, weil das starke Schrot zu sehr streut; bei zu schwachem Schrot tritt der umgekehrte Fall ein, indem das Wild bei dem engen Streukegel wohl viele, aber nicht tief genug eindringende Schrote erhält; am unsichersten und daher nur auf kurze Distanzen anzuwenden, sind Postenschüsse. Für jede Wildgattung ist also sorgfältig die passende Schrotnummer zu wählen. Neben den gewöhnlichen Schroten werden neuerdings auch sog. Hartschrote aus 60% Blei, 20% Zinn und 20% Antinom hergestellt, welche härter sind und den Vorteil haben, daß sie stärker durchschlagen und somit die Anwendung feinerer Schrotnummern, die besser decken, gestatten.

Von eben solcher Wichtigkeit ist beim Laden der Gewehre und Füllen der Patronen das richtige Verhältnis zwischen Pulver und Schrot und die zu verwendenden Pfropfen. Die Pulverladung soll stark genug sein; die Geschosse töten dann um so besser. Bei schwächerem Kaliber soll Pulver und Schrot dasselbe Hohlmaß füllen, bei stärkerem Kaliber soll sich in dem Hohlmaß das Pulver zum Schrot verhalten wie 1 : 0,8. Als Durchschnittssätze für die verschiedenen Kaliber der Hinterlader können gelten:

Kaliber	Gramm Pulver	Gramm Schrot
12	5—5,8	35—40
14	4,8—5,2	32—36
16	4,5—5	28—32
20	3,8—4	22—24.

Die gewöhnliche Ladung für Birsch- und Scheibenbüchsen bis Kaliber $11\frac{1}{2}$ mm beträgt 3 g Naßbrandpulver, bei Expreßbüchsen steigert man bis zu 6 g.

Die Pfropfen sollen den Druck der Pulvergase auf die Schrote übertragen und letztere in der Patrone festhalten; man gebraucht also Pulverpfropfen und Schrotpfropfen; da die Pfropfen für eine zuverlässige Schußwirkung sehr wichtig sind, so soll man beste, womöglich kräftig gefettete Filzpfropfen auf dem Pulver verwenden, während zu Schrotpfropfen 1—2 mm starke Papp-Plättchen genügen; sie werden in Stärken von 6—15 mm gefertigt. Die Pfropfen müssen natürlich dem Kaliber stets entsprechen. Der Pulverpfropfen ist stets fest aufzustoßen. Es empfiehlt sich, die Patrone selbst zu laden; man weiß dann stets, was man hat und kann Unregelmäßigkeiten in der Schußwirkung leichter durch Änderung der Munition ausgleichen.

§ 295.

Von den Regeln beim Schießen:

a) Mit der Büchse.

Vierläufiges Hochwild soll man eine Hand breit hinter das Blatt schießen, weil dort die edleren Teile die größte Zielscheibe bieten; kann man hier keinen Schuß anbringen, soll man lieber gar nicht schießen. Bei seitwärts vorbei sich bewegendem Wild hat man bei einem trollenden Hirsch auf 90 m etwa 15—20 cm vor die Mitte des Brustrandes zu halten; am besten bringt man ihn jedoch durch einen Pfiff oder Ruf zum Stutzen und schießt dann. Auf flüchtiges Rotwild soll nur ein geübter Schütze einen Kugelschuß von der Seite wagen, man muß in solchem Fall auf 100 m um etwa eine volle Hirschlänge vorhalten, auf 50 m etwa 70 cm, falls man nicht mitzieht. Beim Schießen **sowohl bergauf wie bergab** muß man immer kürzer halten, und zwar je steiler, um so mehr, weil dann das Visier höher und das Korn niedriger erscheint.

Vor Abgabe des Schusses muß man sich die Stelle, auf der das Wild sich befindet (den sog. Anschuß!), ebenso die Stelle, von der man geschossen hat, genau merken oder bezeichnen. Im Schuß selbst hat man auf den Kugelschlag und auf das Zeichen (Bewegung nach dem Schuß!) des Wildes zu achten. Nach dem Schuß merkt man sich die Richtung, in der das Wild abgeht, ladet schnell seine Büchse, markiert seinen Stand und eilt nach dem Anschuß, welchen man durch einen Bruch (abgebrochenen Zweig) so bezeichnet, daß das abgebrochene Ende dahin zeigt, wohin das Wild gegangen ist.

Zur Kennzeichnung der einzelnen Schüsse und der Merkmale des Verhaltens des Rotwildes nach dem Schusse diene die nebenstehende Figur eines Hirsches, welche man bei den nachstehend aufgezählten Schüssen in den betreffenden Fächern der Figur vergleichen wolle. (Nach W. Bieling, Königl. Preuß. Förster in Dalle in Neuer deutsch. Jagdzeit. vom 26. November 1882.)

Kopfschüsse: 1, 2, 5 und teilweis 6. Das Wild bricht sofort zusammen und verendet.

3, 4 sind schlechte Schüsse; das Wild schweißt wenig und geht meist später ein.

Halsschüsse: 7, 9, 12, 23 und teils 24. Auf dem Anschusse helles langes Haar. Hat der Schuß die Brandader getroffen, so liegt sofort sehr viel Schweiß und das Stück verendet sehr bald; sind andere Hauptadern getroffen, so hört der zuerst starke Schweiß nach und nach auf und muß das Stück 3 Stunden Ruhe haben, ehe man mit dem Schweißhund arbeitet.

Ist die Drossel durchschossen, so tut sich das Stück gleich vom Rudel ab und schweißt bald sehr hellen Schaumschweiß, den es auch oft aushustet, so daß er hoch an den Büschen sitzt. Nach 3—4 Stunden kann man nachgehen.

8, 10, 13 und zum Teil 11. Ist der Halswirbel durchschossen, liegt das Stück im Feuer und verendet; ist derselbe nur gestreift, so bricht es zusammen, kommt aber sehr bald wieder hoch und man hat das Nachsehen.

Figur 140.

Rückenschüsse: 14, 15, 16, 17, 18, 19, 20. Ist das Rückgrat durchschossen, bricht das Stück im Feuer zusammen und verendet; ist dasselbe nur gestreift (gekrellt!), so geht es wie vorstehend beim Halswirbel, ausgenommen wenn der Schuß tief 14 und 15 sitzt, wo man nach 3 Stunden nachgehen kann.

Blattschüsse: 25, 35 und teils 24 mit hellem Kugelschlag. Das Stück macht meist eine hohe Flucht und bricht dann nach 30—150 Schritten zusammen; es schweißt meist wenig. Nach 2 Stunden geht man nach; sollte das Stück noch leben, so sitzt die Kugel in 34 oder hoch 44, 45; in diesem Falle hetzt man mit dem Hunde.

Kernschüsse: 26, 27, 36, 37. Hohler heller Kugelschlag. Dies sind die besten Schüsse. Wildes Fortstürmen des Wildes mit gesenktem Kopf und Zusammenbrechen nach 50—150 Schritten; zuerst wenig Schweiß, der aber bald zunimmt. Sitzen die Schüsse tiefer in 46, 47, was an den hellen und dünnen Haaren auf dem Anschuß und sehr vielem Schweiß zu sehen, so kann man nach 2 Stunden mit dem Hunde hetzen, da das Stück sich bald stellen wird.

Waidewundschüsse: 28, 29, 38, 48, 49. Dumpfer puffiger Kugelschlag. Das Stück schnellt beim Schuß die Hinterläufe oft nach hinten und krümmt den Rücken; der Schweiß auf dem Anschuß ist dunkel und mit Äsung gemischt. Das Stück bleibt nach kurzer Flucht öfter stehen und tritt langsam weiter, um nach etwa 200 Schritt sich unter Deckung nieder zu tun. Nach 3 Stunden arbeitet man mit dem Schweißhund nach oder hetzt.

Sitzt der Schuß in 30, 31, 40, 41, 50, 51, was man an dem saugend flutschigen Kugelschlag, an wenigem Schweiß, meist nur in der Hinterlauffährte und dem Zeichnen mit den Hinterläufen erkennt, so läßt man dem Stück mindestens 4 Stunden Ruhe und arbeitet oder hetzt mit einem guten Hund.

Hohe Keulenschüsse: 21, 22. Das Stück bricht jedenfalls im Feuer zusammen und ist bei Zerschmetterung des Rückgrats sofort verendet, sonst nur gekrellt: jedenfalls muß man — wie stets, wenn das Wild im Feuer liegt — so schnell als möglich hinzueilen.

Keulenschüsse: 32, 42, 52. Heller Kugelschlag, Zeichnen durch Rucken des Hinterteils. Ist der Knochen zerschmettert, so tut sich das Stück bald ab und nieder. Nach 2—3 Stunden hetzen. Hat man einen festen Kugelschlag gehört und weißgelbliche, weiße oder dunkle lange struppige Haare und sofortigen starken Schweiß, der bald nachläßt, gefunden, so ist 33, 43, 53 getroffen: man kann nicht hetzen, sondern nur mit einem erfahrenen Schweißhund arbeiten, wenn das Stück das Rudel verlassen hat.

Vorderlaufschüsse: 54. Heller harter Kugelschlag. Niederknicken mit dem Vorderteil, oft Schlenkern des kranken Laufs; auf dem Anschuß kurze dünne Haare und viel Schweiß, später Nachlassen des Schweißes; oft Knochensplitter neben der Fährte. Hat man einen gewandten Hund, so hetze man sofort; wartet man, so hat man meist das Nachsehen.

Hinterlaufschüsse: 55. Heller Kugelschlag, meist Zusammenknicken des Hinterteils; auf dem Anschuß kurze Haare und ziemlich viel Schweiß; später läßt derselbe nach und man findet oft Knochensplitter; das Lahmen, wie bei allen Keulen- und Laufschüssen, wird in der Fährte markiert. Man kann bald hetzen, da das Stück sich meist leicht stellt.

Untere Laufschüsse: 56. Heller Kugelschlag, feine dunkle Haare, wenig Schweiß, aber viel Knochensplitter, Schlenkern des kranken Laufs. Einziges Mittel: schnelles Hetzen; meist bekommt man jedoch das Stück nicht.

Geweihschüsse: 57. Heller ganz harter Kugelschlag. Ist das Geweih unten getroffen, so bricht der Hirsch zusammen, kommt aber sehr bald wieder auf die Läufe; ist dasselbe oben getroffen, so duckt der Hirsch den Kopf.

Merke: Findet man viele Haare auf dem Anschuß, so ist das Stück meist nur gekrellt.

Schweißt das Stück sofort und ist nach 200 Schritten nicht zusammengebrochen, so ist es meist am Hals oder an den Keulen getroffen; schweißt es aber erst nach etwa 100 Schritten, so ist dies meist ein gutes Zeichen.

Tut sich das Stück sogleich vom Rudel ab, so ist es tötlich getroffen.

Man soll mit der gewöhnlichen Büchse nur ausnahmsweis weiter als auf 120 m, nur mit besonders konstruierter Büchse weiter als auf 150 m schießen, auch nur im Notfall mit feinem Korn, sonst immer mit gestrichenem Korn; eine Ausnahme machen die sog. Fernrohrbüchsen, mit denen man doppelt soweit schießt. Sollte wegen falscher Stellung des Visiers oder Korns die Büchse links oder rechts schießen, so kann man dem durch entsprechende Verschiebung von Korn oder Visier abhelfen; will man das Korn klopfen, so muß man es nach derselben Seite, wohin der Schuß fälschlich geht, verschieben; dagegen klopft man das Visier nach der entgegengesetzten Seite. Dies wird so lange fortgesetzt, bis die Büchse Strich schießt.

Die verschiedenen übrigen Regeln über das Schießen selbst, die Visierung, das Schätzen der Entfernungen usw. werden hier übergangen und der Instruktion über das Schießen beim Militär überlassen.

b) Mit der Flinte.

Mit der Flinte soll man ebenso wie mit der Büchse nie zu weit nach Wild schießen; für gewöhnliche Verhältnisse sollen als weiteste Entfernungen gelten: im Wald auf Hase und Fuchs 40 m, im Felde 70 m, bei Kesseltreiben im Kessel allenfalls etwas weiter; manche Gewehre und besonders firme Schützen machen Ausnahmen. Das Schießen auf weite Distancen namentlich im Walde, wo der Erfolg vom Zufall abhängt, ist durchaus unwaidmännisch und steht im grellsten Widerspruche mit der pfleglichen Behandlung der Jagd, da dabei viel Wild zu Holze und krank geschossen wird, nachher eingeht und somit verloren ist.

Eine Hauptregel beim Schießen mit der Flinte ist gehörige Sorgfalt beim Laden resp. beim Anfertigen der Patronen, namentlich Anwendung der richtigen Schrotnummer; auf Hasen usw. nimmt man weniger Schrot als auf kleineres Flugwild z. B. Schnepfen. Eine alte Jägerregel sagt darüber: Viel Pulver und wenig Schrot ist der Hasen Tod und umgekehrt: Wenig Pulver und viel Schrot ist der Schnepfen Tod. Im Sommer kann man auf Haar- und Federwild verhältnismäßig weniger Pulver schießen als im Winter; bei nassem Winterwetter muß man etwas mehr nehmen.

Man verwende etwa folgende Schrotnummern:

die verschiedenen Posten-(Null-)sorten: auf Sauen, Wölfe, Dächse (wegen der dicken Häute).

Nr. 1 auf Wildgans und Winterfuchs;

„ 2 u. 3 auf Füchse, Enten, Winterhasen (bei nassem Wetter!), große Raubvögel;

„ 4 u. 5 auf Sommerhasen, schwache Enten, kleinere Raubvögel;

„ 6 u. 7 auf Rebhühner, Kaninchen, Schnepfen, Tauben und ähnliches Kleinwild;

„ 8 auf Bekassinen;

„ 9 u. 10 auf alle kleinen Tiere und Vögel.

Im Zweifel greife man, namentlich bei Hartschrot, immer zu der nächst schwächeren, aber besser deckenden Schrotnummer.

Unbedingt nötig ist, daß jeder Schütze sein Gewehr, namentlich wenn er mit der Munition wechselt, immer wieder probt resp. sich einschießt.

Beim Schießen auf laufendes oder fliegendes Wild muß entsprechend seiner jeweiligen Geschwindigkeit vorgehalten werden, wenn man nicht mitzieht. Einem seitwärts laufenden Hasen usw. hält man auf 30 m vor oder auf den Kopf, bei Federwild ebenso. Auf spitz von vorn anlaufendes Wild z. B. Fuchs, Hasen usw. muß man kürzer halten, je nach der Schnelligkeit auf oder vor die Vorderläufe, besser ist es jedoch, das Wild in solchem Falle vorbei zu lassen und spitz oder schräg von hinten zu schießen. Sitzendes oder schwimmendes Wild läßt man ganz aufsitzen oder hält sogar etwas kürzer. Bei vom Schützen wegziehendem Federwild — zum Beispiel spitz von hinten — hält man etwas darunter, damit es in den Schuß hineinzieht. Beim Zielen soll man darauf achten, daß man das Wild weder zu sehr aufsitzen noch verschwinden läßt, sondern mitten darauf hält; im ersteren Falle schießt man leicht zu kurz und trifft nur Läufe, Ständer usw., resp. garnicht, im zweiten Falle streift oder krellt man das Wild oder überschießt es häufig. Beim bergauf- oder ablaufen heißt die alte Regel: „Bergauf — halte drauf, bergunter — halte drunter."

Schließlich sei noch jedem Jäger in seinem eigenen Interesse dringend an das Herz gelegt, die peinlichste Vorsicht gegen andere und sich selbst bei der Handhabung der Feuerwaffen zu beobachten, um Unglück zu verhüten. Die

Reue kommt immer zu spät und kann selten das Unglück wieder gut machen; besser ist es, vorher aufzupassen und jede Möglichkeit einer Gefahr mit der größten Gewissenhaftigkeit zu vermeiden. Näheres in: „Der Schuß, alle seine Umstände und Zufälligkeiten usw.“ von Fr. Brandeis. 1896, Leipzig bei Hartleben. 4 Mk. Koch, Jagdwaffenkunde usw.

§ 296.

Von den Fanggeräten*).

Einleitung.

Der Berliner Schwanenhals (Figur 141).

Dieser vorzügliche Fangapparat, „Berliner Schwanenhals“, „Berliner Eisen“ und auch kurzweg „Fuchseisen“ genannt, ist in seiner gegenwärtigen Gestalt schon alten Ursprungs und besteht aus folgenden Teilen:

1. der hufeisenförmigen Feder,
2. den beiden Bügeln,
3. der Bügelschraube,
4. der Pfeife oder Abzugsröhre,
5. der Schnellstange,
6. dem Stellstifte,
7. dem eigentlichen Schlosse, welches wieder aus der Schloßkapsel, dem Stellhaken, der Zunge und dem Drücker besteht,
8. der Sicherungsschraube bezw. dem Sicherungsflöckchen und
9. dem Kontre- und dem Abzugsfaden.

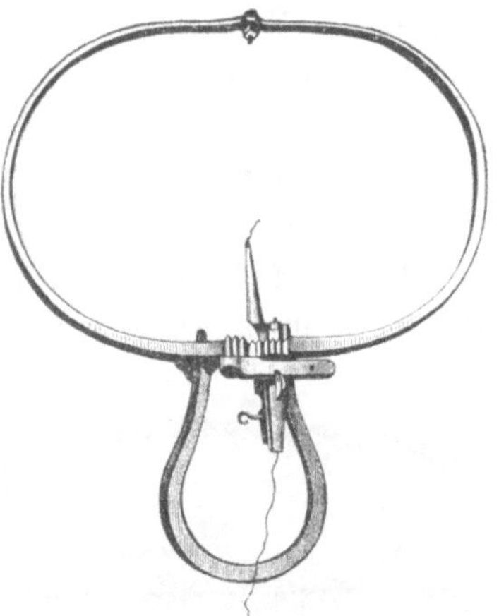

Figur 141. Berliner Schwanenhals.

Ferner gehört zum Auseinanderbiegen der Bügel vor dem Aufstellen ein Holzkeil und zum Auseinandernehmen des Eisens ein T-förmiges Holzkreuz, aus hartem Holz gefertigt.

Die Aufstellung des Schwanenhalses ist besonders für den Anfänger schwierig und ist die Beachtung der größtmöglichsten Vorsicht dabei notwendig. Man nimmt in kniender Stellung den Schwanen-

*) Als gute Quelle für den Bezug von Fangapparaten ist zu empfehlen die Raubtierfallenfabrik von E. Grell u. Co. in Haynau in Schlesien.

hals so vor sich, daß die Bügelschraube nach den Knieen zeigt und zwängt nun den Holzkeil zwischen den Bügeln so ein, daß sich letztere weit genug öffnen, um mit der Hand gefaßt werden zu können. Nun ist es ein Leichtes, die Bügel bis zum Einstellen des Schlosses auseinanderzudrücken. Jetzt kniet man auf beide Bügel, schlägt den hinter den Bügeln befindlichen Stellstift unter die Schnellstange, drückt letztere fest nieder, sodaß die Zunge des Schlosses darüberklappt, drückt den unten zwischen der Feder befindlichen Abzugshaken fest an und das Eisen ist fertig gestellt. Um vor dem Zusammenschlagen gesichert zu sein, schraubt man in das hinter dem Häkchen der Stellung befindliche Loch die Sicherungsschraube bezw. steckt das Sicherungsflöckchen ein und kann die Stellungszunge nun nicht mehr aufschnappen. Beim Legen des Eisens auf dem Fangplatze bindet man noch rückwärts an den Stellungshaken der Pfeife und Abzugsschnur entgegengesetzt einen Faden (den **Kontrefaden**) und umwickelt damit die Feder, sodaß der Stellungshaken von der kleinen Zunge nicht abschlüpfen kann.

Das Tellereisen (Figur 142 u. 143).

Der Fang mit dem Tellereisen ist viel einfacher wie mit dem Schwanenhals bei vollkommen genügender Sicherheit, und kostet ein brauchbares Tellereisen nur etwa den vierten Teil des Schwanenhalses. Es gibt ein größeres für Otter und Dachs (Wolf, Wildkatze).

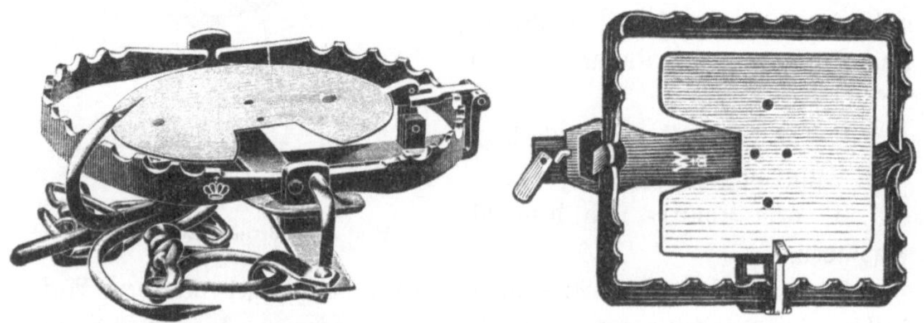

Figur 142. (Nr. 11 b.) Tellereisen. Figur 143. (Nr. 126 c.)

Nr. 126c der Grellschen Preisliste, die hier wie überall zugrunde gelegt wird, nur 8 Mk. kostet und ein kleineres Nr. 11b mit 18 : 22 cm Bügelweite und $1^1/_4$ kg Gewicht für Fuchs, Marder, Iltis, Katzen, Hunde usw., was nur 4,50 Mk. kostet und als ein Universaleisen bestens empfohlen werden kann: es besteht aus der unterliegenden Feder mit Sicherheitshaken, der Querschiene und den wellenförmigen Bügeln; an der Querschiene ist der Teller und die Stellung angebracht; dazu gehört noch: eine 1 m lange Kette mit Anker.

Zum Spannen tritt man erst die Feder herunter, dreht den Sicherheitsstift darauf, legt die Bügel auseinander und die Stellzunge über den rechten Bügel in den Kerb des Tellers.

Hölzerne Fallen.

Außer den Fangeisen gibt es auch noch hölzerne Fallen, von denen namentlich sich die Kastenfallen des Försters Stracke zum Fangen von allerlei kleinem Raubzeug bewährt haben. Näheres darüber enthält dessen kleine Broschüre: „Die Kastenfalle, ihre Anfertigung und Anwendung", 80 Pf., bei Neumann, Neudamm. Sie werden am besten in Zaunöffnungen, Zwangspässe, auch in Gebäuden aufgestellt und fangen das Raubzeug lebend.

Speziell zum Fangen des Baummarders verwendet man die sog. Prügel-, Mord- oder Rasenfalle ausschließlich im Walde, die sich jeder Jäger fast kostenlos herstellen kann. Ihre Einrichtung ist aus untenstehender Zeichnung in Figur 144 ersichtlich. Die einfache Stellung (Figur 145) wird am besten mit frischem Hasengescheide

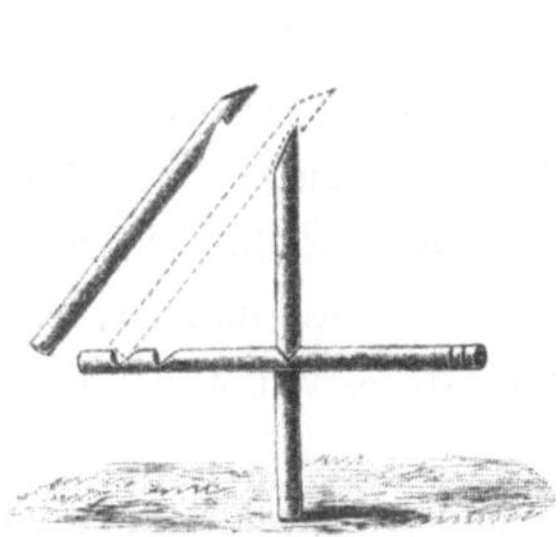

Figur 144.

Figur 145.

Prügel-, Mord- oder Rasenfalle.

beködert; das Dach wird aus dünnen mit Querlatten verbundenen Prügeln hergestellt und mit Rasen beschwert (daher der Name), um beim Niederfallen nach Abziehen der Stellung den Marder zu erschlagen.

Vielfach wird diese Falle auch etwa 1,3 m hoch zwischen in einem kleinen Rechteck zusammenstehenden schwachen Bäumen (Stangen) angebracht und ruht dann auf zwischen diese Stangen festgenagelten Querhölzern; da die Falle sich aber bei Wind und Sturm oft abstellt, legt man sie praktischer auf etwa 2,5 m lange Pfähle, die in die Erde gegraben werden. Damit der Marder zum Köder gelangen kann, muß man bis zu ihm eine kleine Leiter aus Naturholz führen. Die hoch angelegte Prügelfalle nennt man „Schlagbaum". Beide Fallen legt man am besten in Dohnenstiegen an und kirrt eventuell zu ihnen durch Schleppen mit frischem Hasengescheide.

Dohnen.

Man unterscheidet Laufdohnen und Hängedohnen und benutzt dieselben hauptsächlich zum Krammetsvogelfang, erstere auch zum Schnepfenfang.

Zur Anfertigung der Laufdohnen nimmt man eine biegsame zähe 1—2 cm starke Rute aus Nadelholz, Wachholder, Weide usw. von 60 cm Länge, biegt dieselbe zu einem Rechtecke und steckt sie recht tief und fest in die Erde. Zum Schnepfenfang muß der Bogen der Dohne 23 cm hoch und 18 cm breit sein, für Krammetsvögel 15 cm hoch und breit. Drei Zentimeter über dem Boden zieht man zwischen den Bügeln der Dohne einen Bindfaden, um die Vögel zu zwingen, den Kopf hoch und zwischen die Schlingen zu heben. In den Bügeln der Dohne werden nun 2—3 (für Schnepfen sechsdrätige, für Krammetsvögel vierdrätige) Pferdehaarschleifen aufgehängt, indem man mit einem spitzen Messer etwa 12 cm vom Boden einen Spalt senkrecht einsticht und die Schleife hindurchdrückt; ein starker Knoten am Ende verhindert das Durchziehen der Schleife durch den Spalt. Für Schnepfen muß die Schlinge 7 cm Durchmesser halten und 5 cm hoch hängen, für Krammetsvögel genügen 5 cm Durchmesser und 3—4 cm Höhe über der Erde.

Die Laufdohnen werden auf alten Viehsteigen angebracht oder es werden eigene Steige dazu angelegt, etwa 0,3 m breit, welche ganz glatt und rein geharkt werden; am besten zwischen Wacholdergebüsch. Vor, hinter und unter die Schlingen streut man Preißelbeeren, Vogelbeeren oder Wacholderbeeren.

Man wählt solche enge Stellen im Steige, wo die Vögel nicht anders als durch die Dohne passieren können. Man kann vom August ab den ganzen Herbst hindurch fangen, wo die Schongesetze es nicht verbieten.

Zum Krammetsvogelfang bringt man die Dohne in einiger Höhe (Brusthöhe) über dem Boden an. Man hat zwei Arten: die Hängedohnen (für Buschholz) und die Steckdohnen (für Stangenholz usw.). Die ersteren hängen frei an einem Ast, die letzteren werden mit dem zugespitzten Ende in den Stamm eingebohrt; wir wollen hier nur die letztere als die verbreitetste beschreiben. Man schneidet sich in Nadelholzdickungen unterdrückte recht zähe Stämmchen von 60 cm Länge und 1 cm Stärke (resp. Zweige von zähem Laubholz, Nadelholz, Wacholder usw.) und formt diese annähernd zu einem Rechteck. Das eine zugespitzte Ende wird durch das andere Endstück gesteckt und letzteres — nachdem mit einem Dohnenbohrer vorgebohrt ist — im Baum so festgedreht, daß der Bügel nach oben steht und der Trittbalken etwa 12 cm lang wird; viele nageln die Dohnen auch an, weil es schneller geht und den Baum nicht so beschädigt. Dem Trittbalken gegenüber, ohngefähr in den Eckpunkten des Bogens, werden die Schleifen, wie dies bei den Laufdohnen beschrieben, eingezogen. Die Beeren werden in der Mitte des Trittbalkens eingeklemmt, so daß sie hängen.

Alle die eben beschriebenen Fangapparate sollen nur einen ungefähren Begriff geben; die Beschreibung macht in keiner Weise auf vollkommenste Genauigkeit Anspruch, noch viel weniger darauf, daß ein Jäger nach denselben die Fangapparate selbständig handhaben könnte; dies ist nur nach mündlicher und praktischer Anweisung an den Fangapparaten selbst durch einen erfahrenen Jäger möglich; selbst die besten Zeichnungen geben allein noch keinen klaren Begriff für die richtige Handhabung. Jeder, der selbst fangen will oder soll, wende sich deshalb an einen tüchtigen Lehrmeister und benutze obige Beschreibungen nur als Anhaltspunkte. Ebenso mache man es bei den jetzt zu beschreibenden Fangmethoden, bei welchen ich eine praktische Unterweisung außerdem für unerläßlich halte.

Von den Fangmethoden und Witterungen.

§ 297.

1. Der Fuchsfang.

Der Fang des Fuchses beginnt Mitte Oktober, sobald der Balg gut ist, und dauert bis Mitte März. Pausen treten nur ein, wenn es sehr stark friert oder sehr hoher Schnee liegt; man kann aber während dieser Zeit kirren. Zum Fangen eignen sich am besten freies

Feld, größere Wiesen und große Blößen im Walde. Auf der letzten Strecke im Walde und der ersten Strecke auf dem Felde ist der Fuchs am vorsichtigsten. Die Kirr- resp. Fangplätze werden bereits im September angelegt. Zu dem Zwecke ebnet man westlich oder südlich der Waldgrenze, jedenfalls in der Haupt-Windrichtung auf einer Mittelfurche im Sturzacker, an den Schlaggrenzen, auf Wiesen usw. einen Platz von etwa 1 □m Größe mittels einer Hacke. Auf diesen Platz streut man in der Mitte trockenen Pferdedung (der Rand muß ringsum zum Spüren frei bleiben) und legt Gescheide, Heringsabfälle oder Kirrbrocken, die sehr scharfen Geruch haben, auf den Platz. Die Zubereitung der einfachsten und billigsten Brocken ist folgende: „Man nimmt je nach Bedarf 8—12 Hammelpfoten, schlägt dieselben mittels eines Beiles in kleine Stücke und kocht sie in einem reinen Gefäß z. B. einem billigen irdenen Topf etwa 20 Minuten im Wasser. Dann nimmt man den Topf vom Feuer und schüttet hinein: für 5 Pf. gestoßenes foenum graecum, für 5 Pf. gestoßene Veilchenwurzel, ein kleines Stückchen Kampfer (Bohnengröße), einen Eßlöffel voll Honig und eine Hand voll von der Rinde von Mäuseholz (Solanum dulcamara), welches in nassen Brüchern wächst; nun rührt man die ganze Masse durcheinander und läßt sie erkalten.“ Wenn die Brocken später stinken, so schadet es nichts. Durch den scharfen Geruch herbeigelockt, findet der Fuchs bald die Brocken, frißt sie und läßt schließlich zum Zeichen, daß er vertraut geworden ist, seine Losung auf dem Platz. Man legt so viele Kirrplätze wie möglich an; da wo der Fuchs am regelmäßigsten die Brocken abnimmt, legt man später die Eisen. Außerdem kann man zum Ankirren auch alle Fleisch- und Fischabfälle, die Kadaver der gefangenen und geschossenen Füchse, Katzen usw. verwenden. Wer Schleppen liebt, befestigt Gescheide usw. an eine Leine und schleppt damit zu den Fangplätzen, doch ist der Erfolg zweifelhaft. Das Eisen legt man stets Vormittags, da das Betreten des Platzes gegen Abend den Fuchs mißtrauisch macht. Ob man mit dem Schwanenhals oder Tellereisen fangen will, richtet sich nach der Örtlichkeit, dem Wildbestand usw., jedenfalls muß der Fänger beide Eisen und ihre Methoden kennen und jede da anwenden, wo er es für richtig hält. Wo Rehe oder viele Hasen auf der Saat, auf Kleeschlägen usw. umhertreten resp. hoppeln, wird man am besten mit dem Schwanenhals (Berliner Eisen oder dem deutschen Schwanenhals) fangen, auf Sturzacker wird man aber besser mit dem Tellereisen Nr. 11b fangen; ebenso in der Nähe von Wohnungen, da der Schwanenhals für Hunde, Schweine usw. gefährlich ist, während der Fang im Tellereisen Nr. 11b nichts schadet. Seit den Verbesserungen der früheren recht primitiven Tellereisen, werden jetzt sehr viel mehr Füchse mit dem Tellereisen als mit dem Schwanenhals gefangen. Die Tellereisen können wochenlang liegen, ohne daß es der Feder etwas schadet. Man kann daher Tellereisen immer liegen haben und fängt, besonders in der Ranzzeit, wenn nicht Frost und Schnee es verbieten, oft umherreisende Füchse, auch ohne dieselben erst zu kirren. Die Revision der gelegten Eisen muß, um unnötige Quälereien zu vermeiden, täglich frühmorgens geschehen. Das sogenannte Verwittern der Eisen mit der gekochten oder gebratenen Witterung usw. halte ich für falsch. Das Raubzeug soll das Eisen garnicht riechen, sondern soll nur den Brocken in der Nase haben. Der Schwanenhals muß rostfrei gehalten werden, nicht des Fuchses, sondern des Eisens wegen. Der deutsche Schwanenhals und die Tellereisen sind mit geruchlosem Lack bestrichen.

a) Fang mit dem Schwanenhals.

Den gereinigten Schwanenhals, der zweckmäßig auch leicht mit geruchlosem Fett mit einem Lappen eingerieben wird, spannt man zu Hause, trägt ihn gesichert, die Schlagseite nach außen, in der Hand nach dem Fangplatze, legt die Feder nach der Wind-Richtung und das Eisen etwa 3 cm tief fest auf 4 Steine in den Platz. Zu dem Zwecke hebt man die Erde in der Form des Eisens aus, das Innere der Feder wird aber ganz ausgehoben. Alle Arbeiten werden mit der bloßen unverwitterten Hand ausgeführt. Auf das Schloß legt man einen Viertelbogen Papier. Man bedeckt das Eisen dann mit trockenem Pferdedung und streut solchen auch über den ganzen Platz. Beim Herausziehen des Sicherheitsstiftes hält man den Kontrefaden straff und legt denselben nachher in die Feder, die man zuletzt mit dem Pferdedung usw. ausfüllt und bedeckt. Der Fangbrocken, ein Schuh der Hammelpfotenwitterung mit Inhalt, wird mittels Bindfaden durch die Pfeife am Stellhaken so angebunden, daß er 3—4 cm Spielraum vor der Pfeife hat; er muß beim Tragen in Papier gewickelt sein, damit nichts von der Witterung an das Eisen kommt. Der Fuchs würde an dieser Stelle das Eisen bloß kratzen und dann geprellt werden.

Der Brocken darf nicht in einer Vertiefung liegen, sondern er muß hoch liegen, damit der Wind ihn berühren und der Fuchs ihn weit genug wittern kann.

b) Fang mit dem Tellereisen Nr. 11b (der Grellschen Preisliste).

Von den Tellereisen kann man gleich mehrere im Rucksack tragen, die Anker, welche das Gummifutter zerreißen würden, nach außen. Man macht in dem bestätigten Kirrplatz eine Bettung, in welche das Tellereisen paßt und legt Kette und Anker in eine Vertiefung dicht hinter das Eisen in die Hauptwindrichtung. Das gespannte und gesicherte unverwitterte Eisen legt man wieder auf 4 Steine fest auf, sodaß es nicht wackelt und bedeckt dann Eisen, Kette und Anker so mit Sand, daß von Eisen usw. nichts mehr zu sehen ist; zuletzt dreht man den Sicherheitshaken herum und bedeckt ihn ebenfalls mit Sand. Empfehlenswert ist es, über den ganzen Platz über die Schlaghöhe der Bügel trocknen Pferdedung mit den Händen zu verreiben, nötig ist es aber nicht. 30 cm vor der Mitte des Tellers legt man handbreit auseinander 2 Witterungsbrocken nach der Hauptwindrichtung. Der Fuchs geht stets gegen Wind und tritt bei seinem Umhertreten vor den Brocken stets den Teller ab und fängt sich. Sollte sich der Wind drehen, so legt man die Brocken nach ihm um. Mit der Kette und dem Anker kommt der Fuchs meistens nicht weit, sondern drückt sich bald in einen Graben, eine Furche oder ein Gebüsch. Bei Frost bedeckt man die Tellereisen mit losem Staubsand von überhängenden Böschungen und darüber kommt erst trockener Pferdedung. Der sonst so beliebte Furchenfang empfiehlt sich da nicht, wo es viel Hasen und Kaninchen gibt; andernfalls legt man das Tellereisen, nachdem man den Platz geebnet und vorbereitet hat, in den Kreuzpunkt zweier Hauptfurchen oder in eine im Wechsel des Fuchses liegende Hauptfurche.

2. Fang des Dachses.

Zum Fang des Dachses muß man ein Tellereisen mit sehr starker Feder verwenden; dazu eignet sich am besten das Tellereisen Nr. 126c der Grellschen Liste mit 3 m langer Kette. Man erweitert die befahrensten Röhren oben und unten so, daß der Dachs aufrecht gehend, möglichst quer auf das Eisen treten muß. Die anderen Röhren werden verstopft. Nachdem man die Kette am nächsten Baum oder an einer Wurzel so befestigt hat, daß der Dachs nur etwa 30—40 cm tief in die Röhre zurückkommen kann, legt man das unverwitterte Eisen 126c, welches wie Nr. 11b unterliegende Feder, aber einen viereckigen, welligen Bügel hat, wieder ganz fest auf 4 Steine vorn in die Röhre hinein. Dann bedeckt man das Eisen mit der losen Erde aus der Röhre. Der stets nach außen zu legende Sicherheitshaken wird zuletzt herumgedreht und ebenfalls mit Erde bedeckt. Vor die Röhre legt man kreuzweise so viele trockene Hölzer, daß der Dachs die Röhre nicht verlassen kann, ohne die Hölzer umzuwerfen. Er muß dann vor den Hölzern kurz treten und fängt sich fast stets, aber meistens erst in der 2. oder 3. Nacht, da er durch das Geräusch beim Legen des Eisens usw. meist mißtrauisch geworden ist. Das Legen des so starken und deshalb gefährlichen Dachseisens auf dem Bau oder dem Passe ist nicht zu empfehlen, da sich sehr leicht Menschen oder Nutzwild darin fangen und beschädigen können. Der Fänger könnte wegen fahrlässiger Körperverletzung usw. bestraft und haftbar gemacht werden.

3. Fang des Fischotters.

Zum Fang des Fischotters eignet sich ebenfalls das Tellereisen Nr. 126c. Dasselbe kann im flachen Wasser oder am Ufer bei den Ausstiegen gelegt werden. Die Kette ist gut zu befestigen und muß so lang sein, daß der Fischotter noch das tiefe Wasser erreichen kann, wo er bald ertrinkt. Ein Fangbrocken wird nicht verwendet. Der Otter frißt nur lebende, selbst gefangene Fische.

4. Fang des Marders und Iltis.

Zum Fang des Marders benutzt man Eisen, Schlagbaum, Knüppelfallen usw. Im Dohnenstieg, wo sich der Marder bald einfindet, um Vögel und Beeren zu nehmen, kirrt man am Schlagbaum oder an einer niedrig befestigten Dohne usw. im Spätherbst den Marder so lange, bis sein Balg gut ist. Dann hängt man in den fängisch gestellten Schlagbaum einen Vogel, ein Eichhörnchen, Hasengescheide usw. oder man hängt den Vogel in die etwa 50 cm über der Erde angebrachte Dohne, oder an einen schrägen eingesteckten Stock. Unter dem so befestigten Vogel wird dann das gut angekettete unverwitterte Tellereisen Nr. 11b oder sonst ein kleines Eisen — wie oben beschrieben — gelegt und mit Sand bedeckt. Darüber streut man Laub, Nadeln usw. aus der Umgebung. Das gute Anketten ist nötig, da sich auch stärkeres Raubzeug, z. B. Dachs oder Fuchs in dem Eisen fangen könnten; diese würden, wenn man sie nicht findet, schließlich einen grausamen Hungertod sterben müssen. Wo man Diebstahl des Marders aus dem Schlagbaum oder dem Eisen befürchtet, gräbt man eine längliche Kiste mit Deckel an Lederscharnieren neben dem Dohnenstieg so in die Erde, daß der Deckel mit dem Erdboden abschneidet. Die Kiste reibt man vor dem Eingraben innen und außen mit Gescheide und Schweiß ein; das gibt gute Witterung, auch wird die Farbe dadurch unauffälliger. An den beiden Giebelenden befindet sich in der Mitte unter dem Deckel ein etwa 8 cm breites und hohes Loch. An den Deckel bindet man innen einen Vogel und auf den Boden legt man das Eisen in trocknem Sand unter den Vogel. Neben den Deckel werden Tannenzweige, Laub usw. gelegt. In diesem verborgenen Kasten und in dem Eisen unter der Dohne sowie in Knüppelfallen fängt sich außer dem Marder auch der Iltis. Der Kasten — der besseren Haltbarkeit wegen aus Eisen hergestellt — ist ebenfalls von E. Grell u. Co. aus Haynau für 4,50 Mk. zu beziehen. Wer sich näher über das Fangen von Raubzeug unterrichten will, lese in der „Anleitung zum Fangen des Raubzeuges" von A. Gille nach, die in 5. Auflage von E. Grell u. Co., Haynau herausgegeben und von dort für 2 Mk. zu beziehen ist. Die vielen Abbildungen geben auch eine klare Anschauung.

§ 298.

Von den Wildfährten und Spuren.

Bei allen zur hohen Jagd gehörenden vierläufigen Tieren heißen die Abdrücke der Läufe im Boden Fährten, bei allen zur niederen Jagd gehörenden vierläufigen Wildarten und bei den Raubtieren Spuren. Die Form des Abdrucks, die Größe desselben und die Stellung der Fährten und Spuren dienen zur Unterscheidung der verschiedenen Wildarten, sowie zur Erkennung des Alters, zuweilen auch zum Erkennen des Geschlechts.

1. Die Rotwildfährte. Dieselbe ist von allen Wildarten durch ihre regelmäßige, fast länglich herzförmige Form ausgezeichnet. Man kann an ihr am deutlichsten Alter und Geschlecht des Wildes unterscheiden. Folgende Kennzeichen sind wichtig:

1. Der Schritt, d. h. die Länge desselben, indem z. B. ein Achtender weiter schreitet als das stärkste Tier. Ein jagd-

barer Hirsch schreitet mindestens 72 cm von Spitze zu Spitze der Tritte.

2. Die Breite des Tritts; sie beträgt an der breitesten Stelle bei einem jagdbaren Hirsche mindestens 7 cm, beim Tiere sehr selten so viel, meist nur 4 cm.

3. Der Schrank, d. h. die seitliche Abweichung der rechten resp. linken Läufe von der Mittellinie der Fährte; diese nimmt mit der Stärke des Hirsches zu, während die Tiere mehr schnüren.

4. Die Stümpfe, d. h. die Spitzen der Schalen sind beim Hirsche rundlich, beim Tiere mehr zugespitzt.

5. Die Oberrücken (Abdrücke des Geäfters) sind in der Flucht oder in weichem Boden beim Hirsche weiter von den Ballen ab und viel stärker und stumpfer als beim Tiere.

6. Das Auswärtssetzen der Schalen des Hirsches, während das Tier dieselben parallel richtet.

7. Der Burgstall, eine Erhöhung des Erdbodens in der Mitte des Tritts, die sich beim Hirsche durch seine Schwere und stärkeres Auftreten bildet.

Man darf eine Rotwildfährte niemals nach einem einzelnen Tritt oder nur nach einem der oben aufgezählten Kennzeichen ansprechen, sondern sie so lange verfolgen, bis man zu einem begründeten Urteil gekommen ist.

Die Losung des Hirsches ist mehr rundlich, dicht und eckig und hängt namentlich in der Feistzeit in einem schleimigen Überzuge zusammen; die Spitze der einen Losung paßt in eine Vertiefung der vorhergehenden Losung an deren stärkeren Grundfläche hinein. Die Losung des Alttieres ist mehr walzenförmig.

2. Die Damwildfährte ist etwas rundlicher als die mehr schmale längliche Rotwildfährte und viel geringer, so daß sie mit der Schaffährte große Ähnlichkeit bekommt, jedoch naturgemäß weiter im Schritt ist. Die Fährte des alten Damtieres ist nur kaum 4 cm breit und etwas über 5 cm lang, des Damschauflers etwas über 4 cm breit und $5\frac{1}{3}$ cm lang, des starken Schauflers 5 cm breit und etwas über 6 cm lang, also bedeutend geringer als die Rotwildfährten. Die Tierfährten unterscheidet man in ähnlicher Weise von den Hirschfährten

wie beim Rotwild, jedoch ist die Unterscheidung nicht so streng durchzuführen; Schalen und Geäfter sind auch beim Hirsch stumpfer.

3. Die Schwarzwildfährte ist beinahe so gestaltet wie die des zahmen Schweines. Von der Rotwildfährte, mit der sie in ihrer Form eine gewisse Ähnlichkeit hat, unterscheidet sie sich sofort durch die viel geringere Weite des Schritts (um ein Drittel geringer) und besonders durch die Geäfter, welche bei den Sauen viel länger sind, näher an den Schalen und auffallend mehr seitwärts und weiter von einander stehen; die Ballen sind auch flacher. Die jungen Sauen haben ungleiche Schalen, die äußere ist merklich länger, nach dem dritten Jahr hört die Ungleichheit immer mehr auf, bei Hauptschweinen sind sie gleich. Die Sauen schnüren auch mehr als das Rotwild.

Die Fährte des Frischlings ist im Sommer über die Ballen gemessen (wie auch bei allen früheren Angaben!) 2 cm breit und über 2 cm lang, des Überläufers über 3 cm und 4 cm, des zweijährigen Schweines 4 cm und kaum 5 cm, bei dreijährigem Schweine nicht ganz 5 cm und 5 cm, beim Hauptschweine 5,3 cm und 6 cm. Keiler und Bache sind nicht sicher zu unterscheiden in der Fährte.

4. Die Rehwildfährte hat die größte Ähnlichkeit mit der Rotwildfährte, nur ist sie sehr viel kleiner. Der stärkste Bock fährtet geringer als das Rotwildkalb im Sommer. Die Fährte des starken Bocks ist kaum 3 cm breit und 4,5 cm lang, des Schmalrehs etwas über 2 cm und 3 cm, Ricke- und Bockfährte sind nicht sicher zu unterscheiden.

5. Die Fuchsspur hat große Ähnlichkeit mit der Hundespur, doch stehen beim Fuchs die mittleren Zehen nach vorn, sie ist deshalb mehr länglich. Beim Traben schnürt der Fuchs, d. h. er setzt die Läufe in eine schnurgerade Linie (s. hinten die Tafel Fig. 1), in der Flucht setzt er die Läufe nebeneinander (hinten Fig. 2 und 3). Die Spur des alten Fuchses ist knapp 3 cm breit und über 4 cm lang.

6. Dachsspur. Der Dachs zeichnet in der Spur den ganzen Abdruck seines Plattfußes, sodaß vor dem breiten Ballen die 5 großen Zehen wie die Finger vor dem Handteller stark markiert stehen; er schreitet auffallend kurz, höchstens 32 cm weit (der Fuchs bis zu 43 cm). Die Spur eines starken Dachses ist 4,5 cm breit und über

5 cm lang. Siehe hinten Fig. 4 in ruhiger, Fig. 5 in flüchtiger Gangart.

7. Die Fischotterspur zeichnet die zwischen den einzelnen Zehen befindliche Schwimmhaut ab, wodurch die Erde zwischen diesen ganz plattgedrückt erscheint. Die runden Zehen drücken sich nur in sehr weichem Boden (Schnee) deutlich ab, bei Schnee kennzeichnet sich die Spur gut durch das fortwährende Nachschleppen der Rute. Im Trabe setzt sie 2 Läufe schräg nebeneinander (Fig. 6), in der Flucht stehen alle 4 Läufe schräg hintereinander (Fig. 7).

8. Die Spur des Baummarders gleicht der der Hauskatze, nur ist sie etwas länglich; die behaarten Ballen und Zehen markieren sich schwach; in hüpfender Gangart setzt er die Läufe schräg nebeneinander (etwas schräger als der Dachs, s. Fig. 8), in flüchtiger Gangart (Fig. 9) mehr unregelmäßig, oft der Hasenspur sehr ähnlich, mit deren Größe und Art des Ballenabdrucks sie überhaupt Ähnlichkeit hat.

Beim Steinmarder drücken sich die weniger behaarten Ballen und Zehen deutlicher ab.

Der Iltis macht kürzere Sprünge, die Spur ist rundlicher und kleiner, auch sind die Zehen besser ausgedrückt als beim Steinmarder, die Hinterläufe stehen enger, die Vorderläufe weiter.

Das Wiesel spürt sich genau wie der Iltis, nur kleiner.

Die Wildkatze spürt sich wie die zahme Katze, nur stärker, auch schnürt sie mehr; die Form der Fährten ist ähnlich der des Fuchses.

Der Wolf spürt sich wie ein starker Hund, nur schnürt er und schreitet weiter, die mittleren Zehen stehen weiter vor in der Spur.

9. Der Hase überschnellt mit den Hinterläufen die Spur der Vorderläufe, sodaß er sie vorsetzt. Die Spur der Hinterläufe ist stärker als die der Vorderläufe; die Vorderläufe stehen vor-, die Hinterläufe gerade (beim Hoppeln) oder schräg (in der Flucht) nebeneinander (Fig. 10 und 11).

Das Kaninchen spürt sich wie der Hase, nur schwächer.

Man wolle übrigens auch diese Fährten oder Spuren niemals nach einem einzelnen Tritt ansprechen, sondern stets die ganze Fährte und Spur, womöglich aber mehrere aufsuchen und dann erst urteilen. In weichem Boden wird die Spur unsicher.

§ 299.

Vom waidmännischen Töten, Aufbrechen und Zerlegen des Wildes, vom Streifen des Raubzeuges.

Alles Wild, was noch lebend in die Hände des Jägers gelangt, wird kunstmäßig auf folgende Weise getötet:

1. Stärkeres Rotwild und Schwarzwild soll waidgerecht mit dem Hirschfänger abgefangen werden, indem man denselben auf der linken Seite, etwa 18 cm vom Brustrande dicht hinter der 3. Rippe tief in das Herz stößt, resp. man gibt ihm den Fangschuß dicht hinterm Gehör in den Kopf, wohl auch auf den Hals, um nicht das Geweih zu gefährden.

2. Alles Mutterwild, geringes Rot- und Damwild und alles Rehwild wird mit dem Genickfänger abgenickt, indem man das Messer in die kleinere und weichere Vertiefung dicht hinter den Gehören, da wo Schädel und erster Halswirbel sich treffen, hineinstößt. Hat man Gewalt anzuwenden, so ist man an einer falschen Stelle; die rechte Stelle, welche man am besten erst mit dem Finger sucht, ist weich. Rot- und Damtieren giebt man auch den Fangschuß auf den Hals.

3. Hasen und Kaninchen faßt man mit der linken Hand an den Hinterläufen, läßt sie herunterhängen und schlägt sie mit der schmalen Seite der geöffneten Hand senkrecht hinter die Löffel, nickt sie.

4. Alles Raubzeug (Dachs, Fuchs, Marder usw.) wird mit Knüttelhieben auf die Gehirnhöhle oder Nase getötet. Bei Dachs und Fuchs gibt man zur Sicherheit noch einige Hiebe zu, weil sie zuweilen nur betäubt und sehr zählebig sind. Beim Dachs sticht man am besten noch das Fangmesser am Brustkern tief in die Brust da, wo die Schwarte später doch aufgeschärft werden muß; dann hebt man ihn an den Hinterläufen hoch und läßt den Schweiß gut auslaufen.

5. Auerwild, Schwäne, Trappen und Kraniche werden ebenso wie das Rehwild abgenickt, indem man den Nicker in die weiche Stelle am Hinterkopf stößt.

6. Birkhühner, Fasanen, Haselwild, Rebhühner, Wachteln und Drosseln werden abgefedert, indem man die Spule einer ausgezogenen Schwungfeder beim Genick in den Hinterkopf sticht; die ersten drei Wildarten nickt man auch wohl ab!

Alles Wild, das zum Essen benutzt werden soll, muß sobald wie möglich, namentlich im Sommer und wenn es waidewund geschossen war, nach gewissen waidmännischen Regeln aufgebrochen und ausgeweidet werden. Bei Keilern und Hirschen muß das Kurzwildpret unmittelbar nach dem Erlegen (namentlich in der Brunftzeit) herausgelöst werden. Nachdem das Wild gehörig gestreckt, d. h. auf den Rücken gelegt und der Kopf so zurückgebogen ist, daß der Unterkiefer mit dem Hals und Körper eine gerade Linie bildet, drückt man die Spitze des Nickfängers dicht vor dem Brustknochen mitten auf die Brusthöhle in die Haut ein und schärft diese über die Mitte des Halses bis zum Drosselknopf auf, ergreift den Schlund, löst ihn am Drosselknopf ab und stößt ihn, während die linke Hand das abgeschnittene Ende fest zuhält, mit der rechten Hand von der Drossel ab.

Um das Ausfließen von Äsung zu verhindern, wird der Schlund sorgfältig mit einem Knoten eingeschürzt. Sodann schärft man über das Kurzwildpret weg die Haut über die Mitte des Bauches bis zur Brust auf, indem man das Messer zwischen dem gespreizten Zeige- und Mittelfinger der linken Hand, mit denen man unter die Haut gefahren ist, hält, löst die Brunftrute aus, macht einen Einschnitt in den Bauchmuskel und schärft dann den Bauch selbst bis zur Brust auf, ohne Blase und Gescheide zu beschädigen. Hierauf greift man mit beiden Händen in den vordersten Wanst, sucht den Schlund, zieht ihn an den Wanst heran und wirft das Gescheide rechts neben das Wild. Leber und Nieren dürfen nicht mit herausgerissen werden. Hierauf sprengt man mit dem Messer das durch eine hervorragende Naht zwischen den Keulen markierte Schloß und bricht es vorsichtig auseinander, worauf man das Wildpret zwischen den Keulen bis zum Waidloch aufschärft, den Mastdarm auslöst und dann die Brandadern an den inneren Keulen aufsticht. Schließlich schärft man am Kopfe den Drosselknopf ab, löst das Zwergfell an den Seiten ab, zieht die Drossel an die vordere Herzkammer und das ganze Geräusch: Herz, Lunge und Leber mit der linken Hand heraus, indem man die festgewachsenen Teile abschärft. Zuletzt hebt man das ganze Vorderteil in die Höhe, um sämtlichen Schweiß hinten auslaufen zu lassen, steckt frische Laubbrüche in den Körper und streckt das Wild auf die rechte Seite.

Beim Aufbrechen dürfen weder die Ärmel aufgestreift, noch Hirschfänger und Hut abgelegt, noch darf über das Wild geschritten werden.

In dieser Weise wird alles Rot-, Dam-, Reh- und Schwarzwild aufgebrochen, nur daß man bei letzterem am Halse nicht die Haut aufschärft, sondern Drossel und Schlund mit einem Querschnitt oberhalb des Drosselknopfes absticht. In der Brunftzeit muß beim Keiler der Brunftzwang an der Öffnung der Brunftrute ausgelöst werden, indem man die Schwarte eine gute Hand breit ablöst und die darunter befindliche gallertartige Masse entfernt; auch bei Hirschen muß in dieser Zeit das Kurzwildpret so schnell als möglich abgeschärft werden. Bei Sauen (auch bei Hasen) muß von der Leber die Gallenblase losgelöst werden.

Dem Aufbrechen folgt das **Zerlegen** d. i. die Zerteilung des Wildes in die einzelnen für die Küche zur Verwendung gelangenden Stücke, wobei man sich eines starken Nickfängers und einer guten Knochensäge zu bedienen hat; es werden hierbei Hals, Keulen, Blätter und Rippen vom Rücken (Zimmer) abgelöst; letzterer kann je nach Bedarf in mehrere Teile zerlegt werden.

Dem Zerlegen hat das **Zerwirken** d. i. das Ablösen der Haut und das Abnehmen des Gehirns und des Geweihs vorauf zu gehen. Man streckt das Wild auf die linke Seite oder auf den Rücken, schärft die Haut vom Halse bis an die geöffnete Bauchhöhle auf, löst die unteren Teile der Läufe im Fußgelenk ab und dann die Haut vom Halse bis an die geöffnete Bauchhöhle auf, und löst dann die Haut oben an den Vorder- und Hinterläufen, nachdem sie vorn aufgeschärft sind, ab; schließlich stößt man mit dem Daumen und der Faust unter Zuhilfenahme des Messers die Haut ganz ab, so daß möglichst wenig Wildpret oder Feist an der Haut bleibt.

Das zerwirkte Wild bleibt nun auf der Haut liegen und löst man zuerst sauber das rechte, dann das linke Blatt aus; hierauf löst man von den Keulen her nach vorn quer über die Rippen bis zum Halse die Flanken und trennt die Keulen ab; hierbei hat man sich zu entscheiden, ob man die Keulen oder das Zimmer größer haben will; eins muß auf Kosten des andern geschehen. Will man sie recht groß haben, so werden sie ebenso wie die Blätter aus der Pfanne gelöst, andernfalls unterhalb derselben quer durchgeschärft und am Röhrenknochen durchgesägt.

Nachdem Kopf und Hals vom Rücken getrennt sind, teilt man bei Rotwild usw. den Rücken meist noch in drei Teile, das Hals-,

Mittel- und Wedelzimmer; bei Rehen bleibt das Zimmer meist ganz. Aus dem Kopfe wird noch das Gehirn und der Lecker genommen und schließlich die Haut bis zur weiteren Verwendung gut mit Asche eingerieben und bestreut, dann mit der Haarseite nach unten auf dem Boden über eine Stange gehängt.

Das Auswerfen der Hasen geschieht in der Weise, daß man kurz vor dem Schloß einen Einschnitt in Balg- und Bauchmuskel macht, zwischen Zeige- und Mittelfinger den Bauch etwa 15 cm lang aufschärft, ohne das Gescheide zu verletzen und dann das Gescheide, indem man mit der linken Hand die Hinterläufe hält und mit dem rechten Fuß auf die Vorderläufe tritt, vorsichtig mit dem Magen herauszieht. Den Mastdarm löst man im Innern kurz vor dem Waidloche ab. Zum Herausnehmen des Geräusches drückt man mit der Faust der rechten Hand das Querfell ein und zieht, indem man den Hasen wie vorher festhält, das Geräusch heraus.

Bei Verkaufshasen unterbleibt am besten das Auswerfen, weil die Hasen sich unausgeworfen besser halten, anderseits durch das Auswerfen unansehnlich, oft unappetitlich werden.

Alles zur hohen Jagd gehörige Federwild muß aufgebrochen werden, indem man vom Waidloche aus den Bauch nach der Brust zu etwa einen Finger lang aufschärft und dann mit den Fingern das Gescheide herauszieht.

Bei allem übrigen Federwilde, mit Ausnahme der Schnepfen und Drosseln, welche das Gescheide behalten, wird dasselbe mit einem hölzernen Haken aus dem Waidloche gezogen, nachdem man denselben einige Male umgedreht hat.

Alles vierläufige Raubzeug muß „gestreift“ d. h. vom Balg befreit werden, um ihn zu verwerten. Das Verfahren ist im allgemeinen gleich; sobald das Stück vollständig kalt geworden ist, schärft man die Haut aller 4 Läufe von den Ballen an an den Innenseiten auf und zwar die Vorderläufe bis zu den Blättern, die Hinterläufe bis zum Waidloch; dann zieht man die Haut, auch die von den Zehen, bis oben hinauf ab, heßt die Hinterläufe ein und hängt das Stück auf. Hierauf zieht man den inneren Teil der Rute (Lunte) aus der Hautbedeckung und streift vorsichtig — nie reißend — den Balg bis zu den Vorderläufen ab; sobald das Abziehen zu schwer wird, hilft man mit einem nur mäßig scharfen Messer (um den Balg nicht ein zuschneiden) nach; schließlich zieht man auch die Vorderläufe aus der Haut und diese dann mit der Nase vom Kopfe ab, wobei die Lauscher und sonstige Kopfteile einzeln mit dem Messer abzulösen sind.

Der Balg, dessen Kehrseite man nun in der Hand hat, wird sofort, die rohe Seite nach außen, auf ein sog. „Spannbrett" von 1—1,5 m Länge, 0,25 m unterer und 5 cm oberer Breite, also von abgestumpfter Dreiecksform glatt und fest übergezogen und in straff gespanntem Zustande festgenagelt, indem man in die beiden Hinterläufe kleine Drahtnägel zur Hälfte einschlägt. Um das Zusammenrollen der Haut zu verhüten, klebt man in die rohen Seiten der Hinterläufe und der Rute in ihrer ganzen Breite schwaches Papppapier. Ist die rohe Seite trocken, zu welchem Zwecke das Spannbrett in einen trockenen mäßig warmen Raum gestellt wird, so wird der Balg abgezogen und nochmals mit der Haarseite nach außen aufgespannt; nach einigen Tagen wird er gut sein und nun mehrmals gut und glatt mit weitem Kamme ausgekämmt; bis zum Verkauf wird er in einer ganz trockenen Kammer aufgehängt.

Beim Dachs verfährt man anders. Man schärft die Schwarte vom Bürzel beginnend gerade zu bis zur Kinnlade auf, ebenso die Innenseiten aller 4 Läufe bis zu den Klauen; sie wird dann vorsichtig mit einem mäßig scharfen Messer abgestreift und dann in ihrer ganzen Breite an eine Tür, mit der behaarten Seite unten, festgenagelt. Die rohe Seite wird, was man übrigens auch vorteilhaft vor dem Aufspannen aller anderen Bälge tut, mit einer Mischung von Holzasche und Salz tüchtig eingerieben. Nun entfernt man mit einem Male die beiden Fettlagen vom Rücken und den Flanken, die durch eine Lage Wildpret getrennt sind; schließlich wird der Dachs in üblicher Weise zerlegt und werden dabei die das Geräusch umgebenden inneren Fettlagen ausgelöst.

§ 300.

Die Jagdkunstsprache.

1. Beim Rotwild.

Das männliche Geschlecht heißt Hirsch, das weibliche Tier oder Alttier. Letzteres setzt ein, selten zwei Kälber, von denen das männliche im ersten Jahre (bis 31. Dezember) Hirschkalb, das weibliche Wildkalb heißt. Sobald das Hirschkalb etwa im Februar Spieße aufgesetzt hat, heißt es Spießer, im nächsten Jahre, sobald es ein Geweih mit 2 Enden an jeder Stange aufgesetzt hat, Gabelhirsch*), ein Jahr später, wenn jede Stange 3 Enden trägt, ein Sechsender usw. Hirsche mit 8 Enden nennt man gering jagdbar, mit 10 und 12 Enden und einem Mindestgewicht (mit Aufbruch) von 150 kg resp. ebenso starke mit zurückgesetztem Geweih jagdbar, mit 14 und mehr Enden und entsprechendem Gewicht stark jagdbar oder Kapitalhirsche.

Das weibliche Rotwild heißt vom 1. Januar des ersten bis zum 31. Mai des zweiten auf seine Geburt folgenden Jahres Schmaltier, dann Alttier. Alttiere, die in der Brunst nicht aufgenommen haben, nennt man Gelttiere.

Das Geweih (nie Gehörn!) des Hirsches besteht aus 2 *Stangen*; der untere krause Kranz an den Stangen heißt *Rosenkranz*, die unter demselben befindlichen Stirnzapfen *Rosenstöcke*; das unterste den Lichtern zunächst stehende Ende heißt *Augensprosse*, das darüber befindliche *Eissprosse*, die kleinen Kügelchen heißen *Perlen*.

Geringere Hirsche *werfen* im April, stärkere Hirsche im März oder Februar ihr Geweih *ab*, Gabler erst im Mai, und setzen bis zum August neue Geweihe *auf*; so lange das Geweih noch weich ist, heißen die Hirsche *Kolbenhirsche*; das Abreiben der Haare der Kolben (Bast) an Bäumen nennt man *Fegen*, das Reiben und Schlagen mit dem fertigem Geweih aber „Schlagen“; sobald das Geweih völlig ausgelegt, verhärtet und an den Enden spitz ist, sagt man: es ist *vereckt*. *Wechselwild* ist solches Wild, welches häufig seinen Stand wechselt resp. nicht immer im Reviere bleibt, im Gegensatz zum *Standwild*, das seinen festen Aufenthalt hat.

Die Augen des Rotwildes nennt man *Lichter*, die Ohren *Lauscher*, die Zunge *Lecker*, den Schwanz *Wedel*, die kleinen über dem Ballen befindlichen Spitzen *Oberrücken*, die Beine wie bei allem Wild *Läufe*, das Maul *Geäs*, die Nase *Windfang*, den Ausgang des Mastdarms *Waidloch*, die Exkremente *Losung*, Magen und Gedärme *Gescheide*, das Euter *Gesäuge*, die Gurgel *Drossel*, das Fett *Feist* (Feistzeit vom 15. August bis 20. September), das Fleisch *Wildpret*, das Fell *Haut* oder *Decke*, das Blut *Schweiß*.

---

*) Gabelgeweihe werden selten aufgesetzt; meist setzt der Hirsch noch einmal aber stärkere Spieße auf und dann gleich 6 Enden; häufig werden dann zweimal hintereinander wieder 6 resp. 8 Enden aufgesetzt, anstatt daß in jedem folgenden Jahre 2 Enden mehr aufgesetzt werden.

Das Sehen heißt äugen, das Herumriechen winden oder wittern, das Erforschen einer vermeintlichen Gefahr mittels der Sinne sichern, das Urinieren nässen, das Auswerfen von Exkrementen sich lösen, das Wechseln des Winter- und Sommerkleides verfärben, das Fressen äsen, das Saufen sich tränken. Es nimmt den Jäger an, wenn es angreift, es nimmt die Futterung an, es tut sich nieder, es sitzt im Bett (Lager), es brunftet, wenn es sich begattet. Die Brunftzeit dauert etwa von Ende September bis Ende Oktober; das Tier geht 38—40 Wochen hochbeschlagen und setzt Ende Mai 1 bis 2 Kälber, doch beschlägt das Wild zuweilen auch zu anderen Zeiten. Während der Brunftzeit schreien die Hirsche und kämpfen um den Besitz der Tiere; das weibliche Glied heißt Feigenblatt, die Hoden des Hirsches Kurzwildpret mit der „Brunftrute". Das Wild ist vertraut, wenn es ohne Argwohn ist, es zieht umher, wenn es langsam geht, es trollt (trabt) und ist flüchtig (läuft), es fällt über Gatter usw. (springt), es steht in einer Dickung; es wird krank, wenn das Wundfieber eintritt, es bricht (fällt) zusammen, es klagt (schreit) und verendet (stirbt). Kümmerer nennt man Wild, welches an einer Wunde oder einer Krankheit leidet und dann schlecht wird; Kümmerer haben meist fehlerhafte oder zurückgesetzte Geweihe. Wo es später nicht besonders bemerkt ist, gelten diese Ausdrücke auch für Dam-, Reh- und Schwarzwild. Zerwirken heißt das Abtrennen der Haut und des Geweihes, Zerlegen das Zerteilen für die Küche (für alle größeren Wildarten).

2. Beim Damwild.

Das Männchen heißt Damhirsch, das Weibchen Damtier; letzteres geht nur 8 Monate hochbeschlagen und setzt nach der Brunftzeit, die von Mitte Oktober bis Mitte November dauert, im Juni bis Juli 1—2 Kälber; das Hirschkalb heißt vom März ab, wo sich die Rosenstöcke zeigen, Damspießer, das weibliche Damwild heißt vom 1. Januar des ersten bis zum 31. Mai des zweiten auf seine Geburt folgenden Jahres „Schmaltier". Nachdem im folgenden Mai bis Juni der Damspießer die Spieße abgeworfen hat, setzt er ein Geweih von 6 bis 10 Enden auf, welches er im September fegt; dann heißt er geringer Damhirsch. Im nächsten dritten Jahre wirft er das Geweih im Mai ab und setzt ein Geweih mit geringen Schaufeln auf, welches er im August bis September fegt; er heißt dann geringer Damschaufler. In den folgenden Jahren werfen die *Schaufler* bereits April bis Mai ab und fegen im August.

Das übrige ist wie beim Rotwild.

3. *Beim Schwarzwild.*

Sauen ist ein gemeinschaftlicher Ausdruck für beide Geschlechter; das Männchen heißt Keiler, das Weibchen Bache, die jungen im ersten Jahre bis zum 10. Oktober gefleckte Frischlinge, dann Frischlinge, dann vom 1. April ab bis zum nächsten 1. April Überläufer, von da ab ist für die Bestimmung des Alters immer der 1. April maßgebend. Besser ist es jedoch, die geschossenen Sauen nach dem Gewicht anzusprechen. Im Winter geschossen: Unter 100 Pfd. — Frischlinge; 100—150 Pfd. — Überläufer; 150—200 Pfd. — 2jährige Sauen; 200 Pfd. und mehr: 3- und mehrjährige Sauen; das Gewicht stets ohne Aufbruch gerechnet. Ist der männliche Frischling 2 volle Jahre alt, so wird er 2jähriger, nach abermals 1 Jahr 3jähriger, von 4 Jahren ein *angehender Keiler*, von 5 Jahren ein *hauendes*, von 6 Jahren ein *grobes Schwein*.

Die *Rauschzeit* dauert von Ende November bis Anfang Januar, worauf die Bache nach 16—18 Wochen 4—10 Frischlinge *frischt*.

Der Rüssel heißt *Gebrech*, die Hauzähne *Gewehre*, bei den Bachen *Haken*, das Haar *Borsten*, die Ohren *Gehöre*, die Dünnungen *Wammungen*, der Schwanz *Pürzel*, die Haut *Schwarte*, das Fett *Weißes*, die kleinen Klauen hinten an den Läufen *Geäfter*. Die Sau *schiebt* sich in das Lager, das Lager einer ganzen *Rotte* heißt *Kessel*; sie *stecken* in einer Dickung, sie wechseln aus einer in die andere; sie *brechen* (wühlen), um sich *Fraß* (Nahrung) zu suchen; die aufgewühlte Erde heißt *Gebräche*.

4. *Beim Rehwild.*

Das Männchen heißt Rehbock, das Weibchen Ricke, die Jungen Kitzchen. Das männliche Kalb*) setzt im November die ersten Spieße auf und heißt dann Spießbock; diese wirft er im Februar bis März

*) *Als sicheres Kennzeichen der Rehkälber* im $\frac{\text{Oktober}}{\text{Dezember}}$ gilt, daß dieselben in *jeder Kinnlade* des Ober- und Unterkiefers *höchstens* 5 Backzähne haben, der 6. (letzte!) Backenzahn jeder Reihe erscheint erst nach einem

ab und setzt dann bis Mai ein zweites (meist stärkere Spieße) Gehörn oder Gabeln auf, worauf er Gabelbock, sonst Spießer heißt. Die Gabeln fegt er im Mai bis Juni, wirft sie im November ab und setzt dann ein Gehörn von 6 Enden auf, das er jährlich im November abwirft und März bis Mai fegt. In den späteren Jahren wird er starker resp. Kapitalbock und setzt dann zuweilen noch mehr Enden auf. Das weibliche Rehwild heißt vom 1. Januar des ersten bis zum 31. Mai des zweiten auf seine Geburt folgenden Jahres „Schmalreh". Die Brunst findet von Mitte Juli bis Ende August (Blattzeit) statt, worauf die Ricke im Mai 1—3 Kitzchen setzt.

Der Büschel an der Brunstrute des Rehbocks heißt Pinsel, am Feigenblatt der Ricke Schürze, die weiße Scheibe um das Waidloch Spiegel. Das Wegscharren der Bodendecke vor dem Niedertun heißt Plätzen, das Schreien bei nahender Gefahr Schrecken. Mehrere Rehe zusammen bilden einen Sprung, (beim Rotwild „Rudel", bei den Sauen Rotte).

5. Beim Hasen.

Das Männchen heißt Rammler, das Weibchen Setzhase (Häsin). Die Rammelzeit (Begattung) dauert vom Februar (bei mildem Wetter Januar) bis August; die Häsin (Setzhase) setzt nach einer Tragezeit von 1 Monat ungefähr 4 Mal nach je 6—8 Wochen 2—4 Junge, ältere setzen 4—5 Mal, junge nur 2—3 Mal. Der erste Satz heißt vom 24. August ab Dreiläufer. Die Augen heißen Seher, die Ohren Löffel, die Hinterläufe Sprünge, der Schwanz Blume, die Haare Wolle. Der Hase rückt ins Feld oder ins Holz, er sitzt im Lager, er fährt aus dem Lager, er macht einen Kegel, wenn er sich auf den Sprüngen aufrichtet, er macht Wiedergänge und Absprünge, ehe er sich im Lager drückt. Beim Aufstoßen trägt der Rammler die Blume meist hoch, der Setzhase drückt sie an.

6. Beim Fuchs.

Fuchs und Füchsin hängen, wenn sie sich begatten; die Begattungszeit heißt Roll(Ranz-)zeit und fällt in dem Februar, worauf die

---

Jahre; der 3. Backenzahn jeder Unterkieferlade (vom Geäse gerechnet) ist beim Kalb stets drei-, beim einjährigen Reh stets zweiteilig.

Alte Rehe sind von Schmalrehen im Winter stets an dem gelblichweißen Fleck vorn am Halse zu erkennen; bei Schmalrehen ist derselbe kaum sichtbar.

Füchsin 9 Wochen dick geht und 4—7 blinde Nestfüchse wölft (wirft), die zusammen Geheck heißen. Die Haut heißt wie bei allen zur niederen Jagd gehörendem Haarwild „Balg". Er ist vom November bis März brauchbar. Die Ohren heißen Gehöre oder Lauscher, die Hoden Geschröte, das männliche Glied Rute, das weibliche Schnalle, der Schwanz Lunte, die Spitze desselben Blume; sie ist gewöhnlich weiß, bei Brandfüchsen schwarz. Der nach Bisam riechende Fleck unten an der Lunte heißt Viole, das Fleisch Kern, die Fangzähne Fänge, sämtliche Zähne Gebiß. Der Fuchs kriecht zu Baue, steckt in demselben, fährt heraus; er verklüftet sich darin, wenn er die Röhren hinter sich zugräbt; er frißt den Raub, seine Nahrung heißt wie die aller Raubtiere Fraß (Riß!).

7. Bei dem übrigen Raubzeug.

Die Bälge sämtlichen Raubwildes nennt man auch Rauhwerk, die Nahrung Fraß, Wittrung die stark riechende Masse, mit der man es auf die Eisen lockt, sie gehen dick (tragend) und werfen (bringen), der Schwanz heißt Rute, die Ohren Gehöre, die Beine Läufe, die Zähne Gebiß, die Begattungszeit Ranzzeit. Folgende besonderen Ausdrücke sind zu merken:

a) beim Dachs. Nach der gewöhnlich im August stattfindenden Ranzzeit wirft die Dächsin (nach 30 Wochen) 2—4 (selten 6) blinde Junge. Der Dachs geht auf die Weide (Nahrung), er sticht, wenn er mit der Nase in der Erde wühlt, um sich Würmer und Wurzeln zu suchen, viele kleine Löcher in die Erde. Die Haut heißt Schwarte, die Haare Borsten, das Fleisch Fleisch, die mit einem Drüsensekret angefüllte Vertiefung unter der kurzen und breiten Rute Stinkloch, deren Inhalt zur Ranzzeit durch „Schlittenfahren" auf den Boden gedrückt wird.

b) bei dem Fischotter. Nach der Ranzzeit, meist im Februar, jedoch auch in anderen Monaten, bringt oder wirft die Otterin nach 9 Wochen 2—3 Junge. Der Otter liegt in seinem Bau, er geht aus, er fischt, er steigt aus und wieder ein, wenn er etwas gefischt hat, er pfeift in sehr kalten Nächten; in der Losung sind immer Fisch- resp. Krebsteile. Das Weibchen heißt „Otterin".

c) beim Marder und Iltis. Ranzzeit usw. ebenso wie beim Fischotter, 3—4 Junge. Sie baumen oder holzen auf (erklettern

Bäume), sie baumen fort (weiter) und ab. Aufstieg ist die Stelle an der Erde, wo der Marder aufgeholzt hat, Absprung die Stelle, wo er abgebaumt hat. Wenn man den Marder verfolgt, bis man ihn gefunden hat, so hat man ihn festgemacht.

9. Beim Federwild.

Die Beine heißen meist Ständer, der Schwanz Steiß, die Spuren Geläuf, das Fett Feist, sie fallen ein (fliegen zu Boden).

Besonders zu merken ist:

a) beim Auerwild. Die Henne legt nach der Balzzeit (Ende März bis Anfang Mai) 4—6 Eier. Es schwingt sich ein und reitet ab, wenn es auf einen Baum fliegt, es steht auf demselben; die aus Beeren und Knospen bestehende Nahrung heißt Geäs, der Kot Losung, wie bei allem zur hohen Jagd gehörigen Federwilde, die roten Flecke an den Augen „Rosen".

b) beim Birkwild. Nach der Balzzeit im April bis Mai legt die Henne 8—12 Eier, Henne und Junge zusammen nennt man wie bei allen Hühnern Kette. Der weiße Flügelfleck beim Hahn heißt wie beim Auerhahn Spiegel, der Schwanz desselben Spiel (Schar). Er balzt auf der Erde, der Auerhahn auf dem Baum.

c) beim Rebhuhn. Sie paaren sich im Februar, worauf die Henne Anfang Mai 10—20 Eier legt, die sie in 3 Wochen ausbrütet. Der dunkle ringförmige Fleck auf der Brust des Hahnes heißt Schild, der Kot wie bei allem zur niederen Jagd gehörendem Federwild Gestüber. — Sie weiden oder äsen, sie liegen (nicht sitzen) und stehen auf, dicht über der Erde streichen, ziehen sie, höher hinauf stieben sie. Sie rufen (nicht locken!) sich zusammen, wobei man sie verhört. Abends fallen sie auf die Weide, um zu äsen. Im Kessel „stauben" sie.

d) bei der Schnepfe. Sie paart sich während oder gleich nach dem Strich (Zugzeit) im Frühjahr und legt im Mai 3–4 Eier. Sie zieht oder streicht, ihre Äsung sticht sie in der Erde, die Losung heißt „Gekälk".

e) bei den Enten. Die Reihzeit (Begattung) fällt in den April, worauf die Ente 5—14 Eier legt. Die Zeit des Gefiederwechsels heißt Mauser (Juni bis Juli), der Erpel, auch Entvogel, heißt dann Mauservogel. Die Beine heißen wie bei allen Schwimmvögeln Ruder. Die jungen Enten, die Ende Juni etwa „beflogen" sind, heißen zusammen Schoof.

f) bei den Raubvögeln. Sie horsten (nisten), ihre Beine heißen Fänge, deren Nägel Krallen, der Kot Geschmeiß, die Haare und Federn, welche sie unverdaut wieder auswerfen, Gewölle, sie kröpfen (fressen), sie stoßen (stürzen) auf den Raub, fangen und schlagen ihn. Sie fußen (sitzen) auf einem Baum und streichen ab.

§ 301.

Die verschiedenen Jagdmethoden.

Bei der Ausübung der Jagd kommt es im allgemeinen darauf an, mit den einfachsten Mitteln das Wild am sichersten und ruhigsten zu erlegen, so daß möglichst wenig Wild zu Holze oder krank geschossen wird und die Jagd möglichst wenig beunruhigt wird. Diese Bedingungen erfüllen in absteigender Reihenfolge am besten:

1. Der Anstand.

Man sucht sich den Stand des Wildes (durch fleißiges Abspüren und Beobachten) und den Hauptwechsel auf und sucht sich an demselben einen möglichst gedeckten Ort zum Anstand aus, an dem man 1. guten Wind, d. h. solchen Wind hat, der möglichst genau mit dem erwarteten Wilde kommt; 2. auf dem man auf das Wild möglichst frei und ungehindert schießen kann; 3. auf dem das Wild so zeitig kommt, daß man noch Licht genug (Büchsenlicht!) zum Schießen hat. Am vorteilhaftesten sind zum Anstand sog. Kanzeln, d. h. Baumsitze auf leicht ersteigbaren Bäumen (3—5 m hoch), die aber frei genug und auch bequem genug sein müssen, so daß man längere Zeit unbeweglich sitzen kann; jetzt sind transportable Kanzeln im Handel zu haben. Auf freien Stellen, an Waldrändern usw. baut man sich, falls keine natürlichen Deckungen vorhanden sind, möglichst unverdächtige Schirme (Ansitze) aus Zweigen und gräbt Löcher in die Erde. Beim Morgenanstand muß man schon vor Tagesgrauen auf dem Rückwechsel (am besten dicht vor dem Aufenthaltsort) sein, auf dem Abendanstand etwa eine halbe Stunde vor Sonnenuntergang. Den Morgenanstand darf man erst eine Stunde nach Sonnenaufgang, den Abendanstand erst bei voller Dunkelheit möglichst vorsichtig und geräuschlos verlassen, falls das Wild nicht herausgetreten ist. Beim Anstand ist die peinlichste Ruhe und Unbeweglichkeit die erste Regel, da das Wild lange

Zeit am Rande der Dickung verborgen zu winden, zu äugen und zu sichern pflegt, ehe es austritt. Tritt endlich schießbares Wild hervor, so fahre man ganz langsam mit der Büchse an den Kopf, warte bis man das Wild womöglich ganz breit hat und ziele vorsichtig und bedächtig am Vorderlauf entlang fahrend auf das Blatt.

Der Anstand wird mit Vorliebe auf alles Hochwild, aber auch auf anderes Wild ausgeübt. Auf Kaninchen und Füchse (Dächse!) setzt man sich gern auf dem Bau an, bei Füchsen und Sauen auch beim Luder. Schnepfen schießt man Abends und Morgens auf dem Strich resp. am Tage auf Suche, Enten Abends auf dem Einfall, Gänse auf dem Zuge, Raubvögel früh am Horste.

2. Der Pirschgang. (Das Birschen, Waidwerken.)

Er wird besonders auf das vierläufige Hochwild und das Rehwild geübt und ist als die beste Bildungsschule für den jungen Jäger ganz besonders zu empfehlen. Er besteht in dem Anschleichen des Wildes auf seinem Stand und Wechsel. Die Hauptsache beim Pirschen ist, daß der Wind stets vom Wilde kommt — es ist dies die goldene Regel bei allen Jagdmethoden auf sämtliches Wild: „Der Wind muß stets von derselben Seite kommen, woher man das Wild erwartet.“ Man kann hierauf nicht genug achten!

Man durchschleicht beim Pirschen stets vorsichtig und stets in bester Deckung, unter Vermeidung jeden Geräusches, den vermutlichen Aufenthaltsort des Wildes. Sobald man Wild sieht, bleibt man sofort, wenn möglich gedeckt stehen, sucht sich das gewünschte Stück aus und schleicht sich äußerst behutsam, möglichst kriechend, näher, und zwar bewegt man sich nur dann vorwärts, wenn das Wild äst und abgewendet ist, nie wenn es sichert oder Mißtrauen zeigt. Gewöhnlich pirscht man nur Morgens und Abends, nach starkem Regen auch Vor- und Nachmittags. — Bei schlechtem Wetter pirscht es sich am besten. Man pirscht gehend oder kriechend resp. reitend und fahrend. Der Anzug muß möglichst der Waldfarbe angepaßt sein, wie bei allen Waldjagden; alles Auffallende und Glänzende muß vermieden werden. Beim Anfahren des Wildes ist ebenfalls alles Auffallende am Geschirr zu vermeiden und darf man niemals direkt auf das Wild zufahren, sondern muß sich ihm allmählich und es umkreisend nähern. Wenn man nicht vom Wagen schießen kann, steigt man gedeckt auf der anderen Seite des Wagens ab und läßt den Wagen bis zur nächsten Deckung weiterfahren.

3. Das stille Durchgehen.

Es ist dies ein empfehlenswertes Mittel, um Rotwild zu jagen. Mehrere Jäger stellen sich auf den Wechseln vor und der terrainkundigste und erfahrenste Jäger geht allein oder mit nur wenigen Treibern mit dem Winde an den Ort, wo das Wild stehen soll. Seine Aufgabe besteht darin, das Wild vorsichtig so anzuregen, daß es ruhig aufsteht und langsam auf den Wechseln fort- und an den Schützen vorbeizieht. Zu diesem Zwecke geht er etwas in Schlangenlinien langsam durch, hustet zuweilen leise, bricht hier und da einen trocknen Zweig ab, vermeidet aber jedes zu laute und erschreckende Geräusch. Am geeignetsten sind zu dieser vielfach üblichen Jagdmethode schwache Stangenorte und lichtere Schonungen oder gemischte Bestände mit etwas Unterholz, namentlich Laubholzbestände.

4. Die Treibjagd.

Die Treibjagd ist auf Hochwild möglichst auszuschließen, weil das Wild meist zu flüchtig kommt, um einen guten Kugelschuß anbringen zu können; jedenfalls empfehlen sich dann nur stille Treiben. Will man durchaus laut treiben, so umstelle man jedenfalls das ganze Jagen, besonders aber die Rückwechsel.

Das Hauptfeld der Treibjagd ist die niedere Jagd.

a) Holzjagd. Will man auf Fuchs treiben, so genügen wenige Treiber, sonst rechnet man 2—3 Treiber auf den Schützen, bei Sautreiben noch mehr. Vor der Jagd muß die Reihenfolge der Treiben vom Jagddirigenten genau entworfen sein und treibt man am besten so, daß die Treiber möglichst immer mit dem Winde gehen, die Schützen vorstehen und sich auch um beide Flügel herumziehen. Man fängt an der Reviergrenze an, treibt nach der Mitte zu und dann, falls keine Wagen da sind, womöglich so, daß der Nachhauseweg nicht zu lang wird. An Tagen, wo das Wild schlecht läuft, oder bei recht starkem Frost macht man kürzere, bei gewöhnlichem und hellhörigem Frostwetter längere Triebe, in letzterem Falle müssen die Treiber stiller gehen; es ist auch bei allen Treibjagden empfehlenswerter, die Treiber einen nicht sehr lauten, dafür aber auf der ganzen Linie einen möglichst gleichmäßigen Lärm machen zu lassen; dieselben sollen nicht zu schnell (namentlich bei Beginn der Jagd) gehen.

Die Treiber stehen unter mehreren (mindestens 3) Führern, welche auf beiden Flügeln und in der Mitte verteilt sind; sie müssen auf strenge Fühlung und Richtung in der Treiberlinie halten, die auf etwa im Treiben liegenden Wegen und Schneißen genau kontrolliert wird; es empfiehlt sich die Treiber zu numerieren. Die Schützen haben sich streng dem Jagddirigenten unterzuordnen, welcher vor der Jagd die nötigen speziellen Vorschriften der Jagdgesellschaft mitteilt, jedenfalls aber alles Wild, was geschossen werden darf, speziell nennt. Hierauf läßt er die Losnummern ziehen und fängt beim ersten Trieb mit Nr. 1, bei den ferneren Trieben mit beliebigen anderen Nummern, aber stets in fortlaufender Reihenfolge an, die Schützen anzustellen; die Entfernung der Schützen schwankt zwischen 60 bis höchstens 100 Schritt, je nach der Zahl; hat man wenig Schützen, stellt man trotzdem so eng, daß das Wild von beiden Schützen noch sichere Schüsse erhalten kann; man lasse dann lieber die Flügel schwach besetzt. Besser stellt man die Schützen mit dem Rücken an den Trieb (namentlich wenn Neulinge und unsichere Kantonisten dabei sind); auf engen Schneißen sollen die Schützen nur nach einer Seite (links) schießen, Schüsse spitz von vorn sollen möglichst vermieden werden. Das geschossene Wild soll mit Ausnahme des Fuchses nicht oder erst nach beendetem Triebe an den Stand herangeholt werden, angeschossenes Wild darf erst nach Beendigung des Triebes verfolgt werden, der Anschuß ist stets zu verbrechen, um die Nachsuche zu erleichtern. Sobald die Treiber auf etwa 150 Schritt heran sind, darf nicht mehr in das Treiben geschossen werden. Vor jedem Triebe wird die Folge angegeben, kein Schütze darf seinen Stand verlassen (den er stets möglichst gedeckt zu wählen hat!), ohne seinen Nachbar abzupfeifen. Auf seinem Stande hat sich jeder durchaus ruhig zu verhalten, auch beim Anstellen und beim Gang von einem Triebe zum anderen soll alles möglichst ruhig zugehen, namentlich bei den Treibern.

b) Feldtreiben. Man unterscheidet Kessel- und Vorstehtreiben; man gebraucht zu denselben verhältnismäßig mehr Treiber als zu Holztreiben, 2—5 Treiber auf je 1 Schützen. Die Entfernung, in welcher man zum Kesseltreiben die Schützen und Treiber — immer gleich nach beiden Seiten — ablaufen läßt, richtet sich nach der Zahl der Schützen und der Größe des Kessels; das Weiteste sind 150 Schritte; man markiere sich rechts und links an der Ablaufstelle die Punkte, indem man dort je 1 Treiber aufstellt. An der Spitze jedes Bogens gehen kundige Führer; sobald sich die beiden Führer mit den ihnen folgenden Schützenketten treffen, wird das Zeichen zum allgemeinen Vorwärtsgehen gegeben. Niemals darf jemand länger stehen bleiben, um einen Sack zu bilden; geladen wird im Gehen. Größte Ordnung ist durchaus notwendig.

Die Vorstehtreiben werden in ähnlicher Weise angelegt als die Holztreiben; die Schützen werden fest (womöglich in Löcher oder hinter Schirmen) angestellt und die Treiber treiben in einem weiten Bogen heran, dessen Flügel von den Flügeln der Schützen nicht zu weit entfernt sein dürfen.

5. Die Suche.

Man wendet dieselbe nur auf Hasen und Federwild mit Hilfe eines guten Hühnerhundes an, der eine gute Nase haben muß, das Wild gut (mit hoher Nase und flüchtig!) suchen und stehen, dasselbe ohne Quetschen, ohne Rupfen, Anschneiden usw. apportieren und auf Wort und Wink sofort gehorchen (Appell haben!) muß, wozu er besonders dressiert wird. Man benutzt namentlich deutsche und englische Vorstehhunde; erstere haben einen weit stärkeren Bau, sind schwerfälliger und dadurch charakterisiert, daß der Kopf von der Stirn bis zur Nase fast eine gerade Linie bildet, während bei den englischen Hunden die Stirn zwischen den Lichtern mehr oder weniger scharf absetzt. Die langhaarigen englischen Hunde nennt man **Setter**, die **kurzhaarigen Pointer.** Beim deutschen Hunde unterscheidet man außer dem kurz- und lang(flock-)haarigen noch den stichelhaarigen Vorstehhund, nach seiner Behaarung so benannt. Man verspricht sich von ihm, dessen Züchtung erst seit kurzer Zeit betrieben wird, die vielseitigste Benutzung. Für Waldjagden eignet sich besser der deutsche Hund, für Feldjagden mehr der leichte und flüchtige englische Hund. Neben diesen reinen Rassen kommen zahllose Kreuzungen vor, die das Hauptkontingent unserer Jagdhunde stellen und nicht selten für den praktischen Gebrauch besseres leisten als die reinen Rassehunde*). — Man sucht am besten von Morgens 8 oder 9 Uhr bis Nachmittags 2 oder 3 Uhr immer gegen den Wind. Auf Hasen sucht man erst Ende Oktober, weil vorher meist nur die besser haltenden Häsinnen

*) Zur näheren Information über Hunde-Zucht und -Dressur vergleiche die vortrefflichen Werke von Dr. Stroese „Grundlehren der Hundezucht. 1896. 6 Mk. und von Oberlaender: „Dressur und Führung des Gebrauchshundes“. 1897. 3. Aufl., 4,50 Mk., beide bei Neumann-Neudamm erschienen.

geschossen werden. Am besten hält der Hase bei stillem warmem Wetter, Nebel und Regen. Sturzäcker sucht man besser quer über die Furchen ab, wo der Hase namentlich bei Blachfrost gern sitzt. Rebhühner werden von Ende August bis Ende November, Schnepfen im Oktober und im April vor dem Hunde geschossen! Auf der Schnepfensuche bindet man im Walde dem suchenden Hunde eine kleine Schelle um, um ihn nicht zu verlieren und zu hören, wenn er steht. Die Bekassine sucht man am besten von August bis November auf nassen Wiesen und sumpfigen Stellen. Junge Enten sucht man Anfang Juli mit dem Hunde an mit Schilf bewachsenen Rändern von stehenden und fließenden Gewässern; wenn nötig mit Hilfe von Kähnen.

§ 302.

Von dem Schutze der Jagd.

Der Schutz der Jagd besteht hauptsächlich in dem Vertilgen der schädlichen Raubtiere, und sind als solche zu nennen: Wolf, Fuchs, Wildkatze, Baum- und Steinmarder, Iltis, Wiesel, wildernde Hunde und Katzen; von den Vögeln fast alle Raubvögel, die Raben, Krähen und Elstern. Man schont nur diejenigen, welche sich durch Vertilgen von anderen schädlichen Tieren wieder überwiegend nützlich machen. Bei mangelhafter Nahrung im Winter muß man das Wild füttern, wie dies im § 203 beschrieben ist. Gegen die Wilddiebereien schützen die Gesetze und soll der Beamte die Wilddiebe mit allen Mitteln verfolgen, um sie zur Bestrafung zu bringen. — Siehe darüber das hinten angeheftete Jagd-Polizei-Gesetz vom 7. März 1850 und die betr. Bestimmungen des R. Str. G. B. §§ 292ff.

Die pflegliche Behandlung der Jagd, die jedem wahren Jäger am Herzen liegen soll, wird wesentlich durch das ebenfalls hinten angeheftete Jagdschongesetz vom 26. Februar 1870 unterstützt, das jedem, der die Jagd ausübt, vollständig bekannt sein muß. Wichtig ist auch, jede unnötige Beunruhigung des Wildes zu vermeiden durch zu häufige Treibjagden, vieles Schießen im Walde, durch das Publikum; namentlich in der Setzzeit des Hochwildes muß das Revier so ruhig wie möglich gehalten werden.

Fragebogen zur Jagdlehre.

Zu § 291. Was begreift man unter der Lehre von der Jagd? Was bedeutet Wildzucht und Jagdschutz?

Zu § 292. Was versteht man unter Jagdrecht im engeren und weiteren Sinne? Welche Tiere sind herrenlos? Welche gehören zur hohen und welche zur niederen Jagd? Welche Gesetze muß der Jäger kennen?

Zu § 293. Welche verschiedenen Geschosse schießt man aus der Büchse? Was versteht man unter Kaliber? Welche Kaliber hat man für Büchse und Flinte? Was versteht man unter Expreßbüchse? Büchsflinte? Drilling? Bockgewehr? Welche verschiedenen Gewehrsysteme kennst du? Beschreibe ihre Unterscheidungsmerkmale! Wie reinigt man die Gewehre? Wann liegt ein Gewehr gut?

Zu § 294. Woraus besteht Büchsen-, woraus Flinten-Pulver? Was ist Hartschrot? Welche Nr. unterscheidet man beim Schrot? Was hat man beim Laden der Patronen zu beachten?

Zu § 295. Welche Regeln hat man beim Schießen auf Wild zu beachten? Welche beim Schießen bergauf? bergab? Was ist Anschuß? Wie zeichnet das Wild bei den verschiedenen Schüssen mit der Kugel? Wie hilft man dem Übel ab, wenn die Büchse links schießt? Welche Schrotnummern verwendet man auf das zur niederen Jagd gehörige Wild?

Zu § 296. Nenne die gebräuchlichsten Fangapparate auf unser Raubzeug! Wodurch unterscheiden sich Schwanenhals und Tellereisen? Welche Fangapparate eignen sich besonders für den Marder? Wie legt man sich eine Prügelfalle an? Wie einen Dohnenstieg? Aus welchem Material dreht man die Dohnen?

Zu § 297. Wie richtet man einen Fangplatz für Füchse ein? Was ist beim Legen der Eisen zu beachten? Wie verwittert man die Eisen? Welche Vorteile bietet das Tellereisen? Beschreibe den Fang mit dem Schwanenhals und dem Tellereisen. Welche Besonderheiten hat der Fang des Dachses, des Fischotters und des Marders? Wie hilft man sich bei der Gefahr, daß die Eisen gestohlen werden?

Zu § 298. Wodurch unterscheiden sich die Fährten von Rot-, Dam- und Schwarzwild? die des Hirsches von der des Tieres? die Losung des Hirsches und Tieres? Woran erkennt man die Spuren von Fuchs, Dachs, Fischotter, Baummarder, Steinmarder, Iltis, Wiesel, Hase und Kaninchen?

Zu § 299. Wie tötet man angeschossenes Rot- und Schwarzwild? Wie Rehwild? Hasen? Raubzeug? Wie bricht man den Hirsch? den Keiler auf? Wie zerlegt man sie zum Verkauf? Wie wirft man Hasen aus? Wie bricht man Fasanen auf? Wie weidet man Enten und Schnepfen aus? Wie streift man Raubzeug? Wie den Dachs? Wie spannt man die Bälge? Wie konserviert man sie?

Zu § 300. Wie lange bezeichnet man junges Rot-, Dam- und Rehwild als Kälber? Wie bezeichnet man die einzelnen Teile des Geweihes bei Rot- und Damwild? Wann erneuert Rot-, Dam- und Rehwild das Geweih? Was ist Wechselwild? Wie heißen die Augen, die Ohren, das Maul, der Schwanz, das Fleisch bei den jagdbaren Tieren? Wie benennt der Jäger ihre verschiedenen Gangarten? Wie bezeichnet man das Schwarzwild im 1. bis 4. Lebensjahre? Wie das Fett bei den verschiedenen Wildarten? Woran unterscheidet man Kitz- und Spießböcke, Schmalrehe? In welche Zeiten fällt die Begattung des Rot-, Dam- und Schwarzwildes, der Rehe, des Raubzeuges? Wie bezeichnet man bei Federwild die Augen, Füße, den Schwanz? In welche Zeit fällt ihre Begattung? Wie bezeichnet man ihren Kot? Wie ihr „Fliegen“ und ihr „Niedertun“?

Zu § 301. Auf welches Wild übt man den Anstand aus? Was hat man im allgemeinen beim Anstand zu beachten? Was ist Ansitz, Kanzel? Was versteht man unter Pirschen? Welche Pirschmethoden gibt es? Welches Wetter begünstigt das Pirschen? Was ist alles beim Pirschen zu beachten? Welche Jagdart empfiehlt sich am meisten für Rotwild und Sauen? Was versteht man unter stillem Durchgehen? Wie werden Holztreiben bei der niederen Jagd angelegt? Welche Verhaltungsmaßregeln gibt man vor der Holzjagd unerfahrenen Schützen? Wie verhält sich der Schütze, sobald er angestellt ist? Welche Arten von Feldtreiben gibt es? Wie werden sie angelegt? Was ist bei der Suche auf Hasen und Hühner zu beachten? Welche verschiedenen Arten von Jagdhunden kennst du? Wie unterscheidet man sie?

Zu § 302. Wie pflegt man seine Jagd?

Beilagen.

I.

Auszug aus dem Jagd-Polizei-Gesetz.

Vom 7. März 1850.

§ 1. Die Ausübung des einem jeden Grundbesitzer auf seinem Grund und Boden zustehenden Jagdrechts wird nachstehenden Bedingungen unterworfen.

§ 2. Zur eigenen Ausübung des Jagdrechts auf seinem Grund und Boden ist der Besitzer nur befugt:

a) auf solchen Besitzungen, welche in einem oder mehreren aneinander grenzenden Gemeindebezirken einen land- oder forstwirtschaftlich benutzten Flächenraum von wenigstens 300 Morgen einnehmen und in ihrem Zusammenhange durch kein fremdes Grundstück unterbrochen sind. Die Trennung, welche Wege oder Gewässer (oder Eisenbahnen Ges. vom 29. April 1897) bilden, wird als eine Unterbrechung des Zusammenhanges nicht angesehen;

b) auf allen dauernd und vollständig eingefriedigten Grundstücken. Darüber, was für dauernd und vollständig eingefriedigt zu erachten, entscheidet der Landrat;

c) auf Seen, auf zur Fischerei eingerichteten Teichen und auf solchen Inseln, welche ein Besitztum bilden.

§ 7. Grundstücke, welche von einem über 300 Morgen im Zusammenhange großen Wald, der eine einzige Besitzung bildet, ganz oder größtenteils eingeschlossen sind, werden, auch wenn sie nicht unter die Bestimmung des § 2 fallen, dem gemeinschaftlichen Jagdbezirke der Gemeinde nicht zugeschlagen. Die Besitzer solcher Grundstücke sind verpflichtet, die Ausübung der Jagd auf denselben dem Eigentümer des sie umschließenden Waldes auf dessen Verlangen gegen eine nach dem Jagdertrage zu bemessende Entschädigung zeitpachtweise zu übertragen oder die Jagdausübung gänzlich ruhen zu lassen.

Die Festsetzung der Entschädigung erfolgt im Mangel einer Einigung durch den Landrat, vorbehaltlich der beiden Teilen zustehenden Berufung auf richterliche Entscheidung.

Macht der Waldeigentümer von seiner Befugnis, die Jagd auf der Enklave zu pachten, beim Anerbieten des Besitzers nicht Gebrauch, so steht dem letzteren die Ausübung der Jagd auf dem enklavierten Grundstücke zu.

Stoßen mehrere derartige Grundstücke aneinander, sodaß sie eine ununterbrochene zusammenhängende Fläche von mindestens 300 Morgen umfassen, so bilden dieselben einen für sich bestehenden gemeinschaftlichen Jagdbezirk, für welchen die nämlichen Vorschriften gelten, wie für die gewöhnlichen Jagdbezirke.

§ 13. Sowohl den Pächtern gemeinschaftlicher Jagdbezirke, als auch den Besitzern der im § 2 bezeichneten Grundstücke ist die Anstellung von Jägern für ihre Reviere gestattet.

§ 14. Ein jeder, welcher die Jagd ausüben will, muß sich einen für den ganzen Staat gültigen, zu seiner Legitimation dienenden, auf ein Jahr und auf die Person lautenden Jagdschein von dem Landrate des Kreises seines Wohnsitzes erteilen lassen und selbigen bei der Ausübung der Jagd stets mit sich führen.

An Ausländer kann ein solcher Jagdschein, jedoch nur gegen die Bürgschaft eines Inländers, von dem Landrate des Wohnorts des Bürgen erteilt werden. Der Bürge haftet infolge seines Antrages für Strafen, welche auf Grund des § 16, 17 und 19 gegen die Ausländer verhängt werden, sowie für die Untersuchungskosten.

Für jeden Jagdschein wird auf das Jahr eine Abgabe von Einem Taler (jetzt 15 Mk. Jagdscheingesetz v. 31. Juli 1895) zur Kreis-Kommunal-Kasse des Wohnorts des Extrahenten entrichtet. Die eingehenden Beträge werden nach den Beschlüssen der Kreisvertretung verwendet.

Die Ausfertigung der Jagscheine erfolgt kosten- und stempelfrei.

Die im Königlichen oder Kommunal-Dienst angestellten Forst- und Jagdbeamten, sowie die lebenslänglich angestellten Forst- und Jagdbedienten erhalten den Jagdschein unentgeltlich, soweit es sich um die Ausübung der Jagd in ihrem Schutzbezirke handelt*). In Jagdscheinen, welche unentgeltlich erteilt sind, muß ies und für welchen Schutzbezirk sie gelten, angegeben werden.

§ 15. Die Erteilung des Jagdscheines muß folgenden Personen versagt werden:

a) solchen, von denen eine unvorsichtige Führung des Schießgewehrs oder eine Gefährdung der öffentlichen Sicherheit zu besorgen ist;

b) denen, welche durch ein Urteil des Rechts, Waffen zu führen, verlustig erklärt sind, sowie denen, welche unter Polizeiaufsicht stehen, oder welchen die National-Kokarde aberkannt ist.

Außerdem kann denjenigen, welche wegen eines Forst- und Jagdfrevels oder wegen Mißbrauch des Feuergewehrs bestraft sind, der Jagdschein, jedoch nur innerhalb 5 Jahren nach verbüßter Strafe versagt werden.

§ 16. Die Nichtbeachtung der vorstehenden Vorschriften über Lösung von Jagdscheinen wird bestraft, wie folgt:

Wer, ohne einen Jagdschein gelöst zu haben, die Jagd ausübt, wird für eine jede Übertretung mit einer Geldstrafe von 5 bis 20 Taler belegt.

Wer seinen Jagdschein bei Ausübung der Jagd nicht bei sich führt, den trifft eine Geldbuße bis zu 5 Talern.

Wer es versucht, sich durch einen nicht auf seinen Namen ausgestellten fremden Jagdschein zu legitimieren, um sich dadurch der verwirkten Strafe zu entziehen, der wird mit einer Geldstrafe von 5 bis 50 Talern belegt**).

§ 17. Wer, zwar mit einem Jagdschein versehen, aber ohne Begleitung des Jagdberechtigten, oder ohne dessen schriftlich erteilte Erlaubnis bei sich zu führen, die Jagd auf einem fremden Jagdbezirke ausübt, wird mit einer Geldstrafe von 2 bis 5 Taler belegt.

*) Jetzt auch auf allen fremden Pachtjagden usw. Ges. v. 31. 7. 95, das zu vergleichen ist.

**) Jetzt von 15—100 M. Ges. v. 31. 7. 95.

Wer die Jagd auf seinem Grundstück gänzlich ruhen zu lassen verpflichtet ist, dieselbe dennoch ausübt, hat eine Geldstrafe von 10 bis 20 Taler und die Konfiskation der dabei gebrauchten Jagdgeräte verwirkt.

Wer auf seinem eigenen Grundstücke, auf dem die Jagd an einen Dritten verpachtet ist, oder auf dem ein Jäger für gemeinschaftliche Rechnung der bei einem Jagdbezirke beteiligten Grundbesitzer die Jagd zu beschießen hat, ohne Einwilligung des Jagdpächters oder der Gemeindebehörde jagt, ebenso derjenige, welcher auf fremden Grundstücken, ohne eine Berechtigung dazu zu haben, die Jagd ausübt, wird wegen Wilddiebstahls oder Jagdkontravention nach den allgemeinen Gesetzen bestraft.

§ 18. Die Bestimmung der Hege- oder Schonzeit erfolgt nach den zur Zeit der Verkündigungen des Gesetzes vom 30. Oktober 1848 geltend gewesenen Gesetzen. Die Verordnung vom 9. Oktober 1842 §§ 1 und 2 (Seite 2) und das Publikandum vom 7. März 1842 (Seite 92) treten wieder in Kraft. Sonstige Übertretungen der Vorschriften über Hege- und Schonzeit werden mit einer nach richterlichem Ermessen zu bestimmenden Geldbuße bis zu 50 Talern geahndet. (Geändert durch das Wildschongesetz vom 26. Februar 1870.)

§ 19. Wer zur Begehung einer Jagd-Polizei-Übertretung sich seiner Angehörigen, Dienstboten, Lehrlinge oder Tagelöhner als Teilnehmer oder Gehilfen bedient, haftet, wenn diese nicht zahlungsfähig sind, neben der von ihm selbst verwirkten Strafe für die von denselben zu erlegenden Geldstrafen und den Schadenersatz.

§ 20. Wegen einer Jagd-Polizei-Übertretung soll eine Untersuchung nicht weiter eingeleitet werden, wenn seit dem Tage der begangenen Tat bis zum Eingange der Anzeige an die Staatsanwaltschaft oder den Richter 3 Monate verflossen sind.

§ 21. Durch Klappern, aufgestellte Schreckbilder, sowie durch Zäune kann ein jeder das Wild von seinen Besitzungen abhalten, auch wenn er auf diesen zur Ausübung des Jagdrechts nicht befugt ist. Zur Abwehr des Rot-, Dam- und Schwarzwildes kann er sich auch kleiner oder gemeiner Haushunde bedienen.

§ 24. Auch der Besitzer einer solchen Waldenklave, auf welcher die Jagd nach § 7 gar nicht ausgeübt werden darf, ist, wenn das Grundstück erheblichem Wildschaden ausgesetzt ist und der Besitzer des sie umgebenden Waldjagdreviers der Aufforderung des Landrats, das vorhandene Wild selbst während der Schonzeit abzuschießen, nicht genügend nachkommt, zu fordern berechtigt, daß ihm der Landrat nach vorhergegangener Prüfung des Bedürfnisses und auf die Dauer desselben die Genehmigung erteile, das auf die Enklave übertretende Wild auf jede erlaubte Weise zu fangen, namentlich auch mit Anwendung des Schießgewehres zu töten. In diesem Falle bleibt das gefangene Wild Eigentum des Enklavebesitzers. In den in den §§ 21 und 24 gedachten Fällen vertritt die von dem Landrate zu erteilende Legitimation die Stelle des Jagdscheins.

§ 25. Ein gesetzlicher Anspruch auf Ersatz des durch das Wild verursachten Schadens*) findet nicht statt. Den Jagdpächtern bleibt dagegen unbenommen, hinsichtlich des Wildschadens in dem Jagdkontrakte vorsorgliche Bestimmung zu treffen.

*) Jetzt geändert durch das Wildschadengesetz v. 11. Juli 1891 und § 835 des Bürg. Ges.-B., wonach der Jagdberechtigte allen durch Schwarz-, Rot-, Dam-, Elch- und Rehwild sowie durch Fasanen

II.

Gesetz über die Schonzeit des Wildes.

Vom 26. Februar 1870.

§ 1. Mit der Jagd zu verschonen sind:

1. das Elchwild, in der Zeit vom 1. Dezember bis Ende August*);
2. männliches Rot- und Damwild, in der Zeit vom 1. März bis Ende Juni;
3. weibliches Rot- und Damwild und Wildkälber, in der Zeit vom 1. Februar bis 15. Oktober;
4. der Rehbock, in der Zeit vom 1. März bis Ende April;
5. weibliches Rehwild, in der Zeit vom 15. Dezember bis 15. Oktober;
6. Rehkälber, das ganze Jahr hindurch;
7. der Dachs, in der Zeit vom 1. Dezember bis Ende September;
8. Auer-, Birk- und Fasanenhähne, in der Zeit vom 1. Juni bis Ende August;
9. Enten, in der Zeit vom 1. April bis Ende Juni, für einzelne Landstriche kann die Schonzeit durch die Bezirks-Regierungen aufgehoben werden;
10. Trappen, Schnepfen, wilde Schwäne und alles andere Sumpf- und Wassergeflügel, mit Ausnahme der wilden Gänse und der Fischreiher, in der Zeit vom 1. Mai bis Ende Juni;
11. Rebhühner, in der Zeit vom 1. Dezember bis Ende August;
12. Auer-, Birk- und Fasanenhennen, Haselwild, Wachteln und Hasen, in der Zeit vom 1. Februar bis Ende August;
13. für die Dauer des ganzen Jahres ist es verboten, Rebhühner, Hasen und Rehe in Schlingen zu fangen.

Alle übrigen Wildarten, namentlich auch Kormorane, Taucher und Säger dürfen das ganze Jahr hindurch gejagt werden. Beim Rot-, Dam- und Rehwilde gilt das Jungwild als Kalb bis zum letzten Tag des auf die Geburt folgenden Dezembermonats.

§ 2. Die Bezirks-Regierungen (jetzt Bezirks-Ausschüsse) sind befugt, für die im § 1 unter 7, 11 und 12 genannten Wildarten aus Rücksichten der Landeskultur und der Jagdpflege den Anfang und Schluß der Schonzeit alljährlich durch besondere Verordnung anderweit festzusetzen, so aber, daß Anfang oder Schluß der Schonzeit nicht über 14 Tage vor oder nach dem im § 1 bestimmten Zeitpunkte festgesetzt werden darf.

§ 3. Die in den einzelnen Landesteilen zum Schutz gegen Wildschaden in Betreff des Erlegens von Wild auch während der Schonzeit gesetzlich bestehenden Befugnisse werden durch dieses Gesetz nicht geändert.

---

verursachten Schaden dem Beschädigten zu ersetzen hat. Nach § 69 des Einführungsges. dazu bleiben aber die landesgesetzl. Vorschriften über Jagd und Fischerei unberührt, also auch die des Preußischen Wildschadengesetzes.

*) Jetzt geändert durch Ges. v. 31. 8. 1897.

§ 4. Auf Erlegung von Wild in eingefriedigten Wildgärten findet dieses Gesetz keine Anwendung. Der Verkauf des während der Schonzeit in solchen Wildgärten erlegten Wildes ist jedoch nach Maßgabe der Bestimmungen des § 7 untersagt.

§ 5. Für das Töten oder Einfangen von Wild während der vorgeschriebenen Schonzeiten, sowie für das Fangen von Wild in Schlingen (§ 1, Nr. 13) treten hier folgende Geldbußen ein:

1.	Für ein Stück Elchwild	50 Taler.
2.	„ „ „ Rotwild	30 „
3.	„ „ „ Damwild	20 „
4.	„ „ „ Rehwild	10 „
5.	„ einen Dachs	5 „
6.	„ „ Auerhahn oder Henne	10 „
7.	„ „ Birkhahn „ „	3 „
8.	„ „ Haselhahn „ „	3 „
9.	„ „ Fasanen „ „	10 „
10.	„ „ Schwan „ „	10 „
11.	„ eine Trappe	3 „
12.	„ einen Hasen	4 „
13.	„ ein Rebhuhn	2 „
14.	„ eine Schnepfe, Ente oder sonstiges Stück jagdbares Sumpf- und Wassergeflügel	2 „

Wenn mildernde Umstände vorhanden sind, kann der Richter bei Festsetzung der Geldbuße bis auf ein Strafmaß von einem Taler herabgehen.

An Stelle der Geldbuße, welche wegen Unvermögens des Verurteilten nicht beigetrieben werden kann, tritt Gefängnisstrafe nach Maßgabe des § 335 des Strafgesetzbuches.

§ 6. Das Ausnehmen der Eier oder Jungen von jagdbarem Federwilde ist auch für die zur Jagd berechtigten Personen verboten, doch sind dieselben (namentlich die Besitzer von Fasanerien) befugt, die Eier, welche im Freien gelegt sind, in Besitz zu nehmen und sie ausbrüten zu lassen. (cfr. Gesetz betr. Schutz von Vögeln vom 22. März 1888, G. S. S. 111.)

Desgleichen ist das Ausnehmen von Kiebitz- und Möveneiern nach dem 30. April verboten.

Wer diesen Verboten zuwiderhandelt, verfällt in die § 347 Nr. 12 des Strafgesetzbuches festgesetzte Strafe.

§ 7. Wer nach Ablauf von 14 Tagen nach eingetretener Hege- und Schonzeit während derselben Wild, rücksichtlich dessen die Jagd in dieser Zeit untersagt ist, in ganzen Stücken oder zerlegt, aber noch nicht zum Genusse fertig zubereitet, zum Verkaufe umherträgt, in Läden, auf Märkten oder sonst auf irgend eine Art zum Verkaufe ausstellt oder feilbietet oder wer den Verkauf vermittelt, verfällt zum Besten der Armenkasse derjenigen Gemeinde, in welcher die Übertretung stattfindet, neben der Konfiskation des Wildes in eine Geldbuße bis 30 Taler.

Ist das Wild in den § 3 gedachten Ausnahmefällen erlegt, so hat der Verkäufer oder derjenige, welcher den Verkauf vermittelt, sich durch ein Attest der betreffenden Ortspolizeibehörde über die Befugnisse zum Verkaufe zu legitimieren, widrigenfalls derselbe in eine Geldbuße bis zu 5 Talern verfällt.

§ 8. Alle dem gegenwärtigen Gesetze entgegenstehenden Gesetze und Verordnungen sind aufgehoben.

III.

Gesetz

über

den Waffengebrauch der Forst- und Jagdbeamten.

Vom 31. März 1837.

Wir Friedrich Wilhelm, von Gottes Gnaden König von Preußen usw. verordnen über die Befugnis der Forst- und Jagdbeamten von ihren Waffen Gebrauch zu machen, und über das wegen mißbräuchlicher Anwendung zu beobachtende Verfahren auf den Antrag Unseres Staats-Ministeriums und nach erfordertem Gutachten Unseres Staatsrats für den ganzen Umfang Unserer Monarchie, wie folgt:

§ 1. Unsere (also alle im Königl. Forst oder in Königl. Jagden zum Schutze derselben angestellten oder auch nur bestellten Personen) Forst- und Jagdbeamten, sowie die im Kommunal- oder Privatdienste stehenden, wenn sie auf Lebenszeit angestellt sind, oder die Rechte der auf Lebenszeit Angestellten haben, nach Vorschrift des Gesetzes vom 7. Juni 1821 § 20 (jetzt vom 15. April 1878 § 23) vereidigt und mit ihrem Diensteinkommen nicht auf Pfandgelder, Denunzianten-Anteil oder Strafgelder angewiesen sind, haben in ihrem Dienst zum Schutze der Forsten und Jagden, gegen Holz- und Wilddiebe, gegen Forst- und Jagd-Kontravenienten von ihren Waffen Gebrauch machen:

1. wenn ein Angriff auf ihre Person erfolgt, oder wenn sie mit einem solchen bedroht werden;
2. wenn diejenigen, welche bei einem Holz- und Wilddiebstahl, bei einer Forst- und Jagdkontravention auf der Tat betroffen, oder als der Verübung oder Absicht der Verübung eines solchen Vergehens verdächtig in dem Forst- und Jagdrevier gefunden werden, sich der Anhaltung, Pfändung oder der Abführung zu der Forst- oder Polizei-Behörde oder der Ergreifung bei versuchter Flucht tätlich oder durch gefährliche Drohungen widersetzen.

Der Gebrauch der Waffen darf aber nicht weiter ausgedehnt werden, als es zur Abwehrung des Angriffes oder zur Überwindung des Widerstandes notwendig ist.

Der Gebrauch des Schießgewehrs, als Schußwaffe, ist nur dann erlaubt, wenn der Angriff oder die Widersetzlichkeit mit Waffen, Äxten, Knitteln oder sonstigen gefährlichen Werkzeugen, oder von einer Mehrheit, welche stärker ist, als die Zahl der zur Stelle anwesenden Forst- und Jagdbeamten, unternommen und angedroht wird. Der Androhung eines solchen Angriffs wird es gleich geachtet, wenn der Betroffene die Waffen oder Werkzeuge nach erfolgter Aufforderung nicht sofort niederlegt oder sie wieder aufnimmt.

§ 2. Die Beamten müssen, um sich der Waffe bedienen zu dürfen, in Uniform oder mit einem amtlichen Abzeichen versehen sein.

Die übrigen Paragraphen 3—12 haben nach der heutigen Lage der Gesetzgebung keine Gültigkeit mehr; dagegen gelten noch die zu dem Gesetz erlassenen Instruktionen vom 17. April resp. 21. November 1837.

Artikel III d. Instrukt. v. 17. April 1837 ist abgeändert durch Min.-Verf. v. 14. Juli 1897 wie folgt: und kann danach die Schußwaffe event. auch gegen fliehende Frevler gebraucht werden. „Beim Gebrauch der Waffen müssen die Forst- und Jagdbeamten sich stets vergegenwärtigen, daß solcher nur soweit stattfinden darf, als die Erfüllung des bestimmten Zwecks, die Holz- oder Wilddiebe, oder Forst- und Jagdkontravenienten bei tätlichem Widerstande oder gefährlichen Drohungen unschädlich zu machen, es unerläßlich erfordert. In der Regel sind daher die Waffen nicht gegen fliehende Frevler zu gebrauchen. Legt indessen ein auf der Flucht befindlicher Frevler auf die erfolgte Aufforderung die Schußwaffe nicht sofort ab, oder nimmt er dieselbe wieder auf, und ist außerdem nach den besonderen Umständen des einzelnen Falles in dem Nichtablegen oder Wiederaufnehmen der Schußwaffe eine gegenwärtige, drohende Gefahr für Leib oder Leben des Forst- oder Jagdbeamten zu erblicken, so ist letzterer auch **gegen den Fliehenden zum Gebrauch seiner Waffe berechtigt.** In jedem Falle sind die Waffen nur so zu gebrauchen, daß lebensgefährliche Verwundungen soviel als möglich vermieden werden. Deshalb ist beim Gebrauch der Schußwaffe der Schuß möglichst nach den Beinen zu richten, und beim Gebrauch des Hirschfängers der Hieb nach den Armen des Gegners zu führen.

Übrigens muß beim Gebrauch der Schußwaffe die größte Vorsicht angewendet werden, damit durch das Schießen nicht dritte Personen verletzt werden, welche ohne Teilnahme an einer Kontravention sich zufällig in der Schußlinie oder in deren Nähe befinden. In dieser Hinsicht ist besonders dann Aufmerksamkeit nötig, wenn nach einer Richtung geschossen wird, in der sich eine Landstraße, oder ein bewohntes Gebäude befindet. Auch ist der Gebrauch der Schußwaffe überhaupt in der Nähe von Gebäuden zur Verhütung von Feuersgefahr möglichst zu vermeiden".

IV.

Gesetz, betreffend den Forstdiebstahl.

(Vom 1. April 1878.)

Wir **Wilhelm**, von Gottes Gnaden König von Preußen usw. usw., verordnen, was folgt:

§ 1. Forstdiebstahl im Sinne dieses Gesetzes ist der in einem Forst oder auf einem anderen hauptsächlich zur Holznutzung bestimmten Grundstücke verübte Diebstahl:

1. an Holz, welches noch nicht vom Stamme oder vom Boden getrennt ist;
2. an Holz, welches durch Zufall abgebrochen oder umgeworfen, und mit dessen Zurichtung noch nicht der Anfang gemacht worden ist;
3. an Spänen, Abraum oder Borke, sofern dieselben noch nicht in einer umschlossenen Holzablage sich befinden, oder noch nicht geworben oder eingesammelt sind;
4. an anderen Walderzeugnissen, insbesondere Holzpflanzen, Gras, Heide, Plaggen, Moos, Laub, Streuwerk Nadelholzzapfen, Waldsämereien, Baumsaft und Harz, sofern dieselben noch nicht geworben oder eingesammelt sind;

Das unbefugte Sammeln von Kräutern, Beeren und Pilzen unterliegt forstpolizeilichen Bestimmungen.

§ 2. Der Forstdiebstahl wird mit einer Geldstrafe bestraft, welche dem fünffachen Werte des Entwendeten gleichkommt und niemals unter einer Mark betragen darf.

§ 3. Die Strafe soll gleich dem zehnfachen Werte des Entwendeten und niemals unter zwei Mark sein:

1. wenn der Forstdiebstahl an einem Sonn- oder Festtage oder in der Zeit von Sonnenuntergang bis Sonnenaufgang begangen ist;
2. wenn der Täter Mittel angewendet hat, um sich unkenntlich zu machen;
3. wenn der Täter dem Bestohlenen oder der mit dem Forstschutz betrauten Person seinen Namen oder Wohnort anzugeben sich geweigert hat oder falsche Angaben über seinen oder seiner Gehilfen Namen oder Wohnort gemacht, oder auf Anrufen des Bestohlenen oder der mit dem Forstschutz betrauten Person, stehen zu bleiben, die Flucht ergriffen oder fortgesetzt hat;
4. wenn der Täter in den Fällen Nr. 1—3 des § 1 zur Begehung des Forstdiebstahls sich eines schneidenden Werkzeuges, insbesondere der Säge, der Scheere oder des Messers bedient hat;
5. wenn der Täter die Ausantwortung der zum Forstdiebstahl bestimmten Werkzeuge verweigert;
6. wenn zum Zwecke des Forstdiebstahls ein bespanntes Fuhrwerk, ein Kahn oder Lasttier mitgebracht ist;
7. wenn der Gegenstand der Entwendung in Holzpflanzen besteht;
8. wenn Kien, Harz, Saft, Wurzeln, Rinde oder die Haupt- (Mittel-) Triebe von stehenden Bäumen entwendet sind;
9. wenn der Forstdiebstahl in einer Schonung, in einem Pflanzgarten oder Saatkampe begangen ist.

§ 4. Der Versuch des Forstdiebstahls und die Teilnahme (Mittäterschaft, Anstiftung, Beihilfe) an einem Forstdiebstahl oder an einem Versuche desselben werden mit der vollen Strafe des Forstdiebstahls bestraft.

§ 5. Wer sich in Beziehung auf einen Forstdiebstahl der Begünstigung oder der Hehlerei schuldig macht, wird mit einer Geldstrafe bestraft, welche dem fünffachen Werte des Entwendeten gleichkommt und niemals unter einer Mark betragen darf.

Die Bestimmungen des § 257 Abs. 2 und 3 des Reichsstrafgesetzbuchs finden Anwendung.

§ 6. Neben der Geldstrafe kann auf Gefängnisstrafe bis zu sechs Monaten erkannt werden:

1. wenn der Forstdiebstahl von drei oder mehr Personen in gemeinschaftlicher Ausführung begangen ist;
2. wenn der Forstdiebstahl zum Zwecke der Veräußerung des Entwendeten oder daraus hergestellter Gegenstände begangen ist;
3. wenn die Hehlerei gewerbs- oder gewohnheitsmäßig betrieben worden ist.

§ 7. Wer, nachdem er wegen Forstdiebstahls oder Versuchs eines solchen, oder wegen Teilnahme (§ 4), Begünstigung oder Hehlerei in Beziehung auf einen Forstdiebstahl von einem preußischen Gerichte rechtskräftig verurteilt worden ist, innerhalb der nächsten 2 Jahre abermals eine dieser Handlungen begeht, befindet sich im Rückfalle und wird mit einer Geldstrafe bestraft, welche dem zehnfachen Werte des Entwendeten gleichkommt und niemals unter 2 Mark betragen darf.

§ 8. Neben der Geldstrafe ist auf Gefängnis bis zu 2 Jahren zu erkennen, wenn der Täter sich im dritten oder ferneren Rückfall befindet. Beträgt die Geldstrafe weniger als zehn Mark, so kann statt der Gefängnisstrafe auf eine Zusatzstrafe bis zu Einhundert Mark erkannt werden.

§ 9. In allen Fällen ist neben der Strafe die Verpflichtung des Schuldigen zum Ersatze des Wertes des Entwendeten an den Bestohlenen auszusprechen. Der Ersatz des außer dem Werte des Entwendeten verursachten Schadens kann nur im Wege des Zivilprozesses geltend gemacht werden.

Der Wert des Entwendeten wird sowohl hinsichtlich der Geldstrafe als hinsichtlich des Ersatzes, wenn die Entwendung in einem Königlichen Forste verübt worden, nach der für das betreffende Forstrevier bestehenden Forsttaxe, in anderen Fällen nach den örtlichen Preisen abgeschätzt.

§ 10. Die im § 57 des Strafgesetzbuchs bei der Verurteilung von Personen, welche zur Zeit der Begehung der Tat das zwölfte, aber nicht das achtzehnte Lebensjahr vollendet hatten, vorgesehene Strafermäßigung findet bei Zuwiderhandlungen gegen dieses Gesetz keine Anwendung.

§ 11. Für die Geldstrafe, den Werterſatz und die Kosten, zu denen Personen verurteilt worden, welche unter der Gewalt, der Aufsicht oder im Dienst eines andern stehen und zu dessen Hausgenossenschaft gehören, ist letzterer im Falle des Unvermögens der Verurteilten für haftbar zu erklären, und zwar unabhängig von der etwaigen Strafe, zu welcher er selbst auf Grund dieses Gesetzes oder des § 361 Nr. 9 des Strafgesetzbuches verurteilt wird.

Wird festgestellt, daß die Tat nicht mit seinem Wissen verübt ist, oder daß er sie nicht verhindern konnte, so wird die Haftbarkeit nicht ausgesprochen.

§ 12. Hat der Täter noch nicht das zwölfte Lebensjahr vollendet, so wird derjenige, welcher in Gemäßheit des § 11 haftet, zur Zahlung der Geldstrafe, des Werterſatzes und der Kosten als unmittelbar haftbar verurteilt.

Dasselbe gilt, wenn der Täter zwar das zwölfte, aber noch nicht das achtzehnte Lebensjahr vollendet hatte und wegen Mangels der zur Erkenntnis der

Strafbarkeit seiner Tat erforderlichen Einsicht freizusprechen ist, oder wenn derselbe wegen eines seine freie Willensbestimmung ausschließenden Zustandes straffrei bleibt.

§ 13. An die Stelle einer Geldstrafe, welche wegen Unvermögens des Verurteilten und des für haftbar Erklärten nicht beigetrieben werden kann, tritt Gefängnisstrafe. Dieselbe kann vollstreckt werden, ohne daß der Versuch einer Beitreibung der Geldstrafe gegen den für haftbar Erklärten gemacht ist, sofern dessen Zahlungsfähigkeit gerichtskundig ist.

Der Betrag von einer bis zu fünf Mark ist einer eintägigen Gefängnisstrafe gleich zu achten.

Der Mindestbetrag der an die Stelle der Geldstrafe tretenden Gefängnisstrafe ist ein Tag, ihr Höchstbetrag sind sechs Monate. Kann nur ein Teil der Geldstrafe beigetrieben werden, so tritt für den Rest derselben nach dem in dem Urteil festgesetzten Verhältnisse die Gefängnisstrafe ein.

Gegen die in Gemäßheit der §§ 11 und 12 als haftbar Erklärten tritt an die Stelle der Geldstrafe eine Gefängnisstrafe nicht ein.

§ 14. Statt der in dem § 13 vorgesehenen Gefängnisstrafe kann während der für dieselbe bestimmten Dauer der Verurteilte auch ohne in einer Gefangen-Anstalt eingeschlossen zu werden, zu Forst- oder Gemeindearbeiten, welche seinen Fähigkeiten und Verhältnissen angemessen sind, angehalten werden.

Die näheren Bestimmungen wegen der zu leistenden Arbeiten werden mit Rücksicht auf die vorwaltenden Lohn- und örtlichen Verhältnisse von dem Regierungs-Präsidenten (Landdrosten) in Gemeinschaft mit dem ersten Staatsanwalt beim Oberlandes-Gericht erlassen. Dieselben sind ermächtigt, gewisse Tagewerke dergestalt zu bestimmen, daß die Verurteilten, wenn sie durch angestrengte Tätigkeit mit der ihnen zugewiesenen Arbeit früher zustande kommen, auch früher entlassen werden.

§ 15. Äxte, Sägen, Messer und andere zur Begehung des Forstdiebstahls geeignete Werkzeuge, welche der Täter bei der Zuwiderhandlung bei sich geführt hat, sind einzuziehen, ohne Unterschied, ob sie dem Schuldigen gehören oder nicht.

Die Tiere und andere zur Wegschaffung des Entwendeten dienenden Gegenstände, welche der Täter bei sich führt, unterliegen nicht der Einziehung.

§ 16. Wird der Täter bei Ausführung eines Forstdiebstahls, oder gleich nach derselben betroffen oder verfolgt, so sind die zur Begehung des Forstdiebstahls geeigneten Werkzeuge, welche er bei sich führt (§ 13), in Beschlag zu nehmen.

§ 17. Wird in der Gewahrsam eines innerhalb der letzten 2 Jahre wegen einer Zuwiderhandlung gegen dieses Gesetz rechtskräftig Verurteilten frisch gefälltes, nicht forstmäßig zugerichtetes Holz gefunden, so ist gegen den Inhaber auf Einziehung des gefundenen Holzes zu erkennen, sofern er sich über den redlichen Erwerb des Holzes nicht ausweisen kann. Die Einziehung erfolgt zugunsten der Armenkasse des Wohnorts des Verurteilten.

§ 18. Die Strafverfolgung von Zuwiderhandlungen gegen dieses Gesetz verjährt, sofern nicht einer der Fälle der §§ 6 und 8 vorliegt, in 6 Monaten.

§ 19. Für die Zuwiderhandlungen gegen dieses Gesetz sind die Amtsgerichte zuständig. Dieselben verhandeln und entscheiden, sofern nicht einer der Fälle der §§ 6 und 8 vorliegt, ohne die Zuziehung von Schöffen.

Das Amt des Amtsanwalts kann verwaltenden Forstbeamten übertragen werden.

Für die Verhandlung und Entscheidung über das Rechtsmittel der Berufung sind die Strafkammern zuständig; dieselben entscheiden in der Besetzung mit drei Mitgliedern einschließlich des Vorsitzenden.

§ 20. Für das Verfahren gelten, soweit nicht in diesem Gesetze abändernde Bestimmungen getroffen sind, die Vorschriften der Strafprozeßordnung über das Verfahren vor den Schöffengerichten.

§ 21. Der Gerichtsstand ist nur bei demjenigen Amtsgerichte begründet, in dessen Bezirk die Zuwiderhandlung begangen ist.

Ist der Ort der begangenen Zuwiderhandlung nicht zu ermitteln, oder ist die Zuwiderhandlung außerhalb des Preußischen Staatsgebietes begangen, so bestimmt der Gerichtsstand sich nach den Vorschriften der Strafprozeßordnung.

Im Falle des § 17 ist der Gerichtsstand bei demjenigen Amtsgerichte begründet, in dessen Bezirke das Holz gefunden worden ist.

§ 22. In dem Verfahren vor dem Amtsgerichte werden sämtliche Zustellungen durch den Amtsrichter unmittelbar veranlaßt. Die Formen für den Nachweis der Zustellungen werden durch die Justizverwaltung bestimmt.

§ 23. Personen, welche mit dem Forstschutze betraut sind, können, sofern dieselben eine Anzeigegebühr nicht empfangen, ein für allemal gerichtlich beeidigt werden, wenn sie:

1. Königliche Beamte sind, oder
2. vom Waldeigentümer auf Lebenszeit, oder nach einer vom Landrat (Amtshauptmann, Oberamtmann) bescheinigten dreijährigen tadellosen Forstdienstzeit auf mindestens drei Jahre mittels schriftlichen Vertrages angestellt sind, oder
3. zu den für den Forstdienst bestimmten oder mit Forstversorgungsschein entlassenen Militärpersonen gehören.

In den Fällen der Nr. 2 und 3 ist die Genehmigung des Bezirksrats erforderlich. In denjenigen Landesteilen, in welchem das Gesetz vom 16. Juli 1876 (Gesetz-Sammlung S. 297) nicht gilt, tritt an die Stelle des Bezirksrats die Regierung (Landdrostei).

§ 24. Die Beeidigung erfolgt bei dem Amtsgerichte, in dessen Bezirk der zu Beeidigende seinen Wohnsitz hat, dahin:

> daß er die Zuwiderhandlungen gegen dieses Gesetz, welche den seinem Schutze gegenwärtig anvertrauten oder künftig anzuvertrauenden Bezirk betreffen, gewissenhaft anzeigen, bei seinen gerichtlichen Vernehmungen über dieselben nach bestem Wissen die reine Wahrheit sagen, nichts verschweigen und nichts hinzusetzen, auch die ihm obliegenden Schätzungen unparteiisch und nach bestem Wissen und Gewissen bewirken werde.

Eine Ausfertigung des Beeidigungsprotokolls wird den Amtsgerichten mitgeteilt, in deren Bezirke der dem Schutze des Beeidigten anvertraute Bezirk liegt

§ 25. Ist eine in Gemäßheit der vorstehenden Bestimmungen, oder nach den bisherigen gesetzlichen Vorschriften zur Ermittelung von Forstdiebstählen beeidigte Person als Zeuge oder Sachverständiger zu vernehmen, so wird es der Eidesleistung gleichgeachtet, wenn der zu Vernehmende die Richtigkeit seiner Aussage unter Berufung auf den ein für allemal geleisteten Eid versichert.

Diese Wirkung der Beeidigung hört auf, wenn gegen den Beeidigten eine die Unfähigkeit zur Bekleidung öffentlicher Ämter nach sich ziehende Verurteilung ergeht, oder die in Gemäßheit des § 23 erteilte Genehmigung zurückgezogen wird.

§ 26. Die mit dem Forstschutze betrauten Personen erstatten ihre Anzeigen an den Amtsanwalt schriftlich und periodisch. Sie haben zu diesem Zwecke Verzeichnisse zu führen, in welchen die einzelnen Fälle unter fortlaufenden Nummern zusammenzustellen sind*). Die Verzeichnisse werden dem Amtsanwalt in zwei Ausfertigungen eingereicht.

In diese Verzeichnisse können von dem Amtsanwalt auch die anderwärts eingehenden Anzeigen eingetragen werden.

Die näheren Vorschriften über die Aufstellung und Einreichung der Verzeichnisse werden von der Justizverwaltung erlassen.

§ 27. Der Amtsanwalt erhebt die öffentliche Klage, indem er bei Überreichung einer Ausfertigung des Verzeichnisses (§ 26) den Antrag auf Erlaß eines richterlichen Strafbefehls stellt und die beantragten Strafen nebst Werterſatz neben den einzelnen Nummern des Verzeichnisses vermerkt.

---

*) Für die Aufstellung der Verzeichnisse ist folgendes zu merken:

1. Der Kopf der den Beamten ausgehändigten Verzeichnisse ist auf das genaueste zu beachten und zwar sind nur die Spalten 2, 3, 5, 6 auszufüllen; die Spalten 1 und 4 werden vom Oberförster, die ganze rechte Seite vom Amtsanwalt und Richter ausgefüllt.

2. Die Beschuldigten werden in Spalte 3, genau in der Reihenfolge, wie sie der Kopf vorschreibt, namentlich aufgeführt: also zuerst Zuname, dann Vorname, dann Stand usw.; alle Personen, welche bei demselben Straffall beteiligt sind, erhalten in fortlaufender Reihenfolge die Buchstaben a, b, c usw. Bei Personen unter 18 Jahren ist genau das Alter anzugeben, z. B. 14 Jahr 9 Monate, 17 Jahr 10 Monate alt, oder geboren am 20. Februar 1867, was noch vorzuziehen ist. Personen unter 12 Jahren werden in Spalte 5 und zwar unter Nr. I angeführt, wo es dann am Schluß heißt: Täter, der strafunmündige Albert Schulz, geb. am 8. März 1873; in Spalte 3 wird dann die für denselben nach § 12 haftbare Person gerade so bezeichnet, als wenn sie Täter wäre, nur mit dem Zusatze: „unmittelbar haftbar für seinen strafunmündigen Pflegesohn und Hausgenossen".

3. Ebenso wichtig ist die Ausfüllung der Spalte 5 und sind genau die Überschriften des Kopfes zu beachten, namentlich ist unter I die genaue Bezeichnung der Tat und zwar in der vorgeschriebenen Reihenfolge, also zuerst: Inhalt der Beschuldigung nach Tat, dann Gegenstand und Zeit derselben, zuletzt die näheren Umstände erforderlich, so daß keine Nachfragen mehr nötig werden; unter II dürfen nicht nur die Zeugen genannt werden, sondern auch der Grund ihres Zeugnisses muß besonders angeführt werden, z. B. „traf den Beschuldigten bei der Tat oder beim Verkaufe des gestohlenen Gegenstandes, dessen Diebstahl er einräumt" oder „beim Transport, wo er sich über den redlichen Erwerb nicht ausweisen konnte usw."; unter Nr. III sind alle bei der Tat abgenommenen Werkzeuge aufzuführen; unter Nr. IV ist die Benennung des Beschädigten in den Königl. Forsten nicht nötig, da stets besondere Strafverzeichnisse mit Titel eingereicht werden, woraus der Beschädigte hervorgeht; ist der Diebstahl aber in Kommunal- oder Privatforsten verübt, so ist der Waldbesitzer zu nennen. In Spalte 6 ist der Wert nach der Holztaxe der Oberförsterei, in Privatforsten nach dem ortsüblichen Preise einzutragen. Unter jedem Straffalle ist von Spalte 1—6 ein Strich zu ziehen und sind alle in einem Monate vorgekommenen Fälle dem Oberförster bis spätestens zum 5. folgenden Monats einzureichen. Unter das Verzeichnis ist Name, Titel, Ort und Datum zu schreiben. Nebenstehendes Muster möge als Anhalt bei Aufstellung der Verzeichnisse dienen.

Der Erlaß eines Strafbefehls ist für jede Geldstrafe und die dafür im Unvermögensfall festzusetzende Gefängnisstrafe, sowie für den Werterſatz und die verwirkte Einziehung zulässig.

Beispiel für den Beamten:

Laufende Zahl zur Bezeichnung des Straffalles	Laufender Buchstabe zur Bezeichnung der bei einem Straffall Beteiligten	Zuname, Vorname, Stand, Wohnort oder Aufenthaltsort, Alter des Beschuldigten	Vorbestrafungen Tag der begangenen Tat	 Tag des Strafbefehls	 Tag der Rechtskraft	I. Inhalt der Beschuldigung nach **Tat, Gegenstand, Zeit, Ort** und **nähere Umstände,** welche eine Erhöhung der Strafe oder Zusatzstrafe rechtfertigen, II. Bezeichnung der Zeugen und des **Grundes ihrer Wissenschaft,** III. Bezeichnung der in Beschlag genommenen Gegenstände, IV. Benennung des Beschädigten	Wert des Entwendeten Mark
1.	2.	3.	4. c.	b.	a.	5.	6.
		Anzeigen des Förster Bieger zu Wolfshorst.					
1.	a. b. c. d.	Minna, 40 Jahre, Ehefrau und Hausgenossin des haftbaren Busch, Johann, Arbeiter zu Neuendorf, 30 Jahre, Busch, Johann, Arbeiter zu Neuendorf, 30 Jahre alt, unmittelbar haftbar für seinen in Spalte 5 genannten strafunmündigen 11 jähr. Sohn Wilhelm, Busch, Johann, Arbeiter zu Neuendorf, 30 Jahre alt.				I. Gemeinschaftlich 0,4 rm Kiefernreiser I. Kl. mit demselben Beil am 15. März cr. früh $6^1/_2$ Uhr im Jag. 25 b entwendet. Vor Sonnenaufgang! ergriffen die Flucht, wurden aber vom Zeugen eingeholt; Mittäter Wilhelm Busch, geb. am 5. Juni 1872, Sohn des sub c Genannten. II. Zeuge: Gendarm Kleist zu Leese, welcher die drei Beschuldigten bei der Tat betraf. III. Ein Beil. IV. Stadtforst Stegenitz.	0,40
2.	a. b. c.	Gerbard, Gustav, Tischlerlehrling zu Paliz, 16 Jahre alt, Brandt, Wilhelm, Tischlermeister zu Paliz, 40 Jahre alt, als Lehrherr und Hausgenosse haftbar für ad a, Brandt, Wilhelm, Tischlermeister zu Paliz, 40 Jahre alt.				I. Die ad a und c Genannten sägten zusammen eine Kiefer von 26 cm Durchmesser und 10,4 m Länge = 0,55 fm am 7. April cr. Abends $7^1/_2$ Uhr im Distrikt Wilhelmsgrund ab; nach Sonnenuntergang! verweigerten die Herausgabe der Säge. Das Holz verblieb der Forst. II. Zeuge selbst. III. Eine Säge, eine Axt und zwei Holzkeile. IV. Stiftsforst Damm.	4,50

Wolfshorst, den 1. April 1895.

Der Königliche Förster
Bieger.

Der Strafbefehl muß die Eröffnung erhalten, daß er vollstreckbar werde, wenn der Beschuldigte nicht in einem, sogleich in dem Strafbefehle anzuberaumenden, eintretenden Falls zugleich zur Hauptverhandlung bestimmten Termin vor dem Amtsrichter erscheine und Einspruch erhebe.

Die in dem Strafbefehle getroffene Festsetzung ist von dem Amtsrichter neben jeder Nummer des Verzeichnisses einzutragen und dem Angeklagten mit einem Auszuge aus dem Verzeichnisse zuzustellen.

Die mit dem Forstschutz betrauten Personen, welche nach den Anzeigen als Beweiszeugen auftreten sollen, sind durch ihre Vorgesetzten zu veranlassen, in dem anberaumten Termine zu erscheinen. Die sonst erforderlichen Zeugen sind zu demselben zu laden.

§ 28. Auf den Einspruch kann vor dem Termine verzichtet werden.

Auf die Wiedereinsetzung in den vorigen Stand gegen die Versäumung des Termins finden die §§ 44, 45 Absatz 1, 46 und 47 der Strafprozeßordnung entsprechende Anwendung. Wird dem Gesuche stattgegeben, so ist ein neuer Strafprozeß unter Aufhebung des früheren zu veranlassen.

§ 29. Über alle Einsprüche, sowie über alle Anträge, welche der Amtsrichter unter Ablehnung des Strafbefehls zur Hauptverhandlung gebracht hat, kann in einer Hauptverhandlung verhandelt und entschieden werden. Das Protokoll über dieselbe wird nach den Nummern des Verzeichnisses geführt.

Von einem auf Verwerfung des Einspruchs lautenden Urteile wird dem Verurteilten nur die Urteilsformel zugestellt.

§ 30. In den Fällen der §§ 6 und 8 findet der Erlaß eines Strafbefehls nicht statt. Der Amtsanwalt erhebt die öffentliche Klage durch Einreichung einer Anklageschrift, welcher ein Auszug aus dem Verzeichnisse (§ 26) beizufügen ist. Die Hauptverhandlung kann ohne Anwesenheit des Angeklagten erfolgen.

§ 31. Wird gegen ein von dem Amtsrichter ohne die Zuziehung von Schöffen erlassenes Urteil die Berufung eingelegt, so sind zum Zwecke der Bildung besonderer Akten durch den Gerichtsschreiber beglaubigte Auszüge aus den Akten erster Instanz zu fertigen.

§ 32. Die Revision gegen die in der Berufungsinstanz erlassenen Urteile findet nur statt, wenn eine der in den §§ 6 und 8 vorgesehenen strafbaren Handlungen den Gegenstand der Untersuchung bildet.

§ 33. Die Vollstreckung der Strafbefehle und Urteile erfolgt durch den Amtsrichter.

§ 34. Eine auf Grund dieses Gesetzes ausgesprochene und eingezogene Geldstrafe fließt dem Beschädigten zu. Diese Bestimmung bezieht sich nicht auf eine im Falle des § 8 erkannte Zusatzstrafe.

Weist der Beschädigte im Falle der Nichteinziehbarkeit der Geldstrafen Arbeiten, welche den Erfordernissen des § 14 entsprechen, der Behörde nach, so soll der Verurteilte zu deren Leistung angehalten werden. Diese Nachweisung ist nicht mehr zu berücksichtigen, sobald mit der anderweiten Vollstreckung der Strafe begonnen ist.

§ 35. Der Amtsrichter ist befugt, wenn der Verurteilte zu der Gemeinde gehört, welcher die erkannte Entschädigung und Geldstrafe zufällt, die Beitreibung dieser Entschädigung und Geldstrafe nebst den Kosten der Gemeindebehörde in der Art aufzutragen, daß sie die Einziehung auf dieselbe Weise zu bewirken hat, wie die Einziehung der Gemeindegefälle. Es dürfen jedoch dem Verurteilten keine Mehrkosten erwachsen.

§ 36. Steht mit einer Zuwiderhandlung gegen dieses Gesetz ein nach § 361 Nr. 9 des Strafgesetzbuches strafbares Nichtabhalten von der Begehung von Forstdiebstählen im Zusammenhange, so findet auch auf diese Übertretung das in diesem Gesetze vorgeschriebene Verfahren Anwendung.

§ 37. Für das weitere Verfahren in den am Tage des Inkrafttretens dieses Gesetzes anhängigen Sachen finden die Vorschriften der §§ 8 u. ff. des Einführungsgesetzes zur Strafprozeßordnung entsprechende Anwendung.

§ 38. Dieses Gesetz tritt mit dem in dem § 39 bezeichneten Zeitpunkte an die Stelle des Gesetzes vom 2. Juni 1852, den Diebstahl an Holz und anderen Waldprodukten betreffend (Gesetz-Sammlung 1852, S. 305).

Wo in einem Gesetze auf die bisherigen Bestimmungen über den Holz-(Forst-)Diebstahl verwiesen ist, treten die Vorschriften des gegenwärtigen Gesetzes an deren Stelle.

§ 39. Dieses Gesetz tritt gleichzeitig mit dem Gerichtsverfassungsgesetz in Kraft.

Urkundlich usw.

V.

Die Strafbestimmungen des Feld- und Forstpolizei-Gesetzes vom 1. April 1880.

Strafbestimmungen.

§ 1. Die in diesem Gesetz mit Strafe bedrohten Handlungen unterliegen, soweit dasselbe nicht abweichende Vorschriften enthält, den Bestimmungen des Strafgesetzbuchs.

§ 2. Für die Strafzumessung wegen Zuwiderhandlungen gegen dieses Gesetz kommen als Schärfungsgründe in Betracht:

1. wenn die Zuwiderhandlung an einem Sonn- oder Festtage oder in der Zeit von Sonnenuntergang bis Sonnenaufgang begangen ist;
2. wenn der Zuwiderhandelnde Mittel angewendet hat, um sich unkenntlich zu machen;
3. wenn der Zuwiderhandelnde dem Feld- oder Forsthüter, oder einem anderen zuständigen Beamten, dem Beschädigten oder dem Pfändungsberechtigten seinen Namen und Wohnort anzugeben sich weigert oder falsche Angaben über seinen oder seiner Gehilfen Namen oder Wohnort gemacht, oder auf Anrufen der vorstehend genannten Personen, stehen zu bleiben, die Flucht ergriffen oder fortgesetzt hat;
4. wenn der Täter die Aushändigung der zu der Zuwiderhandlung bestimmten Werkzeuge oder der mitgeführten Waffen verweigert hat;

5. wenn die Zuwiderhandlung von drei oder mehr Personen in gemeinschaftlicher Ausführung begangen ist;
6. wenn die Zuwiderhandlung im Rückfalle ist.

§ 3. Im Rückfalle (§ 2 Nr. 6) befindet sich, wer, nachdem er auf Grund dieses Gesetzes wegen einer in demselben mit Strafe bedrohten Handlung im Königreich Preußen vom Gerichte oder durch polizeiliche Strafverfügung rechtskräftig verurteilt worden ist, innerhalb der nächsten zwei Jahre dieselbe oder eine gleichartige strafbare Handlung, sei es mit oder ohne erschwerende Umstände, begeht.

Als gleichartig gelten:

1. die in demselben Paragraphen oder, falls ein Paragraph mehrere strafbare Handlungen betrifft, in derselben Paragraphennummer vorgesehenen Handlungen.
2. die Entwendung, der Versuch einer solchen und die Teilnahme (Mittäterschaft, Anstiftung, Beihilfe), die Begünstigung und die Hehlerei in Beziehung auf eine Entwendung.

§ 4. Die im § 57 Nr. 3 des Strafgesetzbuches bei der Verurteilung von Personen, welche zur Zeit der Begehung der Tat das zwölfte, aber nicht das achtzehnte Lebensjahr vollendet hatten, vorgesehene Strafermäßigung findet bei Zuwiderhandlungen gegen dieses Gesetz keine Anwendung.

§ 5. Für die Geldstrafe, den Werterfatz (§ 68) und die Kosten, zu denen Personen verurteilt werden, welche unter der Gewalt, der Aufsicht oder im Dienste eines anderen stehen und zu dessen Hausgenossenschaft hören, ist letzterer im Falle des Unvermögens der Verurteilten für haftbar zu erklären und zwar unabhängig von der etwaigen Strafe, zu welcher er selbst auf Grund dieses Gesetzes oder des § 361 Nr. 9 des Strafgesetzbuches verurteilt wird. Wird festgestellt, daß die Tat nicht mit seinem Wissen verübt ist, oder daß er sie nicht verhindern konnte, so wird die Haftbarkeit nicht ausgesprochen.

Hat der Täter noch nicht das zwölfte Lebensjahr vollendet, so wird derjenige, welcher in Gemäßheit der vorstehenden Bestimmung haftet, zur Zahlung der Geldstrafe, des Werterfatzes und der Kosten als unmittelbar haftbar verurteilt. Dasselbe gilt, wenn der Täter zwar das zwölfte, aber noch nicht das achtzehnte Lebensjahr vollendet hatte und wegen Mangels der zur Erkenntnis der Strafbarkeit seiner Tat erforderlichen Einsicht freizusprechen ist, oder wenn derselbe wegen eines seine freie Willensbestimmung ausschließenden Zustandes straffrei bleibt.

Gegen die in Gemäßheit der vorstehenden Bestimmungen als haftbar Erklärten tritt an die Stelle der Geldstrafe eine Freiheitsstrafe nicht ein.

§ 6. Entwendungen, Begünstigung und Hehlerei in Beziehung auf solche, sowie rechtswidrig und vorsätzlich begangene Beschädigungen (§ 303 des Strafgesetzbuchs) und Begünstigung in Beziehung auf solche unterliegen den Bestimmungen dieses Gesetzes nur dann, wenn der Wert des Entwendeten oder der angerichtete Schaden zehn Mark nicht übersteigt.

§ 7. Die Beihilfe zu einer nach diesem Gesetze strafbaren Entwendung oder vorsätzlichen Beschädigung wird mit der vollen Strafe der Zuwiderhandlung bestraft.

§ 8. Der Versuch der Entwendung, die Begünstigung und Hehlerei in Beziehung auf eine Entwendung, sowie die Begünstigung in Beziehung auf eine nach diesem Gesetze strafbare vorsätzliche Beschädigung werden mit der vollen Strafe der Entwendung beziehungsweise vorsätzlichen Beschädigung bestraft.

Die Bestimmungen des § 257 Abs. 2 und 3 des Strafgesetzbuches finden Anwendung.

§ 9. Mit einer Geldstrafe bis zu zehn Mark oder mit Haft bis zu drei Tagen wird bestraft, wer, abgesehen von den Fällen des § 123 des Strafgesetzbuchs, von einem Grundstücke, auf dem er ohne Befugnis sich befindet, auf die Aufforderung des Berechtigten sich nicht entfernt. Die Verfolgung tritt nur auf Antrag ein.

§ 10. Mit Geldstrafe bis zu zehn Mark oder mit Haft bis zu drei Tagen wird bestraft, wer, abgesehen von den Fällen des § 368 Nr. 9 des Strafgesetzbuchs, unbefugt über Grundstücke reitet, karrt, fährt, Vieh treibt, Holz schleift, den Pflug wendet, oder über Äcker, deren Bestellung vorbereitet oder in Angriff genommen ist, geht. Die Verfolgung tritt nur auf Antrag ein.

Der Zuwiderhandelnde bleibt straflos, wenn er durch die schlechte Beschaffenheit eines an dem Grundstücke vorüberführenden und zum gemeinen Gebrauch bestimmten Weges oder durch ein anderes auf dem Wege befindliches Hindernis zu der Übertretung genötigt worden ist.

§ 11. Mit Geldstrafe bis zu zehn Mark oder mit Haft bis zu drei Tagen wird bestraft, wer außerhalb eingefriedigter Grundstücke sein Vieh ohne gehörige Aufsicht oder ohne genügende Sicherung läßt.

Diese Bestimmung kann durch Polizeiverordnung abgeändert werden. Eine höhere als die vorstehend festgesetzte Strafe darf jedoch nicht angedroht werden.

Die Bestrafung tritt nicht ein, wenn nach den Umständen die Gefahr einer Beschädigung dritter nicht anzunehmen ist.

§ 12. Mit Geldstrafe bis zu zehn Mark oder mit Haft bis zu drei Tagen wird der Hirt bestraft, welcher das ihm zur Beaufsichtigung anvertraute Vieh ohne Aufsicht oder unter der Aufsicht einer hierzu untüchtigen Person läßt.

§ 13. Die Ausübung der Nachtweide, des Einzelhütens, sowie der Weide durch Gemeinde- und Genossenschafts-Herden wird durch Polizeiverordnung geregelt.

§ 14. Mit Geldstrafe bis zu fünfzig Mark oder mit Haft bis zu vierzehn Tagen wird bestraft, wer unbefugt auf einem Grundstücke Vieh weidet.

Die Strafe ist verwirkt, sobald das Vieh die Grenzen des Grundstücks, auf welchem es nicht geweidet werden darf, überschritten hat, sofern nicht festgestellt wird, daß der Übertritt von der für die Beaufsichtigung des Viehes verantwortlichen Person nicht verhindert werden konnte.

Die Bestimmung des Absatzes 2 findet, wo eine Verpflichtung zur Einfriedigung von Grundstücken besteht, oder wo die Einfriedigung landesüblich ist, keine Anwendung.

§ 15. Geldstrafe von fünf bis zu einhundertfünfzig Mark oder Haft tritt ein, wenn der Weidefrevel (§ 14) begangen wird:

1. auf Grundstücken, deren Betreten durch Warnungszeichen verboten ist;
2. auf eingefriedigten Grundstücken, sofern nicht eine Verpflichtung zur Einfriedigung der Grundstücke besteht, oder die Einfriedigung der Grundstücke landesüblich ist;
3. auf solchen Dämmen und Deichen, welche von dem Besitzer selbst noch mit der Hütung verschont werden;
4. auf bestellten Äckern oder auf Wiesen, in Gärten, Baumschulen, Weinbergen, auf mit Rohr bewachsenen Flächen, auf Weidenhegern, Dünen, Buhnen, Deckwerken, gedeckten Sandflächen, Graben oder Kanalböschungen, in Forstkulturen, Schonungen oder Saatkämpen;
5. auf Forstgrundstücken mit Pferden oder Ziegen.

§ 16. Ein wegen Weidefrevels rechtskräftig verurteilter Hirt kann von der Dienstherrschaft innerhalb 14 Tagen von der rechtskräftigen Verurteilung an gerechnet entlassen werden.

§ 17. Mit Geldstrafe bis zu einhundertundfünfzig Mark oder mit Haft wird bestraft:

1. wer eine rechtmäßige Pfändung (§ 77) vereitelt oder zu vereiteln versucht;
2. wer, abgesehen von den Fällen der §§ 113 und 117 des Strafgesetzbuchs dem Pfändenden in der rechtmäßigen Ausübung seines Rechts (§ 77) durch Gewalt oder durch Bedrohung mit Gewalt Widerstand leistet oder den Pfändenden während der rechtmäßigen Ausübung seines Rechts tätlich angreift;
3. wer, abgesehen von den Fällen der §§ 137 und 289 des Strafgesetzbuchs, Sachen, welche rechtmäßig in Pfand genommen sind (§ 77), dem Pfändenden in rechtswidriger Absicht wegnimmt;
4. wer vorsätzlich eine unrechtmäßige Pfändung (§ 77) bewirkt.

§ 18. Mit Geldstrafe bis zu einhundertundfünfzig Mark oder mit Haft wird bestraft, wer Gartenfrüchte, Feldfrüchte oder andere Bodenerzeugnisse aus Gartenanlagen aller Art, Weinbergen, Obstanlagen, Baumschulen, Saatkämpen, von Äckern, Wiesen, Weiden, Plätzen, Gewässern, Wegen oder Gräben entwendet.

Liegen die Voraussetzungen des § 370 Nr. 5 des Strafgesetzbuchs vor, so tritt die Verfolgung nur auf Antrag ein.

§ 19. Geldstrafe von fünf bis zu einhundertundfünfzig Mark oder Haft tritt ein, wenn die nach § 18 strafbare Entwendung begangen wird:

1. unter Anwendung eines zur Fortschaffung größerer Mengen geeigneten Gerätes, Fahrzeuges oder Lasttieres;
2. unter Benutzung von Äxten, Sägen, Messern, Spaten oder ähnlichen Werkzeugen;
3. aus einem umschlossenen Raume mittels Einsteigens;
4. gegen die Dienstherrschaft oder den Arbeitgeber;
5. an Kien, Harz, Saft, Wurzeln, Rinde oder Mittel- (Haupt-) Trieben stehender Bäume, sofern die Entwendung nicht als Forstdiebstahl strafbar ist.

§ 20. Gefängnisstrafe bis zu drei Monaten tritt ein, wenn die nach § 18 strafbare Entwendung begangen wird:

1. unter Mitführung von Waffen;
2. aus einem umschlossenen Raume mittels Einbruchs;
3. dadurch, daß zur Eröffnung der Zugänge eines umschlossenen Raumes falsche Schlüssel oder andere zur ordnungsmäßigen Eröffnung nicht bestimmte Werkzeuge angewendet werden;
4. durch Wegnahme bestehender Bäume, Frucht- oder Ziersträucher, sofern die Entwendung nicht als Forstdiebstahl strafbar ist;
5. von dem Aufseher in dem seiner Aufsicht unterstellten Grundstücke.

Sind mildernde Umstände vorhanden, so kann auf Geldstrafe von fünf bis zu dreihundert Mark erkannt werden.

§ 21. Auf Gefängnisstrafe von einer Woche bis zu einem Jahre ist zu erkennen:

1. wenn im Falle einer Entwendung der Schuldige sich im dritten oder ferneren Rückfalle befindet;
2. wenn die Hehlerei gewerbs- oder gewohnheitsmäßig begangen ist.

§ 22. Bei Entwendungen (§§ 18 und 21) finden die Bestimmungen des § 357 des Strafgesetzbuchs Anwendung.

§ 23. In den Fällen der §§ 18 bis 21 sind neben der Geldstrafe oder der Freiheitsstrafe die Waffen (§ 20), welche der Täter bei der Zuwiderhandlung bei sich geführt hat, einzuziehen, ohne Unterschied, ob sie dem Schuldigen gehören oder nicht.

In denselben Fällen können die zur Begehung der strafbaren Zuwiderhandlung geeigneten Werkzeuge, welche der Täter bei der Zuwiderhandlung bei sich geführt hat, eingezogen werden, ohne Unterschied, ob sie dem Schuldigen gehören oder nicht. Die Tiere und andere zur Wegschaffung des Entwendeten dienenden Gegenstände, welche der Täter bei sich führt, unterliegen nicht der Einziehung.

§ 24. Mit Geldstrafe bis zu zehn Mark oder mit Haft bis zu drei Tagen wird bestraft, wer, abgesehen von den Fällen der §§ 18 und 30, unbefugt:

1. das auf oder an Grenzrainen, Wegen, Triften oder an oder in Gräben wachsende Gras oder sonstige Viehfutter abschneidet oder abrupft;
2. von Bäumen, Sträuchern oder Hecken Laub abpflückt oder Zweige abbricht, insofern dadurch ein Schaden entsteht.

Die Verfolgung tritt nur auf Antrag ein.

§ 25. Mit Geldstrafe bis zu dreißig Mark oder mit Haft bis zu einer Woche wird bestraft, wer unbefugt:

1. Dungstoffe von Äckern, Wiesen, Weiden, Gärten, Obstanlagen oder Weinbergen aufsammelt;
2. Knochen gräbt oder sammelt;
3. Nachlese hält.

§ 26. Mit Geldstrafe bis zu fünfzig Mark oder mit Haft bis zu vierzehn Tagen wird bestraft, wer unbefugt:

1, abgesehen von den Fällen des § 266 Nr. 7 des Strafgesetzbuchs, Steine, Scherben, Schutt oder Unrat auf Grundstücke wirft oder in dieselben bringt;

2. Leinwand, Wäsche oder ähnliche Gegenstände zum Bleichen, Trocknen oder anderen derartigen Zwecken ausbreitet oder niederlegt;
3. tote Tiere liegen läßt, vergräbt oder niederlegt;
4. Bienenstöcke aufstellt.

§ 27. Mit Geldstrafe bis zu fünfzig Mark oder mit Haft bis zu vierzehn Tagen wird bestraft, wer unbefugt:

1. abgesehen von den Fällen des § 50 Nr. 7 des Fischereigesetzes vom 30. Mai 1874, Flachs oder Hanf röstet;
2. in Gewässern Felle aufweicht oder reinigt oder Schafe wäscht;
3. abgesehen von den Fällen des § 366 Nr. 10 des Strafgesetzbuchs, Gewässer verunreinigt oder ihre Benutzung in anderer Weise erschwert oder verhindert.

§ 28. Mit Geldstrafe bis zu fünfzig Mark oder mit Haft bis zu vierzehn Tagen wird bestraft, wer unbefugt:

1. fremde auf dem Felde zurückgelassene Ackergeräte gebraucht;
2. die zur Sperrung von Wegen oder Eingängen in eingefriedigte Grundstücke dienenden Vorrichtungen öffnet oder offen stehen läßt;
3. Gruben auf fremden Grundstücken anlegt.

§ 29. Mit Geldstrafe bis zu einhundertfünfzig Mark oder mit Haft wird bestraft, wer, abgesehen von den Fällen des § 367 Nr. 12 des Strafgesetzbuchs, den Anordnungen der Behörden zuwider es unterläßt:

1. Steinbrüche, Lehm-, Sand-, Kies-, Mergel-, Kalk oder Tongruben, Bergwerksschachte, Schürflöcher oder die durch Stockroden entstandenen Löcher, zu deren Einfriedigung oder Zuwerfung er verpflichtet ist, einzufriedigen oder zuzuwerfen;
2. Öffnungen, welche er in Eisflächen gemacht hat, durch deutliche Zeichen zur Warnung von Annäherung zu verwahren.

§ 30. Mit Geldstrafe bis zu einhundertundfünfzig Mark oder mit Haft wird bestraft, wer unbefugt:

1. abgesehen von den Fällen des § 305 des Strafgesetzbuchs, fremde Privatwege oder deren Zubehörungen beschädigt oder verunreinigt oder ihre Benutzung in anderer Weise erschwert;
2. auf ausgebauten öffentlichen oder Privatwegen die Bankette befährt, ohne dazu genötigt zu sein (§ 10 Abs. 2), oder die zur Bezeichnung der Fahrbahn gelegten Steine, Faschinen oder sonstige Zeichen entfernt oder in Unordnung bringt;
3. abgesehen von den Fällen des § 274 Nr. 2 des Strafgesetzbuchs, ähnliche zur Abgrenzung, Absperrung oder Vermessung von Grundstücken oder Wegen dienende Merk- und Warnungszeichen, desgleichen Merkmale, die zur Bezeichnung eines Wasserstandes bestimmt sind, sowie Wegweiser fortnimmt, vernichtet, umwirft, beschädigt oder unkenntlich macht;
4. Einfriedigungen, Geländer oder die zur Sperrung von Wegen oder Eingängen in eingefriedigte Grundstücke dienenden Vorrichtungen beschädigt oder vernichtet;

5, abgesehen von den Fällen des § 304 des Strafgesetzbuchs, stehende Bäume, Sträucher, Pflanzen oder Feldfrüchte, die zum Schutze von Bäumen dienenden Pfähle oder sonstigen Vorrichtungen beschädigt. Sind junge stehende Bäume, Frucht- oder Zierbäume oder Ziersträucher beschädigt, so darf die Geldstrafe nicht unter zehn Mark betragen.

§ 31. Mit Geldstrafe bis zu einhundertundfünfzig Mark oder mit Haft wird bestraft, wer, abgesehen von den Fällen der §§ 221 und 326 des Strafgesetzbuchs, unbefugt das zur Bewässerung von Grundstücken dienende Wasser ableitet, oder Gräben, Wälle, Rinnen oder andere zur Ab- und Zuleitung des Wassers dienende Anlagen herstellt, verändert, beschädigt oder beseitigt.

§ 32. Mit Geldstrafe bis zu einhundertundfünfzig Mark oder mit Haft wird bestraft, wer, abgesehen von den Fällen des § 308 des Strafgesetzbuchs, eigene Torfmoore, Heidekraut oder Bülten im Freien ohne vorgängige Anzeige bei der Ortspolizeibehörde oder bei dem Ortsvorstande in Brand setzt oder die bezüglich dieses Brennens polizeilich angeordneten Vorsichtsmaßregeln außer Acht läßt.

§ 33. Mit Geldstrafe bis zu dreißig Mark oder mit Haft bis zu einer Woche wird bestraft, wer, abgesehen von den Fällen des § 368 Nr. 11 des Strafgesetzbuchs, auf fremden Grundstücken unbefugt nicht jagdbare Vögel fängt, Sprenkel oder ähnliche Vorrichtungen zum Fangen von Singvögeln aufstellt, Vogelnester zerstört oder Eier oder Junge von Vögeln ausnimmt.

Die Sprenkel oder ähnliche Vorrichtungen sind einzuziehen.

§ 34. Mit Geldstrafe bis zu einhundertundfünfzig Mark oder mit Haft wird bestraft, wer, abgesehen von den Fällen des § 368 Nr. 2 des Strafgesetzbuchs, den zum Schutze nützlicher oder zur Vernichtung schädlicher Tiere oder Pflanzen erlassenen Polizeiverordnungen zuwiderhandelt.

§ 35. Mit Geldstrafe bis zu einhundert Mark oder mit Haft bis zu vier Wochen wird bestraft, wer unbefugt:

1. an stehenden Bäumen, an Schlaghölzern, an gefällten Stämmen, an aufgeschichteten Stößen von Torf, Holz- oder anderen Walderzeugnissen das Zeichen des Waldhammers oder Rissers, die Stamm- oder Stoßnummer oder die Losnummer vernichtet, unkenntlich macht, nachahmt oder verändert:
2. gefällte Stämme oder aufgeschichtete Stöße von Holz, Torf oder Lohrinde beschädigt, umstößt oder der Stützen beraubt.

§ 36. Mit Geldstrafe bis zu fünfzig Mark oder mit Haft bis zu vierzehn Tagen wird bestraft, wer unbefugt auf Forstgrundstücken:

1. außerhalb der öffentlichen und solcher Wege, zu deren Benutzung er berechtigt ist, mit einem Werkzeuge, welches zum Fällen von Holz, oder mit einem Geräte, welches zum Sammeln oder Wegschaffen von Holz, Gras, Streu oder Harz seiner Beschaffenheit nach bestimmt erscheint, sich aufhält;
2. Holz ablagert, bearbeitet, beschlägt oder bewaldrechtet;
3. Einfriedigungen übersteigt;
4. Forstkulturen betritt;

5. solche Schläge betritt, in welchen die Holzhauer mit dem Einschlagen oder Aufarbeiten der Hölzer beschäftigt, oder welche zur Entnahme des Abraums nicht freigegeben sind.

In den Fällen der Nr. 1 können neben der Geldstrafe oder der Haft die Werkzeuge eingezogen werden, ohne Unterschied, ob sie dem Schuldigen gehören oder nicht.

§ 37. Mit Geldstrafe bis zu einhundert Mark oder mit Haft bis zu vier Wochen wird bestraft, wer unbefugt auf Forstgrundstücken:

1. zum Wiederausschlage bestimmte Laubholzstöcke aushaut, abspänt oder zur Verhinderung des Lodentriebes (Stockausschlages) mit Steinen belegt;
2. Ameisen oder deren Puppen (Ameiseneier) einsammelt oder Ameisenhaufen zerstört oder zerstreut.

§ 38. Mit Geldstrafe bis zu fünfzig Mark wird bestraft, wer aus einem fremden Walde Holz, welches er erworben hat, oder zu dessen Bezuge in bestimmten Maßen er berechtigt ist, unbefugt ohne Genehmigung des Grundeigentümers vor Rückgabe des Verabfolgezettels, oder an anderen als den bestimmten Tagen oder Tageszeiten, oder auf anderen als den bestimmten Wegen fortschafft.

Die Verfolgung tritt nur auf Antrag ein.

§ 39. Mit Geldstrafe bis zu einhundert Mark oder mit Haft bis zu vier Wochen wird bestraft, wer aus einem fremden Torfmoore oder Walde an Stelle der ihm vom Eigentümer durch Verabfolgezettel zugewiesenen Posten von Torf, Holz- oder anderen Walderzeugnissen aus Fahrlässigkeit andere als die auf dem Verabfolgezettel bezeichneten Posten oder Teile derselben fortschafft.

Die Verfolgung tritt nur auf Antrag ein.

§ 40. Mit Geldstrafe bis zu einhundert Mark oder mit Haft bis zu vier Wochen wird bestraft, wer auf Forstgrundstücken oder Torfmooren als Dienstbarkeits- oder Nutzungsberechtigter oder als Pächter:

1. unbefugt seine Berechtigung in nicht geöffneten Distrikten oder in einer Jahreszeit, in welcher die Berechtigung auszuüben nicht gestattet ist, oder an anderen als den bestimmten Tagen oder Tageszeiten ausübt, oder sich anderer als der gestatteten Werbungswerkzeuge oder Fortschaffungsgeräte bedient;
2. den gesetzlichen Vorschriften, oder Polizeiverordnungen, oder dem Herkommen oder dem Inhalte der Berechtigung zuwider ohne Legitimationsschein, oder ohne Überweisung von seiten der Forstbehörde oder des Grundeigentümers die Gegenstände der Berechtigung sich aneignet;
3. die zur Aufrechterhaltung der Ordnung und Sicherheit bei Ausübung von Berechtigungen erlassenen Gesetze oder Polizeiverordnungen übertritt.

In den Fällen der Nr. 1 können neben der Geldstrafe oder der Haft die Werbungswerkzeuge eingezogen werden, ohne Unterschied, ob sie dem Schuldigen gehören oder nicht.

Die Verfolgung tritt nur auf Antrag ein.

§ 41. Mit Geldstrafe bis zu zehn Mark oder mit Haft bis zu drei Tagen wird bestraft, wer auf Forstgrundstücken bei Ausübung einer Waldnutzung den Legitimationsschein, den er nach den gesetzlichen Vorschriften oder Polizeiverordnungen, nach dem Herkommen oder nach dem Inhalt der Berechtigung lösen muß, nicht bei sich führt.

Die Verfolgung tritt nur auf Antrag ein.

§ 42. Mit Geldstrafe bis zu Einhundert Mark oder Haft bis zu vier Wochen wird bestraft, wer als Dienstbarkeits- oder Nutzungsberechtigter Walderzeugnisse, die er, ohne auf ein bestimmtes Maß beschränkt zu sein, lediglich zum eigenen Bedarf zu entnehmen berechtigt ist, veräußert.

§ 43. Mit Geldstrafe bis zu fünfzig Mark oder mit Haft bis zu vierzehn Tagen wird bestraft, wer den Gesetzen oder Polizeiverordnungen über den Transport von Brennholz oder unverarbeitetem Bau- oder Nutzholz zuwiderhandelt oder den Gesetzen oder Polizeiverordnungen zuwider Brennholz oder unverarbeitetes Bau- oder Nutzholz in Ortschaften einbringt. Dies gilt insgesamt auch von Bandstöcken (Reifstäben) jeder Holzart, birkenen Reisern, Korbruten, Faschinen und jungen Nadelhölzern.

Das Holz ist einzuziehen, wenn nicht der rechtmäßige Erwerb desselben nachgewiesen wird.

§ 44. Mit Geldstrafe bis zu fünfzig Mark oder mit Haft bis zu vierzehn Tagen wird bestraft, wer:

1. mit unverwahrtem Feuer oder Licht den Wald betritt oder sich demselben in gefahrbringender Weise nähert;
2. im Walde brennende oder glimmende Gegenstände fallen läßt, fortwirft oder unvorsichtig handhabt
3. abgesehen von den Fällen des § 368 Nr. 6 des Strafgesetzbuchs, im Walde oder in gefährlicher Nähe desselben im Freien ohne Erlaubnis des Ortsvorstehers, in dessen Bezirk der Wald liegt, in Königlichen Forsten ohne Erlaubnis des zuständigen Forstbeamten, Feuer anzündet oder das gestattetermaßen angezündete Feuer gehörig zu beaufsichtigen oder auszulöschen unterläßt;
4. abgesehen von den Fällen des § 360 Nr. 10 des Strafgesetzbuchs bei Waldbränden, von der Polizeibehörde, dem Ortsvorsteher oder deren Stellvertreter oder dem Forstbesitzer oder Forstbeamten zur Hilfe aufgefordert, keine Folge leistet, obgleich er der Aufforderung ohne erhebliche Nachteile genügen konnte.

§ 45. Mit Geldstrafe bis zu Einhundertundfünfzig Mark oder mit Haft wird bestraft, wer im Walde oder in gefährlicher Nähe desselben:

1. ohne Erlaubnis des Ortsvorstehers, in dessen Bezirk der Wald liegt, in Königlichen Forsten ohne Erlaubnis des zuständigen Forstbeamten, Kohlenmeiler errichtet
2. Kohlenmeiler anzündet, ohne dem Ortsvorsteher oder in Königlichen Forsten dem Forstbeamten Anzeige gemacht zu haben;
3. brennende Kohlenmeiler zu beaufsichtigen unterläßt;
4. aus Meilern Kohlen auszieht oder abfährt, ohne dieselben gelöscht zu haben.

§ 46. Mit Geldstrafe von zehn bis zu Einhundertundfünfzig Mark oder mit Haft wird bestraft, wer den über das Brennen einer Waldfläche, das Abbrennen von liegenden oder zusammengebrachten Bodendecken und das Sengen von Rotthecken erlassenen polizeilichen Anordnungen zuwiderhandelt.

§ 47. Wer in der Umgebung einer Waldung, welche mehr als einhundert Hektare im räumlichen Zusammhange umfaßt, innerhalb einer Entfernung von fünfundsiebzig Metern eine Feuerstelle errichten will, bedarf einer Genehmigung derjenigen Behörde, welche für die Erteilung der Genehmigung zur Errichtung von Feuerstellen zuständig ist. Vor der Aushändigung der Genehmigung darf die polizeiliche Bauerlaubnis nicht erteilt werden.

§ 48. Die Genehmigung der Behörde (§ 47) darf versagt oder an Bedingungen, welche die Verhütung von Feuersgefahr bezwecken, geknüpft werden, wenn aus der Errichtung der Feuerstelle eine Feuersgefahr für die Waldung zu besorgen ist.

Die Genehmigung darf nicht versagt werden, wenn die Feuerstelle innerhalb einer im Zusammenhange gebauten Ortschaft, oder vom Waldeigentümer, oder in der Ausführung eines Enteignungsrechts errichtet werden soll; jedoch darf die Genehmigung an Bedingungen geknüpft werden, welche die Verhütung von Feuersgefahr bezwecken.

§ 49. Der Antrag auf Erteilung der Genehmigung ist dem Waldeigentümer, falls dieser nicht der Bauherr ist, mit dem Bemerken bekannt zu machen, daß er innerhalb einer Frist von einundzwanzig Tagen bei der Behörde (§ 47) Einspruch erheben könne.

Der erhobene Einspruch ist von der Behörde (§ 47), geeignetenfalls nach Anhörung des Antragstellers und des Waldeigentümers, sowie nach Aufnahme des Beweises zu prüfen.

§ 50. Die Versagung der Genehmigung, die Erteilung der Genehmigung unter Bedingungen, sowie die Zurückweisung des erhobenen Einspruchs erfolgt durch einen Bescheid der Behörde, welcher mit Gründen zu versehen und dem Antragsteller, sowie dem Waldeigentümer zu eröffnen ist.

Gegen den Bescheid steht dem Antragsteller, sowie dem Waldeigentümer innerhalb einer Frist von zehn Tagen die Klage im Verwaltungsstreitverfahren offen.

Zuständig ist:

a) der Kreisausschuß, wenn der Bescheid von der Ortspolizeibehörde eines Landkreises, oder in der Provinz Hessen-Nassau von dem Amtmanne erteilt worden ist;

b) das Bezirksverwaltungsgericht, wenn der Bescheid vom Landrate (Amtshauptmanne, Oberamtmanne) oder von der Ortspolizeibehörde eines Stadtkreises, in der Provinz Hannover von der Polizeibehörde einer selbständigen Stadt, erteilt worden ist.

§ 51. Wer vor Erteilung der vorgeschriebenen Genehmigung mit der Errichtung einer Feuerstelle beginnt, wird mit Geldstrafe bis zu Einhundertundfünfzig Mark oder mit Haft bestraft. Auch kann die Behörde (§ 47) die Weiterführung der Anlage verhindern und die Wegschaffung der errichteten Anlage anordnen.

§ 52. Die Bestimmungen des Gesetzes vom 25. August 1878, betreffend die Verteilung der öffentlichen Lasten bei Grundstücksteilungen und die Gründung neuer Ansiedelungen usw. (Ges.-Samml. S. 405) werden durch das gegenwärtige Gesetz nicht berührt.

Ist zu der Errichtung der Feuerstelle (§ 47) eine Ansiedelungsgenehmigung erforderlich, so ist in dem Geltungsbereiche des vorstehend genannten Gesetzes das Verfahren nach den §§ 48 bis 50 des gegenwärtigen Gesetzes mit dem Verfahren nach den §§ 13 bis 17 des Gesetzes vom 25. August 1876 zu verbinden.

§ 95. Dies Gesetz tritt mit dem 1. Juli 1880 in Kraft.

§ 96. Mit diesem Zeitpunkte treten alle dem gegenwärtigen Gesetze entgegenstehenden gesetzlichen Bestimmungen außer Kraft.

VI.

Auszug aus dem Regulativ

über Ausbildung, Prüfung und Anstellung für die unteren Stellen des preußischen Forstdienstes in Verbindung mit dem Militärdienst im Jägerkorps.

Vom 1. Oktober 1897.

I. Allgemeine Grundzüge.

§ 1.

Einen Anspruch auf Anstellung als Förster oder Forsthilfsaufseher im Staatsdienste*) haben nur diejenigen Personen, die die Forstanstellungsberechtigung gemäß nachstehender Bestimmungen erlangt haben.

Die gleiche Berechtigung ist erforderlich für solche Forstbeamtenstellen der Gemeinden und Anstalten, die ein Jahreseinkommen von mindestens 750 Mk. — einschließlich des Wertes sämtlicher Nebeneinnahmen — gewähren, aber keine höhere Befähigung erfordern, wie die eines Königl. Försters.

Auch die Königl. Revierförsterstellen sind vorzugsweise an geeignete Förster zu vergeben.

Als Ausweis für die Anstellungsberechtigung gilt der Forstversorgungsschein (siehe § 25).

Die Anstellungsberechtigung wird erworben:

a) durch vorschriftsmäßige forsttechnische Ausbildung,
b) durch volle Erfüllung der zu übernehmenden besonderen Pflichten des Militärdienstes im Jägerkorps (§ 14).

Erstere erfolgt durch:

1. praktische Unterweisung während der Lehrzeit (§ 4),

---

*) Anmerkung. Dem Forstdienst des Staates wird derjenige im Bereich der Hofkammer der Königlichen Familiengüter gleichgeachtet. Es wird jedoch auf § 19 des Gesetzes, betreffend die Pensionierung der unmittelbaren Staatsbeamten vom 27. März 1872 (G. S. S. 268) aufmerksam gemacht. Was in diesen Bestimmungen von den Regierungen gesagt ist, gilt auch für die Hofkammer der Königlichen Familiengüter.

2. Forstunterricht beim Jägerbataillon (§ 10),
3. weitere forstliche Beschäftigung und Unterweisung während des Militärreserveverhältnisses

und ist nachzuweisen durch das Bestehen zweier Prüfungen (§§ 11, 12 und § 20).

II. Die Lehrzeit.

§ 2.

Eintritt in die Lehre und ihre Dauer.

Die Laufbahn für den Forstschutzdienst beginnt mit einer mindestens zweijährigen forstlichen Lehrzeit. Der Eintritt in die Lehre darf nicht vor Beginn des 16. Lebensjahres und muß spätestens am 1. Oktober desjenigen Kalenderjahres erfolgen, in dem der Aspirant das 18. oder, wenn er die Berechtigung zum einjährig-freiwilligen Militärdienst erworben hat, das 20. Lebensjahr vollendet*).

Der Bewerber hat drei Monate vor dem beabsichtigten Beginn der Lehrzeit bei dem Oberforstmeister desjenigen Bezirks, in dem er sich aufhält, oder in dem er in die Lehre treten will, sich schriftlich anzumelden und dabei vorzulegen:

1. das Geburtszeugnis,
2. ein Unbescholtenheitszeugnis der Polizeibehörde seines Wohnorts,
3. ein Attest eines oberen Militärarztes, daß er frei von körperlichen Gebrechen und wahrnehmbaren Anlagen zu chronischen Krankheiten ist, ein scharfes Auge mit deutlichem Unterscheidungsvermögen für alle Farben, gutes Gehör, fehlerfreie Sprache hat und eine Körperbeschaffenheit besitzt, die kein Bedenken gegen die künftige Tauglichkeit zum Militärdienst begründet**),
4. Zeugnisse der besuchten Schulanstalten oder der Lehrer über Schulbildung insbesondere darüber, daß er bis zur gegenwärtigen Meldung einen stetigen Schulunterricht genossen und seit dem Abgang von der Schule seine Fortbildung ununterbrochen betrieben hat,

---

*) Anmerkung. Bezüglich der Bewerber für den Königlichen Forstverwaltungsdienst vergleiche § 6.

**) A. Hinsichtlich der für den Eintritt in die forstliche Lehre erforderlichen Körpenbeschaffenheit sind nachstehende Bestimmungen maßgebend:

1. Als Minimalmaße für die Körpergröße und den Brustumfang haben zu gelten:

im Alter von:	Körpergröße:	Brustumfang:
15 Jahren	151 cm	70—76 cm
16 „	153 „	73—79 „
17 „	156 „	76—81 „

2. Das rechte Auge muß vollkommen fehlerfrei sein (volle Sehschärfe, keine Refraktions-Anomalien). Auf dem linken Auge darf die Sehschärfe nicht weniger als $^3/_4$ der normalen betragen. Kurzsichtigkeit auf dem linken Auge, bei welcher der Fernpunktsabstand 70 cm oder weniger beträgt, schließt vom Eintritt in die Forstlehre aus.
3. Beide Ohren müssen normale Hörweite besitzen.
4. Die Sprache muß fehlerfrei sein.
5. Die in der Anlage 1 der Heer-Ordnung vom 22. November 1888 verzeichneten Fehler machen der Mehrzahl nach zur Aufnahme ungeeignet, wenn sie nicht sehr unbedeutend sind oder sich noch heben lassen.

B. Zur Erlangung des militärärztlichen Attestes haben sich die Bewerber mit ihren bezüglichen Gesuchen rechtzeitig an das nächste Landwehr-Bezirks-Kommando zu wenden, welches die direkte Zustellung des Attestes an den Oberforstmeister desjenigen Bezirks, in dem der Bewerber sich anmelden will, veranlassen wird.

5. einem selbstgeschriebenen Lebenslauf.

Der Bewerber wird hinsichtlich seiner Schulbildung zum Eintritt in die Lehre ohne weiteres als geeignet erachtet:

a) wenn er das Zeugnis der wissenschaftlichen Befähigung für den einjährig-freiwilligen Militärdienst erworben,

b) wenn er durch den Besuch einer höheren Schule (Gymnasium, Progymnasium, Realgymnasium, Realprogymnasium, Ober-Realschule, Realschule, höhere Bürgerschule) die Reife für die Tertia (bezw. an höheren Bürgerschulen für die dritte Klasse) erreicht hat.

Genügt der Bewerber den Bedingungen zu a und b nicht, so hat er sich einer besonderen Prüfung in den Schulkenntnissen zu unterziehen.

Ist eine Prüfung nicht erforderlich, so benachrichtigt der Oberforstmeister den Bewerber davon, daß er die Befähigung zum Eintritt in die Forstlehre nach Maßgabe der Bestimmungen vom 1. Oktober 1897 nachgewiesen hat. Wird eine Prüfung nötig, so kann der Oberforstmeister geeigneten Falls einen Regierungs- und Forstrat oder einen Oberförster*) des Bezirks mit deren Ausführung beauftragen.

Die Prüfung soll feststellen, ob der Bewerber befähigt ist, Gedrucktes und Geschriebenes geläufig richtig zu lesen, seine Gedanken über eine einfache Aufgabe in einem kurzen Aufsatze verständlich und ohne erhebliche Fehler in der Rechtschreibung, mit gut leserlicher Handschrift niederzuschreiben, und in den vier Spezies sowie in der Regel de tri mit benannten und unbenannten Zahlen, ferner mit einfachen und Dezimalbrüchen geläufig und richtig zu rechnen.

Ist das Ergebnis genügend, so läßt der Oberforstmeister dem Bewerber die vorgedachte Benachrichtigung zugehen.

Ist das Ergebnis nicht genügend, so bemerkt solches der Oberforstmeister auf dem letzten Schulzeugnisse. Die Meldung zur Wiederholung der Prüfung kann nach Ablauf von neun Monaten erfolgen, wenn nach Maßgabe des Alters des Bewerbers die Zulassung zur Forstlehre dann noch statthaft ist.

§ 3.

Wahl des Lehrherrn.

Die Lehrzeit kann während des ersten Jahres bei jedem vom Regierungs- und Forstrat und Oberforstmeister des Bezirks zur Annahme eines Lehrlings ermächtigen, im praktischen Forstdienste des Staates, der Gemeinden, öffentlichen Anstalten oder Privaten angestellten Forstbeamten zurückgelegt, muß aber während des zweiten Jahres bei einem Staats-Oberförster oder bei einem vom Regierungs- und Forstrat und Oberforstmeister des Bezirks zur Ausbildung von Lehrlingen ermächtigten *verwaltenden* Beamten des Gemeinde-, Anstalts- oder Privatforstdienstes zugebracht werden.

Jeder Forstbeamte, welcher einen Lehrling annehmen will, hat die schriftliche Annahme-Genehmigung für jeden einzelnen Fall bei dem Regierungs- und Forstrat und Oberforstmeister des Bezirks einzuholen. Dem Antrage sind beizufügen

*) Zu den Oberförstern gehören auch die den Titel „Forstmeister" führenden Revierverwalter.

die im § 2 unter 1 und 5 erwähnten Schriftstücke und die im § 2 weiter vorgeschriebene Benachrichtigung eines Oberforstmeisters.

Im Versagungsfalle ist die Berufung an den Oberlandforstmeister statthaft, dessen Entscheidung endgültig ist. Dieser entscheidet auch, wenn Regierungs- und Forstrat und Oberforstmeister über Genehmigung oder Versagung sich nicht einigen können.

Die Lehrzeit kann auch ganz oder teilweise auf einer der Königlichen Forstlehrlingsschulen nach Maßgabe der für diese erlassenen Bestimmungen zurückgelegt werden.

§ 4.

Zweck der Lehrzeit.

Zweck der Lehrzeit ist, daß der Lehrling sich durch lebendige Anschauung und praktische Übung mit dem Walde und den beim Forstbetriebe vorkommenden Arbeiten bekannt macht, insbesondere an den Forstkulturarbeiten, der Waldpflege, den Arbeiten in den Holzschlägen, am Forstschutze und der waidmännischen Ausübung der Jagd sich fleißig beteilige, die einheimischen Bäume und die wichtigsten Sträucher, die Lebensweise der Jagdtiere und der sonstigen für den Wald wichtigen Tiere, namentlich auch der nützlichen und schädlichen Vögel und Insekten kennen lernt, in den schriftlichen und Rechnungsarbeiten im Bureau der Oberförsterei sich ausbildet, einfache Vermessungs- und Nivellierungs-Arbeiten ausführen hilft und mit den Gesetzen und Verordnungen über Forstdiebstahl, Forst- und Jagd-Polizei und Handhabung des Forst- und Jagdschutzes sich bekannt macht.

§ 5.

Pflichten des Lehrherrn und des betreffenden Regierungs- und Forstrats.

Eine dem Zwecke der Lehrzeit entsprechende sorgfältige und gründliche Anleitung, Unterweisung und Beschäftigung der Lehrlinge gehört zu den wichtigsten Dienstobliegenheiten der Forstbeamten. Die Lehrzeit soll insbesondere dazu dienen, die sittliche Erziehung des Lehrlings, namentlich durch gutes Beispiel des Lehrherrn, zu fördern, ihn an Gehorsam, Pünktlichkeit, Ausdauer, an Ertragen körperlicher Anstrengungen zu gewöhnen und Lust und Liebe für den Wald und für seinen künftigen Beruf in ihm zu wecken.

Über die Ausbildung und Führung der von den untergebenen Forstschutzbeamten angenommenen Lehrlinge hat auch der Oberförster besondere Aufsicht zu führen, zu diesem Zwecke steht es ihm zu, über die Art der Beschäftigung der in seiner Oberförsterei sich aufhaltenden Lehrlinge Bestimmung zu treffen und ihnen unmittelbar Anweisungen und Aufträge zu erteilen.

Der Regierungs- und Forstrat ist verpflichtet, nicht nur von dem Gange der Fortbildung sämtlicher Lehrlinge seines Bezirks Kenntnis zu nehmen, sondern auch am Schlusse der Lehrzeit erforderlichenfalls durch eine Prüfung sich über den Grad der Ausbildung, welche der Lehrling erlangt hat, ein Urteil zu verschaffen; er kann zu diesen Zwecken den Lehrling an einen geeignet gelegenen Prüfungsort berufen.

Zeigt sich ein Lehrling wegen unsittlicher Führung, Ungehorsam, Unzuverlässigkeit oder nach seiner körperlichen Beschaffenheit oder aus sonst einem Grunde ungeeignet für den Forstdienst, so hat der Lehrherr ihn aus der Lehre zu entlassen.

Auch gegen den Willen des Lehrherrn kann die Entlassung sowohl durch den Regierungs- und Forstrat als auch durch den Oberforstmeister angeordnet werden.

§ 6.

Lehrzeit der Bewerber für den Forstverwaltungsdienst.

Für diejenigen Bewerber, welche die Befähigung zur Anstellung als Forstverwaltungsbeamte erstreben — Forstbeflissene —, zugleich aber die Anstellung im Forstschutzdienste sich offen erhalten wollen, sind an Stelle der vorstehenden §§ 2 bis 5 die §§ 1 bis 8 der Bestimmungen über Ausbildung und Prüfung für den Königlichen Forstverwaltungsdienst vom 1. August 1883 maßgebend.

§ 7.

Anmeldung der Lehrlinge zum Militärdienst und ihre ärztliche Untersuchung.

Die Forstlehrlinge haben ihrer Militärpflicht im Jägerkorps zu genügen. Um die Eistnellung herbeizuführen, hat der Lehrherr in der Zeit vom 1. bis 5. Januar desjenigen Jahres, in welchem der Lehrling bis zum 1. Oktober seine Lehrzeit vollendet haben wird, das Nationale des Lehrlings nach dem Muster A an den Regierungs- und Forstrat des Bezirks einzureichen.

Die im § 6 bezeichneten Bewerber sind in gleicher Weise anzumelden.

Hat ein Bewerber die Berechtigung zum einjährig-freiwilligen Dienst erworben und will von ihr Gebrauch machen, so ist dem Nationale der Berechtigungsschein beizufügen.

Der Regierungs- und Forstrat hat die bei ihm eingehenden Nationale mit der Bescheinigung zu versehen, daß die vorschriftsmäßige Lehrzeit des Lehrlings bis zum 1. Oktober d. J. beendet sein wird, und, event. mit dem Berechtigungsscheine zum einjährig-freiwilligen Dienste bis spätestens zum 1. Februar jeden Jahres der Inspektion der Jäger und Schützen zu Berlin einzureichen, welche darauf die Untersuchung der Lehrlinge durch die betreffende Ober-Ersatzkommission veranlaßt. Außerdem hat der Lehrherr den Lehrling in der Zeit vom 15. Januar bis 1. Februar bei der Ortsbehörde behufs Herbeiführung der Untersuchung durch die Ersatz-Kommission anzumelden, und seine Vorstellung bei der letzteren nach Maßgabe der öffentlich bekannt gemachten Gestellungstermine ohne weitere Aufforderung zu veranlassen.

Forstlehrlinge, welche die Ersatz-Kommission als „zu schwach“ bezeichnet, werden der Untersuchung durch die Ober-Ersatzkommission gleichwohl unterworfen.

In der Zeit vom 1. bis 5. Oktober desselben Jahres hat sich der Lehrherr über die Leistungen des Lehrlings zu äußern und diese nach dem Muster B ausgestellte Äußerung nebst der Benachrichtigung über die Befähigung zum Eintritt in die Lehre (§ 2), dem Atteste des oberen Militärarztes (§ 2 Nr. 3) und der Annahmegenehmigung (§ 3) dem Regierungs- und Forstrat des Bezirks einzureichen, welcher das Lehrzeugnis auf Grund des von ihm über den Lehrling erlangten Urteils (§ 5) mit einer Äußerung darüber versieht, ob der Lehrling die Lehrzeit sachgemäß angewendet und eine hinreichende praktische und wissenschaftliche Ausbildung erlangt hat, um zu der Erwartung zu berechtigen, er werde demnächst die forstliche Laufbahn mit genügendem Erfolge fortsetzen können.

Bis zum 20. Oktober hat der Regierungs- und Forstrat die Äußerung demjenigen Jäger-Bataillon zuzustellen, in das der Lehrling eintreten soll und welches dem Regierungs- und Forstrat rechtzeitig von der Inspektion der Jäger und Schützen bezeichnet werden wird. Ist der Lehrling nicht für einstellungsfähig befunden, so ist die Äußerung des Lehrherrn zurückzugeben.

Für die Forstbeflissenen (§ 6) tritt an Stelle dieser Äußerung diejenige über die praktische Vorbereitungszeit.

Wird der Lehrling vom Militärdienst zurückgestellt, so hat er die Lehre fortzusetzen. Er kann von dem betreffenden Regierungs- und Forstrat zwar zur Übernahme einer Beschäftigung im Forstdienste beurlaubt werden, verbleibt aber auch dann unter der Aufsicht des Lehrherrn. Der Lehrherr hat das Nationale des zurückgestellten Lehrlings neu aufzustellen, die Äußerung mit den entsprechenden Zusätzen zu versehen und beide Schriftstücke in den nächsten Jahren so lange dem Regierungs- und Forstrat einzureichen, bis der Lehrling entweder zur Einstellung beim Jägerkorps gelangt oder eine anderweitige endgültige Entscheidung über sein Militärverhältnis erhält, beziehungsweise seines Alters wegen (§ 8) zur Erdienung von Forstversorgungsansprüchen im Jägerkorps nicht mehr zugelassen werden kann.

Falls ein Lehrling seinen Aufenthaltsort verändert, nachdem das Nationale aufgestellt und bevor die Musterung von der Ober-Ersatzkommission erfolgt ist, hat der Lehrherr den Ort und Kreis des neuen Aufenthaltes unverzüglich der Inspektion der Jäger und Schützen anzugeben.

§ 8.

III. Der Militärdienst beim Jägerkorps und die Jägerprüfung.

Termin der Einstellung in den Militärdienst.

Die Einstellung der Lehrlinge in den Militärdienst des Jägerkorps erfolgt in der Regel im Oktober. Sie findet nicht vor Vollendung des 18. Lebensjahres statt und ist nicht mehr zulässig nach dem allgemeinen Einstellungstermin des Kalenderjahres, in dem der Lehrling das 21., oder wenn er die Berechtigung zum einjährig-freiwilligen Militärdienst erworben hat, das 22. Lebensjahr vollendet. Für die im § 6 bezeichneten Lehrlinge kann der Eintritt bis zum 1. Oktober desjenigen Jahres hinausgeschoben werden, in welchem der Bewerber das 23. Lebensjahr vollendet.

§ 11.

Zulassung zur Jägerprüfung.

Diejenigen Jäger, welche den vorstehenden Bedingungen genügt und sich gut geführt haben, werden bis zum 25. Januar eines dritten, oder, wenn sie als Einjährig-Freiwillige dienen, bis zum gleichen Termine ihres ersten Dienstjahres der Inspektion der Jäger und Schützen von den Bataillonen mittels einer Vorschlagsliste nach dem Muster C unter Beifügung der Äußerungen über die Lehrzeit zur Ablegung der Jägerprüfung vorgeschlagen. Die Forstbeflissenen haben sich zwar dieser Prüfung nicht zu unterwerfen, sind aber in die Vorschlagsliste unter Beifügung der Äußerung über die praktische Vorbereitungszeit und die Führung im Militärdienste aufzunehmen. Die Inspektion prüft die Vorschlagsliste, stellt sie fest und übergibt sie dem Oberlandforstmeister, der die Ausführung der Prüfung veranlaßt.

§ 12.

Ausführung der Prüfung.

Die Prüfung soll feststellen, welche allgemeine Bildung in Beziehung auf Lesen, Schreiben, Rechnen und Abfassung kurzer Aufsätze die Jäger besitzen, welchen Grad von Vorbildung in Beziehung auf Waldbau, Forstschutz, Forstbenutzung, Jagd, und welches Maß von Kenntnissen in Beziehung auf die Forstdiebstahls-, Forstpolizei- und Jagdgesetzgebung, sowie auf die Vorschriften der Förster-Dienstinstruktion sie sich angeeignet haben.

Für jedes Jäger-Bataillon wird vom Oberlandforstmeister ein Prüfungs-Ausschuß ernannt, der nach den bestehenden Prüfungs-Vorschriften die ihm überwiesenen Jäger teils im Zimmer schriftlich und mündlich, teils im Walde zu prüfen und das Ergebnis der Prüfung unter Benutzung der Beurteilung: Sehr gut — gut — genügend — festzustellen hat. Für diejenigen, die den Anforderungen nicht genügt haben, ist hierüber ein Bescheid auszustellen.

Wiederholung der Prüfung ist nur einmal und zwar bei dem nächsten Prüfungstermine zulässig, wenn der Prüfungs-Ausschuß solches befürwortet; der betr. Jäger verbleibt dann wenigstens bis zum Bekanntwerden des Ergebnisses der wiederholten Prüfung im aktiven Dienste, ohne jedoch Ansprüche auf Kapitulanten-Gebühren erheben zu können.

§ 14.

Verpflichtung der Jäger zur Klasse A.

Diejenigen Jäger, welche die Prüfung bestanden haben, resp. von ihr befreit waren (§ 11), werden, sofern sie sich fortgesetzt gut führen, im dritten, wenn sie als Einjährig-Freiwillige dienen, im ersten Dienstjahre auf ihren Antrag mittels einer Verhandlung nach Muster D zu einer ferneren neunjährigen, bezw. wenn sie als Einjährig-Freiwillige dienen, zu einer weiteren elfjährigen Dienstzeit im Jägerkorps verpflichtet. Diese Dienstzeit ist gewöhnlich in der Reserve, jedoch mit der Verpflichtung abzuleisten, bis zur Erlangung des Forstversorgungsscheines, auch im Frieden, und zwar bis zu einer im ganzen achtjährigen Anwesenheit bei der Fahne zur Verfügung zu stehen.

Gelernte Jäger können auch über die aktive Dienstzeit hinaus bei der Fahne zurückbehalten werden, ohne daß dieselben gemäß vorstehender Bestimmung verpflichtet sind oder eine Kapitulation mit ihnen eingegangen ist.

Die Verpflichteten werden durch Vollziehung der Verhandlung in die Jägerklasse A aufgenommen und erlangen die Aussicht, seiner Zeit im Forstschutzdienste angestellt zu werden.

Die derartig übernommene Verpflichtung kann nicht einseitig durch den Jäger, sondern nur unter Zustimmung der Inspektion der Jäger und Schützen wieder aufgehoben werden. Sollte ein Jäger die Aufhebung wünschen, so hat er dies nach anliegendem Muster E bei der Landwehrbehörde, bezw. der Jäger-Kompagnie zu Protokoll zu erklären.

§ 15.

Beurlaubung zur forstlichen Beschäftigung, Försterprüfung, Beurlaubung zur Reserve, Anmeldung bei einer Regierung.

Die Jäger der Klasse A werden nach guter Führung und bewährter Zuverlässigkeit, sofern sie eine berufsmäßige Beschäftigung (§ 17) nachzuweisen vermögen, zur Reserve beurlaubt. Die Beurlaubung erfolgt mit dem Ablauf des 3. bezw. für die Einjährig-Freiwilligen des 1. Dienstjahres, soweit die Jäger nicht etwa zu Oberjägern befördert, zu dieser Beförderung in Aussicht genommen sind oder aus anderen Gründen bei der Fahne zurückbehalten werden.

Gegen Ende ihres letzten aktiven Dienstjahres erhalten die Jäger von dem betreffenden Bataillon eine nach Muster F auszustellende Bescheinigung. Sie sind verpflichtet, vor Ablauf dieses Dienstjahres sich bei einer Regierung zu forstlicher Beschäftigung unter Beifügung jener Bescheinigung anzumelden.

Denjenigen Jägern, die Aussicht haben, alsbald im Gemeinde-Anstalts- oder Privatdienst eine berufsmäßige Beschäftigung zu erhalten und diese anzunehmen wünschen, bleibt es unbenommen, dies bei ihrer Meldung anzuzeigen.

Die Regierung hat jeden sich rechtzeitig meldenden Jäger der Klasse A sofort zu notieren.

Die notierten Jäger werden, soweit sich hierzu Gelegenheit bietet, im Königlichen Forstdienste berufsmäßig (§ 17) gegen Gewährung der zulässigen Besoldung nach Maßgabe ihrer Befähigung und tunlichst fortdauernd beschäftigt. Unter gleich geeigneten Jägern ist dem früher notierten der Vorzug zu geben, doch können diejenigen, die im Gemeinde-Anstalts- und Privatdienste eine berufsmäßige Beschäftigung anzunehmen wünschen, übergangen werden.

Die Regierung wird nach der Notierung unverzüglich den Jäger bescheiden, ob er sogleich nach seiner Beurlaubung aus dem Militärdienste eine Beschäftigung im Königlichen Forstdienste finden wird, oder nicht.

Unmittelbar nach ihrer Beurlaubung zur Reserve haben die Jäger den Militärpaß und das Militärführungszeugnis der Regierung, bei der sie sich angemeldet haben, einzureichen; letztere bemerkt auf dem Militärpasse, daß und wann die Meldung bei ihr erfolgt ist und stellt den Jägern den Militärpaß und das Militärzeugnis baldigst wieder zu.

VII.

Examen-Aufgaben,

enthalten Anzahl und Reihenfolge der Aufgaben, wie solche für zwei Examen im preußischen Staate wörtlich gegeben sind.

I.

1. Aufgabe.

a) Welches sind die für den Forstbetrieb wichtigsten einheimischen Holzarten? wann blühen sie, wann reifen ihre Samen, wann fallen letztere ab?

b) Wie läßt die Fichte, wie die Tanne ihre Samen fallen?

c) Welche Holzarten haben Zwitterblüten, welche haben wolligen, welche geflügelten Samen, welche treiben Wurzelbrut, welche Wurzelausschlag, welche Stockausschlag?

d) Wie lange behalten die Samen der Eiche, Buche, Kiefer und Fichte ihre Keimfähigkeit?

1 Stunde Zeit.

2. Aufgabe.

a) Was versteht man unter Hochwald-, Mittelwald- und Niederwaldbetrieb und welche Holzarten werden vorwiegend in jedem dieser Betriebe bewirtschaftet?

b) Welche Holzarten werden im Hochwaldbetriebe vorwiegend künstlich, welche vorwiegend natürlich verjüngt?

c) Bis zu welchem Alter verpflanzt man die Kiefer in der Regel und bis zu welchem die Fichte, mit entblößter Wurzel?

1 Stunde Zeit.

3. Aufgabe.

a) Welche Vorteile hat der Humus für den Waldboden?

b) Was versteht man unter Spät- und was unter Frühfrösten, in welchen Lagen treten die ersteren meist auf und bei welcher Betriebsart werden die letzteren besonders schädlich?

c) Woran erkennt Examinand im Walde die ständige Windrichtung und Sturmrichtung und weshalb ist es wichtig, dieselbe zu kennen?

d) Welche Holzarten unterliegen am meisten der Sturmgefahr und welche Beschaffenheit des Bodens vermehrt die letztere?

$1^1/_4$ Stunde Zeit.

4. Aufgabe.

a) Wann ist die Feistzeit der Rothirsche, wann geht während derselben die Sonne auf und unter und wie lange ist im allgemeinen vor Sonnenaufgang und nach Sonnenuntergang um diese Zeit Büchsenlicht?

b) Die gesetzlichen Schonzeiten des Rotwildes, des Schwarzwildes, der Hasen und Enten und Rebhühner sind anzugeben?

c) Wann setzt das Rot-, Dam- und Rehwild, wie lange gilt das Jungwild als Kalb resp. Kietzchen nach dem Gesetze über die Schonzeiten?

d) Welche Bäume, Früchte und Rinden dienen dem Wilde zur Ernährung?

e) Wo gibt Examinand dem Rot-, Dam-, Reh- und Schwarzwild den Fang und wie tötet er geschossenes Federwild, das noch lebend in seine Hände kommt?

1 Stunde Zeit.

5. Aufgabe.

a) 1 Fuhrmann fährt für einen Käufer Eichennutzholz an und benutzt einen zweispännigen Wagen. Der Festmeter des Holzes wiegt 1250 kg. Er ladet für jedes Pferd 500 kg und erhält für jede Fuhre 7,20 Mk. Was kosten 0,01 fm des Eichennutzholzes Fuhrlohn?

b) Wieviel Kubikmeter enthält eine Schachtrute, wenn 1 Fuß 31,4 cm ist? (2 Dezimalstellen zu berechnen.)

c) In einem Schlage sind an Derbholz aufgearbeitet:

154,73	Festm. Eichennutzholz	à Festm.	30	Pf. Hauerlohn.
587	Rm. Eichenscheit	à Rm.	50	" "
207	Rm. Eichenknüppel	à Rm.	40	" "
67,94	Festm. Buchennutzholz	à Festm.	30	" "
1023	Rm. Buchenscheit	à Rm.	60	" "
809	Rm. Buchenknüppel	à Rm.	50	" "
223,33	Festm. Kiefernnutzholz	à Festm.	25	" "
21,3	Rm. Kiefernscheit	à Rm.	40	" "
99	Rm. Kiefernknüppel	à Rm.	30	" "

Es ist zu berechnen die Summe der Festmeter, die Summe der Raummeter, dann wieviel Festmeter im ganzen aufgearbeitet sind, wenn ein Raummeter = 0,7 fm gerechnet wird, und wieviel das Hauerlohn für das ganze Quantum in Mark und Pfennigen beträgt?

1 Stunde Zeit.

6. Aufgabe.

a) Was versteht man unter Schrank der Säge und wozu dient derselbe?

b) Die Holzarten: Kiefer, Linde, Eiche, Weide, Ulme, Fichte, Buche, Pappel, Birke sind in einer Reihe so untereinander zu stellen, daß die Reihe mit dem brennkräftigsten Holze beginnt und mit dem von der geringsten Brennkraft schließt.

c) Welche Holzarten und Sortimente kauft im allgemeinen der Stellmacher und was arbeitet er daraus?

d) Auf welche verschiedene Weise läßt sich das Alter eines in der Reinigung begriffenen Kiefernstangenholzes ermitteln und wie ermittelt man das Alter einer gefällten Buche?

1 Stunde Zeit.

7. Aufgabe.

a) Examinand hat einem Holzdiebe eine Axt und eine Karre abgenommen: was geschieht mit diesen Gegenständen?

b) Welche Insekten kennt Examinand als sehr schädlich 1. in Kiefernwaldungen, 2. in Fichtenwaldungen, 3. in Laubholzwaldungen.

c) Die Lebensweise des Maikäfers ist zu beschreiben.

d) Welche Nachteile hat die Waldweide für den Wald und was hat der Forstschutzbeamte zu beachten, wenn Weideberechtigungen in seinem Bezirk ausgeübt werden?

e) Welche Maßregeln lassen sich anwenden, um in Saatkämpen Beschädigungen durch Auffrieren abzuwenden?

1½ Stunde Zeit.

8. Aufgabe.

a) Auf einer Kulturfläche von 3,5 h Größe haben gearbeitet 8 Männer zum Tagelohn von 1,75 Mk. 16 Tage, 11 Frauen zu 1,25 Mk. 6 Tage. Ferner sind nötig gewesen 2 Fuhren à 10,50 Mk. Wiviel kostet der Hektar an Kulturkosten?

b) In einem Torfstiche ist eine Grube von 1,25 m Tiefe, 6 m Breite und 37,5 m Länge ausgegraben und der Torf daraus soll zu Streichtorf verarbeitet werden, wobei 20 pCt. der Masse durch Abraum, Abfall usw. verloren gegangen sind. Die frischen Torfziegel sind 40 cm lang, 12,5 cm breit und 10 cm hoch. Wieviel tausend Torfziegel sind gewonnen?

45 Minuten Zeit.

9. Aufgabe.

a) Eine Schlagfläche wird begrenzt von 2 sich rechtwinklig schneidenden Gestellen und von einer geraden Linie, welche von einem Punkte des einen Gestells zu einem Punkte des anderen Gestells läuft. Die Punkte liegen von dem Kreuzungspunkt 120 und 130 m entfernt. Auf dem Schlage sind 2467,36 fm Derbholz eingeschlagen worden. Wieviel Festmeter haben pro Hektar gestanden?

b) Es soll eine Masse von 137,8 rm Brennholz von 1 m Scheitlänge so aufgesetzt werden, daß der Holzstoß 1,50 m Höhe erhält. Wie lang muß er werden?

c) Auf einer Samendarre sind 3832,5 hl Zapfen abgedarrt worden und 3779,2 kg Samen gewonnen worden. Wieviel Kilogramm Samen hat der Hektoliter Zapfen gegeben? (Bis auf 2 Dezimalstellen zu berechnen.)

1 Stunde Zeit.

II.

1. Aufgabe.

a) Wann blühen Eiche, Buche, Rüster, Esche, Ahorn, Erle, Birke, Linde, Hasel, Kiefer und Fichte und welche Holzarten blühen schon vor dem Laubausbruch?

b) Wieviel Ahornarten sind in Deutschland heimisch und wie lassen sich dieselben im Sommer und im Winter von einander unterscheiden?

c) Welche Holzarten besitzen eine gute Ausschlagsfähigkeit am Stock und welche treiben Wurzelbrut?

1 Stunde Zeit.

2. Aufgabe.

a) Was ist Humus, wie entsteht derselbe im Walde und welche Bedeutung hat er für denselben?

b) Welche Holzarten ertragen einen feuchten, selbst nassen Moorboden, welche einen trockenen, selbst dürren Sandboden und welche Holzarten kommen auch noch auf Torfboden fort?

c) Welchen Standort liebt die Esche im Gebirge? gedeiht sie besser auf Bergköpfen als in Schluchten, besser an den Nordostseiten als an den Südwesthängen der Berge?

1 Stunde Zeit.

3. Aufgabe.

a) Aus welchen Gründen empfiehlt es sich, die Bodenbearbeitung zu den im Frühjahr stattfindenden Saaten und Pflanzungen bereits im vorhergehenden Herbste auszuführen?

b) Welche Regeln sind beim Ausheben einjähriger Kiefern aus den Saatbeeten, beim Transport derselben zur Pflanzstelle und beim Einpflanzen derselben zu beachten?

c) Was nennt man Samenschlag und welche Holzarten werden vorzugsweise in Samenschlägen verjüngt?

1 Stunde Zeit.

4. Aufgabe.

a) Wie nennt man in der Jägersprache die einzelnen Körperteile des Fuchses und die des Schwarzwildes?

b) Welches sind die Zeichen des Hirsches nach der Losung zu den verschiedenen Jahreszeiten?

c) Wann wirft der Rothirsch, der Damhirsch und der Rehbock sein Geweih resp. Gehörn ab und wann ist die Setzzeit des Rot-, Dam- und Rehwildes?

d) Wie bezeichnet man das Schwarzwild nach den verschiedenen Altersstufen und wie betreibt man die Jagd auf Schwarzwild?

1 Stunde Zeit.

5. Aufgabe.

a) Es ist die Lebensweise des großen Kiefernspinners und der Nonne zu beschreiben und anzugeben, wie diese Insekten vertilgt werden können.

b) Welche Insekten zerstören die Wurzeln lebender Holzpflanzen?

c) Auf welche Käfer hat der Forstmann in Nadelholzforsten seine besondere Aufmerksamkeit zu richten und in welcher Weise werden sie schädlich?

d) Welche Gefahren drohen dem Gedeihen der Saatkämpe beim Keimen des Samens und wie lassen sich diese Gefahren abwehren?

1¼ Stunde Zeit.

6. Aufgabe.

a) In welcher Reihenfolge folgen die wichtigsten Holzarten bezüglich ihres Wertes als Brennholz?

b) Welche Brennholzsortimente sind bei Aufarbeitung eines Schlages zu sondern und nach welchen Unterscheidungen erfolgt die Sortierung?

c) In welcher Reihe folgen die wichtigsten Holzarten bezüglich ihres Wertes zu Eisenbahnschwellen?

d) Wie wird in Stämmen ausgehaltenes Bau- und Nutzholz vermessen und wie wird das Aufmaß auf dem Holze verzeichnet?

e) Wann und wie erfolgt der Hieb und die Rindengewinnung im Eichenschälwalde?

1 Stunde Zeit.

7. Aufgabe.

a) Examinand hat eine vollständige Anzeige von einem Holzdiebstahl zu machen, bei welchem er 2 ihm unbekannte Personen betroffen hat, als sie mit dem Aufladen einer von ihnen abgesägten Kiefer auf einen Wagen beschäftigt waren!

b) Unter welchen Umständen ist der Forstschutzbeamte befugt, von seinen Waffen beim Forst- und Jagdschutze Gebrauch zu machen, welche Waffen und wie darf er dieselben gebrauchen, und wie hat er sich zu verhalten, nachdem er von der Waffe Gebrauch gemacht hat?

c) Worauf hat der Förster zu sehen, wenn in seinem Reviere eine Weideberechtigung ausgeübt wird?

1 Stunde Zeit.

8. Aufgabe.

a) In einem Schlage sind aufgearbeitet:

1. an Derbholz:

3,08 Festm. Eichennutzholz, das Festmeter für einen Hauerlohn von		0,30 Mk.
16,00 Rm. Kloben	Rm.	0,50 „
7,00 Rm. Knüppel	Rm.	0,40 „
793,59 Festm. Kiefern-Bauholz	Festm.	0,25 „
87,00 Rm. Kiefernnutzholz	Rm.	0,35 „
265,00 Rm. Kloben	Rm.	0,45 „
97,00 Rm. Knüppel	Rm.	0,30 „

2. an Reisig:

15 Rm. Eichen, Reisig I. Klasse Rm. 0,10 Mk. Hauerlohn.
383 Rm. Kiefern, „ III. „ Rm. 0,06 „ „

Wieviel Festmeter beträgt vorstehende Holzmasse, wenn 1 Rm. Derbholz = 0,7 Festm., 1 Rm. Reisig I. Klasse = 0,4 Festm., 1 Rm. Reisig III. Klasse = 0,2 Festm., gerechnet wird und wieviel Hauerlohn hat der Schlag im ganzen gekostet?

b) Ein kreisrunder Sägeblock von 34 Zentimeter Zopfstärke soll in Bretter von 4 Zentimeter Stärke zerschnitten werden. Wieviel Bretter wird der Block liefern, wenn er auf beiden Seiten am Zopf je 3,8 Zentimeter stark abgeschwartet wird und wenn die Säge einen Schrank von 2 Millimetern hat?

c) Man dividiere die beiden Dezimalbrüche: nämlich 137/5108 durch 2345/6, genau auf 6 Dezimalstellen.

1 Stunde Zeit.

9. Aufgabe.

a) Eine Fläche von der Form eines Rechtecks, 792 m lang und 373 m breit, soll streifenweise gepflügt werden.

Wieviel kostet die Arbeit, wenn das Pflügen auf 7,25 Mk. pro Hektar verdungen ist?

b) Bei Ausführung einer Kultur haben gearbeitet: 10 Männer zum Tagelohn von 1,30 Mk. = $6\frac{1}{2}$ Tag, 23 Frauen zum Tagelohn von 0,80 Mk. = $7\frac{3}{4}$ Tag, 5 Kinder zum Tagelohn von 0,60 Mk. = $3\frac{1}{4}$ Tag. Wieviel beträgt der Tagelohn in Summa?

c) Bei Anlage, Schutz und Pflege eines 0,03 Hektar großen Saatkampes soll der Kostenbetrag von 20 Mk. auf keinen Fall überschritten werden.

Erfahrungsmäßig kostet:

1. Das Umgraben und Reinigen des Bodens pro Hektar 60 Mk.

2. Das Planieren und Einteilen des Kampes, ferner das Aussäen, Unterbringen und Eindecken des Samens pro Ar 1,50 Mk.

3. Das mehrmalige Jäten des Unkrautes pro Hektar 80 Mk. Welche Summe kann der Förster für die Umzäunung des Kampes verausgaben, wenn 6 Mk. für außerordentliche Fälle reserviert werden sollen?

d) Ein Nutzholzstoß von 2 m langen Kloben ist 3,2 m breit und 1,5 m hoch vorschriftsmäßig aufgesetzt worden. Dieser Holzstoß soll in 2 Holzstöße umgesetzt werden, von denen der eine 3,30 Rm. Inhalt erhalten soll. Welche Breite wird jeder der beiden so zu bildenden Holzstöße erhalten, wenn die frühere Höhe für beide beibehalten werden soll?

1 Stunde Zeit.

Alphabetisches Register.

(Die Zahlen bedeuten die Paragraphen.)

Es wird auch auf das ausführliche Inhaltsverzeichnis vorn verwiesen.

Additional material from *Leitfaden für die Försterprüfungen*,
ISBN 978-3-662-40627-4, is available at
http://extras.springer.com

Spurentafel.

Fuchsspuren.

Fig. 1, trabend.

Fig. 2, flüchtig.

Fig. 3, sehr flüchtig.

Dachsspuren.

Fig. 4, ruhig.

Fig. 5, flüchtig.

Fischotterspuren.

Fig. 6, trabend.

Fig. 7, flüchtig.

Baummarder.

Fig. 8, trabend.

Fig. 9, in der Flucht.

Hase.

Fig. 10, im Hoppeln.

Fig. 11, in der Flucht.

Verlag von Julius Springer in Berlin

Geogr.-lith. Anst. u. Steindr. v. C. L. Keller, Berlin S.